光盘使用说明

光盘主要内容

本光盘为《无师自通》丛书的配套多媒体教学光盘，光盘中的内容包括20小时与图书内容同步的视频教学录像、相关素材和源文件以及模拟练习。光盘采用全程语音讲解、互动练习、真实详细的操作演示等方式，详细讲解了电脑以及各种应用软件的使用方法和技巧。此外，本光盘附赠大量学习资料，其中包括4～5套与本书内容相关的多媒体教学演示视频。

光盘运行环境

★ 赛扬1.0GHz以上CPU

★ 512MB以上内存

★ 500MB以上硬盘空间

★ Windows XP/Vista/7操作系统

★ 屏幕分辨率1024×768以上

★ 8倍速以上的DVD光驱

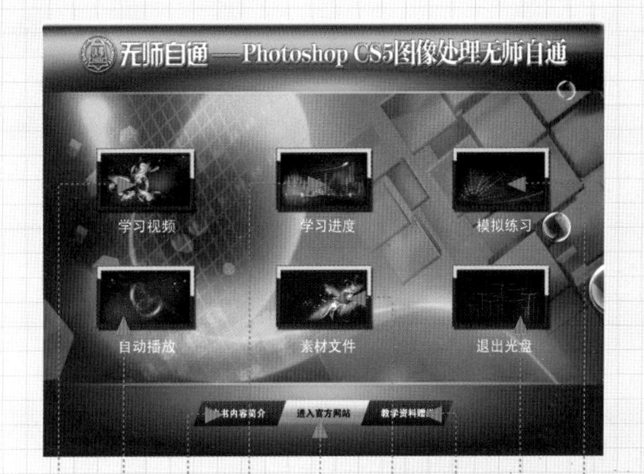

光盘操作方法

将DVD光盘放入DVD光驱，几秒钟后光盘将自动运行。如果光盘没有自动运行，可双击桌面上的【我的电脑】图标，在打开的窗口中双击DVD光驱所在盘符，或者右击该盘符，在弹出的快捷菜单中选择【自动播放】命令，即可启动光盘进入多媒体互动教学光盘主界面。

光盘运行后会自动播放一段片头动画，若您想直接进入主界面，可单击鼠标跳过片头动画。

普通视频教学模式

图-一-01

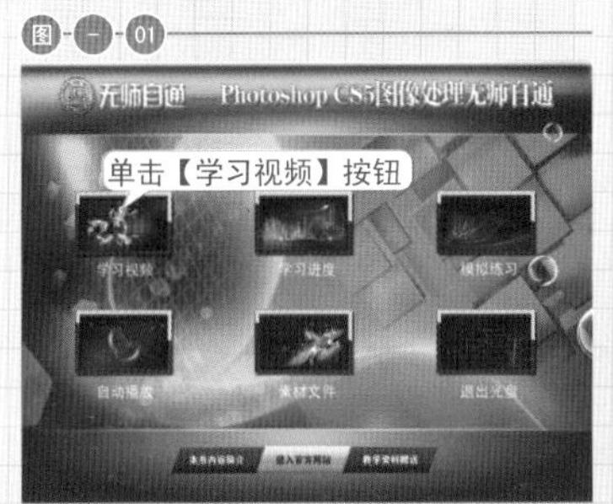

图-一-02

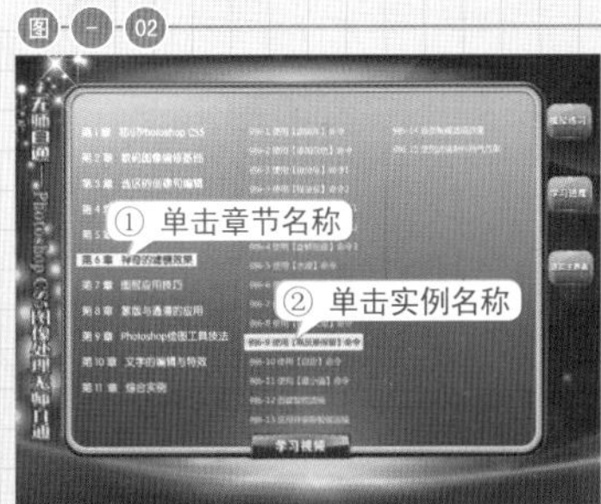

图-一-03

光盘使用说明

模拟练习操作模式

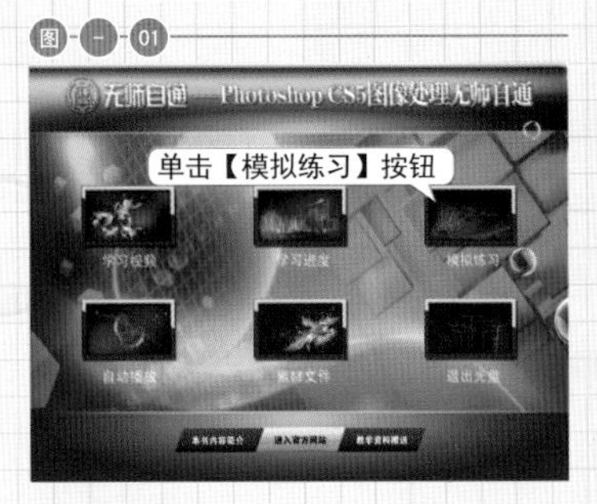

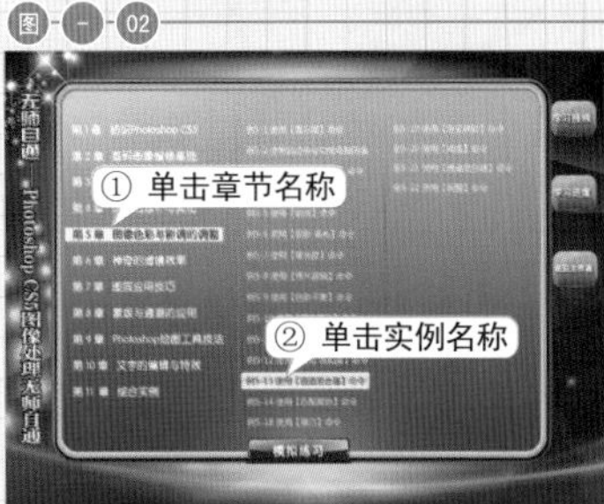

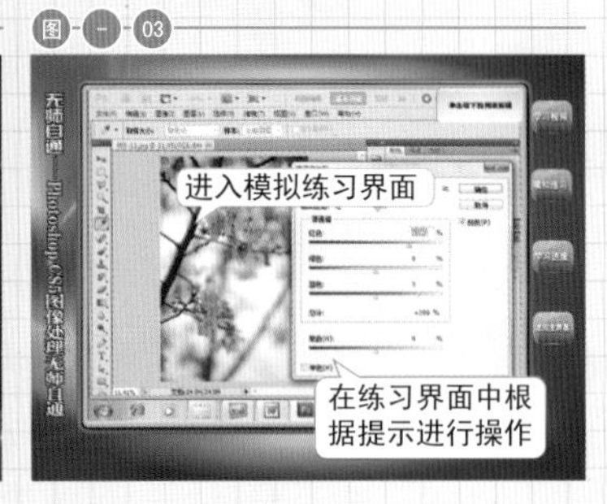

学习进度查看模式

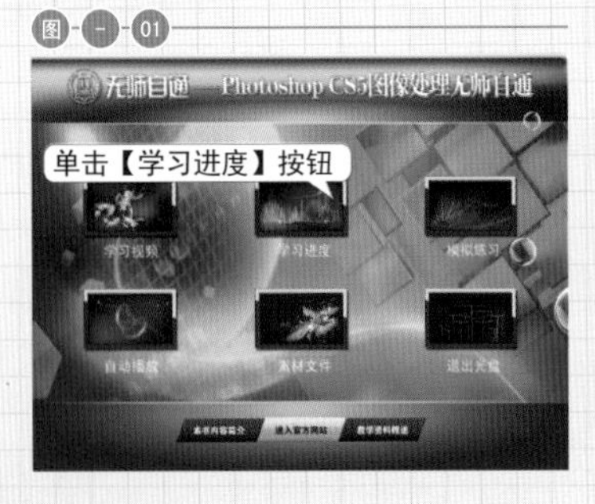

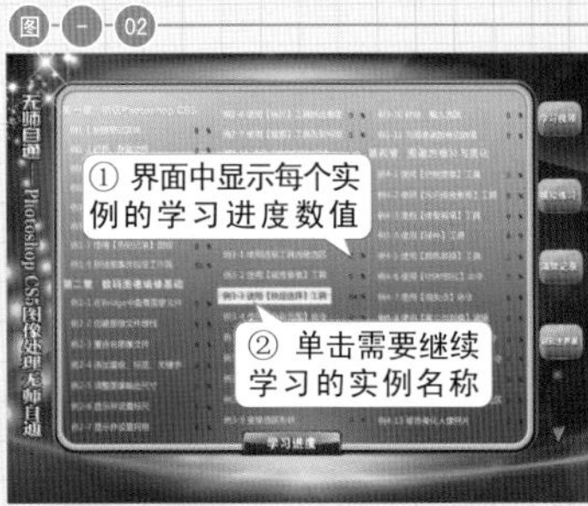

自动播放演示模式

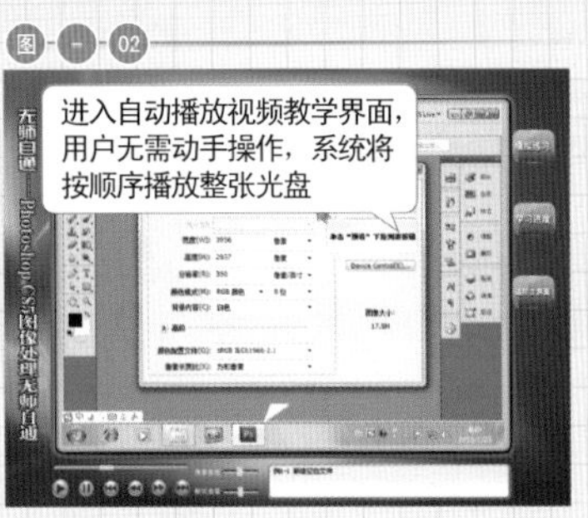

在播放视频动画时，单击播放界面右侧的【模拟练习】、【学习进度】和【返回主界面】按钮，即可快速执行相应的操作。

赠送的教学资料

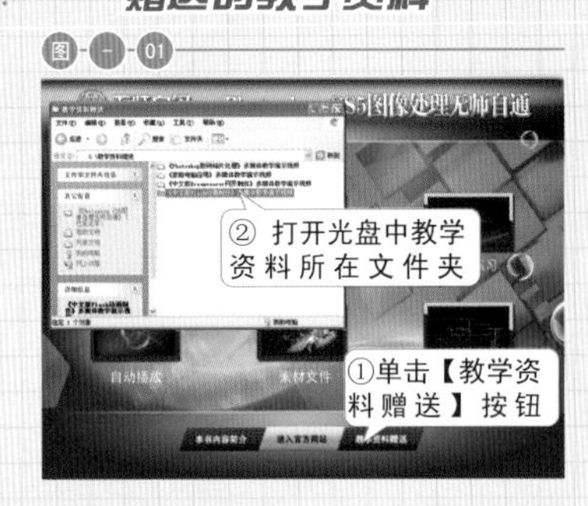

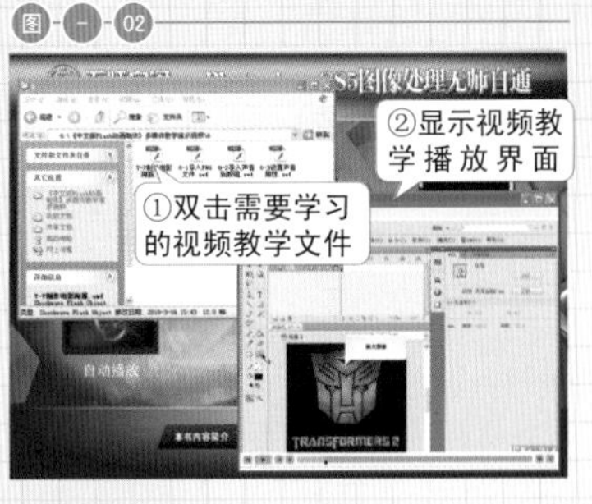

Word+Excel+PowerPoint三合一
无师自通（2010版）

李周芳 ◎ 编著

清華大學出版社
北京

内 容 简 介

本书是《无师自通》系列丛书之一，全书以通俗易懂的语言、翔实生动的实例，全面介绍了 Word 2010、Excel 2010 和 PowerPoint 2010 的相关知识。本书共分 13 章，内容涵盖了 Word 2010 基础操作，美化 Word 文档，高效排版长文档，文档的页面设置与输出，Excel 2010 基础操作、数据输入与设置格式，使用对象、公式和函数，分析与管理数据，PowerPoint 2010 基础操作，丰富演示文稿内容，美化幻灯片，放映和输出幻灯片，Office 2010 三剑客在日常办公中的应用等内容。

本书采用图文并茂的方式，使读者能够轻松上手，无师自通。全书双栏紧排，双色印刷，同时配以制作精良的多媒体互动教学光盘，方便读者扩展学习。此外，附赠的 DVD 光盘中除了包含 20 小时与图书内容同步的视频教学录像外，还免费赠送 4~5 套与本书内容相关的多媒体教学演示视频。

本书面向计算机初学者，是广大计算机初级、中级、家庭计算机用户，以及不同年龄阶段计算机爱好者的首选参考书。

图书在版编目(CIP)数据

Word+Excel+PowerPoint 三合一无师自通(2010 版)/李周芳 编著. —北京：清华大学出版社，2012.1
(无师自通)

ISBN 978-7-302-26379-1

Ⅰ. W… Ⅱ. 李… Ⅲ. ①文字处理系统，Word ②表处理软件，Excel ③图形软件，PowerPoint
Ⅳ. TP391

中国版本图书馆 CIP 数据核字(2011)第 158220 号

责任编辑：胡辰浩(huchenhao@263.net) 袁建华
装帧设计：孔祥丰
责任校对：蔡 娟
责任印制：王秀菊
出版发行：清华大学出版社 地 址：北京清华大学学研大厦 A 座
http://www.tup.com.cn 邮 编：100084
社 总 机：010-62770175 邮 购：010-62786544
投稿与读者服务：010-62776969，c-service@tup.tsinghua.edu.cn
质 量 反 馈：010-62772015，zhiliang@tup.tsinghua.edu.cn
印 装 者：北京鑫海金澳胶印有限公司
经 销：全国新华书店
开 本：190×260 印 张：18.25 彩 插：2 字 数：467 千字
附光盘 1 张
版 次：2012 年 1 月第 1 版 印 次：2012 年 1 月第1 次印刷
印 数：1～5000
定 价：38.00 元

产品编号：039793-01

丛书序 PREFACE

首先，感谢并恭喜您选择本系列丛书！《无师自通》系列丛书挑选了目前人们最关心的方向，通过实用精炼的讲解、大量的实际应用案例、完整的多媒体互动视频演示、强大的网络售后教学服务，让读者从零开始、轻松上手、快速掌握，让所有人都能看得懂、学得会、用得好电脑知识，真正做到满足工作和生活的需要！

丛书、光盘和网络服务特色

(1) 双栏紧排，双色印刷，超大容量：本丛书采用双栏紧排的格式，使图文排版紧凑实用，其中260多页的篇幅容纳了传统图书500多页的内容。从而在有限的篇幅内为读者奉献更多的电脑知识和实战案例，让读者的学习效率达到事半功倍的效果。

(2) 结构合理，内容精炼，技巧实用：本丛书紧密结合自学的特点，由浅入深地安排章节内容，让读者能够一学就会、即学即用。书中的范例都以应用为主导思想，通过添加大量的“经验谈”和“专家解读”的注释方式突出重要知识点，使读者轻松领悟每一个范例的精髓所在，真正达到学习电脑无师自通。

(3) 书盘结合，互动教学，操作简单：丛书附赠一张精心开发的DVD多媒体教学光盘，其中包含了20小时左右与图书内容同步的视频教学录像。光盘采用全程语音讲解、真实详细的操作演示等方式，紧密结合书中的内容对各个知识点进行深入的讲解。光盘界面注重人性化设计，读者只需单击相应的按钮，即可方便地进入相关程序或执行相关操作。

(4) 免费赠品，素材丰富，量大超值：附赠光盘采用大容量DVD光盘，收录书中实例视频、素材和源文件、模拟练习。此外，赠送的学习资料包括4～5套与本书教学内容相关的多媒体教学演示视频。让读者花最少的钱学到最多的电脑知识，真正做到物超所值。

(5) 特色论坛，在线服务，贴心周到：本丛书通过技术交流QQ群(101617400)和精心构建的特色服务论坛(http://bbs.btbook.com.cn)，为读者提供24小时便捷的在线服务。用户登录官方论坛不但可以下载大量免费的网络教学资源，还可以参加丰富多彩的有奖活动。

读者对象和售后服务

本丛书是广大电脑初级、中级、家庭电脑用户和中老年电脑爱好者，或学习某一应用软件的用户的首选参考书。

最后感谢您对本丛书的支持和信任，我们将再接再厉，继续为读者奉献更多更好的优秀图书，并祝愿您早日成为电脑高手！

如果您在阅读图书或使用电脑的过程中有疑惑或需要帮助，可以登录本丛书的信息支持网站http://www.tupwk.com.cn/learning或通过E-mail(wkservice@vip.163.com)联系，也可以在《无师自通》系列官方论坛http://bbs.btbook.com.cn上留言，本丛书的作者或技术人员会提供相应的技术支持。

前言 FOREWORD

计算机操作能力已经成为当今社会不同年龄层次的人群必须掌握的一门技能。为了使读者在短时间内轻松掌握计算机各方面应用的基本知识，并快速解决生活和工作中遇到的各种问题，我们组织了一批教学精英和业内专家特别为电脑学习用户量身定制了这套《无师自通》系列丛书。

《Word+Excel+PowerPoint三合一无师自通(2010版)》是这套丛书中的一本，该书从读者的学习兴趣和实际需求出发，合理安排知识结构，由浅入深、循序渐进，通过图文并茂的方式讲解Word 2010、Excel 2010和PowerPoint 2010在办公领域中的各种应用方法。全书共分为13章，主要内容如下。

第1章：介绍了Word 2010的基础知识、文档的基本编辑技巧以及操作文本的方法。

第2章：介绍了设置文本和段落格式、使用特殊版式和图文混排的方法和技巧。

第3章：介绍了使用样式、插入目录、使用批注等排版长文档的方法和技巧。

第4章：介绍了设置页面大小、页眉和页脚、页面背景，以及输出文档的方法和技巧。

第5章：介绍了Excel 2010的基础知识，操作工作簿、处理工作表的方法和技巧。

第6章：介绍了输入数据、设置单元格格式和表格样式、设置工作表背景等内容。

第7章：介绍了使用对象、公式、函数和迷你图的方法和技巧。

第8章：介绍了数据排序和筛选、分类汇总、使用图表和数据透视表的方法和技巧。

第9章：介绍了PowerPoint 2010的基础知识，新建演示文稿，处理幻灯片文本的方法。

第10章：介绍了在幻灯片中输入图片、艺术字、多媒体对象等元素的方法和技巧。

第11章：介绍了设置幻灯片母版、设置主题和背景、设计切换动画和对象动画等内容。

第12章：介绍了创建交互式演示文稿、设置幻灯片方式、输出演示文稿的方法和技巧。

第13章：介绍了Office 2010三剑客在日常办公中的应用方法和技巧。

本书附赠一张精心开发的DVD多媒体教学光盘，其中包含了20小时与图书内容同步的视频教学录像。光盘采用全程语音讲解、情景式教学、互动练习、真实详细的操作演示等方式，紧密结合书中的内容对各个知识点进行深入的讲解。让读者在阅读本书的同时，享受到全新的交互式多媒体教学。此外，本光盘附赠大量学习资料，其中包括4~5套与本书内容相关的多媒体教学演示视频。让读者一学就会、即学即用，在短时间内掌握最为实用的电脑知识，真正达到学习电脑无师自通的效果。

除封面署名的作者外，参加本书编写和制作的人员还有洪妍、方峻、何亚军、王通、高娟妮、杜思明、张立浩、孔祥亮、陈笑、陈晓霞、王维、牛静敏、牛艳敏、何俊杰、葛剑雄等人。由于作者水平有限，本书难免有不足之处，欢迎广大读者批评指正。我们的信箱是huchenhao@263.net，电话010-62796045。

《无师自通》丛书编委会

2011年8月

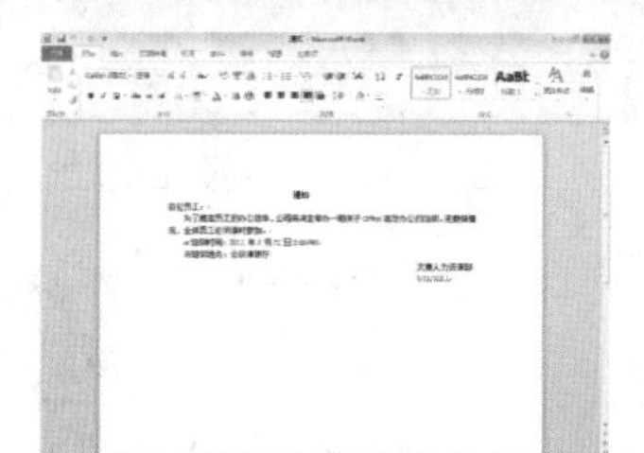

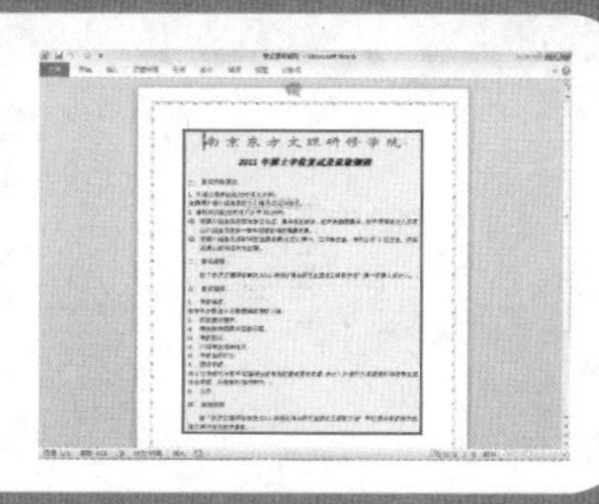

目录

第 1 章　Word 2010 基础操作

第 2 章　美化文档

无师自通

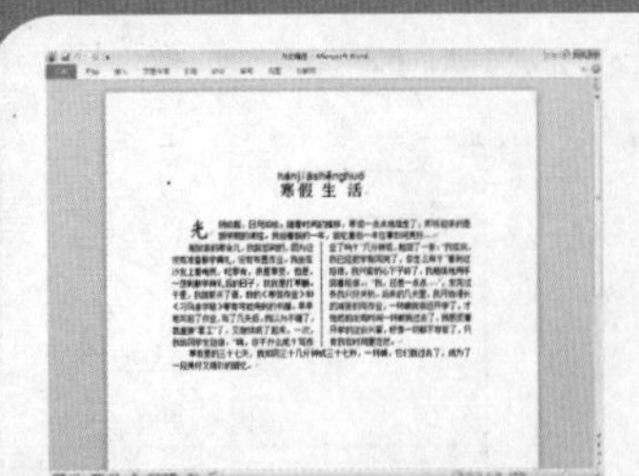

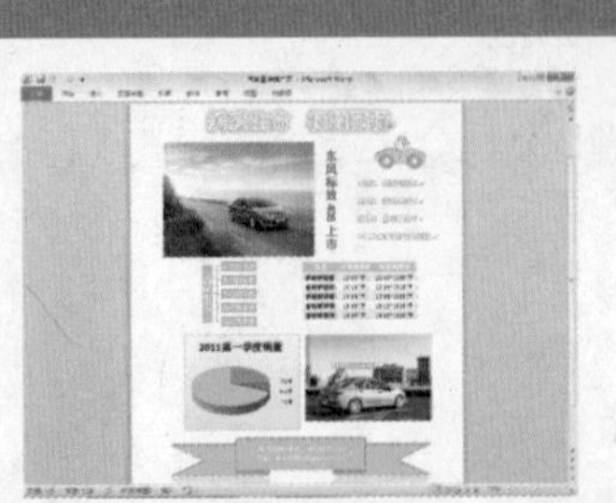

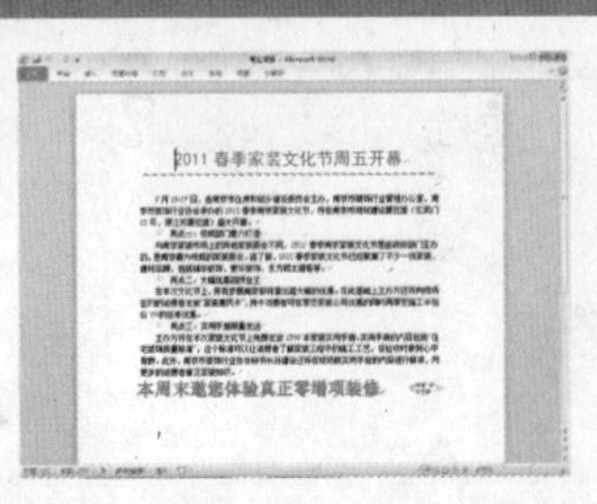

第 3 章 高效排版长文档

第 4 章 文档的页面设置与输出

第 5 章 Excel 2010 基础操作

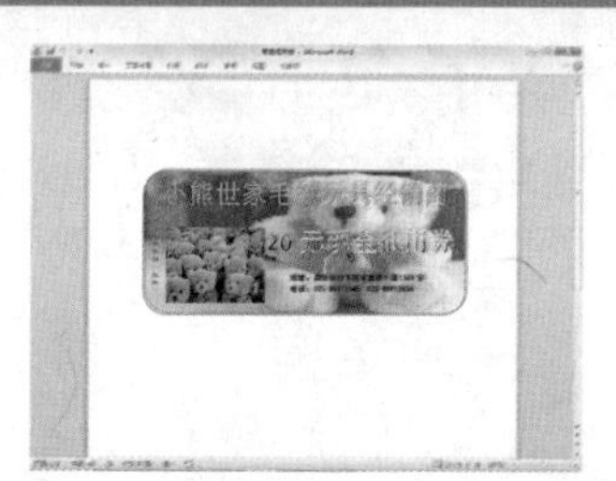
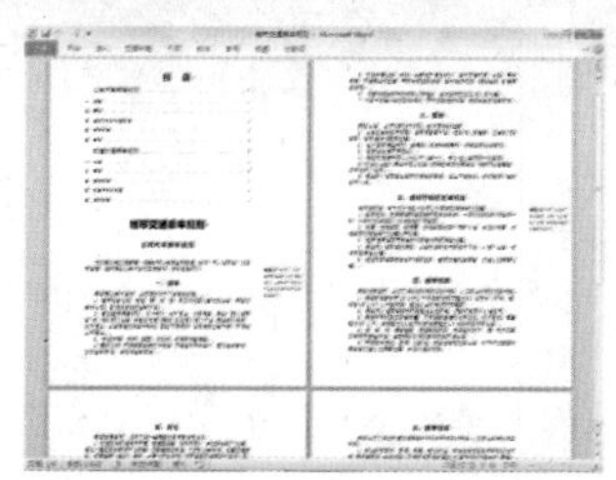

目录

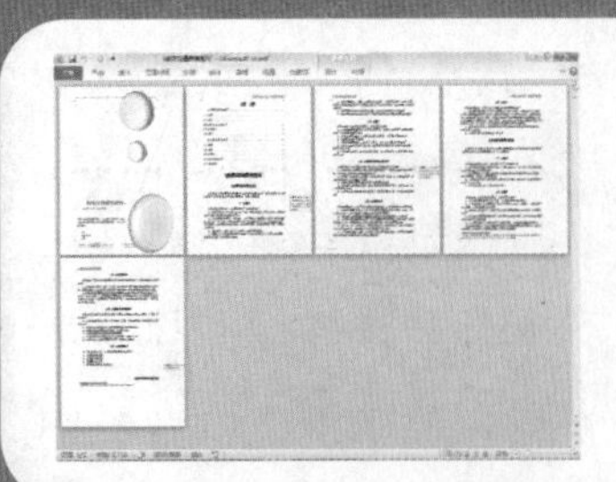

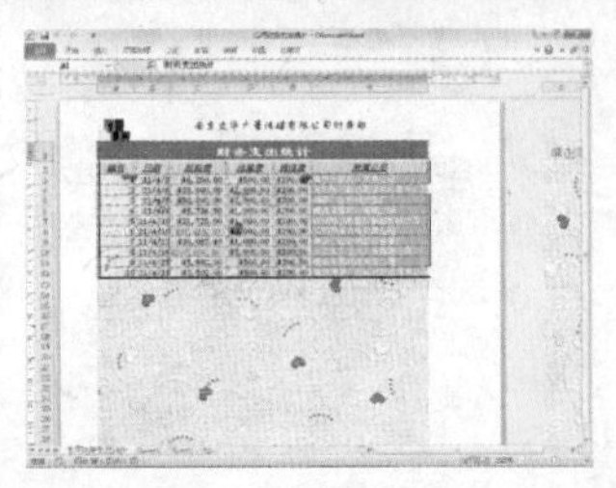

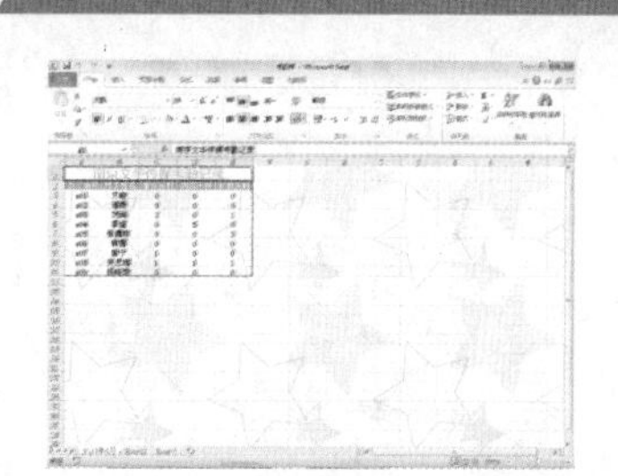
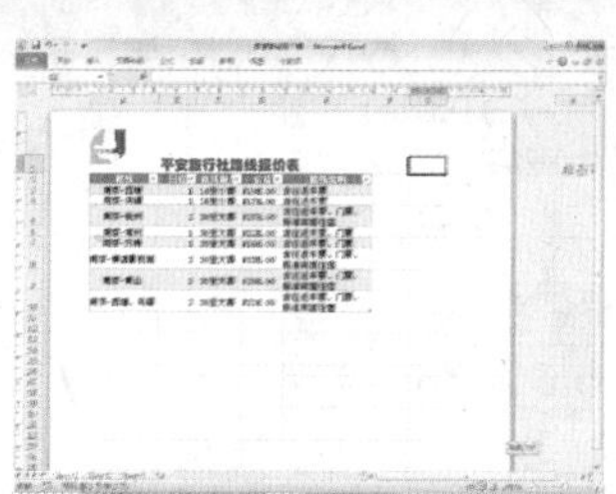
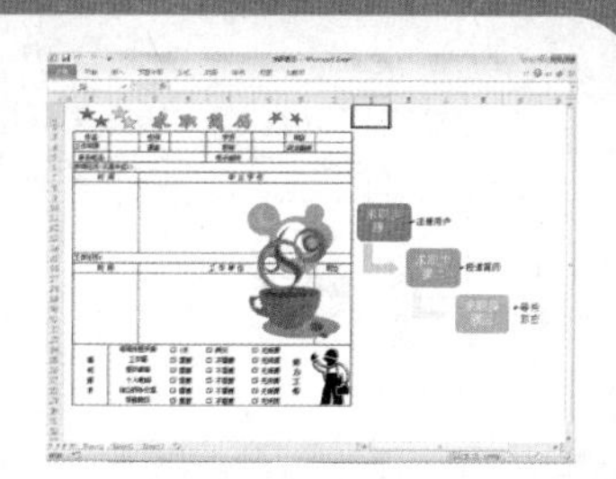

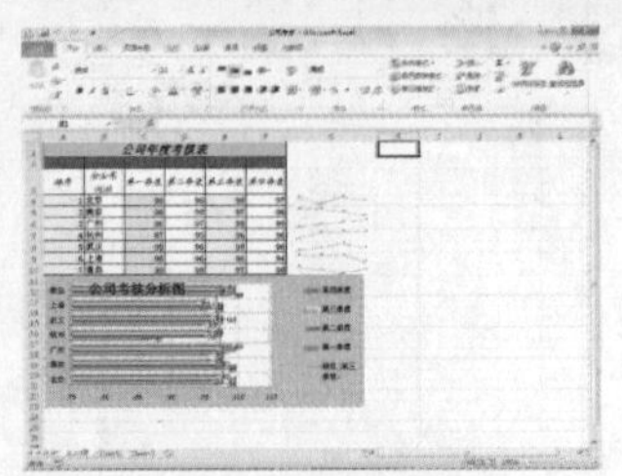

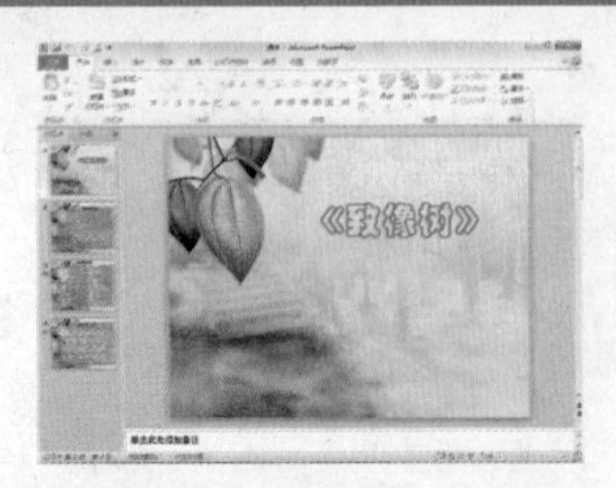

第13章 三剑客在日常办公中的应用

第1章 Word 2010 基础操作

Word 2010 是 Microsoft 公司最新推出的文字处理软件。它继承了 Windows 友好的图形界面，可方便地进行文字、图形、图像和数据处理，制作具有专业水准的文档。用户需要充分掌握 Word 2010 的基本操作，为以后的学习打下牢固基础，使办公过程更加轻松、方便。

对应光盘视频

例 1-1 安装 Office 三剑客
例 1-2 删除 Microsoft Word 组件
例 1-3 新建基于模板的文档
例 1-4 新建书法字帖
例 1-5 保存新建的文档
例 1-6 将文档另存为 PDF 格式
例 1-7 设置文档的自动保存时间
例 1-8 打开文档
例 1-9 输入普通文本
例 1-10 输入特殊符号
例 1-11 输入日期和时间
例 1-12 移动和复制文本
例 1-13 删除多余的文本
例 1-14 查找和替换文本
例 1-15 自定义 Word 2010 操作环境
例 1-16 制作英文求职信

1.1 熟悉 Word 2010

在使用 Word 2010 处理文档之前，需要熟悉 Word 2010 的一些基本功能以及基本操作等，例如 Word 2010 的安装、启动和退出，认识和掌握 Word 2010 的操作界面，Word 的制作流程等。

1.1.1 安装与卸载 Word 2010

要使用“三剑客”中的一员，就必须先将 Office 2010 安装到电脑中。用户可在软件专卖店或 Microsoft 公司官方网站中购买正版软件，通过安装光盘中的注册码即可成功安装 Office 常用组件，同时还可以卸载相应的组件。

1. 安装 Office 三剑客

安装 Office 2010 三剑客的方法很简单，只需要运行安装程序，按照操作向导提示，就可以轻松地将该软件安装到电脑中。

【例 1-1】安装 Office 2010(包含有 Word、Excel 和 PowerPoint 三剑客)到电脑中。视频

01 启动电脑，将 Office 2010 的安装光盘放入光驱，双击安装程序。

02 运行 Office 2010 安装程序，进入安装程序正在准备必要文件界面。

03 稍等片刻，打开【阅读 Microsoft 软件许可证条款】对话框，选中【我接受此协议的条款】复选框，单击【继续】按钮。

04 打开【选择所需的安装】对话框，用户可根据自己的需求选择安装方法，这里单击【立即安装】按钮。

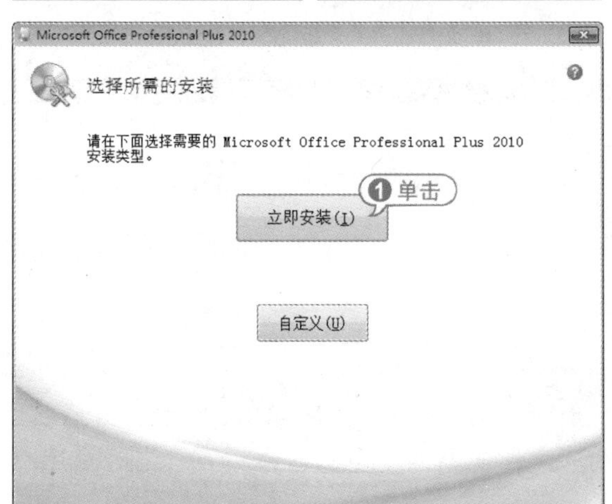

经验谈

如果电脑中安装有其他版本的办公软件，在【阅读 Microsoft 软件许可证条款】对话框中执行安装操作，此时打开的【选择所需的安装】对话框中的【立即安装】按钮将变为【升级】按钮，单击该按钮，将打开【升级早期版本】对话框，执行相关的安装设置操作。

专家解读

单击【自定义】按钮，进入自定义安装设置界面，用户可以根据自己的需求进行相关的设置。

05 打开【安装进度】对话框，显示安装进度。

06 安装完毕后，打开提示对话框，说明软件已经安装完成，单击【关闭】按钮，完成 Office 2010 所有安装操作。

07 重新启动电脑，即可开始使用 Office 2010 三剑客中的 Word 2010。

2. 删除 Word 2010 组件

在使用 Office 组件的过程中，可以通过添加和删除功能删除一些组件。

【例 1-2】删除 Office 2010 的 Microsoft Word 组件。视频

01 单击【开始】按钮，从弹出的【开始】菜单中选择【控制面板】命令，打开【控制面板】窗口。

02 在【程序】图标下单击【卸载程序】链接，打开【程序和功能】窗口。

03 在【卸载或更改程序】列表框中，选择 Microsoft Office Professional Plus 2010 选项，单击【更改】按钮。

04 打开更改程序的安装对话框，保持选中【添加或删除功能】单选按钮，单击【继续】按钮。

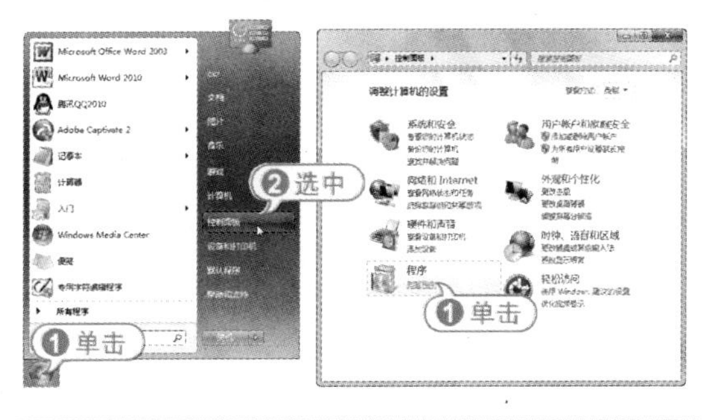

专家解读

在打开的【程序和功能】窗口中，选择 Microsoft Office Professional Plus 2010 选项，单击【卸载】按钮，可以执行卸载 Office 2010 软件的操作。

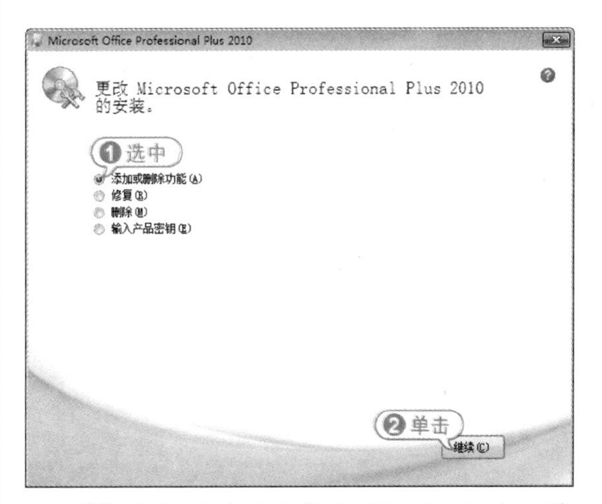

05 在打开的【安装选项】对话框中，单击 Microsoft Word 选项前的下拉按钮，从弹出的下拉菜单中选择【不可用】命令，然后单击【继续】按钮。

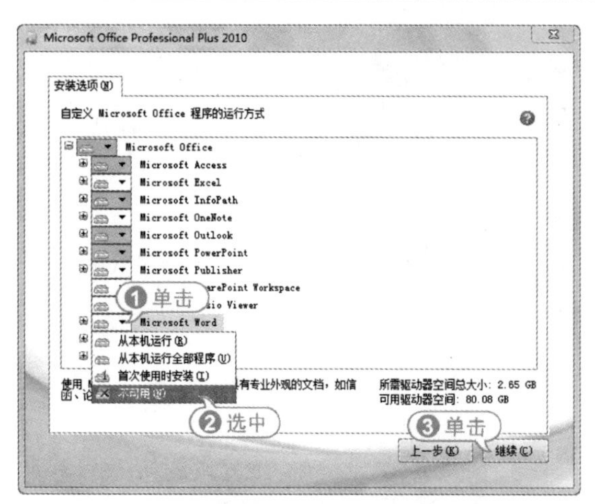

06 在打开的对话框中将会显示配置进度，稍等片刻。

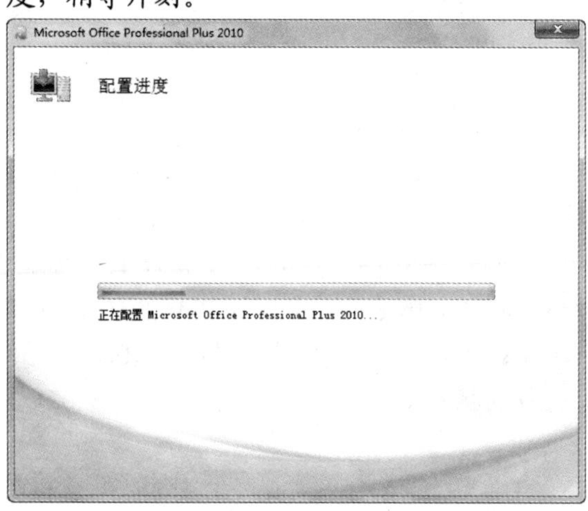

07 配置完成后，打开一个提示该组件卸载完成的对话框，单击【关闭】按钮。

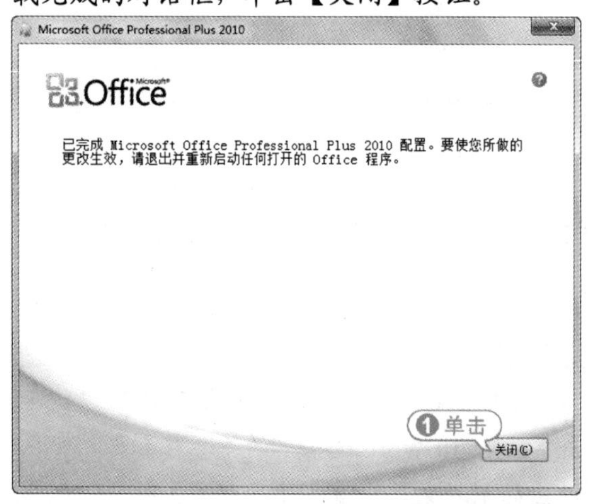

08 重新启动电脑，更改生效，此时 Word 2010 将被卸载，用户将无法使用该版本的软件编辑文档。

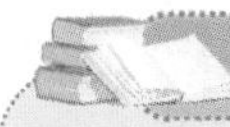

打开更改程序的安装对话框，在【安装选项】列表框中将看到 Microsoft Word 组件前的下拉按钮将出现一个红色打叉符号。若要添加 Word 2010，则单击 Microsoft Word 组件前的下拉按钮，从弹出的下拉菜单中选择【从本机运行】命令，单击【继续】按钮，开始执行该组件的添加操作。

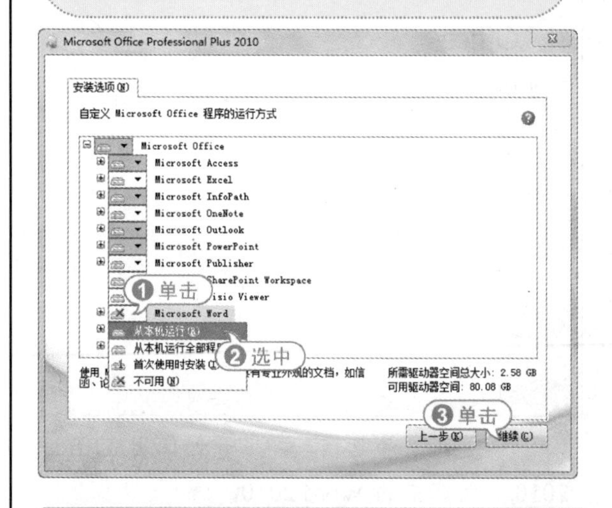

1.1.2 启动和退出 Word 2010

完成 Office 2010 的安装后，就可以启动 Word 2010 进行相关操作了。

1. 启动 Word 2010

启动 Word 2010 的方法很多，最常用方法的有以下几种。

- 从【开始】菜单启动：启动 Windows 7 后，单击【开始】按钮，选择【所有程序】| Microsoft Office | Microsoft Office Word 2010 命令，即可启动 Word 2010。
- 从【开始】菜单的【高频】栏启动：单击【开始】按钮，在弹出的【开始】菜单中的【高频】栏中选择 Microsoft Word 2010 命令，启动 Word 2010。

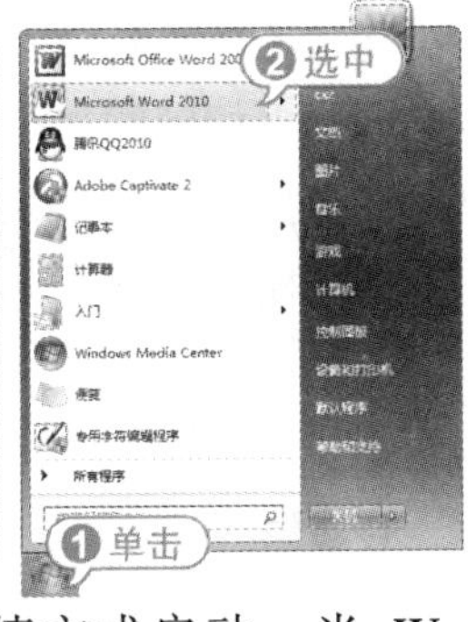

- 通过桌面快捷方式启动：当 Word 2010 安装完后，系统自动会在桌面上创建快捷图标。双击桌面上的 Word 2010 快捷图标，或者右击快捷图标，从弹出的快捷菜单中选择【打开】命令，启动 Word 2010。

专家解读

要创建 Word 2010 的快捷图标，可在【开始】菜单中右击 Microsoft Word 2010 选项，从弹出的快捷菜单中选择【发送到】|【桌面快捷方式】命令即可。

2. 退出 Word 2010

退出 Word 2010 的操作方法相似，常用的主要有以下几种。

- 单击 Word 2010 标题栏上的【关闭】按钮 。
- 在 Word 2010 的工作界面中按 Alt+F4 组合键。
- 在 Word 2010 的工作界面中，右击标题栏，从弹出的菜单中选择【关闭】命令。
- 在 Word 2010 的工作界面中，双击界面最左侧的程序图标按钮。
- 在 Word 2010 的工作界面中，单击【文件】按钮，从弹出的菜单中选择【退出】命令。

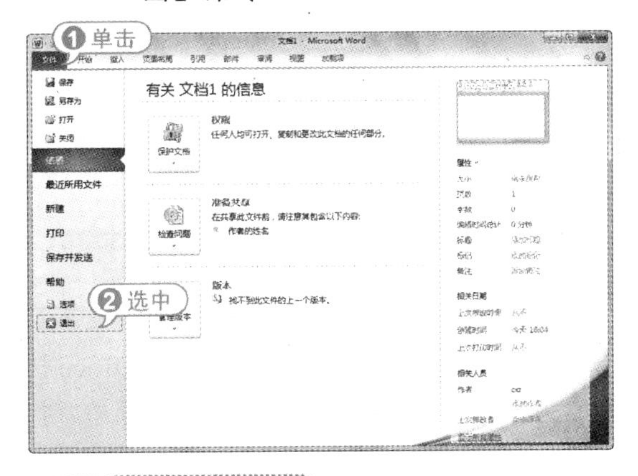

经验谈

在 Word 2010 工作界面中，单击【文件】按钮，从弹出的菜单中选择【关闭】命令，仅关闭当前文件，并不会退出 Word 2010。

1.1.3 认识 Word 2010 操作界面

Word 2010 是 Office 2010 中的最重组件之一，是一款功能强大的文档处理软件，具有一套编写工具，主要用于日常办公和文字处理，可以帮组用户快捷、轻松地创建精美的文档。

Office 2010 新增了【文件】按钮，该按钮与 Office 2007 中的 Office 按钮相似，可以展开菜单，执行相应的命令操作。

Word 2010 的工作界面主要由【文件】按钮、快速访问工具栏、标题栏、功能选项卡、功能区、文档编辑区、状态栏和视图栏等部分组成。各组成部分的功能如下。

- 标题栏：用于显示正在操作的文档名称和程序的名称等信息，还为用户提供了 3 个窗口控制按钮，分别为【最小化】按钮、【最大化】按钮 (或【还原】按钮)和【关闭】按钮 。

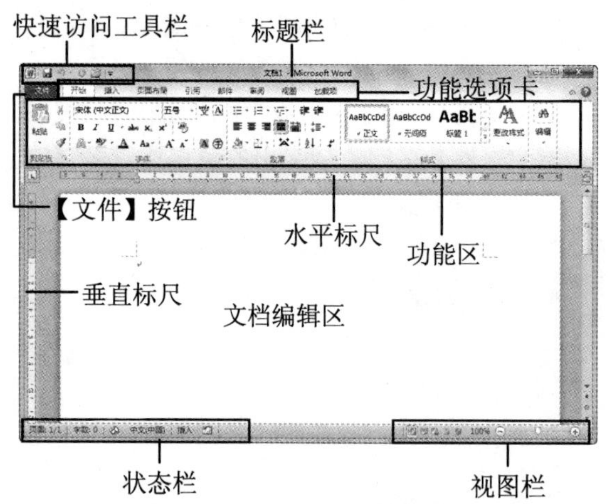

- 【文件】按钮：位于界面的左上角，取代了 Word 2007 版本中的 Office 按钮，单击该按钮，弹出快捷菜单，执行新建、打开、保存和打印等操作。
- 快速访问工具栏：位于标题栏界面顶部，使用它可以快速访问频繁使用的命令，如保存、撤销、重复等。
- 功能选项卡：单击相应的标签，即可打开对应的功能选项卡，如【开始】、【插入】、【页面布局】等选项卡。
- 功能区：包含许多按钮和对话框的内容，单击相应的功能按钮，将执行对应的操作。
- 文档编辑区：它是 Word 中最重要的部分，所有的文本操作都将在该区域中进行，用来显示和编辑文档、表格、图表等。
- 状态栏：用于显示与当前工作有关的信息。
- 视图栏：用于切换文档视图的版式和调整文档的显示比例。

1.1.4 Word 2010 视图简介

为了使用户更好地制作出精美的文档，Word 2010 提供了页面视图、Web 版式视图、阅读版式视图、大纲视图和草稿视图 5 种视图模式。

打开【视图】选项卡，在【文档视图】选项组中单击相应的视图按钮，或者在视图栏中单击视图按钮，即可将当前操作界面切换至相应的视图模式。

在 Word 2010 中，由于视图模式不同，其操作界面也会发生变化。

1. 页面视图

页面视图是 Word 2010 的默认视图方式，该视图方式是按照文档的打印效果显示文档，显示与实际打印效果完全相同的文件样式，文档中的页眉、页脚、页边距、图片及其他元素均会显示其正确的位置，具有“所见即所得”的效果。

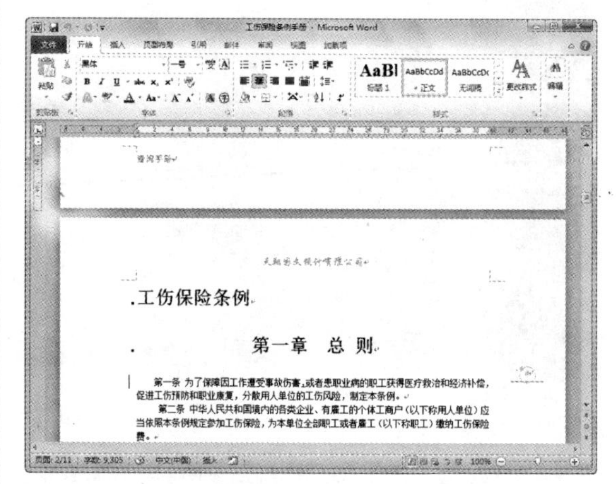

2. 阅读版式视图

阅读版式视图是模拟书本阅读方式，即以图书的分栏样式显示 Word 2010 文档，将两页文档同时显示在一个视图窗口中的一种视图方式。

在阅读版式视图中，默认只有菜单栏、【阅读版式】工具栏和【审阅】工具栏，显示文档的背景、页边距，还可进行文本的输入、编辑等，但不显示文档的页眉和页脚。

专家解读

在阅读版式视图窗口中，单击右上角的【关闭】按钮，即可返回至页面视图。

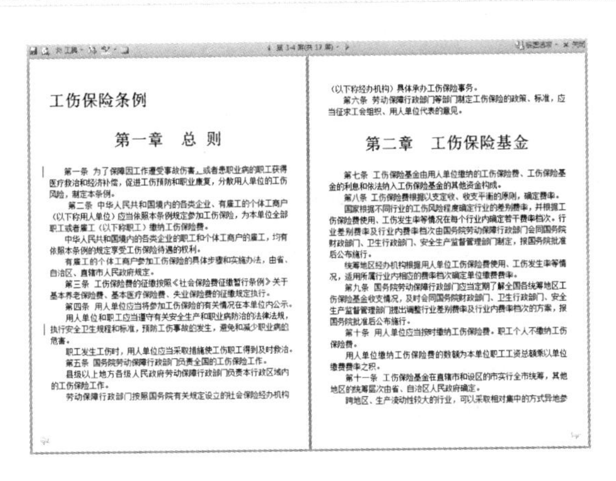

3. Web 版式视图

Web 版式视图是以网页的形式显示 Word 2010 文档，适用于发送电子邮件、创建和编辑 Web 页。使用 Web 版式视图，可以看到背景和为适应窗口而换行显示的文本，且图形位置与在 Web 浏览器中的位置一致。

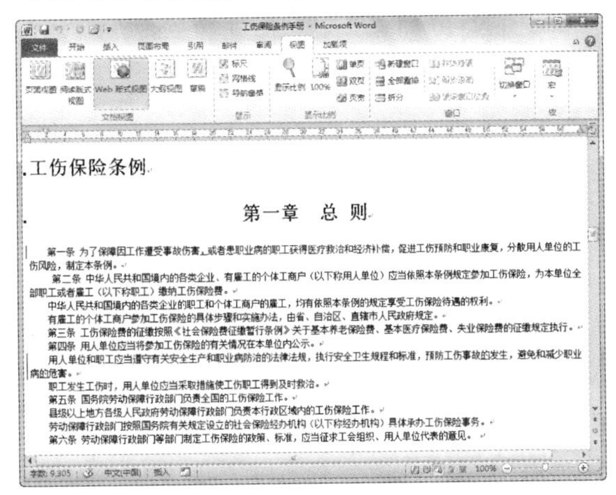

4. 大纲视图

大纲视图主要用于设置 Word 2010 文档的设置和显示标题的层级结构，并可以方便地折叠和展开各种层级的文档。大纲视图广泛用于 Word 2010 长文档的快速浏览和设置。

在大纲视图中，新增了【大纲】功能选项卡，用于查看和组织文档的结构。

在 Web 版式视图下和使用浏览器打开文档视图效果相同。

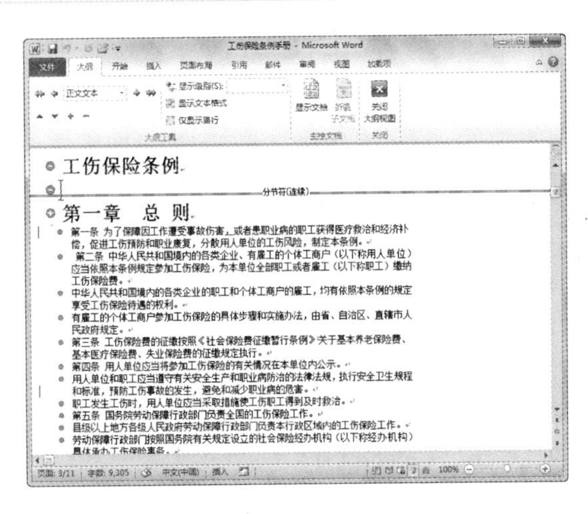

5. 草稿视图

草稿视图取消了页面边距、分栏、页眉页脚和图片等元素，仅显示标题和正文，是最节省计算机系统硬件资源的视图方式。

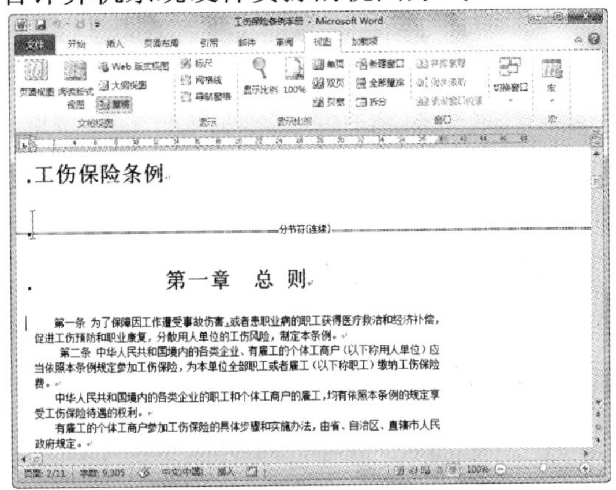

1.1.5 掌握 Word 文档的制作流程

使用 Word 2010 可以制作出诸如通知、条款和合同等不同类型的文档，不同类型的文档制作流程大致类似。具体操作步骤如下。

第一步，将插入点定位到 Word 2010 界面中要插入文本的位置，然后切换至所需的输入法，输入相应的文本内容。

第二步，文本输入完毕后，选择要进行设置的文本，并对其进行格式化设置，如设置字体、段落、边框和底纹等。

第三步，根据制作文档的类型，在文档中插入图片、艺术字、表格、图表和 SmartArt

图形等对象。

第四步，完成文档编辑操作后，在文档中插入封面和目录等内容，并对文档页面进行设置，包括设置页眉和页脚，插入页码等操作。

第五步，预览制作完成的文档，然后通过打印功能将其打印出来。

1.2 文档的基本操作

在使用 Word 2010 编辑处理文档前，应先掌握文档的基本操作，如创建新文档、保存文档、打开文档和关闭文档等。只有了解了这些基本操作后，才能更好地使用 Word 2010。

1.2.1 新建文档

Word 文档是文本、图片等对象的载体，要在文档中进行输入或编辑等操作，首先必须创建新的文档。在 Word 2010 中，创建的文档可以是空白文档，也可以是基于模板的文档，甚至可以是一些具有特殊功能的文档，如书法字帖。

1. 新建空白文档

空白文档是最常使用的传统的文档。新建空白文档，可单击【文件】按钮，从弹出的菜单中选择【新建】命令，打开 Microsoft Office Backstage 视图。在【可用模板】列表框中选择【空白文档】选项，单击【创建】按钮即可。

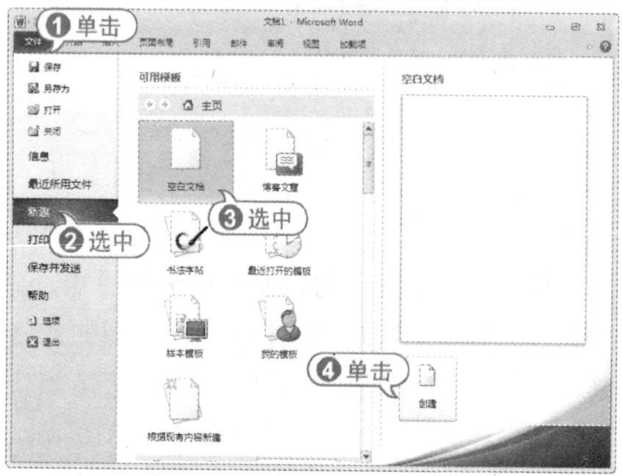

专家解读

在打开的现有文档中，按 Ctrl+N 快捷键，即可快速新建一个空白文档。

2. 新建基于模板的文档

模板是 Word 预先设置好内容格式的文档。在 Word 2010 中为用户提供了多种具有统一规格、统一框架的文档的模板，如传真、信函或简历等。

专家解读

根据模板新建的文档已经有一定的格式和文本内容，用户只需根据自己的需要进行修改和编辑，即可得到一个漂亮、工整的 Word 文档。

下面将以创建【平衡传真】文档为例来介绍新建基于模板的文档的方法。

【例 1-3】在 Word 2010 中根据【平衡传真】文档来创建新文档。

视频+素材 (实例源文件\第 01 章\例 1-3)

01 启动 Word 2010，单击【文件】按钮，从弹出的菜单中选择【新建】命令，打开 Microsoft Office Backstage 视图。

02 在【可用模板】列表框中选择【样本模板】选项。

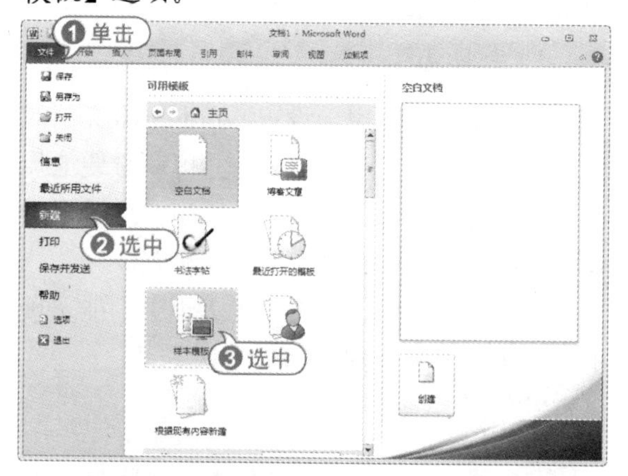

03 自动显示 Word 提供的所有样本模板，在样本模板列表框中选择【平衡传真】选项，

并在右侧窗口中预览该模板的样式，选中【文档】单选按钮，单击【创建】按钮。

04 此时将显示新建的一个文档，并自动套用所选择的【平衡传真】模板的样式。

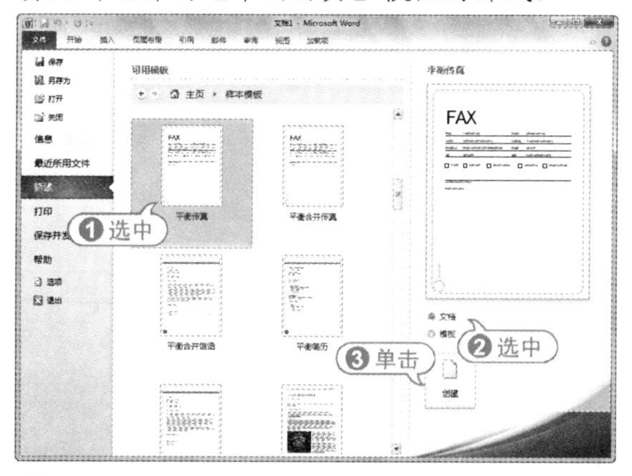

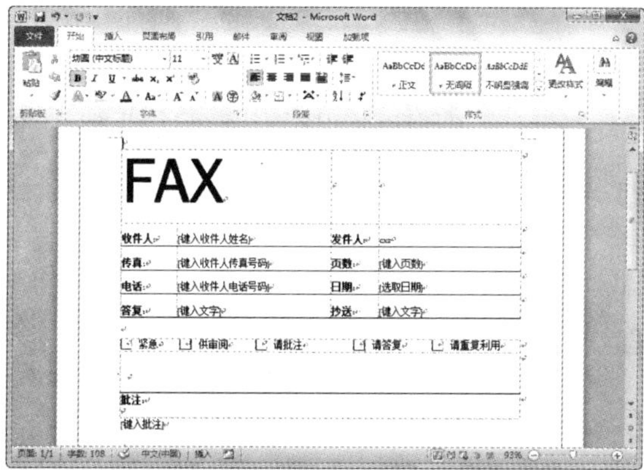

经验谈

在网络连通的情况下，在 Microsoft Office Backstage 视图中的【可用模板】下的【Office.com 模板】列表框中选择相应的模板选项，单击【下载】按钮，即可连接到 Office.com 网站下载，并创建相应的文档。

3. 新建特殊文档

Word 2010 提供了一些特殊文档的创建方法，包括博客文章、书法字帖等。特殊文档的类型不同，其创建的方法也不同。下面以创建书法字帖为例介绍创建特殊文档的方法。

【例 1-4】在 Word 2010 中创建书法字帖，并添加书法字符。视频

01 启动 Word 2010，单击【文件】按钮，从弹出的菜单中选择【新建】命令，打开 Microsoft Office Backstage 视图。

02 在【可用模板】列表框中选择【书法字帖】选项，并在右侧的窗口中单击【创建】按钮。

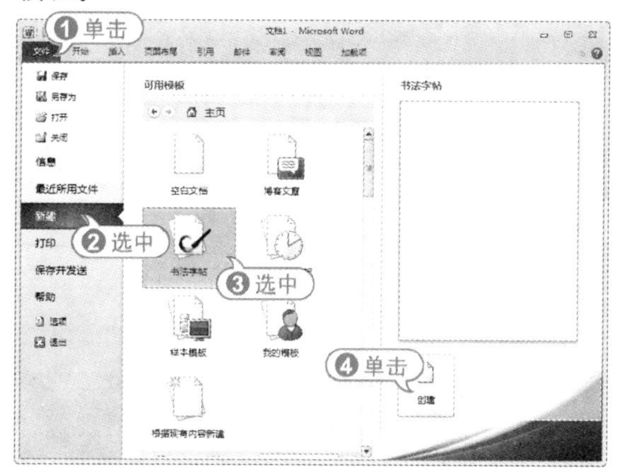

03 此时将创建一个书法字帖文档，同时打开【增减字符】对话框，在【可用字符】列表框中选择书法字符，单击【添加】按钮，将字符添加到【已用字符】列表框中。

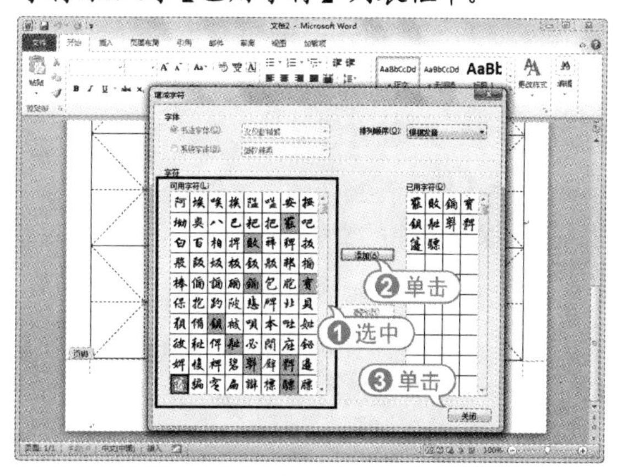

经验谈

用户可以在按住 Ctrl 键的同时，在【可用字符】列表框中选择多个字帖字符。

04 添加完字符后，单击【关闭】按钮，关闭【增减字符】对话框，在创建的字帖中将显示书法字符。

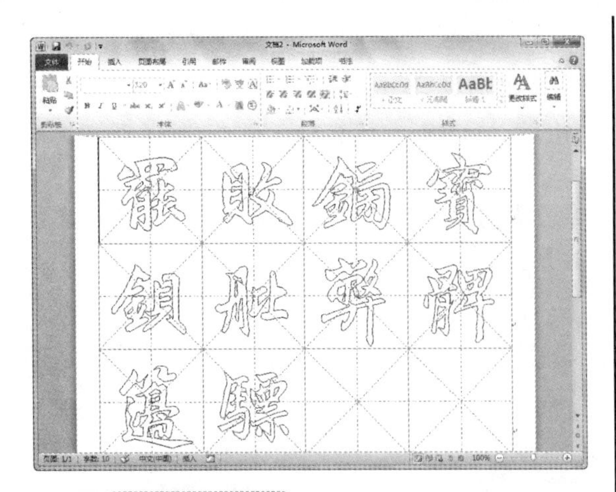

经验谈

除了以上介绍的新建文档的方法外，还可以在打开的 Microsoft Office Backstage 视图的【可用模板】列表框中选择【根据现有内容新建】来创建新文档。

1.2.2 保存文档

新建文档之后，可通过 Word 的保存功能将其存储到电脑中，以便日后编辑使用该文档。保存文档分为保存新建的文档、保存已保存过的文档、将现有的文档另存为其他格式和自动保存 4 种方式。

1. 保存新建的文档

在第一次保存编辑好的文档时，需要指定文件名、文件的保存位置和保存格式等信息。保存新建文档的方法有很多，常用的如下所示。

- 单击【文件】按钮，从弹出的菜单中选择【保存】命令。
- 单击快速访问工具栏上的【保存】按钮。
- 按 Ctrl+S 快捷键。

【例 1-5】将【例 1-4】所创建的书法字帖以【书法字帖】为名保存到电脑中。
视频+素材 (实例源文件\第 01 章\例 1-4)

01 在【例 1-4】创建的书法字帖文档中，单击【文件】按钮，从弹出的菜单中选择【保存】命令，打开【另存为】对话框。

02 在对话框左侧树状结构中选择【计算机】选项，在右侧列表框中选择文档的保存路径，切换至五笔输入法，在【文件名】文本框中输入“书法字帖”，单击【保存】按钮。

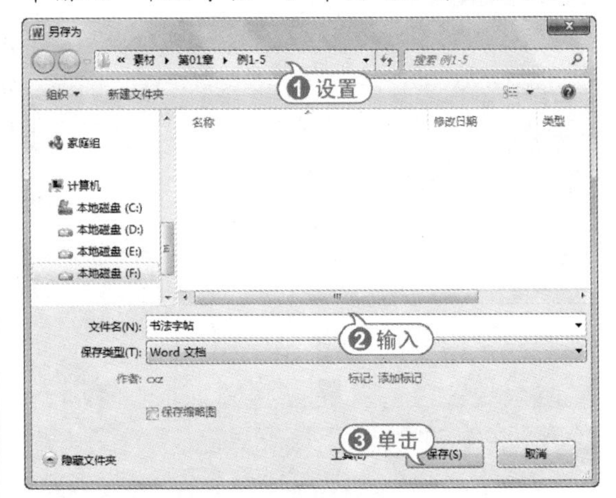

03 此时将在 Word 2010 标题栏中显示文档名称，即文档以【书法字帖】为名保存。

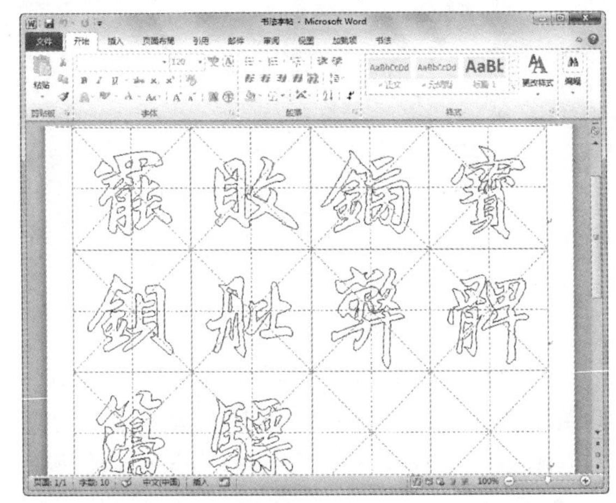

专家解读

一般情况下，在保存新建的文档时，如果在文档中已输入了一些内容，Word 2010 自动将输入的第一行内容作为文件名。

2. 保存已保存过的文档

要对已保存过的文档进行保存时，可单击【文件】按钮，从弹出的菜单中选择【保存】

命令，或单击快速访问工具栏上的【保存】按钮，即可按照原有的路径、名称以及格式进行保存。

专家解读

要将文档保存在其他路径中，或以另一个文件名保存，这时可以单击【文件】按钮，从弹出的菜单中选择【另存为】命令，打开【另存为】对话框，设置保存路径，或在【文件名】文本框中重新输入文件名，单击【保存】按钮即可。

3. 另存为其他格式

要将已保存的文档保存为 PDF 文档或网页等多种格式，而在不想破坏原文档的情况下，要将改动后的文档进行保存，这时也可以使用【另存为】功能将其保存。下面以保存为 PDF 文档为例来介绍另存为其他格式的方法。

【例 1-6】将【书法字帖】文档另存为 PDF 格式【字帖】文档。

视频 + 素材 (实例源文件\第 01 章\例 1-6)

01 在打开的【书法字帖】文档中，单击【文件】按钮，从弹出的菜单中选择【另存为】命令，打开【另存为】对话框。

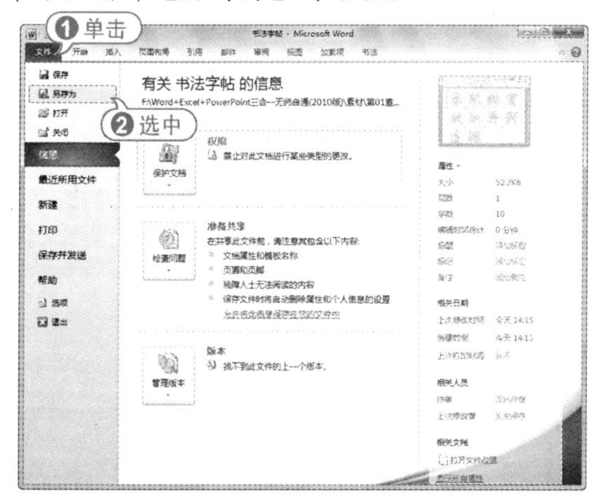

02 选择文档的保存路径，切换至五笔输入法，在【文件名】文本框中输入“字帖”，在【保存类型】下拉列表框中选择 PDF 选项，单击【保存】按钮。

03 此时系统将【书法字帖】文档以【字帖】为名另存为 PDF 格式的文档。经过前面的操作之后，返回文档保存路径查看文档，文档名和格式都发生了变化。

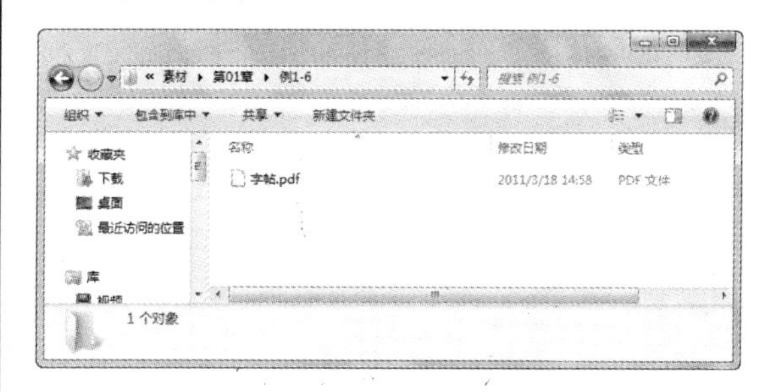

专家解读

完成另存为 PDF 文档的操作后，可以使用 PDF 阅读器打开另存后的文档来查看其效果。PDF 阅读器比较多，如 PDF-XChange Viewer、Adobe Reader 等。

4. 自动保存文档

若用户不习惯随时对修改的文档进行保存操作，则可以将文档设置为自动保存。设置自动保存后，系统会根据设置的时间间隔在指定的时间自动对文档进行保存，无论文档是否进行了修改。

【例 1-7】启动 Word 2010 后，将文档的自动保存时间间隔设置为 5 分钟。视频

01 启动 Word 2010，单击【文件】按钮，从弹出的菜单中选择【选项】命令，打开【Word 选项】对话框。

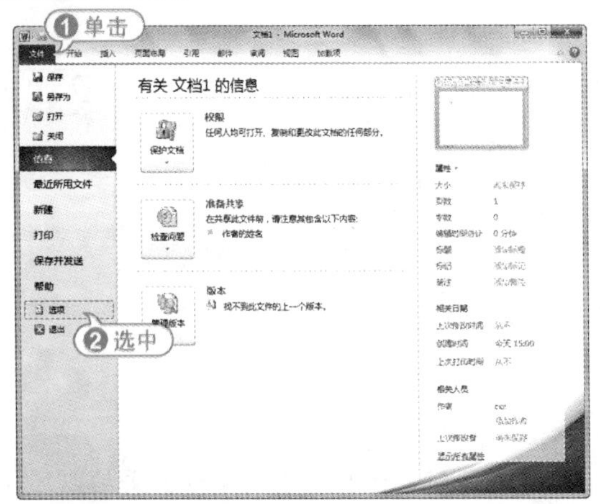

02 打开【保存】选项卡，在【保存文档】选项区域中选中【保存自动恢复信息时间间隔】复选框，并在其后的微调框中输入 5，单击【确定】按钮，完成设置。

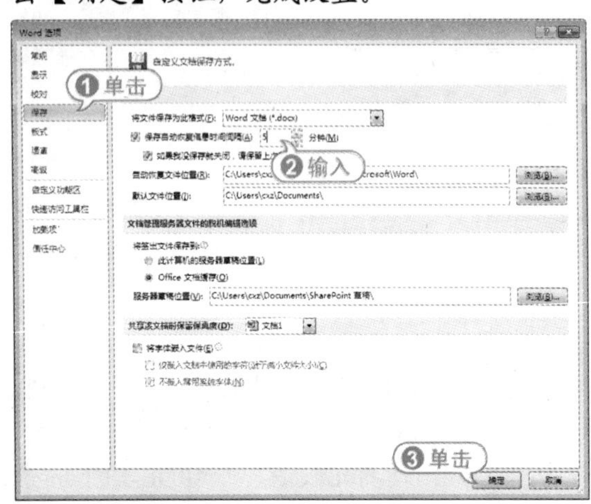

经验谈

打开【Word 选项】对话框，在【保存】选项卡的【保存文档】选项区域中，单击【自动恢复文件位置】文本框后的【浏览】按钮，打开【修改位置】对话框，更改自动恢复文件位置的路径，单击【确定】按钮。

1.2.3 打开和关闭文档

打开和关闭文档是 Word 最基本的操作。若要对保存的文档进行浏览或编辑，必须先将其打开。在浏览或编辑完文档后，如果已不再需要使用该文档，即可将其关闭。下面将分别介绍打开和关闭文档的方法。

1. 打开文档

Word 2010 提供了多种打开已有文档的方法，常用的方法如下。

- 在已有的文档图标上双击。
- 单击【开始】按钮，从弹出的菜单中选择【打开】命令。
- 右击快速访问工具栏左侧的下拉按钮，从弹出的快捷菜单中选择【打开】命令，将【打开】按钮添加到快速访问工具栏中，再单击【打开】按钮。
- 按 Ctrl+O 快捷键。

下面将以具体实例来介绍通过【打开】对话框进行打开文档的方法。

【例 1-8】使用【打开】对话框打开【书法字帖】文档。视频

01 启动 Word 2010，单击【文件】按钮，选择【打开】命令，打开【打开】对话框。

02 在对话框左侧树状结构中选择【本地磁盘(E:)】选项，在右侧列表框中选择文档的保存路径，选择【书法字帖】文档。

03 单击【打开】下拉按钮，从弹出的快捷菜单中选择【打开】命令。

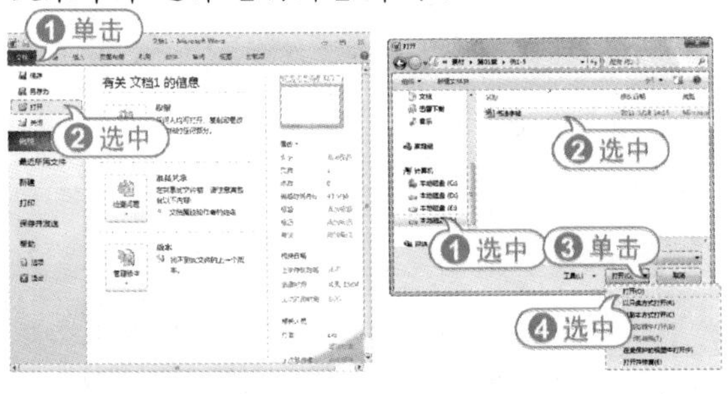

04 此时系统自动打开【书法字帖】文档，可以对其进行编辑操作。

专家解读

在【打开】对话框中提供了多种打开文档的方式。以只读方式打开的文档，将以只读方式存在，对文档的编辑修改将无法直接保存到原文档上，而需将修改过的文档另存为一个新文档；以副本方式将打开一个文档的副本，而不打开原文档，对该副本文档所作的修改将直接保存到副本文档中，而对原文档没有影响。

2. 关闭文档

不使用文档时，应将其关闭。关闭文档的方法非常简单，常用的关闭文档的方法如下。

- 单击标题栏右侧的【关闭】按钮。
- 按 Alt+F4 组合键。
- 单击【开始】按钮，从弹出的菜单中选择【关闭】命令。
- 右击标题栏，从弹出的快捷菜单中选择【关闭】命令。

1.3 输入文本

创建新文档后，就可以选择合适的输入法，在文档中输入文本内容。本节将介绍普通文本、特殊符号、日期和时间的输入方法。

1.3.1 输入普通文本

当新建一个文档后，在文档的开始位置将出现一个闪烁的光标，称之为“插入点”。在Word 文档中输入的文本，都将在插入点处出现。定位了插入点的位置后，选择一种输入法，即可开始普通文本的输入。

在文本的输入过程中，Word 2010 将遵循以下原则。

- 按下 Enter 键，将在插入点的下一行处重新创建一个新的段落，并在上一个段落的结束处显示【↵】符号。
- 按下空格键，将在插入点的左侧插入一个空格符号，它的大小将根据当前输入法的全半角状态而定。
- 按下 Backspace 键，将删除插入点左侧的一个字符。
- 按下 Delete 键，将删除插入点右侧的一个字符。

输入普通文本的方法很简单，只需要在闪烁的插入点中使用输入法输入即可。

【例 1-9】新建一个名为【通知】的文档，在其中输入普通文本。

视频 + 素材 (实例源文件\第 01 章\例 1-9)

01 启动 Word 2010，单击【文件】按钮，从弹出的菜单中选择【保存】命令，打开【另存为】对话框。

02 选择文档保存路径，切换至五笔输入法，在【文件名】文本框中输入“通知”，单击【保存】按钮，文档将以【通知】为名保存。

03 按空格键，将插入点移至页面中央位置，切换至搜狗拼音输入法，输入标题“通知”。

04 按 Enter 键，将插入点跳转至下一行的行首，继续输入文本“各位员工：”。

05 按 Enter 键，将插入点跳转至下一行的行首，再按下 Tab 键，首行缩进 2 个字符，

继续输入正文文本。

06 要输入英文时，按 Caps Lock 键，再按 O 字母键，输入大写字母 O；按下 Caps Lock 键，返回至中文输入状态，按 Shift 键，切换到英文输入状态，按相应的字母键，分别输入小写字母 f、f、i、c、e。

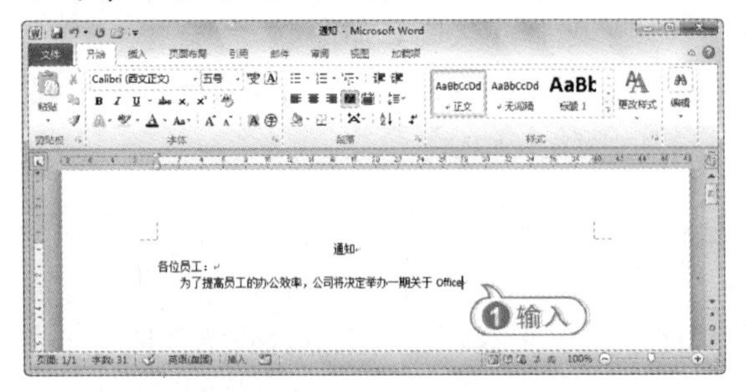

经验谈

在英文状态下通过键盘可以直接输入英文、数字及标点符号。输入英文时需要注意：按 Caps Lock 键可输入英文大写字母，再次按该键输入英文小写字母；按 Shift 键的同时按双字符键将输入上档字符；按 Shift 键的同时，按字母键同样可以输入英文大写字母。

07 按 Shift 键，切换到中文输入状态，使用同样的方法，输入其他文本。

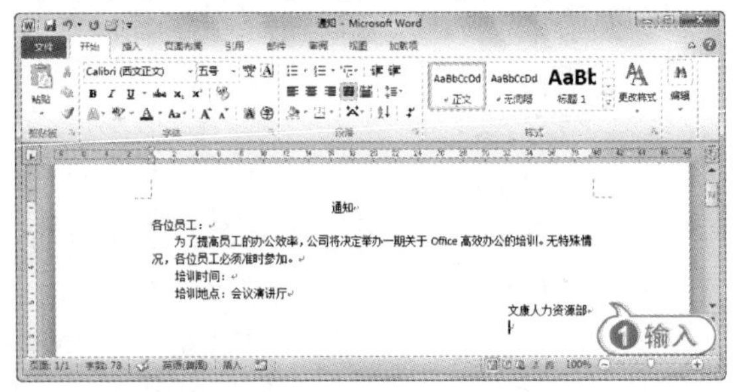

专家解读

当输入的文字到达右边界时，Word 会自动换行。

08 单击快速访问工具栏中的【保存】按钮，保存文档。

1.3.2 输入特殊符号

在输入文档时，除了可以直接通过键盘输入常用的基本符号外，还可以通过 Word 2010 的插入符号功能输入一些诸如☆、¤、®(注册符)以及™(商标符)等特殊字符。

1. 插入符号

打开【插入】选项卡，单击【符号】选项组中的【符号】下拉按钮 Ω 符号，从弹出的下拉菜单中选择相应的符号，或者选择【其他符号】命令，将打开【符号】对话框，选择要插入的符号，单击【插入】按钮，即可插入符号。

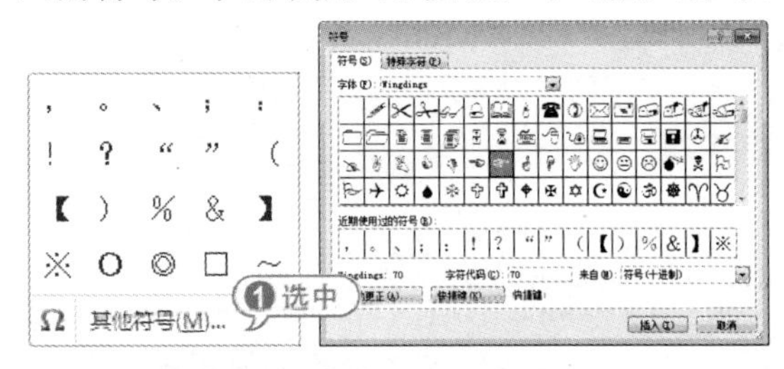

经验谈

在【符号】选项卡中，单击【字体】下拉按钮，从弹出的下拉菜单中可以选择符号格式，在其下的列表框中显示对应的符号。

打开【特殊字符】选项卡，在其中可以选择®(注册符)以及™(商标符)等特殊字符，单击【插入】按钮，即可将其插入到文档中。

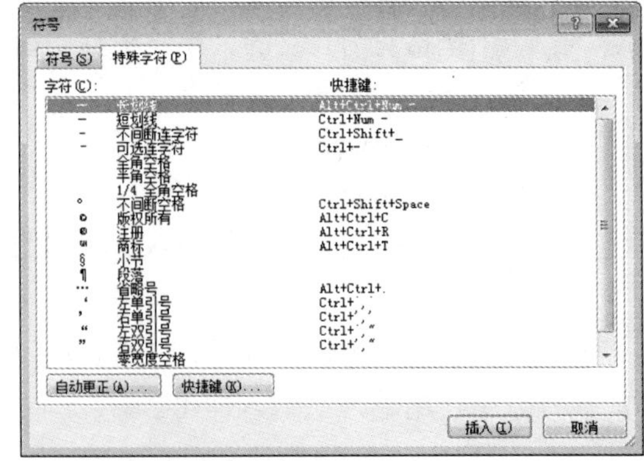

2. 插入特殊符号

要插入特殊符号，可以打开【加载项】选

项卡，在【菜单命令】选项组中单击【特殊符号】按钮 ，打开【插入特殊符号】对话框，在该对话框中选择相应的符号后，单击【确定】按钮即可。

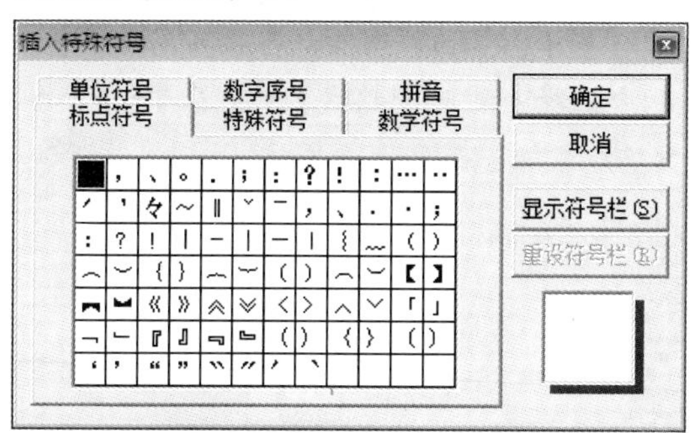

专家解读

在【插入特殊符号】对话框中，提供了标点符号、特殊符号、数学符号、单位符号、数字序号、拼音 6 种类型的符号，用户可以根据需求选择适合的特殊符号。

【例 1-10】在【通知】文档中输入特殊符号。
视频 + 素材 (实例源文件\第 01 章\例 1-10)

01 启动 Word 2010，打开【通知】文档。

02 将插入点定位到文本“培训时间”开头处，打开【插入】选项卡，在【符号】选项组中单击【符号】按钮，从弹出的菜单中选择【其他符号】命令，打开【符号】对话框。

03 打开【符号】选项卡，在【字体】下拉列表框中选择 Wingdings 选项，在其下的列表框中选择书写样式的符号，然后单击【插入】按钮。

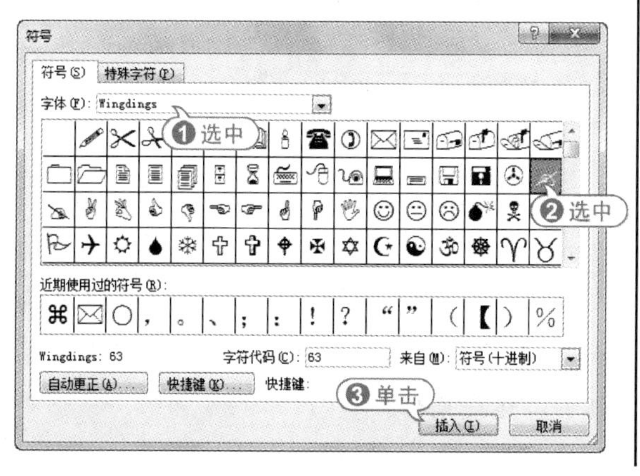

04 将符号插入文档后，在【符号】选项卡中单击【关闭】按钮，关闭【符号】对话框，此时在文档中显示所插入的符号。

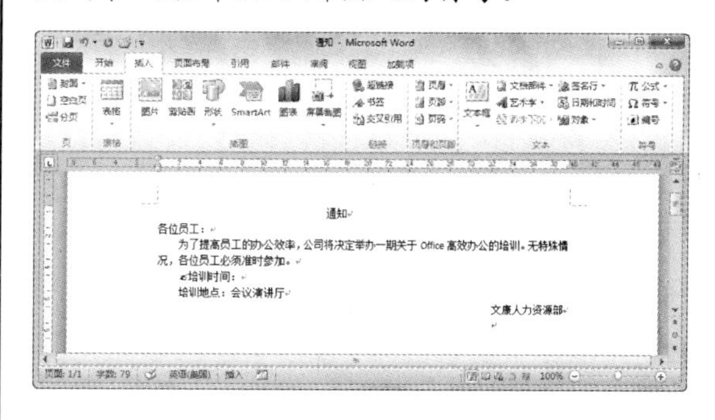

05 将插入点定位在文本“培训地点”开头处，打开【加载项】选项卡，在【菜单命令】选项组中单击【特殊符号】按钮，打开【插入特殊符号】对话框。

06 打开【特殊符号】选项卡，在其中选择一种特殊符号，单击【确定】按钮，插入该特殊符号。

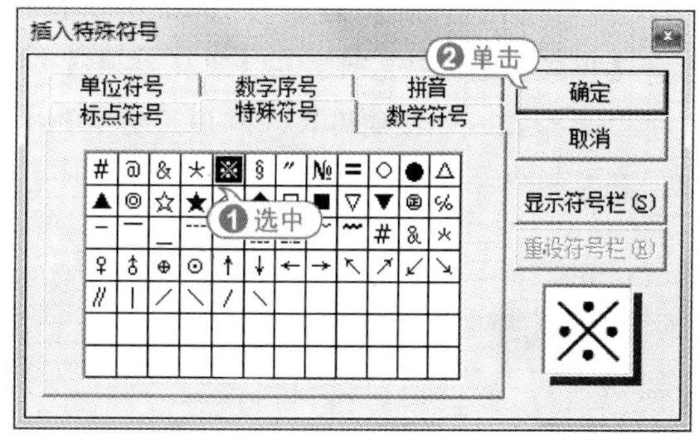

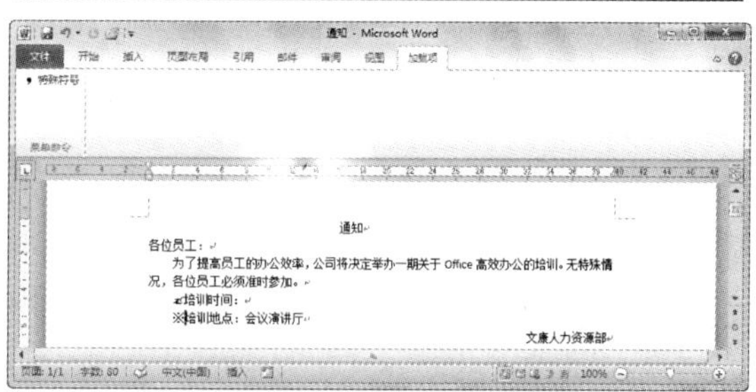

07 在快速访问工具栏中单击【保存】按钮，保存修改后的【通知】文档。

1.3.3 输入日期和时间

使用 Word 2010 编辑文档时，可以使用插入日期和时间功能来输入当前日期和时间。

在 Word 2010 中输入日期类的格式时，Word 2010 会自动显示“2011/3/21”格式的当前日期，按 Enter 键即可完成当前日期的输入。

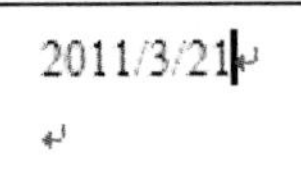

如果要输入其他格式的日期，除了可以手动输入外，还可以通过【日期和时间】对话框进行插入。下面将以在【通知】文档中插入日期和时间为例进行介绍。

【例 1-11】在【通知】文档中插入日期和时间。
视频+素材 (实例源文件\第 01 章\例 1-11)

01 启动 Word 2010，打开【通知】文档。

02 将插入点定位在文档最后一行，打开【插入】选项卡，在【文本】选项组中单击【日期和时间】按钮，打开【日期和时间】对话框。

03 在【语言(国家/地区)】下拉列表框中选择【中文(国家)】选项，在【可用格式】列表框中选择第一种日期格式，单击【确定】按钮，在文档中插入日期。

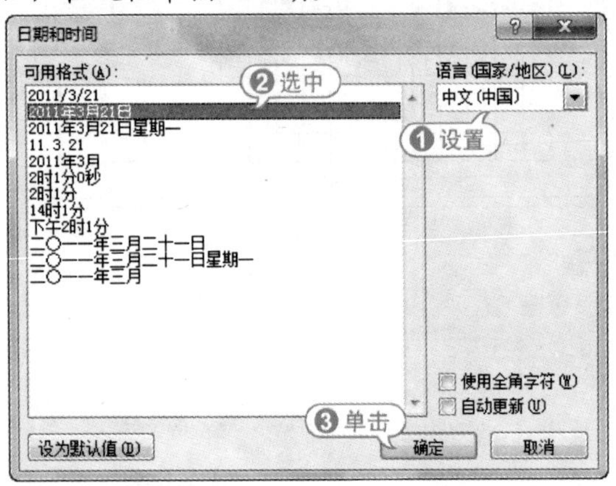

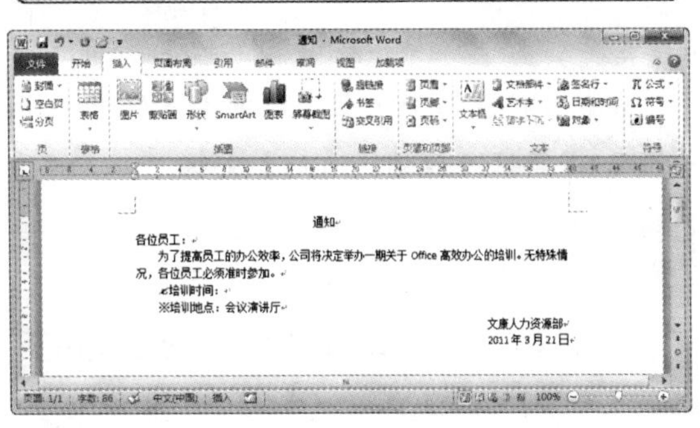

04 将插入点定位在文本“培训时间：”后，使用同样的方法，打开【日期和时间】对话框。

05 在【语言(国家/地区)】下拉列表框中选择【英语(美国)】选项，在【可用格式】列表框中选择一种时间格式，单击【确定】按钮。

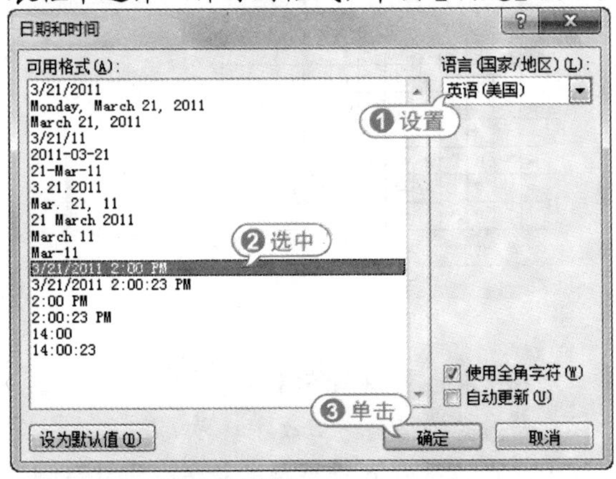

经验谈

在【日期和时间】对话框中，选中【自动更新】复选框，可对插入的日期和时间进行自动更新。在每次打印之前 Word 会自动更新日期和时间，以保证打印出的时间总是最新的；选中【使用全角字符】复选框，可以用全角方式显示插入的日期和时间；单击【设为默认值】按钮，将当前日期和时间格式保存为默认的格式。

06 此时将在文档中显示所插入的日期和时间格式。

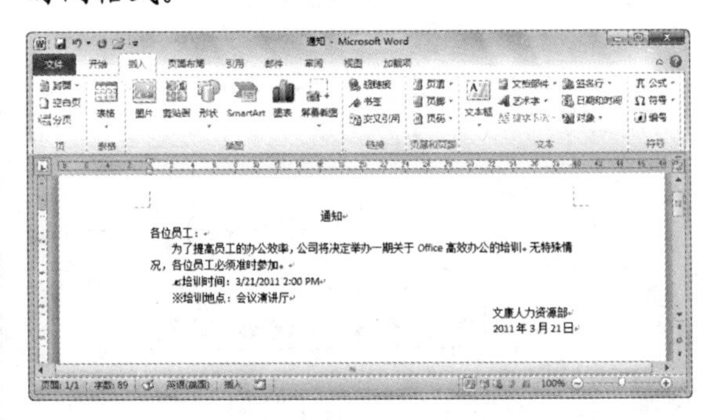

07 在快速访问工具栏中单击【保存】按钮，保存文档。

1.4 操作文本

文档录入过程中，通常会需要对文本进行选取、复制、移动、删除、查找和替换等操作。这些操作是 Word 中最基本、最常用的操作。熟练地掌握这些操作，可以节省时间，提高文档编辑工作中的效率。

1.4.1 选择文本

在 Word 2010 中，用户在进行文本编辑之前，必须选取或选中操作的文本。选择文本既可以使用鼠标，或者使用键盘，还可以结合键盘进行。

1. 使用鼠标选择

使用鼠标选择文本是最基本、最常用的方法。使用鼠标可以轻松地改变插入点的位置，因此使用鼠标选择文本十分方便。

- 拖动选择：将鼠标指针定位在起始位置，再按住鼠标左键不放，向目的位置拖动鼠标以选择文本。
- 单击选择：将鼠标光标移到要选定行的左侧空白处，当鼠标光标变成↗形状时，单击鼠标选择该行文本内容。
- 双击选择：将鼠标光标移到文本编辑区左侧，当鼠标光标变成↗形状时，双击鼠标左键，即可选择该段的文本内容；将鼠标光标定位到词组中间或左侧，双击鼠标选择该单字或词。
- 三击选择：将鼠标光标定位到要选择的段落中，三击鼠标可选中该段的所有文本内容；将鼠标光标移到文档左侧空白处，当鼠标变成↗形状时，三击鼠标选中文档中所有内容。

2. 使用键盘选择

使用键盘选择文本时，需先将插入点移动到要选择的文本的开始位置，然后按键盘上相应的快捷键即可。

利用快捷键选择文本内容的功能如下表所示。

快 捷 键	功　能
Shift→	选择光标右侧的一个字符
Shift+←	选择光标左侧的一个字符
Shift+↑	选择光标位置至上一行相同位置之间的文本
Shift+↓	选择光标位置至下一行相同位置之间的文本
Shift+Home	选择光标位置至行首
Shift+End	选择光标位置至行尾
Shift+PageDowm	选择光标位置至下一屏之间的文本
Shift+PageUp	选择光标位置至上一屏之间的文本
Ctrl+Shift+Home	选择光标位置至文档开始之间的文本
Ctrl+Shift+End	选择光标位置至文档结尾之间的文本
Ctrl+A	选中整篇文档

3. 结合鼠标和键盘选择

使用鼠标和键盘结合的方式不仅可以选择连续的文本，也可以选择不连续的文本。

- 选择连续的较长文本：将插入点定位到要选择区域的开始位置，按住 Shift 键不放，再移动光标至要选择区域的结尾处，单击鼠标左键即可选择该区域之间的所有文本内容。
- 选择不连续的文本：选择任意一段文本，按住 Ctrl 键，再拖动鼠标选择其他文本，即可同时选择多段不连续的文本。
- 选择整篇文档：按住 Ctrl 键不放，将光标移到文本编辑区左侧空白处，当光标变成↗形状时，单击鼠标左键即可选择整篇文档。

- 选择矩形文本：将插入点定位到开始位置，按住 Alt 键并拖动鼠标，即可选择矩形文本。

1.4.2 移动和复制文本

在文档中经常需要重复输入文本时，可以使用移动或复制文本的方法进行操作，以节省时间，加快输入和编辑的速度。

1. 移动文本

移动文本是指将当前位置的文本移到另外的位置，在移动的同时，会删除原来位置上的原版文本。移动文本后，原位置的文本消失。移动文本有以下几种方法。

- 选择需要移动的文本，按 Shift+X 组合键；在目标位置处按 Ctrl+V 组合键来实现。
- 选择需要移动的文本，在【开始】选项卡的【剪贴板】选项组中，单击【剪切】按钮，在目标位置处，单击【粘贴】按钮。
- 选择需要移动的文本，按下鼠标右键拖动至目标位置，松开鼠标后弹出一个快捷菜单，从中选择【移动到此位置】命令。
- 选择需要移动的文本后右击，在弹出的快捷菜单中选择【剪切】命令；在目标位置处右击，在弹出的快捷菜单中选择【粘贴】命令。
- 选择需要移动的文本后，按下鼠标左键不放，此时鼠标光标变为形状，并出现一条虚线，移动鼠标光标，当虚线移动到目标位置时，释放鼠标即可将选取的文本移动到该处。

2. 复制文本

所谓文本的复制，是指将要复制的文本移动到其他的位置，而原版文本仍然保留在原来的位置。复制文本有以下几种方法。

- 选取需要复制的文本，按 Ctrl+C 组合键，把插入点移到目标位置，再按 Ctrl+V 组合键。
- 选择需要复制的文本，在【开始】选项卡的【剪贴板】选项组中，单击【复制】按钮，将插入点移到目标位置处，单击【粘贴】按钮。
- 选取需要复制的文本，按下鼠标右键拖动到目标位置，松开鼠标会弹出一个快捷菜单，从中选择【复制到此位置】命令。
- 选取需要复制的文本并右击，从弹出的快捷菜单中选择【复制】命令，把插入点移到目标位置，右击，从弹出的快捷菜单中选择【粘贴】命令。

【例 1-12】在【通知】文档中，进行移动和复制操作。

视频+素材 (实例源文件\第 01 章\例 1-12)

01 启动 Word 2010，打开【通知】文档。

02 选择日期文本"2011 年 3 月 21 日"，按住鼠标左键不放，此时鼠标光标变为形状，并出现一条虚线，移动鼠标光标至"培训时间："后。

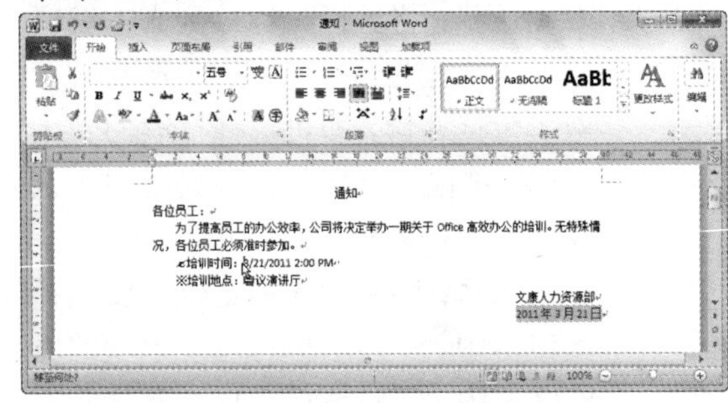

03 释放鼠标，即可将选取的文本移动到目标位置处。

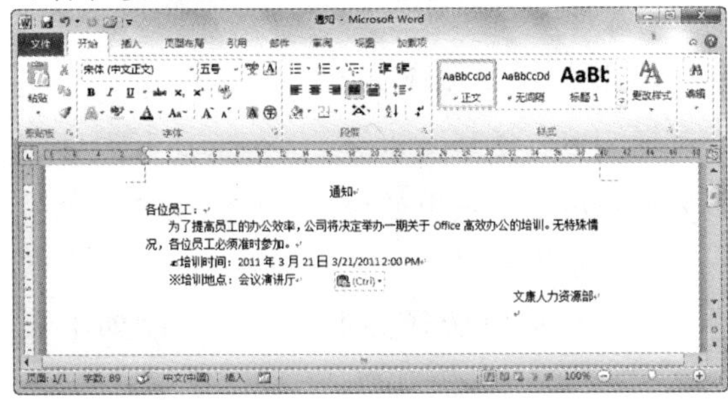

04 选中文本"3/21/2011"，在【开始】

选项卡的【剪切板】选项组中，单击【复制】按钮，然后将插入点移到文本最后一行，单击【粘贴】按钮，完成文本的复制。

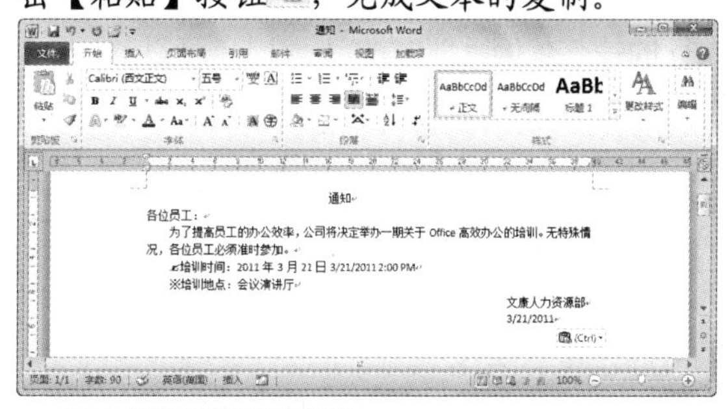

专家解读

在【开始】选项卡的【剪切板】选项组中单击对话框启动器按钮，即可快速启动【剪贴板】窗格，在该窗口中显示有最近所做的复制操作。

05 在快速访问工具栏中单击【保存】按钮，保存文档。

1.4.3 删除文本

在文档编辑的过程中，需要对多余或错误的文本进行删除操作。对文本进行删除，可使用以下方法。

- 按 Backspace 键，删除光标左侧文本。
- 按 Delete 键，删除光标右侧文本。
- 选择需要删除的文本，在【开始】选项卡的【剪贴板】选项组中，单击【剪切】按钮即可。
- 选择文本，按 Backspace 键或 Delete 键均可删除所选文本。

【例 1-13】在【通知】文档中删除多余文本。
视频 + 素材 (实例源文件\第 01 章\例 1-13)

01 启动 Word 2010，打开【通知】文档。

02 将插入点定位到文本“2011 年 3 月 21 日”后，按 10 次 Delete 键，删除文本“3/21/2011”加一个空格键。

03 在快速访问工具栏中单击【保存】按钮，保存文档。

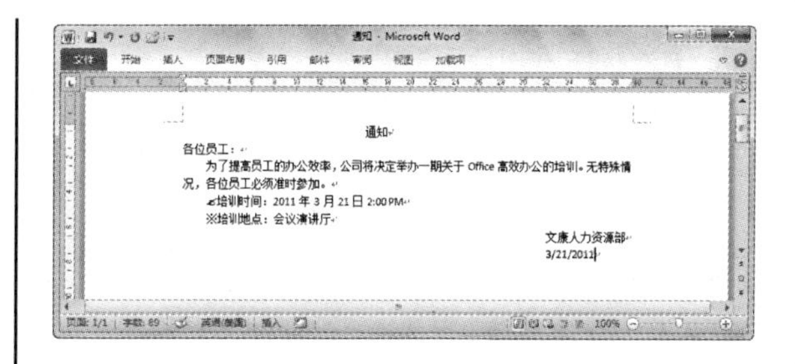

1.4.4 查找和替换文本

在篇幅比较长的文档中，使用 Word 2010 提供的查找与替换功能，可以快速地查找文档中某个信息或更改全文中多处重复出现错误的词语，从而使反复地查找变得较为简单，大大提高了办公效率。

【例 1-14】在【通知】文档中，查找文本“各位员工”，将最后一处文本替换为“全体员工”。
视频 + 素材 (实例源文件\第 01 章\例 1-14)

01 启动 Word 2010，打开【通知】文档。

02 在【开始】选项卡中，单击【编辑】下拉按钮，从弹出的列表中单击【查找】按钮，打开导航窗格。

03 切换至搜狗拼音输入法，在【导航】文本框中输入文本“各位员工”，此时 Word 2010 自动在文档编辑区中以黄色高亮显示所查找到的文本。

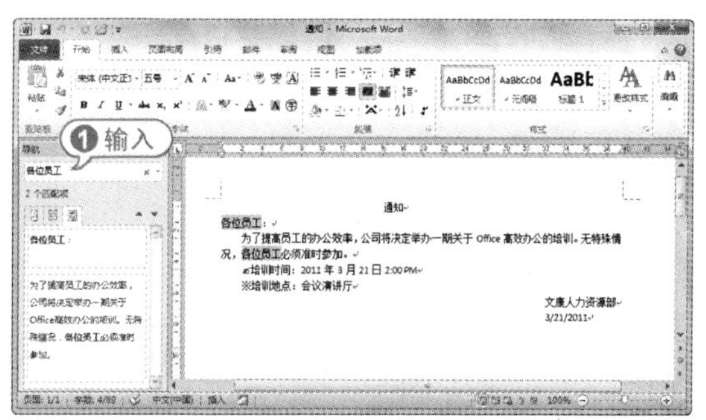

04 在【开始】选项卡中，单击【编辑】下拉按钮，从弹出的菜单中单击【替换】按钮，打开【查找和替换】对话框。

05 自动打开【替换】选项卡，此时【查找内容】文本框中显示文本“各位员工”，在【替换为】文本框中输入文本“全体员工”，单击【查找下一处】按钮。

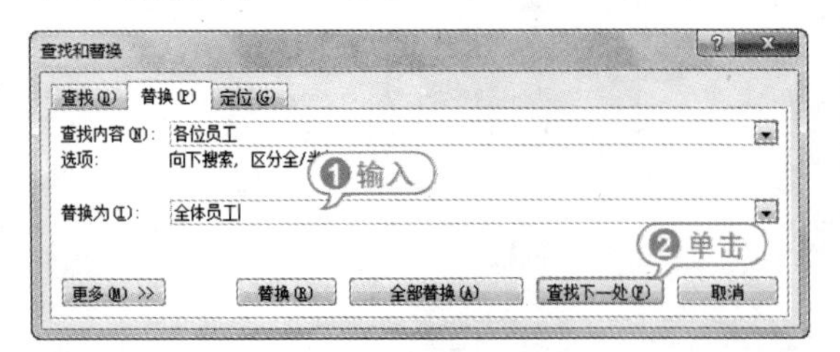

06 待查找到最后一处文本时，以黄绿色高亮显示文本“各位员工”时，单击【替换】按钮，替换文本。

专家解读

单击【全部替换】按钮，替换所有满足条件的文本；单击【更多】按钮，可以设置更多查找和替换选项。

07 此时系统自动打开信息提示框，单击【否】按钮，返回至【查找和替换】对话框。

08 单击【关闭】按钮，关闭【查找和替换】对话框，显示替换文本后的文档。

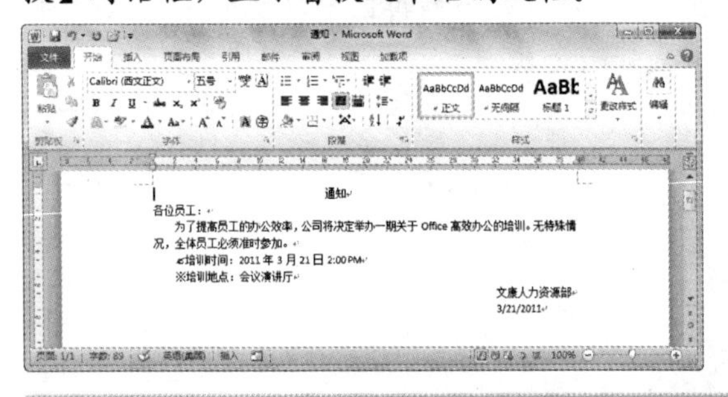

1.4.5 撤销与恢复操作

编辑文档时，Word 2010 会自动记录最近执行的操作，因此当操作错误时，可以通过撤销功能将错误操作撤销。如果误撤销了某些操作，还可以使用恢复操作将其恢复。

1. 撤销操作

常用的撤销操作主要有以下两种。

- 在快速访问工具栏中单击【撤销】按钮，撤销上一次的操作。单击按钮右侧的下拉按钮，可以在弹出列表中选择要撤销的操作。
- 按 Ctrl+Z 组合键，撤销最近的操作。

2. 恢复操作

恢复操作用来还原撤销操作，恢复撤销以前的文档。常用的恢复操作主要有以下两种。

- 在快速访问工具栏中单击【恢复】按钮，恢复操作。
- 按 Ctrl+Y 组合键，恢复最近的撤销操作。

经验谈

Word 2010 状态栏中有【改写】和【插入】两种状态。在改写状态下，输入的文本将会覆盖其后的文本，而在插入状态下，会自动将其后的文本向后移动。若要更改输入状态，可以在状态栏中单击【插入】按钮 插入 或【改写】按钮 改写 。按 Insert 键，也可在这两种状态下切换。

1.5 实战演练

本章的实战演练部分包括自定义 Word 2010 操作环境和制作英文求职信两个综合实例操作，用户通过练习可以巩固本章所学知识。

1.5.1 自定义 Word 2010 操作环境

【例 1-15】自定义 Word 2010 操作环境。视频

01 单击【开始】按钮，从弹出的【开始】菜单中选择【所有程序】| Microsoft Office | Microsoft Word 2010 命令，启动 Word 2010。

02 在快速访问工具栏中单击【自定义快速工具栏】按钮，在弹出的菜单中选择【快

CHAPTER 01

速打印】命令，将【快速打印】按钮添加到快速访问工具栏中。

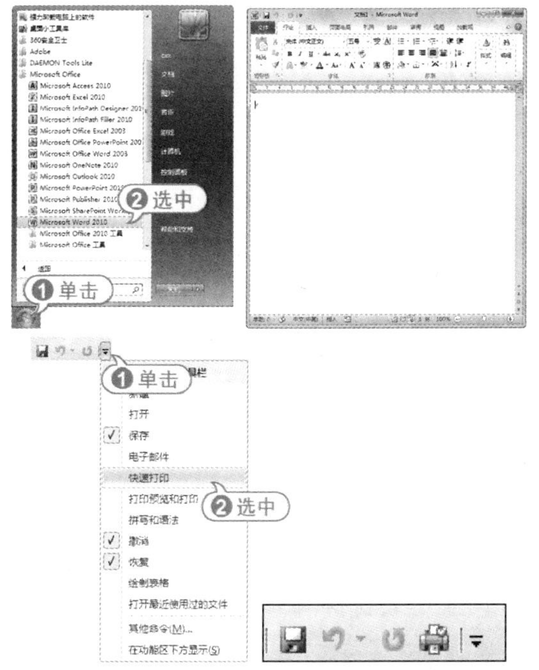

03 在快速访问工具栏中单击【自定义快速工具栏】按钮，在弹出的菜单中选择【其他命令】命令，打开【Word 选项】对话框。

04 打开【快速访问工具栏】选项卡，在【从下列位置选择命令】下拉列表框中选择【开始 选项卡】选项，在其下的列表框中选择【加粗】选项，单击【添加】按钮，然后单击【确定】按钮。

05 此时在快速访问工具栏中将显示【快速打印】和【加粗】按钮。

经验谈

在【Word 选项】对话框中，在【快速访问工具栏】选项卡右侧的列表框中选择要删除的按钮，单击【删除】按钮，或者在快速访问工具栏中右击某个按钮，在弹出的快捷菜单中选择【从快速访问工具栏删除】命令，可以将按钮从快速访问工具栏中删除。

06 在快速访问工具栏中单击【自定义快速工具栏】按钮，在弹出的菜单中选择【在功能区下方显示】命令。

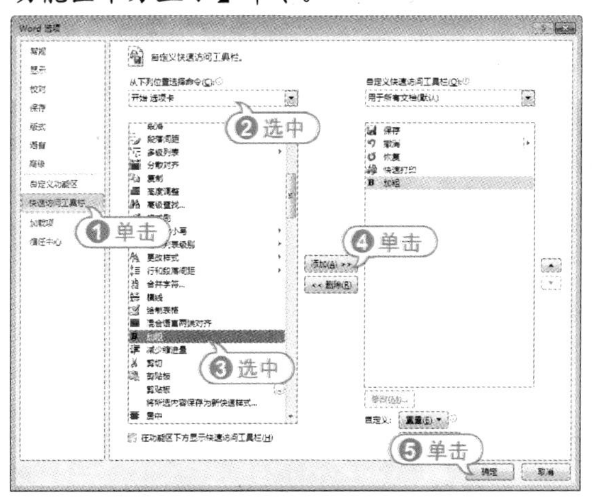

07 此时快速访问工具栏将自动移至功能区和文档编辑区中间。

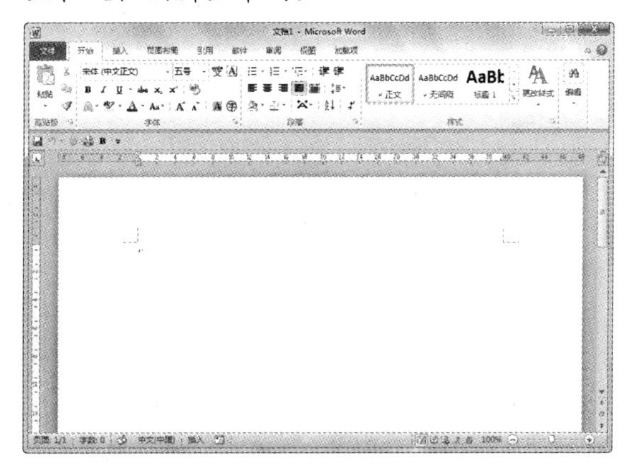

1.5.2 制作英文求职信

【例 1-16】制作英文求职信，练习英文输入。
视频 + 素材 (实例源文件\第 01 章\例 1-16)

01 启动 Word 2010，系统自动新建一个名为【文档 1】的文档，在快速访问工具栏中单击【保存】按钮，将其保存名为【英文求职信】的文档。

02 在英文状态下按 Shift+D 键，输入大写字母 D。

03 按键盘对应的键输入 e、a、r，按空格键，输入一个空格，再按照上述方法，继续输入“Mr. Smith,”，按键盘中对应的标点符号，即可输入该符号。

04 按Enter键，插入点跳至下一行行首。

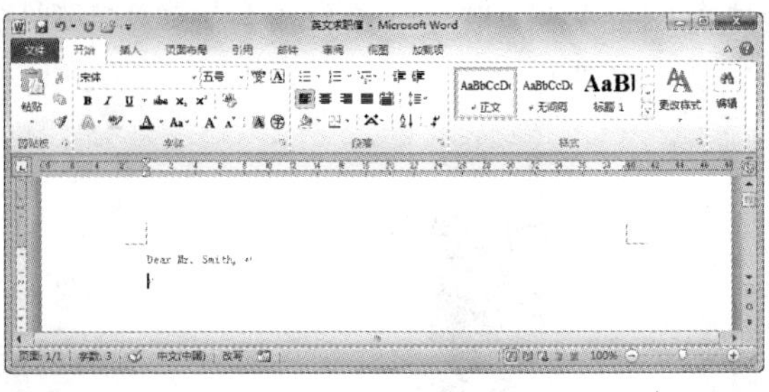

05 按上述方法继续输入字母，完成【英文求职信】的录入。

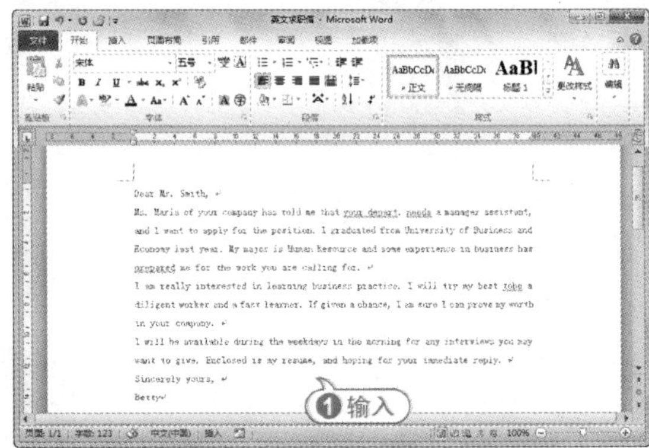

要输入键盘中对应的上档符号，只需在按Shift键的同时，按对应的符号键即可。

06 在快速访问工具栏中单击【保存】按钮，保存【英文求职信】文档。

1.6 专家指点

一问一答

问：Office 2010软件在使用的过程中经常出现问题，该如何处理？

答：如果软件在使用的过程中经常出现问题，可以修复安装该组件程序，打开更改程序的安装对话框，选中【修复】单选按钮，单击【继续】按钮，执行修复操作，修复完毕后，系统会打开一个提示完成对组件修复的对话框，单击【关闭】按钮，完成修复安装操作。重新启动电脑，修复生效。

一问一答

问：如何使用Word 2010制作博客文档？

答：启动Word 2010，选择【文件】|【新建】命令，在右侧的视图中选择【博客文章】选项，单击【创建】按钮，新建一个博客文档，并打开【注册博客帐户】对话框，按照提示将申请好的博客帐户注册到Word 2010中。申请博客帐户的网站很多，例如，Windows Live Spaces的Web地址为http://spaces.live.com；Blogger的Web地址为http://www.blogger.com/等。

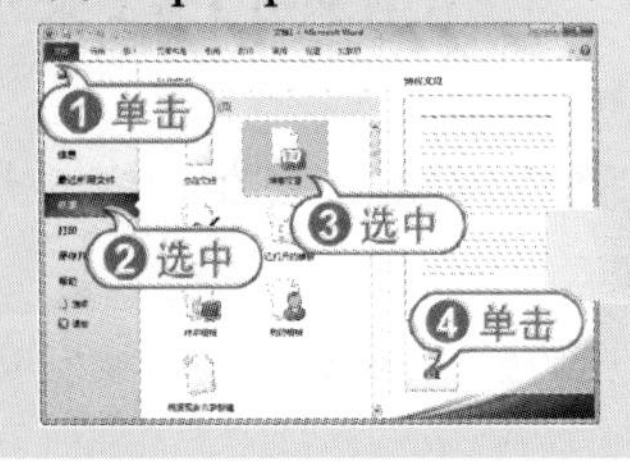

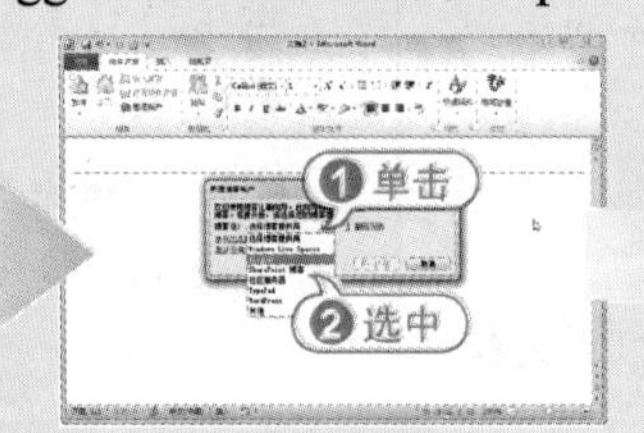

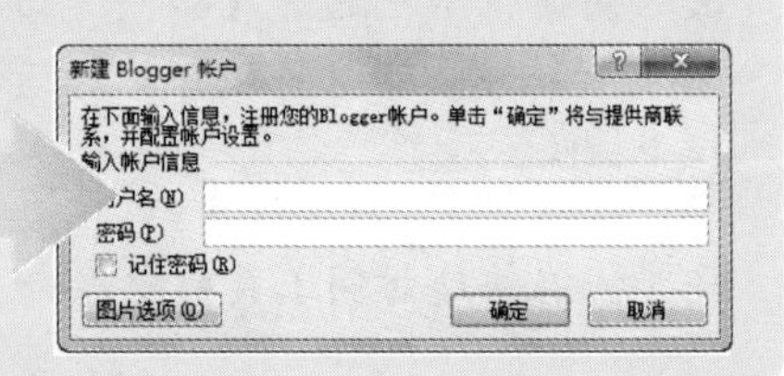

第2章 美化文档

在 Word 文档中，文字是组成段落的最基本内容，输入完文本内容后，就可以对文本或段落进行格式化设置操作。另外，在文章中适当地插入一些图形和图片，不仅会使文章显得生动有趣，还能帮助读者更快地理解文章内容，从而达到美化文档的目的。

对应光盘视频

例 2-1 设置文本格式
例 2-2 设置段落对齐方式
例 2-3 设置段落缩进
例 2-4 设置段落间距
例 2-5 添加项目符号和编号
例 2-6 自定义项目符号
例 2-7 设置边框和底纹
例 2-8 设置页面边框
例 2-9 文字竖排
例 2-10 首字下沉
例 2-11 使用分栏
例 2-12 使用拼音指南
例 2-13 插入和编辑艺术字
例 2-14 插入和编辑图片
例 2-15 插入和编辑文本框
本章其他视频文件参见配套光盘

2.1 设置文本格式

在 Word 文档中输入的文本默认字体为宋体，默认字号为五号，为了使文档更加美观、条理更加清晰，通常需要对文本进行格式化操作，如设置字体、字号、字体颜色、字形、字体效果和字符间距等。

2.1.1 使用【字体】功能区工具设置

选中要设置格式的文本，在功能区中打开【开始】选项卡，使用【字体】选项组中提供的按钮即可设置文本格式。

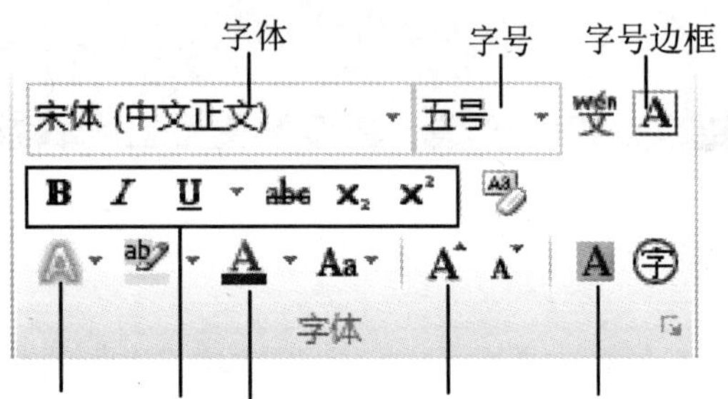

- 字体：指文字的外观，Word 2010 提供了多种字体，默认字体为宋体。
- 字号：指文字的大小，Word 2010 提供了多种字号。
- 字形：指文字的一些特殊外观，例如加粗、倾斜、下划线、边框、底纹等。
- 字体效果：包括下划线、字符边框、上标、下标、阴影等。
- 字符间距：包括字符的缩放比例、字符加宽、字符紧缩等。
- 字体颜色：指文字的颜色，单击【字体颜色】按钮右侧的下拉箭头，在弹出的菜单中选择需要的颜色命令。

专家解读

在【字体】选项组中，单击【文本效果】按钮，从弹出的菜单中可以设置文本的效果，单击【删除线】按钮，可以为文本添加删除线效果；单击【下标】按钮，可以将文本设置为下标效果；单击【上标】按钮，可以将文本设置为上标效果。

2.1.2 使用浮动工具栏设置

选中要设置格式的文本，此时选中文本区域的右上角将出现浮动工具栏，使用工具栏提供的按钮可以进行文本格式的设置。

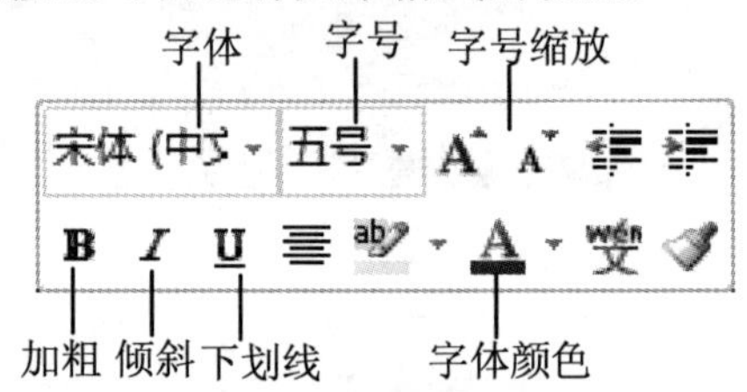

2.1.3 使用【字体】对话框设置

打开【开始】选项卡，单击【字体】对话框启动器，打开【字体】对话框，即可进行文本格式的相关设置。其中，【字体】选项卡可以设置字体、字形、字号、字体颜色和效果等，【高级】选项卡可以设置文本之间的间隔距离和位置。

【例 2-1】创建【考试录取细则】文档，在其中输入文本并设置文本格式。

视频+素材 (实例源文件\第 02 章\例 2-1)

01 启动 Word 2010，打开一个空白文档，将其以【考试录取细则】为名保存，并在其中输入文本内容。

02 选中正标题文本“南京东方文理研修学院”，在【开始】选项卡的【字体】选项组中单击【字体】下拉按钮，在弹出的列表中选择【华文新魏】选项，单击【字号】下拉列表框，在打开的列表中选择【二号】选项，单击【字体颜色】下拉按钮，从弹出的颜色面板中选择【红色】色块。

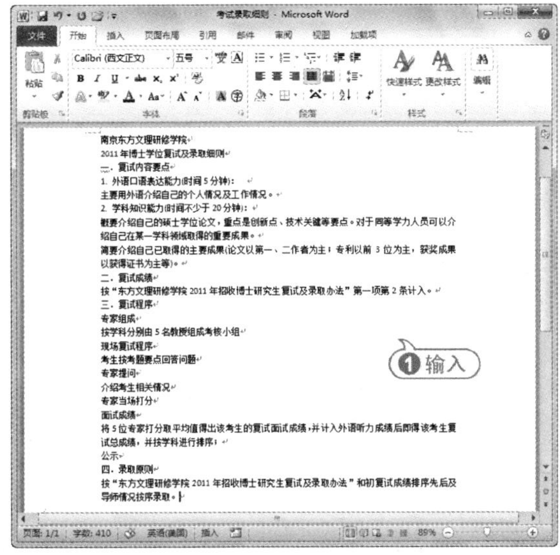

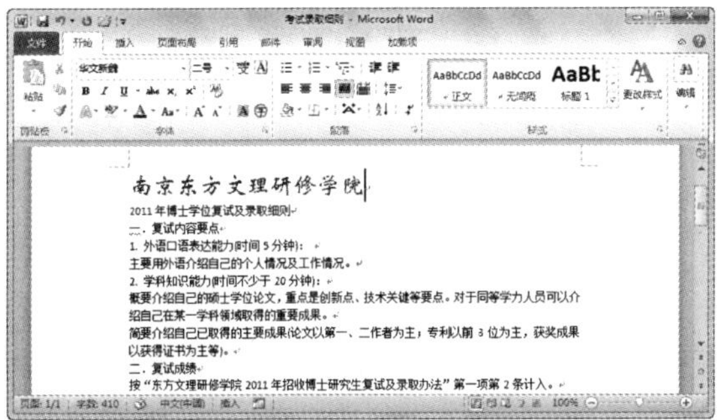

03 选中副标题文本“2011年博士学位复试及录取细则”，打开浮动工具栏，在【字号】下拉列表框中选择【三号】选项，单击【加粗】和【倾斜】按钮。

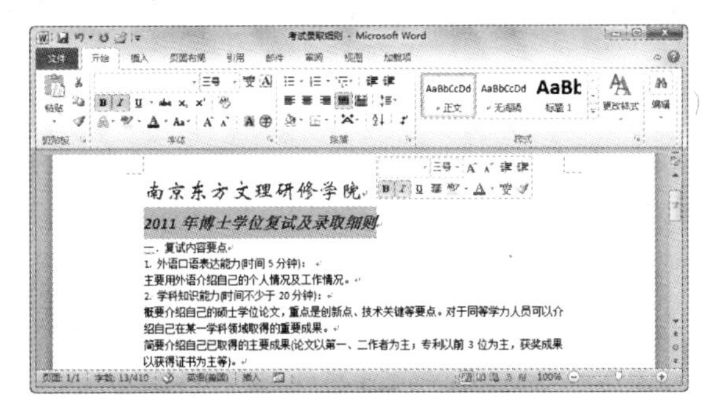

04 选中4点细则段文本，打开【开始】选项卡，在【字体】选项组中单击对话框启动器按钮，打开【字体】对话框。

05 打开【字体】选项卡，单击【中文字体】下拉按钮，从弹出的列表框中选择【黑体】选项；在【字形】列表框中选择【加粗】选项；单击【字体颜色】下拉按钮，从弹出的颜色面板中选择【深蓝，文字2】色块，单击【确定】按钮，完成设置。

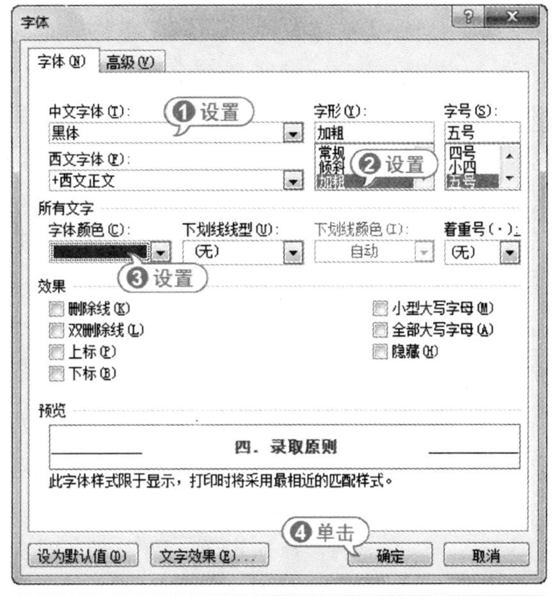

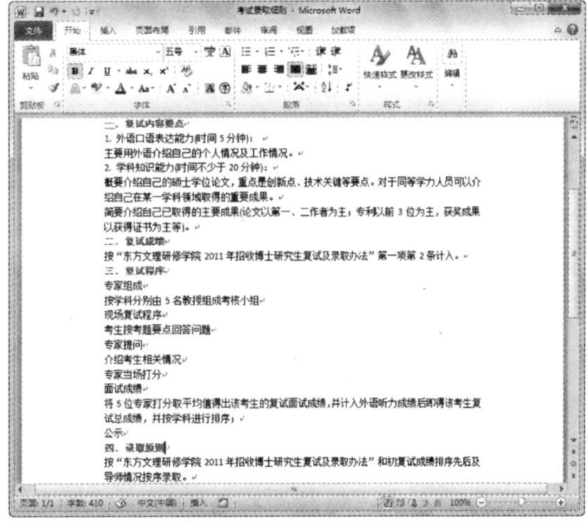

专家解读

在【字体】选项卡的【效果】选项区域中可以设置文本效果，包括删除线、双删除线、上标、下标、阴影等。

06 选中正标题文本“南京东方文理研修学院”，打开【开始】选项卡，在【字体】选项组中单击对话框启动器按钮，打开【字体】对话框。

07 打开【高级】选项卡，在【缩放】下拉列表框中选择 150%选项，在【间距】下拉列表框中选择【加宽】选项，并在其后的【磅值】微调框中输入“1.5 磅”。

08 单击【确定】按钮，完成字符间距的设置，显示设置文本格式后的文档效果。

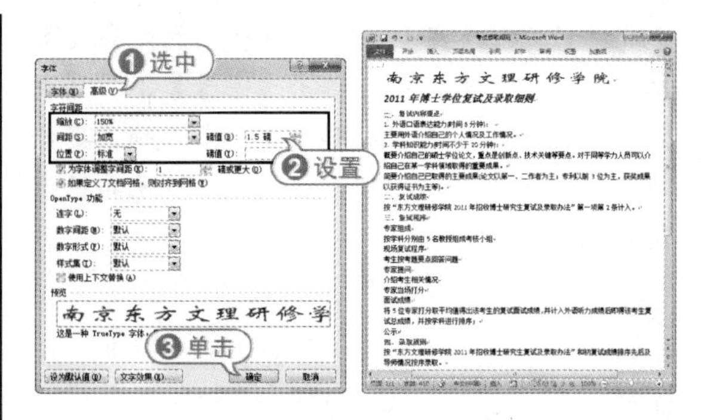

09 在快速访问工具栏中单击【保存】按钮，保存【考试录取细则】文档。

2.2 设置段落格式

段落是构成整个文档的骨架，它由正文、图表和图形等加上一个段落标记构成。为了使文档的结构更清晰、层次更分明，Word 2010 提供了更多的段落格式设置功能，包括段落对齐方式、段落缩进、段落间距等。

2.2.1 设置段落对齐方式

段落对齐指文档边缘的对齐方式，包括两端对齐、居中对齐、左对齐、右对齐和分散对齐。这 5 种对齐方式的说明如下。

- 两端对齐：默认设置，两端对齐时文本左右两端均对齐，但是段落最后不满一行的文字右边是不对齐的。
- 左对齐：文本的左边对齐，右边参差不齐。
- 右对齐：文本的右边对齐，左边参差不齐。
- 居中对齐：文本居中排列。
- 分散对齐：文本左右两边均对齐，而且每个段落的最后一行不满一行时，将拉开字符间距使该行均匀分布。

设置段落对齐方式时，先选定要对齐的段落，或将插入点定位到新段落的任意位置，然后可以通过单击【开始】选项卡的【段落】选项组(或浮动工具栏)中的相应按钮来实现，也可以通过【段落】对话框来实现。使用【段落】选项组是最快捷方便的，也是最常使用的方法。

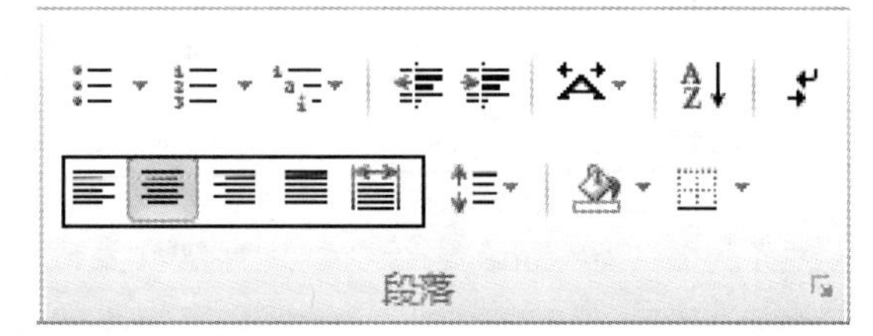

【例 2-2】在【考试录取细则】文档中，设置段落对齐方式。

视频 + 素材 (实例源文件\第 02 章\例 2-2)

01 启动 Word 2010，打开【考试录取细则】文档。

02 将插入点定位在正标题文本段任意位置，在【开始】选项卡的【段落】选项组中单击【居中】按钮，设置其为居中对齐。

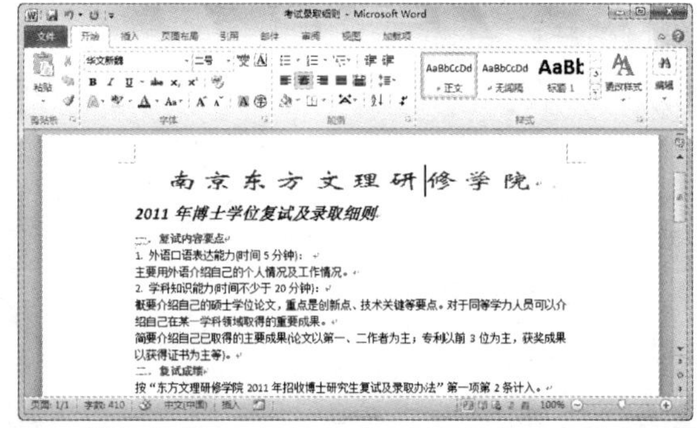

03 将插入点定位在副标题段，在【开始】选项卡的【段落】选项组中单击对话框启动器

按钮，打开【段落】对话框。

04 打开【缩进和间距】选项卡，单击【对齐方式】下拉按钮，从弹出的下拉菜单中选择【居中】选项，单击【确定】按钮，完成段落对齐方式的设置。

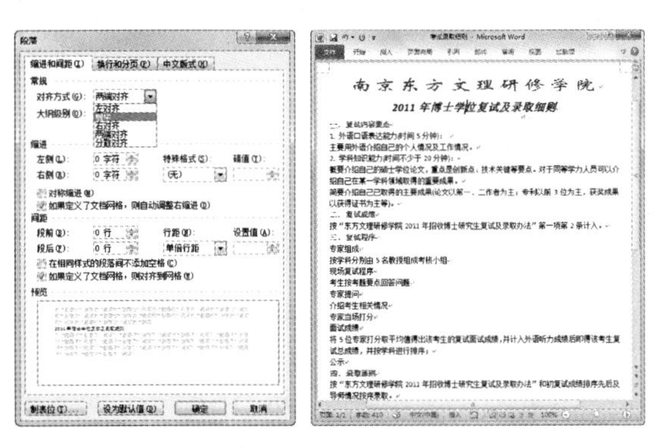

05 完成所有设置后，在快速访问工具栏中单击【保存】按钮，保存文档。

经验谈

按 Ctrl+E 组合键，可以设置段落居中对齐；按 Ctrl+Shift+J 组合键，可以设置段落分散对齐；按 Ctrl+L 组合键，可以设置段落左对齐；按 Ctrl+R 组合键，可以设置段落右对齐；按 Ctrl+J 组合键，可以设置段落两端对齐。

2.2.2 设置段落缩进

段落缩进是指段落文本与页边距之间的距离。Word 2010 提供了 4 种段落缩进的方式。

- 左缩进：设置整个段落左边界的缩进位置。
- 右缩进：设置整个段落右边界的缩进位置。
- 悬挂缩进：设置段落中除首行以外的其他行的起始位置。
- 首行缩进：设置段落中首行的起始位置。

1. 使用标尺设置

通过水平标尺可以快速设置段落的缩进方式及缩进量。水平标尺中包括首行缩进标尺、悬挂缩进、左缩进和右缩进 4 个标记。拖动各标记就可以设置相应的段落缩进方式。

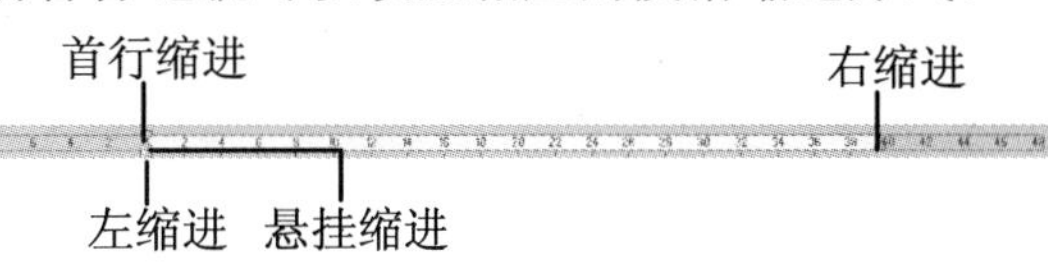

专家解读

在使用水平标尺格式化段落时，按住 Alt 键不放，使用鼠标拖动标记，水平标尺上将显示具体的值，用户可以根据该值设置缩进量。

使用标尺设置段落缩进时，先在文档中选择要改变缩进的段落，然后拖动缩进标记到缩进位置，可以使某些行缩进。在拖动鼠标时，整个页面上出现一条垂直虚线，以显示新边距的位置。

经验谈

在【段落】选项组或【格式】浮动工具栏中，单击【减少缩进量】按钮或【增加缩进量】按钮可以减少或增加缩进量。

2. 使用【段落】对话框设置

使用【段落】对话框可以准确地设置缩进尺寸。打开【开始】选项卡，在【段落】选项组中单击对话框启动器按钮，打开【段落】对话框的【缩进和间距】选项卡，在该选择卡中可以进行相关设置。

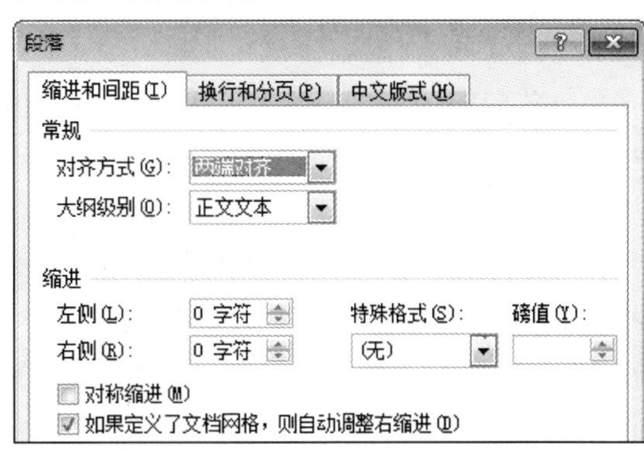

【例 2-3】在【考试录取细则】文档中，设置文本段落的首行缩进 2 个字符。

视频+素材(实例源文件\第 02 章\例 2-3)

01 启动 Word 2010，打开【考试录取细则】文档。

02 选取第二点和第四点细则段下的文本，在【开始】选项卡的【段落】选项组中单击对话框启动器按钮，打开【段落】对话框。

03 打开【缩进和间距】选项卡，在【段落】选项区域的【特殊格式】下拉列表中选择【首行缩进】选项，并在【磅值】微调框中输入“2 字符”，单击【确定】按钮，完成设置。

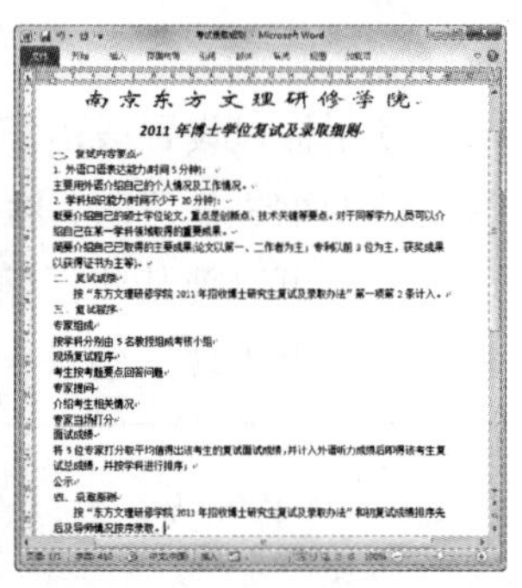

经验谈

在【段落】对话框的【缩进】选项区域的【左】文本框中输入左缩进值，则所有行从左边缩进相应值；在【右】文本框中输入右缩进值，则所有行从右边缩进相应值。

04 在快速访问工具栏中单击【保存】按钮，保存设置段落缩进后的【考试录取细则】文档。

2.2.3 设置段落间距

段落间距的设置包括文档行间距与段间距的设置。行间距是指段落中行与行之间的距离；段间距是指前后相邻的段落之间的距离。

Word 2010 默认的行间距值是单倍行距。打开【段落】对话框的【缩进和间距】选项卡，在【行距】下拉列表中选择选项，并在【设置值】微调框中输入值，可以重新设置行间距；在【段前】和【段后】微调框中输入值，可以设置段间距。

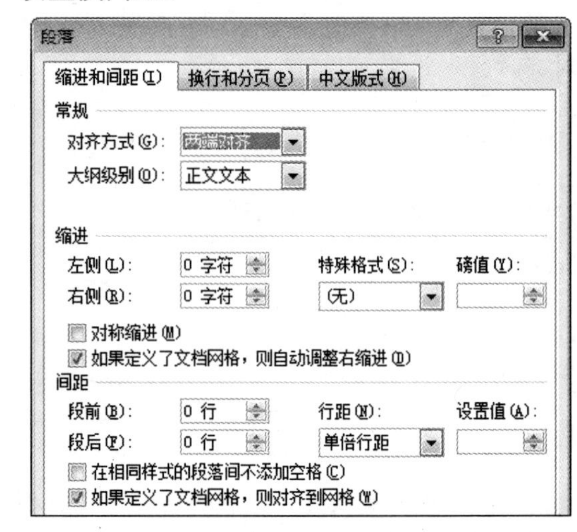

【例 2-4】在【考试录取细则】文档中，将副标题所在行的行距设为 2.5 倍行距，将 4 点细则的段前、段后设为 0.5 行。

视频+素材(实例源文件\第 02 章\例 2-4)

01 启动 Word 2010，打开【考试录取细则】文档。

02 将插入点定位在副标题行，在【开始】选项卡的【段落】选项组中单击对话框启动器按钮，打开【段落】对话框。

03 打开【缩进和间距】选项卡，在【行距】下拉列表中选择【多倍行距】选项，在其后的【设置值】微调框中输入“2.5”，单击【确定】按钮，完成行距的设置。

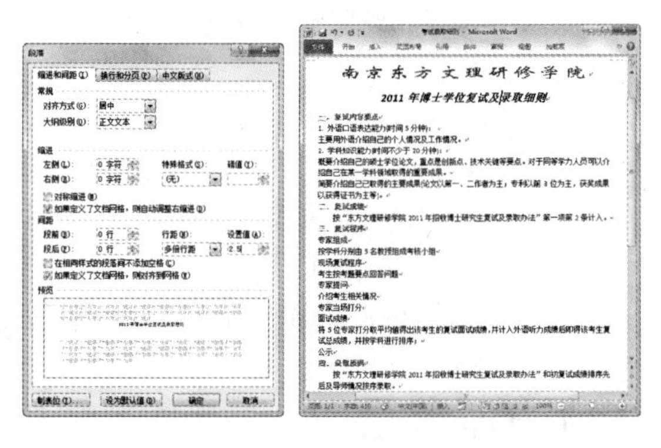

04 选取 4 点细则段的文本，使用同样的

方法，打开【段落】对话框的【缩进和间距】选项卡。

05 在【间距】选项区域中的【段前】和【段后】微调框中输入“0.5 行”，单击【确定】按钮，完成段落间距的设置。

专家解读

如果要选取不连续的段落，可以在按住Ctrl键的同时，依次选中多个段的文本。

06 在快速访问工具栏中单击【保存】按钮，保存【考试录取细则】文档。

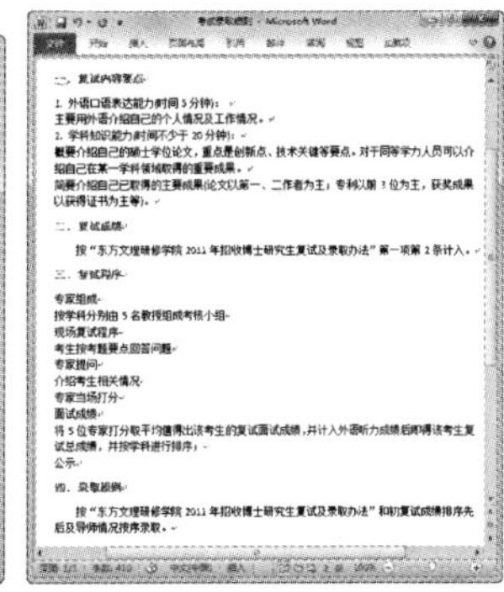

2.3 设置项目符号和编号

使用项目符号和编号列表，可以对文档中并列的项目进行组织，或者将顺序的内容进行编号，以使这些项目的层次结构更清晰、更有条理。Word 2010 提供了 7 种标准的项目符号和编号，并且允许用户自定义项目符号和编号。

2.3.1 添加项目符号和编号

Word 2010 提供了自动添加项目符号和编号的功能。在以 1.、(1)、a 等字符开始的段落中按下 Enter 键，下一段开始将会自动出现 2.、(2)、b 等字符。

除了使用 Word 2010 的自动添加项目符号和编号功能，也可以在输入文本之后，选中要添加项目符号或编号的段落，打开【开始】选项卡，在【段落】选项组中单击【项目符号】按钮，将自动在每一段落前面添加项目符号；单击【编号】按钮，将以 1.、2.、3. 的形式为各段编号。

【例 2-5】在【考试录取细则】文档中，添加项目符号和编号。

视频 + 素材 (实例源文件\第 02 章\例 2-5)

01 启动 Word 2010，打开【考试录取细则】文档。

02 选取第 5~6 段，打开【开始】选项卡，在【段落】选项组中单击【项目符号】下拉按钮，从弹出的列表框中选择一种项目样式，为段落自动添加项目符号。

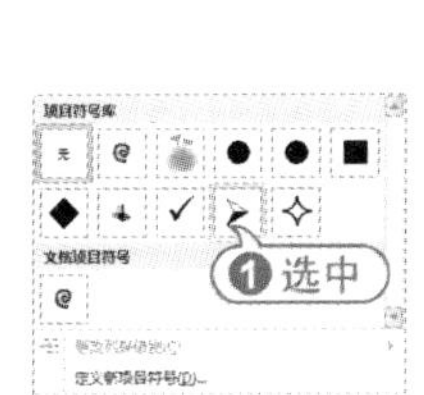

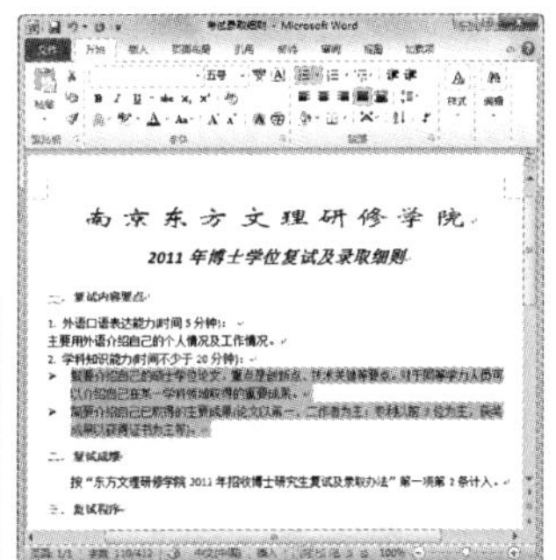

03 选中段落“专家组成”，在【开始】选项卡的【段落】选项组中单击【编号】按钮，此时段落“专家组成”前添加编号 1。

04 选中段落“现场复试程序”，在【段落】组中单击【编号】按钮，此时该段自动编号为 2。

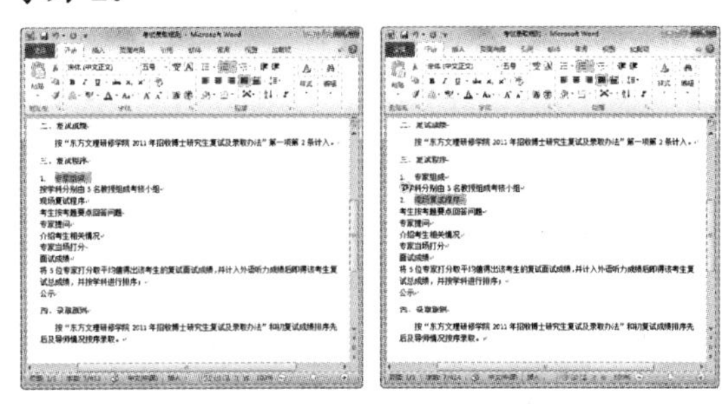

05 使用同样的方法，为段落“面试成绩”和“公示”进行编号。

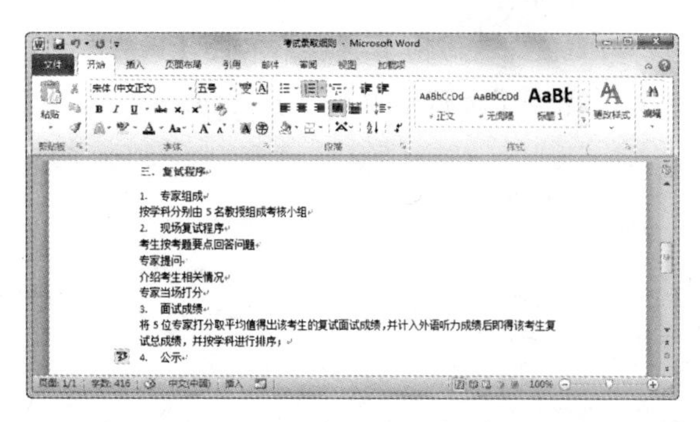

06 选中“三. 复试程序”内容下第 2 和第 3 条之间的内容，在【段落】选项组中单击【编号】下拉按钮，在弹出的【编号库】列表中选择第 3 行第 1 列的编号样式，为段落自动添加编号。

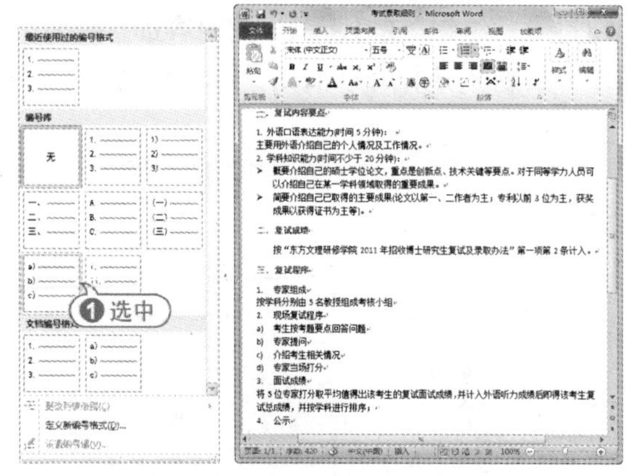

07 在快速访问工具栏中单击【保存】按钮，保存【考试录取细则】文档。

专家解读

要结束自动创建项目符号或编号，可以连续按 Enter 键两次，也可以按 Backspace 键删除新创建的项目符号或编号。

2.3.2 自定义项目符号和编号

在 Word 2010 中，除了可以使用提供的项目符号和编号外，还可以使用图片等自定义项目符号和编号样式。

1. 自定义项目符号

选取项目符号段落，打开【开始】选项卡，在【段落】选项组中单击【项目符号】下拉按钮，从弹出的快捷菜单中选择【定义新项目符号】命令，打开【定义新项目符号】对话框，在其中可以自定义一种新项目符号。

【例 2-6】在【考试录取细则】文档中自定义项目符号。

视频 + 素材 (实例源文件\第 02 章\例 2-6)

01 启动 Word 2010，打开【考试录取细则】文档，选取项目符号段文本。

02 打开【开始】选项卡在【段落】选项组中单击【项目符号】下拉按钮，从弹出的下拉菜单中选择【定义新项目符号】命令，打开【定义新项目符号】对话框。

03 单击【图片】按钮，打开【图片项目符号】对话框，在该对话框中显示了许多图片项目符号，用户可以根据需要选择图片，单击【确定】按钮。

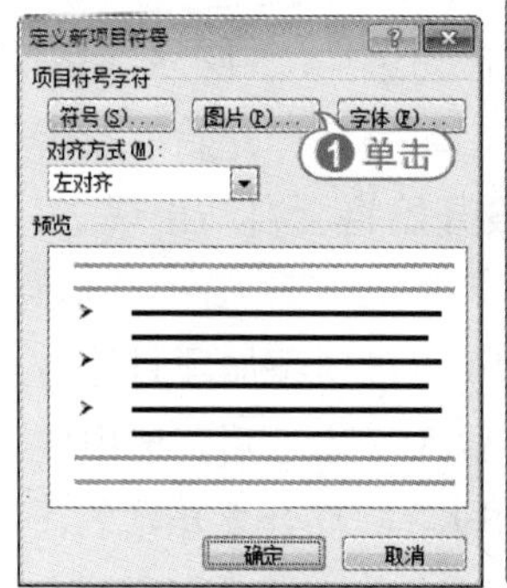

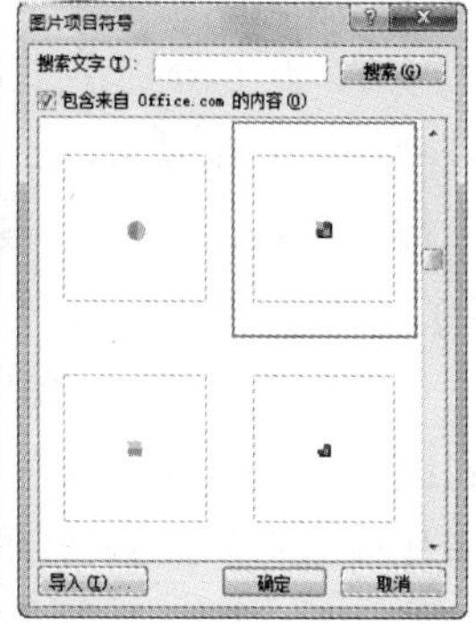

经验谈

在【定义新项目符号】对话框中，单击【字体】按钮，打开【字体】对话框，可用于设置项目符号的字体格式，打开【高级】选项卡，可以设置项目符号段字符间距，如设置缩放比例、加宽或紧缩间距、提升或降低位置等；单击【符号】按钮，打开【符号】对话框，可从中选择合适的符号作为项目符号。

04 返回至【定义新项目符号】对话框，在【预览】选项区域中查看项目符号的效果，满意后，单击【确定】按钮。

05 返回至 Word 2010 窗口，此时在文档中显示自定义的图片项目符号。

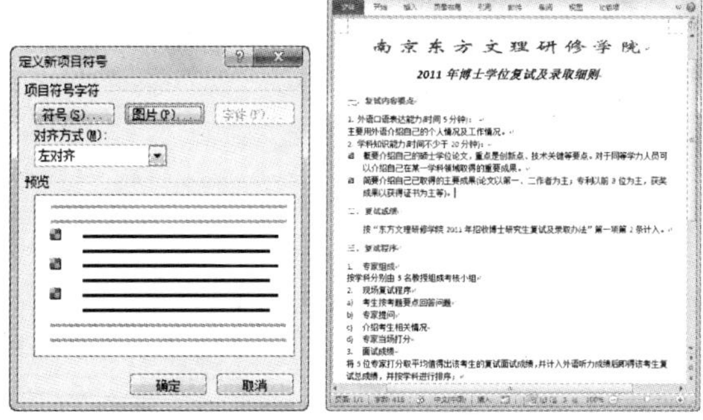

06 在快速访问工具栏中单击【保存】按钮，保存修改后的【考试录取细则】文档。

经验谈

在【图片项目符号】对话框中，单击【导入】按钮，打开【将剪辑添加到管理器】对话框，选中自定义的项目图片，单击【添加】按钮，可以将用户喜欢的图片添加到图片项目符号中，选中该项目图片，单击【确定】按钮，可以将其添加到项目段落中。

2. 自定义编号

选取编号段落，打开【开始】选项卡，在【段落】选项组中单击【编号】按钮，从弹出的下拉菜单中选择【定义新编号格式】命令，打开【定义新编号格式】对话框。在【编号样式】下拉列表中选择其他编号的样式，并在【起始编号】文本框中输入起始编号；单击【字体】按钮，可以在打开的对话框中设置项目编号的字体；在【对齐方式】下拉列表中选择编号的对齐方式。

另外，在【开始】选项卡的【段落】选项组中单击【编号】按钮，从弹出的下拉菜单中选择【设置编号值】命令，打开【起始编号】对话框，在其中可以自定义编号的起始数值。

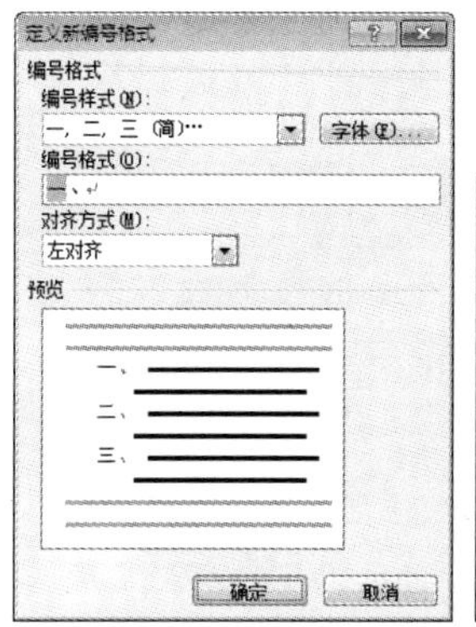

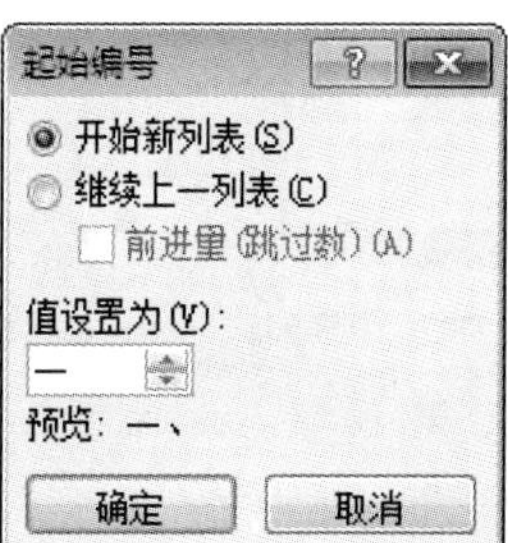

专家解读

自定义项目编号完毕后，将在【段落】选项组中【编号】下拉列表框的【编号库】中显示自定义的项目编号格式，选择该编号格式，即可将自定义的编号应用到文档中。

2.4 设置边框和底纹

在使用 Word 2010 进行文字处理时，为了使文档更加引人注目，则需要为文字和段落添加各种各样的边框和底纹，以增加文档的生动性和实用性。

2.4.1 设置文本边框和底纹

打开【开始】选项卡，在【字体】选项组中使用【字符边框】按钮、【字符底纹】按钮和【以不同颜色突出显示文本】按钮可为文字添加边框和底纹，从而使文档重点内容更为突出。

为文本添加边框

1. 外语口语表达能力(时间 5 分钟)：
主要用外语介绍自己的个人情况及工作情况。

文字突出显示 为文本添加底纹

2.4.2 设置段落边框和底纹

设置段落边框和底纹，可以通过【开始】选项卡【段落】选项组中的【底纹】按钮和

【边框】按钮来实现，使用方法如下。

首先，选择需要添加边框与底纹的段落。然后，在【段落】选项组中，单击【底纹】按钮或【边框】下拉按钮，在弹出的菜单中选择一种边框样式或选择【边框和底纹】命令，打开【边框和底纹】对话框，在其中进行边框或底纹设置。

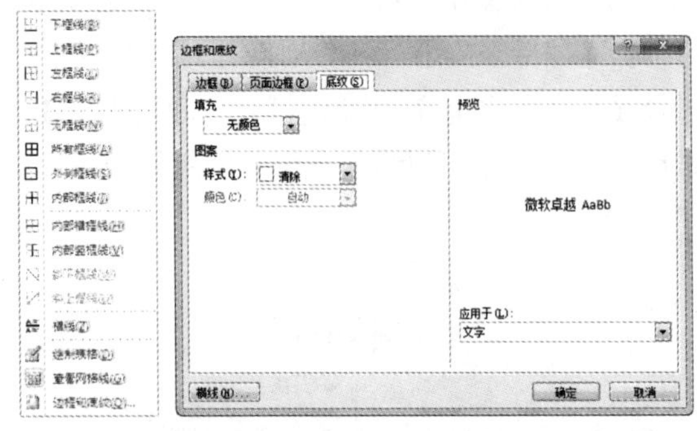

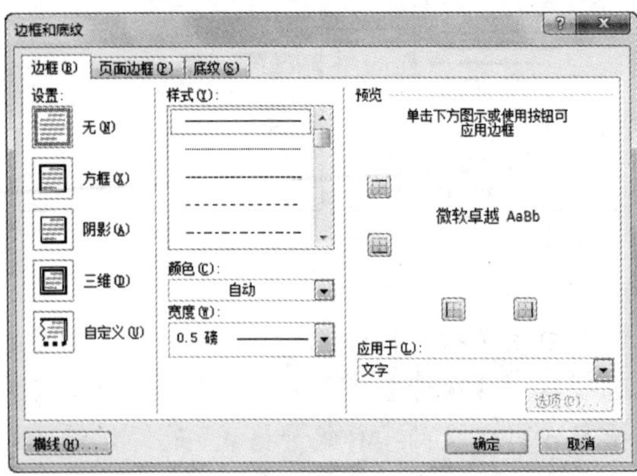

【例 2-7】在【考试录取细则】文档中，设置边框和底纹。

视频+素材(实例源文件\第 02 章\例 2-7)

01 启动 Word 2010，打开【考试录取细则】文档。

02 选取所有的文本段，打开【开始】选项卡，在【段落】选项组中单击【下框线】下拉按钮，在弹出的菜单中选择【边框和底纹】命令，打开【边框和底纹】对话框。

03 打开【边框】选项卡，在【设置】选项区域中选择【三维】选项；在【样式】列表框中选择一种线型颜色；在【颜色】下拉列表框中选择【深蓝】色块，单击【确定】按钮。

04 打开【底纹】选项卡，单击【填充】下拉按钮，从弹出的颜色面板中选择【紫色，强调文字颜色 4，淡色 80%】色块，单击【确定】按钮。

05 此时为文档中所有段落添加了一个三维的边框和一种淡紫色底纹。

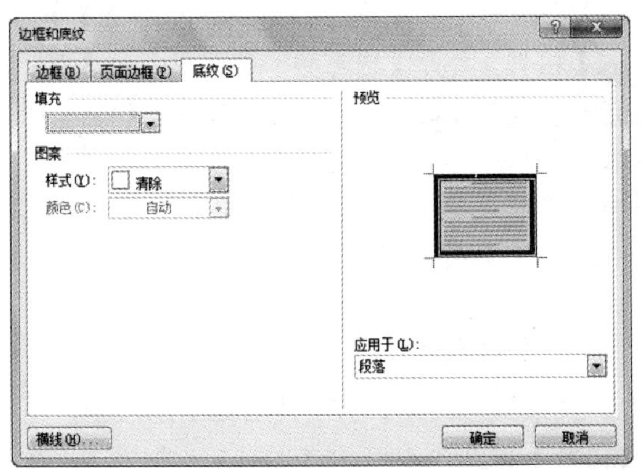

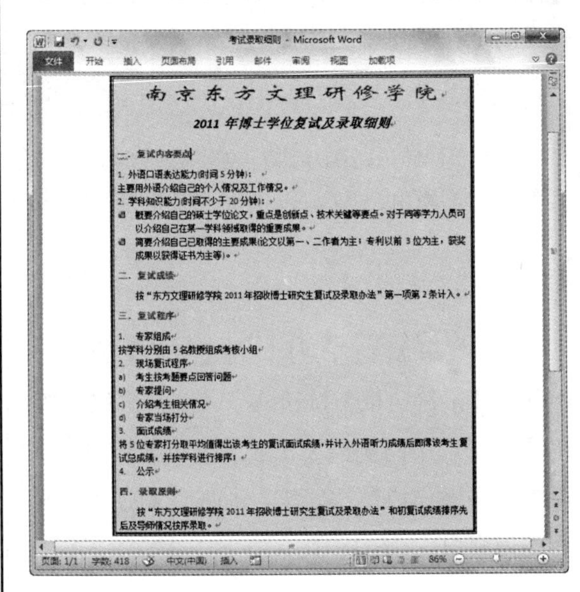
南京东方文理研修学院

2011 年博士学位复试及录取细则

一、复试内容要点

1. 外语口语表达能力(时间 5 分钟)：

主要用外语介绍自己的个人情况及工作情况。

2. 学科知识能力(时间不少于 20 分钟)：

概要介绍自己的硕士学位论文，重点是创新点、技术关键等要点。对于同等学力人员可以介绍自己在某一学科领域取得的重要成果。

简要介绍自己已取得的主要成果(论文以第一、二作者为主；专利以前 3 位为主，获奖成果以获得证书为主等)。

二、复试成绩

按“东方文理研修学院 2011 年招收博士研究生复试及录取办法”第一项第 2 条计入。

三、复试程序

1. 专家组成

按学科分别由 5 名教授组成考核小组

2. 现场复试程序

a) 考生按考题要点回答问题

b) 专家提问

c) 介绍考生相关情况

d) 专家当场打分

3. 面试成绩

将 5 位专家打分取平均值得出该考生的复试面试成绩，并计入外语听力成绩后即得该考生复试总成绩，并按学科进行排序；

4. 公示

四、录取原则

按“东方文理研修学院 2011 年招收博士研究生复试及录取办法”和初复试成绩排序先后及导师情况按序录取。

06 选取第3段中的文本“个人情况”和“工作情况”，使用同样的方法，打开【边框和底纹】对话框。

07 打开【边框】选项卡，在【设置】选项区域中选择【阴影】选项；在【颜色】下拉列表框中选择【白色，背景1，深色15%】色块，单击【确定】按钮，在文本四周添加一个深白色边框。

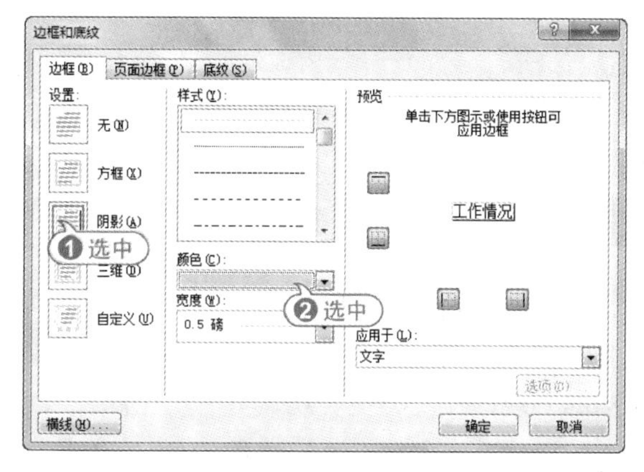

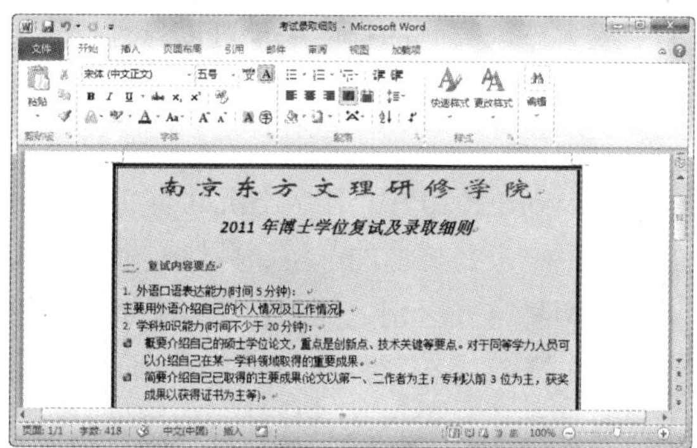

08 按Ctrl+S快捷键，保存修改后的【考试录取细则】文档。

2.4.3 设置页面边框

在Word 2010中，设置页面边框可以通过两种方法来实现。

- 打开【页面布局】选项卡，在【页面背景】选项组中单击【页面边框】按钮，打开【边框和底纹】对话框的【页面边框】选项卡进行设置。
- 打开【开始】选项卡，在【段落】选项组中单击【边框】下拉按钮，在弹出的菜单中选择【边框和底纹】命令，打开【边框和底纹】对话框，切换到【页面边框】选项卡进行设置。

【例2-8】在【考试录取细则】文档中，设置页面边框。

视频 + 素材 (实例源文件\第02章\例2-8)

01 启动Word 2010，打开【考试录取细则】文档。

02 打开【页面布局】选项卡，在【页面背景】选项组中单击【页面边框】按钮，打开【边框和底纹】对话框的【页面边框】选项卡。

03 在【艺术型】下拉列表框中选择需要的艺术样式，在【宽度】微调框中输入“22磅”，单击【确定】按钮，完成页面边框设置。

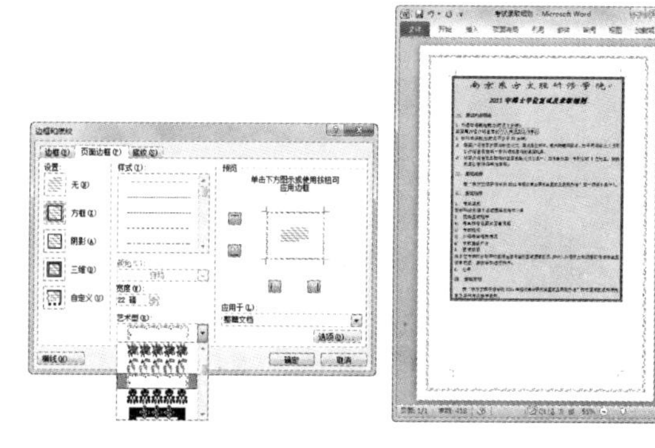

04 在快速访问工具栏中单击【保存】按钮，保存修改后的【考试录取细则】文档。

专家解读

要删除页面边框，只需打开【页面边框】选项卡，在【设置】选项区域中选择【无】选项，单击【确定】按钮即可。

2.5 使用特殊版式

一般报刊杂志都需要创建带有特殊效果的文档，这就需要使用一些特殊的版式。Word 2010

提供了多种特殊版式，例如，文字竖排、首字下沉、中文版式和分栏排版等。

2.5.1 文字竖排

古人写字都是以从右至左、从上至下方式进行竖排书写，但现代人都是以从左至右方式书写文字。使用 Word 2010 的文字竖排功能，可以轻松执行古代诗词的输入，从而达到复古的效果。

【例 2-9】新建【古代诗词鉴赏】文档，对其中的文字进行垂直排列。

视频 + 素材 (实例源文件\第 02 章\例 2-9)

01 启动 Word 2010，新建一个名为【古代诗词鉴赏】的文档，在其中输入文本内容。

02 按 Ctrl+A 快捷键，选中所有的文本，设置文本的字体为【华文行楷】，字号为【小二】。

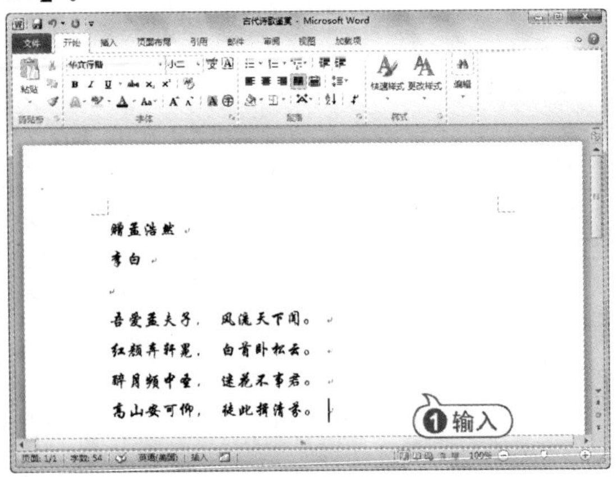

03 选中文本，打开【页面布局】选项卡，在【页面设置】选项组中单击【文字方向】按钮，从弹出的菜单中选择【垂直】命令，此时将以从上至下，从右到左的方式排列诗歌内容。

经验谈

在【页面布局】选项卡的【页面设置】选项组中单击【文字方向】按钮，从弹出的菜单中选择【文字方向选项】命令，打开【文字方向-主文档】对话框，在【方向】选项区域中可以设置文字的其他排列方式，如从上至下，从下至上等。

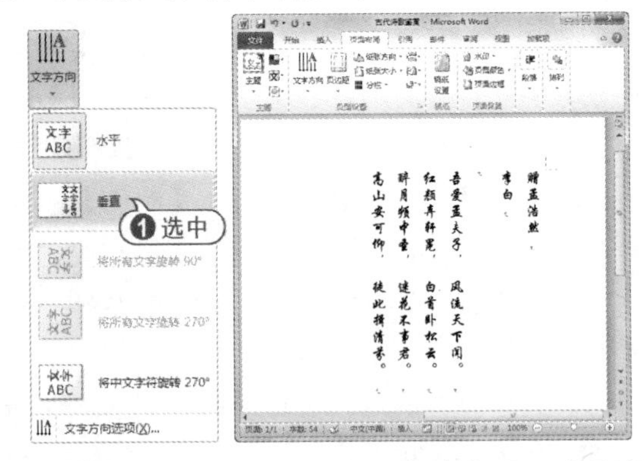

04 在快速访问工具栏中单击【保存】按钮，保存新建的【古代诗词鉴赏】文档。

2.5.2 首字下沉

首字下沉是报刊杂志中较为常用的一种文本修饰方式，使用该方式可以很好地改善文档的外观，使文档更美观、更引人注目。

设置首字下沉，就是使第一段开头的第一个字放大。放大到的程度用户可以自行设定，占据 2 行或者 3 行的位置，而其他字符围绕在它的右下方。

在 Word 2010 中，首字下沉共有 2 种不同的方式，一个是普通的下沉、另外一个是悬挂下沉。两种方式区别之处就在于：【下沉】方式设置的下沉字符紧靠其他的文字，而【悬挂】方式设置的字符可以随意移动其位置。

打开【插入】选项卡，在【文本】选项组中单击【首字下沉】按钮，在弹出的菜单中选择默认的首字下沉样式，例如选择【首字下沉选项】命令，将打开【首字下沉】对话框，在其中进行相关的首字下沉设置。

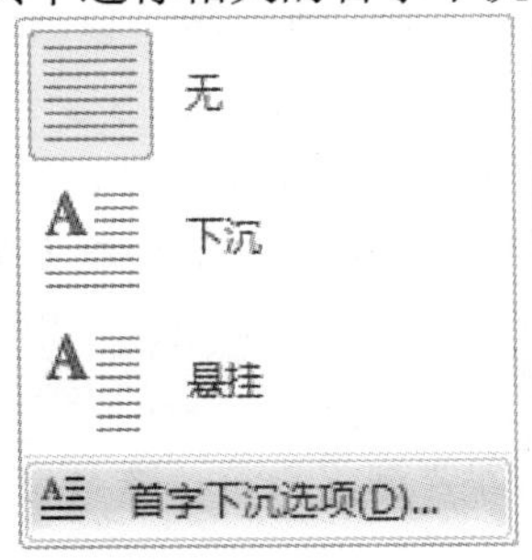

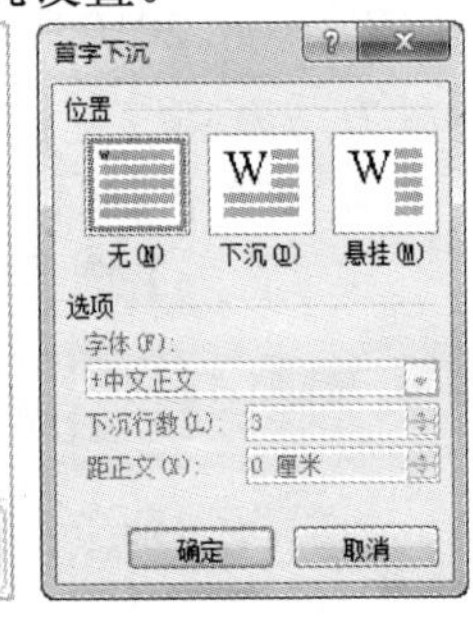

【例 2-10】新建【作文精选】文档，将第 1 段的首字设置为首字下沉 2 行，距正文 0.5 厘米。
视频+素材 (实例源文件\第 02 章\例 2-10)

01 启动 Word 2010，新建一个名为【作文精选】的文档，在其中输入文本。

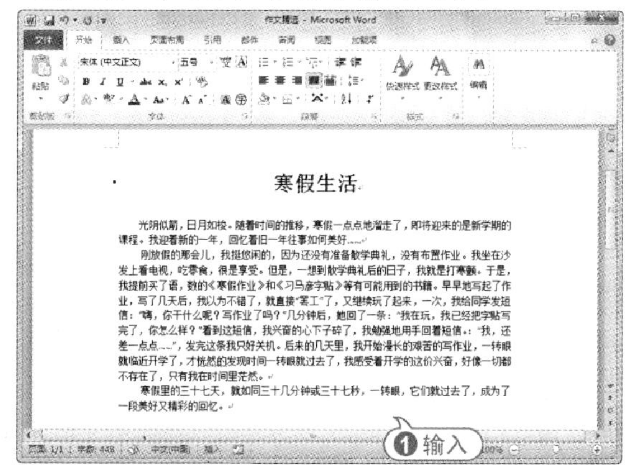

02 打开【插入】选项卡，在【文本】选项组中单击【首字下沉】按钮，在弹出的菜单中选择【首字下沉选项】命令。

03 打开【首字下沉】对话框，选择【下沉】选项，在【字体】下拉列表框中选择【华文新魏】选项，在【下沉行数】微调框中输入 2，在【距正文】微调框中输入“0.5 厘米”，单击【确定】按钮。

04 此时正文第 1 段中的首字将以华文彩云字体下沉 2 行的形式显示在文档中。

05 在快速访问工具栏中单击【保存】按钮，保存【作文精选】文档。

2.5.3 分栏

分栏是指按实际排版需求将文本分成若干个条块，使版面更美观。在阅读报刊杂志时，常常会发现许多页面被分成多个栏目。这些栏目有的是等宽的，有的是不等宽的，从而使得整个页面布局显示更加错落有致，易于阅读。

Word 2010 具有分栏功能，用户可以把每一栏都作为一节对待，这样就可以对每一栏单独进行格式化和版面设计。

要为文档设置分栏，只需打开【页面布局】选项卡，在【页面设置】选项组中单击【分栏】按钮，在弹出的菜单中选择【更多分栏】命令，打开【分栏】对话框，即可进行相关分栏设置，如栏数、宽度、间距和分割线等。

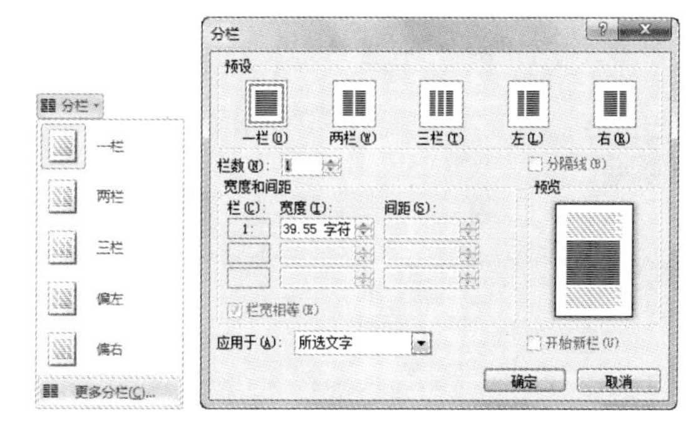

专家解读

在【页面布局】选项卡的【页面设置】选项组，单击【分栏】按钮，在弹出的菜单中快速应用内置的分栏样式，如【两栏】、【三栏】、【偏左】和【偏右】样式。

【例 2-11】在【作文精选】文档中，设置分两栏显示第 2 段文本。
视频+素材 (实例源文件\第 02 章\例 2-11)

01 启动 Word 2010，打开【作文精选】文档。

02 选取第 2 段正文文本，打开【页面布局】选项卡，在【页面设置】选项组中单击【分栏】按钮，在弹出的快捷菜单中选择【更多分栏】命令。

03 打开【分栏】对话框，在【预设】选项区域中选择【两栏】选项，保持选中【栏宽相等】复选框，并选中【分割线】复选框，然后单击【确定】按钮。

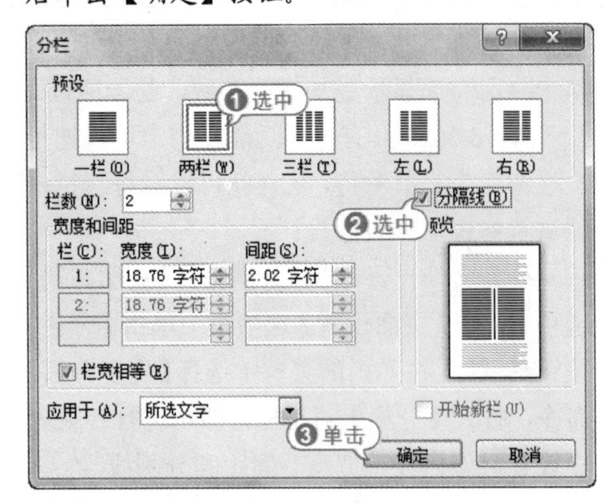

04 此时第 2 段正文文本将以两栏的形式排列。

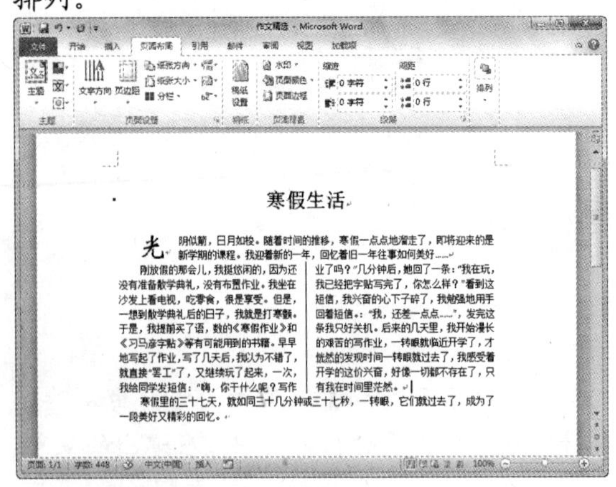

专家解读

进行分栏操作前，必须首先选中分栏的对象，可以是整个文档内容，也可以是一篇内容，也可以是一段内容。

05 在快速访问工具栏中单击【保存】按钮，保存【作文精选】文档。

经验谈

如果要取消分栏，打开【分栏】对话框，在【预设】选项中选择【一栏】选项，或者在【页面设置】选项组中单击【分栏】按钮，在弹出的快捷菜单中选择【一栏】命令即可。

2.5.4 拼音指南

Word 2010 提供的拼音指南功能，可对文档内的任意文本添加拼音，添加的拼音位于所选文本的上方，并且可以设置拼音的对齐方式。下面将以实例来介绍注音的方法。

【例 2-12】在【作文精选】文档中，为标题文本注音。

视频 + 素材 (实例源文件\第 02 章\例 2-12)

01 启动 Word 2010，打开【作文精选】文档。

02 选取中文标题“寒假生活”，打开【开始】选项卡，在【字体】选项组中单击【拼音指南】按钮。

03 打开【拼音指南】对话框，在【字体】下拉列表框中选择 Arial Unicode MS 选项，在【字号】下拉列表框中选择 16 选项，单击【确定】按钮。需要注意的是，这里设置的字体和字号只针对拼音，不包括文字。

专家解读

在 Word 2010 中，使用拼音指南一次只能对 30 个字符(这里字符包括词组、标点、单字的组合)进行标注拼音，如果选中的字符大于 30 个，在标注的时候对于前 30 个字符以后的字符将不再进行标注拼音。

04 此时标题“寒假生活”将自动注释上拼音。

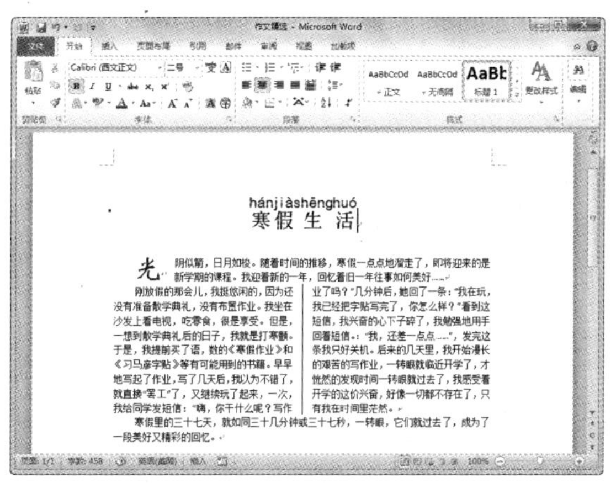

05 在快速访问工具栏中单击【保存】按钮，保存【作文精选】文档。

2.5.5 中文版式

Word 2010 提供了具有中文特色的中文版式功能，包括纵横混排、合并字符和双行合一等功能。

1. 纵横混排

在默认的情况下，文档窗口中的文本内容都是横向排列的，有时出于某种需要必须使文字纵横混排(如对联中的横联和竖联等)，这时可以使用 Word 2010 的纵横混排功能，使横向排版的文本在原有的基础上向左旋转 90°。

要为文本设置纵横混排效果，可以打开【开始】选项卡，在【段落】选项组中单击【中文版式】按钮，在弹出的菜单中选择【纵横混排】命令，打开【纵横混排】对话框，选中【适应行宽】复选框，自动调整文本行的宽度。

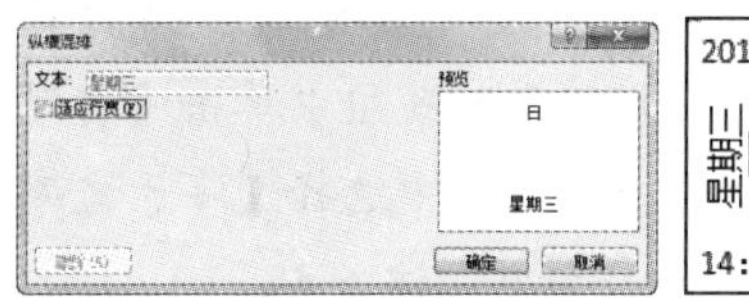

专家解读

要删除纵横混排效果，在打开的【纵横混排】对话框单击【删除】按钮，即恢复所选文本的横向排列。

2. 合并字符

Word 2010 可以设置合并字符效果，该效果能使所选的字符排列成上、下两行，并且可以设置合并字符的字体、字号。

要为文本设置合并字符效果，可以打开【开始】选项卡，在【段落】选项组中单击【中文版式】按钮，在弹出的菜单中选择【合并字符】命令，打开【合并字符】对话框，在【文字】文本框中，可以对需要设置的文字内容进行修改；在【字体】下拉列表框中选择文本的字体；在【字号】下拉列表框中选择文本的字号，单击【确定】按钮，将显示文字合并后的效果。

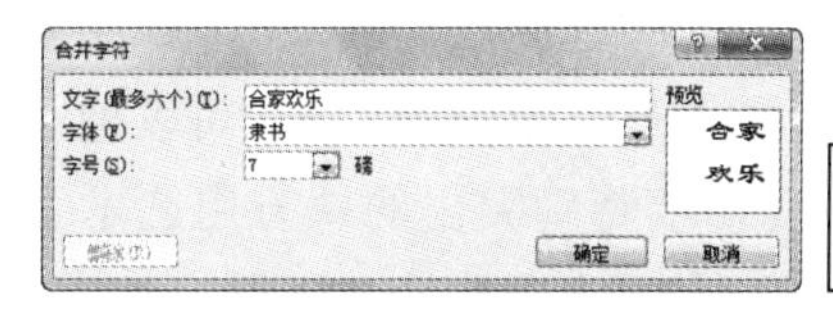

合家欢乐

在合并字符时，【文字】文本框内出现的文字及其合并效果将显示在【合并字符】对话框右侧的【预览】框内。合并的字符不能超过6个汉字的宽度，也就是说可以合并 12 个半角英文字符。超过此长度的字符，将被 Word 2010 截断。

3. 双行合一

在文档的处理过程中，有时会出现一些较多文字的文本，但用户又不希望分行显示。这时，可以使用 Word 2010 提供的双行合一功能来美化文本。双行合一效果能使所选的位于同一文本行的内容平均地分为两部分，前一部分排列在后一部分的上方。在必要的情况下，还可以给双行合一的文本添加不同类型的括号。

要为文本设置双行合一效果，可以选择在【段落】选项组中单击【中文版式】按钮，在弹出的菜单中选择【双行合一】命令，打开【双行合一】对话框。在【文字】文本框中，可以对需要设置的文字内容进行修改；选中【带括号】复选框后，在右侧的【括号样式】

下拉列表框中可以选择为双行合一的文本添加不同类型的括号。

经验谈

合并字符是将多个字符用两行显示，且将多个字符合并成一个整体；双行合一是在一行的空间显示两行文字，且不受字符数的限制。

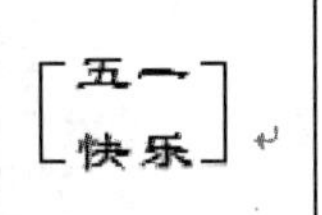

2.6 图文混排

图文混排是 Word 2010 的主要特色之一，通过在文档中插入多种对象，如艺术字、SmartArt 图形、图片、自选图形、表格和图表等，能起到美化文档的作用。

2.6.1 插入艺术字

Word 2010 提供了艺术字功能，可以把文档的标题以及需要特别突出的地方用艺术字显示出来，从而使文章更生动、醒目。

打开【插入】选项卡，在【文本】选项组中单击【艺术字】按钮，打开艺术字列表框，在其中选择艺术字的样式，即可在 Word 文档中插入艺术字。

选中艺术字，系统自动会打开【绘图工具】的【格式】选项卡。使用该选项卡中的相应功能工具，可以设置艺术字的样式、填充效果等属性，还可以对艺术字进行大小调整、旋转或添加阴影、三维效果等操作。

【例 2-13】新建【汽车宣传推广页】文档，插入艺术字，并设置艺术字的样式、大小和版式。视频 + 素材 (实例源文件\第 02 章\例 2-13)

01 启动 Word 2010，打开一个空白文档，并将其以文件名【汽车宣传推广页】进行保存。

02 打开【插入】选项卡，在【文本】选项组中单击【艺术字】按钮，打开艺术字列表框，选择【填充-橄榄色，强调文字颜色 3，轮廓-文本 2】样式，即可在插入点处插入所选的艺术字。

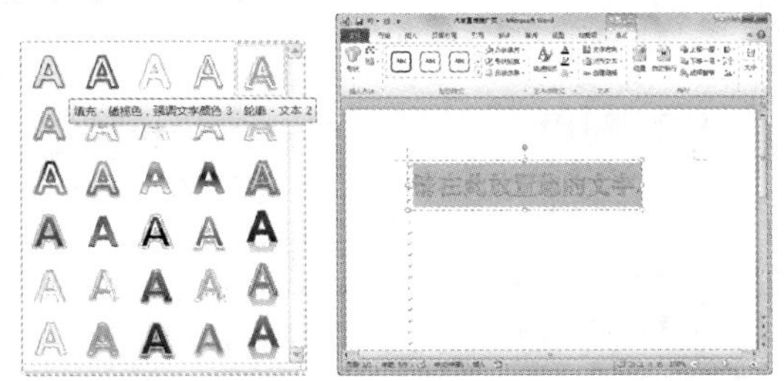

03 切换至搜狗拼音输入法，在提示文本“请在此放置您的文字”处输入文本，设置字体为【方正粗活意简体】，字号为【小初】。

04 选中艺术字，打开【绘图工具】的【格式】选项卡，在【排列】选项组中单击【自动换行】按钮，从弹出的菜单中选择【浮于文字上方】命令，为艺术字应用该版式。

05 在【艺术字样式】选项组中单击【艺术字效果】按钮，从弹出的菜单中选择【发光】命令，然后在【发光变体】选项区域中选择【水绿色，18pt 发光，强调文字颜色 5】选项，为艺术字应用该发光效果。

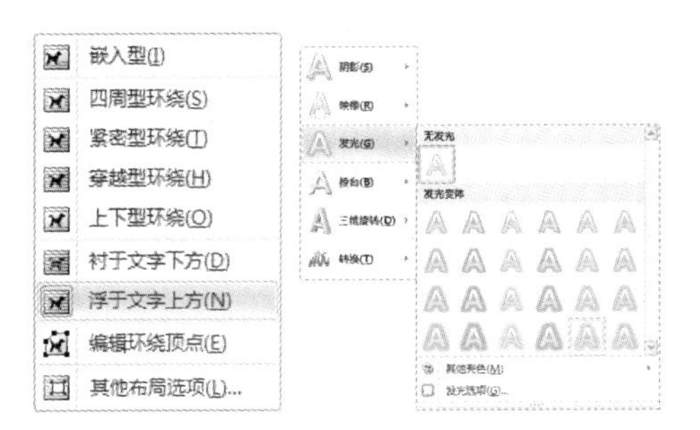

06 将鼠标指针移到到选中的艺术字上，待鼠标指针变成形状时，拖动鼠标，将艺术字移到合适的位置。

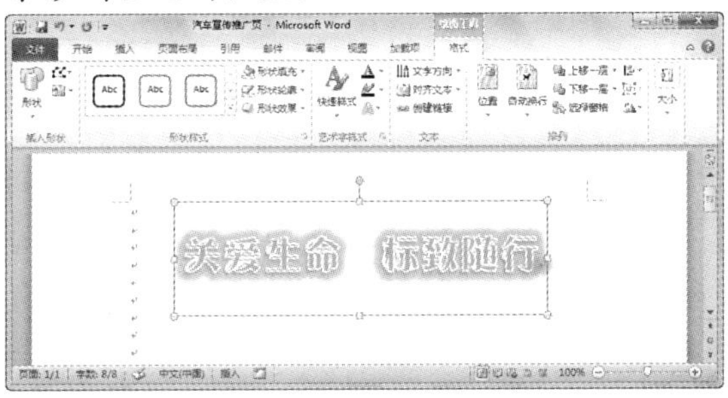

07 在【大小】选项组的【高度】和【宽度】微调框中分别输入“3.5 厘米”和“12 厘米”，按 Enter 键，完成艺术字大小的设置。

08 在快速访问工具栏中单击【保存】按钮，保存新建的【汽车宣传推广页】文档。

经验谈

打开【绘图工具】的【格式】选项卡，在【形状样式】选项组中单击【形状效果】按钮，可以为艺术字设置阴影、三维和发光等效果；单击【形状填充】按钮，可以为艺术字设置填充色；单击【形状轮廓】下拉按钮，可以为艺术字设置轮廓效果；单击【其他】按钮，可以为艺术字应用形状样式。

2.6.2 插入图片

为了使文档更加美观、生动，可以在其中插入图片。在 Word 2010 中，不仅可以插入系统提供的图片剪贴画，还可以从其他程序或位置导入图片，甚至可以使用屏幕截图功能直接从屏幕中截取画面。

1. 插入剪贴画

Word 2010 所提供的剪贴画库内容非常丰富，设计精美、构思巧妙，能够表达不同的主题，适合于制作各种文档。

要插入剪贴画，可以打开【插入】选项卡，在【插图】选项组中单击【剪贴画】按钮，打开【剪贴画】窗格，单击【搜索】按钮，将搜索出系统内置的剪贴画。

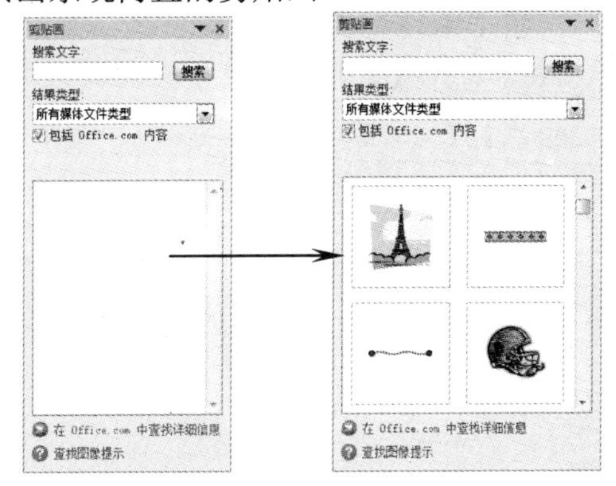

2. 插入来自文件的图片

在 Word 2010 中除了可以插入剪贴画，还可以从磁盘的其他位置中选择要插入的图片文件。打开【插入】选项卡，在【插图】选项组中单击【图片】按钮，打开【插入图片】对话框，选择图片文件，单击【插入】按钮，即可将图片插入到文档中。

3. 截取屏幕画面

如果需要在 Word 文档中使用网页中的某个图片或者图片的一部分，则可以使用 Word 2010 提供的【屏幕截图】功能来实现。打开【插入】选项卡，在【插图】选项组中单击【屏幕截图】按钮，从弹出的菜单中选择【屏幕剪辑】

选项，进入屏幕截图状态，拖到鼠标指针截取所需的图片区域。

4. 设置图片格式

插入图片后，自动打开【图片工具】的【格式】选项卡，使用相应功能工具，可以设置图片颜色、大小、版式和样式等。

【例 2-14】在【汽车宣传推广页】文档中，插入图片和截取网页中的图片，并设置其格式。

视频 + 素材 (实例源文件\第 02 章\例 2-14)

01 启动 Word 2010，打开【汽车宣传推广页】文档。

02 将插入点定位在艺术字下方，打开【插入】选项卡，在【插图】选项组中单击【剪贴画】按钮，打开【剪贴画】任务窗格。

03 在【搜索文字】文本框中输入"汽车"，单击【搜索】按钮，自动查找电脑与网络上的剪贴画文件。

04 搜索完毕后，将在其下的列表框中显示搜索结果，单击所需的剪贴画图片，即可将其插入到文档中。

05 打开【图片工具】的【格式】选项卡，在【排列】选项组中单击【自动换行】按钮，从弹出的菜单中选择【浮于文字上方】命令，为图片设置版式。

06 使用鼠标拖动方法，调节图片大小和位置。

07 在【调整】选项组中单击【颜色】按钮，从弹出的【重新着色】列表框中选择【橄榄色，强调文字颜色 3 浅色】选项，为图片重新着色。

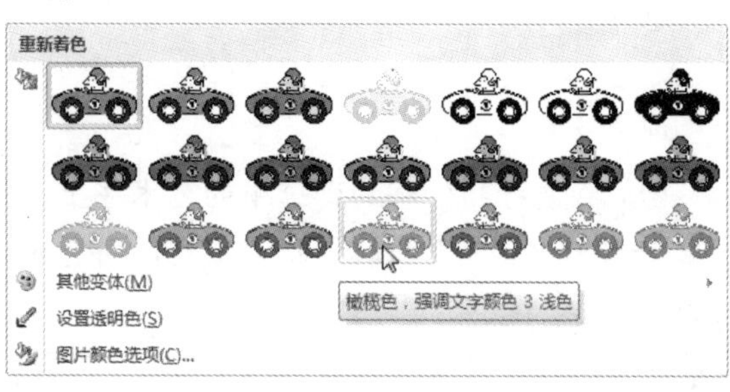

08 打开【插入】选项卡，在【插图】选项组中单击【图片】按钮，打开【插入图片】对话框，选择一张图片，单击【插入】按钮，在文档中插入图片。

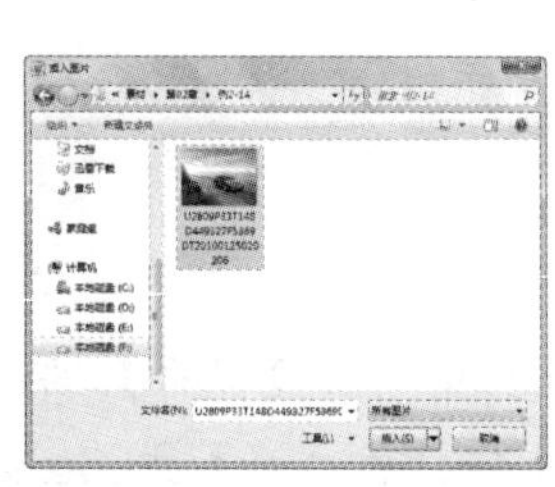

09 使用同样的方法，设置图片版式为【浮于文字上方】，并调节图片的大小和位置。

10 启动 IE 浏览器，在地址栏中输入" http://auto.163.com/10/1014/01/6ITVIML500084IK7.html"，打开所需的网页页面。

11 将窗口切换到 Word 2010 窗口，打开【插入】选项卡，在【插图】选项组中单击【屏幕截图】按钮，从弹出的列表框中选择【屏幕剪辑】选项。

12 进入屏幕截图状态，灰色区域中显示

截图网页的窗口，将鼠标指针移动到需要截取的图片位置，待指针变为十字型时，按住鼠标左键进行拖动。

专家解读

单击【屏幕截图】按钮，在【可用视图】列表中选择一个窗口，即可在文档插入点处插入所选择的窗口图片。

13 拖动至合适的位置后，释放鼠标，截图完毕，将在文档中显示所截取的图片。

14 使用同样的方法，设置图片的版式和位置及大小。

15 在快速访问工具栏中单击【保存】按钮，保存【汽车宣传推广页】文档。

2.6.3 插入文本框

文本框是一种图形对象，它作为存放文本或图形的容器，可置于页面中的任何位置，并可随意地调整其大小。在 Word 2010 中，文本框用来建立特殊的文本，并且可以对其进行一些特殊格式的处理，如设置边框、颜色、版式格式。

【例 2-15】在【汽车宣传推广页】文档插入文本框，并设置其格式。

视频 + 素材 (实例源文件\第 02 章\例 2-15)

01 启动 Word 2010，打开【汽车宣传推广页】文档。

02 打开【插入】选项卡，在【文本】选项组中单击【文本框】按钮，从弹出的菜单中选择【绘制文本框】命令。

03 将鼠标移动到合适的位置，此时鼠标指针变成十字形时，拖动鼠标指针绘制横排文本框，释放鼠标指针，完成绘制操作，此时在文本框中将出现闪烁的插入点。

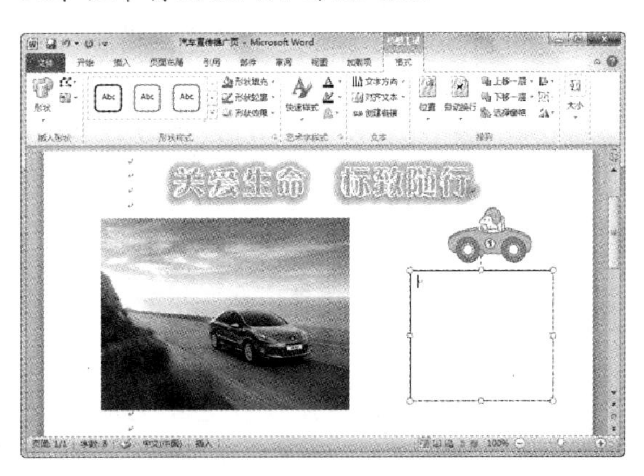

经验谈

Word 2010 提供了 44 种内置文本框，通过插入这些内置文本框，可快速制作出优秀的文档。打开【插入】选项卡，在【文本】选项组中单击【文本框】下拉按钮，从弹出的列表框中选择内置文本框样式，即可插入文本框。

04 切换至搜狗拼音输入法，在文本框的插入点处输入文本，并设置字体为华文彩云，字号为【四号】，字体颜色为【浅蓝】，字形为【加粗】。

05 选中文本框，打开【绘图工具】的【格式】选项卡，在【形状样式】选项组中单击【形状填充】下拉按钮，从弹出的快捷菜单中选择【无填充颜色】命令；单击【形状轮廓】下拉按钮，从弹出的快捷菜单中选择【无轮廓】命令，为文本框设置无填充色、无轮廓。

06 打开【插入】选项卡，在【文本】选项组中单击【文本框】按钮，从弹出的菜单中选择【绘制竖排文本框】命令，拖动鼠标在文档中绘制竖排文本框。

07 在文本框中输入文本，设置字体为【黑体】，字号为【二号】，字形为【加粗】，字体颜色为【红色】。

08 使用同样的方法设置竖排文本框为【无填充色】和【无轮廓】效果。

09 选中绘制的竖排文本框并右击，从弹出的快捷菜单中选择【设置形状格式】命令，打开【设置形状格式】对话框。

10 打开【文本框】选项卡，在【自动调整】选项区域中选中【根据文字调整形状大小】复选框，此时横排文本框将根据文本自动调整到合适的大小。

经验谈

在【设置形状格式】对话框中，同样可以设置文本框的填充效果、线条颜色和线型样式、阴影和三维效果等属性。

11 在快速访问工具栏中单击【保存】按钮，保存【汽车宣传推广页】文档。

2.6.4 插入表格

为了更形象地说明问题，常常需要在文档中制作各种各样的表格。Word 2010 提供了强大的表格功能，可以快速创建与编辑表格。

【例 2-16】在【汽车宣传推广页】文档插入与编辑表格。

视频+素材 (实例源文件\第 02 章\例 2-16)

01 启动 Word 2010，打开【汽车宣传推广页】文档。

02 将插入点定位到要插入表格的位置，打开【插入】选项卡，在【表格】选项组中单击【表格】按钮，在弹出的菜单中选择【插入表格】命令，打开【插入表格】对话框。

03 在【表格尺寸】选项区域的【列数】和【行数】微调框中分别输入 3 和 6，单击【确定】按钮创建一个规则的 3 × 6 表格。

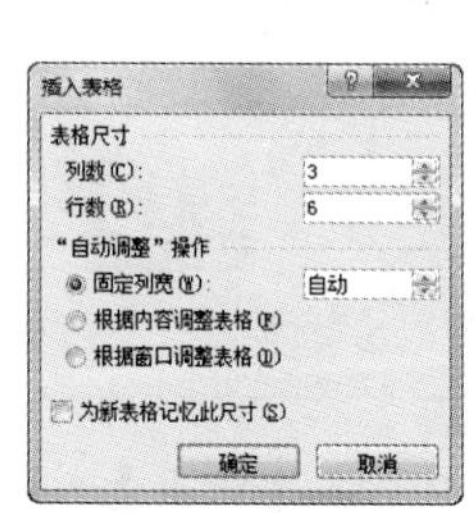

专家解读

在【插入】选项卡的【表格】选项组中单击【表格】按钮，打开表格网格框。在网格框中按住鼠标左键拖动，确定要创建表格的行数和列数，单击鼠标即可完成一个规则表格的创建。

04 将插入点定位到第 1 列第 1 行的单元格中，切换至搜狗拼音输入法，输入文本“车型”，按左、右或上、下方向键，将插入点定位单元格中，完成文本的输入操作。

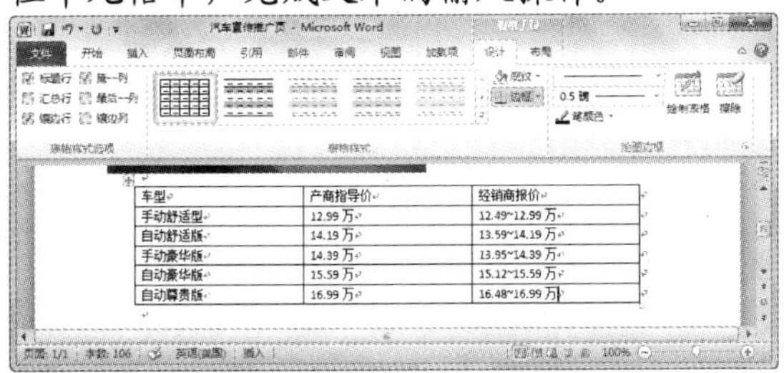

车型	产商指导价	经销商报价
手动舒适型	12.99 万	12.49~12.99 万
自动舒适版	14.19 万	13.59~14.19 万
手动豪华版	14.39 万	13.95~14.39 万
自动豪华版	15.59 万	15.12~15.59 万
自动尊贵版	16.99 万	16.48~16.99 万

05 在表格左上方单击⊞按钮选中整个表格，打开【表格工具】的【设计】选项卡，在【表格样式】选项组中单击【其他】按钮，在打开的表样式列表中选择第 4 行第 4 列样式，为表格应用该样式。

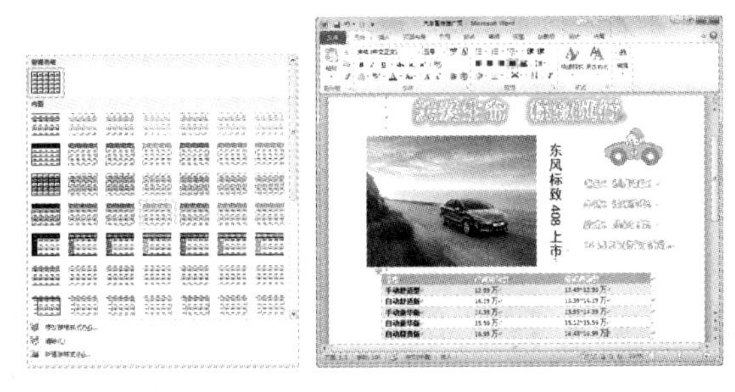

06 选中表格，打开【表格工具】的【布局】选项卡，在【单元格大小】选项组中单击【自动调整】按钮，从弹出的菜单中选择【根据内容自动调整表格】命令，自动调整表格大小。

07 在【对齐方式】选项组中单击【水平居中】按钮，设置表格中文本居中对齐。

08 选中表格，打开【开始】选项卡，在【段落】选项组中单击【右对齐】按钮，设置表格右对齐显示。

09 在快速访问工具栏中单击【保存】按钮，保存【汽车宣传推广页】文档。

2.6.5 插入 SmartArt 图形

Word 2010 提供了 SmartArt 图形的功能，用来说明各种概念性的内容。要插入 SmartArt 图形，打开【插入】选项卡，在【插图】选项组中单击 SmartArt 按钮，打开【选择 SmartArt 图形】对话框，根据需要选择合适的类型即可。

插入 SmartArt 图形后，如果对预设的效果不满意，则可以在 SmartArt 工具的【设计】和【格式】选项卡中对其进行编辑操作，如添加和删除形状，套用形状样式等。

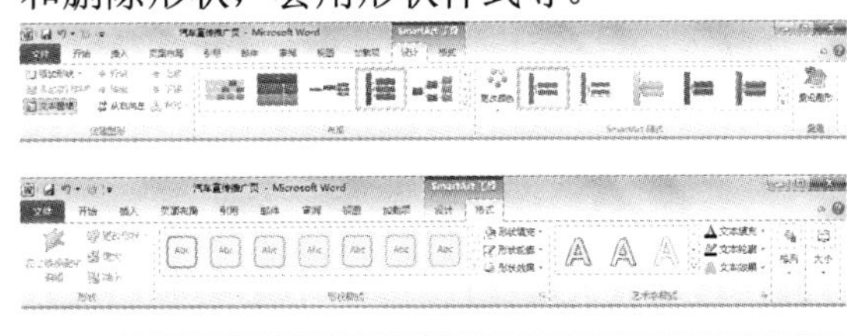

【例 2-17】在【汽车宣传推广页】文档插入 SmartArt 图形，并设置其格式。

视频 + 素材 (实例源文件\第 02 章\例 2-17)

01 启动 Word 2010，打开【汽车宣传推广页】文档。

02 将插入点定位到合适的位置，打开【插入】选项卡，在【插图】选项组中单击 SmartArt 按钮，打开【选择 SmartArt 图形】对话框。

03 打开【层次结构】选项卡，在右侧的列表框中选择【水平多层层次结构】选项，单击【确定】按钮，在插入点处插入 SmartArt 图形。

04 选中竖排的“[文本] ”占位符，打开

SmartArt 工具的【设计】选项卡，在【创建图形】选项组中单击【添加形状】下拉按钮，从弹出的快捷菜单中选择【在下方添加形状】命令，为图形添加形状。

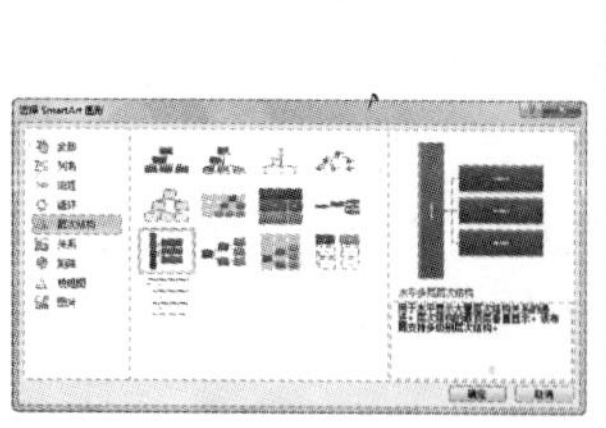
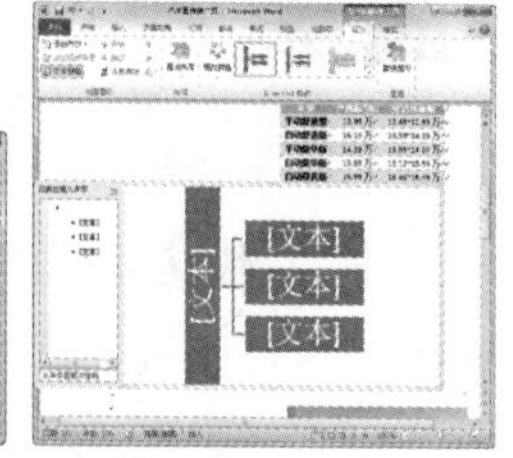

05 使用同样的方法，添加另一个形状。

06 在 SmartArt 图形中的“[文本]”占位符中分别输入文字。

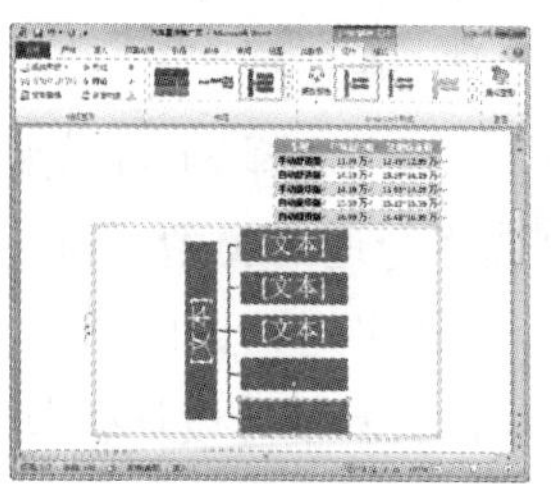
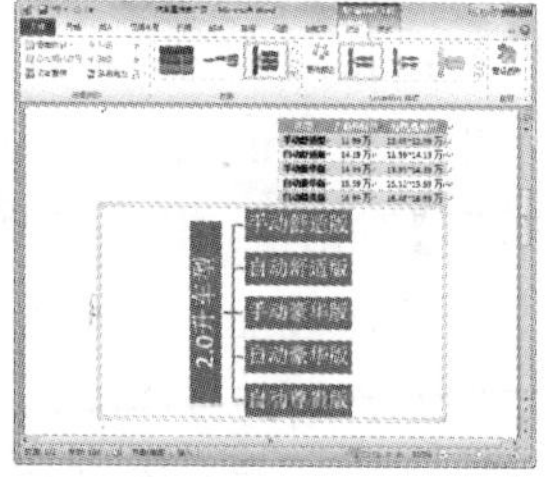

07 选中整个 SmartArt 图形，向内拖动图形外边框，缩小图形尺寸。

08 在【设计】选项卡的【SmartArt 样式】选项组中单击【更改颜色】按钮，在打开的颜色列表中选择【彩色范围-强调文字颜色 4 至 5】选项，为图形更改颜色。

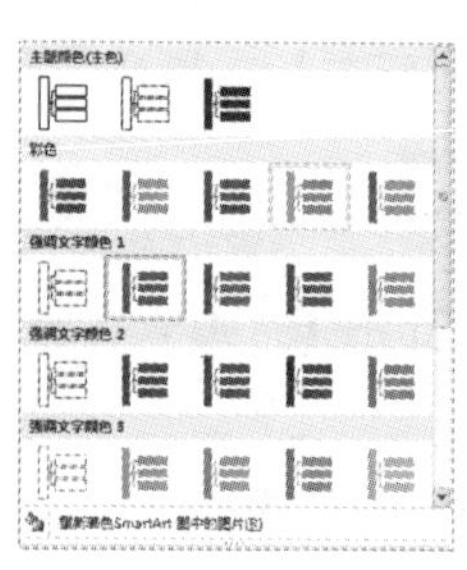
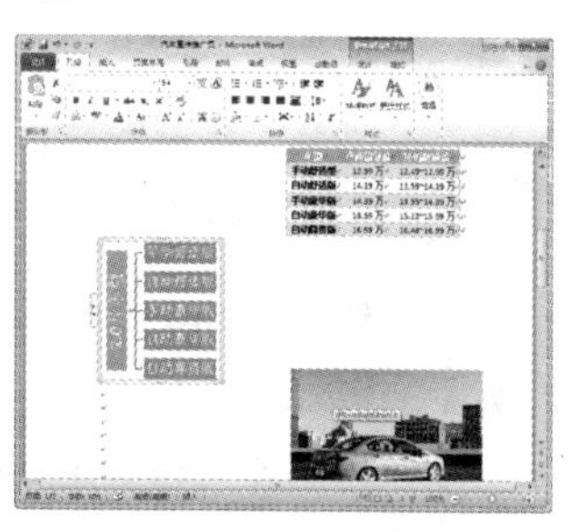

09 打开 SmartArt 工具的【格式】选项卡，在【排列】选项组中单击【自动换行】按钮，从弹出的菜单中选择【浮于文字上方】命令，设置 SmartArt 图形浮于文字上方。

10 拖动鼠标调整 SmartArt 图形的位置，按 Ctrl+S 快捷键，保存修改后的文档。

2.6.6 插入图表

Word 提供了建立图表的功能，用来组织和显示信息。与文字数据相比，形象直观的图表更容易理解。在 Word 2010 中可以插入和编辑图表。

【例 2-18】在【汽车宣传推广页】文档插入和编辑图表。

视频+素材 (实例源文件\第 02 章\例 2-18)

01 启动 Word 2010，打开【汽车宣传推广页】文档。

02 将插入点定位到合适的位置，打开【插入】选项卡，在【插图】选项组中单击【图表】按钮，打开【插入图表】对话框。

03 打开【饼图】选项卡，在右侧的列表框中选择【三维饼图】选项，单击【确定】按钮，打开 Excel 工作表，在其中输入数据。

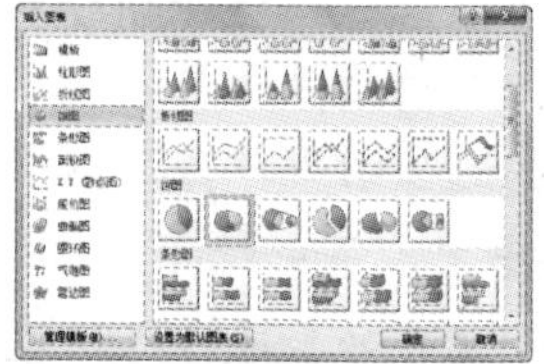

04 关闭 Excel 应用程序，此时在 Word

文档中显示插入图表，拖动鼠标调节其大小。

05 打开【图表工具】的【格式】选项卡，在【形状样式】选项组中单击【其他】按钮，从弹出的列表框中选择第 4 行第 4 列中的样式，为图表应用该形状样式。

06 在快速访问工具栏中单击【保存】按钮，保存【汽车宣传推广页】文档。

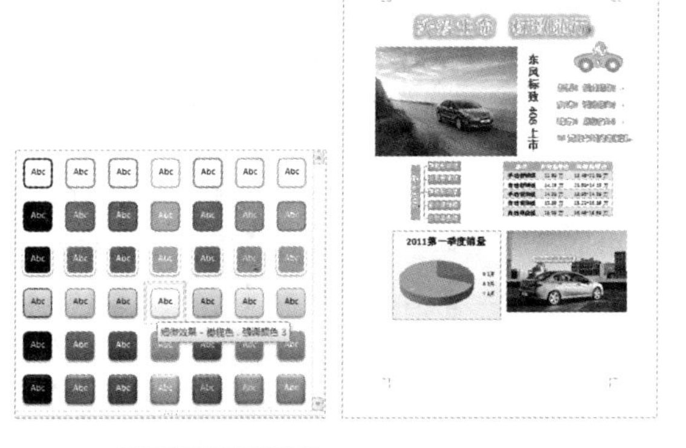

专家解读

创建图表后，功能区将显示图表工具的【设计】、【布局】和【格式】选项卡，使用选项卡中的工具可以对图表进行加工，使图表更加美观。具体操作与表格或图片类似。

2.6.7 插入自选图形

Word 2010 提供了一套可用的自选图形，包括直线、箭头、流程图、星与旗帜、标注等。在文档中，用户可以使用这些图形添加一个形状，或合并多个形状可生成一个绘图或一个更为复杂的形状。

【例 2-19】在【汽车宣传推广页】文档，绘制【上凸带形】图形，并设置其格式。

视频 + 素材 (实例源文件\第 02 章\例 2-19)

01 启动 Word 2010，打开【汽车宣传推广页】文档。

02 打开【插入】选项卡，在【插图】选项组中单击【形状】下拉按钮，从弹出的【基本形状】区域中选择【上凸带形】选项。

03 将鼠标指针移至文档中，按住鼠标左键拖动鼠标绘制自选图形。

04 选中自选图形并右击，从弹出的快捷菜单中选择【添加文字】命令，此时即可在自选图形的插入点处输入文字。

05 打开【绘图工具】的【格式】选项卡，在【形状样式】选项组中单击【其他】按钮，从弹出的列表框中选择第 2 行第 4 列中的样式，为自选图形应用该形状样式。

06 在【形状样式】选项组中单击【形状效果】按钮，从弹出的菜单中选择【映像】命令，在【映像变体】的列表框中选择【紧密映像，4pt

偏移量】选项，为自选图形应用该映像效果。

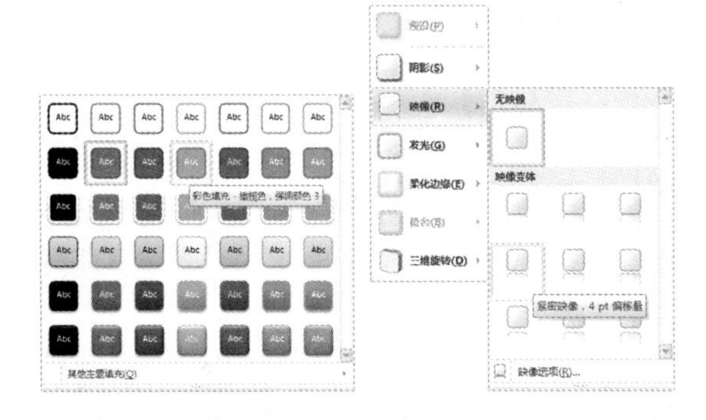

经验谈

要插入公式，可以打开【插入】选项卡，在【符号】选项组中单击【公式】下拉按钮，在弹出的下拉菜单中选择内置的公式，或者选择【插入新公式】命令，打开【公式工具】的【设计】选项卡。在【在此处键入公式】文本框中进行公式的编辑操作。

07 在快速访问工具栏中单击【保存】按钮，保存【汽车宣传推广页】文档。

2.7 实战演练

本章的实战演练部分包括制作简报和制作商品抵用券两个综合实例操作，用户通过练习可以巩固本章所学知识。

2.7.1 制作商业简报

【例 2-20】在 Word 2010 中制作商业简报。

视频+素材 (实例源文件\第 02 章\例 2-20)

01 启动 Word 2010，新建一个名为【商业简报】的文档，并在其中输入文本。

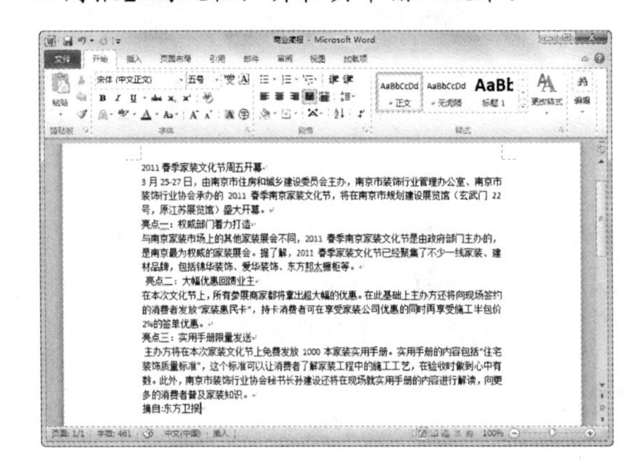

02 选取报头标题文本，打开【开始】选项卡，在【字体】选项组中的【字体】下拉列表中选择【黑体】选项，在【字号】下拉列表中选择【小一】选项，单击【字体颜色】按钮右侧的小三角按钮，从弹出的列表中选择【红色】色块；在【段落】选项组中，单击【居中】按钮，为标题文本设置文本格式。

03 按下 Enter 键换行，按 Shift+~组合键，在正文和报头之间插入符号~。

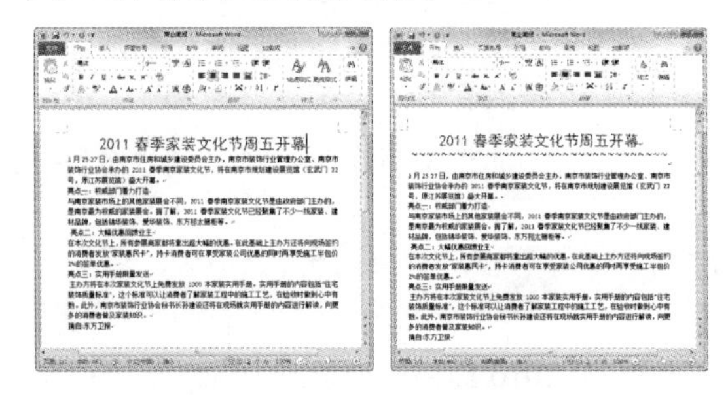

04 选取正文文本，在【段落】选项组中单击对话框启动器按钮，打开【段落】对话框。

05 打开【缩进和间距】选项卡，在【特殊格式】下拉列表框中选择【首行缩进】选项，在【磅值】微调框中输入“2字符”，单击【确定】按钮，完成设置。

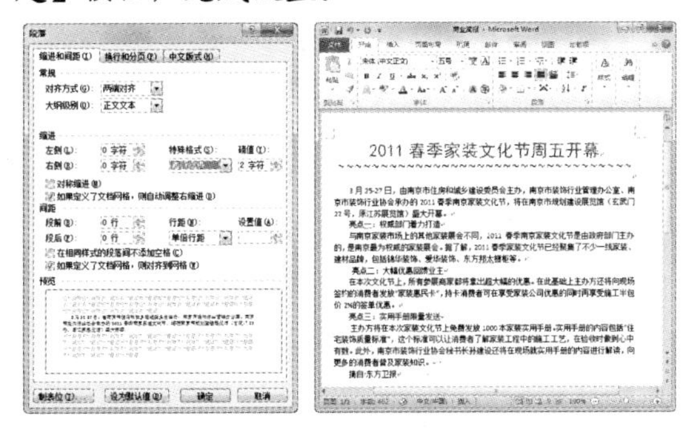

06 将插入点定位到文本“亮点一”段，在【段落】选项组中单击【项目符号】下拉按钮，从弹出的菜单中选择【定义新项目符号】命令，打开【定义新项目符号】对话框。

07 单击【图片】按钮，打开【图片项目符号】对话框，然后单击【导入】按钮。

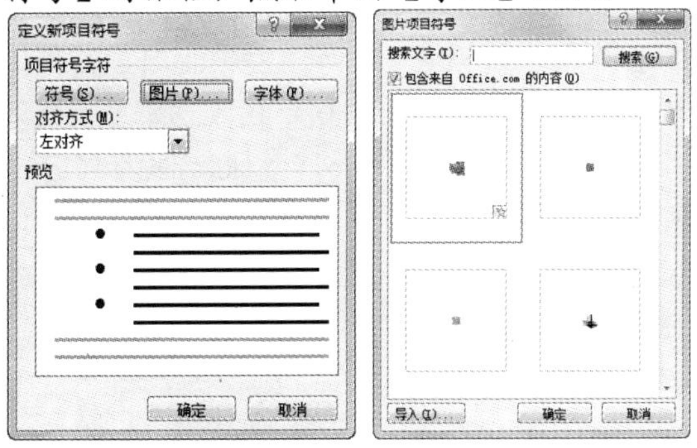

08 打开【将剪辑添加到管理器】对话框，选择所需的项目图片，单击【添加】按钮，将该图片导入到【图片项目符号】对话框中。

09 单击【确定】按钮，返回至【定义新项目符号】对话框，查看项目图片。

10 单击【确定】按钮，将项目符号插入到文档中。

11 使用同样的方法，为其他文本段插入该项目符号。

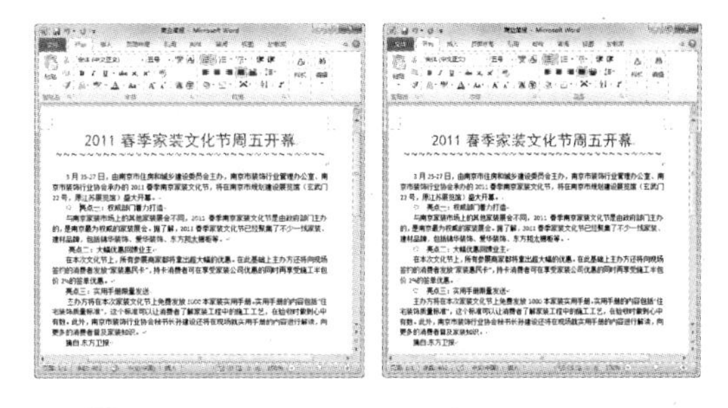

12 选取文本“摘自：东方卫报”，设置字体为【黑体】，字号为【四号】，右对齐。

13 在【段落】选项组中单击【中文版式】按钮，从弹出的菜单中选择【双行合一】命令，打开【双行合一】对话框。

14 选中【带括号】复选框，在【括号样式】下拉列表框中选择一种样式，单击【确定】按钮，为文本设置双行合一效果。

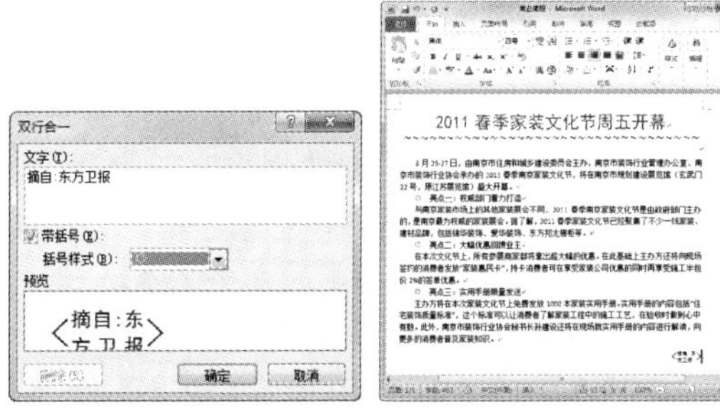

15 打开【插入】选项卡，在【文本】选项组中单击【艺术字】下拉按钮，从弹出的艺术字列表框中选择【填充-红色，强调文字颜色2，暖色粗糙棱台】样式，在文本中插入艺术字。

16 在艺术字文本框中输入文本，设置字号为【小一】，并调节艺术字的位置。

⑰ 在快速访问工具栏中单击【保存】按钮，保存【商业简报】文档。

2.7.2 制作商品抵用券

【例 2-21】新建【商品抵用券】文档，在其中插入图片、艺术字、文本框和自选图形等。

视频+素材 (实例源文件\第 02 章\例 2-21)

01 启动 Word 2010，新建一个空白文档，将其以【商品抵用券】为名保存。

02 打开【插入】选项卡，在【插图】选项组中单击【形状】按钮，从弹出的列表框中选择【圆角矩形】选项。

03 将鼠标指针移至文档中，待鼠标指针变为十字形，拖动鼠标绘制圆角矩形。

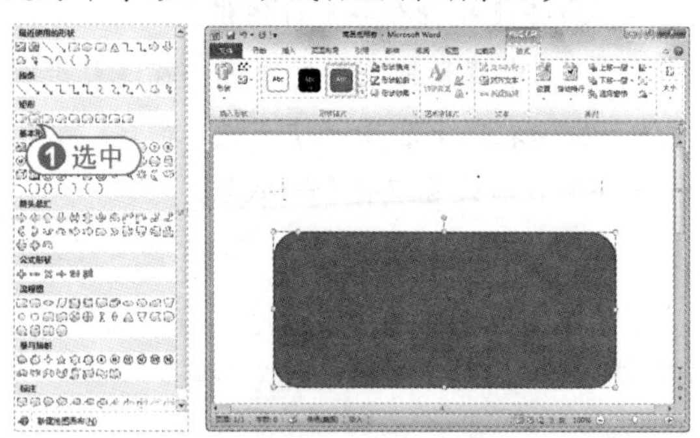

04 打开【绘图工具】的【格式】选项卡，在【形状样式】选项组中单击【形状填充】按钮，从弹出的快捷菜单中选择【图片】命令，打开【插入图片】对话框。

05 选择需要的图片，单击【插入】按钮，将图片填充到圆角矩形中。

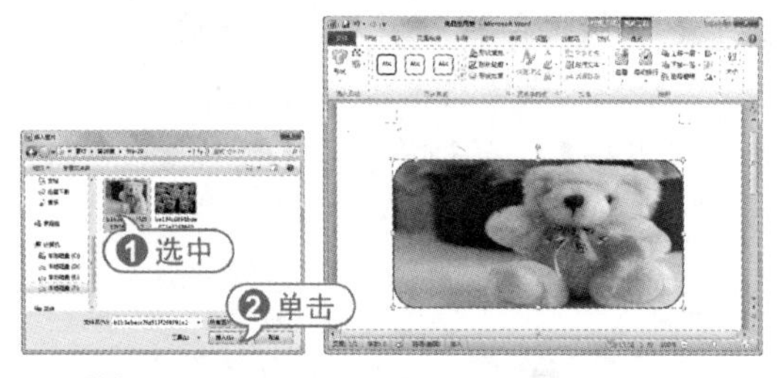

06 将插入点定位在文档开始处，打开【插入】选择卡，在【插图】选项组中单击【图片】按钮，打开【插入图片】对话框。

07 选择一张图片后，单击【插入】按钮，将图片插入到文档中。

08 选中图片，打开【图片工具】的【格式】选项卡，在【排列】选项组中单击【自动换行】按钮，从弹出的快捷菜单中选择【浮于文字上方】选项，设置图片的环绕方式。

09 拖动鼠标调节图片的大小和位置。

10 打开【插入】选项卡，在【文本】选项组中单击【艺术字】按钮，从弹出的列表框中选择【填充-蓝色，强调文字颜色 1，金属棱台，映像】样式，在文档中插入艺术字。

11 输入艺术字文本后，拖动鼠标将艺术字移动至合适的位置。

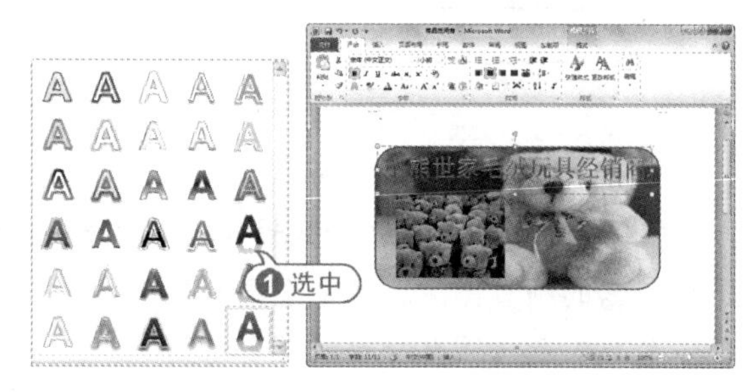

12 使用同样的方法，插入另一艺术字，并将其移动到合适的位置。

13 打开【插入】选项卡，在【文本】选项组中单击【文本框】按钮，从弹出的快捷菜单中选择【绘制文本框】命令，拖动鼠标在圆角矩形中绘制横排文本框。

14 在文本框中输入文本，设置文本字体为【黑体】，字形为【加粗】。

15 右击选中的文本框，从弹出的快捷菜单中选择【设置形状格式】命令，打开【设置形状格式】对话框。

16 打开【填充】选项卡，选中【无填充】单选按钮。

17 打开【线条颜色】选项卡，选中【无线条】单选按钮，然后单击【关闭】按钮。

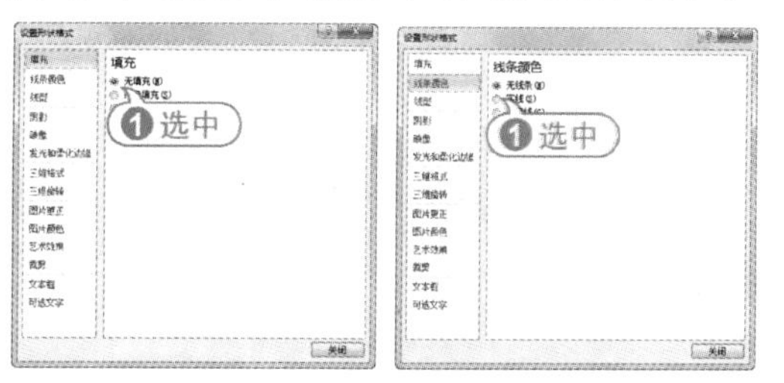

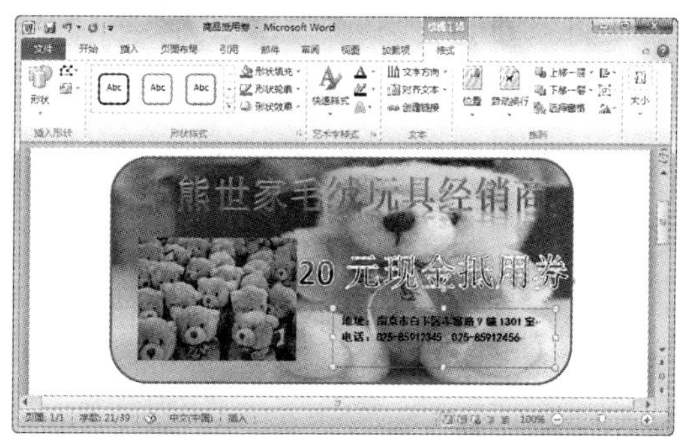

18 打开【插入】选项卡，在【文本】选项组中单击【文本框】按钮，从弹出的快捷菜单中选择【绘制竖排文本框】命令，拖动鼠标在圆角矩形中绘制竖排文本框。

19 在文本框中输入文本，并设置文本字体为【隶书】，颜色为【红色】，无填充色和无线条颜色。

20 在快速访问工具栏中单击【保存】按钮，将所制作的【商品抵用券】文档保存。

2.8 专家指点

一问一答

问：如何在 Word 2010 文档中设置多级列表？

答：选择要设置多级列表的文本，打开【开始】选项卡，在【段落】选项组中单击【多级列表】按钮，从弹出的【列表库】列表区域中选择一种多级列表的样式，即可快速将该多级列表样式应用到文本中。如果列表库中的样式和级别满足不了用户的需求，还可以单击【多级列表】按钮，从弹出的菜单中选择【定义新的多级列表】或【定义新的列表样式】命令，打开【定义新的多级列表】和【定义新的列表样式】对话框，在其中进行自定义多级列表和列表样式的设置。

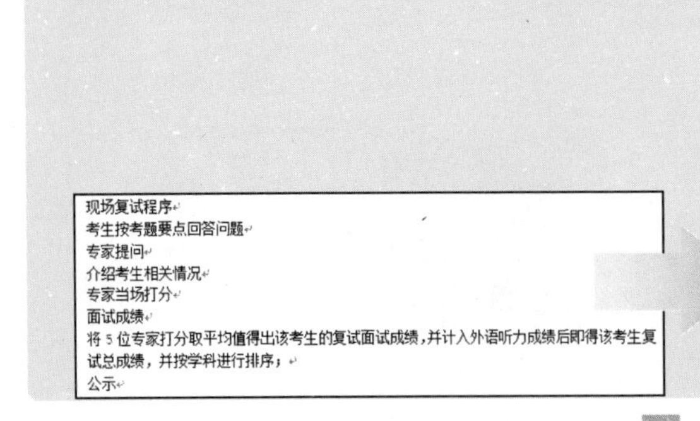

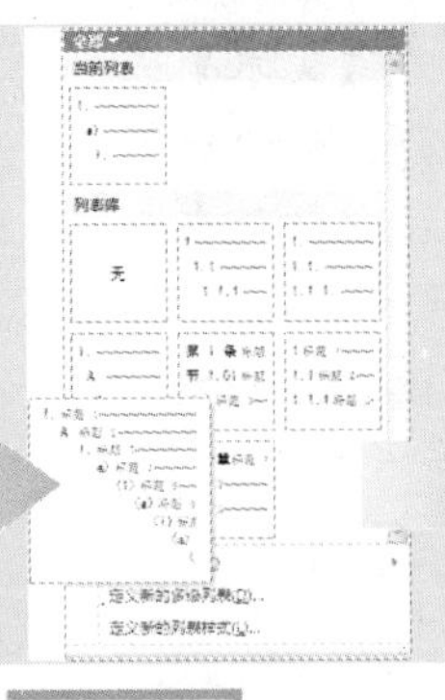

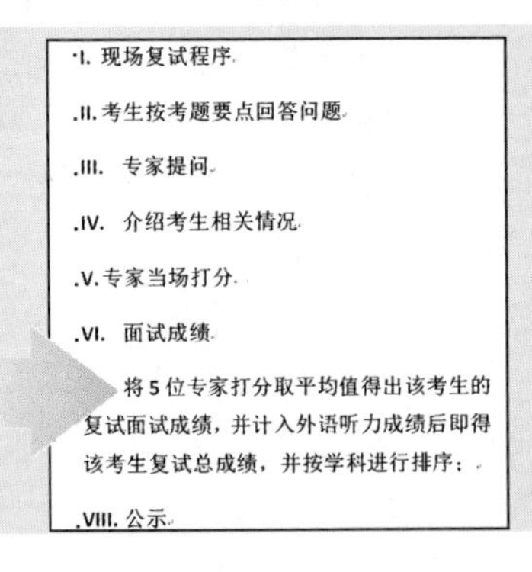

一问一答

问：如何输入两位数和三位数的带圈字符？

答：在 Word 2010 中，选中两位数字符，在【开始】选项卡的【字体】组中，单击【带圈字符】按钮㊢，打开【带圈字符】对话框，单击【确定】按钮，即可为两位数字符设置带圈效果。若要设置三位数字符，可以按 Ctrl+F9 组合键，然后在弹出的大括号内输入 eq \o\ac(○,100)，即{ eq \o\ac(○,100)}，选中 100，单击【字体】对话框启动器按钮，打开【字体】对话框的【高级】选项卡，在【间距】下拉列表框中选择【紧缩】选项，在其后的【磅值】微调框中输入“1.5 磅”，单击【确定】按钮，完成设置。返回文档中按 Shift+F9 组合键，显示带圈字符。

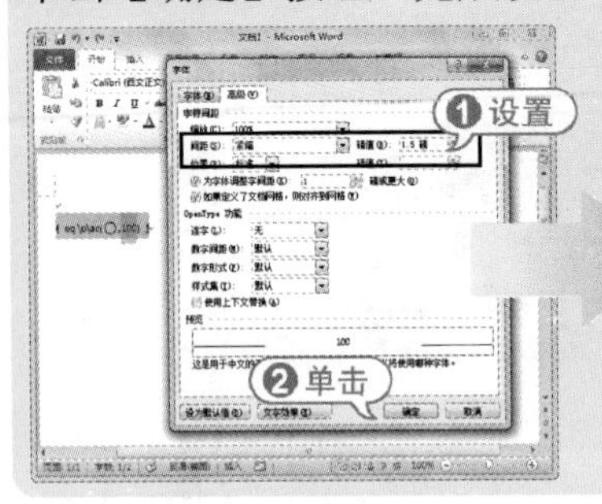

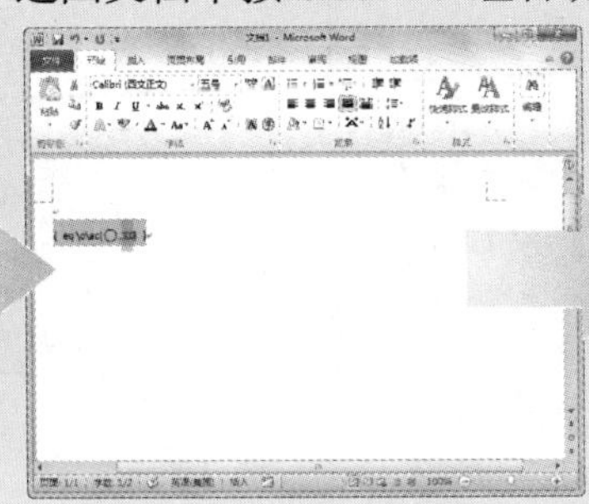

一问一答

问：如何拆分表格？

答：在表格中，选中要拆分的行数，打开【表格工具】的【设计】选项卡，在【合并】选项组中单击【拆分表格】按钮，即可将一个表格拆分为两个表格。需要注意的是拆分表格时，必须选中后一个表格的行数，才能执行表格的拆分。

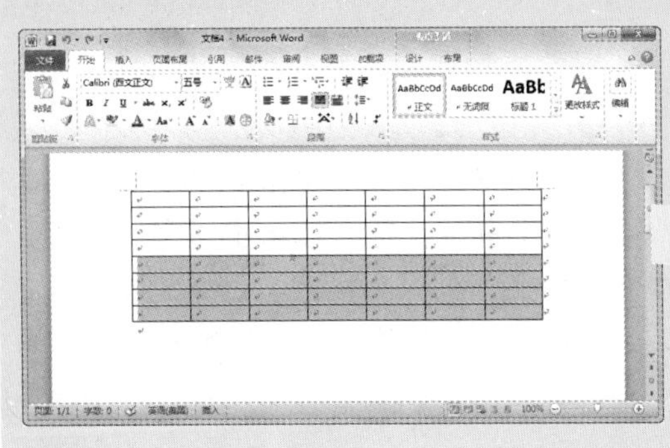

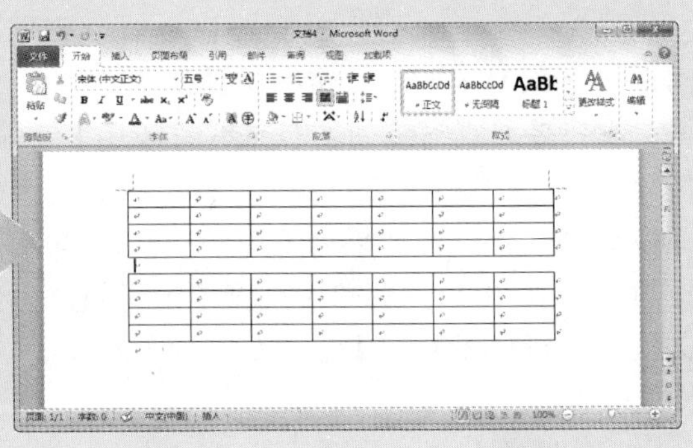

第3章 高效排版长文档

对于书籍、手册等长文档，Word 2010 提供了许多便捷的操作方式及管理工具。例如，使用大纲视图和【导航】窗格查看和组织文档，帮助用户理清文档思路；在文档中插入目录，便于用户参考和阅读；还可以在需要的位置插入批注表达意见等。

对应光盘视频

例 3-1 使用大纲视图查看文档
例 3-2 使用导航窗格查看文档
例 3-3 应用样式
例 3-4 修改样式
例 3-5 创建样式
例 3-6 创建目录
例 3-7 美化目录
例 3-8 插入批注
例 3-9 设置批注格式
例 3-10 插入脚注和尾注
例 3-11 添加修订
例 3-12 接受和拒绝修订
例 3-13 编排【公司规章制度】文档

3.1 长文档编辑策略

Word 2010 本身提供一些处理长文档功能和特性的编辑工具，例如，使用大纲视图方式查看和组织文档，使用导航窗格查看文档结构等。

3.1.1 使用大纲视图查看文档

Word 2010 中的【大纲视图】就是专门用于制作提纲的，它以缩进文档标题的形式代表在文档结构中的级别。

打开【视图】选项卡，在【文档视图】选项组中单击【大纲视图】按钮，或单击窗口状态栏上的【大纲视图】按钮，就可以切换到大纲视图模式。此时，【大纲】选项卡随即出现在窗口中。

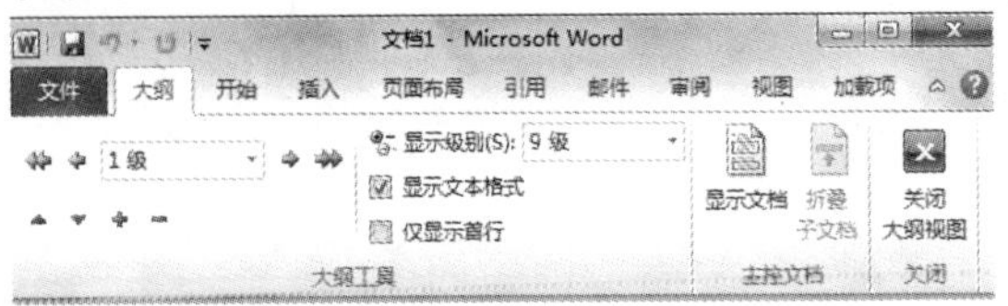

在【大纲工具】选项组的【显示级别】下拉列表框中选择显示级别；将鼠标指针定位在要展开或折叠的标题中，单击【展开】按钮或【折叠】按钮，可以扩展或折叠大纲标题。

【例 3-1】将【行政管理部门规章制度】文档切换到大纲视图查看结构。

视频 + 素材 (实例源文件\第 03 章\例 3-1)

01 启动 Word 2010，打开【行政管理部门规章制度】文档。

02 打开【视图】选项卡，在【文档视图】选项组中单击【大纲视图】按钮，切换至大纲视图。

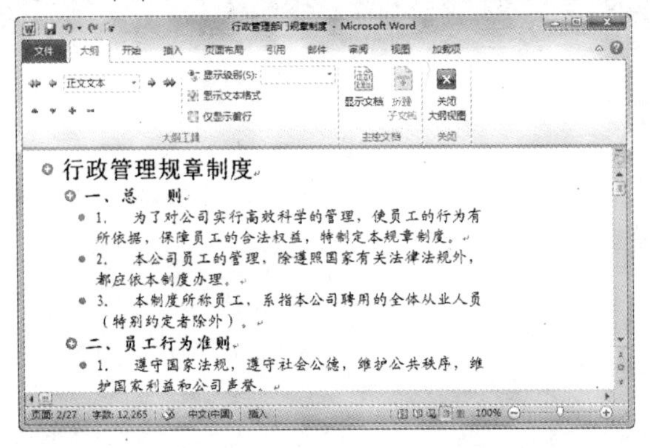

03 在【大纲】选项卡的【大纲工具】选项组中，单击【显示级别】下拉按钮，在弹出的下拉列表框中选择【2 级】选项，此时，视图上只显示到标题 2，标题 2 以后的标题或正文文本都将被折叠。

04 将鼠标指针移至标题 2 前的符号处，双击鼠标即可展开其后的下属文本。

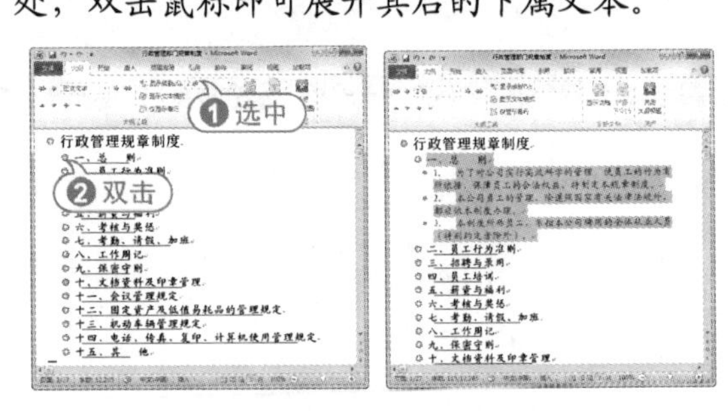

05 在【大纲工具】选项组的【显示级别】下拉列表框中选择【所有级别】选项，此时将显示所有的文档内容。

06 将鼠标指针移动到文本“一、总则”前的符号处，双击鼠标，该标题下的文本被折叠。

07 使用同样的方法，折叠其他段文本。

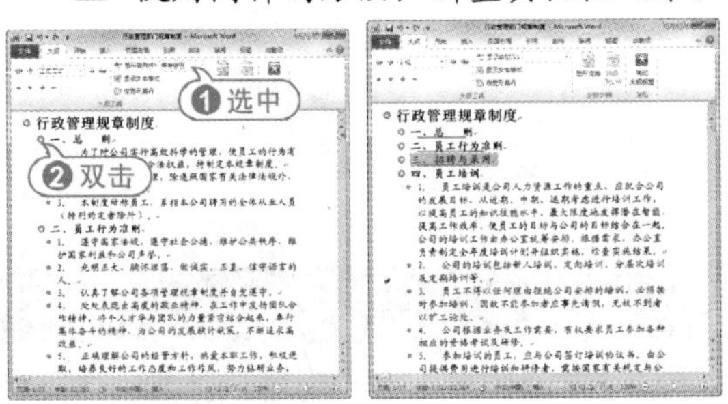

经验谈

在大纲视图中，文本前有符号，表示在该文本后有正文体或级别较低的标题；文本前有符号，表示该文本后没有正文体或级别较低的标题。

3.1.2 使用大纲视图组织文档

在创建的大纲视图中，可以对文档内容进行修改与调整。

1. 选择大纲内容

在大纲视图模式下的选择操作是进行其他操作的前提和基础，在此将介绍大纲的选择操作，选择的对象不外乎标题和正文体，下面讲述如何对这两种对象进行选择。

- 选择标题：如果仅仅选择一个标题，并不包括它的子标题和正文，可以将鼠标光标移至此标题的左端空白处，当鼠标光标变成一个斜向上的箭头形状时，单击鼠标左键，即可选中该标题。
- 选择一个正文段落：如果要仅仅选择一个正文段落，可以将鼠标光标移至此段落的左端空白处，当鼠标光标变成一个斜向上箭头的形状时，单击鼠标左键，或者单击此段落前的符号●，即可选择该正文段落。
- 同时选择标题和正文：如果要选择一个标题及其所有的子标题和正文，就双击此标题前的符号⊕；如果要选择多个连续的标题和段落，按住鼠标左键拖动选择即可。

2. 更改文本在文档中的级别

文本的大纲级别并不是一成不变的，可以按需要对其实行升级或降级操作。

- 每按一次 Tab 键，标题就会降低一个级别；每按一次 Shift+Tab 键，标题就会提升一个级别。
- 在【大纲】选项卡的【大纲工具】选项组中单击【提升】按钮或【降低】按钮，对该标题实现层次级别的升或降；如果想要将标题降级为正文，可单击【降级为正文】按钮；如果要将正文提升至标题 1，单击【提升至标题 1】按钮。
- 按下 Alt+Shift+←组合键，可将该标题的层次级别提高一级；按下 Alt+Shift+→组合键，可将该标题的层次级别降低一级。按下 Alt+Ctrl+1 或 2 或 3 键，可使该标题的级别达到 1 级或 2 级或 3 级。
- 用鼠标左键拖动符号⊕或●向左移或向右移来提高或降低标题的级别。首先将鼠标光标移到该标题前面的符号⊕或●，待鼠标光标变成四箭头形状后，按下鼠标左键拖动，在拖动的过程中，每当经过一个标题级别时，都有一条竖线和横线出现。如果想把该标题置于这样的标题级别，可在此时释放鼠标左键。

3. 移动大纲标题

在 Word 2010 中既可以移动特定的标题到另一位置，也可以连同该标题下的所有内容一起移动。可以一次只移动一个标题，也可以一次移动多个连续的标题。

要移动一个或多个标题，首先选择要移动的标题内容，然后在标题上按下并拖动鼠标右键，可以看到在拖动过程中，有一虚竖线跟着移动。移到目标位置后释放鼠标，这时将弹出快捷菜单，选择菜单上的【移动到此位置】命令，即可完成标题的移动。

专家解读

如果要将标题及该标题下的内容一起移动，必须先将该标题折叠，再进行移动。

3.1.3 使用【导航】窗格查看文档

文档结构是指文档的标题层次。Word 2010 新增了导航窗格功能，使用该窗格可以查看文档的文档结构。

【例 3-2】使用导航窗格查看【行政管理部门规章制度】文档的文档结构。视频

01 启动 Word 2010，打开【工伤保险条例】文档。

02 打开【视图】选项卡，在【页面视图】选项组中单击【页面视图】按钮，切换至页面视图。

03 在【显示】选项组中选中【导航窗格】复选框，打开【导航】任务窗格。

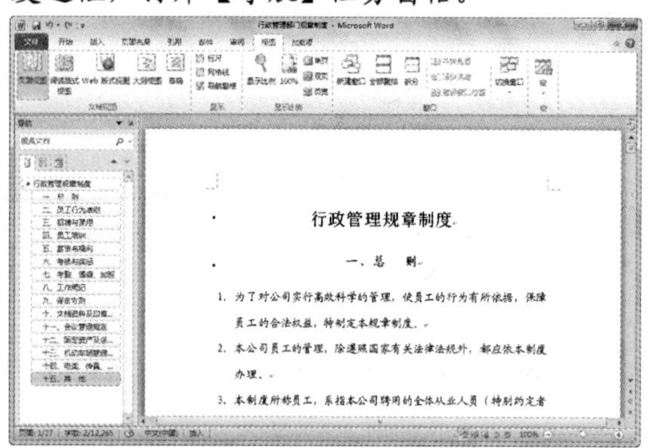

04 自动打开【浏览您的文档中的标题】选项卡，在其中即可查看文档的文档结构。单击【五、薪资与福利】标题按钮，右侧的文档页面将自动跳转到对应的正文部分中。

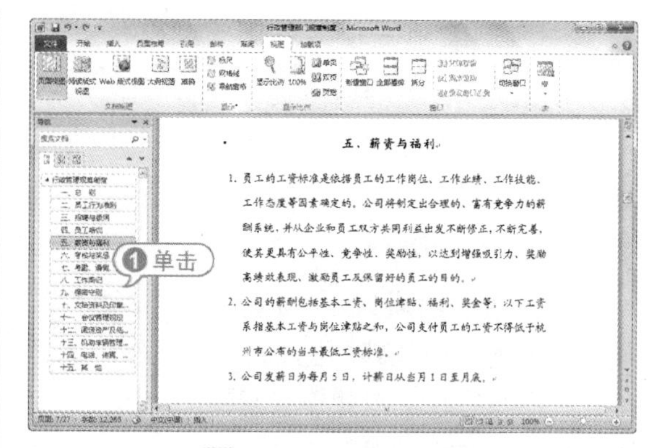

05 单击 标签，打开【浏览您的文档中的页面】选项卡，此时在任务窗格中以页面缩略图的形式显示文档内容，拖动滚动条查看可以快速地浏览文档内容。

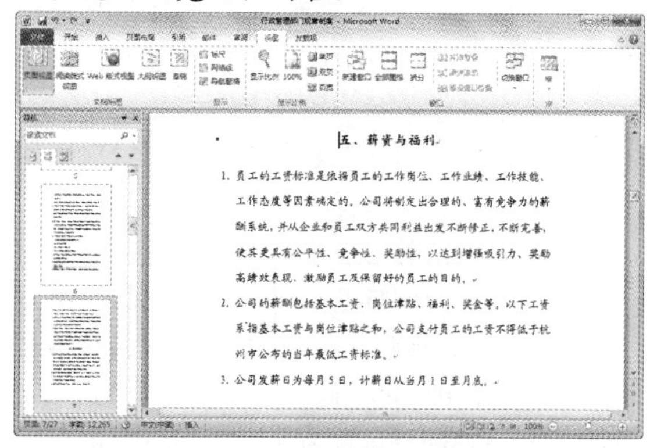

06 在任务窗格中单击 9 页面的缩略图按钮，右侧的文档页面自动跳转到第 9 页，并显示完整的内容。

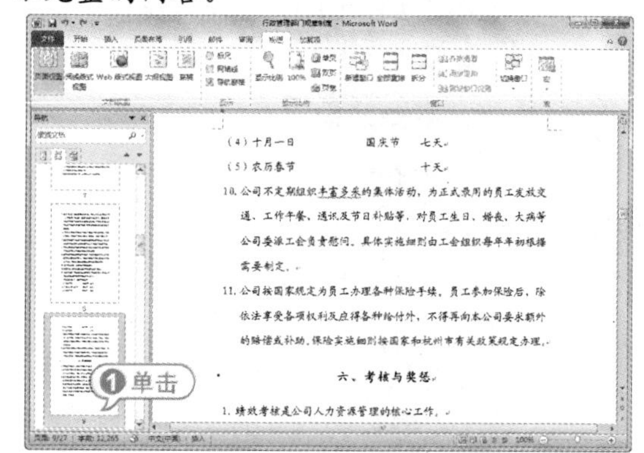

专家解读

如果长文档中没有进行相应的标题级别设置的话，那么在【导航】任务窗格的【浏览您的文档中的标题】选项卡中无法查看文档结构。

3.2 使用样式

所谓样式就是字体格式和段落格式等特性的组合。在排版中使用样式可以快速提高工作效率，从而迅速改变文档的外观。

3.2.1 应用样式

Word 2010 自带的样式库中，内置了多种样式，可以为文档中的文本设置标题、字体和背景等样式。使用这些样式可以快速地美化文档。

选择要应用某种内置样式的文本，打开【开始】选项卡，在【样式】选项组中进行相关设置。单击【样式对话框启动器】按钮，将打开【样式】任务窗格，在【样式】列表框中可以选择样式。

【例 3-3】新建【工作计划】文档，对文档中的标题应用标题和副标题样式。

视频 + 素材 (实例源文件\第 03 章\例 3-3)

01 启动 Word 2010，新建一个名为【工作计划】的文档，在其中输入文本内容，默认情况下文档中所有的文本都应用【正文】样式。

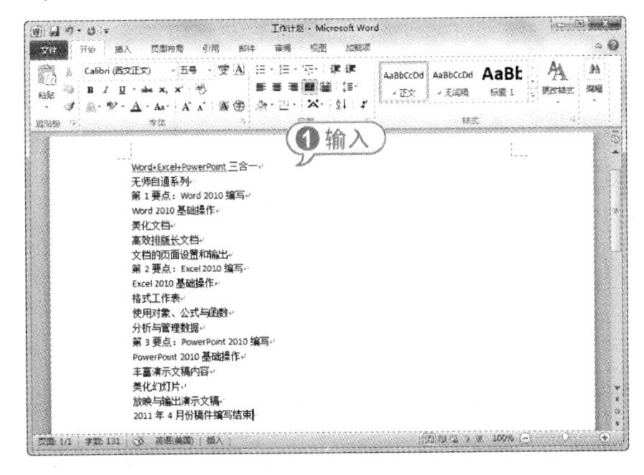

02 选中第一行中的正标题文本，在【开始】选项卡的【样式】选项组中，单击【其他】按钮，从弹出的列表框中选择【标题】样式，即可将该样式应用于该段文字中。

03 将插入点定位在副标题文本“无师自通系列”中任意位置，在【开始】选项卡，单击【样式对话框启动器】按钮，打开【样式】任务窗格。

04 在【样式】列表框中，选择【副标题】样式，快速应用样式【副标题】。

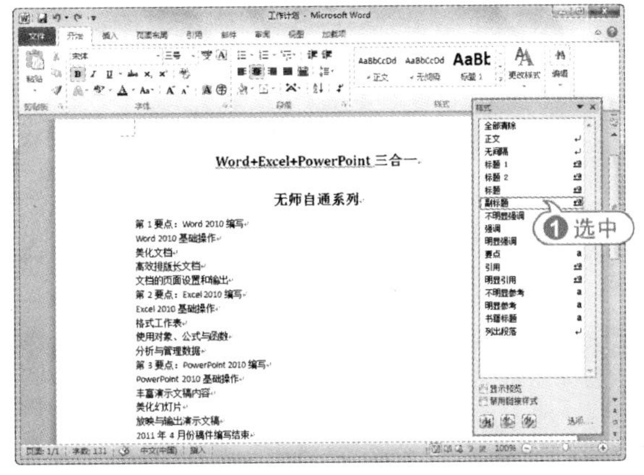

05 使用同样方法，为其他文本应用【标题 1】样式。

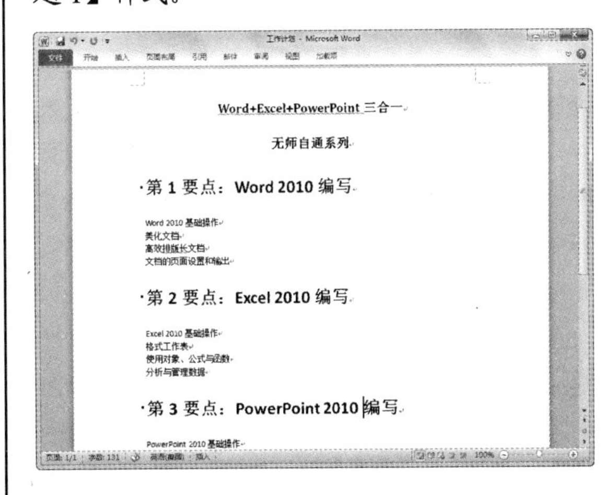

06 在快速访问工具栏中，单击【保存】按钮，将【培训计划】文档保存。

3.2.2 修改样式

如果某些内置样式无法完全满足某组格式设置的要求，则可以在内置样式的基础上进行修改。下面以实例来介绍修改样式的方法。

【例 3-4】在【工作计划】文档中，修改【标题 1】样式，并为其添加底纹。

视频+素材 (实例源文件\第 03 章\例 3-4)

01 启动 Word 2010，打开【工作计划】文档，将插入点定位在任意一处带有【标题 1】样式的文本中。

02 在【开始】选项卡的【样式】选项组中，单击【样式对话框启动器】按钮，打开【样式】任务窗格。

03 单击【标题 1】样式旁的箭头按钮，从弹出的快捷菜单中选择【修改】命令。

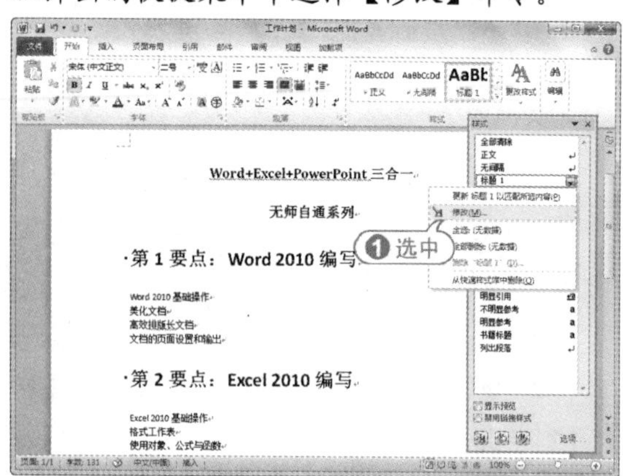

04 打开【修改样式】对话框，在【属性】选项区域的【样式基准】下拉列表框中选择【无样式】选项；在【格式】选项区域的字体下拉列表框中选择【华文楷体】选项，在【字号】下拉列表框中选择【三号】选项，单击【格式】按钮，从弹出的快捷菜单中选择【段落】选项。

05 打开【段落】对话框，在【间距】选项区域中，将段前、段后的距离设置为【0.5 行】，并且将行距设置为【最小值】、【16 磅】，单击【确定】按钮，完成段落设置。

06 返回至【修改样式】对话框，单击【格式】按钮，从弹出的快捷菜单中选择【边框】命令，打开【边框和底纹】对话框。

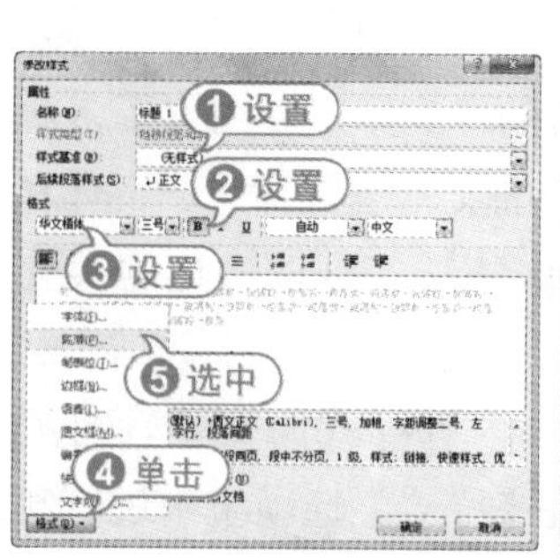

07 打开【底纹】选项卡，在【填充】颜色面板中选择【红色，强调文字颜色 2，淡色 40%】色块，单击【确定】按钮，填充底纹。

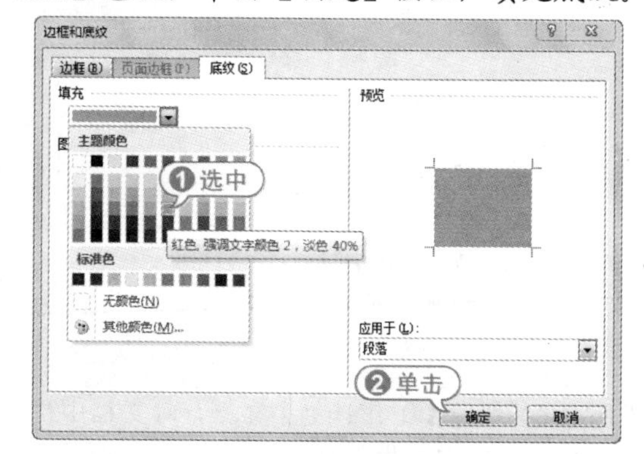

08 返回【修改样式】对话框，查看修改后的【标题 1】样式效果，单击【确定】按钮，完成样式修改操作。

09 此时【标题 1】样式自动应用到文档中，按 Ctrl+S 快捷键，保存文档。

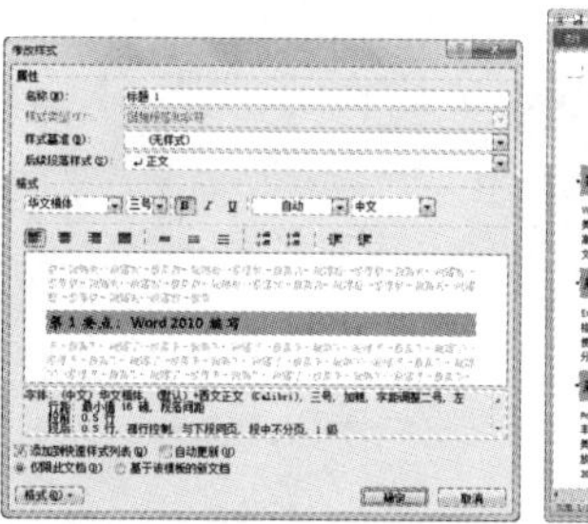

经验谈

在【样式】任务窗格中，单击样式旁的箭头按钮，在弹出的菜单中选择【删除】命令，打开确认删除对话框，单击【是】按钮，即可删除该样式，但无法删除内置样式。

3.2.3 创建样式

如果现有文档的内置样式与所需格式设置相去甚远时，用户可以创建一个新样式，将会更有效率。

在【样式】任务窗格中，单击【新样式】按钮，打开【新建样式】对话框。在该对话框中可以进行样式的创建操作。

【例 3-5】在【工作计划】文档中，创建【备注】样式，将其应用到文档中。

视频 + 素材 (实例源文件\第 03 章\例 3-5)

01 启动 Word 2010，打开【工作计划】文档，将插入点定位在最后一行文本任意位置。

02 在【开始】选项卡的【样式】选项组中，单击【样式对话框启动器】按钮，打开【样式】任务窗格。

03 单击【新样式】按钮，打开【根据格式设置创建新样式】对话框，在【名称】文本框中输入“备注”；在【样式基准】下拉列表框中选择【无样式】选项；在【格式】选项区域的【字体】下拉列表框中选择【隶书】选项；在【字体颜色】下拉列表框中选择【红色，强调文字样式 2】色块。

经验谈

在【样式】任务窗格中单击【管理样式】按钮，打开【管理样式】对话框，在【选择要编辑的样式】列表框中选择要删除的样式，单击【删除】按钮，同样可以删除样式。

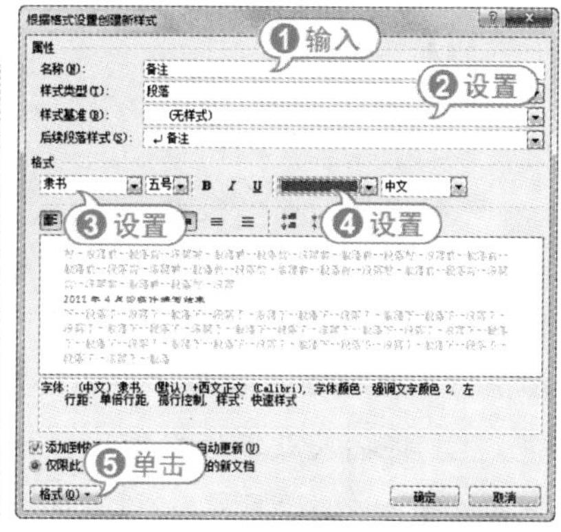

04 单击【格式】按钮，在弹出的菜单中选择【段落】命令，打开【段落】对话框，设置【对齐方式】为【右对齐】，【段前】间距设为【0.5 行】，单击【确定】按钮，完成设置。

05 备注文本自动应用新样式，此时在【样式】任务窗格中将显示【备注】样式。

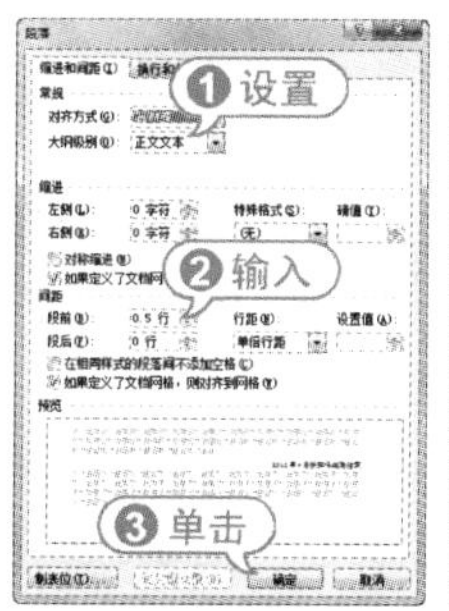

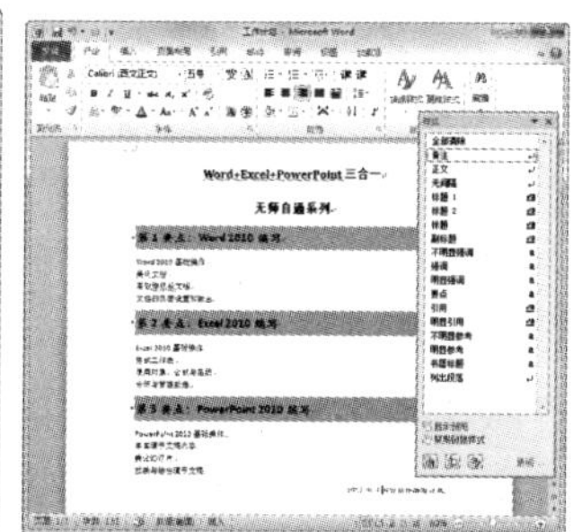

06 在快速访问工具栏中，单击【保存】按钮，将修改后的【工作计划】文档保存。

专家解读

如果删除了创建的段落样式，Word 将对所有具有此样式的段落应用【正文】样式，然后从任务窗格中删除该样式的定义。

3.3 插入目录

目录与一篇文章的纲要类似，通过它可以了解全文的结构和整个文档所要讨论的内容。在 Word 2010 中，可以对一个编辑和排版完成的稿件自动生成目录。

3.3.1 创建目录

Word 2010 有自动提取目录的功能，用户可以很方便地为文档创建目录。

【例 3-6】在【城市交通乘车规则】文档中创建目录。

视频 + 素材 (实例源文件\第 03 章\例 3-6)

01 启动 Word 2010，打开【城市交通乘

车规则】文档。

02 将插入点定位在第一行，按两次 Enter 键，换行。

03 将插入点定位在文本段，在【开始】选项卡的【剪贴】选项组中，单击【格式刷】按钮 格式刷，待鼠标指针变成刷子形状时，拖动鼠标，在文档开始两行处刷格式。

04 将插入点定位在第一行，在光标闪烁位置处输入文本"目录"，设置字体为【黑体】，字号为【一号】，字形为【加粗】，并设置居中对齐。

05 将插入点移至下一行，打开【引用】选项卡，在【目录】选项组中单击【目录】按钮，从弹出的菜单中选择【插入目录】命令，打开【目录】对话框。

06 打开【目录】选项卡，在【显示级别】微调框中输入 2，单击【确定】按钮，即可插入目录。

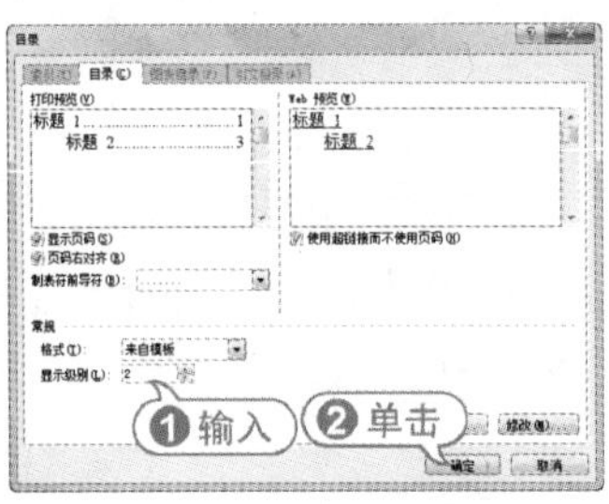

专家解读

在【引用】选项卡的【目录】选项组中，单击【目录】按钮，从弹出的内置目录样式菜单中选取目录样式，即可快速在文档中创建具有特殊格式的目录。

07 按 Ctrl+S 快捷键，保存修改后的【城市交通乘车规则】文档。

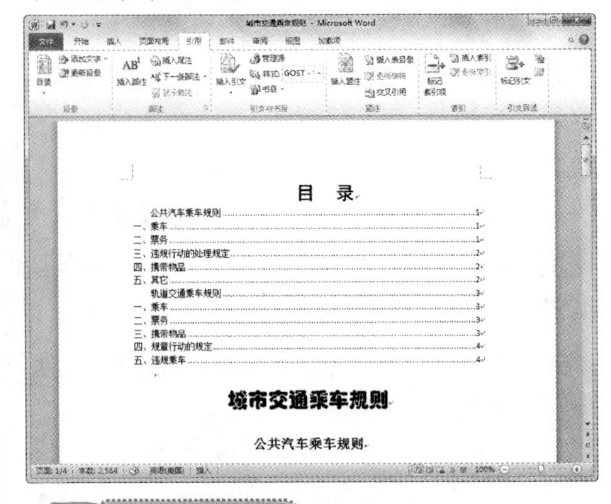

经验谈

制作完目录后，只需按 Ctrl 键，再单击目录中的某个页码，就可以将插入点跳转到该页的标题处。

3.3.2 美化目录

创建完目录后，用户还可像编辑普通文本一样对其进行样式的设置，如更改目录字体、字号和对齐方式等，以便让目录更为美观。

【例 3-7】在【城市交通乘车规则】文档中美化目录。

视频+素材 (实例源文件\第 03 章\例 3-7)

01 启动 Word 2010，打开【城市交通乘车规则】文档。

02 选取整个目录，打开【开始】选项卡，在【字体】选项组中的【字体】下拉列表框中选择【黑体】选项，然后选择两个副标题，在【字号】下拉列表框中选择【四号】选项。

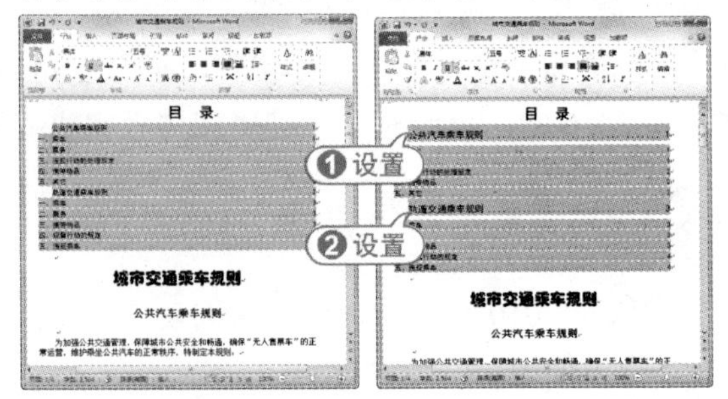

03 选取整个目录，在【段落】选项组中单击对话框启动器按钮，打开【段落】对话框的【缩进和间距】选项卡，在【间距】选项区域的【行距】下拉列表框中选择【1.5倍行距】选项。

04 单击【确定】按钮，此时全部目录将以1.5倍的行距显示。

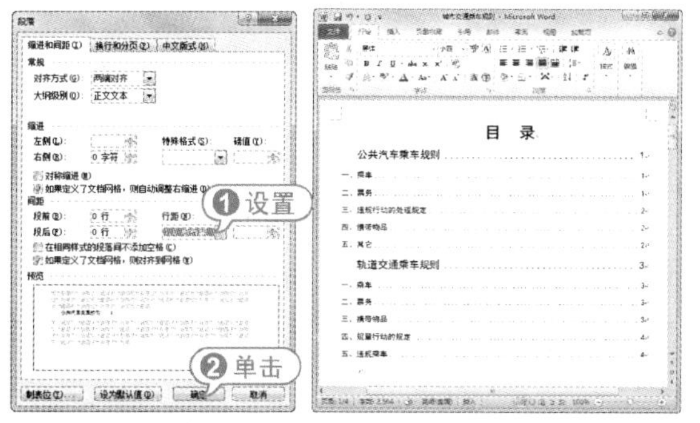

05 按Ctrl+S快捷键，保存修改后【城市交通乘车规则】文档。

经验谈

当创建了一个目录后，如果对正文文档中的内容进行编辑修改了，那么目录中标题和页码都有可能发生变化，与原始目录中的页码不一致，此时就需要更新目录，右击选中的整个目录，从弹出的快捷菜单中选择【更新域】命令，打开【更新目录】对话框。选中【更新整个目录】单选按钮，单击【确定】按钮即可。

专家解读

要将整个目录文件复制到另一个文件中单独保存或打印，必须要将其与原来的文本断开链接，选中整个目录，按Ctrl+Shift+F9组合键，即可断开链接。

3.4 使用批注

批注是指审阅读者给文档内容加上的注解或说明，或者是阐述批注者的观点。在上级审批文件、老师批改作业时非常有用。

3.4.1 插入批注

将插入点定位在要插入批注的位置或选中要添加批注的文本，打开【审阅】选项卡，在【批注】选项组中单击【新建批注】按钮，此时Word会自动显示一个红色的批注框，在其中输入内容即可。

【例3-8】在【城市交通乘车规则】文档中插入批注。

视频 + 素材 (实例源文件\第03章\例3-8)

01 启动Word 2010，打开【城市交通乘车规则】文档。

02 选中“公共汽车乘车规则”下的文本“特制定本规则”，打开【审阅】选项卡，在【批注】选项组中单击【新建批注】按钮，此时Word会自动显示一个红色的批注框。

03 在批注框中，根据实际需求输入批注文本。

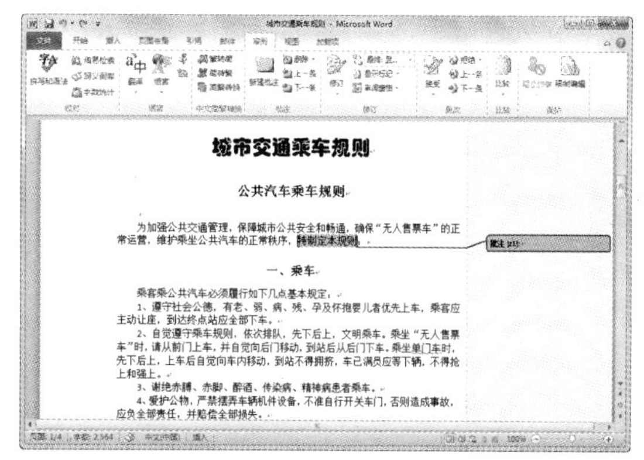

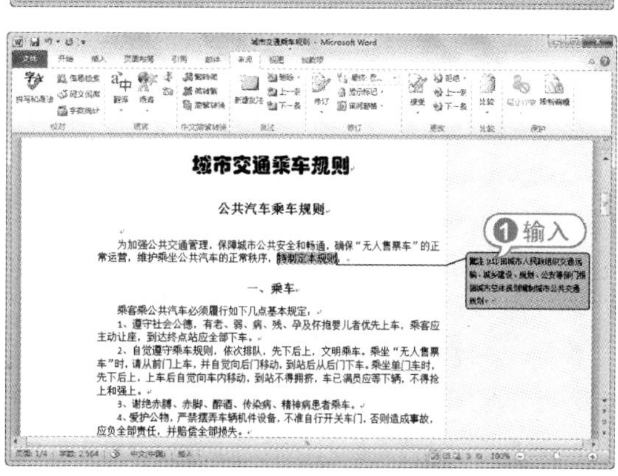

04 使用同样的方法，在其他段落的文本中，添加批注。

05 在快速访问工具栏中单击【保存】按钮，保存添加的批注内容。

3.4.2 编辑批注

插入批注后还可以对批注内容，批注格式进行编辑修改。

1. 显示或隐藏批注

在一个文档中可以添加多个批注，可以根据需要显示或隐藏文档中的所有批注，或只显示指定审阅者的批注。

要隐藏批注，可以打开【审阅】选项卡，在【修订】选项组中单击【显示标记】按钮，在弹出的菜单中选择【审阅者】|【所有审阅者】命令，或者在弹出的菜单中选择【批注】命令，此时命令左侧的打钩符号被取消了。

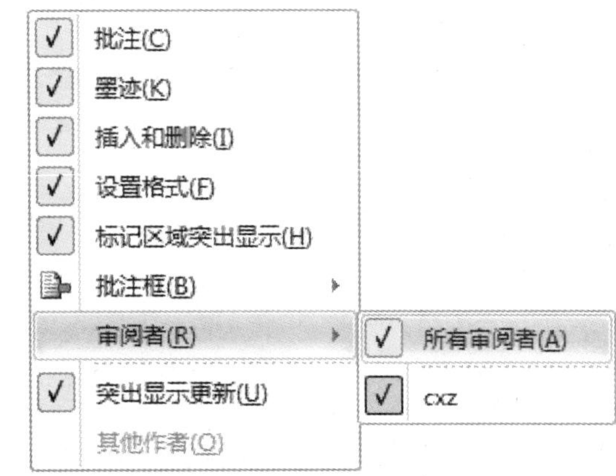

专家解读

要显示隐藏的批注，可以打开【审阅】选项卡，在【修订】选项组中单击【显示标记】按钮，在弹出的菜单中选择【批注】命令，或选择【审阅者】|【所有审阅者】命令即可。

2. 设置批注格式

批注框中的文本格式，与普通文本的设置方法相同。另外，用户还可以对批注框的格式进行设置。

【例 3-9】在【城市交通乘车规则】文档中设置批注格式。

视频 + 素材 (实例源文件\第 03 章\例 3-9)

01 启动 Word 2010，打开【城市交通乘车规则】文档。

02 选中批注文本，打开【格式】选项卡，在【字体】选项组中设置文字字体为【楷体】，字号为【四号】。

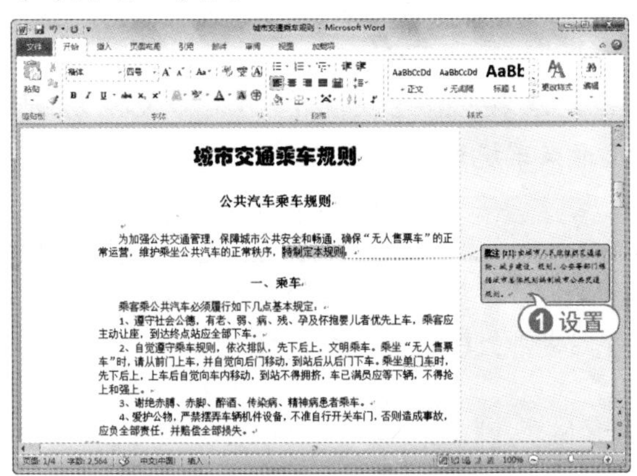

03 使用同样的方法，设置其他批注框中的文本的字体和字号。

04 打开【审阅】选项卡，在【修订】选项组中单击【修订】按钮，在弹出的菜单中选择【修订选项】命令，打开【修订选项】对话框。

05 在【标记】选项区域的【批注】下拉列表框中选择【黄色】选项；在【批注框】选项区域的【指定宽度】微调框中输入“5 厘米”，单击【确定】按钮，完成设置。

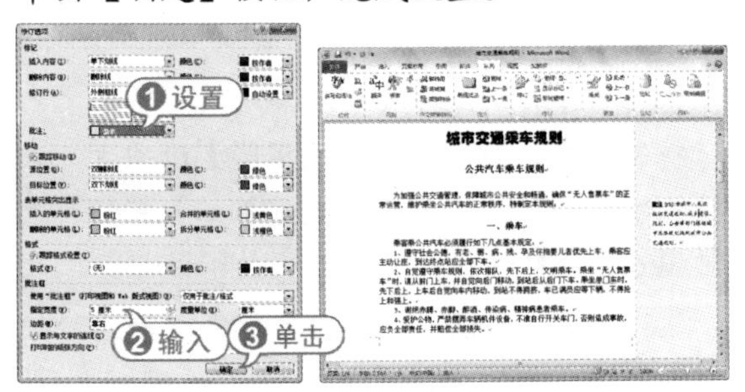

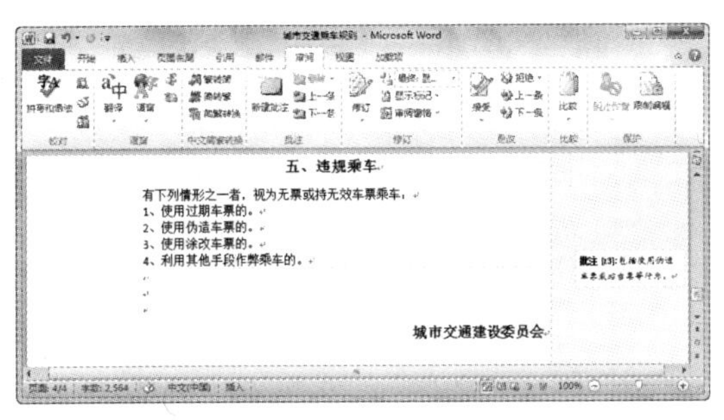

06 在快速访问工具栏中单击【保存】按钮，保存【城市交通乘车规则】文档。

3. 删除批注

要删除文档中的批注，最常用的有以下两种方法。

- 右击要删除的批注，在弹出的快捷菜单中选择【删除批注】命令。
- 将插入点定位在要删除的批注框中，打开【审阅】选项卡，在【批注】选项组中单击【删除】按钮，在弹出的菜单中选择【删除】命令。

经验谈

将插入点定位在批注框中，打开【审阅】选项卡，在【批注】选项组中单击【删除】按钮，在弹出的菜单中选择【删除文档中的所有批注】命令，即可将文档中所有的批注框删除。

3.5 使用脚注和尾注

脚注和尾注是对文本的补充说明，或者对文档中引用信息的注释。脚注一般位于插入脚注页面的底部，可以作为文档某处内容的注释，而尾注一般位于整篇文档的末尾，列出引文的出处等。

3.5.1 插入脚注和尾注

打开【引用】选项卡，在【脚注】选项组中单击【插入脚注】或【插入尾注】按钮，即可插入脚注或尾注。

【例 3-10】在【城市交通乘车规则】文档中插入脚注和尾注。

视频 + 素材 (实例源文件\第 03 章\例 3-10)

01 启动 Word 2010，打开【城市交通乘车规则】文档。

02 将插入点定位在要插入脚注的第五点文本“《中华人民共和国治安管理处罚条例》”后面。

03 打开【引用】选项卡，在【脚注】选项组中单击【插入脚注】按钮，此时将在该页面的底部出现一个【脚注】编辑区域，并自动添加了脚注编号。

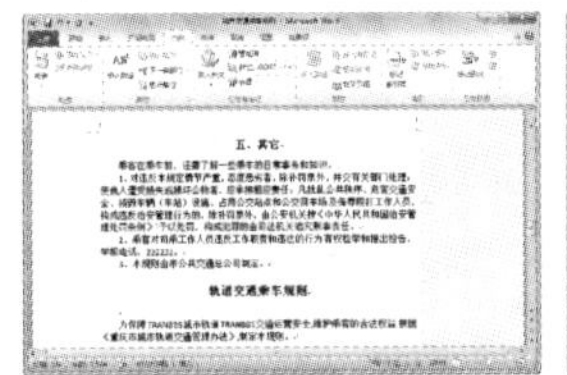

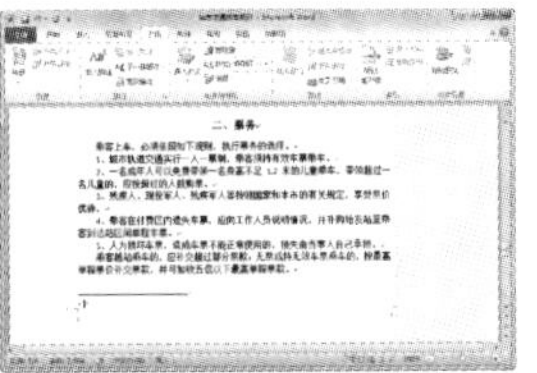

04 在【脚注】编辑区域中直接输入脚注文本，完成脚注的插入操作。

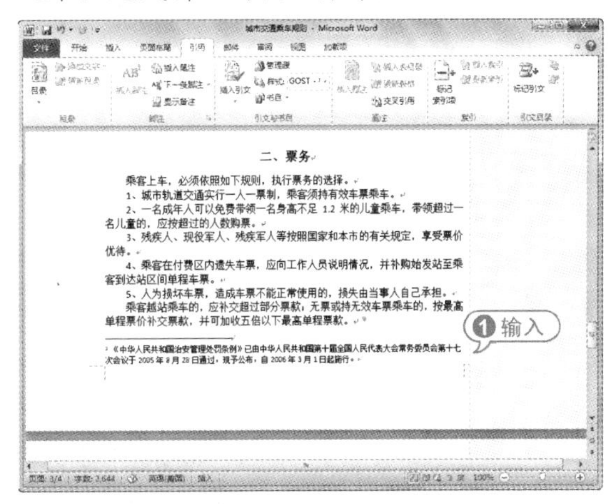

05 选取“轨道交通乘车规则” 下的文本“《重庆市城市轨道交通管理办法》”，在【引用】选项卡的【脚注】选项组中单击【插入尾注】按钮 插入尾注。

06 此时在文档的末尾处出现一个【尾注】编辑区域，并自动添加了尾注编号，在其中直接输入尾注文本。

07 在快速访问工具栏中单击【保存】按钮，保存添加的脚注和尾注文本。

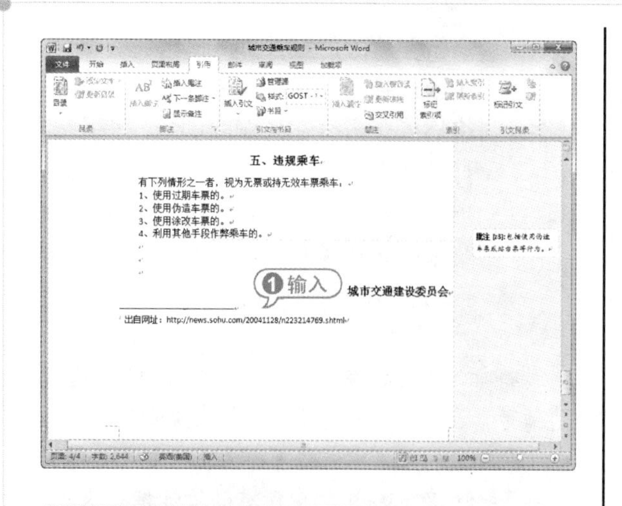

3.5.2 编辑脚注和尾注

脚注和尾注的编辑操作主要包括移动、复制或删除等内容。实际上这些操作都是针对注释标记进行的。因此要移动、复制或删除脚注或尾注，首先要在文档中选择注释标记。当用户在文档中移动、复制和删除脚注或尾注时，它们会自动调整编号。

- 要移动脚注或尾注，可以把注释标记拖到另一位置。
- 要复制脚注或尾注，可以在按住 Ctrl 键的同时，再移动注释标记。
- 要删除脚注或尾注，可以在选择了注释标记后，按下 Delete 键。

专家解读

在 Word 中真正引用的并不是脚注或尾注本身，而是脚注或尾注的编号，而这个编号是由 Word 自动维护的。

3.6 修订长文档

在审阅文档时，发现某些多余的内容或遗漏内容时，如果直接在文档中删除或修改，将不能看到原文档和修改后文档的对比情况。使用 Word 2010 的修订功能，可以将用户修改过的每项操作，以不同的颜色标识出来，方便作者进行查看。

3.6.1 添加修订

对于文档中明显的错误，可以启用修订功能并直接进行修改，这样可以减少原作者修改的难度，同时让原作者明白进行过何种修改。

【例 3-11】在【城市交通乘车规则】文档中添加修订。

视频 + 素材 (实例源文件\第 03 章\例 3-11)

01 启动 Word 2010，打开【城市交通乘车规则】文档。

02 打开【审阅】选项卡，在【修订】选项组中，单击【修订】按钮，进入修订状态。

03 将文本插入点定位到开始处的文本"特制定本规定"的冒号标点后，按 Backspace 键，该标点上将添加有删除线，文本仍以蓝色删除线形式显示在文档中；然后按【句号】键，输入句号标点，添加的句号下方将显示蓝色下划线，此时添加的句号也以蓝色显示。

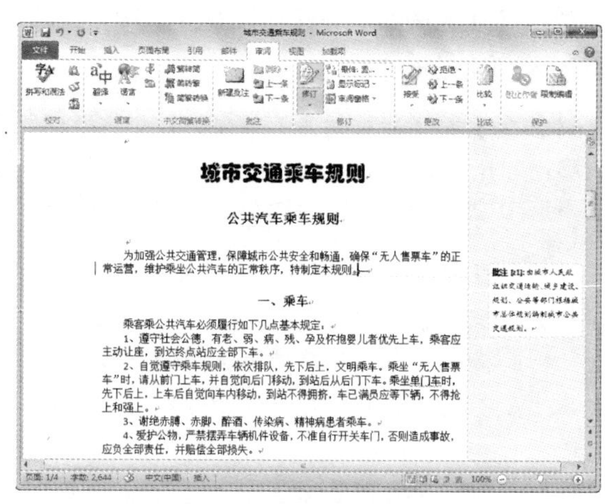

04 将文本插入点定位到需要添加文本或标点的位置，切换至搜狗拼音输入法，输入文本"时"，再输入逗号标点，此时添加的文本以蓝色字体颜色显示，并且文本下方将显示蓝色下划线。

05 在"轨道交通乘车规则"下的"三、携带物品"中，选中文本"加购"，然后输入文本"重新购买"，此时错误的文本上将添加有蓝色删除线，修改后的文本下将显示蓝色下划线。

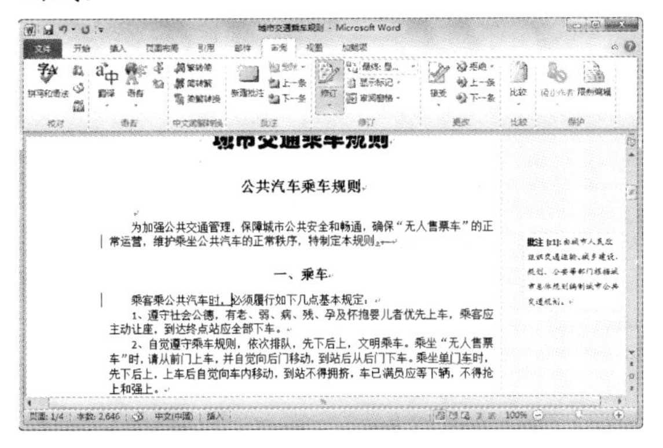

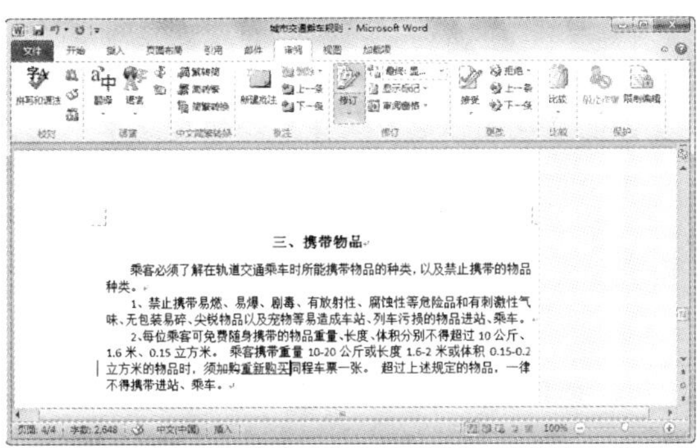

06 使用同样的方法，修订文档内容。当所有的修订工作完成后，单击【修订】选项组中的【修订】按钮，即可退出修订状态。

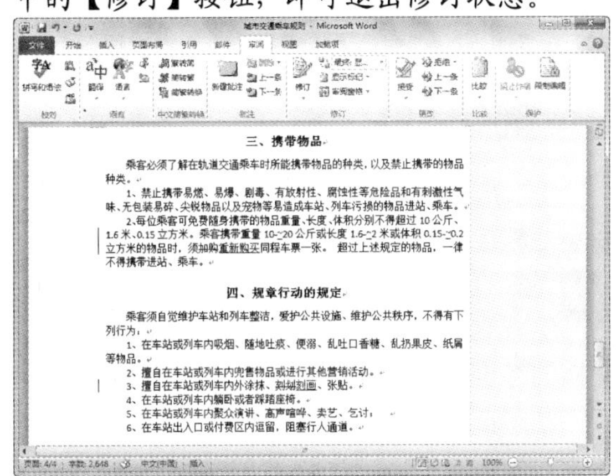

07 在快速访问工具栏中单击【保存】按钮，将修订后的【城市交通乘车规则】文档保存。

3.6.2 接受或拒绝修订

在长文档中添加了批注和修订后，为了方便查看与修改，可以使用审阅窗格以浏览文档中的修订内容。查看完毕后，用户还可以确认是否接受或拒绝修订。

【例 3-12】在【城市交通乘车规则】文档中，查看、接受和拒绝修订。

视频 + 素材 (实例源文件\第 03 章\例 3-12)

01 启动 Word 2010，打开【城市交通乘车规则】文档。

02 打开【审阅】选项卡，在【修订】选项组中，单击【审阅窗格】下拉按钮，从弹出的下拉菜单中选择【垂直审阅窗格】命令，打开垂直审阅窗格。

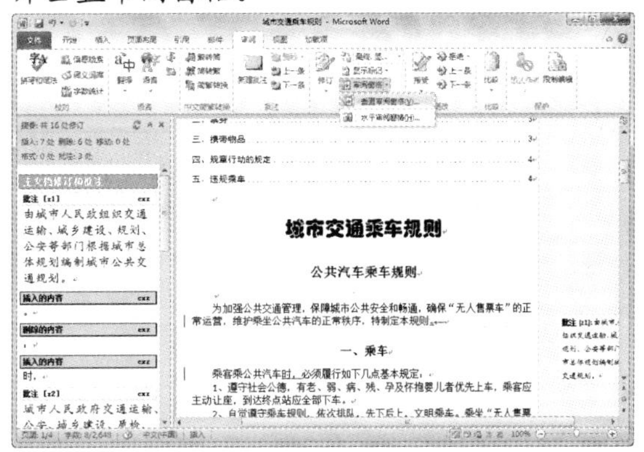

专家解读

在【修订】选项组中，单击【审阅窗格】下拉按钮，从弹出的下拉菜单中选择【水平审阅窗格】命令，打开水平审阅窗格。

03 在审阅窗格中单击修订，双击修订内容框，即可切换到相对应的修订文本位置进行查看。

经验谈

同一文档中可以由多人修订，任何人都可以在文档中添加修订，Word 会以不同颜色及用户名显示是谁添加了标注，如本例中的修订用户的用户名为 cxz。

04 将文本插入点定位到删除的冒号标点

处，在【更改】选项组中单击【拒绝】按钮，拒绝修订。

05 在垂直审阅窗格中，右击第一次的修订句号项目文本框，从弹出的快捷菜单中选择【拒绝插入】命令，即可拒绝插入句号标点。

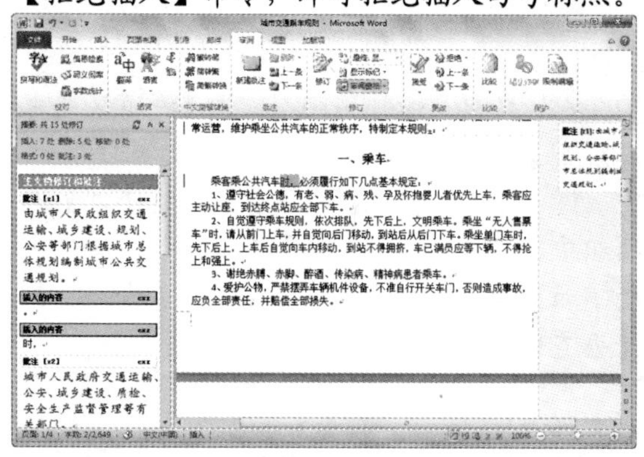

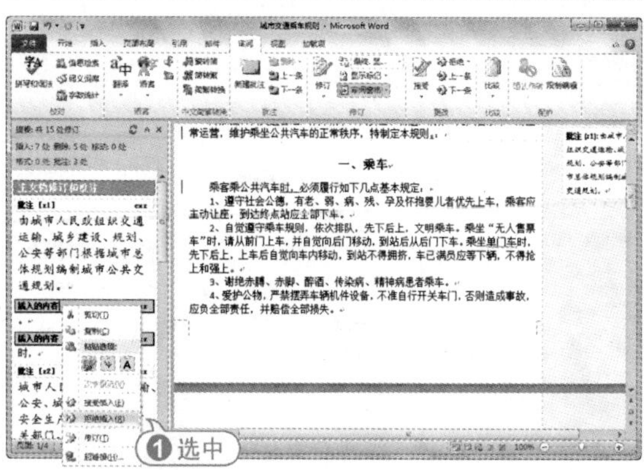

06 将文本插入点定位到输入的文本“时”位置，在【更改】选项组中单击【接受】按钮，接受输入字符。

07 使用同样的方法，查看修订，并执行接受修订操作。

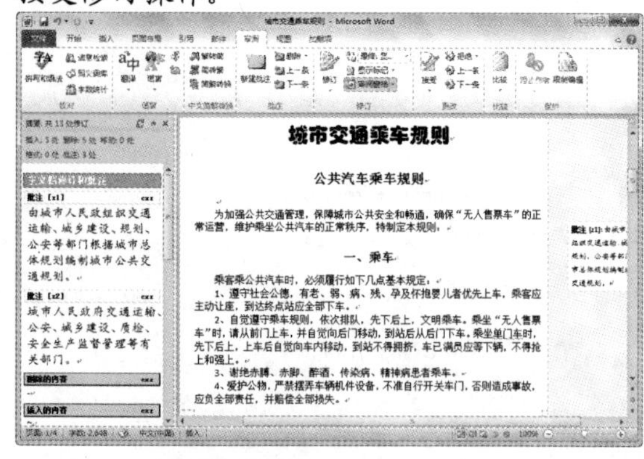

专家解读

在垂直审阅窗格中，右击所输入的文本上方的蓝色文本框，从弹出的快捷菜单中选择【接受输入】按钮，同样可以执行【接受输入】文本修订操作。

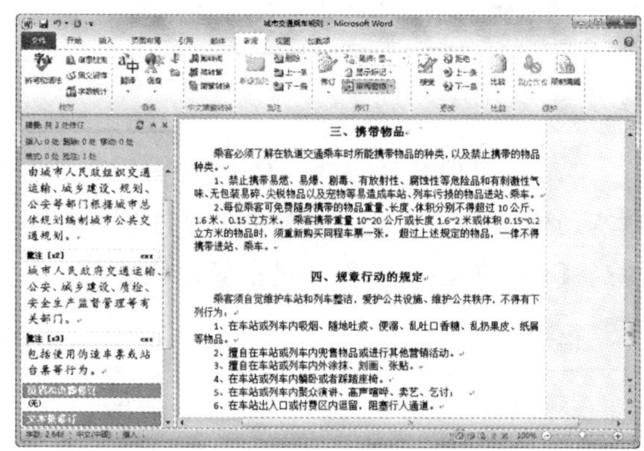

08 在快速访问工具栏中单击【保存】按钮，保存修订的【城市交通乘车规则】文档。

3.7 实战演练

本章的实战演练部分是编排【公司规章制度】文档的综合实例操作，用户可以进行相关练习从而巩固本章所学知识。

【例 3-13】编排【公司规章制度】文档。
视频+素材 (实例源文件\第 03 章\例 3-13)

01 启动 Word 2010，打开【公司规章制度】文档。

02 打开【视图】选项卡，在【文档视图】选项组中单击【大纲视图】按钮，切换至大纲视图查看文档结构。

03 文档中未设置标题级别，此时，用户可以根据需要设置标题级别。将插入点定位到文本“公司规章制度”开始处，在【大纲】选项卡的【大纲工具】选项组中单击【提升至标题 1】按钮，将该正文文本设置为标题 1。

04 将插入点定位在文本“第一章　总则”

处，在【大纲工具】选项组的【大纲级别】下拉列表框中选择【2 级】，将文本设置为 2 级标题。

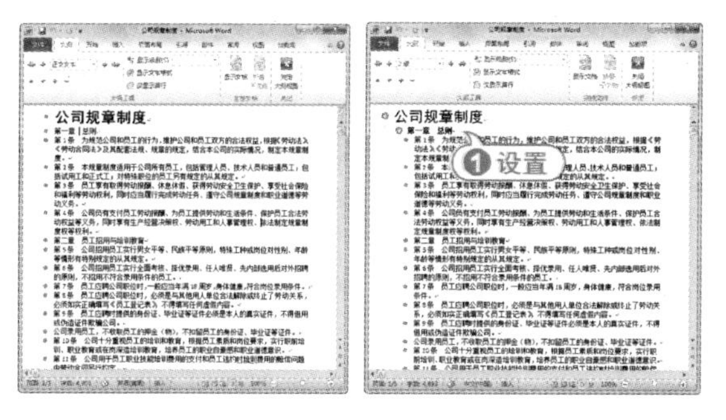

05 使用同样的方法，设置其他正文文本为标题。

06 设置级别完毕后，在【大纲】选项卡的【大纲工具】选项组中单击【显示级别】下拉按钮，从弹出的菜单中选择【2 级】命令，此时文档的 2 级标题将显示出来。

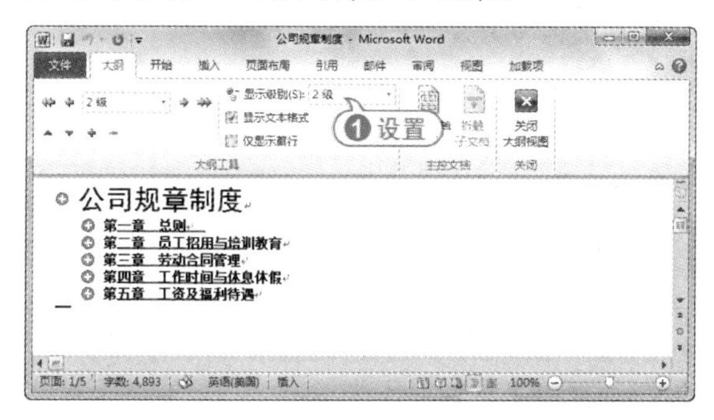

07 在【大纲】选项卡的【关闭】选项组中单击【关闭大纲视图】按钮，返回至页面视图。

08 打开【视图】选项卡，在【显示】选项组中选中【导航窗格】复选框，打开【导航】任务窗格。

09 在【浏览您的文档中的标题】列表框中单击标题按钮，即可快速切换至该标题查看文档内容。

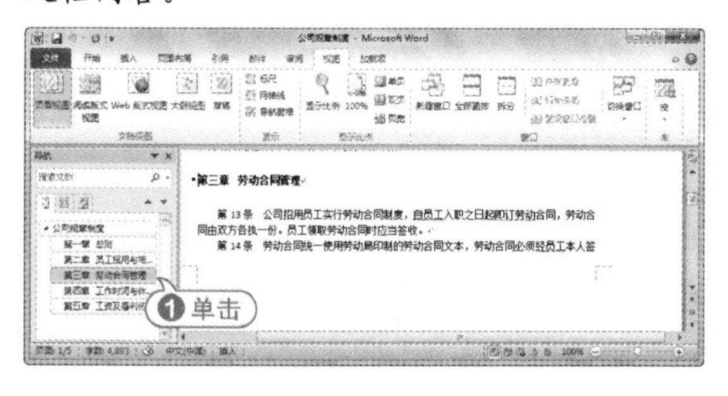

10 查看完文档后，单击【导航】任务窗格右上角的【关闭】按钮，关闭【导航】任务窗格。

11 将插入点定位在文档开始位置，打开【引用】选项卡，在【目录】选项组中单击【目录】按钮，从弹出的【内置】列表框中选择【自动目录 2】样式，在文档开始处自动插入该样式的目录。

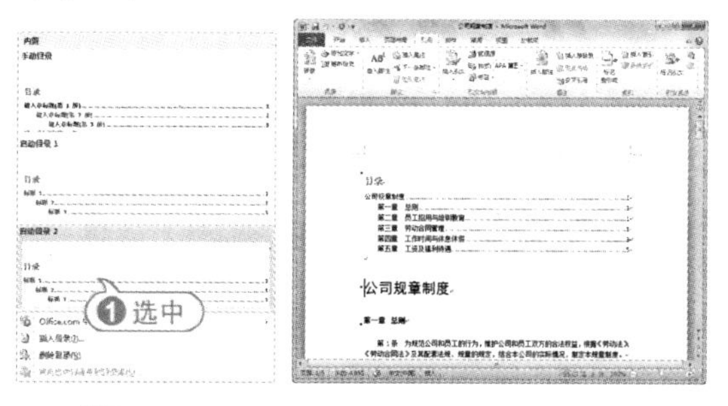

12 选取文本“目录”，设置字体为【隶书】，字号为【二号】，居中对齐。

13 选取整个目录，在【开始】选项卡中单击【段落】对话框启动器按钮，打开【段落】对话框。

14 打开【缩进和间距】选项卡，在【行距】下拉列表中选择【2 倍行距】选项，单击【确定】按钮，完成目录格式的设置。

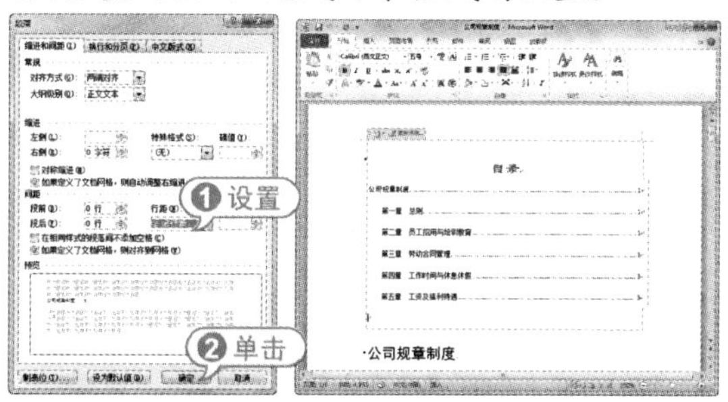

专家解读

插入内置目录后，自动显示一个文本框。如果用户对文档做了一定的更改，此时可以单击【更新目录】按钮来更新目录。

15 选取第一章中的文本“《劳动法》、《劳动合同法》”，打开【审阅】选项卡，在【批注】选项组中单击【新建批注】按钮，Word 自动会添加批注框，在其中输入批注文本。

16 使用同样的方法，添加其他批注框。

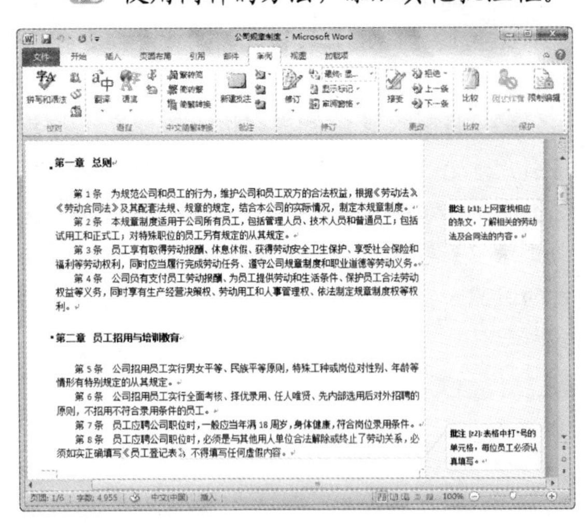

17 在【审阅】选项卡的【修订】选项组中单击【修订】按钮，根据文档内容修订错误。

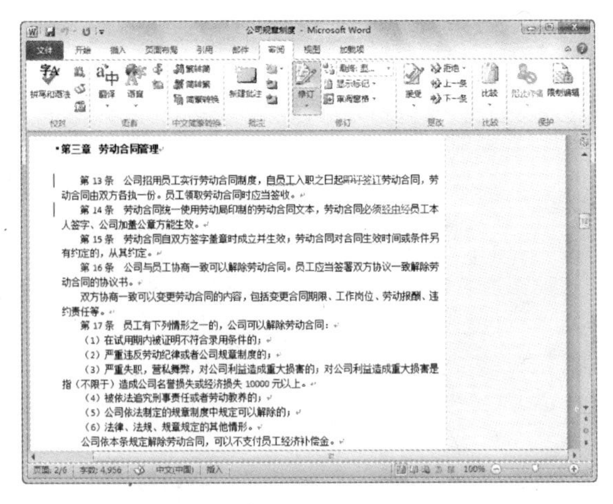

18 修订完毕后，在【修订】选项组中单击【修订】按钮，退出修订状态。

19 在快速访问工具栏中单击【保存】按钮，保存编排后的文档。

3.8 专家指点

一问一答

问：如何在长文档中插入题注？

答：将插入点定位到长文档中需要插入题注的位置，打开【引用】选项卡，在【题注】选项组中单击【题注】按钮，打开【题注】对话框，在【题注】文本框中可以输入题注内容，在【选项】选项区域的【标签】下拉列表框中可以选择标签类型，这里选择图形标签选项，单击【确定】按钮，即可在文档中插入题注。

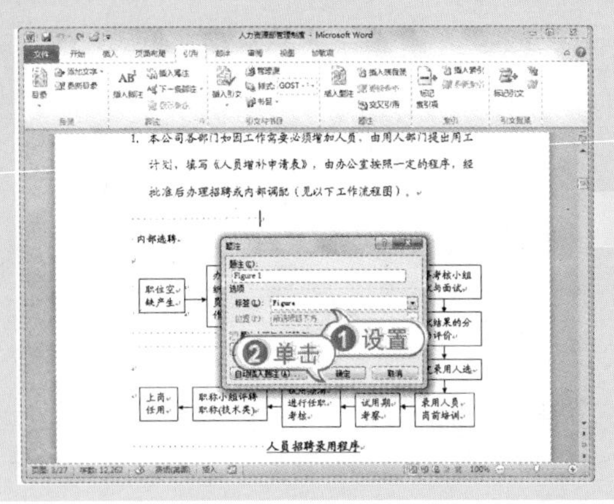

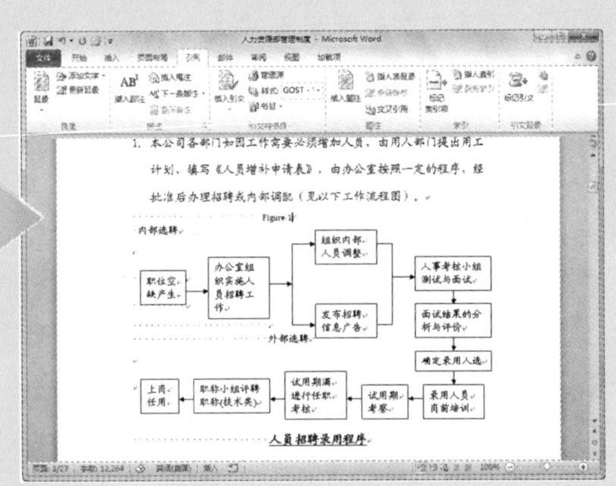

一问一答

问：如何使用快捷键实现页面视图的转换？

答：通过单击【文档视图】选项组或窗口状态栏中的【页面视图】按钮可以实现页面视图的转换。除这两种方法外，还有一种方法更为快捷，按 Alt+Ctrl+P 组合键即可快速地转换至页面视图。

一问一答

问：如何使用 Word 2010 的自动更正功能？

答：自动更正功能不仅可以在输入错误的字词后提示输入有误，并自动修正，还可以用来简化输入，如设置输入汉字“中”时自动转换为“中华人民共和国”。单击【文件】按钮，从弹出的菜单中选项【Word 选项】命令，打开【Word 选项】对话框。打开【校对】选项卡，在【自动更正选项】选项区域中单击【自动更正选项】按钮，打开【自动更正】对话框的【自动更正】选项卡，在【替换】和【替换为】文本框分别输入“中”、“中华人民共和国”，单击【添加】按钮，将其添加到列表框中，然后单击【确定】按钮，完成自动更正字词的设置。在 Word 2010 中，当输入汉字“中”时，将自动转换为“中华人民共和国”。

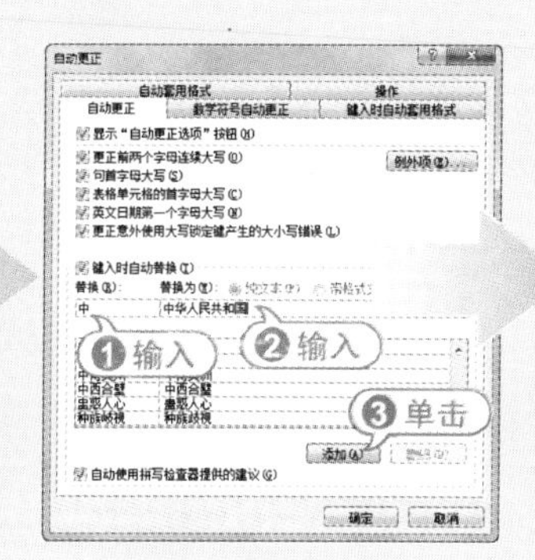

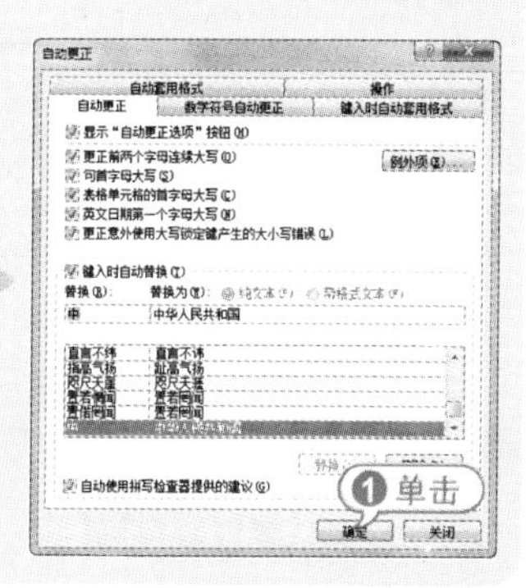

一问一答

问：如何在长文档中分类查看修订？

答：在长文档中进行修订后，文档中会包含批注、插入的文本内容、删除的文本内容、墨迹等修订标记。在添加修订的长文档中，打开【审阅】选项卡，在【修订】选项组中单击【显示标记】按钮，在弹出的快捷菜单中可以看到【批注】、【墨迹】、【插入和删除】、【设置格式】、【标记区域突出显示】和【突出显示更新】命令前都标有选中的复选框，说明这些修订都显示。如果撤销【批注】和【设置格式】命令前的复选框，即可隐藏批注和设置格式的修订。使用该方法可以便捷地查看同一类的修订。

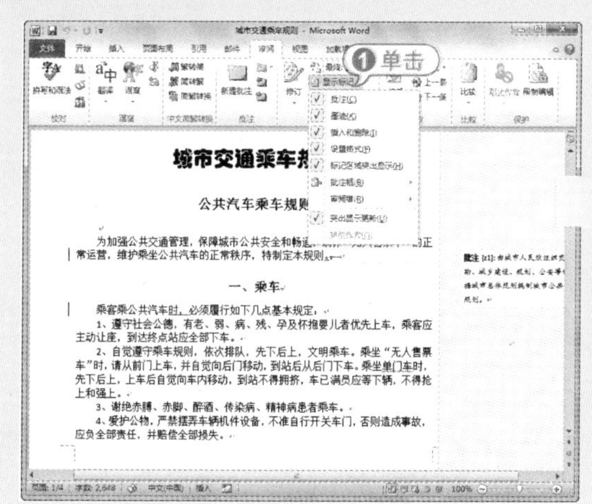

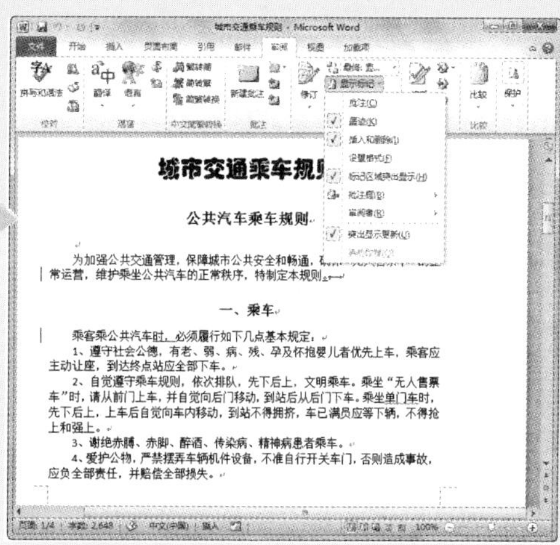

一问一答

问：如何在长文档中拆分和合并窗口？

答：在长文档中，打开【视图】选项卡，在【窗口】选项组中单击【拆分】按钮，将鼠标指针指向文档，待指针变成一条横线时，确定窗口拆分线的位置后单击，即可将当前窗口拆分为两个子窗口。若要将两个子窗口合并为一个窗口，只需在【窗口】选项组中单击【取消拆分】按钮即可。

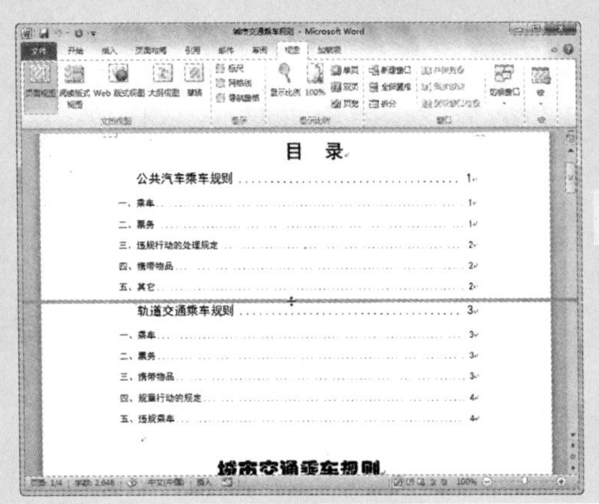

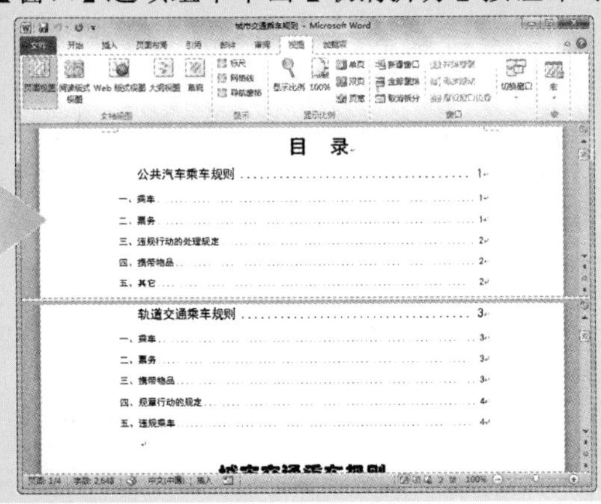

一问一答

问：如何并排编辑两个长文档？

答：并排查看文档可以比较两个文档之间的不同，便于日后编辑文档。在Word 2010中，打开两个长文档，在任意文档窗口中，打开【视图】选项卡，在【窗口】选项组中单击【并排查看】按钮，即可在屏幕中同时查看两个文档，此时【同步滚动】功能自动被启用，滚动一个窗口中文档内容时，另一窗口中的文档也在滚动。

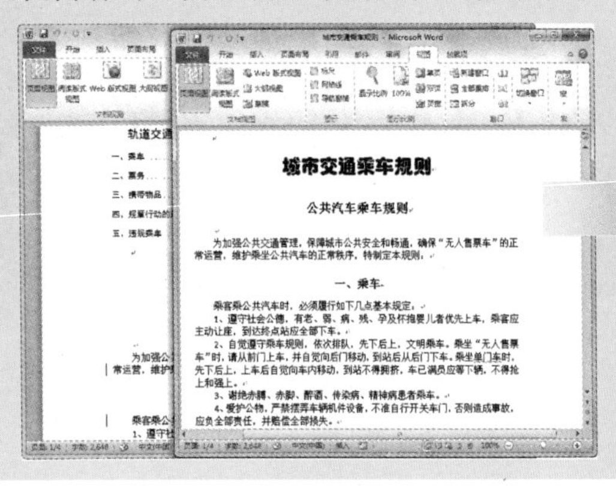

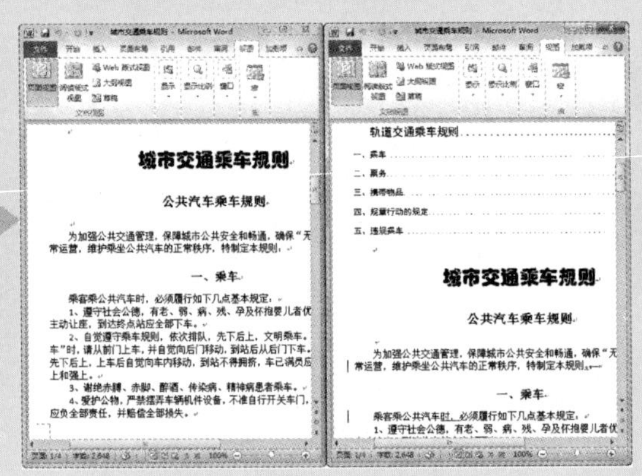

第4章 文档的页面设置与输出

字符和段落文本只会影响到某个页面的局部外观，影响文档外观的另一个重要因素是它的页面设置，如页边距、纸张大小、页眉页脚版式和页眉背景等。另外，Word 2010 提供了一个非常强大的打印功能，可以很轻松地按要求将文档打印出来。

对应光盘视频

例 4-1 设置页边距、纸张方向
例 4-2 设置纸张大小
例 4-3 设置文档网格
例 4-4 设置信纸页面
例 4-5 插入封面
例 4-6 为奇、偶页创建不同的页眉
例 4-7 插入页码
例 4-8 设置页码样式
例 4-9 设置纯色背景
例 4-10 设置背景填充效果
例 4-11 自定义水印效果
例 4-12 预览文档
例 4-13 打印文档
例 4-14 制作学校草稿纸
例 4-15 预览并打印学校草稿纸

4.1 页面的设置

在编辑文档的过程中，为了使文档页面更加美观，用户可以根据需求对文档的页面进行布局，如设置页边距、纸张、版式和文档网格、设置信纸页面等，从而制作出一个要求较为严格的文档版面。

4.1.1 设置页边距

设置页边距，包括调整上、下、左、右边距，装订线的距离和纸张方向。

打开【页面布局】选项卡，在【页面设置】选项组中单击【页边距】按钮，从弹出的下拉列表框中选择页边距样式，即可快速为页面应用该页边距样式。若选择【自定义边距】命令，打开【页面设置】对话框的【页边距】选项卡，在其中可以精确设置页面边距和装订线距离。

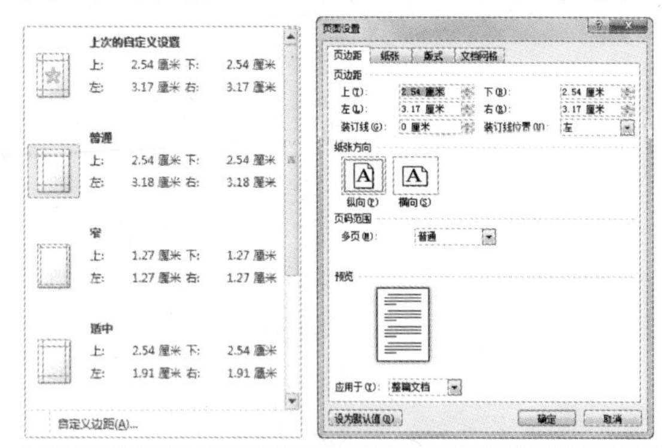

【例 4-1】新建【明信片】文档，对其页边距、装订线和纸张方向进行设置。

视频 + 素材 (实例源文件\第 04 章\例 4-1)

01 启动 Word 2010，新建一个空白文档，将其命名为【明信片】。

02 打开【页面布局】选项卡，在【页面设置】选项组中单击【页边距】按钮，从弹出的菜单中选择【自定义边框】命令，打开【页面设置】对话框。

03 打开【页边距】选项卡，在【纸张方向】选项区域中选择【横向】选项，在【页边距】的【上】、【下】、【右】微调框中输入“3 厘米”，在【左】微调框中输入“2 厘米”，在【装订线位置】下拉列表框中选择【左】选项，在【装订线】微调框中输入“1 厘米”。

04 单击【确定】按钮，为文档应用所设置的页面版式。

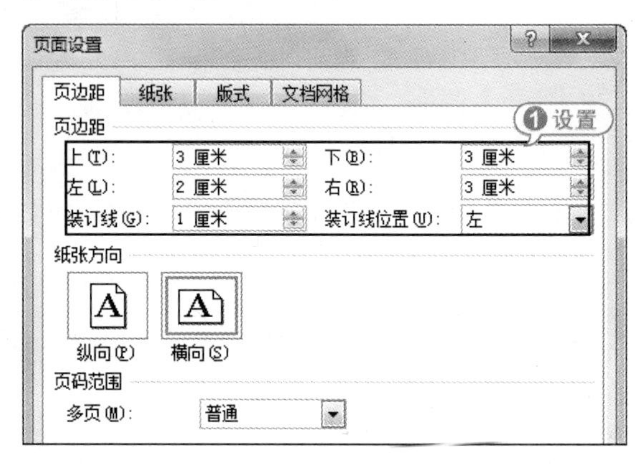

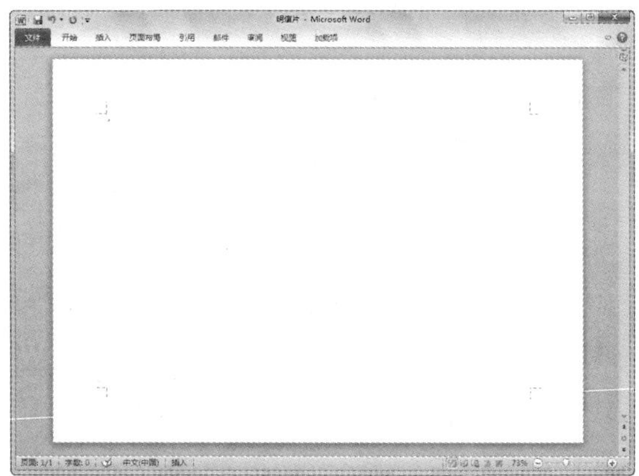

经验谈

页边距太窄会影响文档的装订，太宽则浪费纸张。通常情况下，A4 纸张采用 Word 2010 的默认页边距值；B5 或 16 开纸张适合上、下边距为 2.4cm 左右；左、右边距为 2cm 左右。

4.1.2 设置纸张大小

默认情况下，Word 2010 文档的纸张大小为 A4。在制作某些特殊文档(如明信片、名片或贺卡)时，用户可以根据需要调整纸张的大小，从而使文档更具特色。

【例 4-2】在【明信片】文档中设置纸张大小。
视频 + 素材 (实例源文件\第 04 章\例 4-2)

01 启动 Word 2010 应用程序，打开【明信片】文档。

02 打开【页面布局】选项卡，在【页面设置】选项组中单击【纸张大小】按钮，从弹出的菜单中选择【其他页面大小】命令，打开【页面设置】对话框。

03 打开【纸张】选项卡，在【纸张大小】下拉列表框中选择【自定义大小】选项，在【宽度】和【高度】微调框中分别输入“17 厘米”和“12 厘米”。

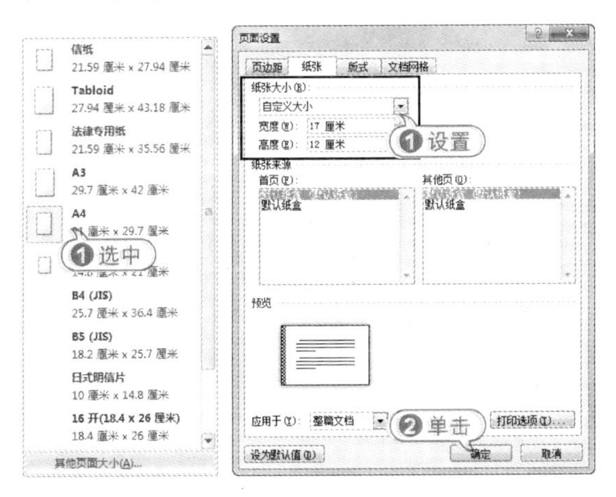

04 单击【确定】按钮，即可为【明信片】文档重新设置纸张大小。

专家解读

若要重新设置纸张方向，可以打开【页面布局】选项卡，在【页面设置】选项组中单击【纸张方向】按钮，从弹出的菜单中选择【纵向】或【横向】选项。

4.1.3 设置文档网格

文档网格用于设置文档中文字排列的方向、每页的行数和每行的字数等内容。

【例 4-3】在【明信片】文档中设置文档网格。
视频 + 素材 (实例源文件\第 04 章\例 4-3)

01 启动 Word 2010 应用程序，打开【明信片】文档。

02 打开【页面布局】选项卡，单击【页面设置】对话框启动器，打开【页面设置】对话框。

03 打开【文档网格】选项卡，在【文字排列】选项区域中选中【水平】单选按钮；在【网格】选项区域中选中【指定行和字符网格】单选按钮；在【字符数】的【每行】微调框中输入 26；在【行数】的【每页】微调框中输入 8，单击【确定】按钮，完成设置。

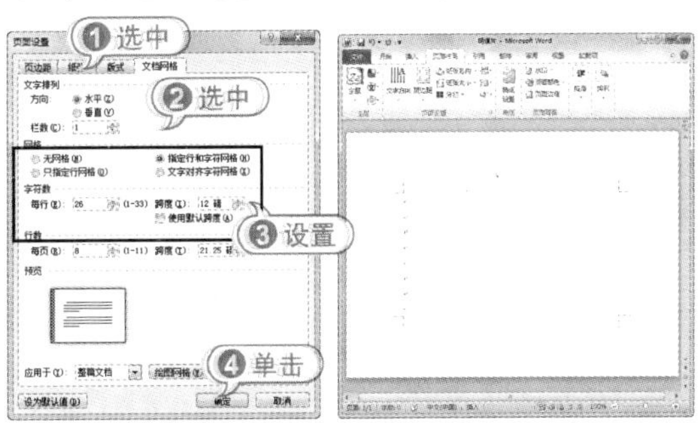

专家解读

如果用户想将修改后的文档网格设置为默认格式，则可以在【文档网格】选项卡中单击【设为默认值】按钮。

4.1.4 设置信纸页面

Word 2010 提供了稿纸设置功能，使用该功能可以快速地为用户创建信纸页面。

【例 4-4】新建一个【稿纸】文档，在其中设置信纸页面。

视频+素材 (实例源文件\第 04 章\例 4-4)

01 启动 Word 2010，新建一个空白文档，将其命名为【稿纸】。

02 打开【页面布局】选项卡，在【稿纸】选项组中单击【稿纸设置】按钮。

03 打开【稿纸设置】对话框，在【格式】下拉列表框中选择【方格式稿纸】选项；在【行数×列数】下拉列表框中选择 20×25 选项；在【网格颜色】下拉面板中选择【红色】选项。

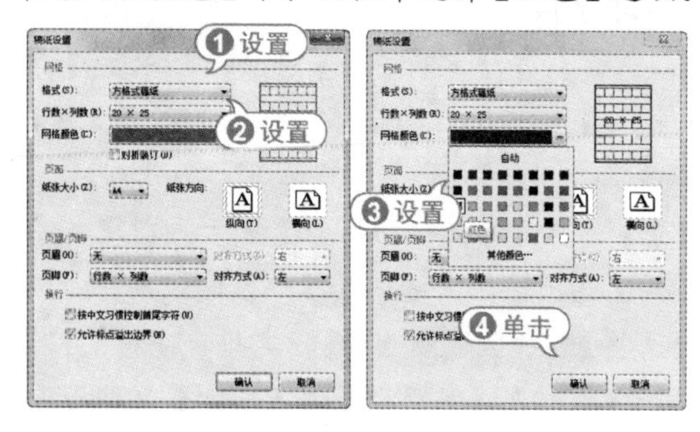

经验谈

打开【稿纸】对话框，在【网格】选项区域选中【对折装订】复选框，可以将整张稿纸分为两半装订；在【纸张大小】下拉列表框中可以选择纸张大小；在【纸张方向】选项区域中，可以设置纸张的方向。

04 单击【确认】按钮，进行稿纸转换，并显示进度条。

05 稍等片刻，即可显示所设置的稿纸格式，此时稿纸颜色为红色。

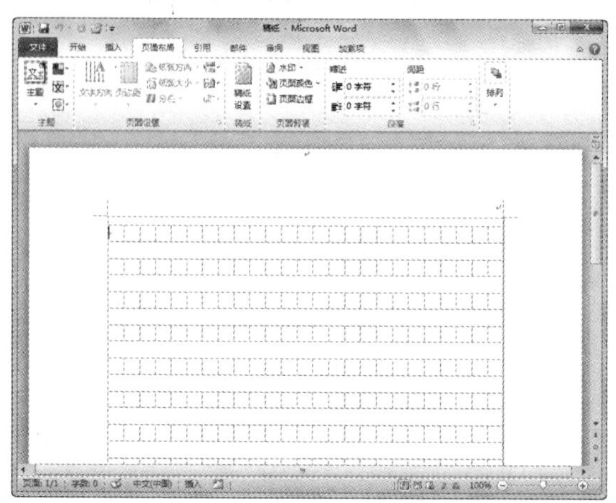

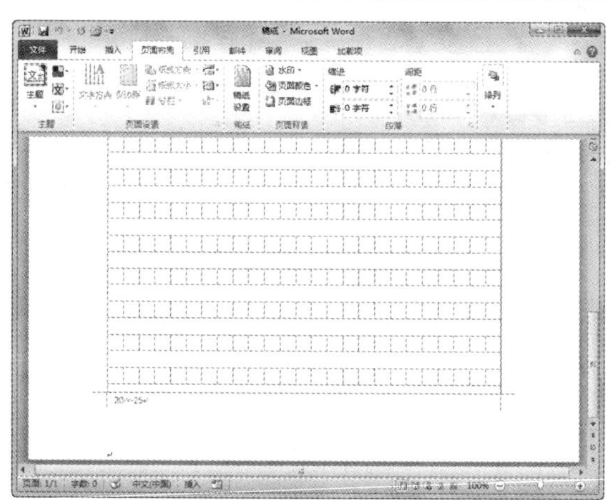

06 在快速访问工具栏中单击【保存】按钮，保存【稿纸】文档。

专家解读

使用 Word 2010 默认的稿纸格式添加的信纸颜色为绿色。

4.2 设置页眉、页脚和页码

页眉和页脚是文档中每个页面的顶部、底部和两侧页边距(即页面上打印区域之外的空白空间)中的区域。页眉和页脚通常用于显示文档的附加信息，例如页码、时间和日期、作者名称、单位名称、徽标或章节名称等。

4.2.1 插入封面

通常情况下，在书籍的首页可以插入封面，用于说明文档的主要内容和特点。

封面是文档给人的第一印象，因此必须制作得非常美观。封面主要包括标题、副标题、编写时间、编著及公司名称等信息。另外，在书籍的首页，需要创建独特的页眉和页脚。

【例 4-5】在【城市交通乘车规则】文档中添加封面。

视频+素材 (实例源文件\第 04 章\例 4-5)

01 启动 Word 2010，打开【城市交通乘车规则】文档。

02 打开【插入】选项卡，在【页】选项组中单击【封面】按钮，从弹出的【内置】列表框中选择【现代型】选项，即可快速插入封面。

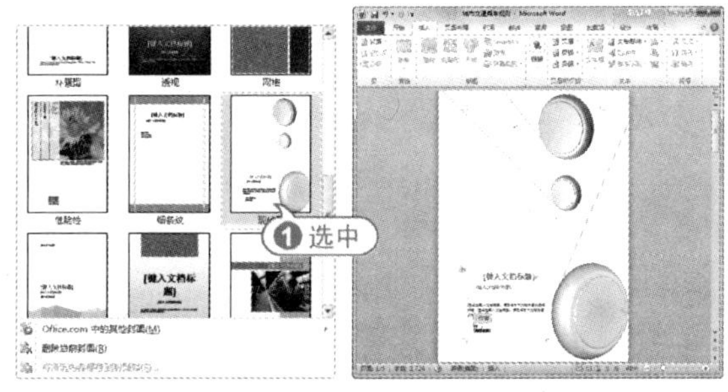

03 切换至搜狗拼音输入法，根据提示内容，在封面中输入相关的信息。

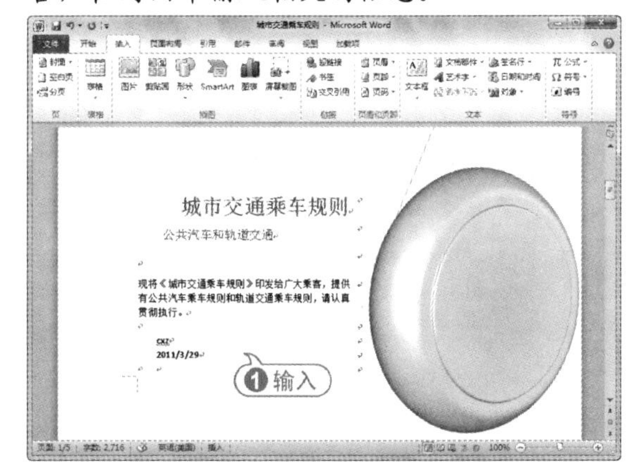

04 打开【插入】选项卡，在【页眉和页脚】选项组中单击【页脚】按钮，在弹出的菜单中选择【传统型】命令。

05 此时进入页脚编辑状态，在页脚输入文字，并删除页码。

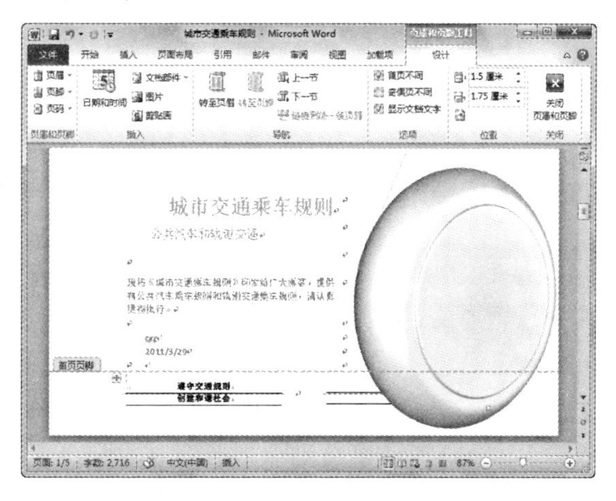

06 打开【页眉和页脚】工具的【设计】选项卡，在【关闭】选项组中单击【关闭页眉和页脚】按钮，完成首页页脚的设置。

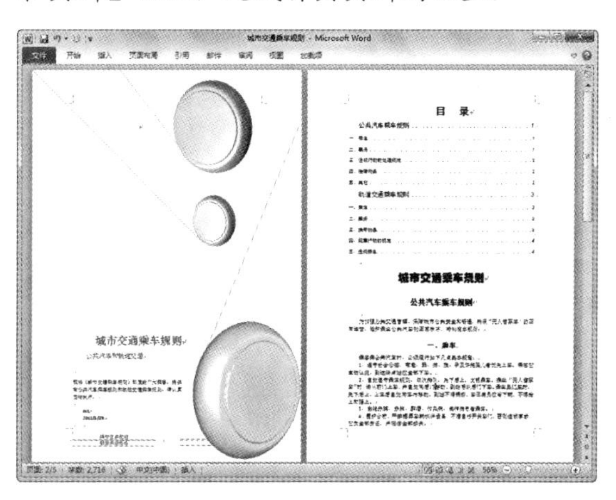

07 在快速访问工具栏中单击【保存】按钮，保存修改的【城市交通乘车规则】文档。

有时根据内置封面样式，可以在所添加的封面插入自选的图片，插入图片的方法与在文档中插入图片的方法类似。

4.2.2 创建不同的页眉和页脚

在书籍中，奇偶页的页眉页脚通常是不同的。在 Word 2010 中，可以为文档中的奇、偶页设计不同的页眉和页脚。

【例 4-6】在【城市交通乘车规则】文档中为奇、偶页创建不同的页眉。
视频 + 素材 (实例源文件\第 04 章\例 4-6)

01 启动 Word 2010，打开【城市交通乘车规则】文档。

02 打开【插入】选项卡，在【页眉和页脚】选项组中单击【页眉】按钮，在弹出的菜单中选择【编辑页眉】命令，进入页眉和页脚编辑状态。

03 打开【页眉和页脚】工具的【设计】选项卡，在【选项】选项组中选中【奇偶页不同】复选框。

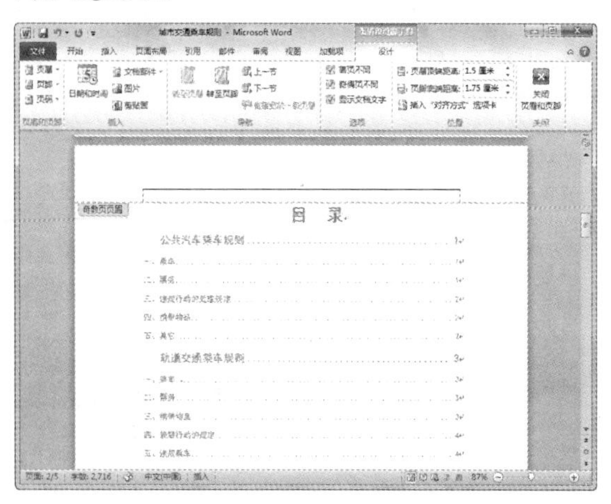

04 在奇数页页眉区域中选中段落标记符，打开【开始】选项卡，在【段落】选项组中单击【边框】按钮，在弹出的菜单中选择【无框线】命令，隐藏奇数页页眉的边框线。

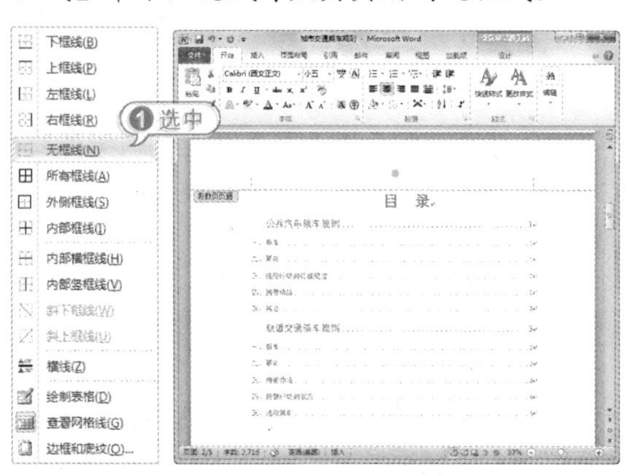

05 将光标定位在段落标记符上，输入文字“公共交通规则乘车规则”，设置文字字体为【华文楷体】，字号为【小四】，字形为【加粗】。

06 选中输入的页眉文字，设置段落对齐格式为【左对齐】，并单击【下划线】按钮 U。

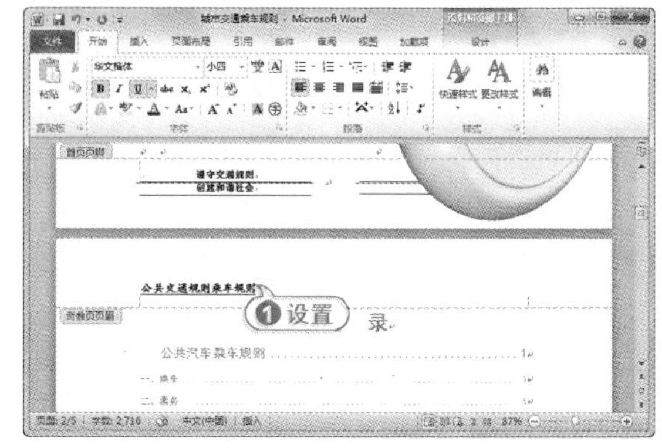

07 选中偶数页段落标记符，使用同样的方法，删除偶数页页眉的边框线。

08 在偶数页页眉处输入文本，设置文字字体为【华文楷体】，字号为【小四】，字形为【加粗】、对齐方式为【右对齐】。

09 在【开始】选项卡的【字体】选项组中单击【下划线】按钮 U，单击【字符底纹】按钮 A，为页眉添加下划线和底纹。

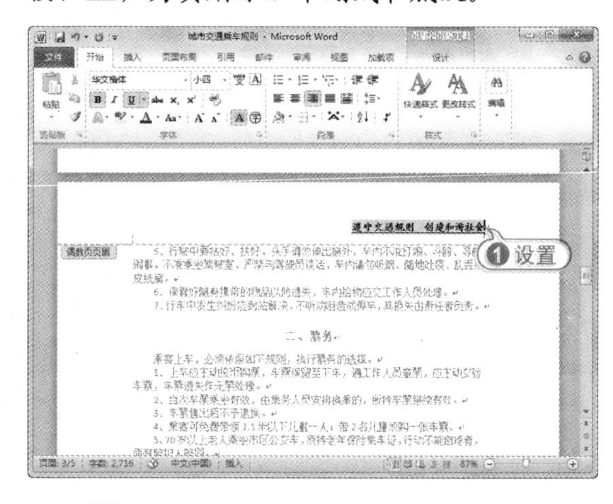

10 使用同样的方法，为奇数页页眉添加底纹。

11 打开【页眉和页脚】工具的【设计】选项卡，在【关闭】选项组中单击【关闭页眉和页脚】按钮，完成奇、偶页页眉的设置。

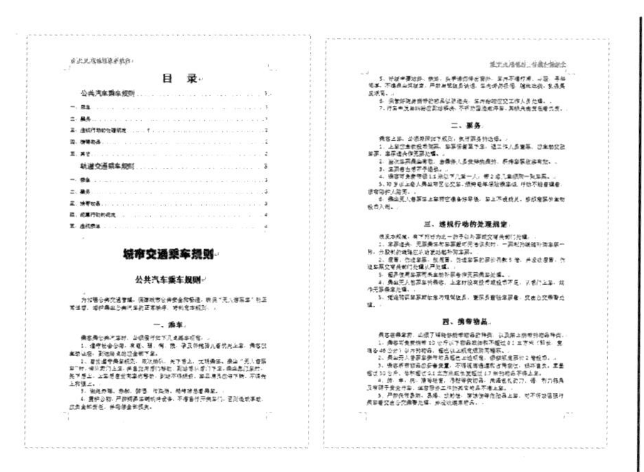

12 在快速访问工具栏中单击【保存】按钮，保存所作的设置。

经验谈

进入页眉和页脚编辑状态，打开【页眉和页脚工具】的【设计】选项卡，在【导航】选项组中单击【转至页脚】按钮，转换至奇数页或偶数页页脚处，使用页眉的创建方法，可以为奇、偶页创建不同的页脚。

4.2.3 插入页码

页码就是给文档每页所编的号码，便于读者阅读和查找。页码可以添加在页面顶端、页面底端和页边距等地方。

要插入页码，可以打开【插入】选项卡，在【页眉和页脚】选项组中单击【页码】按钮，在弹出的菜单中选择页码的位置和样式。

【例 4-7】在【城市交通乘车规则】文档中添加页码。

视频 + 素材 (实例源文件\第 04 章\例 4-7)

01 启动 Word 2010，打开【城市交通乘车规则】文档。

02 打开【插入】选项卡，在【页眉和页脚】组中，单击【页码】按钮，在弹出的菜单中选择【页面底端】命令，在【带有多种形状】列表框中选择【轮廓圆 1】选项，即可在奇数页插入页码。

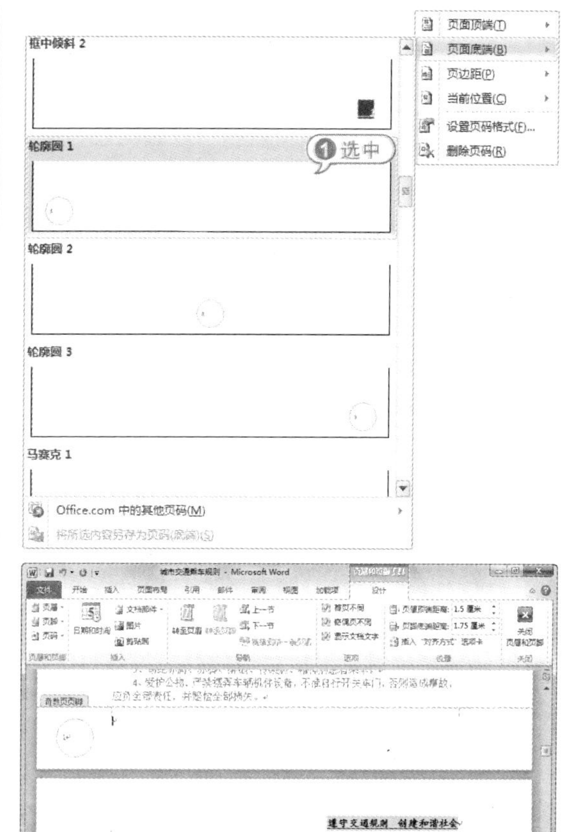

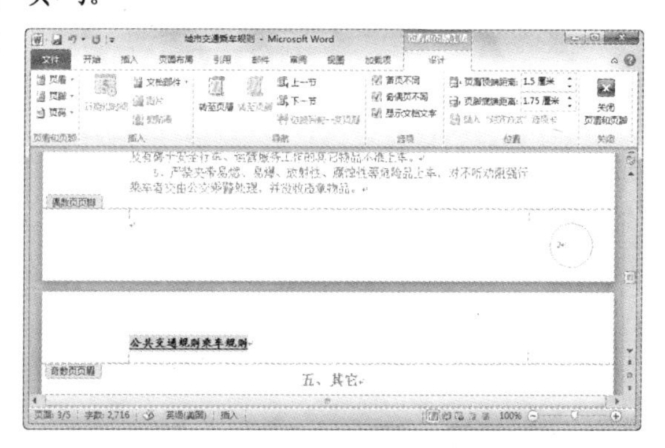

03 将插入点定位在偶数页，使用同样的方法，在页面底端中插入【轮廓圆 3】样式的页码。

04 打开【页眉和页脚工具】的【设计】选项卡，在【关闭】选项组中单击【关闭页眉和页脚】按钮，退出页码编辑状态。

05 在快速访问工具栏中单击【保存】按钮，保存【城市交通乘车规则】文档。

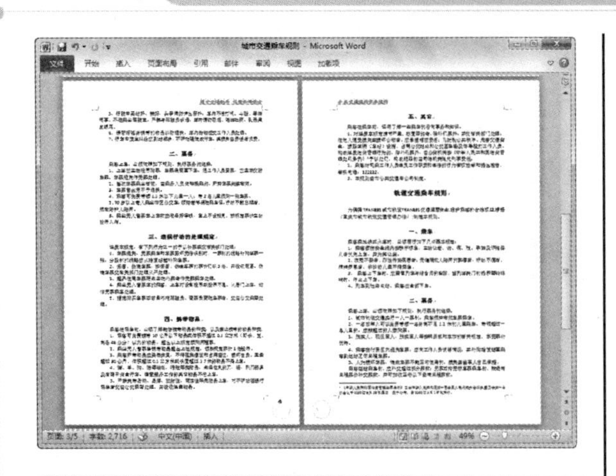

4.2.4 设置页码格式

在文档中，如果要使用不同于默认格式的页码，例如 i 或 a 等，就需要对页码的格式进行设置。

打开【插入】选项卡，在【页眉和页脚】选项组中单击【页码】按钮，在弹出的菜单中选择【设置页码格式】命令，打开【页码格式】对话框。在该对话框中进行页码的格式化设置。

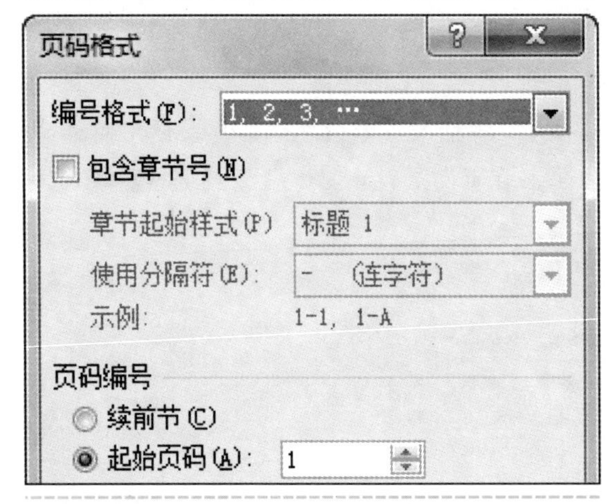

【例 4-8】在【城市交通乘车规则】文档中重新设置页码的样式。

视频 + 素材 (实例源文件\第 04 章\例 4-8)

01 启动 Word 2010，打开【城市交通乘车规则】文档。

02 在任意页码的页眉或页脚处双击，使文档进入页眉和页脚编辑状态。

03 打开【页眉和页脚工具】的【设计】选项卡，在【页眉和页脚】选项组中单击【页码】按钮，从弹出的菜单中选择【设置页码格式】命令，打开【页码格式】对话框。

04 在【编码样式】下拉列表框中选择【-1-,-2-,-3-,…】选项，选中【起始页码】单选按钮，并输入“-2-”，单击【确定】按钮，完成编码样式的设置。

05 此时目录所在的页将自动更改为偶数页，后面的页码也对应有了一定的变化。

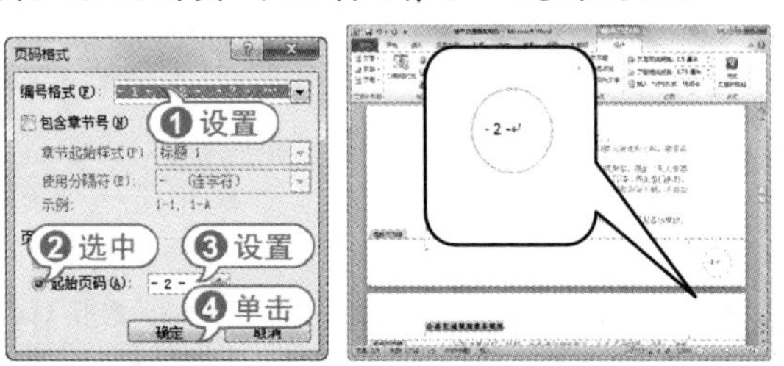

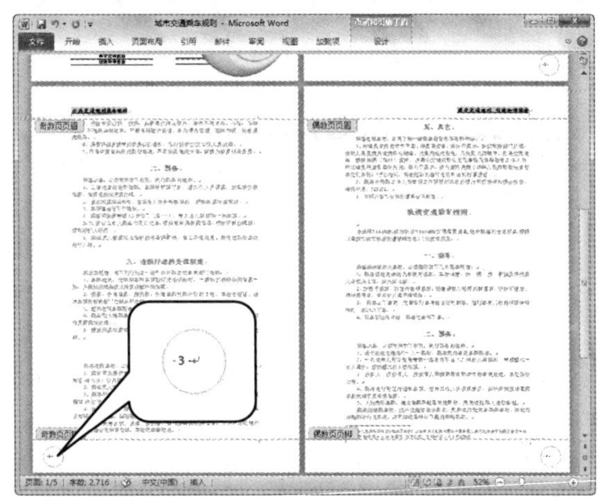

经验谈

在【页码格式】对话框中，选中【包含章节号】复选框，可以添加的页码中包含章节号，还可以设置章节号的样式及分隔符；在【页码编号】选项区域中，可以设置页码的起始页。

06 在【关闭】选项组中单击【关闭页眉和页脚】按钮，退出页码编辑状态。

07 在快速访问工具栏中单击【保存】按钮，保存【城市交通乘车规则】文档。

4.3 设置页面背景

为文档添加上丰富多彩的背景，可以使文档更加生动和美观。在 Word 2010 中，不仅可以为文档添加页面颜色，还可以制作出水印背景效果。

4.3.1 使用纯色背景

Word 2010 提供了 70 多种颜色作为现成的颜色，可以选择这些颜色作为文档背景，也可以自定义其他颜色作为背景。

要为文档设置背景颜色，可以打开【页面布局】选项卡，在【页面背景】选项组中，单击【页面颜色】按钮，将打开【页面颜色】子菜单。在【主题颜色】和【标准色】选项区域中，单击其中的任何一个色块，就可以把选择的颜色作为背景。

如果对系统提供的颜色不满意，可以选择【其他颜色】命令，打开【颜色】对话框，在【标准】选项卡中，选择六边形中的任意色块，即可将选中的颜色作为文档页面背景。

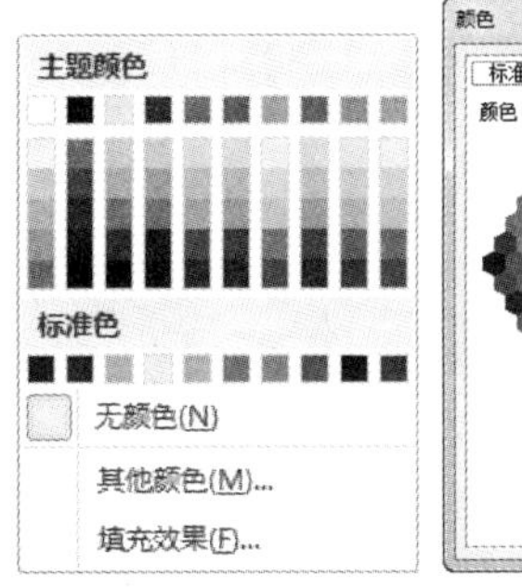

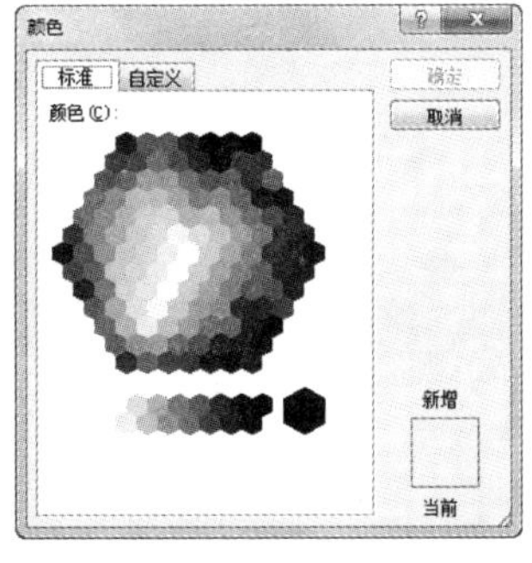

另外，打开【自定义】选项卡，通过拖动鼠标在【颜色】选项区域中选择所需的背景色，或在【颜色模式】选项区域中通过设置颜色的具体数值来选择颜色。

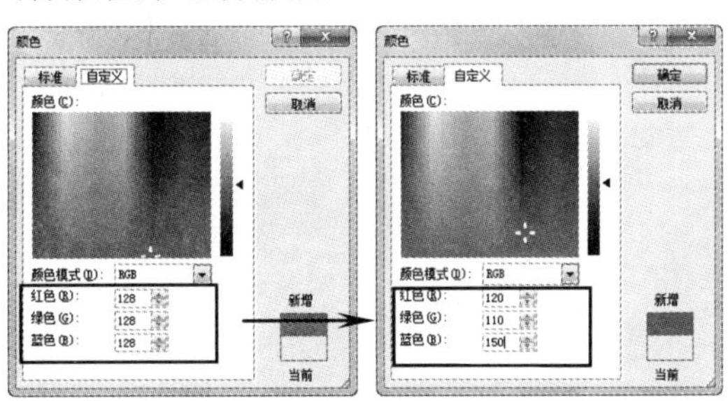

【例 4-9】在【明信片】文档中设置纯色背景。

视频 + 素材 (实例源文件\第 04 章\例 4-9)

01 启动 Word 2010，打开【明信片】文档。

02 打开【页面布局】选项卡，在【页面背景】选项组中单击【页面颜色】按钮，从弹出的快捷菜单中选择【其他颜色】命令，打开【颜色】对话框。

03 打开【自定义】选项卡，在【红色】、【绿色】、【蓝色】微调框中分别输入 250、120、20，单击【确定】按钮，完成设置。

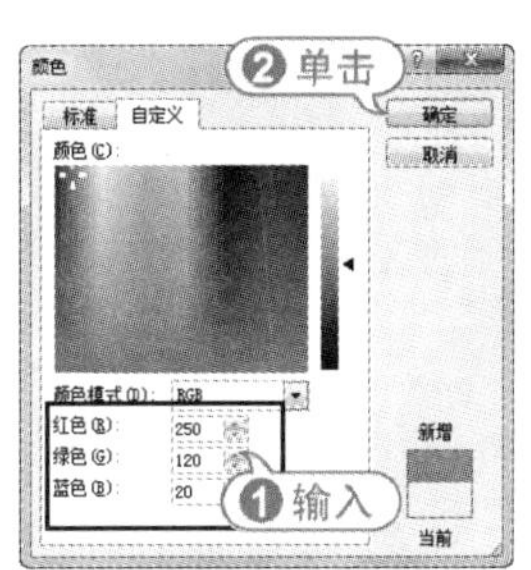

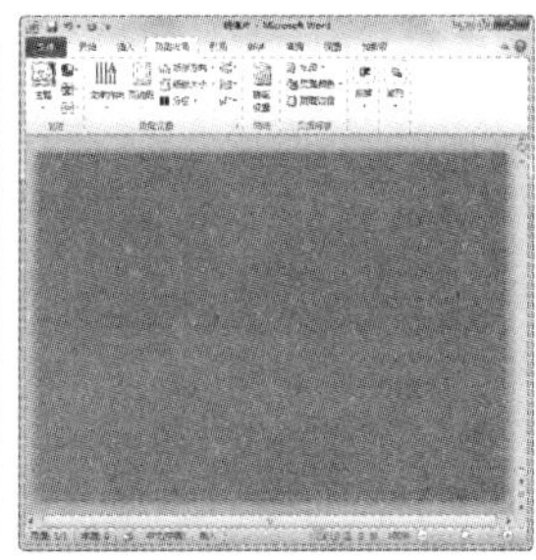

专家解读

在【颜色】对话框的【自定义】选项卡中，自定义颜色值的范围为 0~255，不能超过最高值，也不能低于最低值。

04 按 Ctrl+S 快捷键，保存设置背景颜色后的【明信片】文档。

4.3.2 使用背景填充效果

使用一种颜色(即纯色)作为背景色，对于一些 Web 页面，会显得过于单调。Word 2010 提供了多种背景填充效果，如渐变背景效果、纹理背景效果、图案背景效果及图片背景效果等。使用这些效果，可以使文档更具特色化。

要设置背景填充效果，可以打开【页面布局】选项卡，在【页面背景】选项组中单击【页面颜色】按钮，在弹出的菜单中选择【填充效果】命令，打开【填充效果】对话框，其中包括 4 个选项卡。

- 【渐变】选项卡：可以通过选中【单色】或【双色】单选按钮来创建不同类型的渐变效果，在【底纹样式】选区中选择渐变的样式。
- 【纹理】选项卡：可以在【纹理】选项区域中，选择一种纹理作为文档页面的背景，单击【其他纹理】按钮，可以添加自定义的纹理作为文档的页面背景。

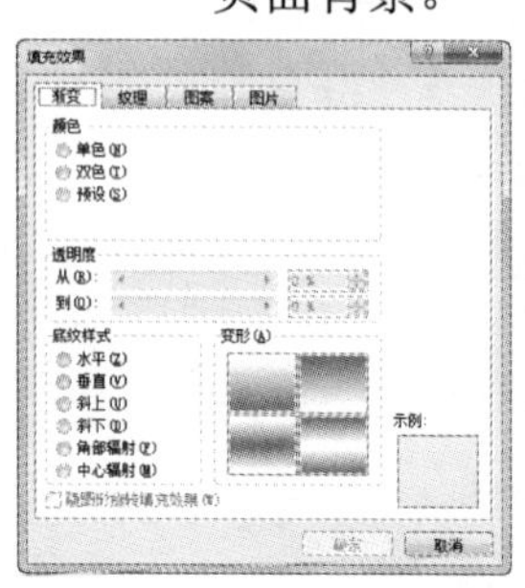

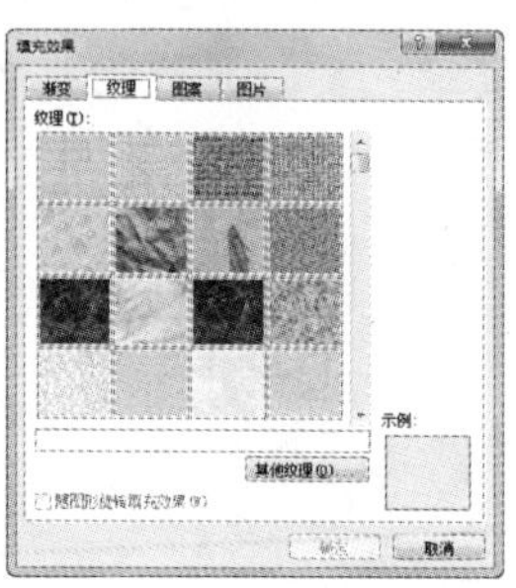

- 【图案】选项卡：可以在【图案】选项区域中选择一种基准图案，并在【前景】和【背景】下拉列表框中选择图案的前景和背景颜色。
- 【图片】选项卡：单击【选择图片】按钮，从打开的【选择图片】对话框中选择一个图片作为文档的背景。

【例 4-10】在【明信片】文档中将自己喜欢的图片设置为文档的背景。

视频 + 素材 (实例源文件\第 04 章\例 4-10)

01 启动 Word 2010，打开【明信片】文档。

02 打开【页面布局】选项卡，在【页面背景】选项组中单击【页面颜色】按钮，从弹出的快捷菜单中选择【填充效果】命令，打开【填充效果】对话框。

03 打开【图片】选项卡，单击【选择图片】按钮，打开【选择图片】对话框。

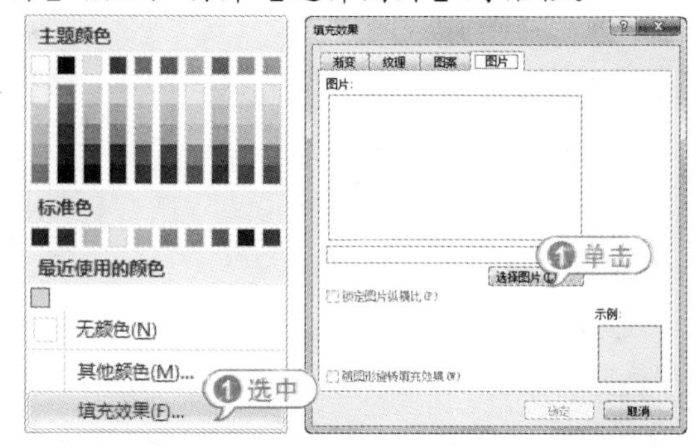

04 打开图片的存放路径，选择所需的图片，单击【插入】按钮。

05 返回至【图片】选项卡，查看图片的整体效果，单击【确定】按钮。

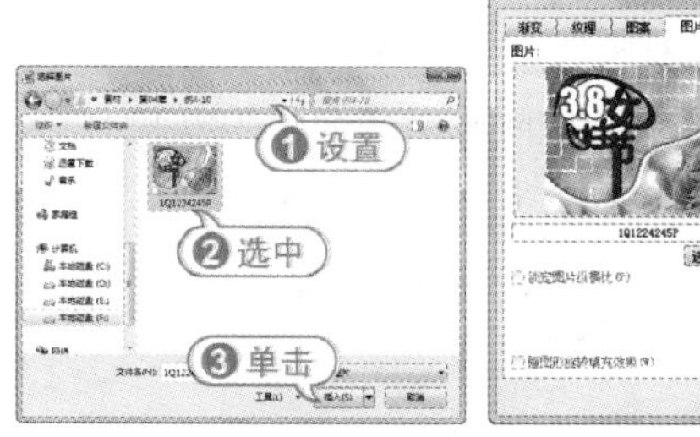

06 即可将妇女节图片作为【明信片】文档的背景。

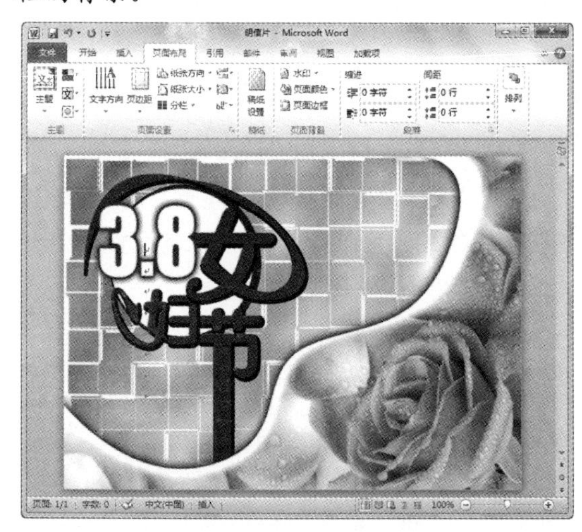

07 在快速访问工具栏中单击【保存】按钮，保存【明信片】文档。

4.3.3 设置水印效果

在 Word 2010 中，不仅可以从水印文本库中插入预先设计好的水印，还可以插入一个带自定义的水印。

打开【页面布局】选项卡，在【页面背景】选项组中单击【水印】按钮，在弹出的水印样式列表框中可以选择内置的水印。若选择【自定义水印】命令，将打开【水印】对话框，在其中可以自定义水印样式。

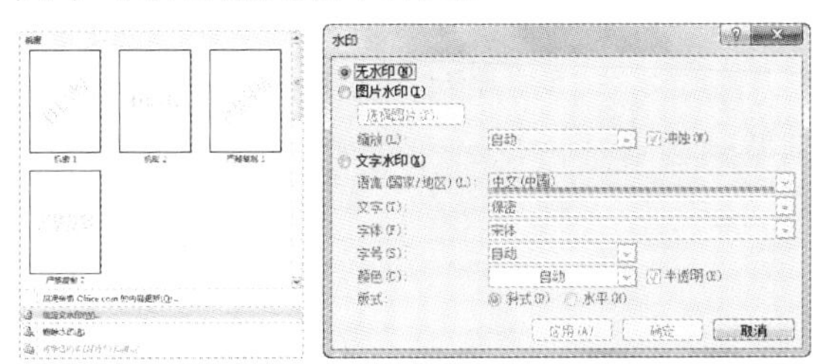

【例 4-11】在【城市交通乘车规则】文档中，添加自定义水印。

视频 + 素材 (实例源文件\第 04 章\例 4-11)

01 启动 Word 2010，打开【城市交通乘车规则】文档。

02 将插入点定位在第 2 页，打开【页面局部】选项卡，在【页面背景】选项组中单击【水印】按钮 水印，从弹出的菜单中选择【自定义水印】命令，打开【水印】对话框。

03 选中【文字水印】单选按钮，在【文字】列表框中输入文本“版权所有，禁止转载”，在【字体】下拉列表框中选择【华文新魏】选项，在【字号】下拉列表框中选择 54 选项，在【颜色】面板中选择【蓝色，强调文字颜色 1】色块，并选中【水平】单选按钮，单击【应用】按钮。

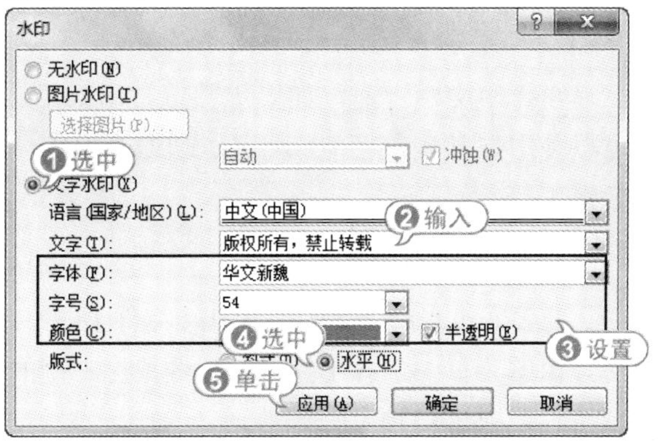

04 单击【关闭】按钮，关闭【水印】对话框，此时将在文档中显示文字水印。

05 在快速访问工具栏中单击【保存】按钮，保存设置水印效果后的文档。

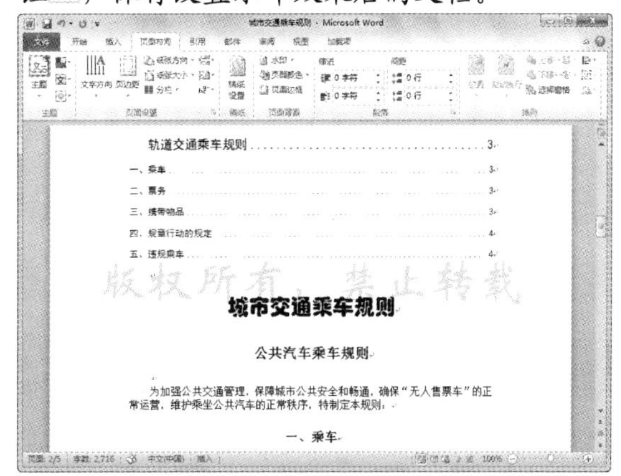

经验谈

打开【水印】对话框，选中【图片水印】单选按钮，激活【选择图片】按钮，单击【选择图片】按钮，打开【选择图片】对话框，可以选择自定义的图片，单击【确定】按钮，即可在文档中插入图片水印。

4.4 输出文档

完成文档的制作后，必须先对其进行打印预览，按照用户的不同需求进行修改和调整，然后对打印文档的页面范围、打印份数和纸张大小等进行设置，再输出文档。Word 2010 提供多种文档的打印方式，不仅可以指定范围打印文档，而且可以双面打印多份、多篇文档等。

4.4.1 预览文档

在打印文档之前，如果想预览打印效果，可以使用打印预览功能，利用该功能查看文档效果。

1. 认识预览窗格

在 Word 2010 窗口中，单击【文件】按钮，从弹出的菜单中选择【打印】命令，在右侧的预览窗格中可以预览打印效果。

如果看不清楚预览的文档，可以单击多次预览窗格下方的缩放比例工具右侧的⊕按钮，以达到合适的缩放比例进行查看。单击⊖按钮，可以将文档缩小至合适大小，以多页方式查看文档效果。

另外，拖动滑块同样可以对文档的显示比例进行调整。

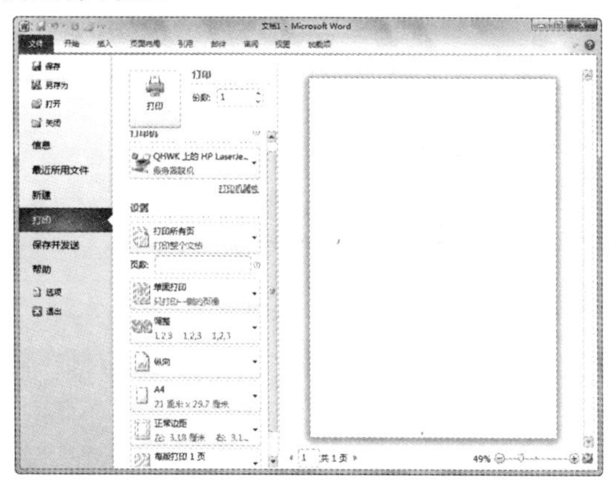

单击【缩放到页面】按钮，可以将文档自动调节到当前窗格合适的大小显示内容。

2. 预览文档

在打印预览窗格可以进行如下操作。

- 查看文档的总页数，以及当前预览的页码。
- 可通过缩放比例工具设置以单页、双页、多页等显示方式进行查看。

【例 4-12】预览【城市交通乘车规则】文档，查看该文档的总页数和显示比例为 28%、24%和 14%时的状态。视频

01 启动 Word 2010，打开【城市交通乘车规则】文档。

02 单击【文件】按钮，选择【打印】命令，打开打印预览窗格，查看文档的总页数为 5，当前页数为第 1 页封面。

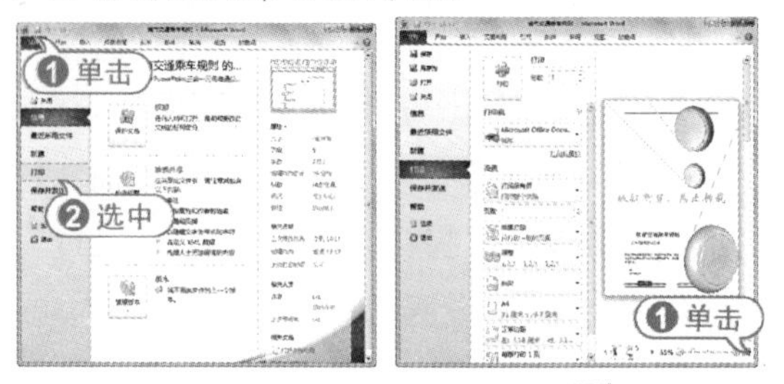

03 单击【缩放到页面】按钮，将封面调节到当前窗格合适的大小。

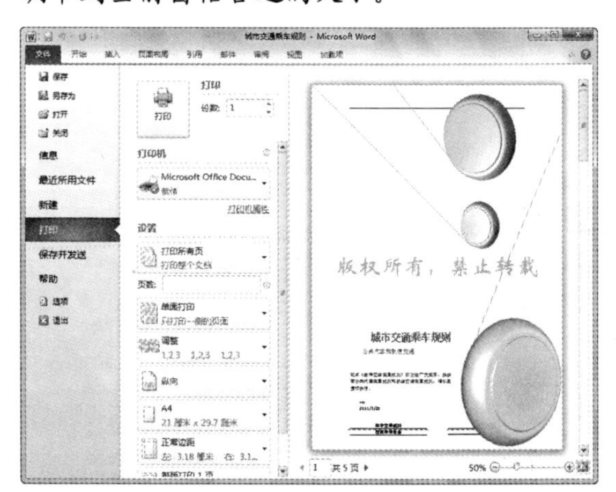

04 单击【下一页】按钮，切换至文档的下一页，查看该页的整体效果。

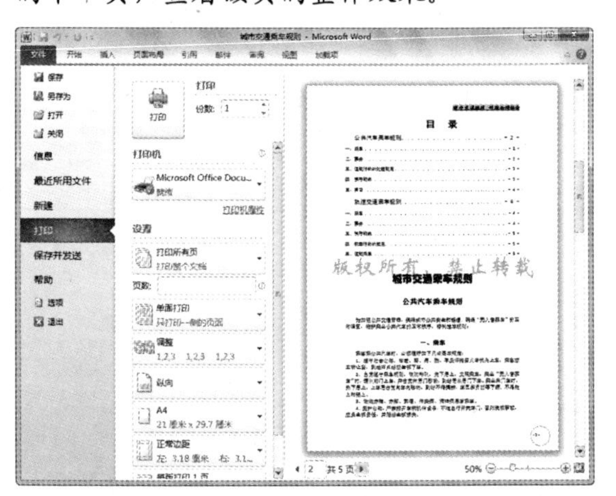

05 文档逐页浏览完毕后，单击 3 下⊕按钮，将页面的显示比例调节到 80%的状态，查

看第 5 页中的内容。

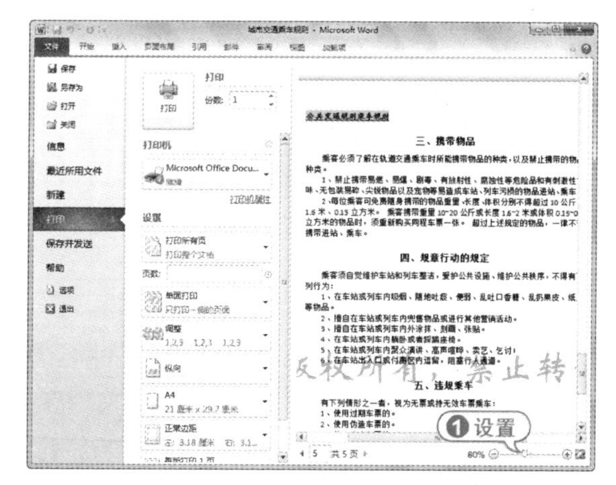

06 在当前页文本框中输入 2，按 Enter 键，切换到第 2 页中查看该页中的文本内容。

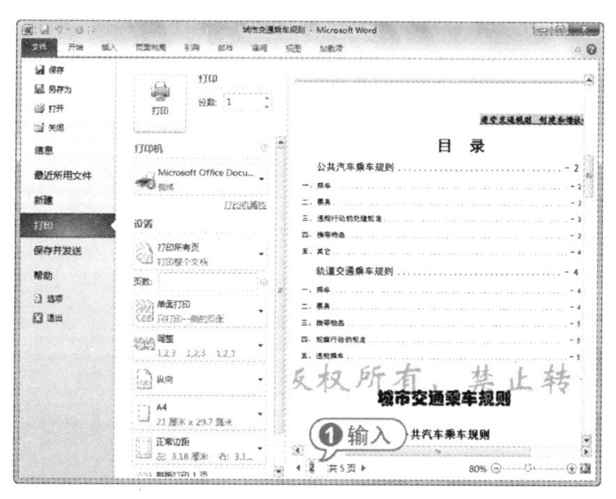

07 在预览窗格的右侧上下拖动垂直滚动条，逐页查看文本内容。

08 在缩放比例工具中向左拖动滑块至 24%，此时文档以 4 页方式显示在预览窗格中。

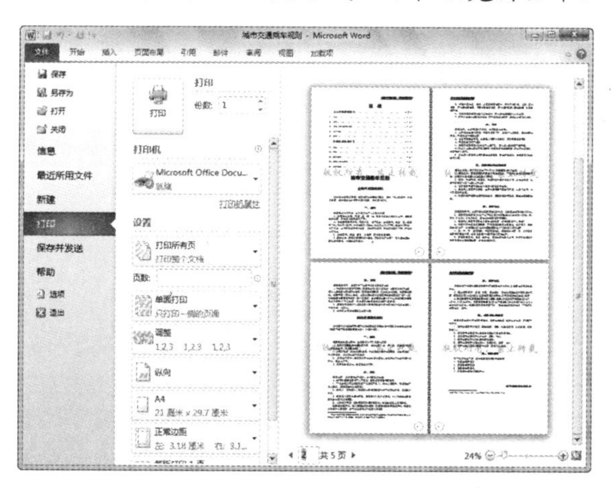

专家解读

预览打印效果时除了查看排版是否达到要求外，还可以快速检查内容，查看是否含有错别字、漏字、语句不通等现象。如果发现错误，可以直接在预览窗格中修改。

09 使用同样的方法，将显示比例设置为 28%，此时以双页方式显示文档内容。

10 使用同样的方法，将显示比例设置为 14%，此时以多页方式显示文档内容。

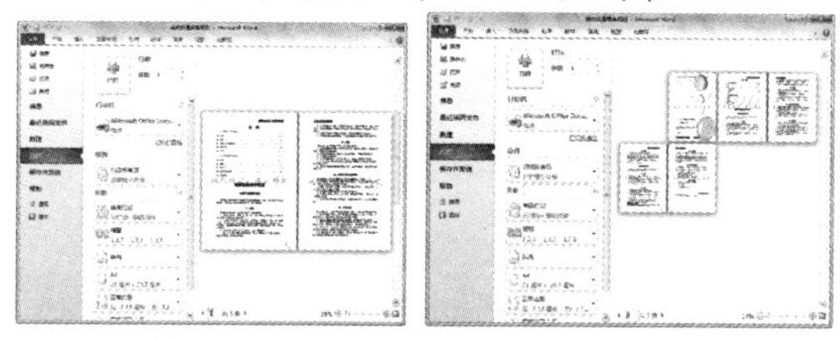

专家解读

Word 2010 窗口显示比例的设置因窗口大小的改变而改变，用户可以根据窗口大小设置合适的显示比例。

4.4.2 打印文档

打印机与电脑已正常连接，并且安装了所需的驱动程序，这时就可以在 Word 2010 中直接输出所需的文档。单击【文件】按钮，在弹出的菜单中选择【打印】命令，打开 Microsoft Office Backstage 视图，在【打印】窗格中可以设置打印份数、打印页数和双页打印等。

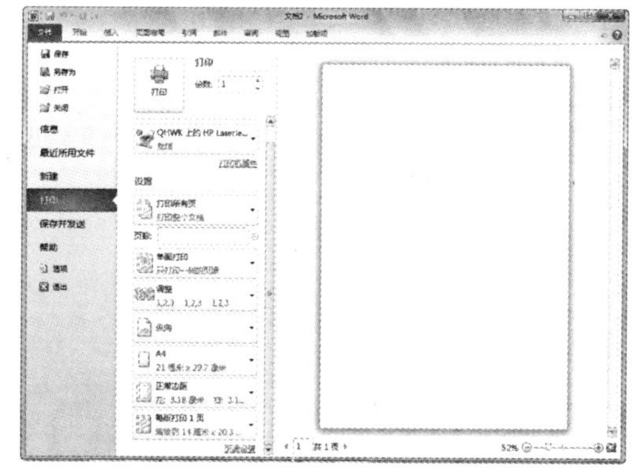

【例 4-13】打印【城市交通乘车规则】文档，打印指定的页面，份数为 3 份，并且在打印一份文档后，再开始打印下一份。视频

01 启动 Word 2010，打开【城市交通乘车规则】文档。

02 单击【文件】按钮，打开 Microsoft Office Backstage 视图，在【打印】窗格的【份数】微调框中输入 3；在【打印机】列表框中自动显示默认的打印机，这里是 QHWK 上的 HP LaserJet 1018，状态显示为就绪，表示该打印机处于空闲状态。

经验谈

如果用户需要对打印机属性进行设置，可以单击【打印机属性】链接，打开【\\QHWK\ HP LaserJet 1018 属性】对话框，在该对话框中可以进行纸张尺寸、水印效果、打印份数、纸张方向和旋转打印等参数

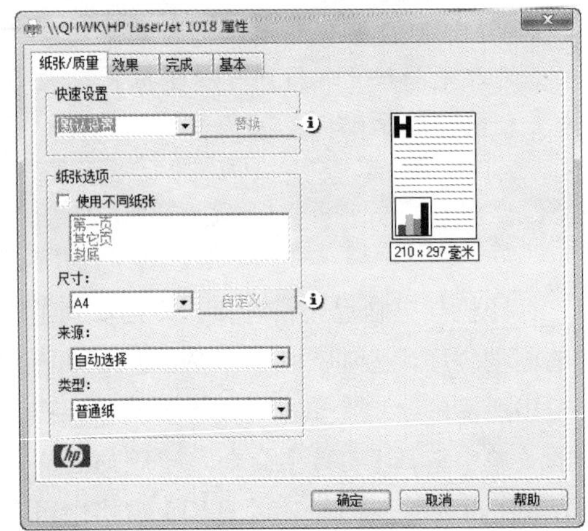

03 在【设置】选项区域的【打印所有页】下拉列表框中选择【打印自定义范围】选项，在其下的文本框中输入“2-”，表示范围为第 2 页及之后的内容，在该文档中即为第 2~5 页内容。

专家解读

在【打印所有页】下拉列表框中可以设置仅打印奇数页或仅打印偶数页，甚至可以设置打印所选定的内容或者打印当前页。

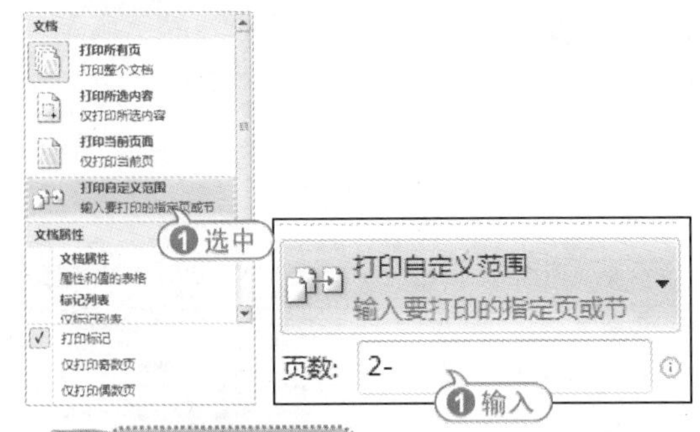

专家解读

在输入打印页面的页码时，每个页码之间用“,”分隔，还可以使用“-”符号表示某个范围的页面，如输入“2-5”，表示从第 2 页打印到第 5 页的所有页面。如果输入“2-”表示打印从第 2 页开始到文档尾页。

04 单击【单页打印】下拉按钮，从弹出的下拉菜单中选择【手动双面打印】选项。

05 在【调整】下拉菜单中可以设置逐份打印，如果选择【取消排序】选项，则表示多份一起打印，这里保持默认设置，即选择【调整】选项。

06 单击【每版打印 1 页】下拉按钮，从弹出的下拉菜单中选择【每版打印 1 页】选项，这里可以根据需要选择其他选项。

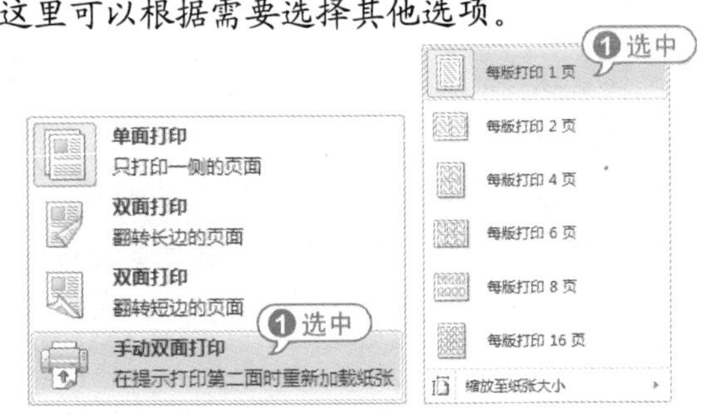

07 设置完打印参数后，在【打印】窗格左上角单击【打印】按钮，即可开始打印文档。

专家解读

单击【打印】窗格右下角的【页面设置】链接，将打开【页面设置】对话框，可以重新设置文档的页面版式。

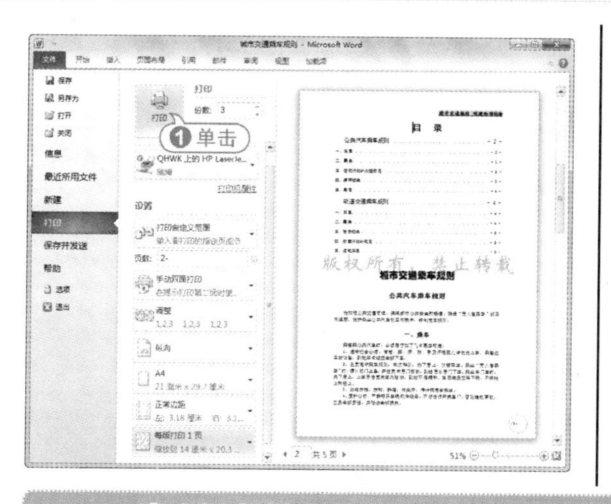

08 将打印后的【城市交通乘车规则】文档装订成小册。

经验谈

手动双面打印时，打印机会先打印奇数页，如第 3 页和第 5 页等，将所有奇数页打印完成后，会打开提示对话框，提示用户手动换纸，将打印出来的文稿重新放入到打印机纸盒中。放置好打印纸后，在提示对话框中单击【确定】按钮，完成偶数页的打印。

4.5 实战演练

本章的实战演练部分包括制作学校草稿纸和预览打印学校草稿纸两个综合实例操作，用户通过练习从而巩固本章所学知识。

4.5.1 制作学校草稿纸

【例 4-14】制作学校草稿纸，设置页面大小、页眉、页脚和页面背景。

视频+素材 (实例源文件\第 4 章\例 4-14)

01 启动 Word 2010，新建一个空白文档，将其命名为【学校草稿纸】。

02 打开【页面布局】选项卡，单击【页面设置】对话框启动器按钮，打开【页面设置】对话框。

03 打开【页边距】选项卡，在【上】微调框中输入“2 厘米”，在【下】微调框中输入“1.5 厘米”，在【左】、【右】微调框中输入“1.5 厘米”，在【装订线】微调框中输入“1 厘米”，在【装订线位置】列表框中选择【上】选项。

04 打开【纸张】选项卡，在【纸张大小】下拉列表框中选择【32 开(13 × 18.4 厘米)】选项，此时在【宽度】和【高度】文本框中会自动填充尺寸。

05 打开【版式】选项卡，在【页眉】和【页脚】微调框中分别输入“2 厘米”和“1.5 厘米”，然后单击【确定】按钮，完成页面大小的设置。

06 在页眉区域双击，进入页眉和页脚编辑状态。

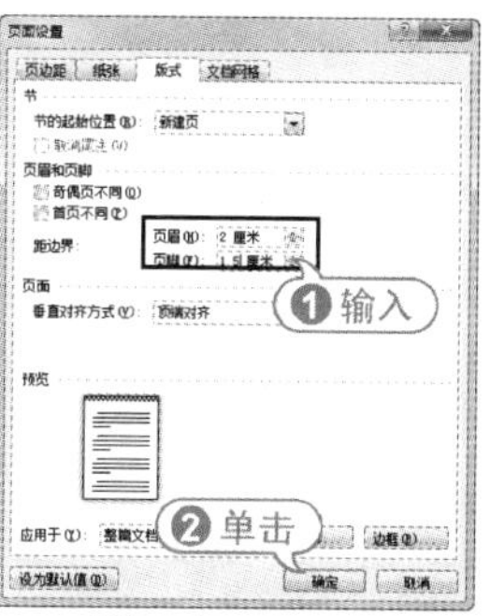

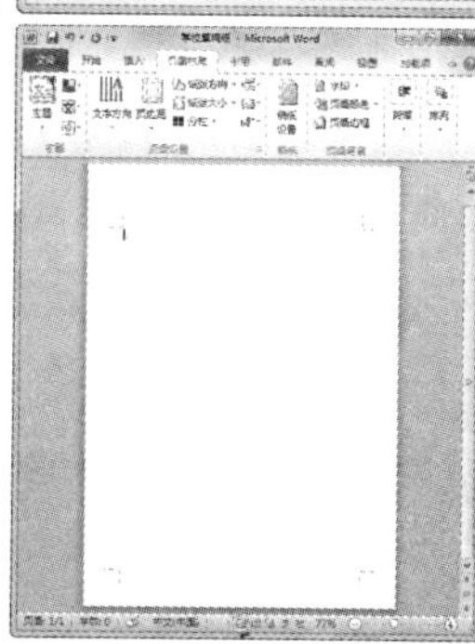

07 在页眉编辑区域中选中段落标记符，打开【开始】选项卡，在【段落】选项组中单击【下框线】按钮，在弹出的菜单中选择【无框线】命令，隐藏页眉处的边框线。

08 将插入点定位在页眉处，打开【插入】选项卡，在【插图】选项组中单击【图片】按钮，打开【插入图片】对话框，

09 选择需要插入的图片，单击【插入】

按钮，将图片插入到页眉中。

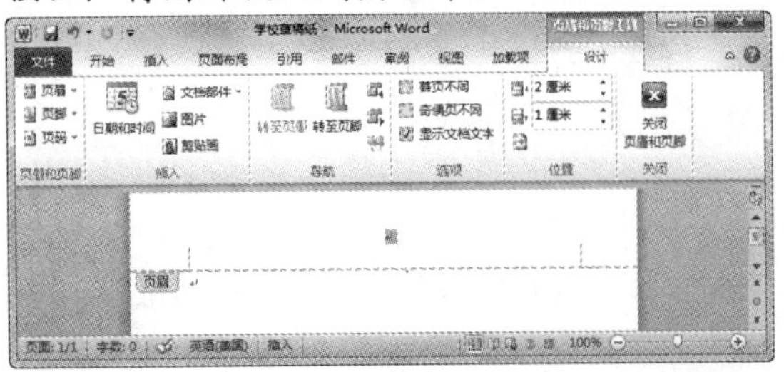

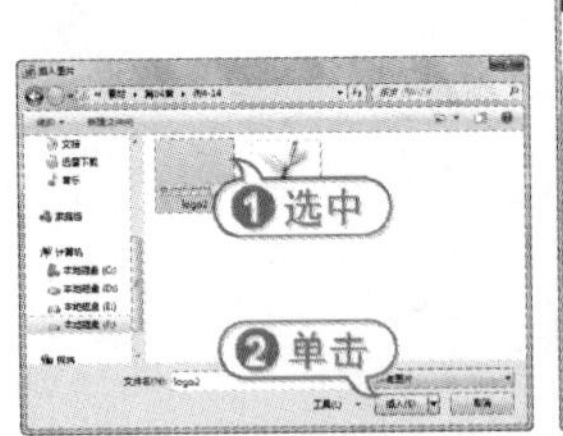

10 打开【图片工具】的【格式】选项卡，在【排列】选项组中单击【自动换行】按钮，从弹出的菜单中选择【浮于文字上方】选项，设置环绕方式为浮于文字上方，并拖动鼠标调节图片大小和位置。

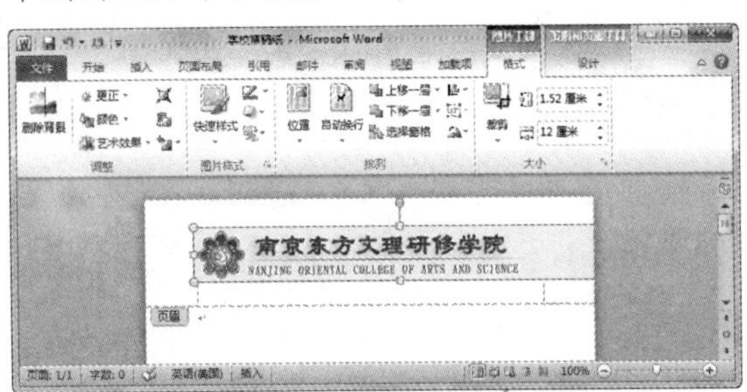

11 打开【插入】选项卡，在【插图】选项组中单击【形状】按钮，在【线条】选项区域中单击【直线】按钮，在页眉处绘制一条直线。

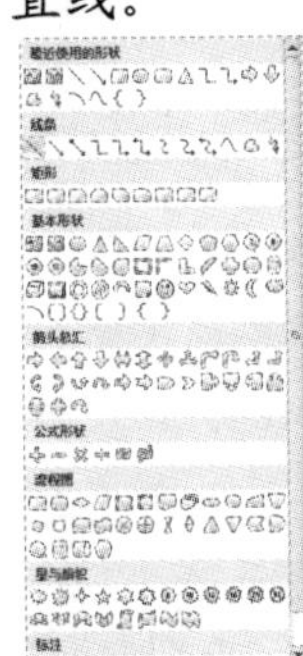

12 打开【绘图工具】的【格式】选项卡，在【形状样式】选项组中单击【其他】按钮，从弹出的列表框中选择【粗线-强调颜色 5】选项，为直线应用样式。

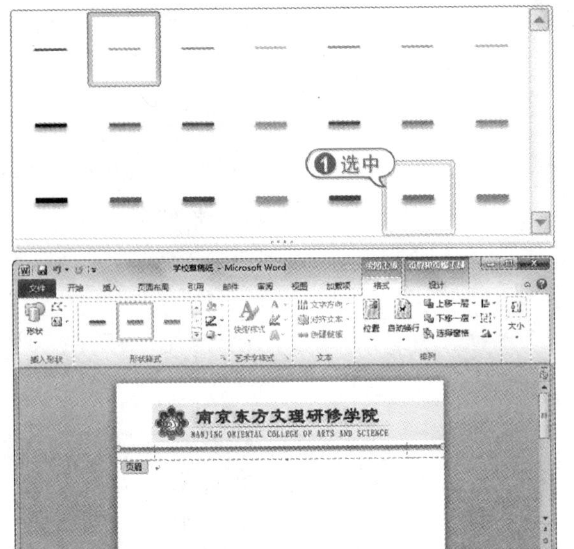

13 打开【页眉和页脚工具】的【设计】选项卡，在【导航】选项组中单击【转至页脚】按钮，切换到页脚中，打开搜狗拼音输入法，输入学校的电话和地址，并且设置字体为【华文行楷】，字号为五号，颜色为【蓝色，强调文字颜色 1，深色 50%】。

14 使用同样的方法在页脚处绘制一条与页眉处同样的直线。

CHAPTER 04

15 打开【页眉和页脚工具】的【设计】选项卡，在【关闭】选项组中单击【关闭】按钮，退出页眉和页脚的编辑状态。

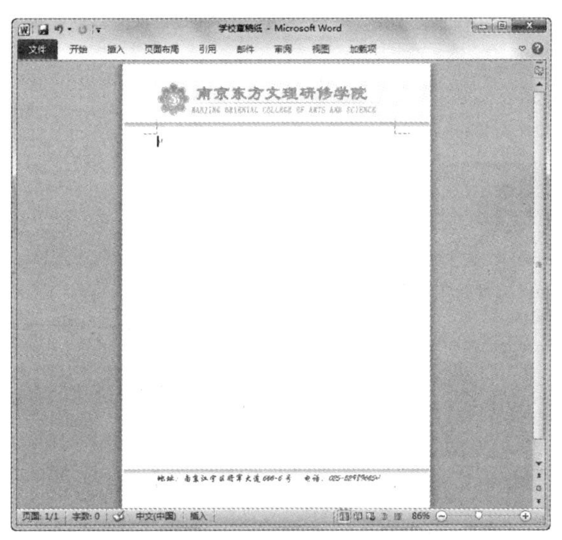

16 打开【页面布局】选项卡，在【页面背景】选项组中，单击【水印】按钮，在弹出的菜单中选择【自定义水印】命令，打开【水印】对话框，选中【图片水印】单选按钮，并且单击【选择图片】按钮。

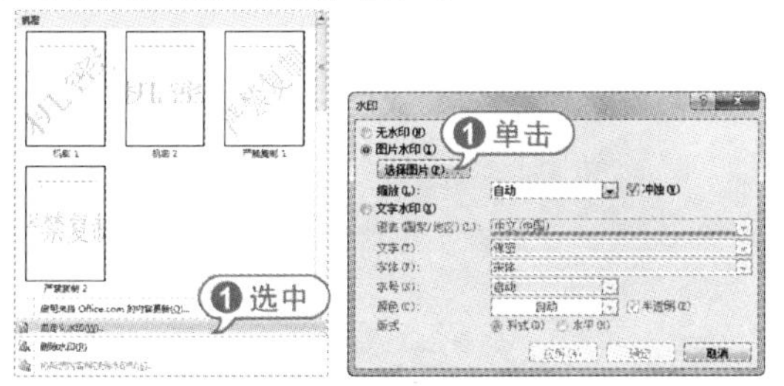

17 打开【插入图片】对话框，选择一张图片后，单击【插入】按钮。

18 返回至【水印】对话框，取消选中【冲蚀】单选按钮，单击【应用】按钮，再单击【关闭】按钮，完成设置。

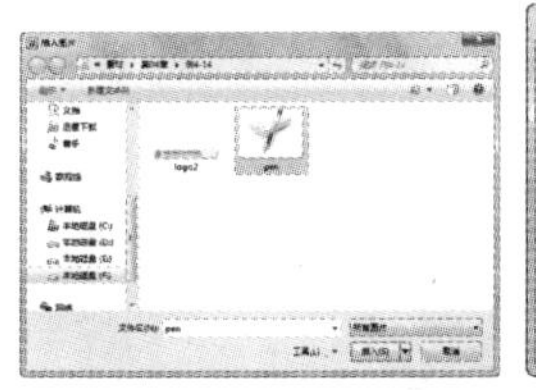

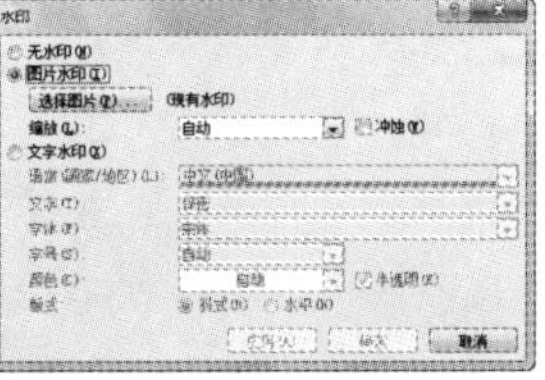

19 在快速访问工具栏中单击【保存】按钮，保存【学校草稿纸】文档。

4.5.2 预览打印学校草稿纸

【例 4-15】预览并打印学校草稿纸。视频

01 启动 Word 2010，打开【学校草稿纸】文档。

02 单击【文件】按钮，选择【打印】命令，打开 Microsoft Office Backstage 视图，在最右侧预览窗格中可以查看整体效果。

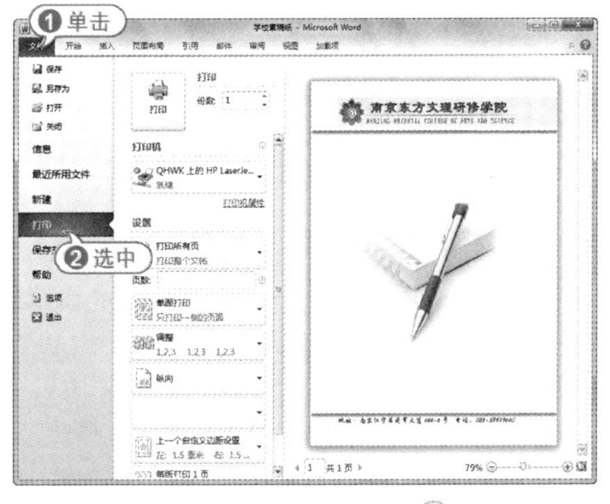

03 单击多次【放大】按钮，将文档放大到显示比例为 100%状态，并拖动右侧垂直滚动条，预览整个文档中是否含有错别字。

04 单击【缩放到页面】按钮，将文档以页面视图方式显示在预览窗格，再次查看文档的整体效果。

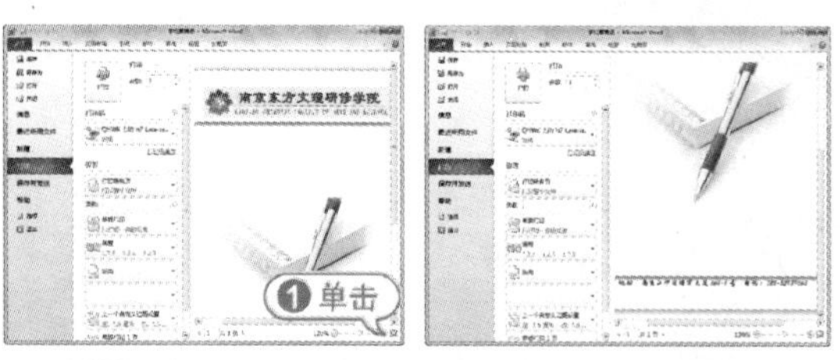

05 在中间的【打印】窗格中的【份数】微调框中输入 20；单击【每版打印 1 页】下拉按钮，从弹出的下拉菜单中选择【每版打印 2 页】选项；单击【打印】按钮，打印 20 份文档，然后将打印纸旋转 180° 摆放，继续打印 20 份该文档。

4.6 专家指点

一问一答

问：如何在文档中插入分页符？

答：分页符是用来标记一页终止并开始下一页的点。在 Word 2010 中，可以很方便地插入分页符。打开【页面布局】选项卡，在【页面设置】选项组中单击【分隔符】按钮，从弹出的【分页符】菜单选项区域中选择【分页符】命令，将在每页末尾处显示分页符。

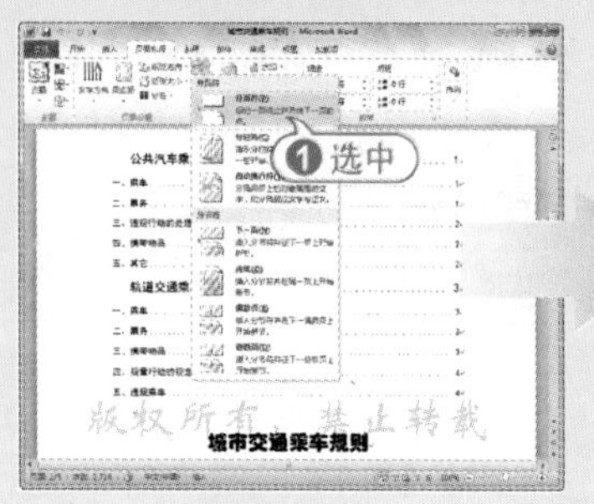

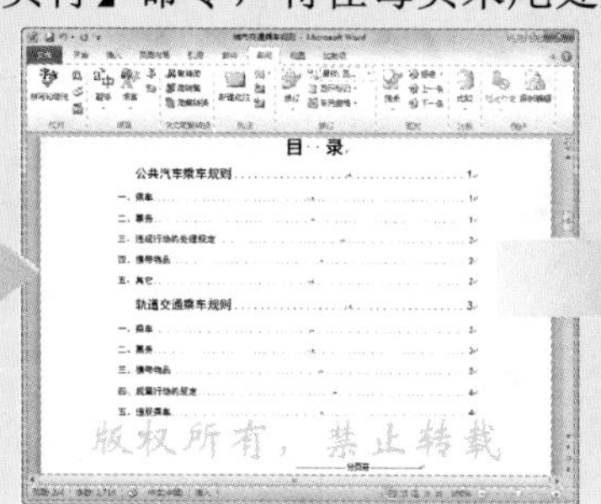

一问一答

问：如何在 Word 2010 中隐藏回车符标记(段落标记)？

答：启动 Word 2010，单击【文件】按钮，从弹出的菜单中选择【选项】选项，打开【Word 选项】对话框的【显示】选项卡，取消选中【段落标记】复选框，单击【确定】按钮即可。

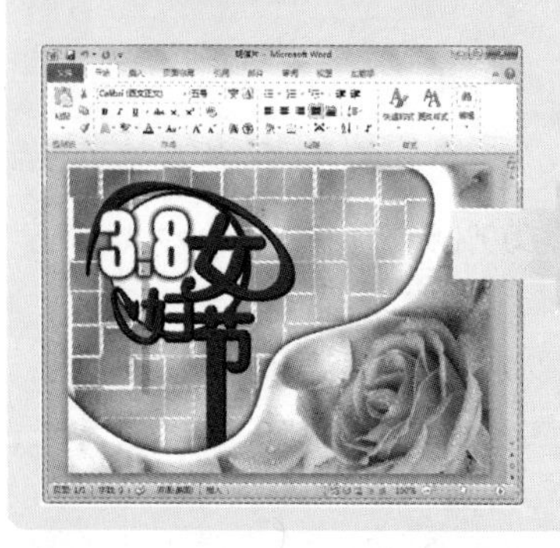

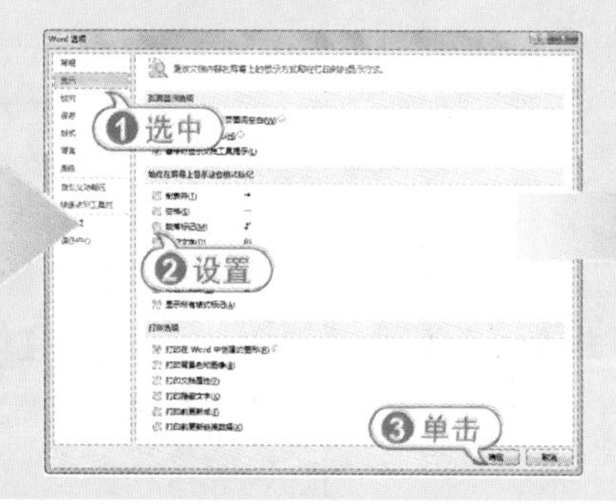

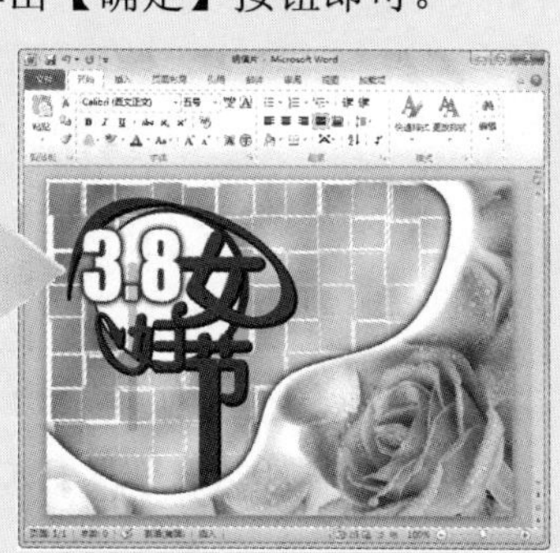

第5章 Excel 2010 基础操作

Excel 2010 是目前最强大的电子表格制作软件之一，它不仅具有强大的数据组织、计算、分析和统计功能，还可以通过图表、图形等多种形式对处理结果加以形象地显示，更能够方便地与 Office 2010 其他组件相互调用数据，实现资源共享。在使用 Excel 2010 制作表格前，首先应掌握它的基本操作，包括使用工作簿、工作表以及单元格的方法。

对应光盘视频

例 5-1 创建空白工作簿
例 5-2 保存工作簿
例 5-3 以只读方式打开工作簿
例 5-4 移动工作簿
例 5-5 插入行和列
例 5-6 合并单元格
例 5-7 复制单元格
例 5-8 删除与清除单元格
例 5-9 【Excel 基本操作】工作簿

5.1 熟悉 Excel 2010

在使用 Excel 2010 制作报表之前，需要熟悉 Excel 2010 的一些基本功能以及基本操作等，例如 Excel 2010 启动和退出，认识 Excel 2010 的操作界面和组成要素，Excel 的制作流程等。

5.1.1 启动和退出 Excel 2010

要想使用 Excel 2010 创建电子表格，首先需要掌握启动和退出 Excel 2010 的操作。

1. 启动 Excel 2010

在 Windows 7 操作系统中，用户可以通过以下方法运行 Excel 2010。

- 使用【开始】菜单中命令：单击【开始】按钮，从弹出的【开始】菜单中【所有程序】| Microsoft Office | Microsoft Excel 2010 命令。
- 使用桌面快捷图标：双击桌面上的 Microsoft Excel 2010 快捷图标。
- 双击 Excel 格式文件：找到 Excel 格式的文件后，双击该文件。

2. 退出 Excel 2010

退出 Excel 2010 的常用方法如下。

- 单击 Excel 2010 标题栏上的【关闭】按钮 x 。
- 在 Excel 2010 的工作界面中按 Alt+F4 组合键。
- 在 Excel 2010 的工作界面中，单击【文件】按钮，从弹出的菜单中选择【退出】命令。

5.1.2 认识 Excel 2010 操作界面

Excel 2010 也是 Office 2010 中的重要组件之一，是一款集电子表格制作和信息管理于一体的信息分析处理软件，具有强大的电子表格处理功能。

Excel 2010 的工作界面主要由【文件】按钮、标题栏、快速访问工具栏、功能区、编辑栏、工作表编辑区、工作表标签和状态栏等部分组成。

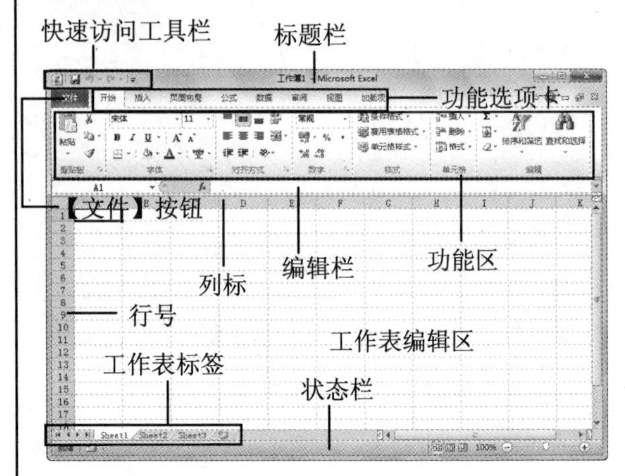

Excel 2010 工作界面中，除了包含与其他 Office 软件相同的界面元素外，还有许多其他特有的组件，如编辑栏、工作表编辑区、工作表标签、行号与列标等。

- 编辑栏：位于功能区下侧，主要用于显示与编辑当前单元格中的数据或公式，由名称框、工具按钮和编辑框 3 部分组成。
- 工作表编辑区：与 Word 2010 类似，Excel 2010 的表格编辑区也是其操作界面最大且最重要的区域。该区域主要由工作表、工作表标签、行号和列标组成。
- 工作表标签：用于显示工作表的名称，单击工作表标签将激活工作表。
- 行号与列标：用来标明数据所在的行与列，也是用来选择行与列的工具。

专家解读

与早期版本相比，Excel 2010 默认的文件名称有所不同，其以【工作簿 1】、【工作簿 2】、【工作簿 3】等进行命名。

5.1.3 Excel 2010 视图模式

Excel 2010 为用户提供了普通视图、页面布局视图和分页预览视图 3 种视图模式。

打开【视图】选项卡，在【工作簿视图】选项组中单击相应的视图按钮，或者在视图栏中单击视图按钮，即可将当前操作界面切换至相应的视图。

普通视图是 Excel 2010 的默认视图，在该视图下无法查看页边距、页眉和页脚，仅可对表格进行设计和编辑。而页面布局视图兼有打印预览和普通视图的优点，在该视图中，既可对表格进行编辑修改，也可查看和修改页边距、页眉和页脚，同时显示水平和垂直标尺，方便用户测量和对齐表格中的对象。

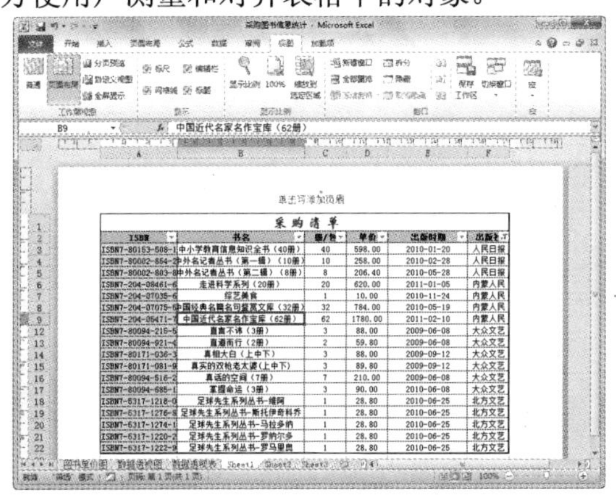

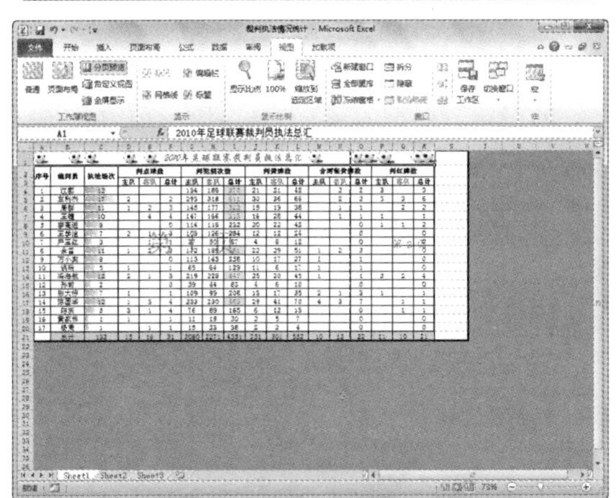

在分页浏览视图中，Excel 2010 自动将表格分成多页，通过拖动界面右侧或者下方的滚动条，可分别查看各页面中的数据内容。

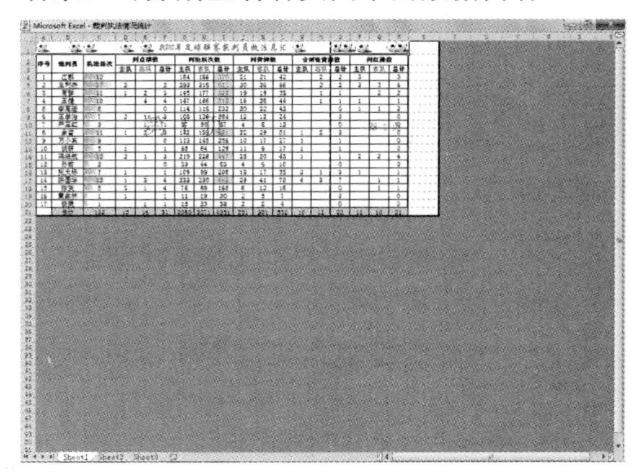

专家解读

在 Excel 2010 中进行视图切换时，打开【视图】选项卡，在【工作簿视图】选项组中单击【全屏显示】按钮，切换至全屏视图，显示工作表中的数据内容。

经验谈

在 Excel 2010 中，用户还可以使用自定义视图功能将多个不相邻区域的数据都打印在同一个页面上，方法很简单，打开【视图】选项卡，在【工作簿视图】选项组，单击【自定义视图】按钮打开视图管理器，然后单击【添加】按钮，打开【添加视图】对话框，在该对话框中进行视图设置，完成后单击【确定】按钮即可。

5.1.4 认识 Excel 的组成要素

在学习 Excel 之前，首先了解工作簿、工作表和单元格等概念，以及它们之间的关系。

1. 工作簿

工作簿是 Excel 用来处理和存储数据的文件。新建的 Excel 文件就是一个工作簿，它可以由一个或多个工作表组成。实质上，工作簿是工作表的一个容器。刚启动 Excel 2010 时，打开一个名为【工作簿 1】的空白工作簿。

2. 工作表

工作表是在 Excel 中用于存储和处理数据的主要文档，也是工作簿中的重要组成部分，它又称为电子表格。

在默认情况下，一个工作簿由 3 个工作表构成，其名字是 Sheet1、Sheet2 和 Sheet3，单击不同的工作表标签可以在工作表中进行切换。

3. 单元格

单元格是 Excel 工作表中的最基本单位，单元格的位置由行号和列表来确定，每一列的列标由 A、B、C 等字母表示；每一行的行号由 1、2、3 等数字表示。行与列的交叉形成一个单元格。

在 Excel 2010 中，单元格是按照单元格所作的行和列的位置来命名的，例如单元格 B4，就是指位于第 B 列第 4 行交叉点上的单元格；要表示一个连续的单元格区域，可以用该区域左上角和右下角的单元格表示，中间用冒号(:)分隔，例如 B2:E6 表示从单元格 B2 到 E6 的区域。

专家解读

每张工作表只有一个单元格是活动单元格，它四周有粗线黑框，其名称显示在编辑栏左侧的名称框中。

4. 工作簿、工作表和单元格之间的关系

工作簿、工作表与单元格之间的关系是包含与被包含的关系，即工作表由多个单元格组成，而工作簿又包含一个或多个工作表。

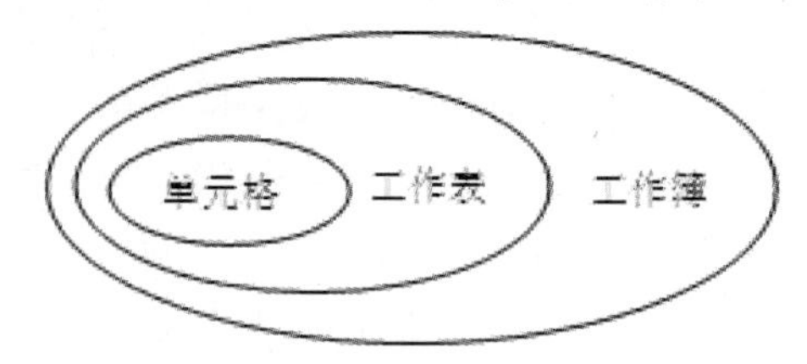

经验谈

由此得出，单元格是最小的单位，工作表是由单元格构成的，而工作表又构成了 Excel 工作簿。工作簿则是保存 Excel 文件的基本的单位，其扩展名为.xlsx。

5.1.5 掌握 Excel 的制作流程

使用 Excel 2010 可以制作出诸如工资表、统计表等电子表格，但无论什么表格，其制作流程都是相同的。具体的操作步骤如下。

第一步，将插入点定位在要输入数据的单元格中，输入需要的数据。

第二步，完成数据的输入后，对其进行格式化设置，如设置字体、字号、数据类型、边框和底纹、工作表背景等。

第三步，根据表格内容，插入适当的艺术字、图片及图表等内容。

第四步，选择需要的单元格或单元格区域，对输入的各种数据进行求和、求平均数、汇总等计算。

第五步，完成表格的制作后，通过打印功能将其打印出来。

5.2 工作簿的基本操作

在对 Excel 2010 的基本功能与界面有所了解后，本节将详细介绍工作簿的基本操作，包括新建、保存、关闭和打开等。

5.2.1 新建工作簿

运行 Excel 2010 应用程序后，系统会自动创建一个新的工作簿。除此之外，用户还可以通过【文件】按钮来创建新的工作簿。

【例 5-1】在 Excel 2010 中，创建一个新空白工作簿。视频

01 单击【开始】按钮，从弹出的菜单中选择【所有程序】| Microsoft Office | Microsoft Excel 2010 命令，启动 Excel 2010。

02 单击【文件】按钮，打开【文件】菜单，并选择【新建】命令。

03 在中间的【可用模板】列表框中选择【空白工作簿】选项，单击【创建】按钮。

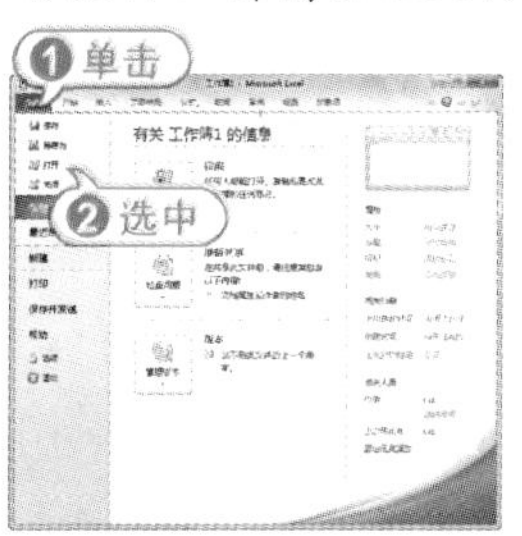

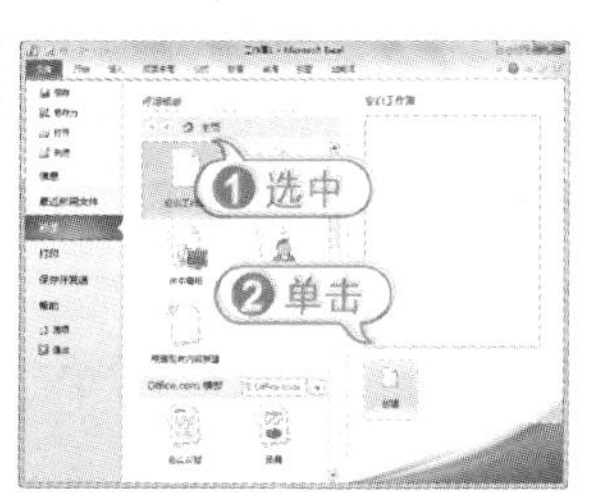

专家解读

在【可用模板】列表框中选择【样本模板】选项，即可打开 Excel 内置的模板，在模板列表中选择一种模板，单击【创建】按钮，即可新建一个基于模板的工作簿。

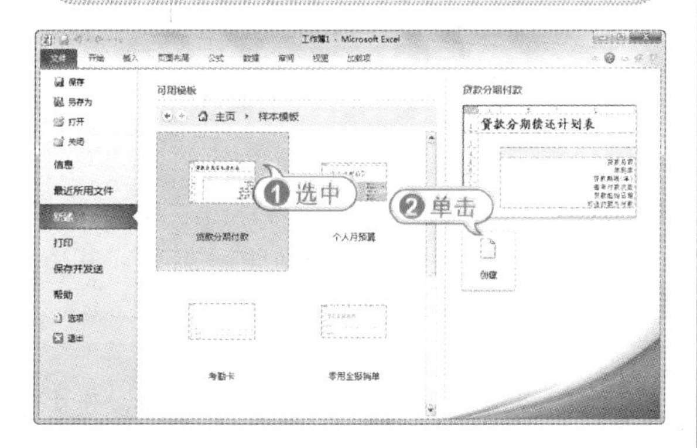

04 此时即可新建一个名为【工作簿 2】的工作簿。

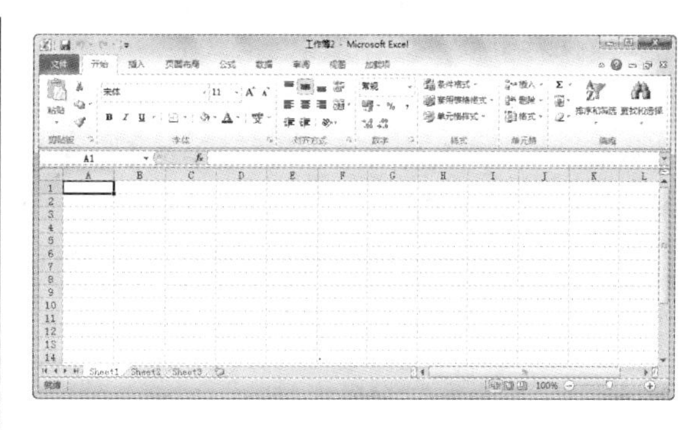

经验谈

在快速访问工具栏中单击【其他】按钮，从弹出的快捷菜单中选择【新建】命令，将【新建】按钮添加到快速访问工具栏中，单击该按钮，即可新建一个工作簿。另外，按 Ctrl+N 组合键同样可以新建一个工作簿。

5.2.2 保存工作簿

在对工作表进行操作时，应记住经常保存 Excel 工作簿，以免因为一些突发状况而丢失数据。在 Excel 2010 中常用的保存工作簿方法有以下 3 种。

- 在快速访问工具栏中单击【保存】按钮。
- 单击【文件】按钮，从弹出的菜单中选择【保存】命令。
- 使用 Ctrl+S 快捷键。

当 Excel 工作簿第一次被保存时，会自动打开【另存为】对话框。在对话框中可以设置工作簿的保存名称、位置以及格式等。当工作簿保存后，再次执行保存操作时，会根据第一次保存时的相关设置直接保存工作簿。

【例 5-2】将新建的空白工作簿保存，并设置其名称为【我的新工作簿】。

视频+素材 (实例源文件\第 05 章\例 5-2)

01 启动 Excel 2010，并新建一个空白工作簿。

02 单击【文件】按钮，在弹出的菜单中

选择【保存】命令，打开【另存为】对话框。

03 切换至搜狗拼音输入法，在【文件名】文本框中输入“我的新工作簿”，单击【保存】按钮，保存工作簿。

04 此时在标题栏中就可以看到工作簿的名称。

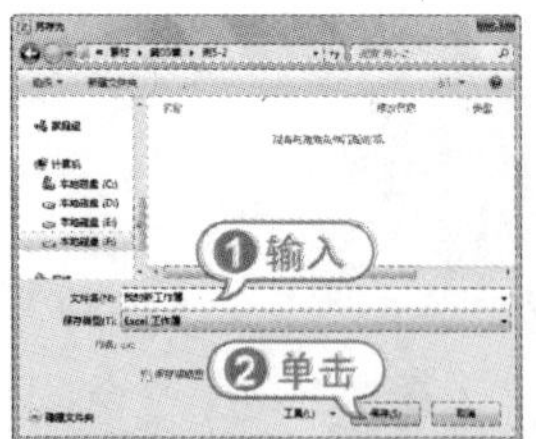

5.2.3 打开和关闭工作簿

当工作簿被保存后，即可在 Excel 2010 中再次打开该工作簿。然而在不需要该工作簿时，即可将其关闭。

1. 打开工作簿

打开工作簿的常用方法如下所示。

- 单击【文件】按钮，从弹出的菜单中选择【打开】命令。
- 直接双击创建的 Excel 文件图标。
- 使用 Ctrl+O 快捷键。

【例 5-3】以只读方式打开【例 5-2】中保存的【我的新工作簿】工作簿。视频

01 启动 Excel 2010，打开一个名为【工作簿 1】的空白工作簿。

02 单击【开始】按钮，在弹出的菜单中选择【打开】命令，打开【打开】对话框。

03 选择要打开的【我的新工作簿】工作簿文件，然后单击【打开】下拉按钮，从弹出的快捷菜单中选择【以只读方式打开】命令，即可以只读方式打开工作簿。

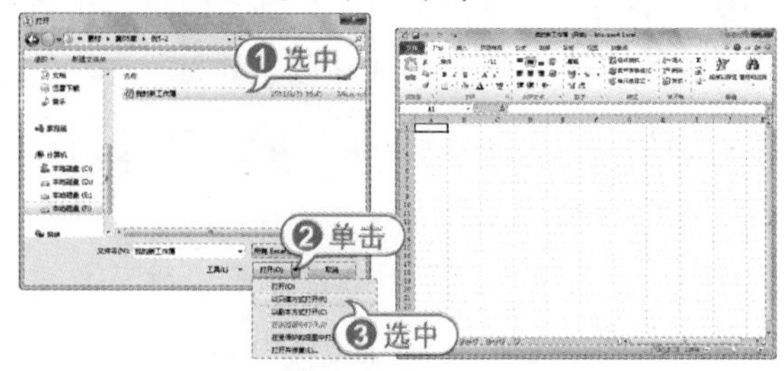

专家解读

以只读方式打开的工作簿，用户只能进行查看，不能做任何修改。

2. 关闭工作簿

在 Excel 2010 操作界面中，单击【文件】按钮，在弹出的【文件】菜单中选择【关闭】命令，或者直接单击功能区右侧的【关闭窗口】按钮，即可关闭当前工作簿，但并不退出 Excel 2010。

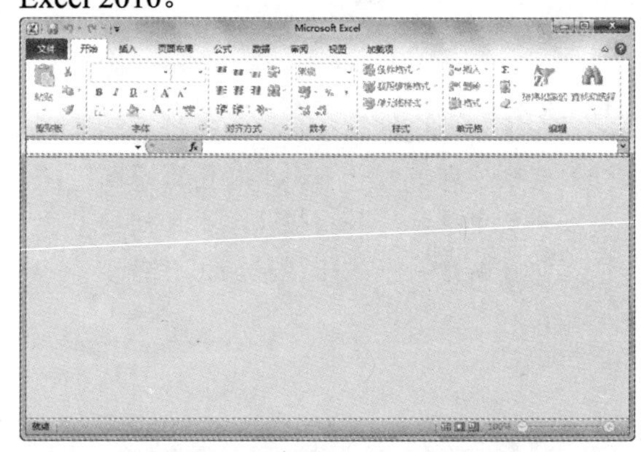

5.3 处理工作簿中的工作表

在 Excel 2010 中，新建一个空白工作簿后，会自动在该工作簿中添加 3 个空白工作表，并依次命名为 Sheet1、Sheet2、Sheet3，本节将详细介绍工作表的常用操作。

5.3.1 选定工作表

由于一个工作簿中往往包含多个工作表，因此操作前需要选定工作表。选定工作表的常用操作包括以下 4 种。

- 选定一张工作表：直接单击该工作表的标签即可。
- 选定相邻的工作表：首先选定第一张

工作表标签，然后按住 Shift 键不松并单击其他相邻工作表的标签即可。

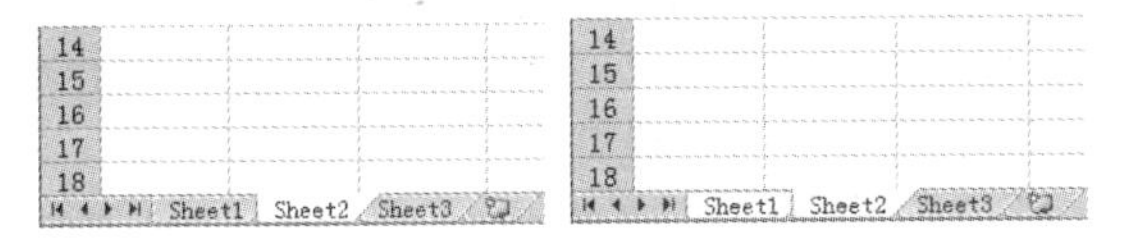

- 选定不相邻的工作表：首先选定第一张工作表，然后按住 Ctrl 键不松并单击其他任意一张工作表标签即可。
- 选定工作簿中的所有工作表：右击任意一个工作表标签，在弹出的菜单中选择【选定全部工作表】命令即可。

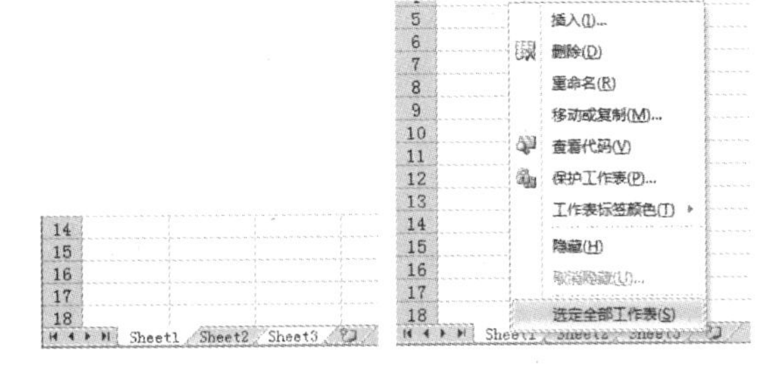

5.3.2 插入工作表

如果工作簿中的工作表数量不够，用户可以在工作簿中插入工作表，通过单击【插入工作表】按钮、使用右键快捷菜单和选择功能区中的命令 3 种方式都可以执行该操作。

1. 单击【插入工作表】按钮

工作表切换标签的右侧有一个【插入工作表】按钮，单击该按钮可以快速新建工作表。

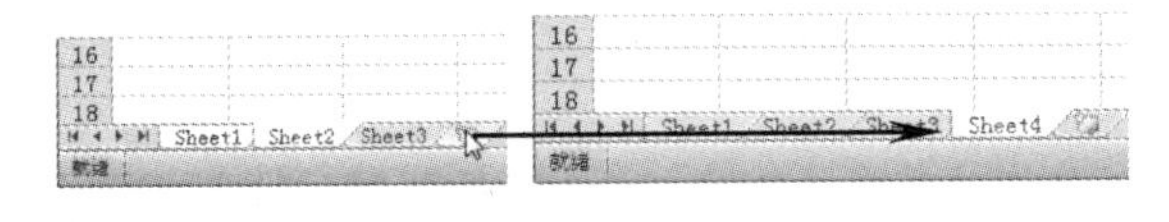

2. 使用右键快捷菜单

使用右键快捷菜单将会使插入的新工作表位于选定工作表的左侧，具体方法为：选定当前活动工作表，将光标指向该工作表标签，然后单击鼠标右键，在弹出的快捷菜单中选择【插入】命令。打开【插入】对话框，在对话框的【常用】选项卡中选择【工作表】选项，然后单击【确定】按钮。

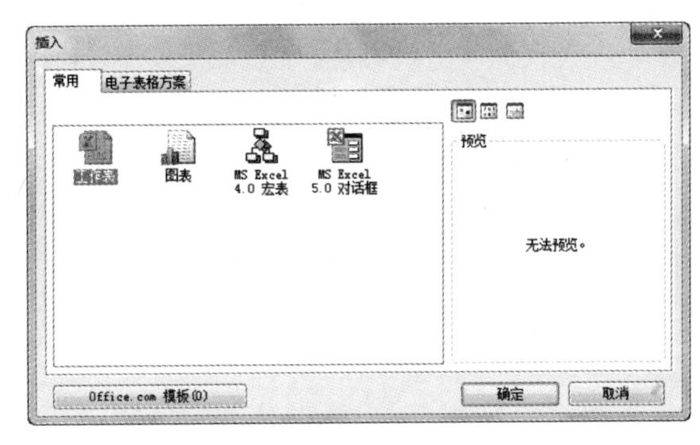

3. 选择功能区中的命令

打开【开始】选项卡，在【单元格】选项组中单击【插入】下拉按钮，在弹出的菜单中选择【插入工作表】命令，即可插入工作表。插入的新工作表位于当前工作表左侧。

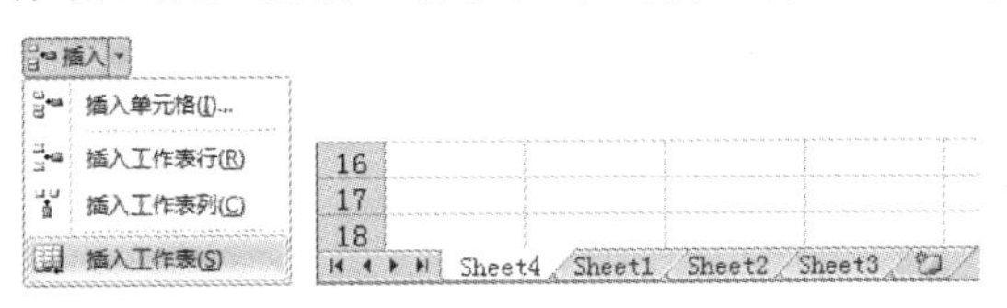

5.3.3 重命名工作表

Excel 2010 在创建一个新的工作表时，它的名称是以 Sheet1、Sheet2 等来命名的，这在实际工作中很不方便记忆和进行有效的管理。这时，用户可以通过改变这些工作表的名称来进行有效的管理。

要改变工作表的名称，只需双击选中的工作表标签，这时工作表标签以反黑白显示(即黑色背景白色文字)，在其中输入新的名称并按下 Enter 键即可。

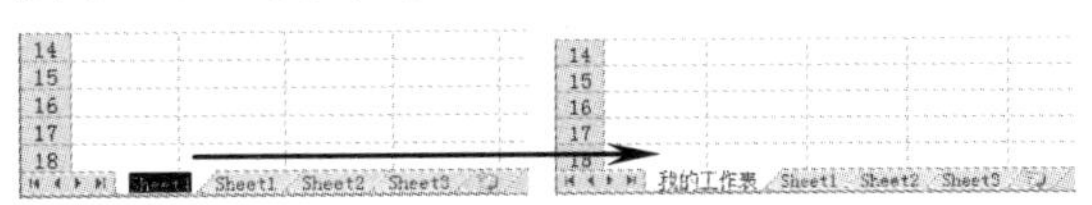

5.3.4 删除工作表

根据实际工作的需要，有时可以从工作簿中删除不需要的工作表。删除工作表的方法与插入工作表的操作方法一样，只是选择的命令不同而已。

要删除一个工作表，首先单击工作表标签

来选定该工作表，然后在【开始】选项卡的【单元格】选项组中单击【删除】下拉按钮，在弹出的快捷菜单中选择【删除工作表】命令，即可删除该工作表。此时，和它相邻的右侧的工作表变成当前的活动工作表。

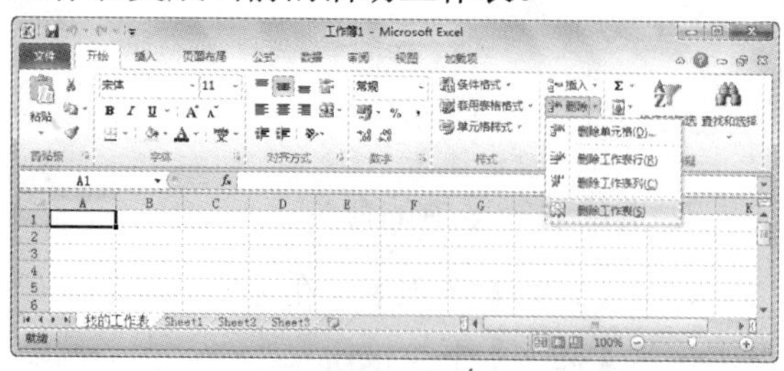

专家解读

在要删除的工作表的工作表标签上右击，在弹出的快捷菜单中选择【删除】命令，即可删除选定工作表。

经验谈

在删除有数据的表格时，系统会打开一个对话框询问是否确定要删除。如果确认删除，则单击【删除】按钮即可；如果不想删除，则单击【取消】按钮即可。

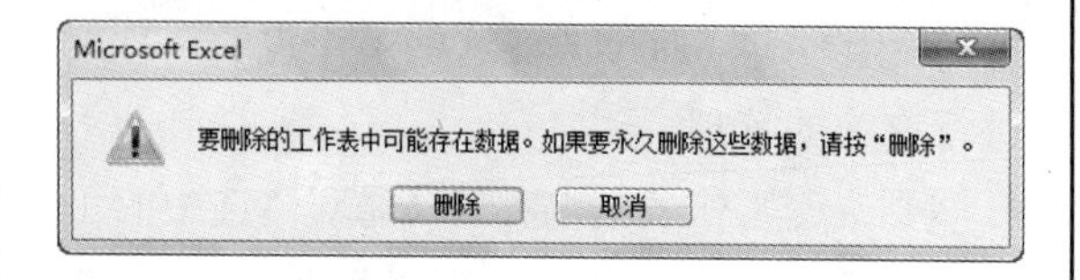

5.3.5 移动与复制工作表

在使用 Excel 2010 进行数据处理时，经常把描述同一事物相关特征的数据放在一个工作表中，而把相互之间具有某种联系的不同事物安排在不同的工作表或不同的工作簿中，这时就需要在工作簿内或工作簿间移动或复制工作表。

1. 在工作簿内移动或复制工作表

在同一工作簿内移动或复制工作表的操作方法非常简单，只需选定要移动的工作表，然后沿工作表标签行拖动选定的工作表标签即可；如果要在当前工作簿中复制工作表，只需在按住 Ctrl 键的同时拖动工作表，并在目的地释放鼠标，然后松开 Ctrl 键即可。

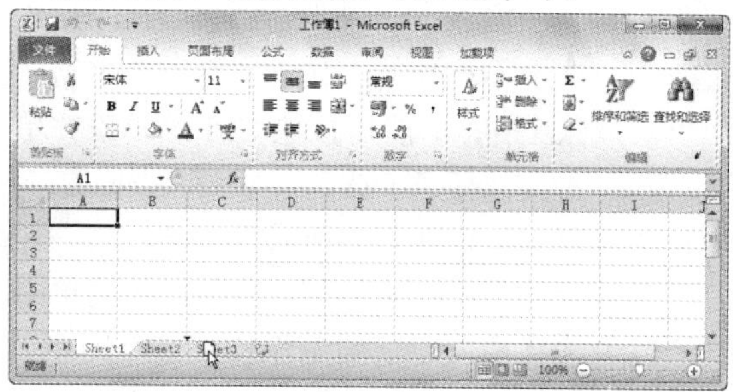

专家解读

在拖动工作表时，Excel 用黑色的倒三角指示工作表要放置的目标位置，如果要放置的目标位置不可见，只要沿工作表标签行拖动，Excel 会自动滚动工作表标签行。

如果复制工作表，则新工作表的名称在原来相应工作表名称后附加用括号括起来的数字，表示两者是不同的工作表。例如，源工作表名为 Sheet1，则第一次复制的工作表名为 Sheet1(2)，以此类推。

2. 在工作簿间移动或复制工作表

在工作簿间移动或复制工作表同样可以通过在工作簿内移动或复制工作表的方法来实现，不过这种方法要求源工作簿和目标工作簿均为打开状态。

【例 5-4】将现有的【裁判执法情况统计】工作簿中的 Sheet1 工作表移动到【我的工作簿】工作簿中。

视频 + 素材 (实例源文件\第 05 章\例 5-4)

01 启动 Excel 2010，打开一个空白工作簿，将其以【我的工作簿】为名保存。

02 双击 Sheet1 标签，切换至搜狗输入法，将 Sheet1 重命名为【我的工作表】。

03 打开现有【裁判执法情况统计】工作

簿，并打开 Sheet1 工作表。

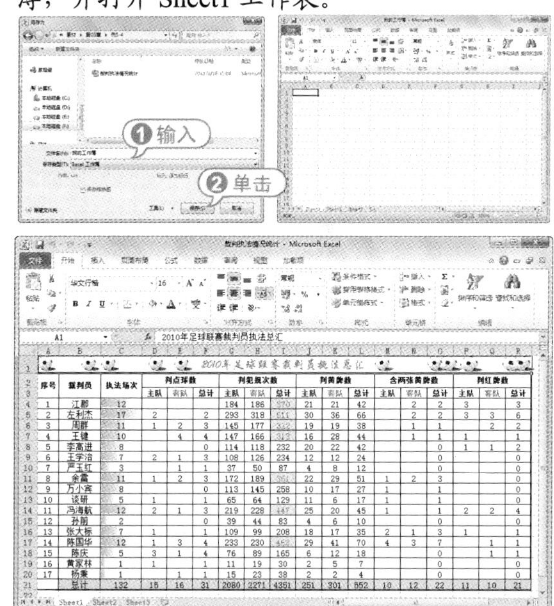

04 在【开始】选项卡的【单元格】选项组中单击【格式】按钮，在弹出的菜单中选择【移动或复制工作表】命令，打开【移动或复制工作表】对话框。

05 在【工作簿】下拉列表框中选择【我的工作簿】工作簿，选择【我的工作表】工作表，单击【确定】按钮。

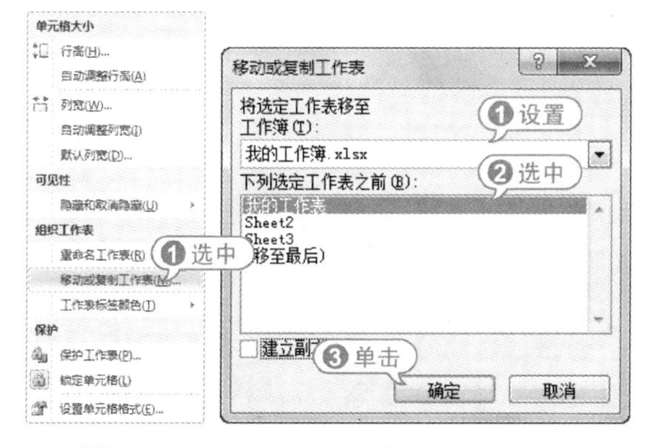

06 此时将【裁判执法情况统计】的 Sheet1 工作表移动到【我的工作簿】工作簿中。

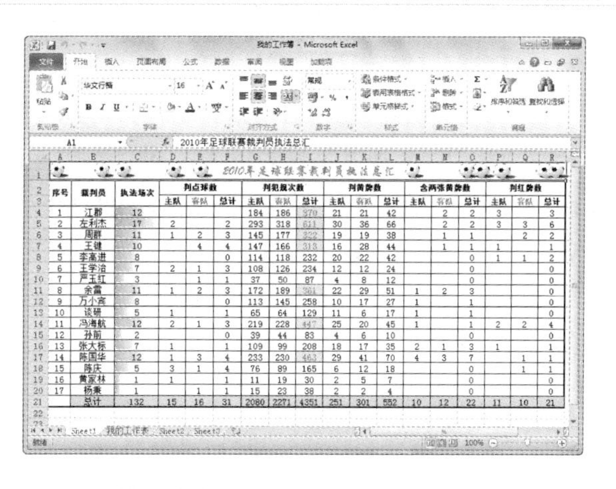

专家解读

在【移动或复制工作表】对话框中，选中【建立副本】复选框，执行的是复制操作。

07 在快速访问工具栏中单击【保存】按钮，即可将移动过来的 Sheet1 工作表保存。

经验谈

有时，用户可以将工作簿中的工作表隐藏起来，方法很简单，右击该工作表标签，从弹出的快捷菜单中选择【隐藏】命令；若要显示隐藏的工作表，可以右击任意工作表标签，从弹出的快捷菜单中选择【取消隐藏】命令，打开【取消隐藏】对话框，选择要显示的工作表，单击【确定】按钮即可。

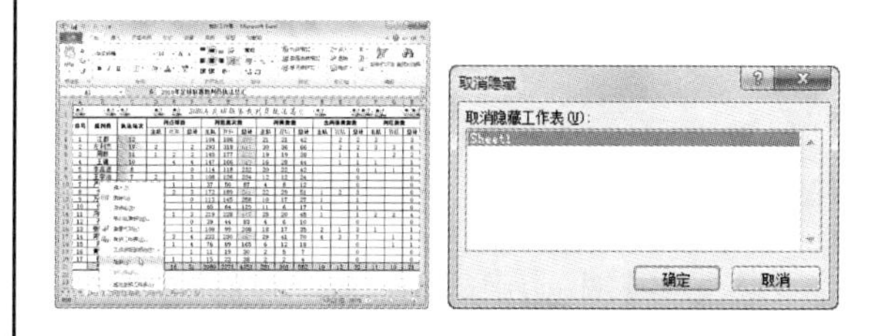

5.4 单元格的基本操作

在 Excel 2010 中，单元格是构成电子表格的基本元素，因此绝大多数的操作都针对单元格来完成。在向单元格中输入数据前，需要对单元格进行选择、插入、合并、拆分、删除、移动和复制单元格等基本操作。

5.4.1 选定单元格

Excel 2010 是以工作表的方式进行数据运算和数据分析的，而工作表的基本单元是单元格。因此，在向工作表中输入数据之前，应该先选定单元格或单元格区域。根据不同的情况有以下几种不同的选定方法。

- 选择单个单元格：将鼠标光标移动到需要选定的单元格上，此时光标变为✚形状，单击鼠标左键即可选定该单元格。
- 选定多个单元格(即连续的单元格区域)：单击区域左上角的单元格，按住鼠标左键并将其拖动到区域右下角，然后释放鼠标左键即可；或者选定区域左上角的单元格，按住 Shift 键不放，单击需选定区域右下角的单元格。
- 选定不相邻的单元格区域：单击并拖动鼠标选定第一个单元格区域，接着按住 Ctrl 键，然后使用鼠标选定其他单元格区域。
- 选定整行或整列：将鼠标指针移动到需选定的行或列的行号或列标上，当鼠标光标变为➡和⬇形状时，单击鼠标即可选定整行和整列。
- 选定整个工作表：单击工作表左上角行号和列标的交叉处，即全选按钮 。

5.4.2 插入单元格

在 Excel 2010 中，打开【开始】选项卡，在【单元格】选项组中单击【插入】下拉按钮 插入，在弹出的下拉菜单中选择命令，即可在工作表中插入行、列或单元格。

【例 5-5】在【我的工作簿】工作簿的 Sheet1 工作表中插入行和列。

视频+素材(实例源文件\第 05 章\例 5-5)

01 启动 Excel 2010，打开【我的工作簿】工作簿的 Sheet1 工作表。

02 选中合并的 A1 单元格，打开【开始】选项卡，在【单元格】选项组中单击【插入】下拉按钮，在弹出的下拉菜单中选择【插入工作表行】命令，此时行 1 上方添加了新行，原来的行 1 变为行 2。

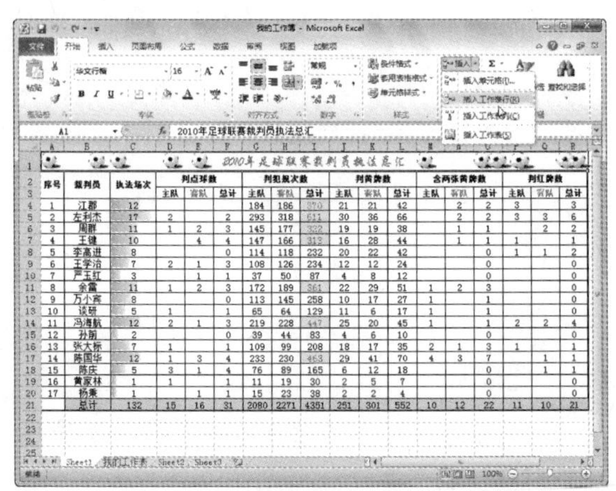

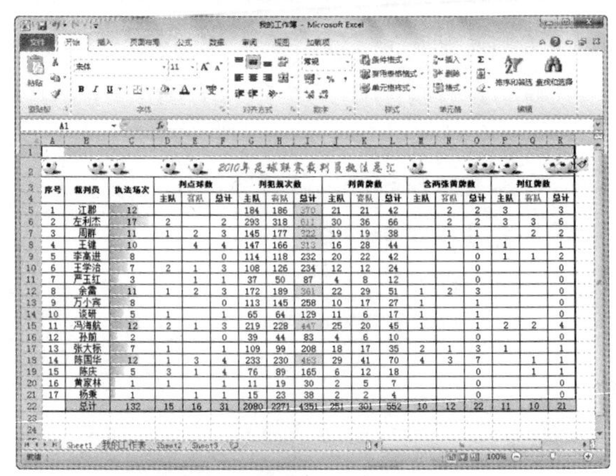

专家解读

在【开始】选项卡，在【单元格】选项组中单击【插入】按钮，即可在选中的单元格位置插入一个空白单元格，选中的单元格将下移一个位置。

03 选定 A1 单元格，在【开始】选项卡的【单元格】选项组中单击【插入】下拉按钮，从弹出的下拉菜单中选择【插入工作表列】命令，此时列 A 前添加了新列，原来的列 A 变为列 B。

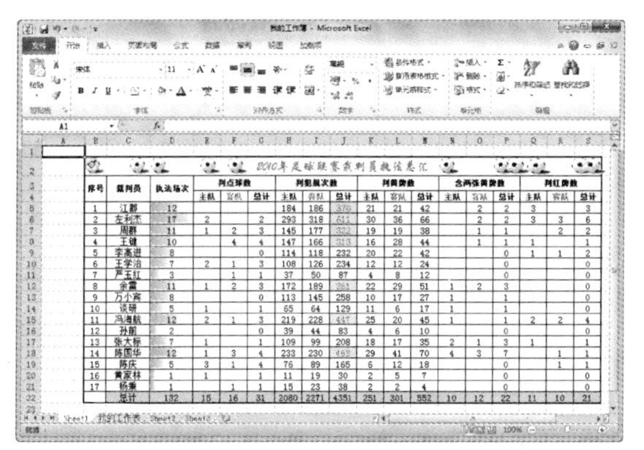

04 在快速访问工具栏中单击【保存】按钮，保存【我的工作簿】工作簿中的 Sheet1 工作表。

经验谈

在 Excel 2010 中，除使用功能区中的命令按钮外，还可以使用鼠标来完成插入行、列、单元格或单元格区域的操作。首先选定行、列、单元格或单元格区域，将鼠标指针指向右下角的区域边框，按住 Shift 键并向外进行拖动。拖动时，有一个虚框表示插入的区域，释放鼠标左键，即可插入虚框中的单元格区域。

5.4.3 合并与拆分单元格

使用 Excel 2010 制作表格时，为了使表格更加专业与美观，常常需要将一些单元格合并或者拆分。

【例 5-6】在【我的工作簿】工作簿的 Sheet1 工作表中对单元格进行合并。

视频 + 素材 (实例源文件\第 05 章\例 5-6)

01 启动 Excel 2010，打开【我的工作簿】工作簿的 Sheet1 工作表。

02 选定 B22:C22 单元格区域，打开【开始】选项卡，在【对齐方式】选项组中单击【合并并居中】按钮，即可将该单元格区域合并为成为一个单元格。

03 选定 A1:A22 单元格区域，在【开始】选项卡的【对齐方式】选项组中单击【合并并居中】下拉按钮，从弹出的下拉菜单中选择【合并单元格】命令，即可将 A1:A22 单元格区域合并为一个单元格。

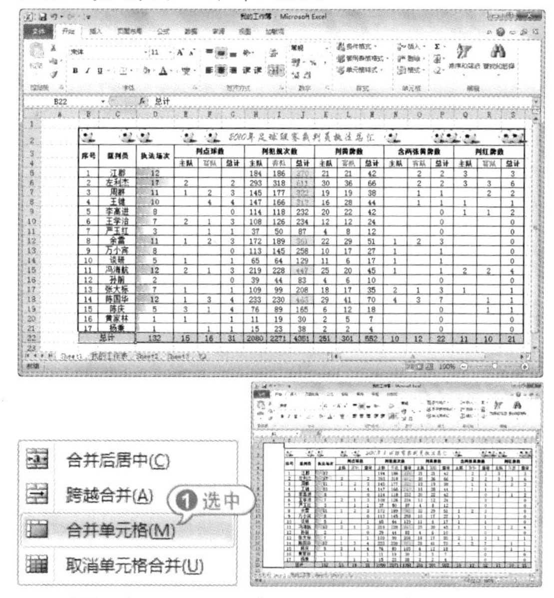

04 选定 B1:S1 单元格区域，在【开始】选项卡中单击【对齐方式】对话框启动器按钮，打开【设置单元格格式】对话框的【对齐】选项卡，选中【合并单元格】复选框，单击【确定】按钮，此时 B1:S1 单元格区域合并为一个单元格。

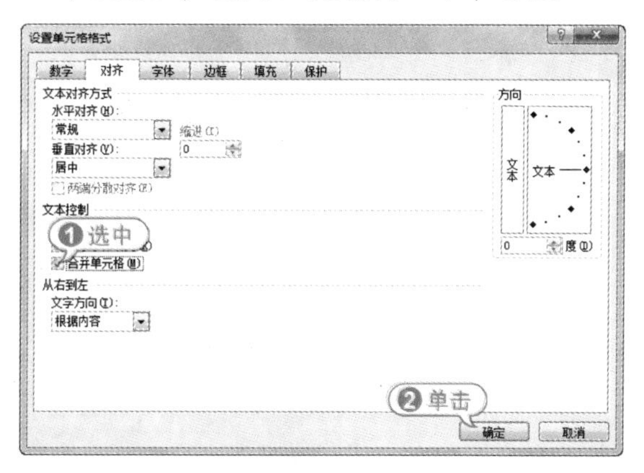

专家解读

在 Excel 中只能对合并后的单元格进行拆分，选中已合并的单元格，在【开始】选项卡的【对齐方式】选项组中单击【合并并居中】按钮即可。

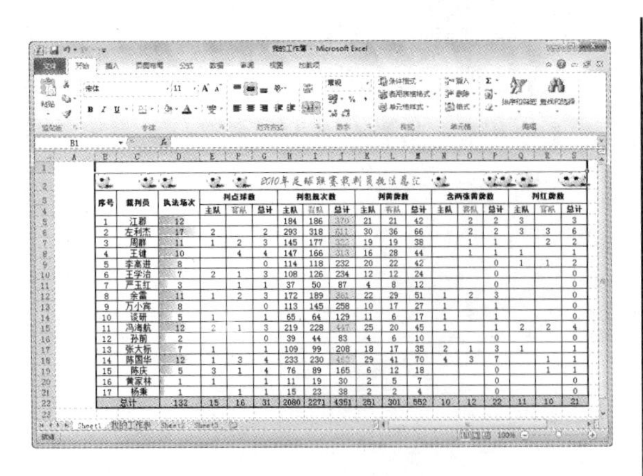

序号	裁判员	执法场次	判点球数			判犯规次数			判黄牌数			含两张黄牌数			判红牌数		
			主队	客队	总计	主队	客队	总计	主队	客队	总计	主队	客队	总计	主队	客队	总计
1	江郡	12				184	186	370	21	21	42		2	2	3		3
2	左利杰	17	2		2	293	318	611	30	36	66		2	2	3	3	6
3	周群	11	1	2	3	145	177	322	19	19	38		1	1		2	2
4	王键	10		4	4	147	166	313	16	28	44		1	1	1		1
5	李高进	8			0	114	118	232	20	22	42			0	1	1	2
6	王学治	7	2	1	3	108	126	234	12	12	24			0			0
7	严玉红	3		1	1	37	50	87	4	8	12			0			0
8	余雷	11	1	2	3	172	189	361	22	29	51	1	2	3			0
9	万小宾	8			0	113	145	258	10	17	27	1		1			0
10	谈研	5	1		1	65	64	129	11	6	17	1		1			0
11	冯海航	12	2	1	3	219	228	447	25	20	45	1		1	2	2	4
12	孙前	2			0	39	44	83	4	6	10			0			0
13	张大标	7	1		1	109	99	208	18	17	35	2	1	3	1		1
14	陈国华	12	1	3	4	233	230	463	29	41	70	4	3	7		1	1
15	陈庆	5	3	1	4	76	89	165	6	12	18			0		1	1
16	黄家林	1	1		1	11	19	30	2	5	7			0			0
17	杨秉	1		1	1	15	23	38	2	2	4			0			0
总计		132	15	16	31	2080	2271	4351	251	301	552	10	12	22	11	10	21

05 在快速访问工具栏中单击【保存】按钮，保存【我的工作簿】工作簿中的 Sheet1 工作表。

5.4.4 移动与复制单元格

在编辑 Excel 工作表时，若数据位置摆放错误，必须重新录入，可将其移动到正确的单元格位置；若单元格区域数据与其他区域数据相同，为避免重复输入，可采用复制操作来编辑工作表。

【例 5-7】在【我的工作簿】工作簿中将 Sheet1 工作表中的部分数据复制到【我的工作表】工作表中。

视频 + 素材 (实例源文件\第 05 章\例 5-7)

01 启动 Excel 2010，打开【我的工作簿】工作簿的 Sheet1 工作表。

02 选中 B2 单元格，打开【开始】选项卡，在【剪贴板】选项组中单击【复制】按钮。

03 单击【我的工作表】标签，切换到该工作表中，在【剪贴板】选项组中单击【粘贴】下拉按钮，从弹出的【粘贴】列表框中单击【保留源列宽】按钮，粘贴单元格。

04 切换到 Sheet1 工作表，选取 B3:C22 单元格区域，右击，从弹出的快捷菜单中选择【复制】命令。

05 切换到【我的工作表】工作表中，在【剪贴板】选项组中单击【粘贴】下拉按钮，从弹出的【粘贴】列表框中单击【保留源列宽】按钮，粘贴单元格。

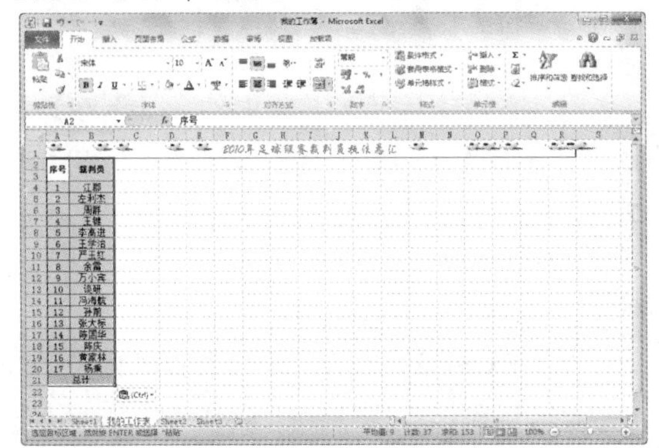

06 使用同样的方法，完成单元格的复制操作。

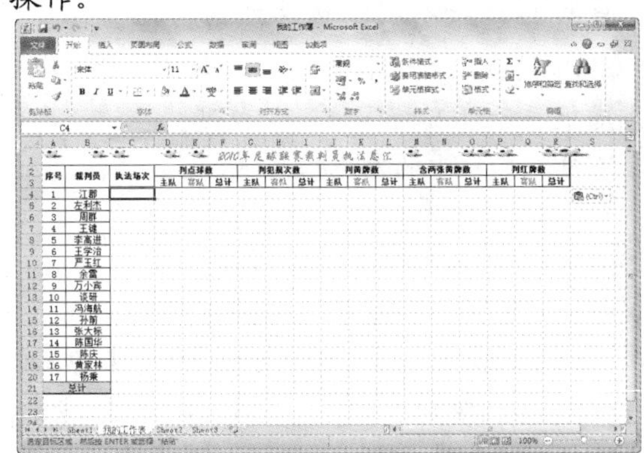

07 在 Sheet1 工作表中，选取 D5:S22 单元格区域，在【剪贴板】选项组中单击【格式刷】按钮，切换至【我的工作表】工作表中，拖动鼠标刷取 C4:R21 单元格区域，套用格式。

经验谈

打开【开始】选项卡，在【剪贴板】选项组中单击【剪切】按钮，剪切选中的单元格或单元格区域，将插入点定位到目标位置，在【剪贴板】选项组中单击【粘贴】下拉按钮，执行相应的操作，即可移动单元格。

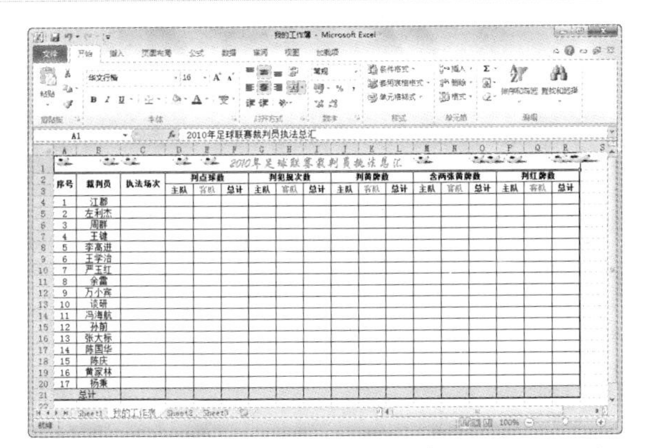

08 在快速访问工具栏中单击【保存】按钮，保存【我的工作簿】工作簿中的【我的工作表】工作表。

5.4.5 删除与清除单元格

当不再需要工作表中的数据时，可以首先选定放置这些数据的行、列、单元格或单元格区域，按下 Delete 键将它们删除。但是按下 Delete 键仅清除单元格内容，而在工作表中留下空白单元格。如果需要一起把放置数据的行、列、单元格或单元格区域删除，需要使用【开始】选项卡【单元格】选项组的【删除】下拉按钮中的菜单来执行。

【例 5-8】在【我的工作簿】工作簿的【我的工作表】工作表中，删除与清除单元格。

视频 + 素材 (实例源文件\第 05 章\例 5-8)

01 启动 Excel 2010，打开【我的工作簿】工作簿的【我的工作表】工作表。

02 选中 A1 单元格，按 Delete 键，即可删除文本“2010 年足球联赛裁判员执法总汇”。

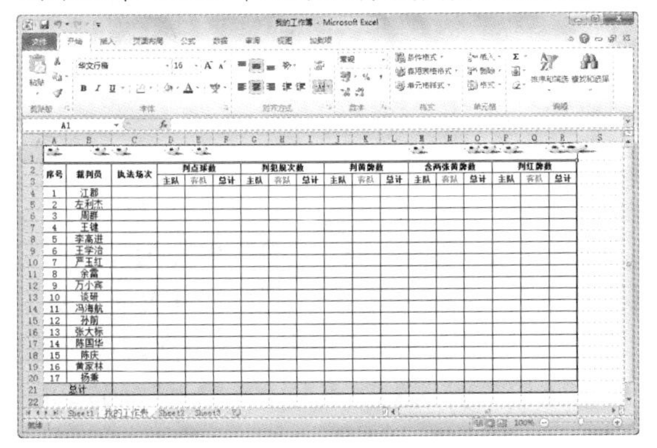

03 选取 A21:R21 单元格区域，在【开始】选项卡的【单元格】选项组中，单击【删除】下拉按钮，从弹出的菜单中选择【删除单元格】命令，打开【删除】对话框。

04 选中【下方单元格上移】单选按钮，单击【确定】按钮，即可删除选中的单元格。

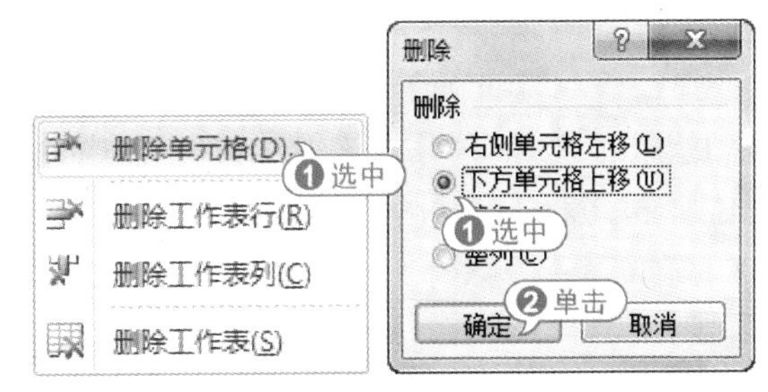

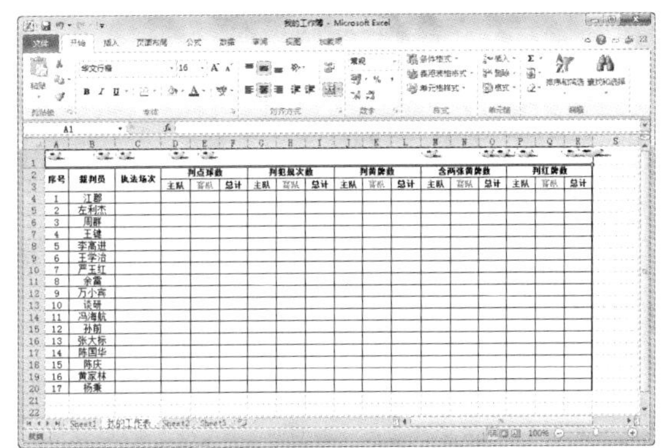

经验谈

在【单元格】选项组中单击【删除】按钮，从弹出的菜单中选择【删除工作表行】或【删除工作表列】命令，可以删除行或列。另外，还可以通过【删除】对话框删除整行或整列，只需选中【整行】或【整列】单选按钮。

05 在快速访问工具栏中单击【保存】按钮，保存编辑后的【我的工作簿】工作簿。

专家解读

若删除的是空单元格或空行、空列，则不会打开【删除】对话框。

5.5 实战演练

本章的实战演练部分通过创建【Excel 基本操作】工作簿的综合实例操作来巩固本章所学知识，为以后进一步的学习打下坚实基础。

【例 5-9】创建【Excel 基本操作】工作簿，练习保存、打开、关闭工作簿等基本操作。
视频 + 素材 (实例源文件\第 05 章\例 5-9)

01 单击【开始】按钮，在【开始】菜单中选择【所有程序】| Microsoft Office | Microsoft Excel 2010 命令，启动 Excel 2010，并自动新建一个名称为【工作簿 1】的空白工作簿。

02 单击【文件】按钮，在打开的【文件】菜单中选择【保存】命令，打开【另存为】对话框。在【文件名】文本框中输入“Excel 基本操作”，然后在【保存位置】下拉列表框中选择 Excel 文件的保存路径。

03 单击【保存】按钮，即可创建“Excel 基本操作”工作簿，此时在工作簿的标题栏中可以查看到新命名的工作簿名称。

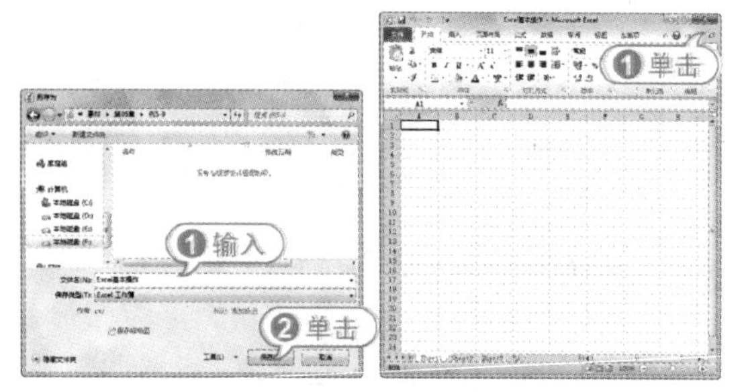

04 单击选项卡右端的【关闭窗口】按钮 ⊠，即可关闭【Excel 基本操作】工作簿。

05 单击【开始】按钮，从弹出的菜单中选择【打开】命令，打开【打开】对话框。

06 选择【Excel 基本操作】工作簿，单击【打开】下拉按钮，从弹出的快捷菜单中选择【以副本方式打开】命令，以副本方式打开【Excel 基本操作】工作簿。

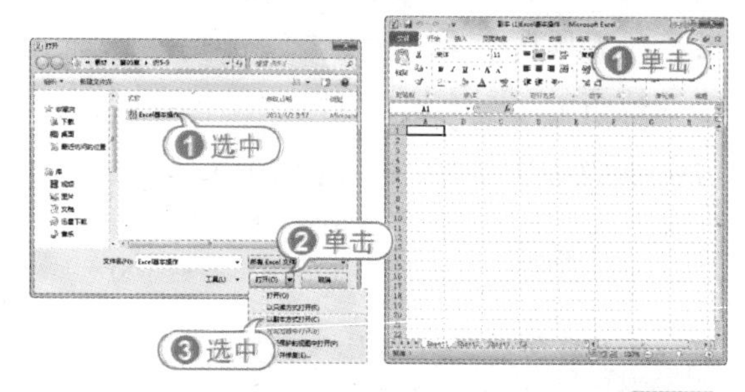

07 单击标题栏右端的【关闭】按钮，关闭工作簿，并退出 Excel 2010。

5.6 专家指点

一问一答

问：如何保护工作簿？

答：启动 Excel 2010，打开需要加密的工作簿，单击【开始】按钮，在弹出的菜单中选择【另存为】命令，打开【另存为】对话框。在【保存位置】下拉列表中选择保存路径，在【文件名】文本框中输入工作簿名称，单击对话框下面的【工具】按钮，在弹出的菜单中选择【常规选项】，打开【常规选项】对话框，在【打开权限密码】和【修改权限密码】文本框中都输入密码，单击

【确定】按钮，打开【确认密码】对话框，在【重新输入密码】文本框中重新输入密码。单击【确定】按钮，打开【确认密码】对话框，在【重新输入修改权限密码】文本框中重新输入密码。单击【确定】按钮，返回到【另存为】对话框，单击【保存】按钮，将工作簿加密保存。

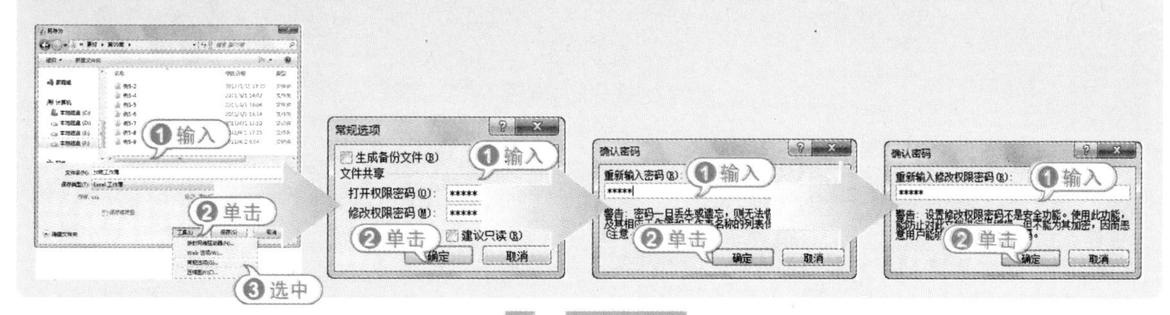

一问一答

问：如何设置工作表标签颜色？

答：启动 Excel 2010，打开要设置标签颜色的工作表，右击该工作表标签，从弹出的快捷菜单中选择【工作表标签颜色】命令，打开颜色面板，选择所需的颜色即可。如果颜色面板中的颜色满足不了用户的需求，则可以在颜色面板中选择【其他颜色】命令，打开【颜色】对话框，切换至【标准】选项卡或【自定义】选项卡，选择一种颜色或自定义一种颜色，单击【确定】按钮，即可为标签应用该颜色。

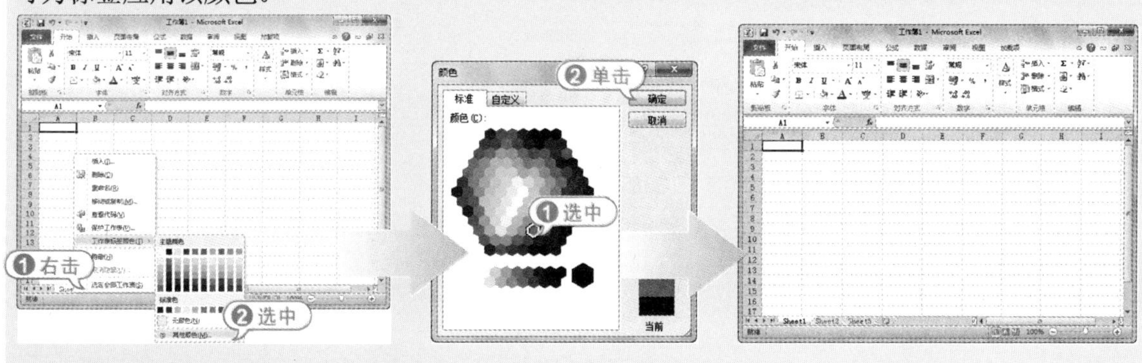

一问一答

问：如何修复损坏了的工作簿？

答：如果工作簿损坏了，不能打开了，这时可以使用 Excel 2010 自己提供的修复功能对其进行修改。方法很简单，启动 Excel 2010，在空白工作簿中单击【文件】按钮，在弹出的【开始】菜单中选择【打开】命令，打开【打开】对话框。选择要打开的工作簿文件，单击【打开】下拉按钮，从弹出的下拉菜单中选择【打开并修复】命令，此时系统自动打开提示信息对话框，单击【修复】按钮，Excel 将修复工作簿并打开。如果该修复操作不能完成，则可以在打开的提示信息对话框中单击【提取数据】按钮，将工作簿中的数据提取出来。

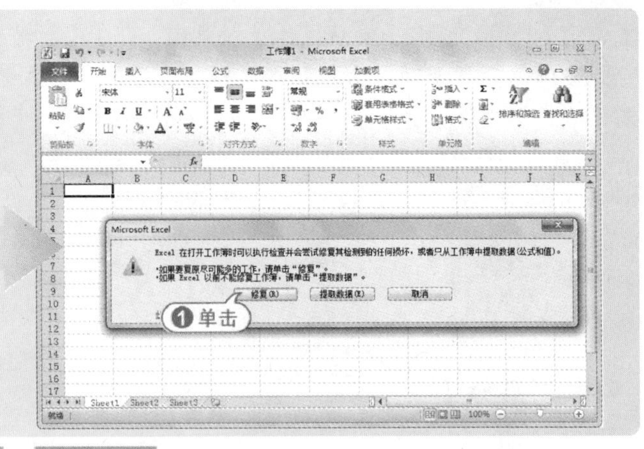

一问一答

问：如何自动打开某个文件夹中的所有工作簿？

答：启动 Excel 2010，在空白工作簿中单击【文件】按钮，在弹出的【开始】菜单中选择【选项】命令，打开【Excel 选项】对话框，切换至【高级】选项卡，在【常规】选项区域中的【启用时打开此目录中的所有文件】文本框中输入文件夹路径及名称，这里选择素材文件夹下的【第 05 章】中的【例 5-4】文件夹，单击【确定】按钮。设置完毕后，重新启动 Excel 2010，位于上述文件夹中的所有工作簿文件都被自动打开。

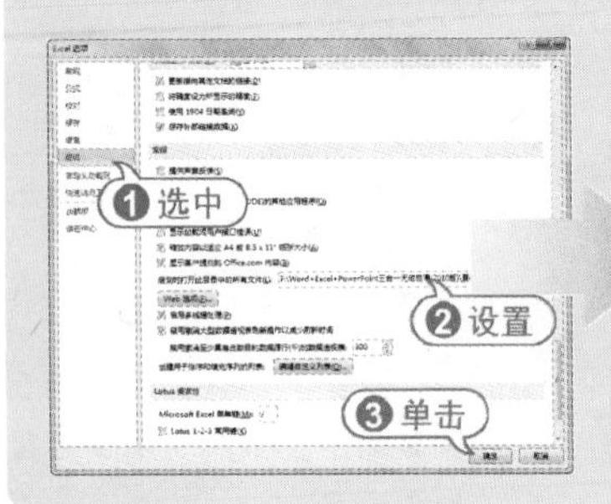

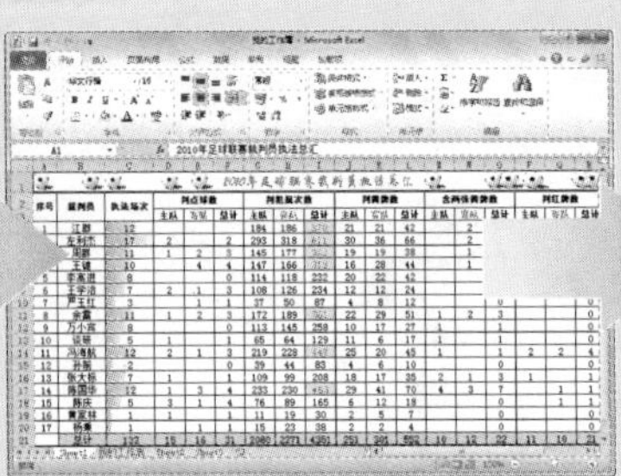

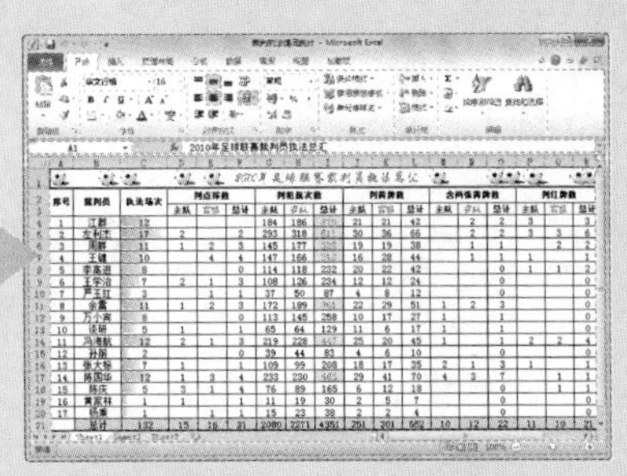

第6章 输入数据与设置格式

使用 Excel 2010 创建工作表后，首先要在单元格中输入数据，然后根据需要对工作表进行格式化操作。Excel 2010 提供了丰富的格式化命令，利用这些命令可以具体设置工作表与单元格的格式，帮助用户创建更加美观的工作表。

对应光盘视频

- 例 6-1 输入文本型数据
- 例 6-2 输入数字型数据
- 例 6-3 输入批注
- 例 6-4 快速填充数据
- 例 6-5 设置日期格式
- 例 6-6 设置单元格字体格式
- 例 6-7 设置单元格对齐方式
- 例 6-8 设置表格边框和底纹
- 例 6-9 套用内置单元格样式
- 例 6-10 自定义单元格样式
- 例 6-11 调整行高和列宽
- 例 6-12 使用条件格式功能
- 例 6-13 套用表格样式
- 例 6-14 设置工作表背景
- 例 6-15 添加页眉和页脚

本章其他视频文件参见配套光盘

6.1 输入数据

创建完工作表后，就可以在工作表的单元格中输入数据。用户可以像在 Word 文档中一样，在工作表中手动输入文本、数字和批注等，也可以使用电子表格的自动填充功能快速填写有规律的数据。

6.1.1 输入文本型数据

在 Excel 2010 中，文本型数据通常是指字符或者任何数字和字符的组合。输入到单元格内的任何字符集，只要不被系统解释成数字、公式、日期、时间或者逻辑值，则 Excel 2010 一律将其视为文本。在 Excel 2010 中输入文本时，系统默认的对齐方式是左对齐。

在表格中输入文本型数据的方法主要有 3 种，即在数据编辑栏中输入、在单元格中输入和选定单元格输入。

- 在数据编辑栏中输入：选定要输入文本型数据的单元格，将鼠标光标移动到数据编辑栏处单击，将插入点定位到编辑栏中，然后输入内容。
- 在单元格中输入：双击要输入文本型数据的单元格，将插入点定位到该单元格内，然后输入内容。
- 选定单元格输入：选定要输入文本型数据的单元格，直接输入内容即可。

【例 6-1】创建【公司财务支出】工作簿，在【本月财务支出统计】工作表中输入文本型数据。
视频 + 素材 (实例源文件\第 06 章\例 6-1)

01 启动 Excel 2010，新建一个名称为【公司财务支出统计】的工作簿，并将自动打开的 Sheet1 工作表命名为【本月财务支出统计】。

02 选定 A1 单元格，然后输入文本标题“财务支出统计”。

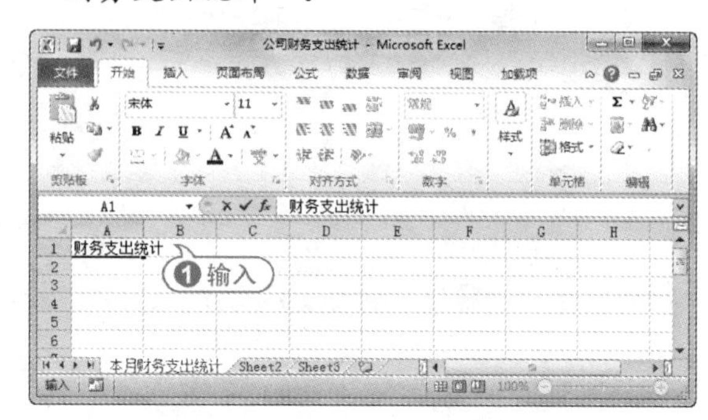

03 按 Enter 键，完成输入，此时插入点自动转换到 A2 单元格，然后在 A2:F2 单元格中分别输入表格的列标题。

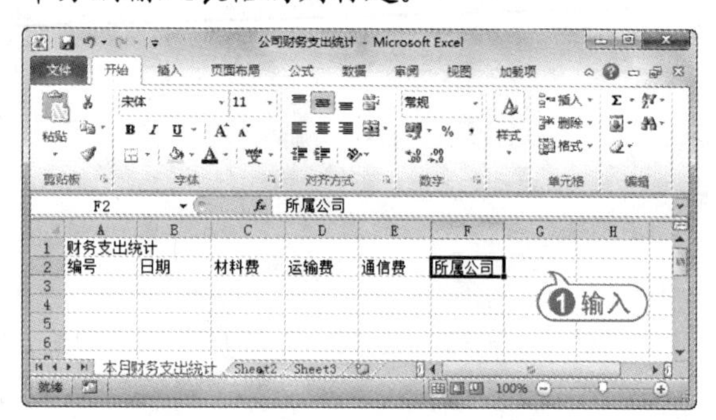

04 选定 F3 单元格，将插入点定位在数据编辑栏中，输入文本型数据。

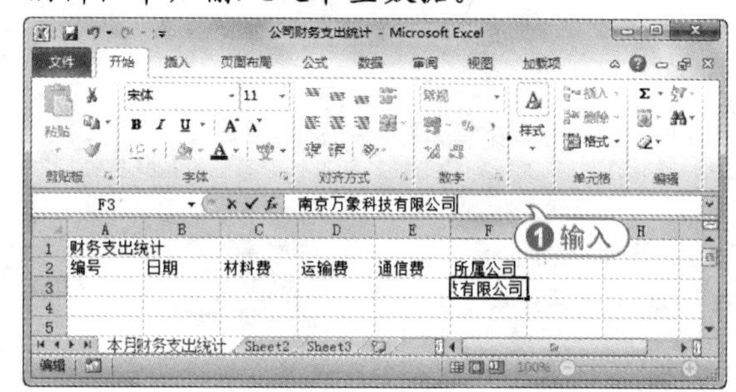

05 使用同样的方法，在 F4:F12 单元格中分别输入广告材料供应商所属公司的名称，至此完成输入【公司财务支出】中的文本型数据操作。

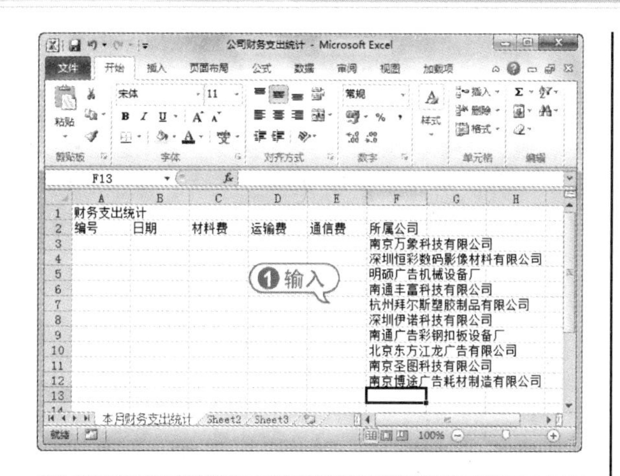

6.1.2 输入数字型数据

在Excel工作表中，数字型数据是最常见、最重要的数据类型。而且，Excel 2010强大的数据处理功能、数据库功能以及在企业财务、数学运算等方面的应用几乎都离不开数字型数据。在Excel 2010中数字型数据包括货币、日期与时间等类型，具体如下表所示。

数值类型	说　明
数字	默认情况下的数字型数据都为该类型，用户可以设置其小数点格式与百分号格式等
货币	该类型的数字型数据会根据用户选择的货币样式自动添加货币符号
时间	该类型的数字数据可将单元格中的数字变为【00:00:00】的日期格式
长/短日期	该类型的数字数据可将单元格中的数字变为【年月日】的日期格式
百分比	该类型的数字数据可将单元格中的数字变为【00.00%】格式
分数	该类型的数字数据可将单元格中的数字变为分数格式，如将0.5变为1/2
科学计数	该类型的数字数据可将单元格中的数字变为【1.00E+04】格式
其他	除了这些常用的数字数据类型外，用户还可以根据自己的需要自定义数字数据

在功能区中打开【开始】选项卡，在【数字】选项组的【常规】列表框中可以设置要输入的数字数据的类型、样式以及小数点格式等。在【数字】选项组中单击对话框启动器按钮，可以打开【设置单元格格式】对话框的【数字】选项卡，在其中同样可以对数字数据进行设置。设置完毕后，参照输入文本型数据的方法输入数字型输入。

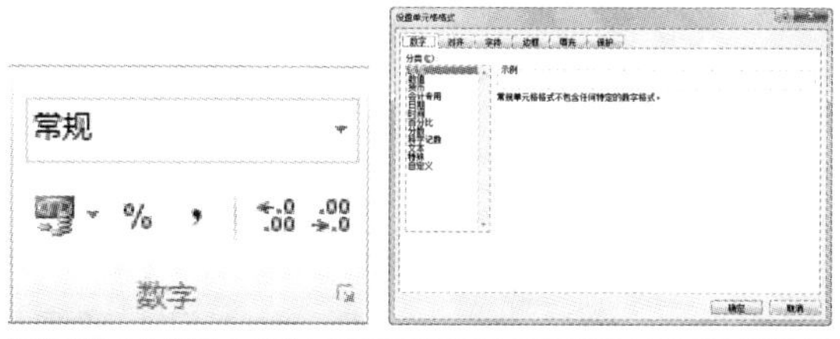

【例6-2】在【本月财务支出统计】工作表中输入数字、日期和货币型数据。

视频 + 素材 (实例源文件\第06章\例6-2)

01 启动Excel 2010应用程序，打开【公司财务支出统计】工作簿的【本月财务支出统计】工作表。

02 选定A3单元格，输入数字3，此时数字将右对齐显示。

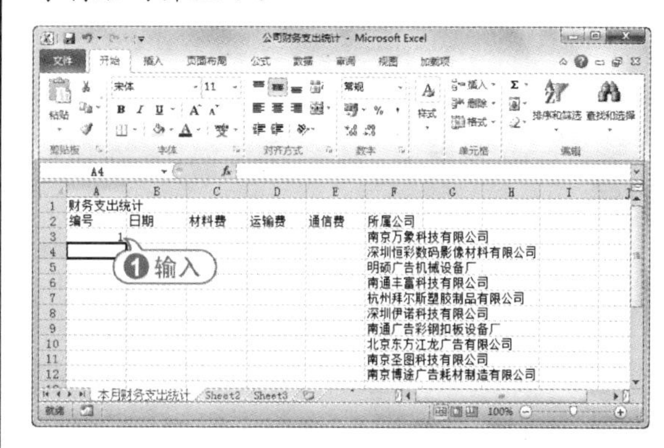

03 选定B3单元格，在其中输入日期型数据“2011/4/5”。

04 使用同样的方法，在B4:B12单元格区域输入日期型数据。

专家解读

单元格出现一串“#”，表示单元格的宽度不够，需要调节列宽，将在6.3节介绍。

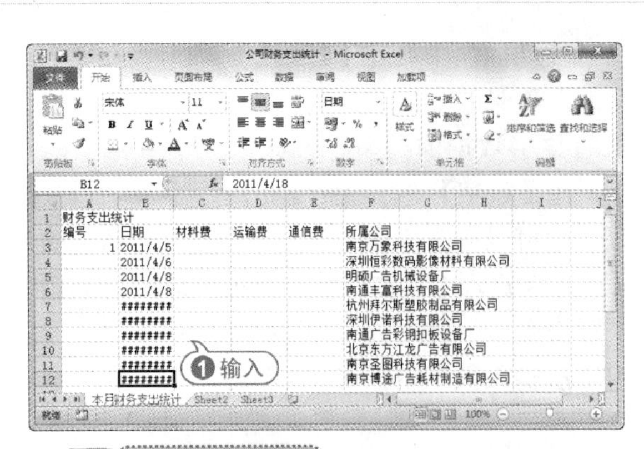

专家解读

在 Excel 2010 中，要插入当前的日期，只需按 Ctrl+; 组合键即可。另外，在输入时间时，需要先在小时、分、秒之间用冒号做分隔符，再按空格键，输入字母 AM(上午)或 PM(下午)。

05 选定 C3:E12 单元格区域，打开【开始】选项卡，单击【数字】选项组的【常规】下拉按钮，在弹出的列表框中选择【货币】选项。

06 在 C3 单元格中输入材料费用 6250，按回车键，Excel 会自动添加设置的货币符号。

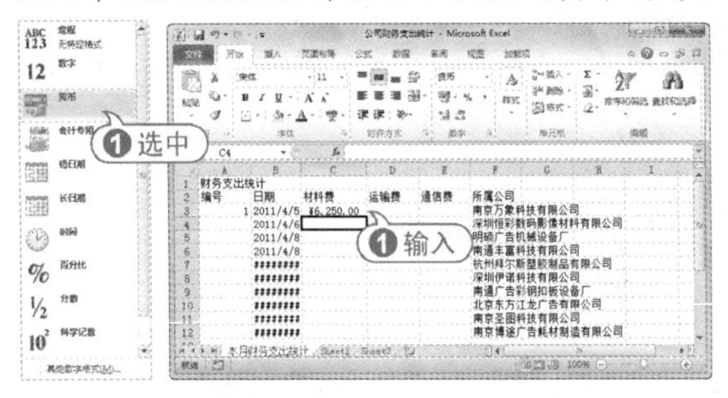

07 使用同样的方法，输入相应的材料费用额、通信费用额和运输费用额。

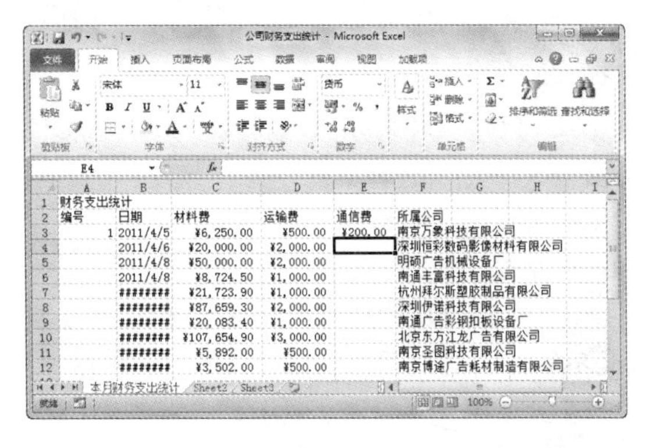

6.1.3 输入批注

在 Excel 2010 中，使用批注可以对单元格进行注释。当在某个单元格中输入批注后，会在该单元格的右上角显示一个红色三角标记，只要将鼠标指针移到该单元格中，就会显示出输入的批注内容。

在 Excel 2010 中可以为某个单元格添加批注，也可以为某个单元格区域添加批注，添加的批注一般都是简短的提示性文字。

【例 6-3】在【本月财务支出统计】工作表输入批注。

视频 + 素材 (实例源文件\第 06 章\例 6-3)

01 启动 Excel 2010 应用程序，打开【公司财务支出统计】工作簿的【本月财务支出统计】工作表。

02 选定 C3 单元格，打开【审阅】选项卡，在【批注】选项组中单击【新建批注】按钮，即可打开批注文本框，输入批注内容。

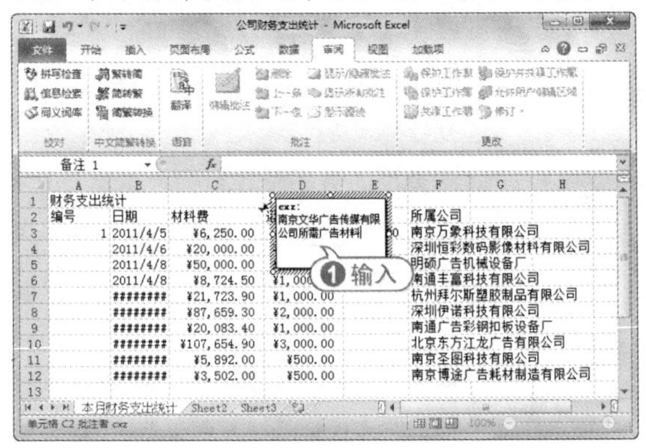

03 单击其他单元格，即可完成编辑批注操作。

04 此时拥有批注的单元格比其他单元格在右上角多出一个红色三角标记，将鼠标指针移动至该标记处即可查看批注。

经验谈

右击批注文本框，在弹出的快捷菜单中选择【设置批注格式】命令，打开【设置批注格式】对话框，在其中可以设置批注格式。

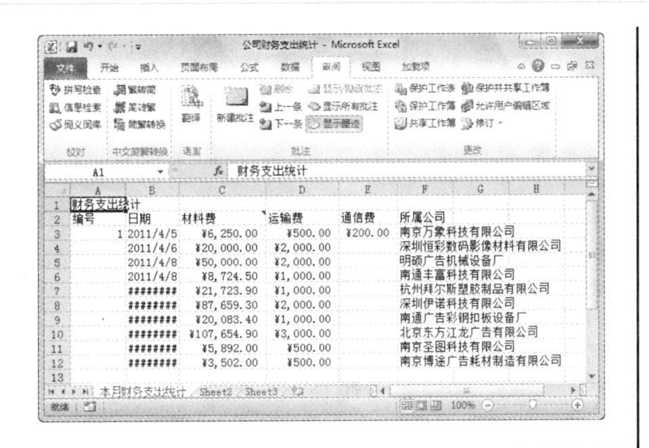

6.1.4 快速填充数据

在制作表格时，有时需要输入一些相同或有规律的数据。如果手动依次输入这些数据，会占用很多时间。Excel 2010 针对这类数据提供了自动填充功能，可以大大提高输入效率。

1. 使用控制柄填充相同的数据

选定单元格或单元格区域时会出现一个黑色边框的选区，此时选区右下角会出现一个控制柄，将鼠标光标移动置它的上方时会变成**+**形状，通过拖动该控制柄可实现数据的快速填充。

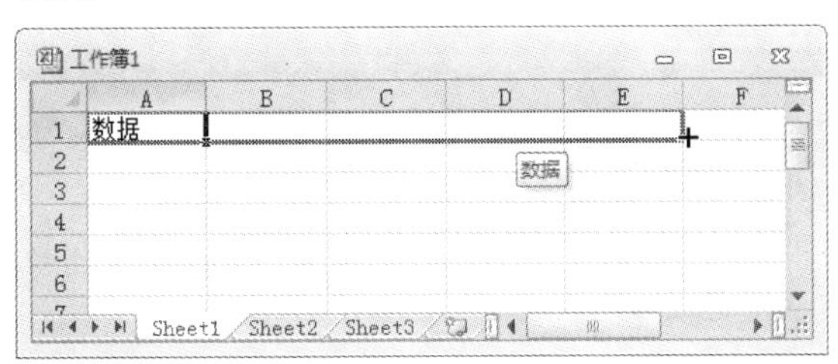

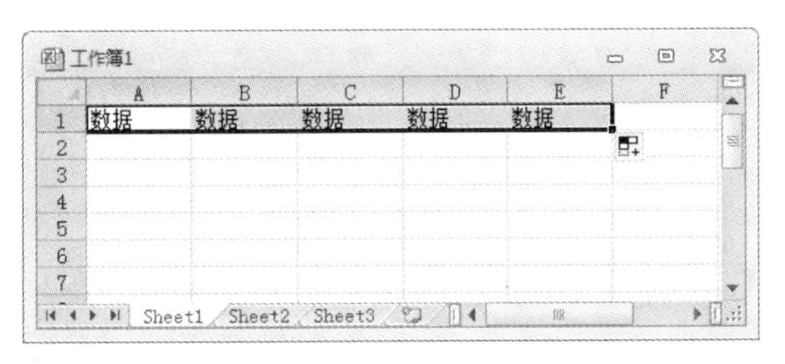

2. 使用控制柄填充有规律的数据

填充有规律的数据的方法为：在起始单元格中输入起始数据，在第二个单元格中输入第二个数据，然后选择这两个单元格，将鼠标光标移动到选区右下角的控制柄上，拖动鼠标左键至所需位置，最后释放鼠标即可根据第一个单元格和第二个单元格中数据的特点自动填充数据。

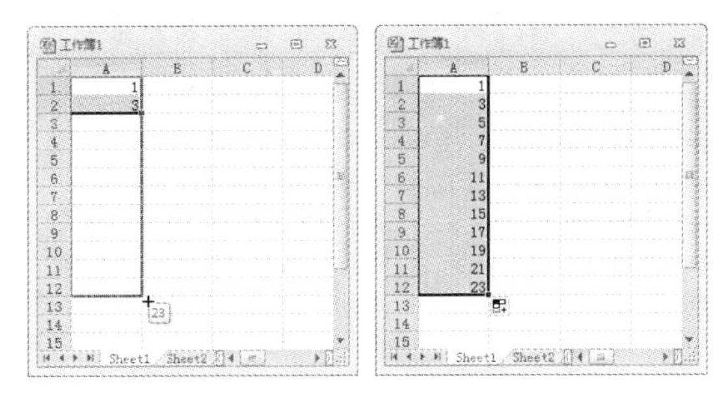

3. 使用对话框快速填充数据

在【开始】选项卡的【编辑】选项组中单击【填充】下拉按钮，在弹出的菜单中选择【系列】命令，打开【序列】对话框。使用该对话框可以快速填充等差、等比、日期等特殊数据。

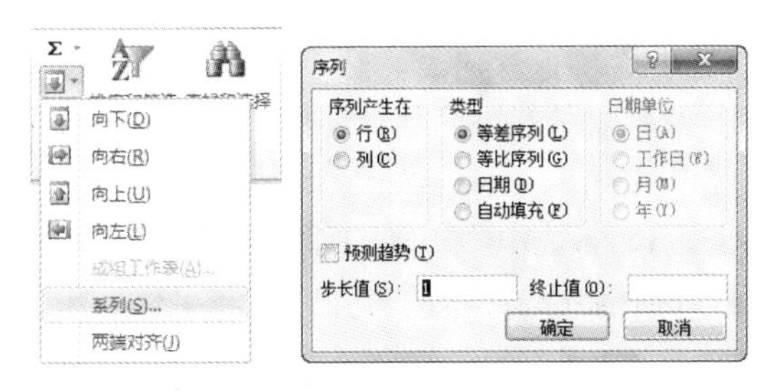

专家解读

只有在创建日期序列时，【日期单位】选项区域才有效，在【日期单位】选项区域中，可以指定日期序列是按天、按工作日、按月还是按年增长。

【例 6-4】在【本月财务支出统计】工作表中快速填充数据。

视频＋素材 (实例源文件\第 06 章\例 6-4)

01 启动 Excel 2010 应用程序，打开【公司财务支出统计】工作簿的【本月财务支出统计】工作表。

02 选定 A3:A12 单元格区域，打开【开始】选项卡，在【编辑】选项组中单击【填充】

下拉按钮，在弹出的菜单中选择【系列】命令，打开【序列】对话框。

03 在【序列产生在】选项区域中选中【列】单选按钮；在【类型】选项区域中选中【等差序列】单选按钮；在【步长值】文本框中输入1，单击【确定】按钮。

04 此时自动填充步长为 1 的等差数列。

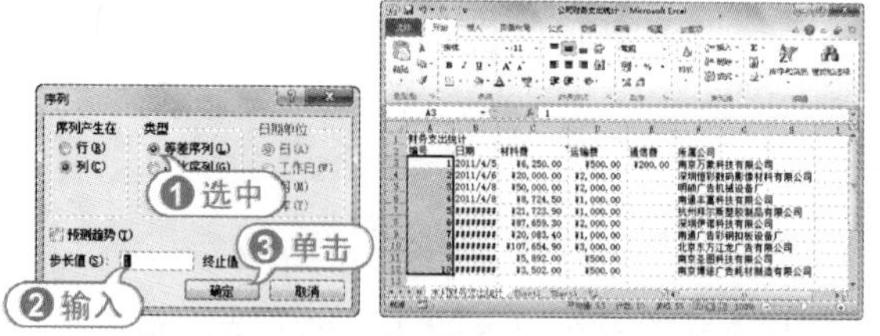

05 选定 E3 单元格，将光标移动到该单元格右下角的控制柄上，按住鼠标左键到单元格 E12 中。

06 释放鼠标左键，此时 E4:E12 单元格区域中填充了相同的数据。

07 在快速访问工具栏中单击【保存】按钮，保存【本月财务支出统计】工作表。

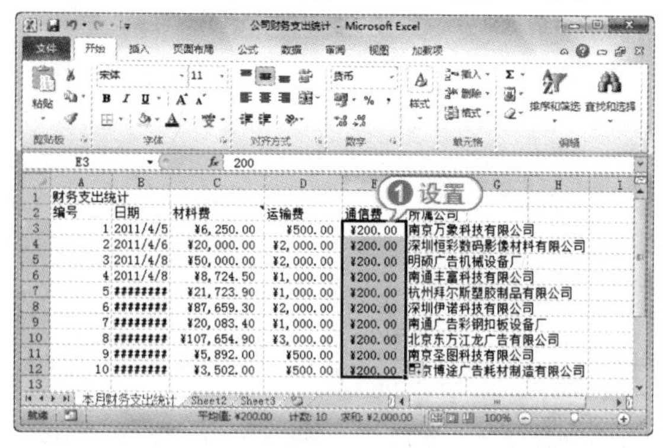

经验谈

在【终止值】文本框中输入一个正值或负值来指定序列的终止值。如果未到达终止值而所选区域已经填充完毕，序列就停止在所填充处。如果所选区域大于序列，剩余的单元格将保持空白。填充数据序列时无须在【终止值】文本框中指定值。

6.2 设置单元格格式

在 Excel 2010 中，对工作表中的不同单元格数据，可以根据需要设置不同的格式，如设置单元格数据格式、文本的对齐方式和字体、单元格的边框和图案等。

6.2.1 设置数据格式

默认情况下，数字以常规格式显示。当用户在工作表中输入数字时，数字以整数、小数方式显示。此外，Excel 还提供了多种数字显示格式，如数值、货币、会计专用、日期格式以及科学记数等。

虽然在【开始】选项卡的【数字】选项组中可以设置数字格式，但有时还满足不了用户的需求。这时可以在【设置单元格格式】对话框的【数字】选项卡中，详细设置数字格式。

专家解读

在【数字】选项组中，单击对话框启动器按钮，可以打开【设置单元格格式】对话框。

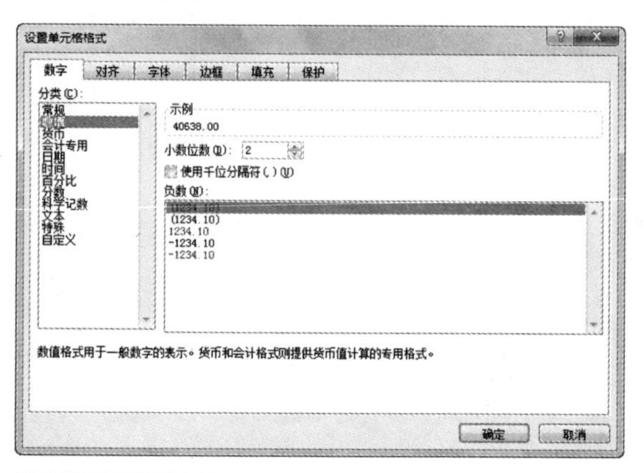

【例 6-5】在【本月财务支出统计】工作表中设置日期格式。

视频 + 素材 (实例源文件\第 06 章\例 6-5)

01 启动 Excel 2010 应用程序，打开【公司财务支出统计】工作簿的【本月财务支出统计】工作表。

02 选定 B3:B12 单元格区域，在【开始】

选项卡的【数字】选项组中单击对话框启动器，打开【设置单元格格式】对话框。

03 打开【数字】选项卡，在【分类】列表框中选择【日期】选项，在【区域设置】列表框中选择【中文(中国)】选项，在【类型】列表框中选择一种日期格式，单击【确定】按钮，完成设置。

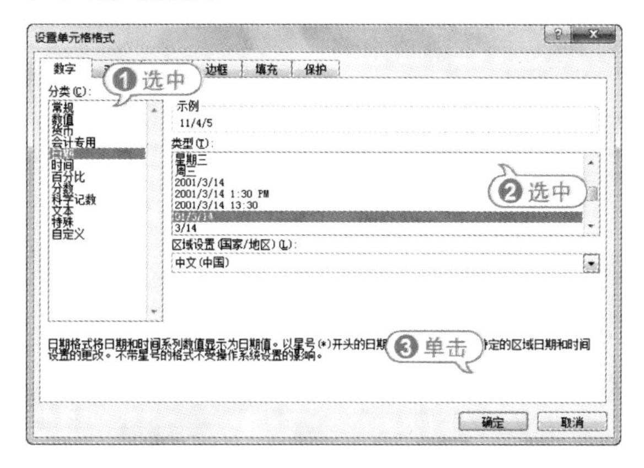

04 此时所选单元格区域中的数据将设置为所选的短日期型数字格式。

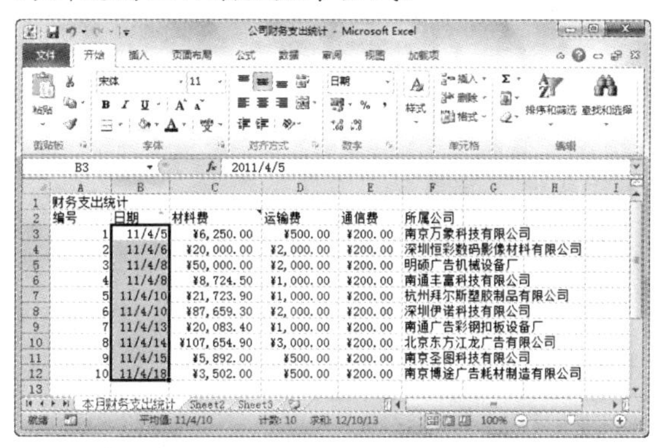

经验谈

设置货币型数据的小数位数时，在【数字】选项区域中，单击【增加小数位数】按钮或【减少小数位数】按钮，快速增加或减少其位数。

6.2.2 设置字体格式

为了使工作表中的某些数据醒目和突出，也为了使整个版面更为丰富，通常需要对不同的单元格设置不同的字体。

在【开始】选项卡的【字体】选项组中，使用相应的工具按钮可以完成简单的字体设置工作。若对字体格式设置有更高要求，可以打开【设置单元格格式】对话框的【字体】选项卡，在该选项卡中按照需要进行字体、字形、字号等详细设置。

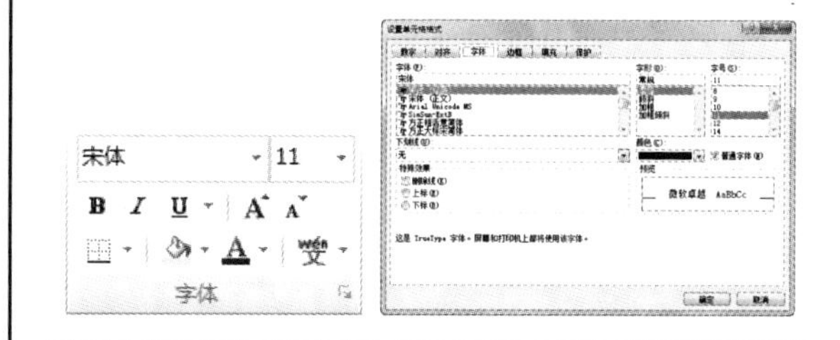

【例 6-6】在【本月财务支出统计】工作表中设置单元格中字体格式。

视频 + 素材 (实例源文件\第 06 章\例 6-6)

01 启动 Excel 2010 应用程序，打开【公司财务支出统计】工作簿的【本月财务支出统计】工作表。

02 选定 A1 单元格，在【字体】选项组的【字体】下拉列表框中选择【隶书】选项，在【字号】下拉列表框中选择 20 选项，在【字体颜色】面板中选择【红色】色块，并且单击【加粗】按钮。

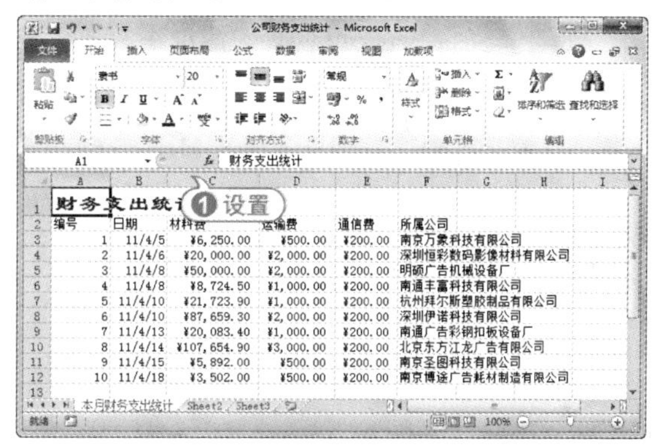

03 选定 A2:F2 单元格，在【字体】选项组单击对话框启动器按钮，打开【设置单元格格式】对话框的【字体】选项卡。

04 在【字形】列表框中选择【倾斜】选项，在【字号】列表框中选择 12 选项，在【下划线】下拉列表框中选择【双下划线】选项，在【颜色】下拉列表中选择【深蓝】颜色，单击【确定】按钮，完成单元格格式的设置。

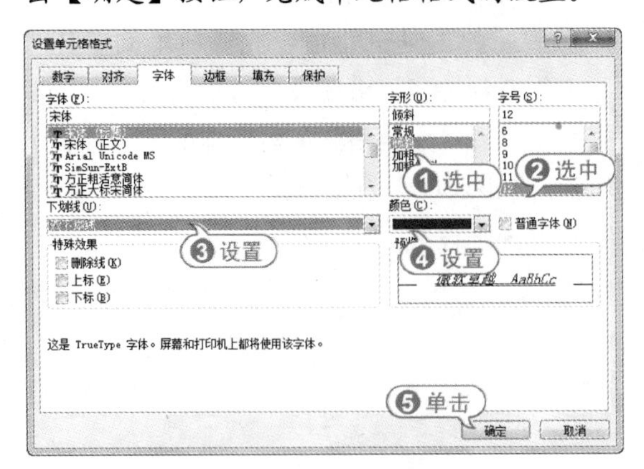

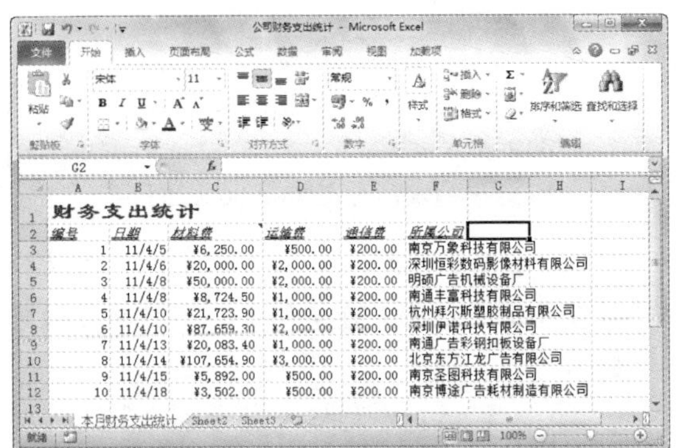

6.2.3 设置对齐方式

对齐是指单元格中的内容在显示时相对单元格上下左右的位置。默认情况下，单元格中的文本靠左对齐，数字靠右对齐，逻辑值和错误值居中对齐。此外，Excel 还允许用户为单元格中的内容设置其他对齐方式，如合并后居中、旋转单元格中的内容等。

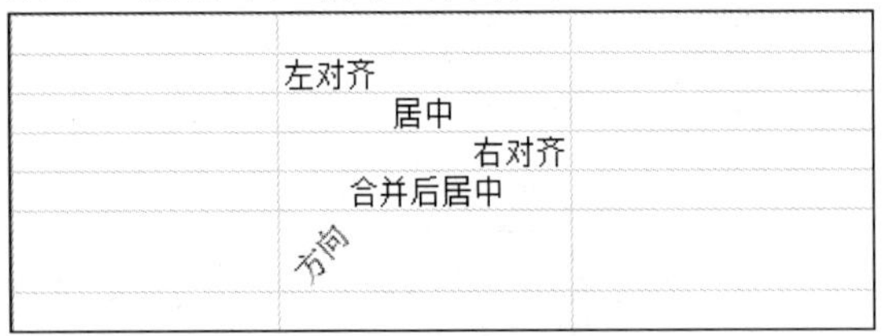

专家解读

除了常用水平对齐方式外，在 Excel 2010 中还能设置垂直对齐方式。

【例 6-7】在【本月财务支出统计】工作表中设置标题合并后居中，并且设置列标题自动换行和垂直居中显示。

视频 + 素材 (实例源文件\第 06 章\例 6-7)

01 启动 Excel 2010 应用程序，打开【公司财务支出统计】工作簿的【本月财务支出统计】工作表。

02 选择要合并的单元格区域 A1:F1，在【对齐方式】选项组中单击【合并后居中】按钮，即可居中对齐标题并合并。

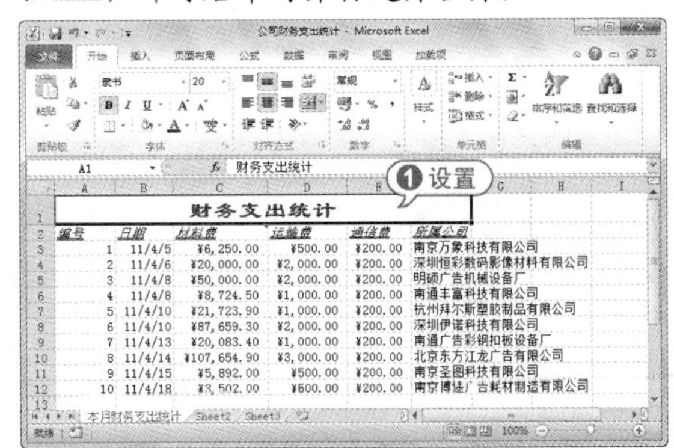

03 选择列标题单元格区 A2:F2，然后在【对齐方式】选项组中单击【垂直居中】按钮和【居中】按钮，将列标题单元格中的内容水平并垂直居中显示。

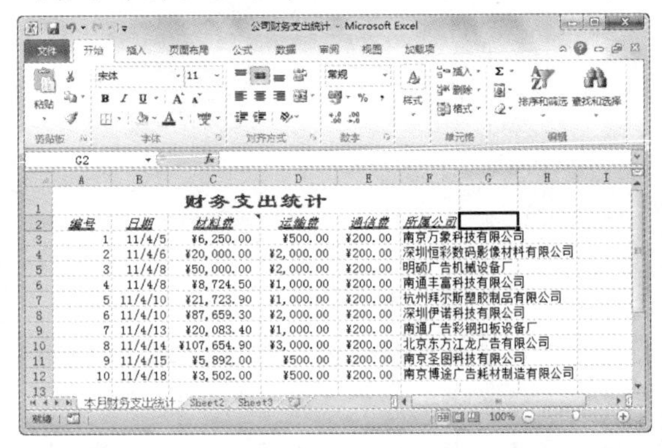

04 在快速访问工具栏中单击【保存】按钮，保存所作的设置。

对于简单的对齐操作，可以直接单击【对齐方式】选项组中的按钮来完成。如果要设置较复杂的对齐操作，可以使用【设置单元格格式】对话框的【对齐】选项卡来完成。在【方向】选项区域中，还可以精确设置单元格中数据的旋转方向。

6.2.4 设置边框和底纹

默认情况下，Excel 并不为单元格设置边框，工作表中的框线在打印时并不显示出来。但在一般情况下，用户在打印工作表或突出显示某些单元格时，都需要添加一些边框以使工作表更美观和容易阅读。设置底纹和设置边框一样，都是为了对工作表进行形象设计。使用底纹为特定的单元格加上色彩和图案，不仅可以突出显示工作表的重点内容，还可以美化工作表的外观。

在【设置单元格格式】对话框的【边框】与【填充】选项卡中，可以分别设置工作表的边框与底纹。

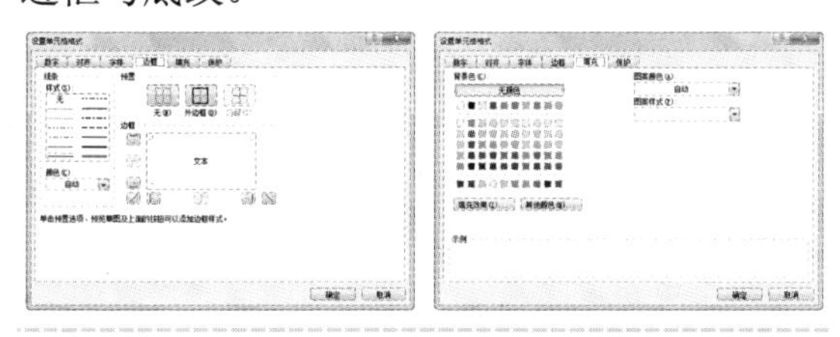

【例 6-8】在【本月财务支出统计】工作表中设置边框和底纹。

视频 + 素材 (实例源文件\第 06 章\例 6-8)

01 启动 Excel 2010 应用程序，打开【公司财务支出统计】工作簿的【本月财务支出统计】工作表。

02 选定除标题单元格外的所有单元格 A2:F12，设置边框范围。

03 打开【开始】选项卡，在【字体】选项组中单击【边框】下拉按钮，从弹出的菜单中选择【其他边框】命令，打开【设置单元格格式】对话框的【边框】选项卡。

04 在【线条】选项区域的【样式】列表框中选择右列第 6 行的样式，在【预置】选项区域中单击【外边框】按钮，为选定的单元格区域设置外边框。

05 在【线条】选项区域的【样式】列表框中选择左列第 4 行的样式，在【颜色】下拉列表框中选择【深蓝，文字 2，深色 25%】选项，在【预置】选项区域中单击【内部】按钮，单击【确定】按钮，完成设置。

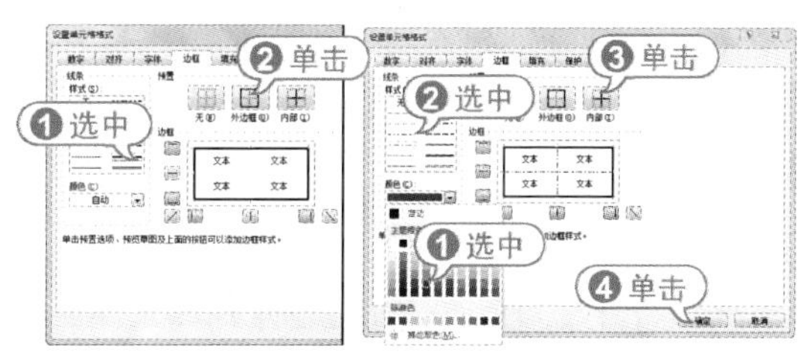

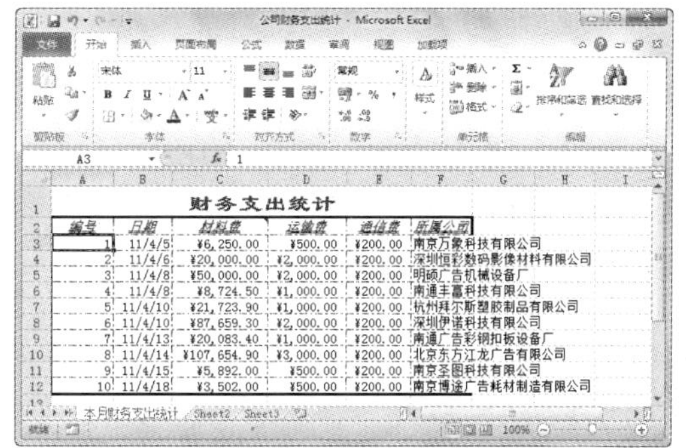

06 选择列标题单元格区域 A2:F12，打开【设置单元格格式】对话框的【填充】选项卡，在【背景色】选项区域中选择一种颜色，单击【确定】按钮，为列标题区域应用底纹。

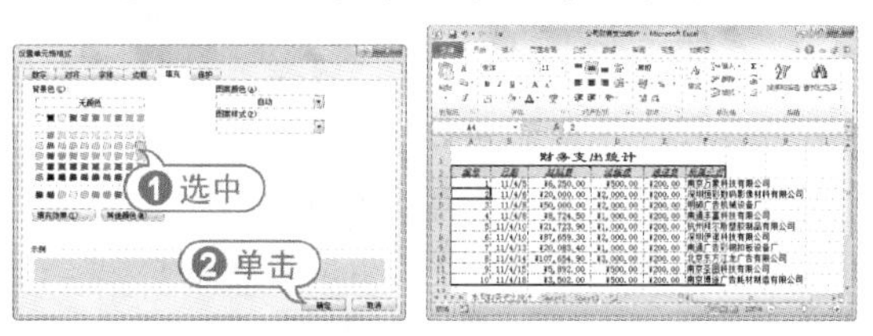

07 选择标题单元格 A1，打开【填充】选

项卡，在【图案样式】下拉列表中选择【细 对角线 剖面图】样式，在【图案颜色】下拉列表中选择【深蓝】颜色，单击【确定】按钮，为标题设置底纹样式。

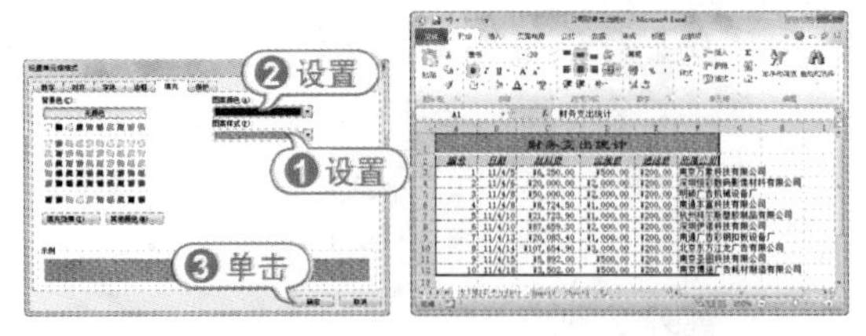

08 在快速访问工具栏中单击【保存】按钮，保存所作的设置。

6.2.5 套用单元格格式

样式就是字体、字号和缩进等格式设置特性的组合，将这一组合作为集合加以命名和存储。应用样式时，将同时应用该样式中所有的格式设置指令。

在 Excel 2010 中自带了多种单元格样式，可以对单元格方便地套用这些样式。同样，用户也可以自定义所需的单元格样式。

1. 套用内置单元格样式

如果要使用 Excel 2010 的内置单元格样式，可以先选中需要设置样式的单元格或单元格区域，然后再对其应用内置的样式。

【例 6-9】在【本月财务支出统计】工作表中，为指定的单元格应用内置样式。

视频 + 素材 (实例源文件\第 06 章\例 6-9)

01 启动 Excel 2010 应用程序，打开【公司财务支出统计】工作簿的【本月财务支出统计】工作表。

02 选定单元格 F3:F12，在【开始】选项卡的【样式】选项组中单击【单元格样式】按钮，在弹出的【主题单元格样式】菜单中选择【60%-强调文字颜色 1】选项。

03 此时选定的所属公司单元格区域会自动套用【60%-强调文字颜色 1】样式。

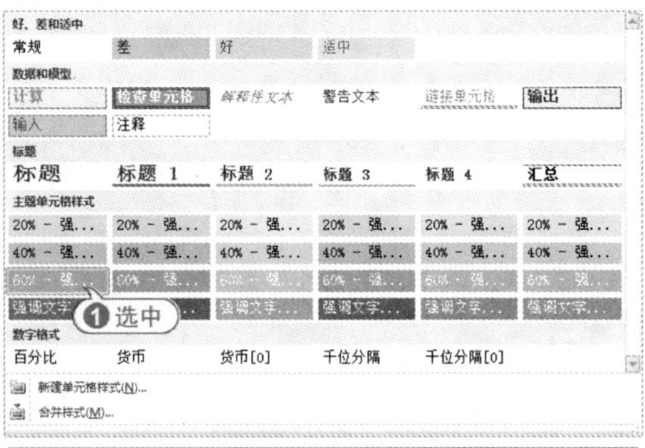

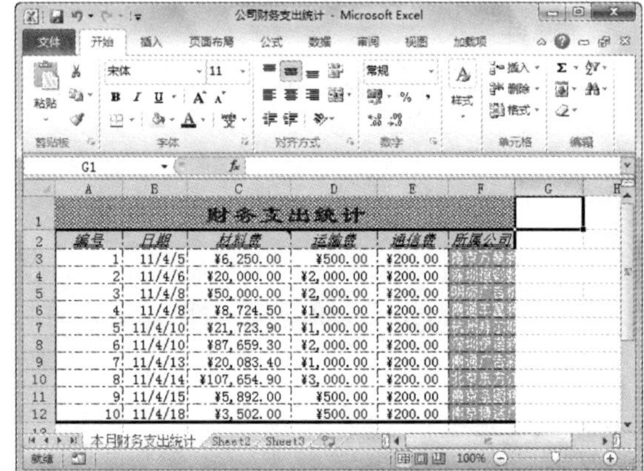

04 在快速访问工具栏中单击【保存】按钮，保存套用的内置单元格样式。

2. 自定义单元格样式

除了套用内置的单元格样式外，用户还可以创建自定义的单元格样式，并将其应用到指定的单元格或单元格区域中。

【例 6-10】自定义【我的样式】单元格样式，并应用到【本月财务支出统计】工作表标题单元格中。

视频 + 素材 (实例源文件\第 06 章\例 6-10)

01 启动 Excel 2010 应用程序，打开【公司财务支出统计】工作簿的【本月财务支出统计】工作表。

02 在【开始】选项卡的【样式】选项组中单击【单元格样式】按钮，从弹出菜单中选择【新建单元格样式】命令，打开【样式】对话框。

03 在【样式名】文本框中输入文字“我的样式”，单击【格式】按钮，打开【设置单元格格式】对话框。

04 打开【字体】选项卡，在【颜色】下拉列表中选择【白色，背景1】色块。

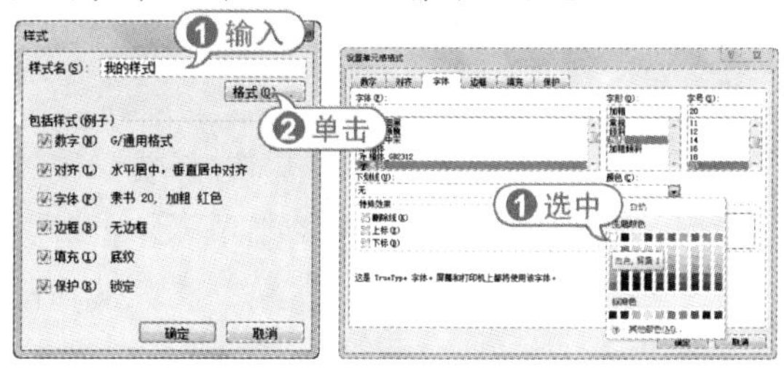

05 打开【填充】选项卡，在【背景色】选项区域中选择一种浅蓝色色块，单击【确定】按钮。

06 返回【样式】对话框，单击【确定】按钮，此时在单元格样式菜单中将出现【我的样式】选项。

07 选定合并后的单元格 A1，在单元格样式菜单中选择【我的样式】选项，应用样式。

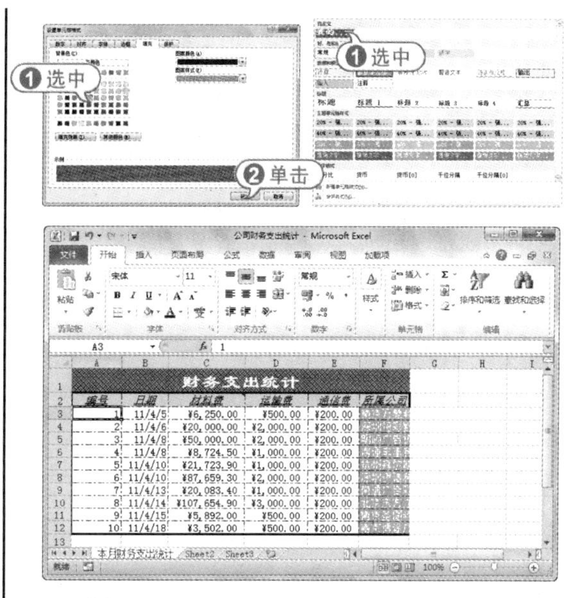

08 在快速访问工具栏中单击【保存】按钮，保存套用的自定义单元格样式。

6.3 设置行与列

在编辑工作表的过程中，用户经常需要调整行高和列宽、还需要进行隐藏或显示行与列操作。本节将介绍调整行高和列宽、隐藏或显示行与列的方法。

6.3.1 调整行高和列宽

在向单元格输入文字或数据时，经常会出现这样的现象：有的单元格中的文字只显示了一半；有的单元格中显示的是一串“#”符号，而在编辑栏中却能看见对应单元格的数据。出现这些现象的原因在于单元格的宽度或高度不够，不能将其中的文字正确显示。因此，需要对工作表中的单元格高度和宽度进行适当的调整。

【例 6-11】在【本月财务支出统计】工作表中调整列宽与行高。

视频 + 素材 (实例源文件\第 06 章\例 6-11)

01 启动 Excel 2010 应用程序，打开【公司财务支出统计】工作簿的【本月财务支出统计】工作表。

02 选择工作表的 F 列，在【开始】选项卡的【单元格】选项组中，单击【格式】下拉按钮，在弹出的菜单中选择【列宽】命令，打开【列宽】对话框。

03 在【列宽】文本框中输入列宽大小 28，单击【确定】按钮，完成列宽的设置。

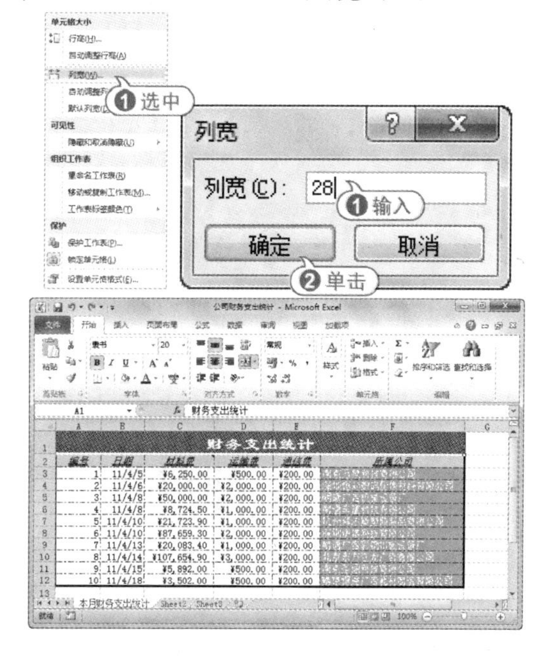

04 在工作表中选择列标题所在行，然后在【单元格】选项组中单击【格式】下拉按钮，在弹出的菜单中选择【行高】命令，打开【行高】对话框。

05 在【行高】文本框中加大数值，如输入 18，单击【确定】按钮，完成行高的设置。

06 在快速访问工具栏中单击【保存】按钮，保存调整行高和列宽后的【月财务支出统计】工作表。

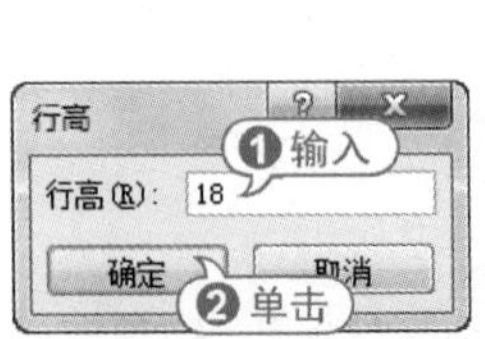

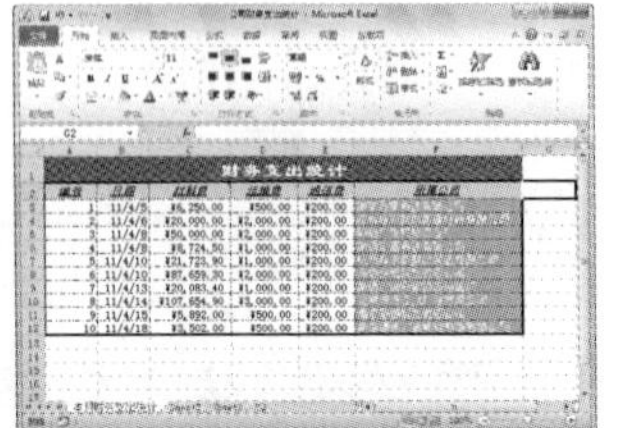

经验谈

选择要调整行高或列宽的行或列，在【单元格】选项组中单击【格式】下拉按钮，在【格式】菜单中选择【自动调整行高】或【自动调整列宽】命令，自动调整行高或列宽。

6.3.2 隐藏或显示行与列

为了保护工作表中的某些数据，用户可以隐藏行或列。

隐藏行或列的方法很简单，选择要隐藏的行或列，在【开始】选项卡的【单元格】选项组中，单击【格式】下拉按钮，从弹出的菜单中选择【隐藏和取消隐藏】|【隐藏行】或【隐藏列】命令。

隐藏行或列时，行号或列号将同时也被隐藏起来。

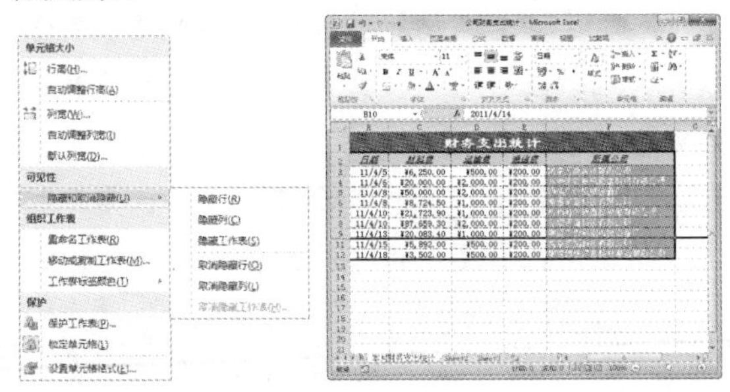

如果要显示隐藏的行与列，可以在弹出的【格式】菜单中选择【隐藏和取消隐藏】|【取消隐藏行】或【取消隐藏列】命令。

6.4 使用条件格式

条件格式功能可以根据指定的公式或数值来确定搜索条件，然后将格式应用到符合搜索条件的选定单元格中，并突出显示要检查的动态数据。例如，希望使单元格中的负数用红色显示，超过 1000 以上的数字字体增大等。

【例 6-12】在【本月财务支出统计】工作表中，设置以绿填充色、深绿色文本突出显示材料费用大于 50000 的单元格。

视频 + 素材 (实例源文件\第 06 章\例 6-12)

01 启动 Excel 2010 应用程序，打开【公司财务支出统计】工作簿的【本月财务支出统计】工作表。

02 选择材料费用所在的 C3:C12 单元格。然后在【开始】选项卡的【样式】选项组中单击【条件格式】按钮，在弹出的菜单中选择【突出显示单元格规则】|【大于】命令，打开【大于】对话框。

03 在【为大于以下值的单元格设置格式】文本框中输入“¥50000.00”，在【设置为】下拉列表框中选择【绿填充色深绿色文本】选项，单击【确定】按钮。

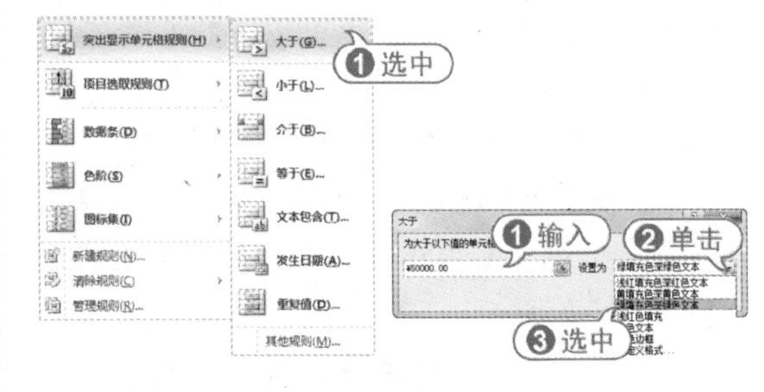

04 此时满足条件格式，则会自动套用绿

填充色、深绿色文本的单元格格式。

经验谈

使用【突出显示单元格规则】菜单下的子命令可以对包含文本、数字或日期/时间值的单元格设置格式，也可以对唯一值或重复值设置格式。

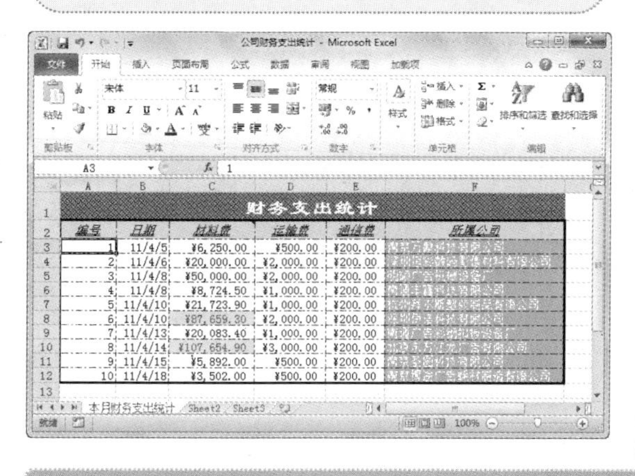

专家解读

另外，在 Excel 2010 中，使用条件格式功能时，利用【项目选取规则】菜单下的子命令，可以对排名靠前或靠后的数值以及高于或低于平均值的数值设置格式；利用【数据条】，可以帮助用户查看某个单元格相对于其他单元格的值；利用【色阶】，可以以双色或三种颜色的深浅程度来比较某个区域的单元格，颜色的深浅表示值的高、中、低；使用【图标集】可以对数据进行注释，并可以按阈值将数据分为 3~5 个类别。每个图标代表一个值的范围。其中，数据条、色阶和图标集只可为输入了数字的单元格设置条件格式，当单元格中出现文本或其他格式的数据时则不能被设置成功。

6.5 快速设置表格样式

Excel 2010 提供了 60 种表格样式，用户可以自动套用这些预设的表格样式快速美化工作表，以提高工作概率。

在 Excel 2010 中，除了可以套用单元格样式外，还可以整个套用工作表样式，节省格式化工作表的时间。

打开【开始】选项卡，在【样式】选项组中，单击【套用表格格式】按钮，弹出工作表样式菜单中选择要套用的工作表样式，将打开【套用表格式】对话框。单击文本框右边的按钮，选择套用工作表样式的范围，单击【确定】按钮，即可自动套用工作表样式。

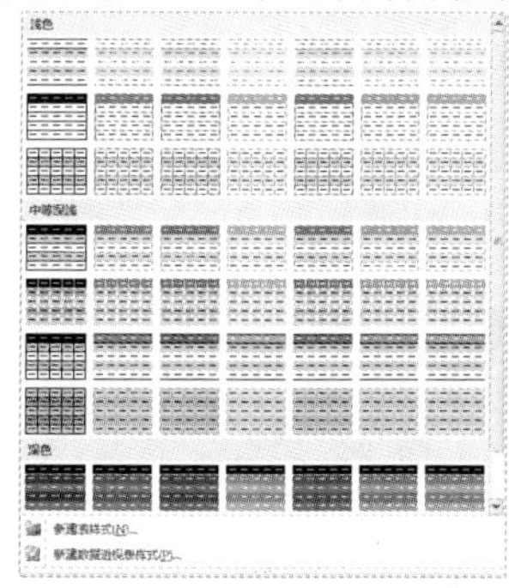

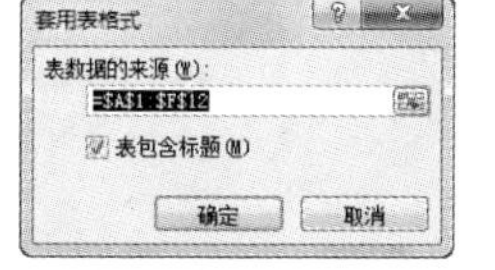

【例 6-13】在【本月财务支出统计】工作表中，套用【表样式中等深浅 23】表格样式。

视频 + 素材 (实例源文件\第 06 章\例 6-13)

01 启动 Excel 2010 应用程序，打开【公司财务支出统计】工作簿的【本月财务支出统计】工作表。

02 在【开始】选项卡的【样式】选项组中，单击【套用表格格式】按钮，在表格样式菜单中选择【表样式中等深浅 23】选项。

03 打开【套用表格式】对话框，单击按钮，返回到表格中选择单元格区域 A2:F12。

04 在【套用表格式】对话框中，单击按钮，展开选项，单击【确定】按钮，即可自动套用【表样式中等深浅 23】工作表样式。

05 在快速访问工具栏中单击【保存】按钮，保存套用的表格样式。

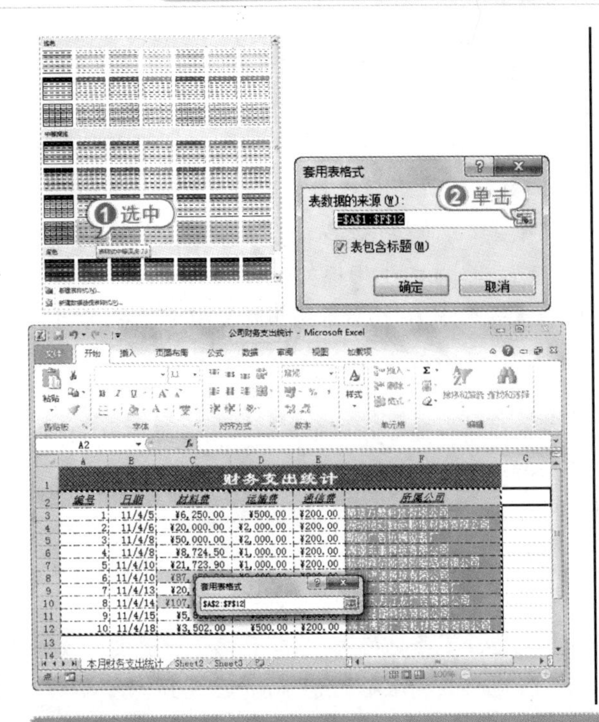

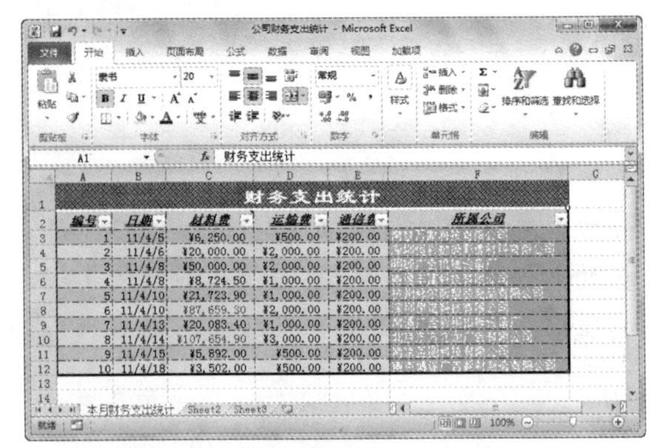

专家解读

在表格样式菜单中选择【新建表样式】命令，打开【新建表快速样式】对话框，在其中可以自定义设置表格样式。完成设置后，选择该表格样式，即可快速地将其套用到当前表格中。

6.6 设置工作表背景

在 Excel 2010 中，除了可以为选定的单元格区域设置底纹样式或填充颜色之外，还可以为整个工作表添加背景图片，如剪贴画或者其他图片，以达到美化工作表的目的，使工作表看起来不再单调。

Excel 2010 支持多种格式的图片作为背景图案，比较常用的有 JPEG、GIF、BMP、PNG 等格式。工作表的背景图案一般为颜色比较淡的图片，避免遮挡工作表中的文字。

要设置工作表背景，可以打开【页眉布局】选项卡，在【页眉设置】选项组中单击【背景】按钮，打开【工作表背景】对话框，在其中选择图片，单击【插入】按钮即可。

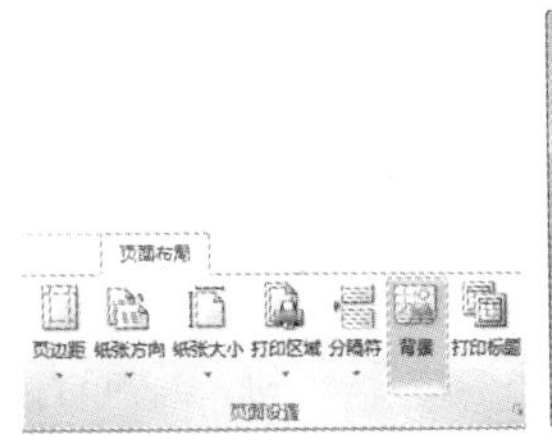

【例 6-14】为【例 6-12】创建的【本月财务支出统计】工作表设置背景图案。

视频 + 素材 (实例源文件\第 06 章\例 6-14)

01 启动 Excel 2010，打开【例 6-12】创建的【公司财务支出统计】工作簿，切换到【本月财务支出统计】工作表中。

02 打开【页眉布局】选项卡，在【页眉设置】选项组中单击【背景】按钮，打开【工作表背景】对话框，选择自定义的一张背景图片。

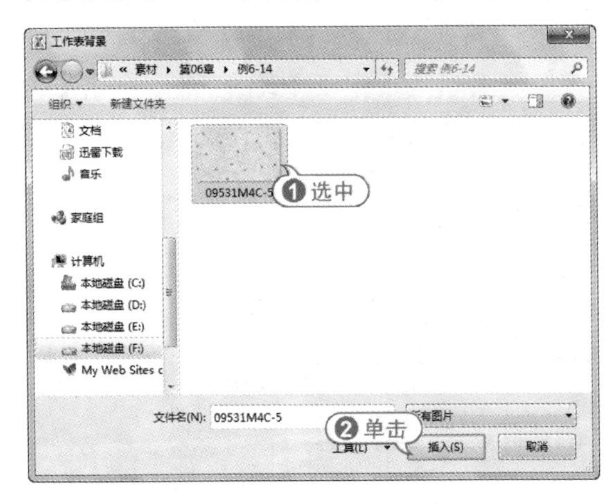

03 单击【插入】按钮，此时将显示工作

表的背景图案。

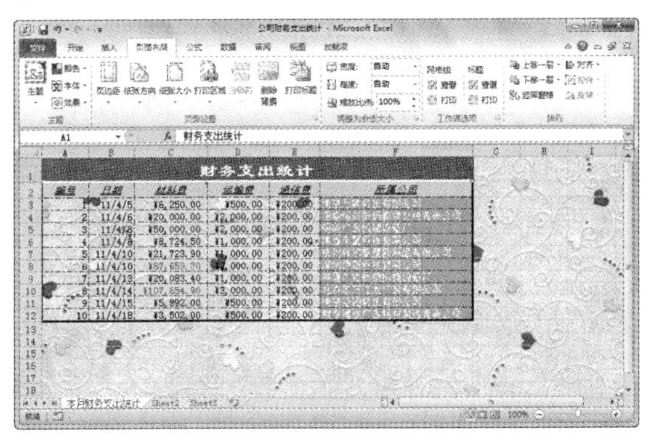

04 在快速访问工具栏中单击【保存】按钮，保存【本月财务支出统计】工作表。

经验谈

用于工作表背景的图片，颜色不能太深，否则会影响工作表的数据显示效果。设置了工作表的背景图案后，在【页眉布局】选项卡的【页面设置】选项组中单击【删除背景】按钮，即可删除工作表的背景图片。

6.7 使用页眉和页脚

页眉是自动出现在第一个打印页顶部的文本，而页脚是显示在每一个打印页底部的文本，本节将介绍如何在 Excel 2010 中创建页眉和页脚。

6.7.1 添加页眉和页脚

页眉和页脚可以在打印工作表时同时打印出来。通常可以将有关工作表的标题放在页眉中，将页码或日期放置在页脚中。如果要在工作表中添加页眉或页脚，需要在【插入】选项卡的【文本】选项组中进行设置。

【例 6-15】为【本月财务支出统计】工作表添加页眉和页脚。

视频 + 素材 (实例源文件\第 06 章\例 6-15)

01 启动 Excel 2010 应用程序，打开【公司财务支出统计】工作簿的【本月财务支出统计】工作表。

02 打开【插入】选项卡，在【文本】选项组中单击【页眉和页脚】按钮，打开【页眉和页脚工具】的【设计】选项卡。

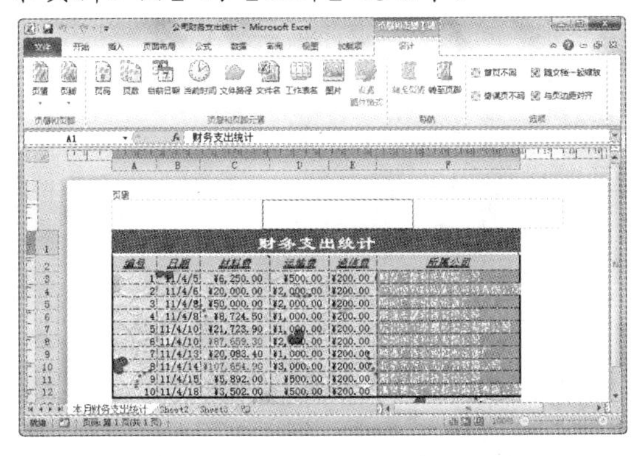

03 此时 Excel 2010 自动切换到页面布局显示方式，默认打开页眉编辑状态，在工作表中输入要添加的页眉信息“南京文华广告传媒有限公司财务部”，并设置文字字体为【方正舒体】，字号为 16，字体颜色为【深蓝】。

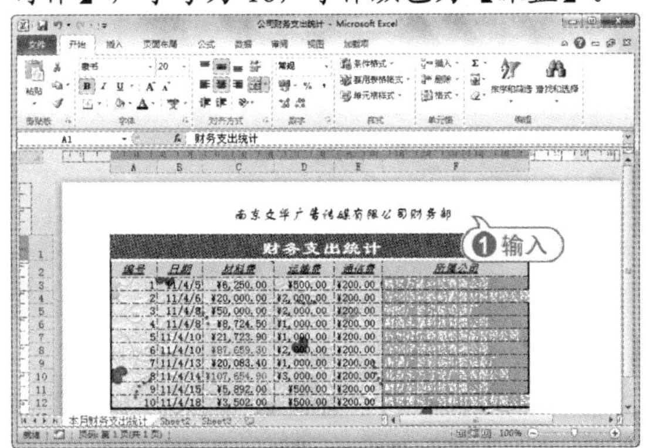

04 在【页眉和页脚工具】的【设计】选项卡的【导航】选项组中单击【转至页脚】按钮，切换至页脚编辑状态，输入页脚信息。

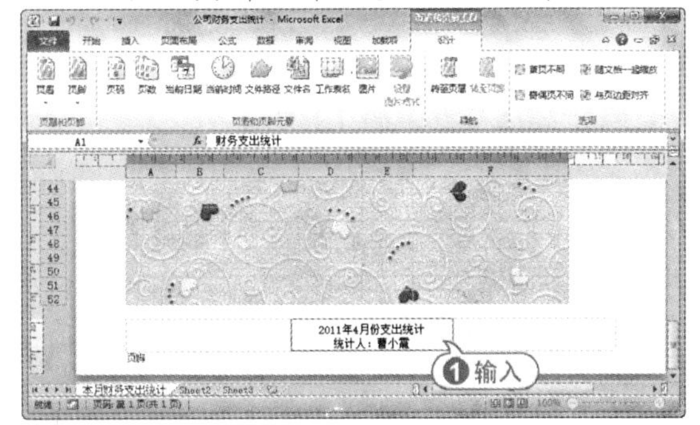

05 在快速访问工具栏中单击【保存】按钮，保存添加的页眉和页脚。

6.7.2 插入设计元素

在工作表的页眉或页脚中，还可以根据需要插入各种项目，包括页码、页数、当前时间、文件路径以及图片等。这些项目都可以通过【设计】选项卡的【页眉和页脚元素】选项组中的按钮来完成。

【例 6-16】在【本月财务支出统计】工作表的页眉中插入图片，在页脚中插入页码。

视频+素材 (实例源文件\第 06 章\例 6-16)

01 启动 Excel 2010 应用程序，打开【公司财务支出统计】工作簿的【本月财务支出统计】工作表。

02 打开【插入】选项卡，在【文本】选项组中单击【页眉和页脚】按钮，打开【页眉和页脚工具】的【设计】选项卡。

03 将插入点定位在页眉的左侧区域，在【设计】选项卡的【页眉和页脚元素】选项组中单击【图片】按钮，打开【插入图片】对话框。

04 选择要插入的图片，单击【插入】按钮将图片插入页眉中，此时显示“&[图片]”文本。

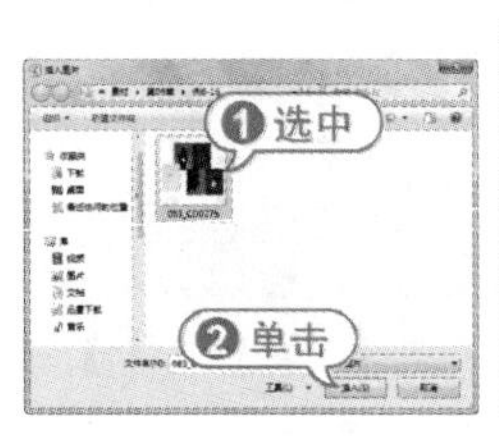

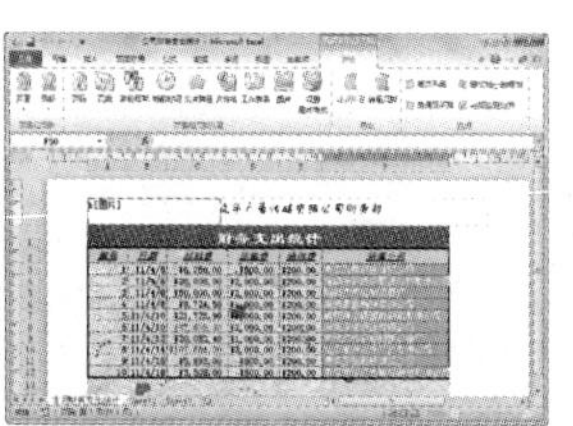

05 选中“&[t 图片]”文本，在【页眉和页脚元素】选项组中单击【设置图片格式】按钮，打开【设置图片格式】对话框。

06 在【高度】和【宽度】文本框中输入 1.5，单击【确定】按钮，完成图片大小设置。

07 在工作表中单击空白处，即可在页眉处显示所插入的图片。

08 在【设计】选项卡的【导航】选项组中单击【转至页脚】按钮，切换至页脚编辑状态。

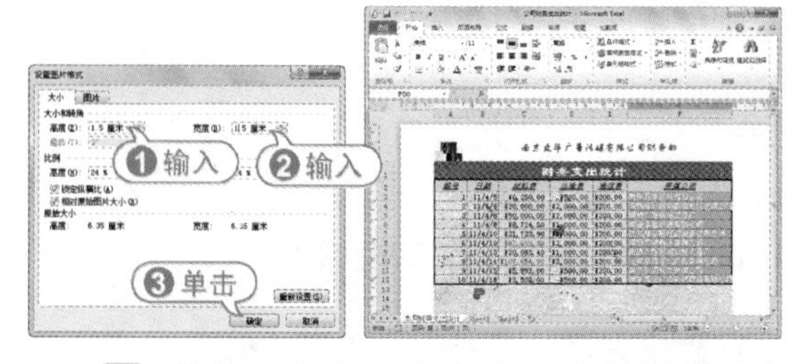

09 将插入点定位在页脚的右侧区域，在【页眉和页脚元素】选项组中单击【页码】按钮，此时在页脚右侧区域自动添加【&[页码]】文本。

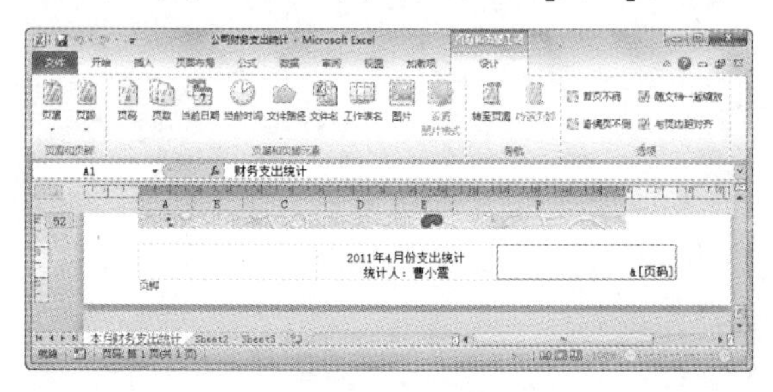

10 使用同样的方法，在页脚左侧插入文件名元素。

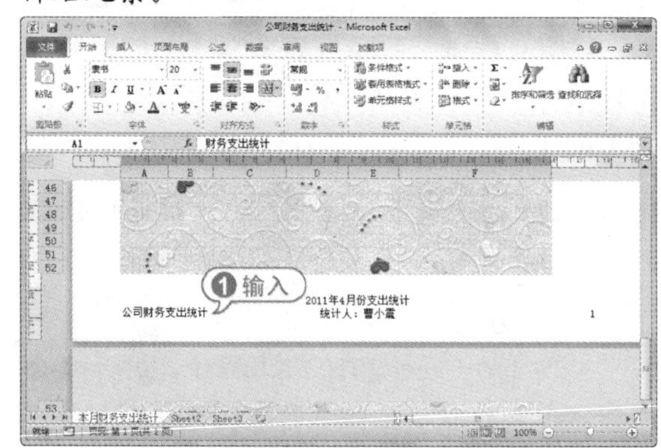

11 在快速访问工具栏中单击【保存】按钮，保存【本月财务支出统计】工作表。

经验谈

打开【页眉和页脚工具】的【设计】选项卡，在【页眉和页脚元素】选项组中单击【当前日期】按钮，即可在页眉或页脚处插入当前日期；单击【当前时间】按钮，即可在页眉或页脚处插入当前时间；单击【页数】按钮，即可在页眉或页脚处添加工作表格的总页数；单击【工作表名】按钮，即可在页眉或页脚处插入工作表名称。

6.8 实战演练

本章的实战演练部分包括格式化考勤表和格式化旅游路线报价表两个综合实例操作，用户通过练习从而巩固本章所学知识。

6.8.1 格式化考勤表

【例 6-17】创建【考勤表】工作簿，在其中输入数据，并设置单元格格式和工作表背景。

视频 + 素材 (实例源文件\第 06 章\例 6-17)

01 启动 Excel 2010，新建一个名称为【考勤表】的工作簿，并将自动打开的 Sheet1 工作表命名为【2011 年 4 月】。

02 选定 A1 单元格，然后输入文本标题“南京文华传媒考勤记录”，按 Enter 键，完成输入。

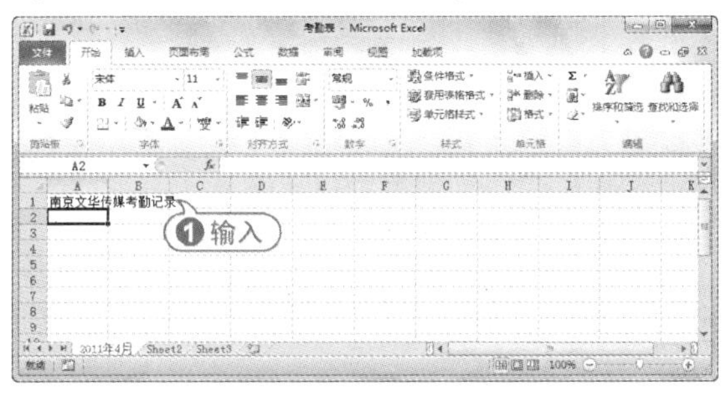

03 使用同样的方法，输入其他数据。

04 选定 E2 单元格，打开【审阅】选项卡，在【批注】选项组中单击【新建批注】按钮，即可打开批注文本框，输入批注内容。

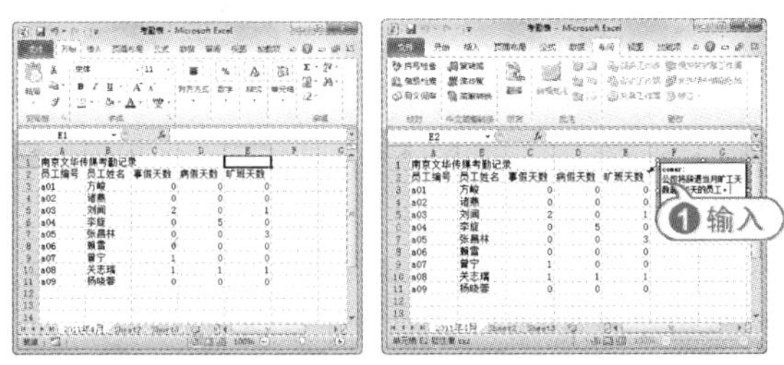

05 选定 A1:E1 单元格区域，然后在【开始】选项卡的【对齐方式】选项组中单击【合并后居中】按钮，即可居中对齐标题并合并。

06 选定 A2:E11 单元格区域，在【对齐方式】选项组中单击【居中】按钮，设置单元格文本居中对齐。

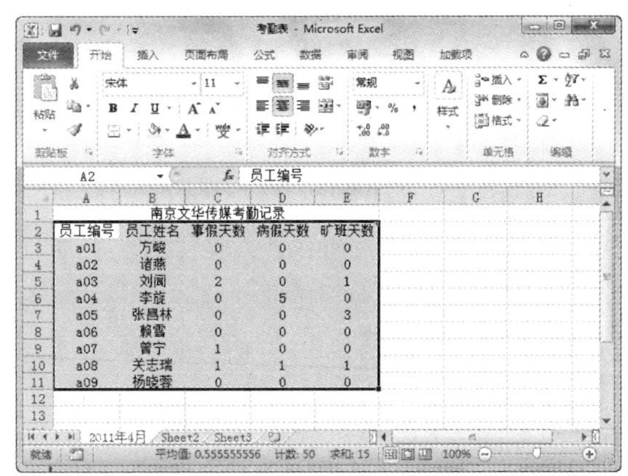

07 选定标题单元格，在【开始】选项卡的【字体】选项组中，设置字体为【幼圆】，字号为 18，字体颜色为标准【橙色】，并设置其为【加粗】模式。

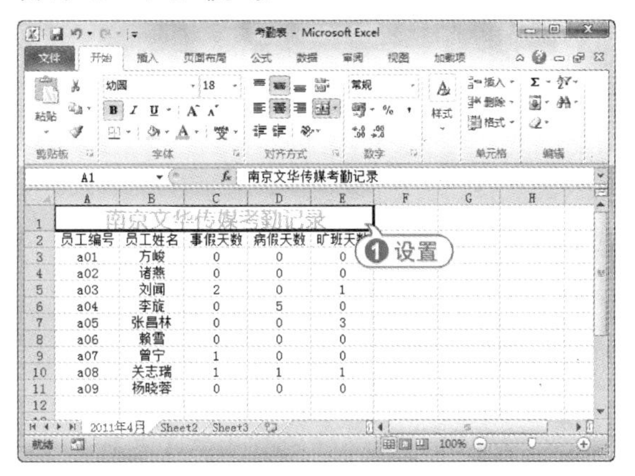

08 选定 A2:E2 单元格，在【开始】选项卡的【样式】选项组中单击【单元格样式】按钮，在弹出的菜单中选择【强调文字颜色 6】单元格样式选项。

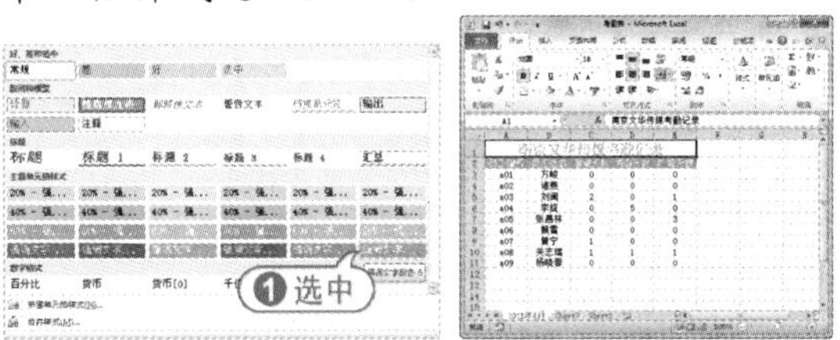

09 选定工作表中使用到的单元格，然后在【开始】选项卡的【数字】选项组中单击对话框启动器按钮，打开【设置单元格格式】

对话框。

10 打开【边框】选项卡，在【线条】选项区域的【样式】列表框中选择右列第 6 行的样式，在【颜色】下拉列表框中选择【橙色，强调文字颜色 6，深色 50%】选项，在【预置】选项区域中单击【外边框】按钮，为选定的单元格区域设置外边框。

11 在【线条】选项区域的【样式】列表框中选择左列第 4 行的样式，在【颜色】下拉列表框中选择【橙色，强调文字颜色 6，浅色 40%】选项，在【预置】选项区域中单击【内部】按钮，单击【确定】按钮，完成设置。

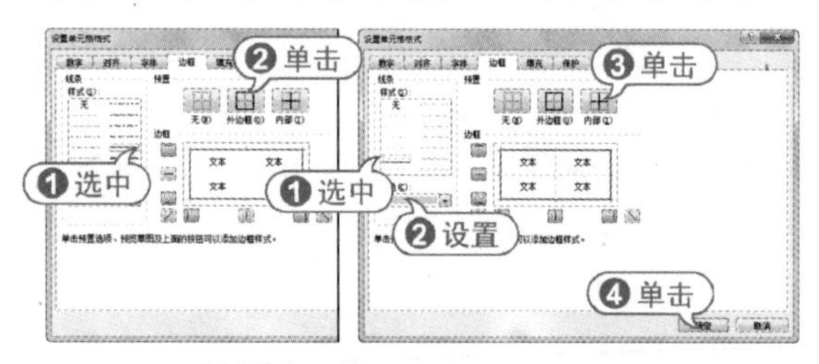

12 在【页眉布局】选项卡的【页眉设置】选项组中单击【背景】按钮，打开【工作表背景】对话框，选择自定义的一张背景图片。

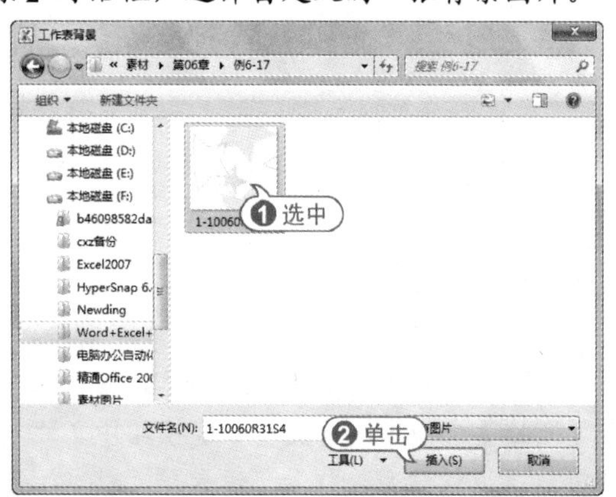

13 单击【插入】按钮，此时将显示工作表的背景图案。

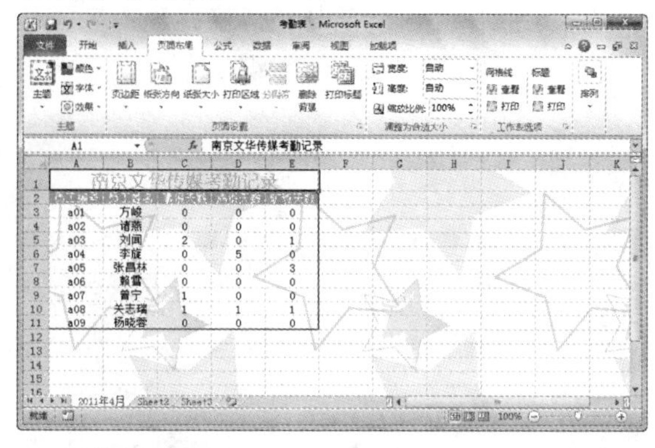

14 在快速访问工具栏中单击【保存】按钮，保存【考勤表】工作簿。

6.8.2 格式化旅游路线报价表

【例 6-18】创建【旅游路线报价表】工作簿，在其中输入数据，套用单元格格式和表格格式，并添加页眉和页脚。

视频 + 素材 (实例源文件\第 06 章\例 6-18)

01 启动 Excel 2010，新建一个名为【旅游路线报价表】的工作簿，并在其中输入数据。

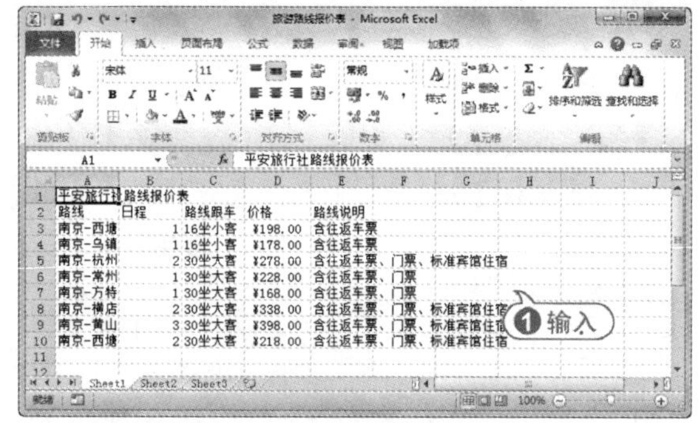

02 首先设置标题居中对齐，选定 A1:E1 单元格，然后在【开始】选项卡的【对齐方式】选项组中单击【合并后居中】按钮。

03 下面调整工作表的行高与列宽，以显示单元格中的所有内容。选定 A3:A10 单元格区域，在【开始】选项卡的【单元格】选项组中单击【格式】按钮，在打开的菜单中选择【自动调整列宽】命令，Excel 2010 会自动调整至合适列宽。

04 选定 E3:E10 单元格区域，然后在【开始】选项卡的【单元格】选项组中单击【格式】按钮，在弹出的菜单中选择【列宽】命令，打开【列宽】对话框。

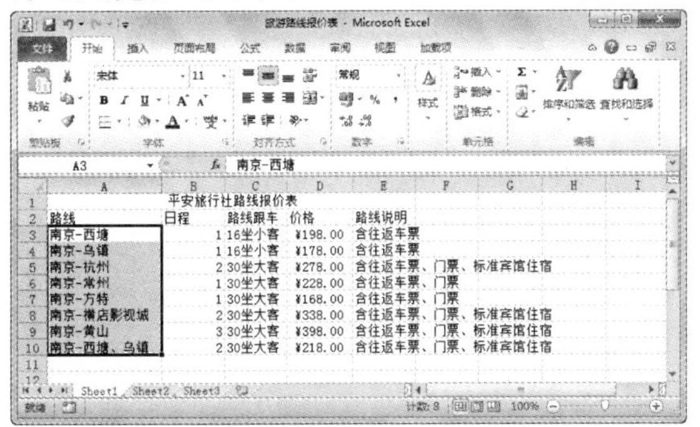

05 在【列宽】文本框中输入 20，然后单击【确定】按钮，精确调整列宽大小。

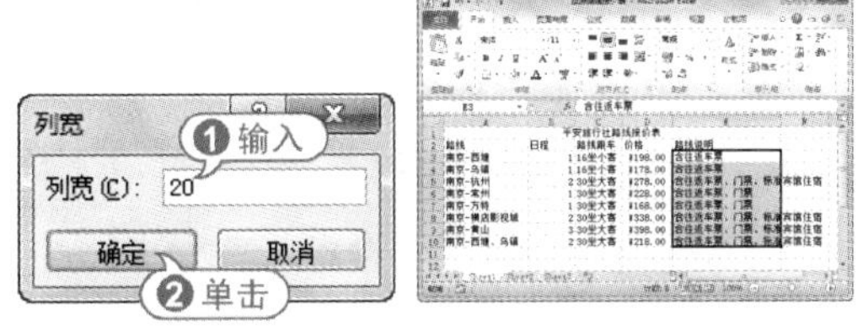

06 在【开始】选项卡的【对齐格式】选项组中单击【自动换行】按钮，设置单元格自动换行以显示 E3:E10 单元格区域的所有内容。

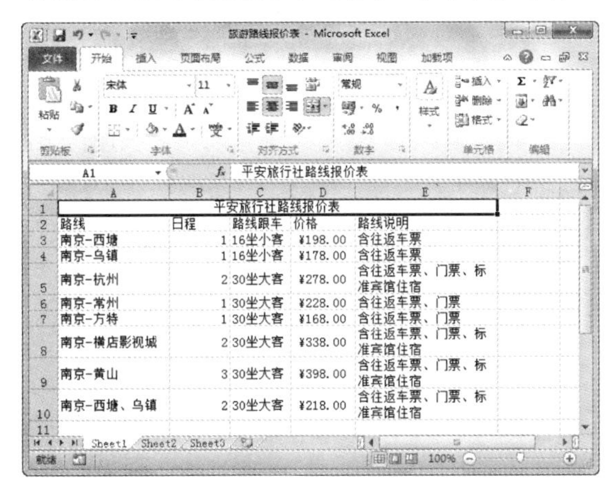

07 下面设置工作表中各单元格的对齐方式。首先选定列标题所在的 A2:E2 单元格，在【开始】选项卡的【对齐方式】选项组中单击【居中】按钮，设置列标题单元格居中对齐。

08 使用同样的方法，设置 A3:A10、C3:C10 单元格区域中的文本居中对齐。

09 下面设置单元格的字体。选定标题单元格，在【开始】选项卡的【字体】选项组中，设置字体为【华文琥珀】，字号为 18，【字体颜色】为标准紫色。

10 选定 A2:E2 单元格，在【开始】选项卡的【字体】选项组中，设置字型为【加粗】。

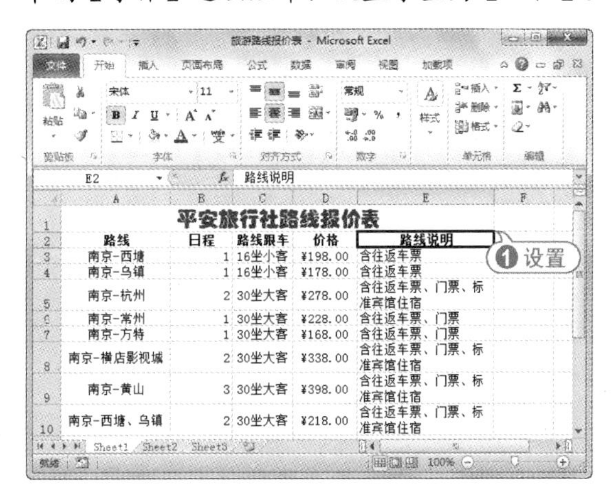

11 选取 A2:E10 单元格区域，在【开始】选项卡的【样式】选项组中，单击【套用表格格式】按钮，在表格样式菜单中选择【表样式中等深浅 5】选项，打开【套用表格式】对话框。

12 保持默认设置，单击【确定】按钮，即可套用该表格样式。

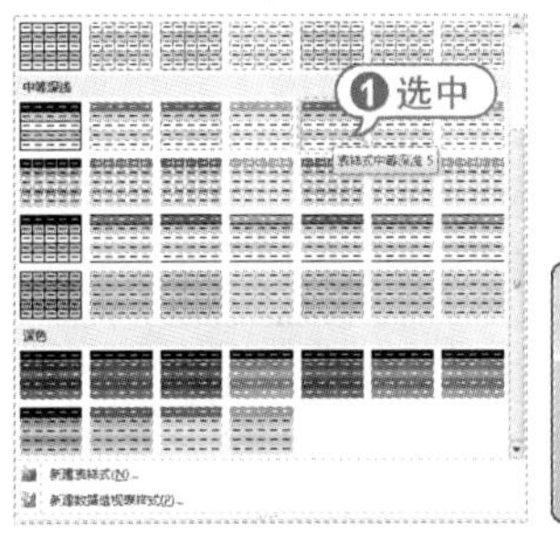

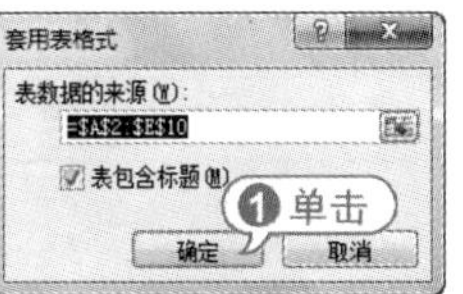

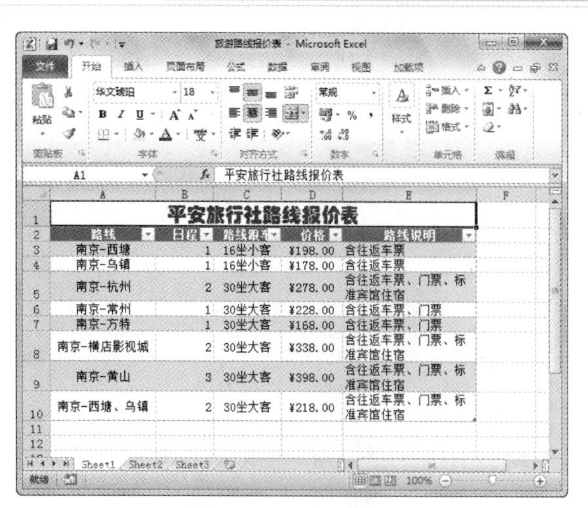

13 打开【插入】选项卡，在【文本】选项组中单击【页眉和页脚】按钮，进入页眉和页脚编辑状态，打开【页眉和页脚工具】的【设计】选项卡。

14 将插入点定位在页眉的左侧区域，在【设计】选项卡的【页眉和页脚元素】选项组中单击【图片】按钮，打开【插入图片】对话框。

15 选择要插入的图片，单击【插入】按钮，插入图片，此时显示“&[图片]”文本。

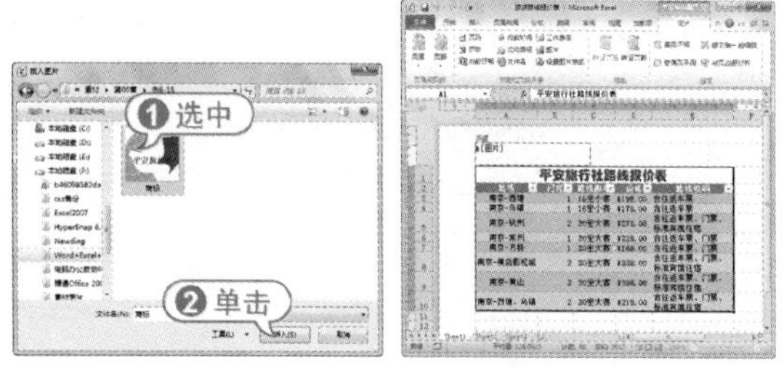

16 选择“&[t 图片]”文本，在【页眉和页脚元素】选项组中单击【设置图片格式】按钮，打开【设置图片格式】对话框。

17 打开【大小】选项卡，在【比例】选项区域的【高度】和【宽度】微调框中分别输入“50%”，并保持其他默认设置。

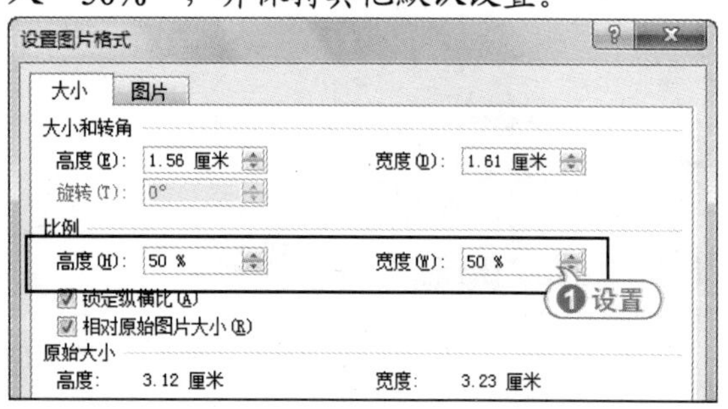

18 单击【确定】按钮，完成图片大小设置，在空白处单击，在页眉处显示插入的图片。

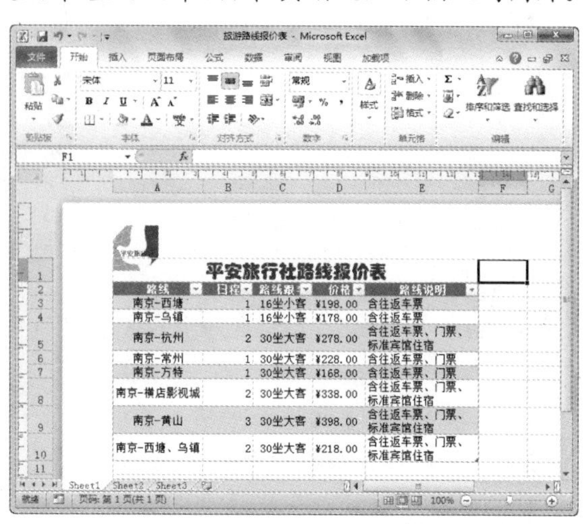

19 打开【页眉和页脚工具】的【设计】选项卡，在【导航】选项组中单击【转至页脚】按钮，切换至页脚编辑状态。

20 选中左侧页脚文本框，在【页眉和页脚元素】选项组中单击【当前日期】按钮，即可插入时间，并在文本框中显示“&[日期]”文本。

21 选中中间的页脚文本框，在【页眉和页脚元素】选项组中单击【页码】按钮，即可插入时间，并在文本框中显示“&[页码]”文本。

22 在工作表中单击空白处，即可在页脚处显示时间和页码。

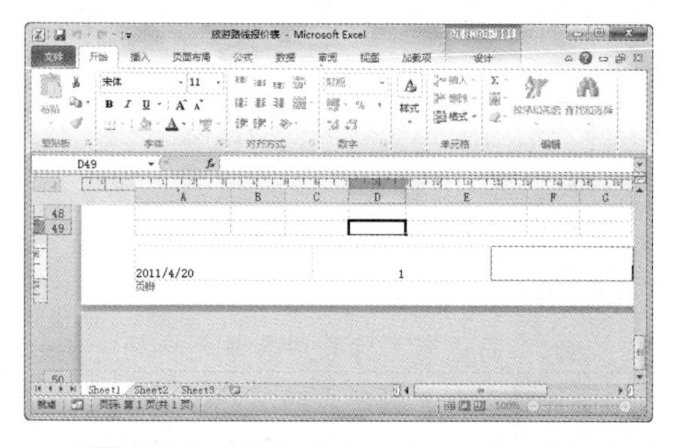

23 选中时间文本框，打开【开始】选项卡，在【字体】选项组中的【字体】下拉列表中选择 Arial 选项；单击【字体颜色】按钮，从弹出的【标准色】面板中选择【紫色】选项。

24 使用同样的方法，设置页码字体格式。

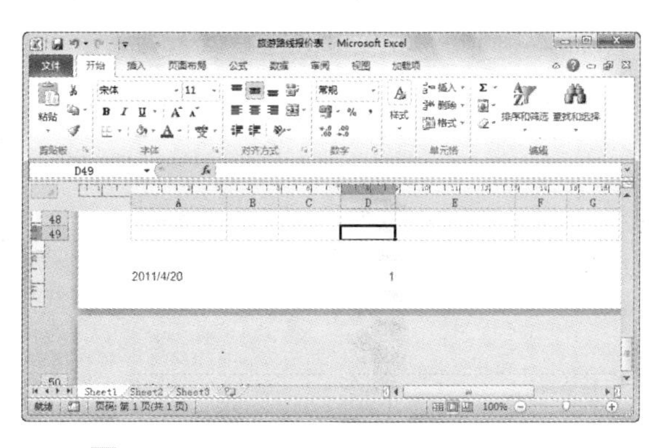

25 在状态栏中拖动滑块调节窗口的显示比例，将其缩小到50%，即可显示整个工作表页面的整体效果。

26 单击【文件】按钮，从弹出的菜单中选择【保存】命令，保存【旅游路线报价表】工作簿。

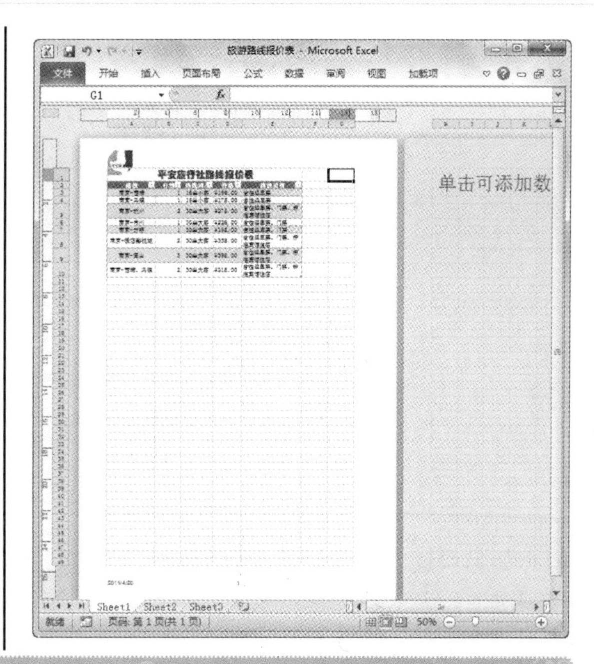

6.9 专家指点

一问一答

问：如何隐藏和显示工作簿？

答：工作簿的显示状态有两种，隐藏和非隐藏。在非隐藏状态下的工作簿，所有用户可以查看这些工作簿中的工作表。处于隐藏状态的工作簿，虽然其中的工作表无法在屏幕上显示出来，但工作簿仍处于打开状态。隐藏工作簿的操作非常简单，只需打开需要隐藏的工作簿，然后在【视图】选项卡的【窗口】选项组中单击【隐藏】按钮即可。在【视图】选项卡的【窗口】选项组中单击【取消隐藏】按钮，打开【取消隐藏】对话框，选择要显示的工作簿，单击【确定】按钮，即可显示工作簿中所有数据。

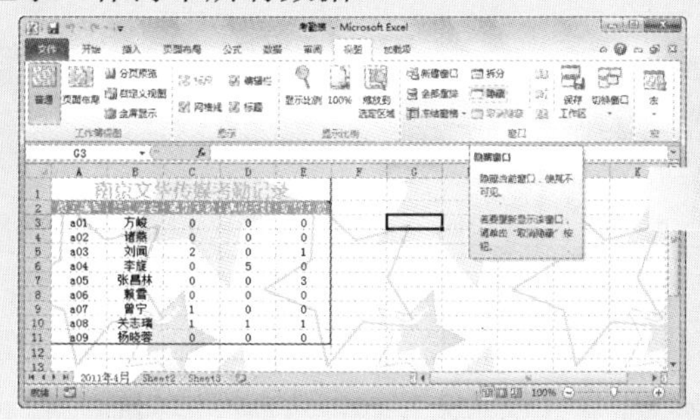

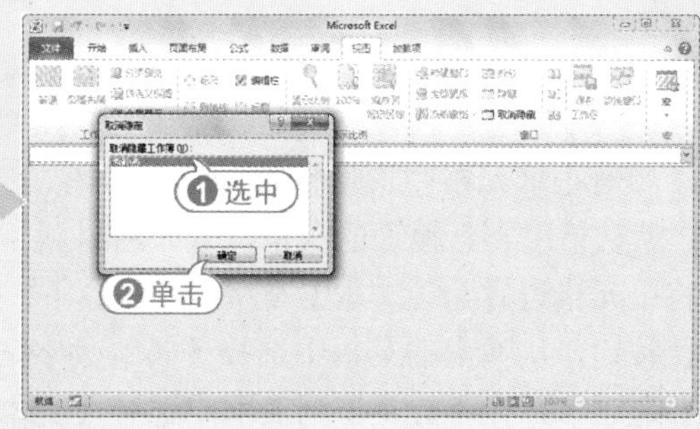

一问一答

问：如何在工作表的单元格中插入符号和特殊符号？

答：在Excel 2010中，在工作表中选定目标单元格，打开【插入】选项卡，在【符号】选项组中单击【符号】按钮，打开【符号】对话框的【符号】选项卡，选择要插入的符号，单击【插入】按钮，即可插入符号。切换至【特殊字符】选项卡，选择要插入的特殊字符，单击【插入】按钮，即可插入特殊字符。另外，选定目标单元格后，打开【加载项】选项卡，单击【特殊符号】按钮，打开【插入特殊符号】对话框，在其中选择一些特殊符号，如单位符号、数字序号等，然后单击【确定】按钮，即可插入所需的特殊符号。

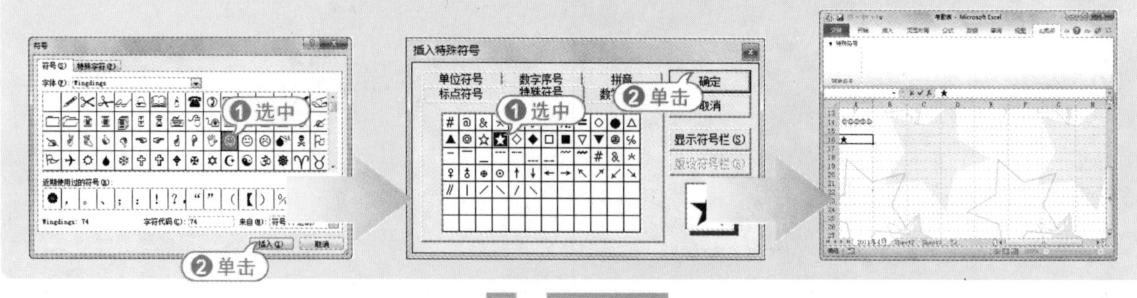

一问一答

问：如何快速为数据设置小数位数？

答：在工作表中选择数据单元格，在【开始】选项卡的【数字】选项组中单击【常规】下拉按钮，从弹出的菜单中选择【其他数字格式】命令，打开【设置单元格格式】对话框的【数字】选项卡，在【分类】列表框中选择【数值】选项，在右侧的【小数位数】微调框中输入 3，选中【使用千位分隔符】复选框，并在【负数】列表框中选择一种数值格式，单击【确定】按钮，完成设置。

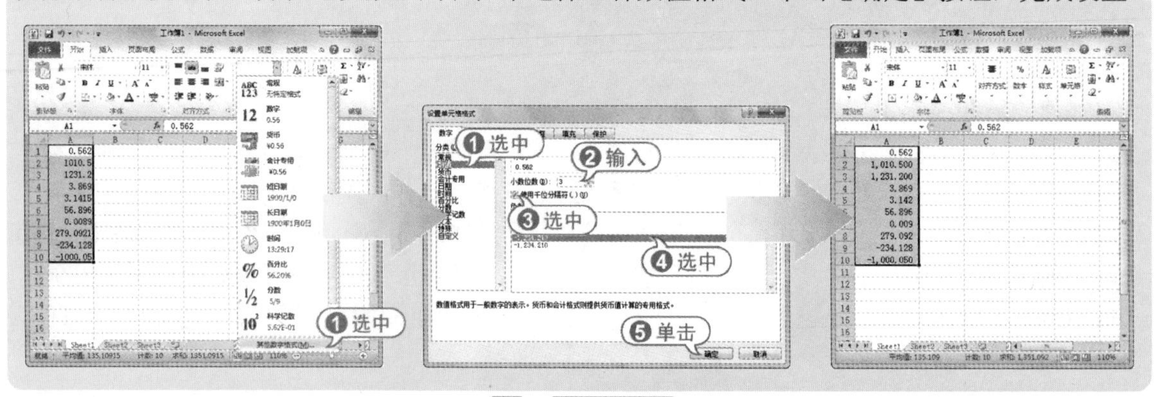

一问一答

问：如何在单元格中快速输入身份证号码？

答：默认情况下，输入的身份证号码将以科学计数法显示。因此，在输入身份证号码前，需要首先将单元格设置为【文本】类型，方法如下。在【开始】选项卡的【数字】选项组中单击【常规】下拉按钮，从弹出的菜单中选择【其他数字格式】命令，打开【设置单元格格式】对话框的【数字】选项卡，在【分类】列表框中选择【文本】选项，单击【确定】按钮即可。然后再输入身份证号码。另外，在输入身份证号码前，也可以先输入一个半角单引号“'”，然后继续输入证件号码。

第7章 使用对象、公式与函数

Excel 2010 具有强大的图形处理功能和数据计算功能。图形处理功能允许用户向工作表中添加图形、图片和艺术字等项目；数据计算功能是指使用公式和函数对工作表中的数据进行计算。公式是函数的基础，它是单元格中的一系列值、单元格引用、名称或运算符的组合，利用其可以生成新的值。函数则是 Excel 预定义的内置公式，可以进行数学、文本、逻辑的运算或者查找工作表的信息。

对应光盘视频

例 7-1 绘制形状
例 7-2 使用图片
例 7-3 插入和设置文本框
例 7-4 使用艺术字
例 7-5 使用 SmartArt 图形
例 7-6 输入公式
例 7-7 显示公式
例 7-8 复制公式
例 7-9 删除公式
例 7-10 相对引用单元格
例 7-11 插入函数
例 7-12 修改函数
例 7-13 使用求和函数
例 7-14 使用求平均值函数
例 7-15 使用条件函数
本章其他视频文件参见配套光盘

7.1 使用对象

Excel 2010 具有十分强大的绘图功能，除了可以在工作表中绘制图形外，还可以在工作表中插入剪贴画、图片、艺术字等，以使工作表更加生动、美观。

7.1.1 使用形状

在 Excel 2010 中，打开【插入】选项卡，在【插图】选项组中单击【形状】按钮，可以打开【形状】菜单。利用【形状】菜单，可以方便地绘制各种基本图形，如直线、圆形、矩形、正方形、星形等。

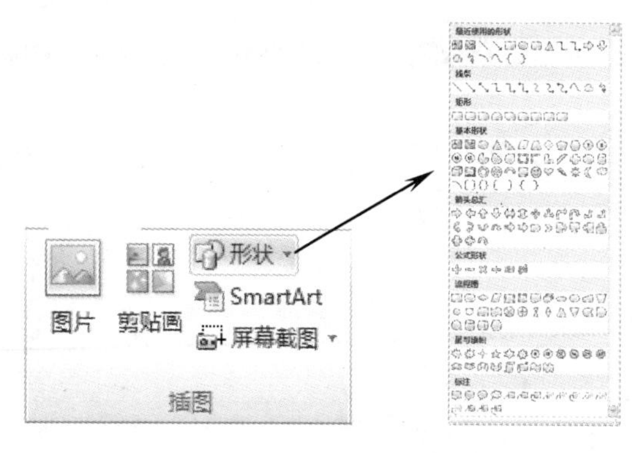

利用【形状】菜单中的绘图工具在 Excel 工作表中绘制各种图形的方法具有相似的操作步骤：首先选择绘图工具，然后在工作表上拖动鼠标绘制图形。

绘制完图形，Excel 2010 提供了多种常用的形状样式，用户只需先选择绘制好的直线，打开【绘图工具】的【格式】选项卡，在【形状样式】选项组中选择一种样式即可。另外，在该选项卡中还可以设置形状大小和排列顺序等。

专家解读

除了直接套用 Excel 2010 预设的形状样式外，也可以根据需要自定义形状的线条颜色、填充颜色、格式等属性。

【例 7-1】创建【求职简历】工作簿，绘制形状，并设置其格式。

视频+素材 (实例源文件\第 07 章\例 7-1)

01 启动 Excel 2010，创建【求职简历】工作簿，并在 Sheet1 工作表中输入数据，根据需要设置单元格的格式。

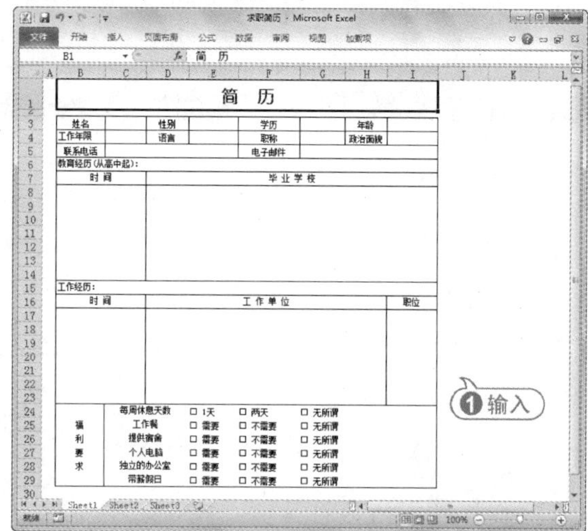

02 打开【插入】选项卡，在【插图】选项组中单击【形状】按钮，从弹出的【星与旗帜】菜单中选择【五角星】命令。

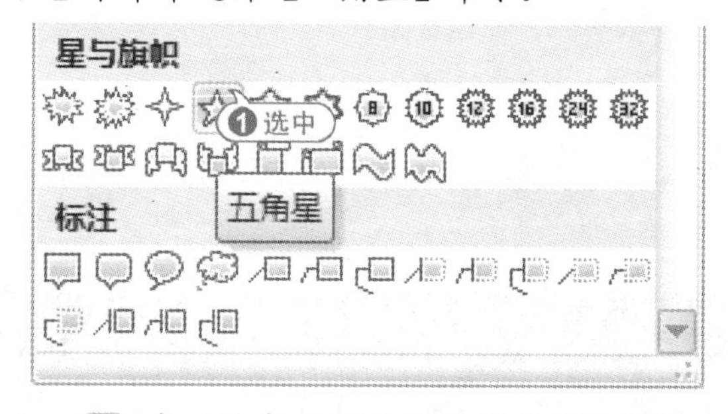

03 在工作表标题位置绘制五角星形状，然后在工作表中复制粘贴 5 个相同的形状。

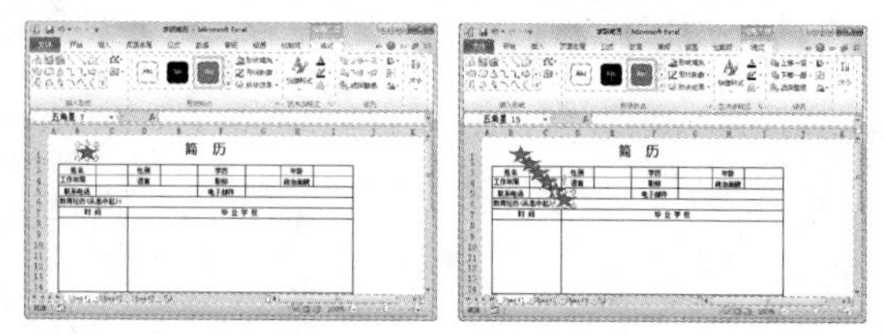

CHAPTER 07

专家解读

选中图形形状后，按 Ctrl+C 快捷键复制该形状，按 Ctrl+V 快捷键粘贴形状。

04 调整复制后形状的位置和旋转角度。

05 选中最右侧的 2 个五角星图形，在【格式】选项卡的【形状样式】选项组中单击【形状填充】按钮，从弹出的菜单中选择【红色】命令；单击【形状轮廓】按钮，从弹出的菜单中选择【无轮廓】命令，为图形设置形状样式。

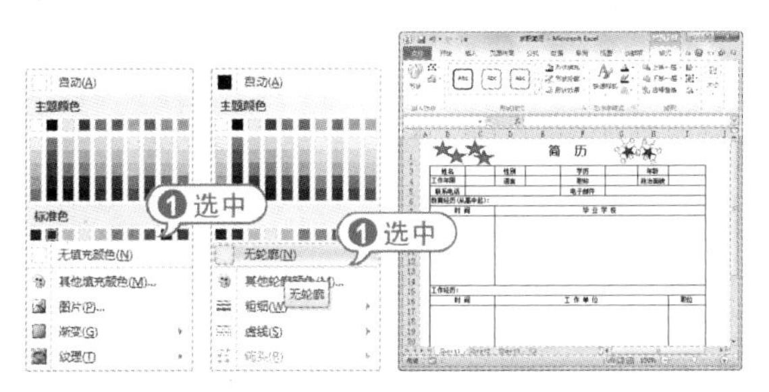

06 选中最左侧的 2 个五角星图形，在【格式】选项卡的【形状样式】选项组中单击【其他】按钮，从弹出的形状样式列表框中选择【强烈效果-红色，强调颜色 2】选项，为图形应用该样式。

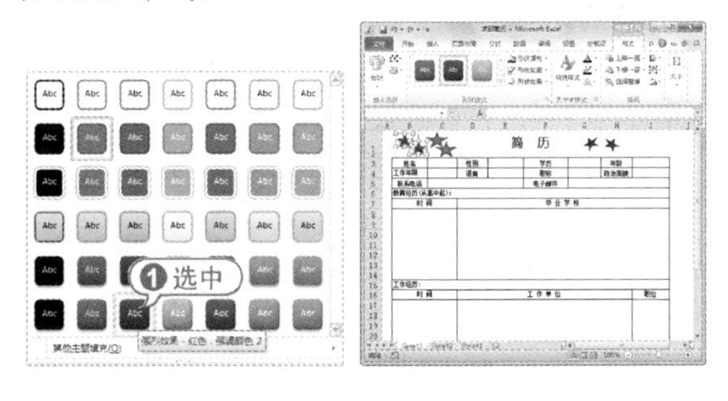

07 使用同样的方法，为中间的两个五角星图形应用【细微效果-红色，强调颜色 2】形状样式。

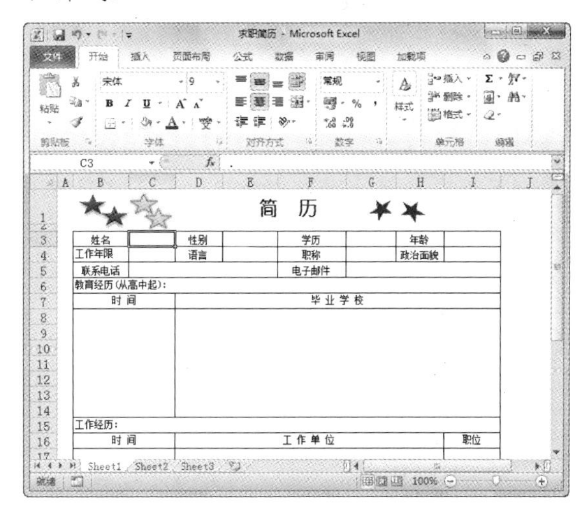

08 在快速访问工具栏中单击【保存】按钮，保存【求职简历】工作簿。

7.1.2 使用图片

在工作表中可以插入来自本地磁盘的图片，也可以应用程序自带的剪贴画。

1. 插入剪贴画

Excel 2007 自带很多剪贴画，用户只需在【插入】选项卡的【插图】选项组中单击【剪贴画】按钮，在打开的【剪贴画】任务窗格中单击剪贴画库中的图片，即可插入剪贴画。

2. 插入来自文件的图片

在工作表中除了可以插入剪贴画外，还可以插入已有的图片文件，并且 Excel 2010 支持目前几乎所有的常用图片格式。

在【插入】选项卡的【插图】选项组中单击【图片】按钮，打开【插入图片】对话框，在其中选择要插入的图片，单击【插入】按钮即可插入文件中的图片。

经验谈

另外，在【插图】选项组中单击【屏幕截图】按钮，可以在屏幕中截取所需的图片，直接插入到工作表中。

【例 7-2】在【求职简历】工作簿中插入剪贴画和图片，并设置图片格式。

视频 + 素材 (实例源文件\第 07 章\例 7-2)

01 启动 Excel 2010，打开【求职简历】工作簿的 Sheet1 工作表。

02 打开【插入】选项卡，在【插图】选项组中单击【剪贴画】按钮，打开【剪贴画】任务窗格。

03 在【搜索文字】文本框中输入“工作”，然后单击【搜索】按钮，Excel 2010 会自动查找与“工作”相关的剪贴画。

04 在【剪贴画】任务窗格的搜索结果列表框中，单击要插入的剪贴画，即可将其插入当前工作表中。

05 拖动剪贴画四周控制点调整其大小，然后拖动剪贴画至工作表中适当位置即可。

06 在【插入】选项卡的【插图】选项组中单击【图片】按钮，打开【插入图片】对话框。

07 在对话框中选择要插入的图片，然后单击【插入】按钮，即可将图片插入至【求职简历】工作簿中。

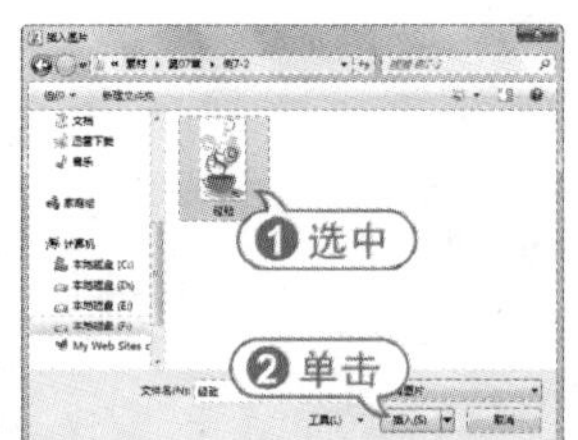

08 拖动图片四周的控制点调整其大小，并将其拖放至适当位置。

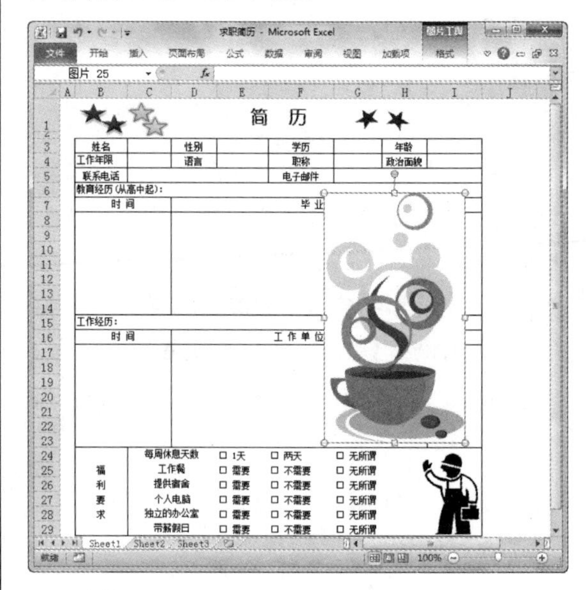

09 打开【图片工具】的【格式】选项卡，在【调整】选项组中单击【删除背景】按钮，进入图片背景删除编辑状态，拖动图片四周的控制点，确定删除的背景区域。

10 在【背景消除】选项卡的【关闭】选项组中单击【保留更改】按钮，完成删除操作。

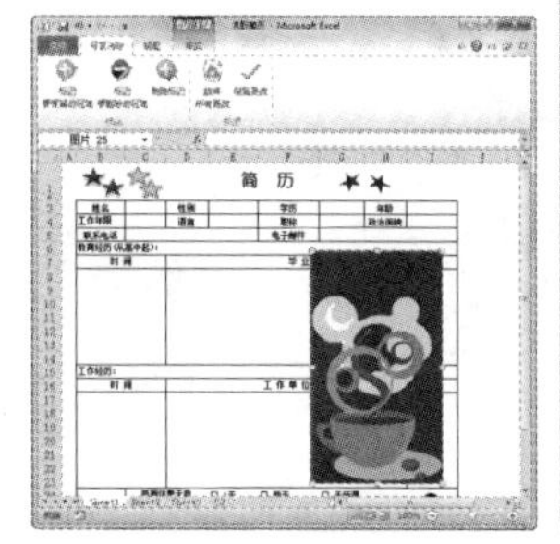

CHAPTER 07

11 在【调整】选项组中单击【颜色】按钮，从弹出的【重新着色】菜单中选择一种颜色，即可为图片重新着色。

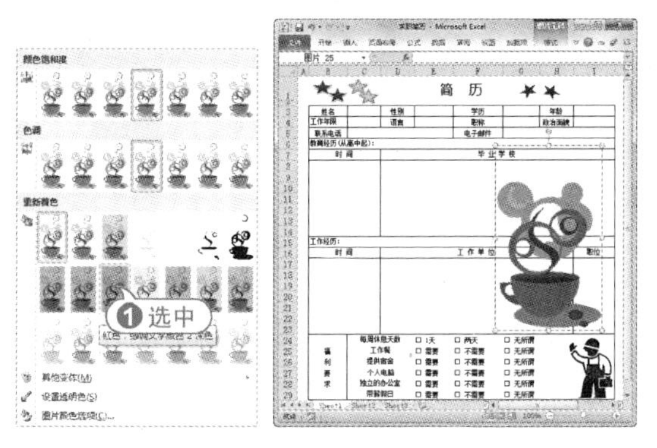

12 在快速访问工具栏中单击【保存】按钮，保存插入图片后的【求职简历】工作簿。

7.1.3 使用文本框

在工作表的单元格中可以添加文本，但由于其位置固定而经常不能满足用户的需要。这时可以通过插入文本框来添加文本，从而快速解决该问题。

【例 7-3】在【求职简历】工作簿中插入和设置文本框。

视频 + 素材 (实例源文件\第 07 章\例 7-3)

01 启动 Excel 2010，打开【求职简历】工作簿的 Sheet1 工作表。

02 打开【插入】选项卡，在【文本】选项组中单击【文本框】按钮下的倒三角按钮，在弹出的菜单中选择【垂直文本框】命令，在工作表的合适位置中拖动鼠标绘制文本框。

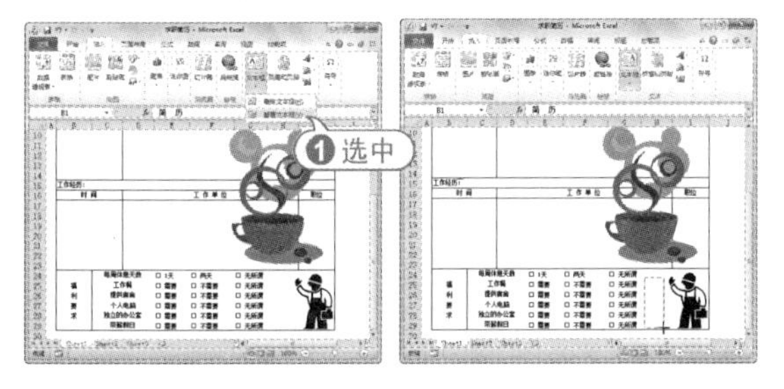

03 释放鼠标，完成文本框的绘制，此时在文本框中输入文本。

04 右击文本框中的文本，会打开【格式】浮动工具栏，在其中设置文本的字体为【黑体】，字型为【加粗】。

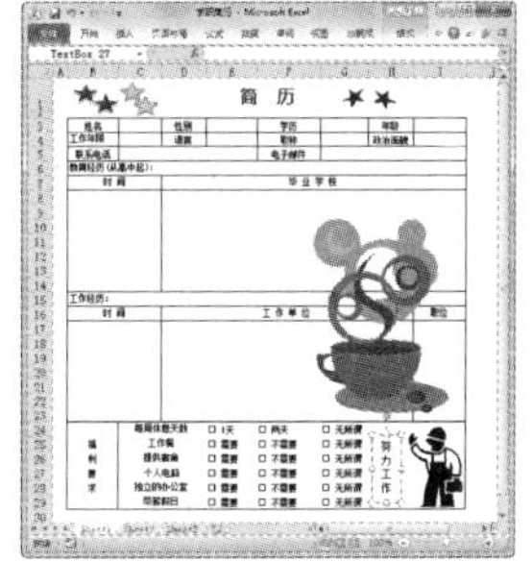
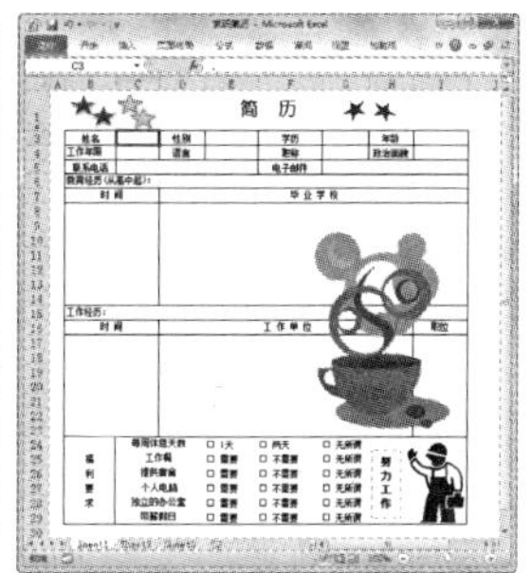

05 选中文本框，打开【绘图工具】的【格式】选项卡，在【形状样式】选项组中单击【形状轮廓】按钮，从弹出的菜单中选择【无轮廓】命令，设置文本框无轮廓。

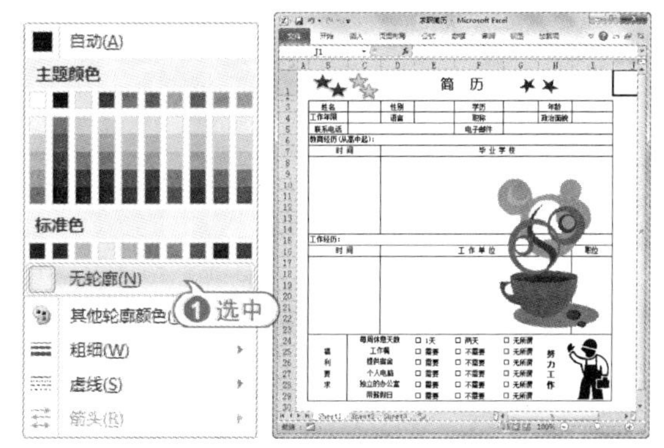

06 在快速访问工具栏中单击【保存】按钮，保存【求职简历】工作簿。

7.1.4 使用艺术字

对于想在工作表中突出表现的文本内容，可以将其设置为艺术字。在 Excel 2010 中预设了多种样式的艺术字。此外，用户也可以根据需要自定义艺术字样式。

【例 7-4】在【求职简历】工作簿中插入艺术字，并设置其格式。

视频 + 素材 (实例源文件\第 07 章\例 7-4)

01 启动 Excel 2010，打开【求职简历】工作簿的 Sheet1 工作表，删除工作表的标题栏文字“简历”。

02 打开【插入】选项卡，在【文本】选项组中单击【艺术字】按钮，在打开的艺术字样式列表中选择第 3 行第 5 列中的样式，此时工作表中插入一个艺术字占位符。

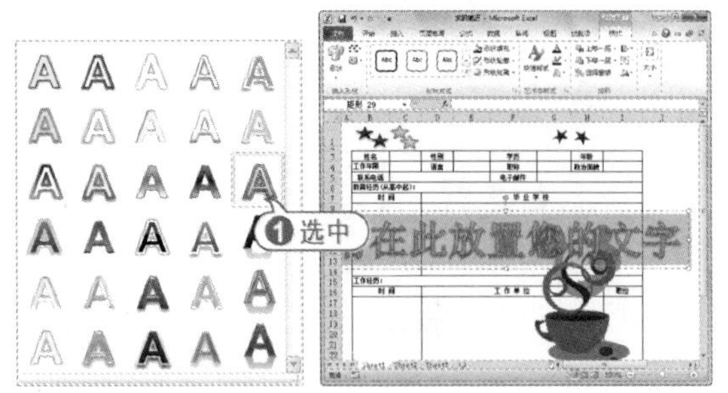

03 在【请在此放置您的文字】占位符中输入文本“求职简历”，设置字体为【华文新魏】，字号为 32。

04 拖动鼠标调节艺术字的大小，并将其移动至标题位置。

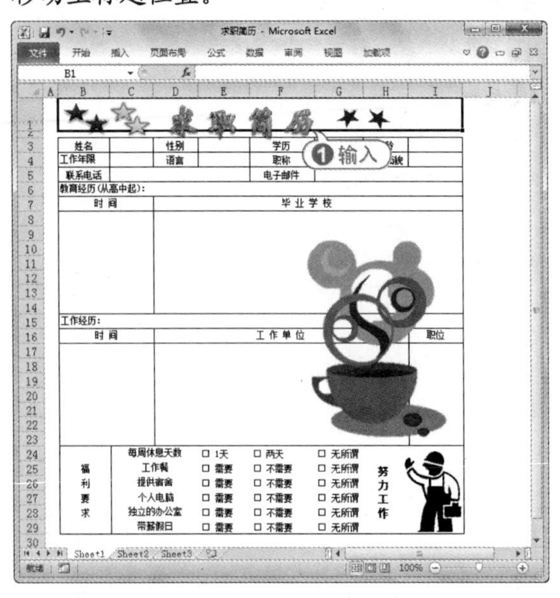

05 选中艺术字，打开【绘图工具】的【格式】选项卡，在【艺术字样式】选项组中单击【文字效果】按钮，从弹出的菜单中【三维效果】命令，在弹出的子菜单的【透视】选项区域中选择【适度宽松透视】选项，为艺术字应用该效果。

06 在快速访问工具栏中单击【保存】按钮，保存【求职简历】工作簿。

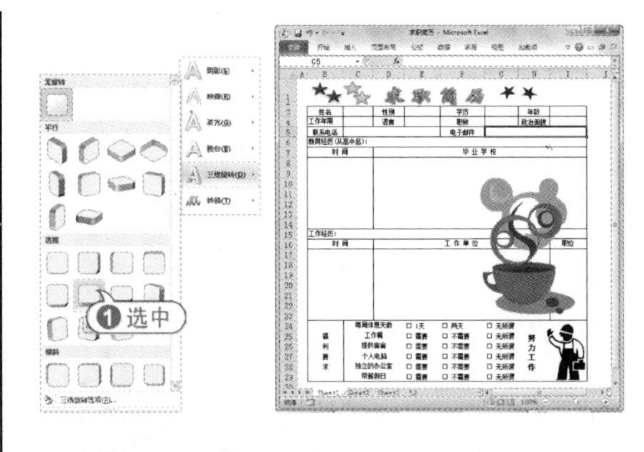

7.1.5 使用 SmartArt 图形

在工作表中插入 SmartArt 图形可便于演示流程、循环、关系以及层次结构的信息。在创建 SmartArt 图形之前，可以对需要显示的数据进行分析，如需要通过 SmartArt 图形传达的内容、要求的特定外观等，直到找到最适合目前数据的图解的布局为止。

【例 7-5】在【求职简历】工作簿中插入 SmartArt 图形，并设置其格式。

视频 + 素材 (实例源文件\第 07 章\例 7-5)

01 启动 Excel 2010，打开【求职简历】工作簿的 Sheet1 工作表。

02 打开【插入】选项卡，在【插图】选项组中单击 SmartArt 按钮，打开【选择 SmartArt 图形】对话框。

03 在【流程】图形列表中选择【步骤下移流程】选项，单击【确定】按钮，在工作表中插入该流程图。

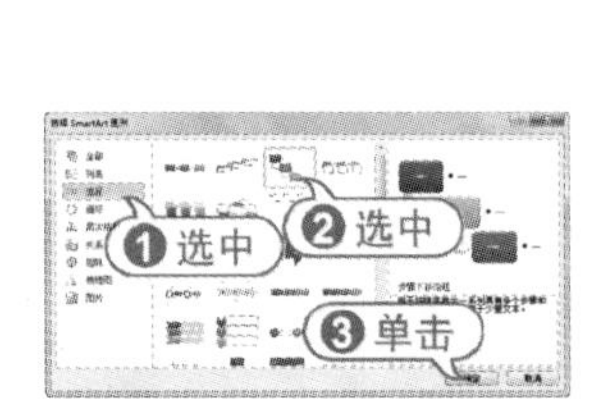

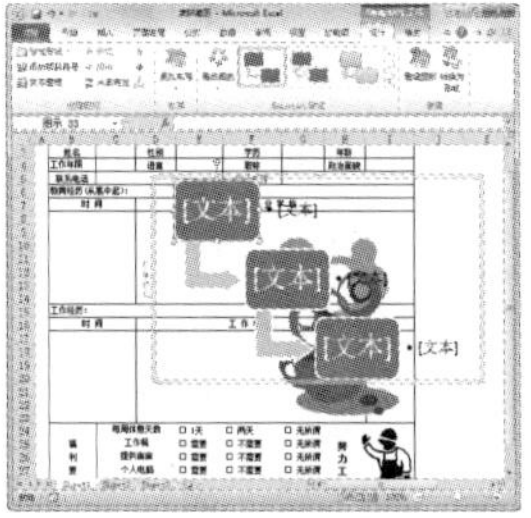

04 在 SmartArt 图形的【文本】占位符中输入内容。

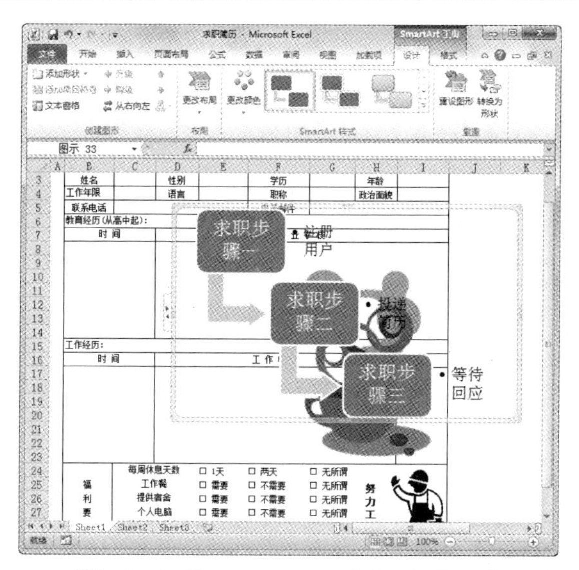

05 打开【SmartArt 工具】的【设计】选项卡，在【SmartArt 样式】选项组中单击【更改颜色】按钮，从弹出的【强调文字颜色 2】列表框中选择一种颜色样式。

06 打开【SmartArt 工具】的【格式】选项卡，在【大小】选项组中单击【大小】下拉按钮，从弹出的列表框中设置高度为【12 厘米】，宽度为【10 厘米】。

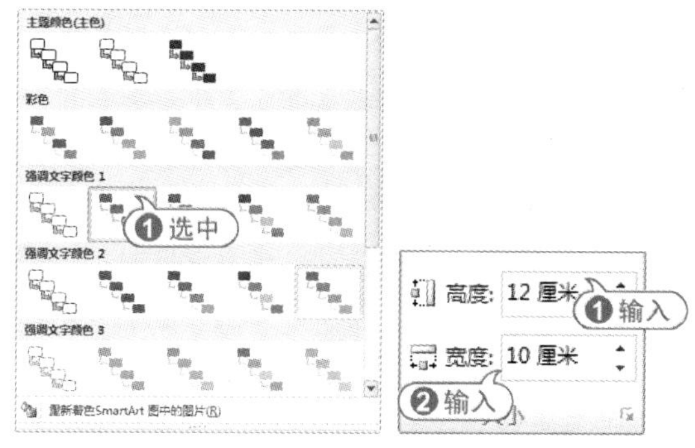

07 选中 SmartArt 图片，调节其到合适的位置，按 Ctrl+S 快捷键，保存修改后的【求职简历】工作簿。

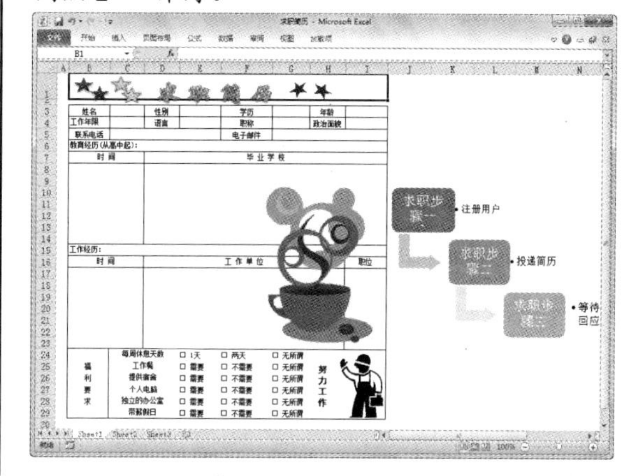

7.2 使用公式

Excel 2010 提供了强大的公式功能，在工作表中输入数据后，使用公式可以对这些数据进行自动、精确、高速的运算与分析处理。

7.2.1 公式的基本元素

在 Excel 2010 中，公式遵循一个特定的语法或次序：最前面是等号“=”，后面是参与计算的数据对象和运算符。每个数据对象可以是常量数值、单元格或引用的单元格区域、标志和名称等。

运用各种运算符将数据对象组合起来，即可形成公式的表达式。Excel 2010 会自动计算公式表达式的结果，并将结果显示在相应的单元格中。

Excel 公式的基本元素如下所述。

- 运算符：用于对公式中的元素进行特定的运算，或者用来连接需要运算的数据对象，并说明进行了哪种公式运算，如加“+”、减“-”、乘“*”、除“/”等。
- 常量数值：输入公式中的值或文本。
- 引用单元格：利用公式引用功能对所需的单元格中的数据进行引用。
- 函数：Excel 提供的函数或参数，可返回相应的函数值。

其中，Excel 提供的函数实质上就是一些预定义的公式，它们利用参数按特定的顺序或结构进行计算。用户可以直接利用函数对某一数值或单元格区域中的数据进行计算，函数将返回最终的计算结果。

7.2.2 运算符的类型

运算符对公式中的元素进行特定类型的运算。Excel 2010 中包含了 4 种运算符类型：算术运算符、比较运算符、文本运算符与引用运算符。

1. 算术运算符

如果要完成基本的数学运算，如加法、减法和乘法，连接数据和计算数据结果等，可以使用如下表所示的算术运算符。

算术运算符	含　义	示　例
+(加号)	加法运算	2+2
－(减号)	减法运算或负数	2－1 或－1
*(星号)	乘法运算	2*2
/(正斜线)	除法运算	2/2
%(百分号)	百分比	20%
^(插入符号)	乘幂运算	2^2

2. 比较运算符

使用下表所示的比较运算符可以比较两个值的大小。当用运算符比较两个值时，结果为逻辑值，比较成立则为 TRUE，反之则为 FALSE。

比较运算符	含　义	示　例
＝(等号)	等于	A1=B1
>(大于号)	大于	A1>B1
<(小于号)	小于	A1<B1
>=(大于等于号)	大于或等于	A1>=B1
<=(小于等于号))	小于或等于	A1<=B1
<>(不等号)	不相等	A1<>B1

3. 文本连接运算符

使用和号(&)可加入或连接一个或更多文本字符串以产生一串新的文本，如下表所示。

文本连接运算符	含　义	示　例
&(和号)	将两个文本值连接或串连起来以产生一个连续的文本值	spuer & man

例如，A1 单元格中为 2014，A2 单元格中为【南京】，A3 单元格中为【青奥会】，那么公式=A1&A2&A3 的值应为【2014 南京青奥会】。

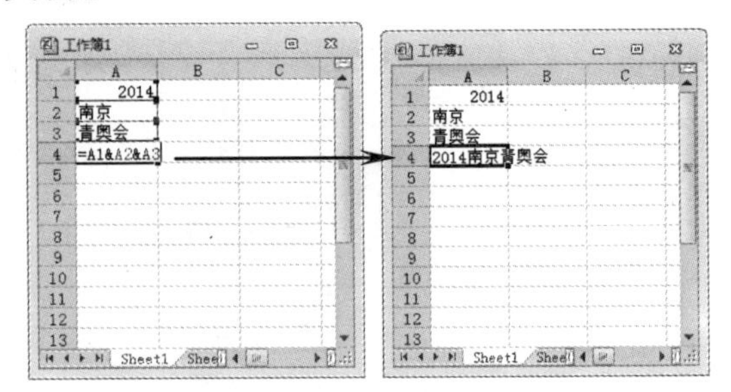

4. 引用运算符

单元格引用是用于表示单元格在工作表上所处位置的坐标集。例如，显示在第 B 列和第 3 行交叉处的单元格，其引用形式为 B3。使用如下表所示的引用运算符，可以将单元格区域合并计算。

引用运算符	含　义	示　例
:(冒号)	区域运算符，产生对包括在两个引用之间的所有单元格的引用	(A5:A15)
,(逗号)	联合运算符，将多个引用合并为一个引用	SUM(A5:A15, C5:C15)
(空格)	交叉运算符，产生对两个引用共有的单元格的引用	(B7:D7 C6:C8)

例如，对于 A1=B1+C1+D1+E1+F1 公式，如果使用引用运算符，就可以把这一公式写为：A1=SUM(B1:F1)。

7.2.3 运算符的优先级

如果公式中同时用到多个运算符，Excel 2010 将会依照运算符的优先级来依次完成运算。如果公式中包含相同优先级的运算符，例如公式中同时包含乘法和除法运算符，则

Excel 将从左到右进行计算。如下表所示的是 Excel 2010 中的运算符优先级。其中，运算符优先级从上到下依次降低。

运 算 符	说　明
:(冒号) (单个空格) ,(逗号)	引用运算符
–	负号
%	百分比
^	乘幂
* 和 /	乘和除
+ 和 –	加和减
&	连接两个文本字符串
= < > <= >= <>	比较运算符

如果要更改求值的顺序，可以将公式中需要先计算的部分用括号括起来。例如，公式【=8+3*4】的值是 20，因为 Excel 2010 按先乘除后加减的顺序进行运算，即先将 3 与 4 相乘，然后再加上 8，得到结果 20。若在该公式上添加括号，如【=(8+3)*4】，则 Excel 2010 先用 8 加上 3，再用结果乘以 4，得到结果 44。

7.2.4 公式的基本操作

在学习应用公式时，首先应掌握公式的基本操作，包括在表格中输入、修改、显示、复制以及删除公式等。

1. 输入公式

在 Excel 2010 中，输入公式的方法与输入文本的方法类似，具体步骤为：选择要输入公式的单元格，然后在编辑栏中直接输入【=】符号，然后输入公式内容，按 Enter 键即可将公式运算的结果显示在所选单元格中。

【例 7-6】打开现有【吉利商场员工工资统计】工作簿，在【3 月份工资】工作表的 G6 单元格中输入公式“=E6*0.02”(业绩的 2%)。

视频 + 素材 (实例源文件\第 07 章\例 7-6)

01 启动 Excel 2010 应用程序，打开【吉利商场员工工资统计】工作簿的【3 月份工资】工作表。

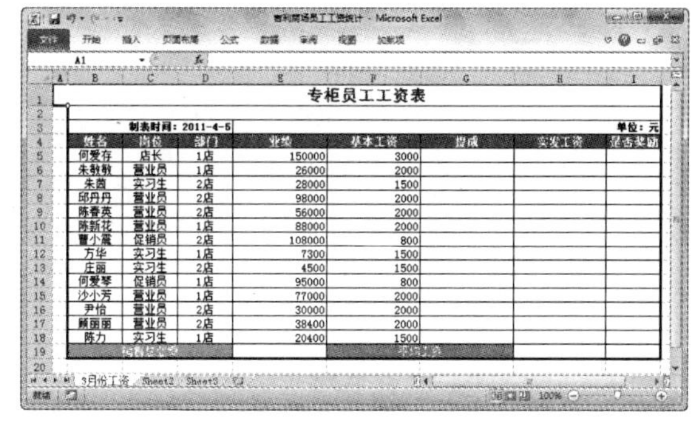

02 选定 G6 单元格，然后在单元格中输入公式“=E6*0.02”。

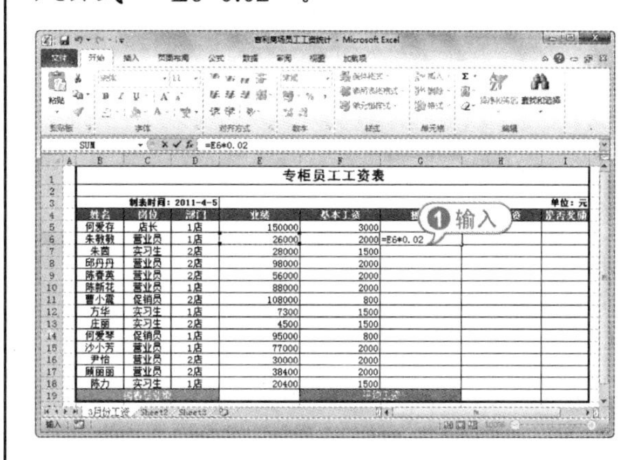

03 按 Enter 键，即可在 G6 单元格中显示公式计算结果，得到该员工应拿的提成金额。

04 输入公式后，在单元格中只显示公式的计算结果，若要查看公式的具体内容，则选定 G6 单元格后，在 Excel 2010 的编辑栏中可以查看。

专家解读

用户可以对公式进行修改，具体方法为：选定单元格，在编辑栏中使用修改文本的方法对公式进行修改，按下 Enter 键即可。

05 在快速访问工具栏中单击【保存】按

钮，保存所作的设置。

2. 显示公式

默认设置下，在单元格中只显示公式计算的结果，而公式本身则只显示在编辑栏中。为了方便用户检查公式的正确性，可以设置在单元格中显示公式。

【例 7-7】在【吉利商场员工工资统计】工作簿中设置显示单元格中的公式。视频

01 启动 Excel 2010 应用程序，打开【吉利商场员工工资统计】工作簿的【3 月份工资】工作表。

02 打开【公式】选项卡的【公式审核】选项组，在该选项组中可以完成 Excel 2010 中公式的常用设置操作。

03 在【公式审核】选项组中单击【显示公式】按钮，即可设置在单元格中显示公式。

专家解读

在【公式】选项卡的【公式审核】选项组再次单击【显示公式】按钮，即可将显示的公式隐藏。

3. 复制公式

通过复制公式操作，可以快速地在其他单元格中输入公式。复制公式的方法与复制数据的方法相似，但在 Excel 2010 中，复制公式往往与公式的相对引用(在 7.2.5 节中进行介绍)结合使用，以提高输入公式的效率。

【例 7-8】在【吉利商场员工工资统计】工作簿中，将工作表的 G6 单元格中的公式复制到 G7。

视频 + 素材 (实例源文件\第 07 章\例 7-8)

01 启动 Excel 2010 应用程序，打开【吉利商场员工工资统计】工作簿的【3 月份工资】工作表。

02 选定 G6 单元格，将光标移至 G6 单元格的右下方，当其变为+形状时，按住鼠标左键并向下拖动至 G7 单元格。

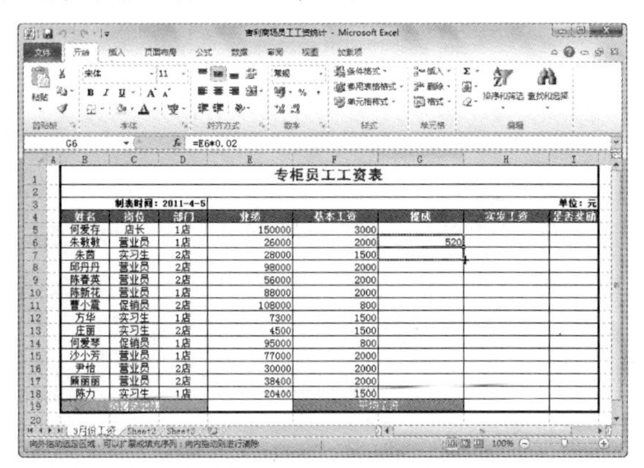

03 释放鼠标后，Excel 2010 会自动将 G6 单元格中的公式复制到 G7 单元格中。

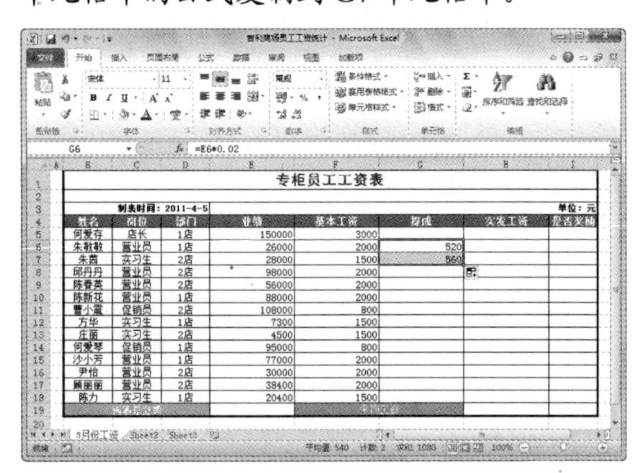

经验谈

右击 G6 单元格，在弹出的菜单中选择【复制】命令，复制 G6 单元格中的公式；右击 G7 单元格，在弹出的菜单中选择【粘贴】命令，将公式复制到 G7 单元格，并且 Excel 2010 自动修改公式为【= G7*0.02】。

04 在快速访问工具栏中单击【保存】按钮，保存所作的设置。

专家解读

在工作表中选定单元格，按 Ctrl+C 快捷键复制单元格中的公式，然后在目标单元格中按 Ctrl+V 快捷键，可以粘贴复制的公式。

4. 删除公式

在 Excel 2010 中，当使用公式计算出结果后，可以删除表格中的数据，并保留公式计算结果。

【例 7-9】在【吉利商场员工工资统计】工作簿中，将工作表的 G6 单元格中的公式删除。

视频+素材 (实例源文件\第 07 章\例 7-9)

01 启动 Excel 2010 应用程序，打开【吉利商场员工工资统计】工作簿的【3 月份工资】工作表。

02 右击 G6 单元格，在弹出的快捷菜单中选择【复制】命令，复制单元格中的内容。

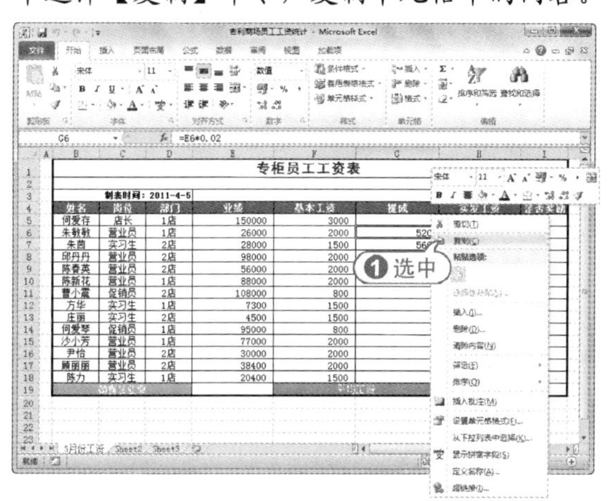

03 在【开始】选项卡的【剪贴板】选项组中单击【粘贴】按钮下方的倒三角按钮，在弹出的菜单中选择【选择性粘贴】命令。

04 打开【选择性粘贴】对话框，在【粘贴】选项区域中选中【数值】单选按钮，然后单击【确定】按钮。

05 返回工作簿窗口，即可发现 G6 单元格中的公式已经被删除，单击公式计算结果仍然保存在 G6 单元格中。

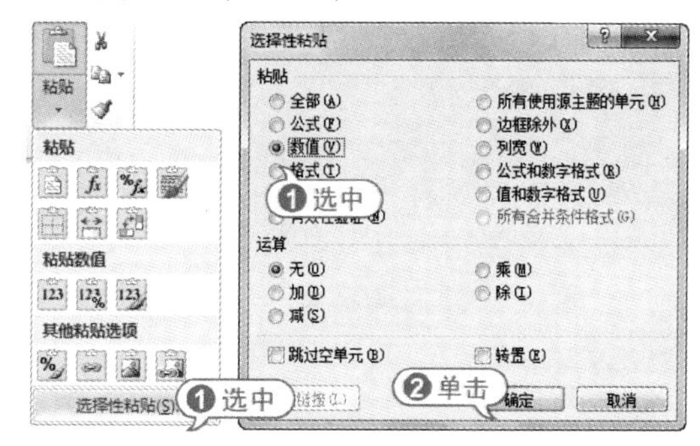

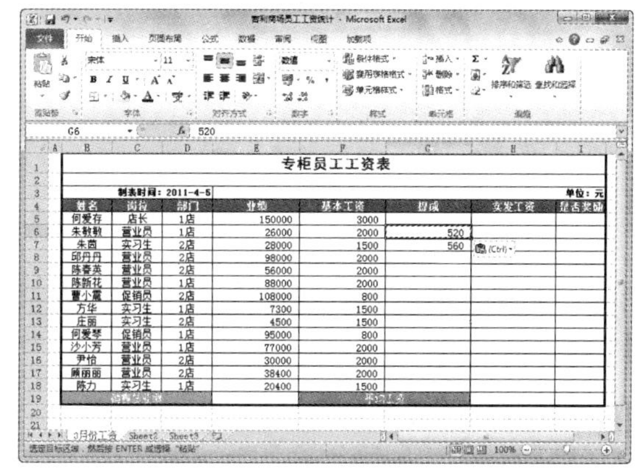

06 在快速访问工具栏中单击【保存】按钮，保存所作的设置。

7.2.5 公式引用

公式的引用就是对工作表中的一个或一组单元格进行标识，从而确定公式使用哪些单元格的值。通过引用，可以在一个公式中使用工作表不同部分的数据，或者在几个公式中使用同一单元格的数值。在 Excel 2010 中，引用公式的常用方式包括相对引用、绝对引用与混合引用。

1. 相对引用

相对引用是通过当前单元格与目标单元格的相对位置来定位引用单元格的。

相对引用包含了当前单元格与公式所在单元格的相对位置。默认设置下，Excel 2010 使用的都是相对引用，当改变公式所在单元格的位置时，引用也会随之改变。

【例 7-10】在【吉利商场员工工资统计】工作簿中，将 G7 单元格中的公式相对引用到 G8:G18 单元格区域。

视频 + 素材 (实例源文件\第 07 章\例 7-10)

01 启动 Excel 2010 应用程序，打开【吉利商场员工工资统计】工作簿的【3 月份工资】工作表。

02 选定 G7 单元格，将光标移动至 F5 单元格的右下方，当其变为✚形状时，按住鼠标左键并拖动选定 G7:G18 单元格区域。

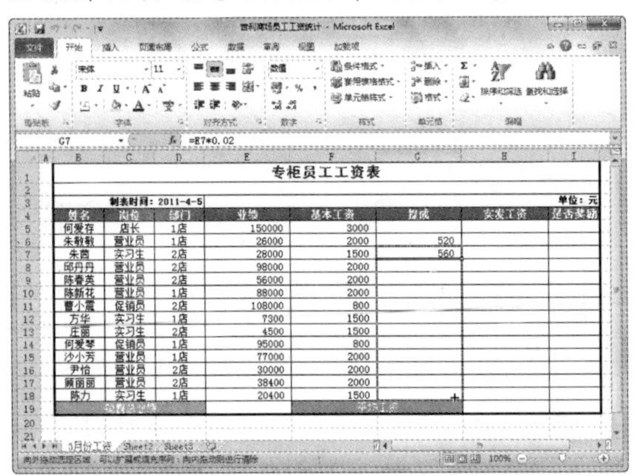

03 释放鼠标，即可将 F5 单元格中的公式复制到 G7:G18 单元格区域中，完成相对引用操作令。

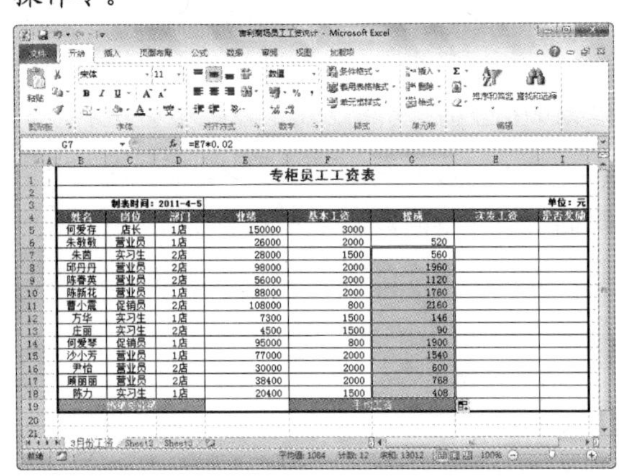

04 在快速访问工具栏中单击【保存】按钮，保存所作的设置。

2. 绝对引用

绝对引用就是公式中单元格的精确地址，与包含公式的单元格的位置无关。它在列标和行号前分别加上美元符号$。例如，$B$2 表示单元格 B2 的绝对引用，而$B$2:$E$5 表示单元格区域 B2:E5 的绝对引用。

绝对引用与相对引用的区别是：复制公式时，若公式中使用相对引用，则单元格引用会自动随着移动的位置相对变化；若公式中使用绝对引用，则单元格引用不会发生变化。

例如，在 C1 单元格中输入绝对引用公式“=$A$1&$B$1”然后拖动引用公式至 C2:C3 单元格区域，此时用户会发现在 C2:C3 单元格中显示的结果与 C1 单元格相同，这是由于使用绝对引用后，C2 与 C3 单元格中的公式并没有改变，而是完全与 C1 单元格中的公式相同，均为“=$A$1&$B$1”，因此公式计算出的结果也是相同的。

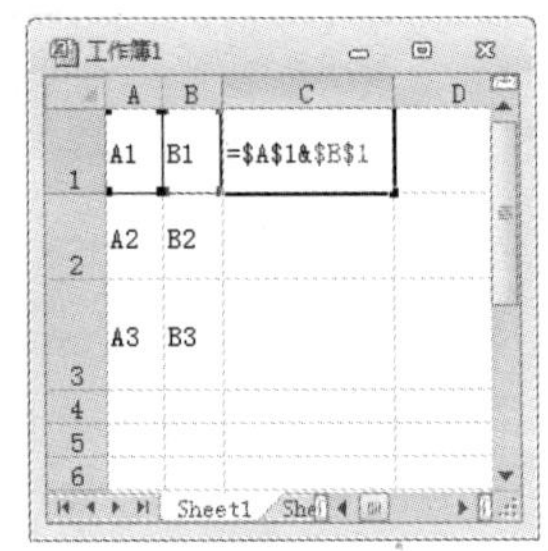

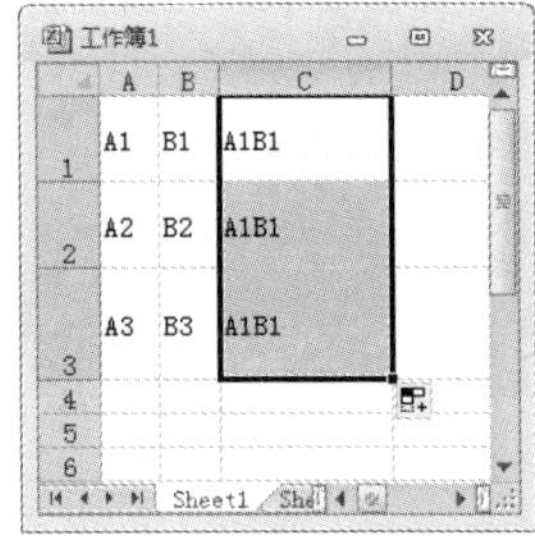

专家解读

如果用户使用的是前面介绍的相对引用，即 C1 单元格中的公式为“=A1&B1”，则引用后 C2 与 C3 单元格中的公式应分别为“=A2&B2”与“A3&B3”，因此公式得到的结果应分别为“A2B2”与“A3B3”。

3. 混合引用

混合引用指的是在一个单元格引用中，既有绝对引用，同时也包含有相对引用，即混合引用具有绝对列和相对行，或具有绝对行和相对列。绝对引用列采用 $A1、$B1 的形式，绝对引用行采用 A$1、B$1 的形式。如果公式所在单元格的位置改变，则相对引用改变，而绝对引用不变。如果多行或多列地复制公式，相对引用自动调整，而绝对引用不作调整。

例如，在 C1 单元格中输入混合引用公式“=$A$1&B1”，然后拖动引用公式至 C2:C3 单元格区域，此时用户会发现 C2 与 C3 单元格中的值分别为“A1B2”与“A1B3”。

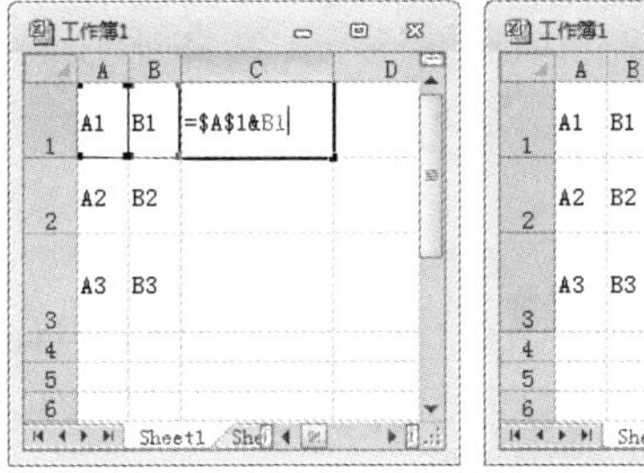

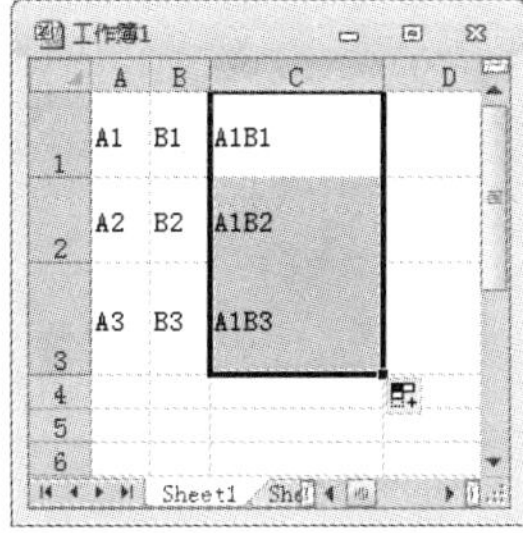

又如，在 C1 单元格中输入混合引用公式“=A1&$B$1”，然后拖动引用公式至 C2:C3 单元格区域，此时用户会发现 C2 与 C3 单元格中的值分别为“A2B1”与“A3B1”。

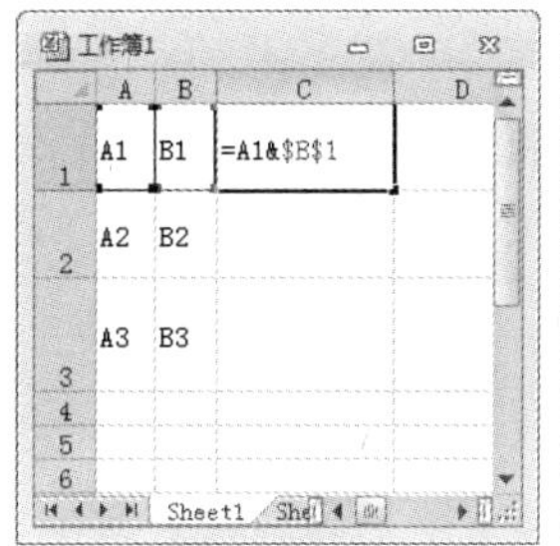

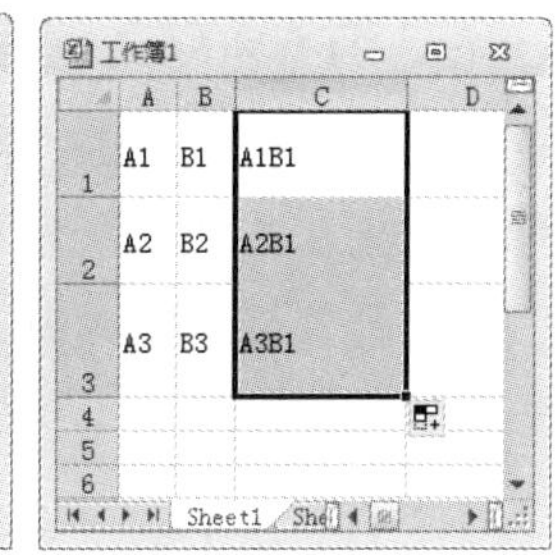

经验谈

在编辑栏中选择公式后，利用 F4 键可以进行相对引用与绝对引用的切换。按一次 F4 键可以将相对引用转换成绝对引用，继续按两次 F4 键转换为不同的混合引用，再按一次 F4 键可还原为相对引用。

7.3 使用函数

Excel 2010 将具有特定功能的一组公式组合在一起形成函数。使用函数，可以大大简化公式的输入过程。

7.3.1 函数的概念

Excel 中的函数实际上是一些预定义的公式，函数是运用一些称为参数的特定数据值按特定的顺序或者结构进行计算的公式。

Excel 提供了大量的内置函数，这些函数可以有一个或多个参数，并能够返回一个计算结果，函数中的参数可以是数字、文本、逻辑值、表达式、引用或其他函数。函数一般包含 3 个部分：等号、函数名和参数，即：=函数名(参数 1,参数 2,参数 3,….)。

其中，函数名为需要执行运算的函数的名称，参数为函数使用的单元格或数值。例如，=SUM(A1:F10)表示对 A1:F10 单元格区域内所有数据求和。

函数中还可以包括其他的函数，即函数的嵌套使用。不同的函数需要的参数个数也是不同的，没有参数的函数则为无参函数，无参函数的形式为：函数名()。

7.3.2 函数的基本操作

在 Excel 2010 中，所有函数操作都是在【公式】选项卡的【函数库】选项组中完成的。

Excel 2010 将函数分成【自动求和】、【最近使用的函数】、【财务】、【逻辑】、【文本】、【日期和时间】、【查找与引用】、【数学和三角函数】以及【其他函数】这 9 大类。其中【自动求和】分类中包括一些最常用的函数，例如求和、求平均值等；【最近使用的函数】分类则会自动记录用户最近使用的一些函数，帮助用户反复使用；【其他函数】分类中包含了【统计】、【工程】、【多维数据集】以及【信息】分类。

1. 插入函数

在 Excel 2010 中，插入函数的方法十分简单，首先在【公式】选项卡的【函数库】选项组中选择要插入的函数，然后设置函数参数的引用单元格即可。

【例 7-11】在【吉利商场员工工资统计】工作簿中，在工作表的 E19 单元格中插入求和函数，计算当月业绩总额。

视频 + 素材 (实例源文件\第 07 章\例 7-11)

01 启动 Excel 2010 应用程序，打开【吉利商场员工工资统计】工作簿的【3 月份工资】工作表。

02 选定 E19 单元格，然后打开【公式】选项卡，在【函数库】选项组中单击【自动求和】按钮，在弹出的菜单中选择【求和】命令。

03 在表格中选择要求和的单元格区域，这里选择 E5:E18 单元格区域。

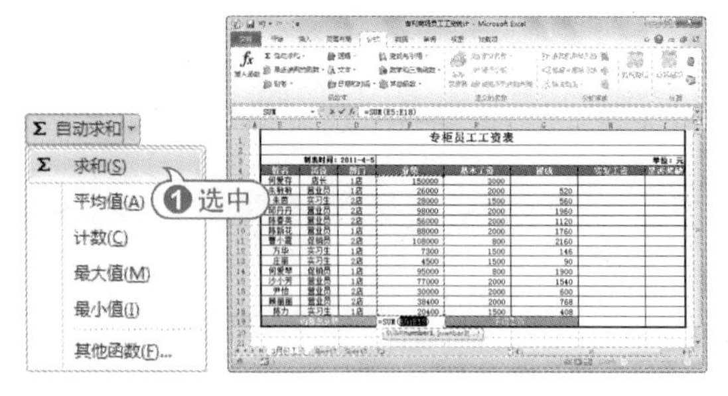

04 选择求和范围后，按 Enter 键，求和函数会计算 E5:E18 单元格中所有数据的和，然后显示在 E19 单元格中。

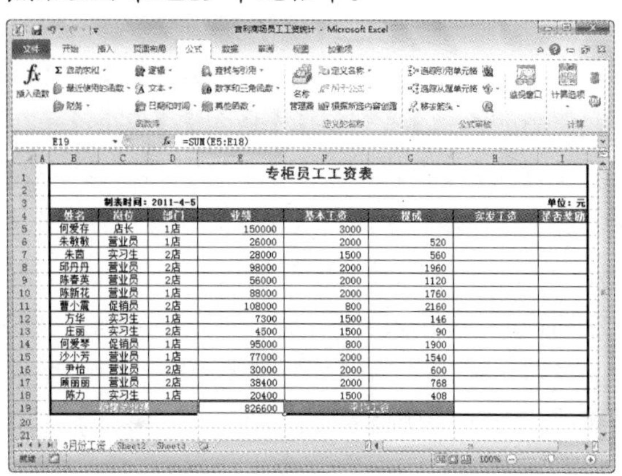

05 在快速访问工具栏中单击【保存】按钮，保存所作的设置。

专家解读

在【公式】选项卡的【函数库】选项组中单击【插入函数】按钮，打开【插入函数】对话框，在其中同样可以设置要插入的 SUM 求和函数。

2. 修改函数

有些时候使用函数仍然无法在表格中计算出需要的数据，此时用户可以对函数进行一些修改或者嵌套操作，发挥函数更大的功能。

【例 7-12】在【吉利商场员工工资统计】工作簿中，计算销售经理的提成(方法为销售经理本人销售业绩的 2%再加上总业绩的 0.3%)。

视频 + 素材 (实例源文件\第 07 章\例 7-12)

01 启动 Excel 2010 应用程序，打开【吉利商场员工工资统计】工作簿的【3 月份工资】工作表。

02 选定 G5 单元格，打开【公式】选项卡，在【函数库】选项组中单击【自动求和】按钮，在弹出的菜单中选择【求和】命令。

03 在表格中选择要求和的单元格区域，这里选择 E5:E18 单元格区域。

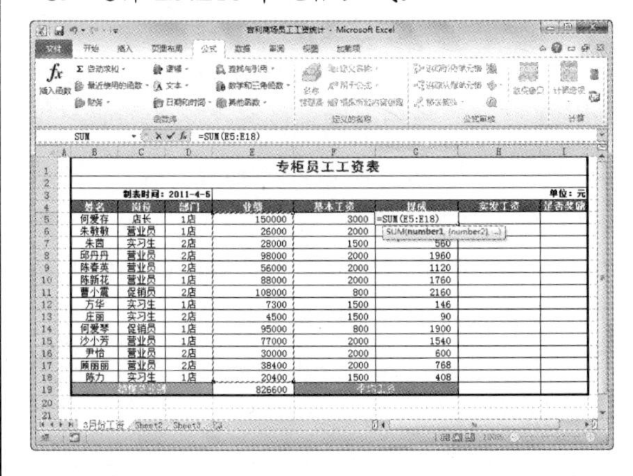

04 按 Enter 键显示结果，然后在 G5 单元格的编辑栏中，修改函数为"=SUM(E5:E18)*

0.003+E5*0.02”，即可通过函数嵌套和修改功能计算销售经理的提成。

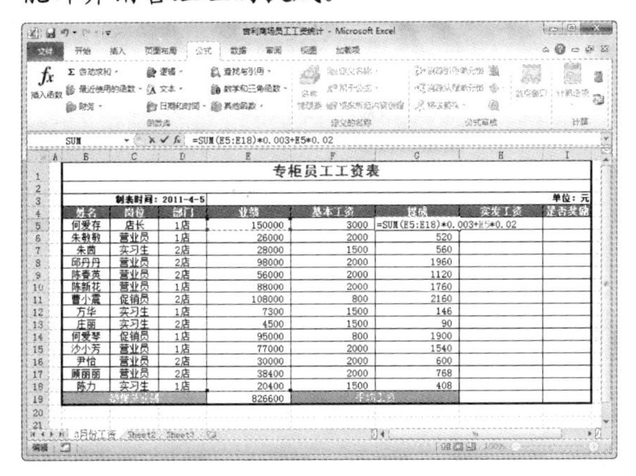

专家解读

将某个公式或函数的返回值作为另一个函数的参数来使用，这就是函数的嵌套使用。使用该功能的方法为：首先插入 Excel 2010 自带的一种函数，然后通过修改函数来实现函数的嵌套使用。

05 按 Enter 键，即可根据要求计算出【销售经理】的提成数额。

06 在快速访问工具栏中单击【保存】按钮，保存所作的设置。

7.3.3 常用函数应用举例

Excel 2010 中包括 7 种类型的上百个具体函数，每个函数的应用各不相同。下面对几种常用的函数进行讲解，包括求和函数、平均值函数、条件函数和最大值函数。

1. 求和函数

求和函数表示对选择单元格或单元格区域进行加法运算，其函数语法结构为：SUM(number1,number2,….)。

【例 7-13】在【吉利商场员工工资统计】工作簿中，计算员工的实发工资。

视频 + 素材 (实例源文件\第 07 章\例 7-13)

01 启动 Excel 2010 应用程序，打开【吉利商场员工工资统计】工作簿的【3 月份工资】工作表。

02 选定 H5 单元格，打开【公式】选项卡，在【函数库】选项组中单击【数学和三角函数】按钮，在弹出的菜单中选择 SUM 命令，打开【函数参数】对话框，在 SUM 选项区域的 Number1 文本框后，单击按钮。

03 返回到工作表中选取作为函数参数的单元格区域 F5:G5。

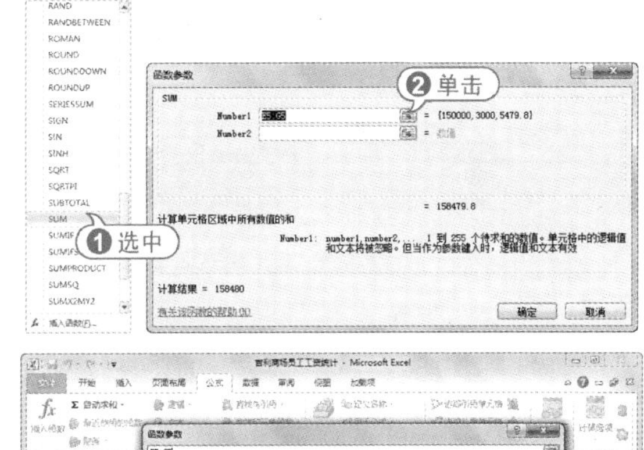

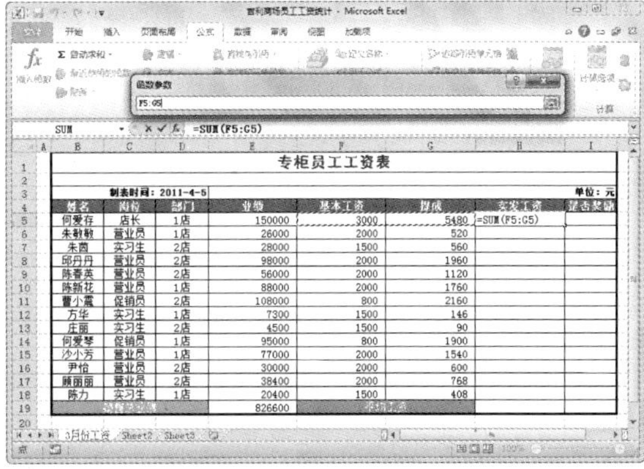

04 单击按钮，展开【函数参数】对话

框，单击【确定】按钮，即可在 H5 单元格中显示计算结果。

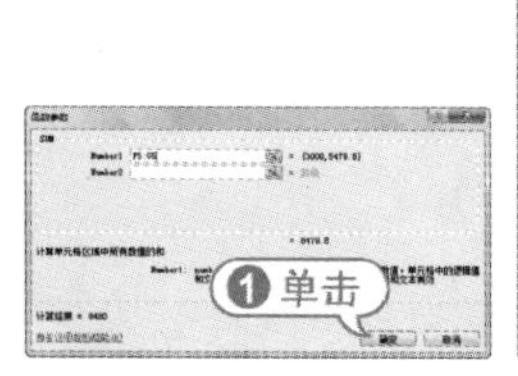

专家解读

在【函数参数】对话框的 SUM 选项区域的 Number1 文本框中输入计算平均值的范围。

05 使用同样的方法，计算其他员工的实发工资。

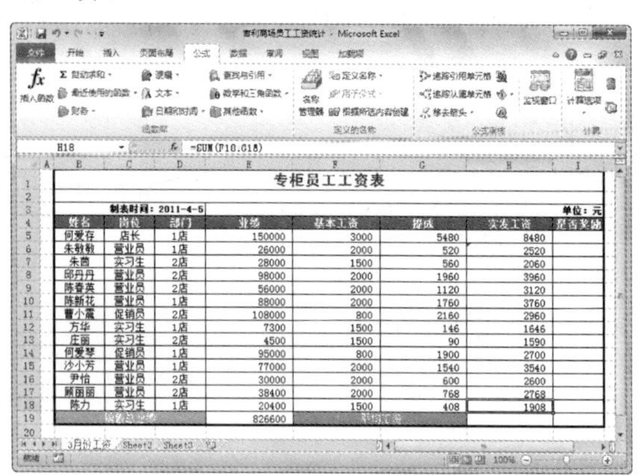

06 在快速访问工具栏中单击【保存】按钮，保存所作的设置。

2. 平均值函数

平均值函数可以将选择的单元格区域中的平均值返回到需要保存结果的单元格中，其语法结构为：AVG(number1,number2,…)。

【例 7-14】在【吉利商场员工工资统计】工作簿中，在 H19 单元格计算出平均工资。

视频+素材(实例源文件\第 07 章\例 7-14)

01 启动 Excel 2010 应用程序，打开【吉利商场员工工资统计】工作簿的【3 月份工资】工作表。

02 选定 H19 单元格，打开【公式】选项卡，在【函数库】选项组中单击【其他函数】按钮，在弹出的菜单中选择【统计】| AVERAGE 命令，打开【函数参数】对话框。

03 在 AVERAGE 选项区域的 Number1 文本框中输入计算平均值的范围，这里输入 H5:H18。

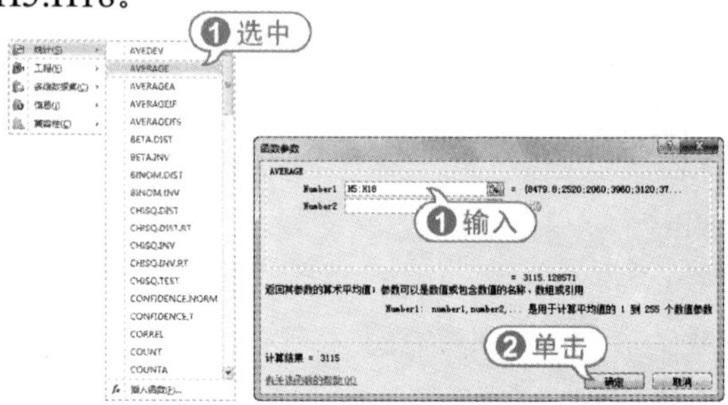

04 单击【确定】按钮，即可在 H19 单元格中显示计算结果。

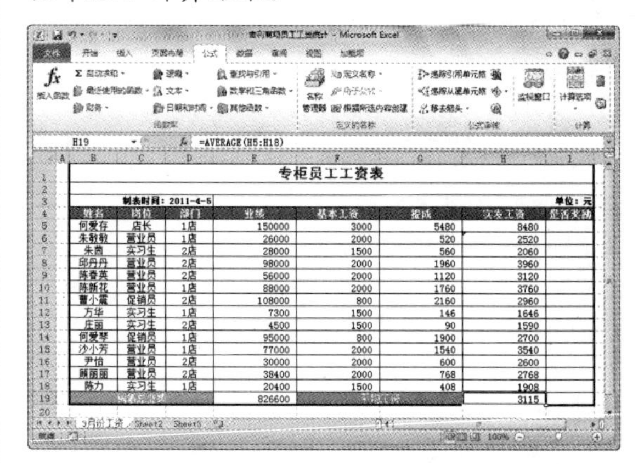

05 在快速访问工具栏中单击【保存】按钮，保存所作的设置。

3. 条件函数

条件函数可以实现真假值的判断，它根据逻辑计算的真假值返回两种结果。该函数的语法结构为：IF(logical_test,value_if_true,value_if_false)。其中，logical_test 表示计算结果为 true 或 false 的任意值或表达式；value_if_true 表示当 logical_test 为 true 值时返回的值；value_if_false 表示当 logical_test 为 false 值时返回的值。

【例 7-15】在【吉利商场员工工资统计】工作簿中，在【是否奖励】列要求提成大于 1500 的给予奖励。

视频 + 素材 (实例源文件\第 07 章\例 7-15)

01 启动 Excel 2010 应用程序，打开【吉利商场员工工资统计】工作簿的【3 月份工资】工作表。

02 选定 I5 单元格，打开【公式】选项卡，在【函数库】选项组中单击【逻辑】按钮，在弹出的菜单中选择 IF 命令，打开条件函数的【函数参数】对话框。

03 在 IF 选项区域的 Logical_test 文本框中输入 G5>1500，在 Value_if_true 文本框中输入“是”，在 Value_if_false 文本框中输入“否”。

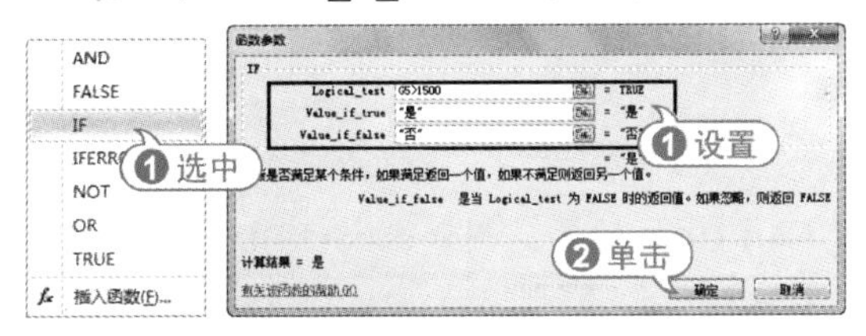

专家解读

在 Excel 2010 中，IF 条件函数的返回值可以为中文，但需要在中文返回值两边加上英文双引号。

04 单击【确定】按钮，即可通过条件函数在 I5 单元格中显示是否奖励。

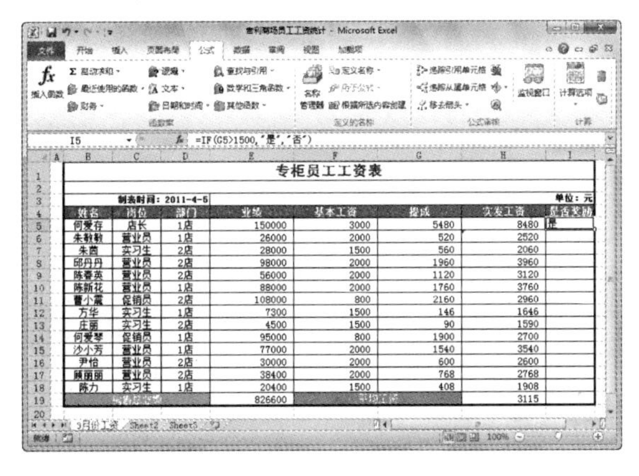

05 通过相对引用功能，复制条件函数至 I6:I18 单元格区域。

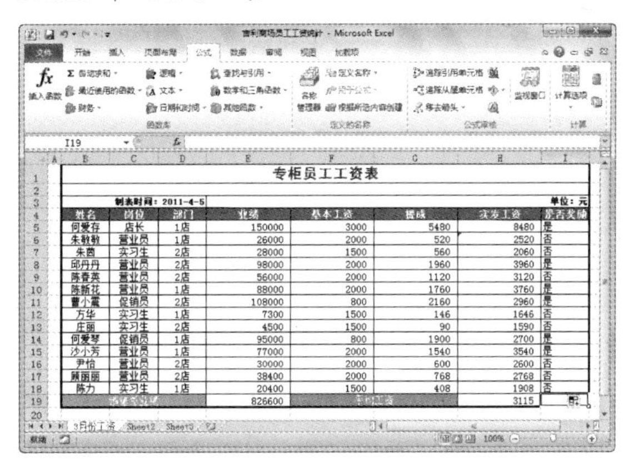

06 在快速访问工具栏中单击【保存】按钮，保存所作的设置。

4. 最大值函数

最大值函数可以将选择的单元格区域中的最大值返回到需要保存结果的单元格中，其语法结构为：MAX(number1,number2,…)。

【例 7-16】在【吉利商场员工工资统计】工作簿中，统计最高工资的金额。

视频 + 素材 (实例源文件\第 07 章\例 7-16)

01 启动 Excel 2010 应用程序，打开【吉利商场员工工资统计】工作簿的【3 月份工资】工作表。

02 选定 G21 单元格，在其中输入数据，然后打开【开始】选项卡，在【样式】选项组中单击【单元格样式】按钮，从弹出的列表框中选择【注释】选项，为单元格套用该样式。

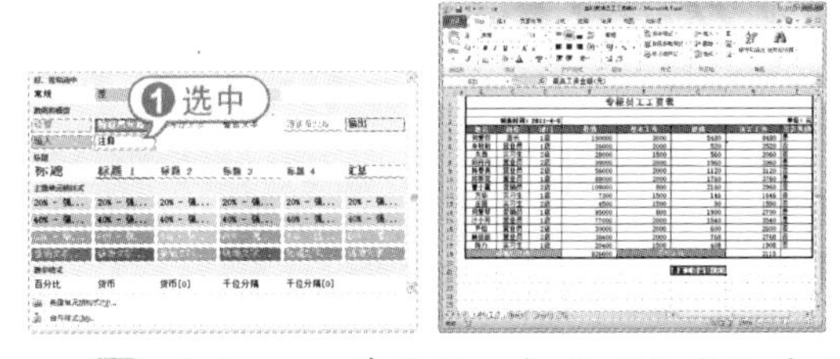

03 选定 H21 单元格，打开【公式】选项卡，在【函数库】选项组中单击【其他函数】按钮，在弹出的菜单中选择【统计】| MAX 命令，打开最大值函数的【函数参数】对话框。

04 在 MAX 选项区域中的 Number1 文本框中输入函数 H5:H18，设定获取最大值的单元格区域。

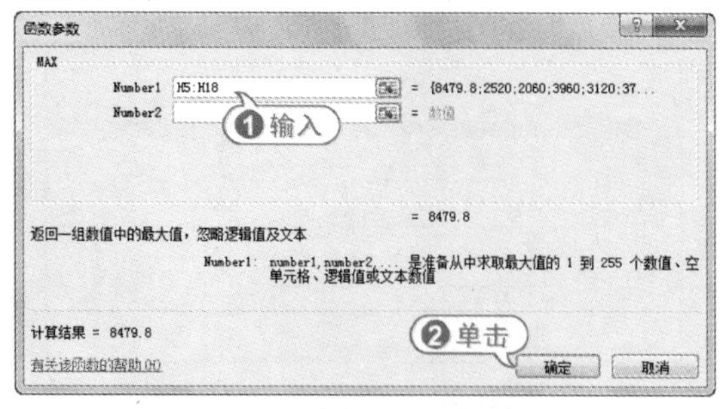

05 单击【确定】按钮，可在 H21 单元格中显示最高工资的金额。

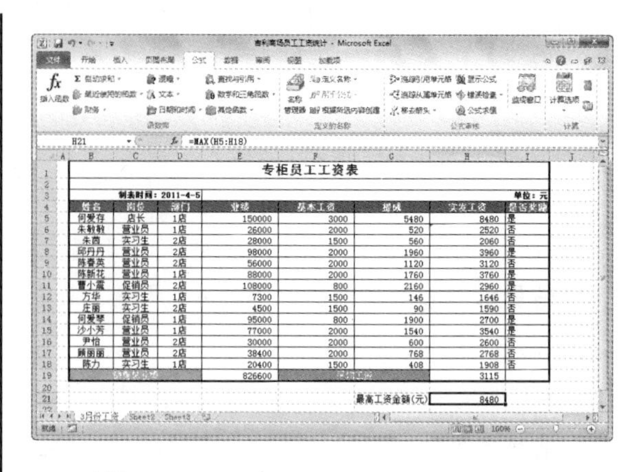

06 在快速访问工具栏中单击【保存】按钮，保存所作的设置。

7.4 使用迷你图

迷你图是 Microsoft Excel 2010 中的一个新功能，它是工作表单元格中的一个微型图表，可提供数据的直观表示。使用迷你图，可以显示一系列数值的趋势(如季节性增加或减少、经济周期)，还可以突出显示最大值和最小值。

7.4.1 创建迷你图

迷你图包括折线图、列、盈亏 3 种类型，在创建迷你图时，需要选择数据范围以及纺织迷你图的单元格。下面将解释其创建的方法。

【例 7-17】打开现有【公司考核】工作簿，创建迷你图。

视频+素材 (实例源文件\第 07 章\例 7-17)

01 启动 Excel 2010 应用程序，打开【公司考核】工作簿的【2010 年】工作表。

02 打开【插入】选项卡，在【迷你图】选项组中单击【折线图】按钮，单击【创建迷你图】对话框。

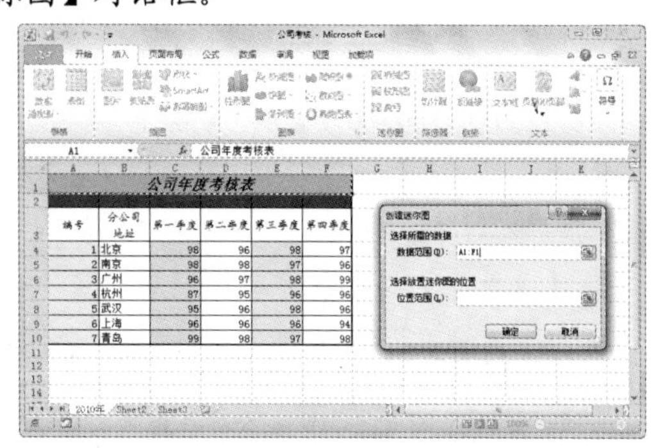

03 单击按钮，在工作表中选择数据范围 C4:F10 和位置范围$G$4:$G$10，单击【确定】按钮。

04 此时在 G4:G10 单元格中显示创建的折线迷你图。

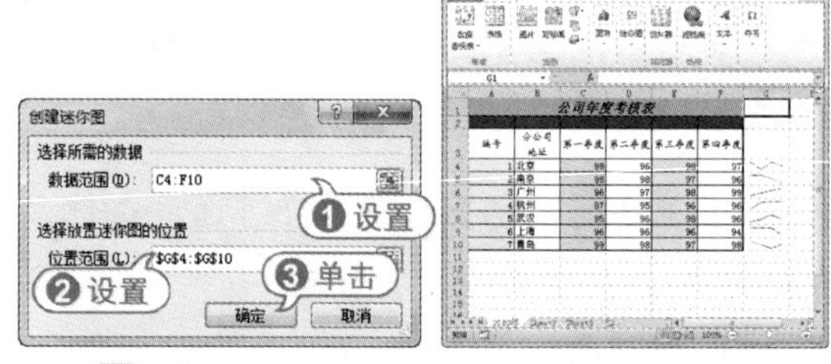

05 在快速访问工具栏中单击【保存】按钮，保存创建的迷你图。

7.4.2 编辑迷你图

在创建迷你图后，用户可以对其进行编辑，如在迷你图中显示数据点、应用迷你图样式和设置标记颜色等，使迷你图更为美观。

【例 7-18】打开现有【公司考核】工作簿，编辑迷你图。

视频+素材 (实例源文件\第 07 章\例 7-18)

01 启动 Excel 2010 应用程序，打开【公司考核】工作簿的【2010 年】工作表。

02 打开【开始】选项卡，在【单元格】选项组中单击【格式】按钮，选择【列宽】命令，打开【列宽】对话框。

03 在【列宽】文本框中输入 20，单击【确定】按钮，即可调节列宽。

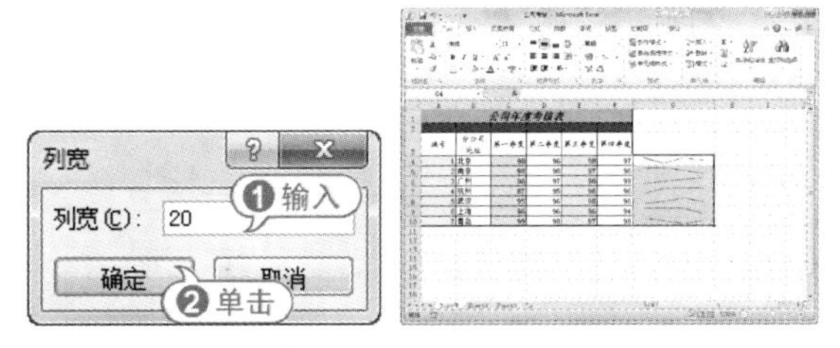

04 选取 G4:G10 单元格区域，打开【迷你图工具】的【设计】选项卡，在【显示】选项组中选中【高点】、【低点】和【标记】复选框，显示数据点。

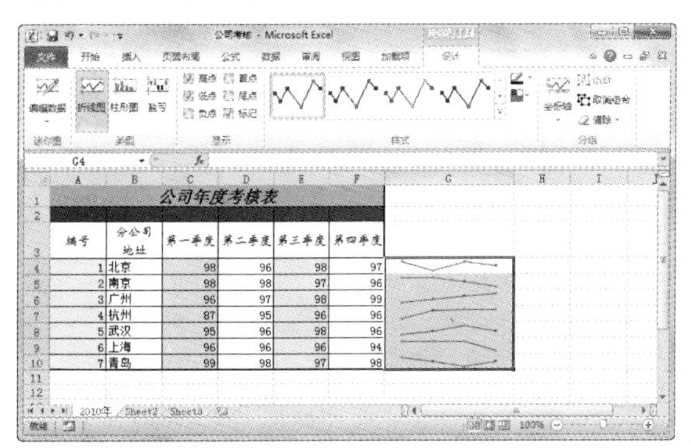

05 在【迷你图工具】的【设计】选项卡的【样式】选项组中单击【其他】按钮，从弹出的库列表中选择第 2 行第 3 列样式，应用该样式。

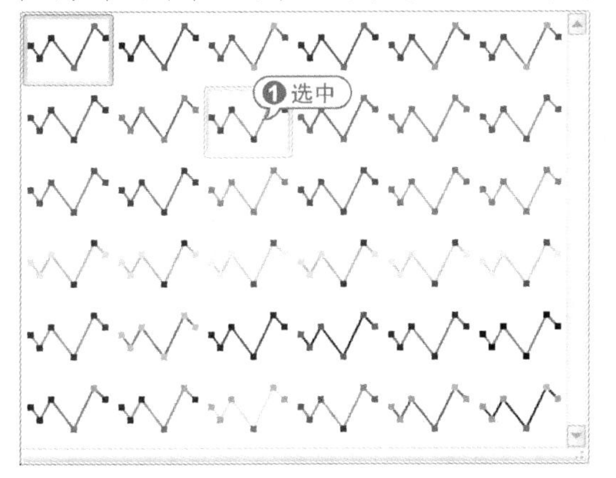

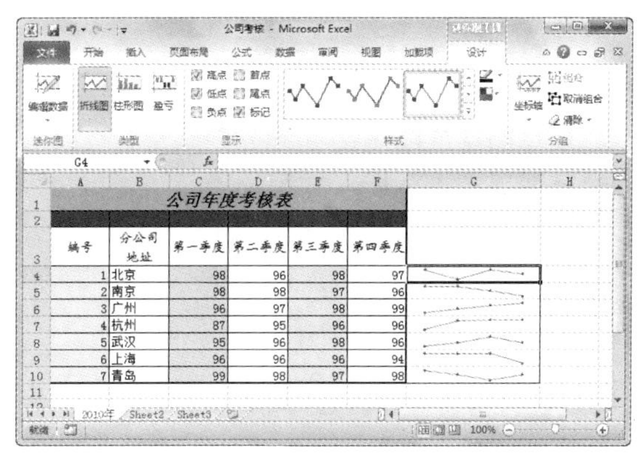

06 在【迷你图工具】的【设计】选项卡的【样式】选项组中单击【标记颜色】按钮，从弹出的菜单中选择【高点】命令，在弹出的颜色面板选择【红色】色块，此时迷你图的最高点的标记显示为红色。

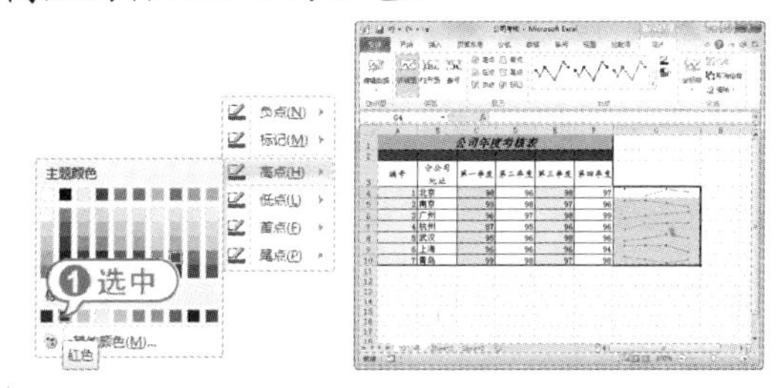

07 使用同样的方法，设置最低点的标记颜色为【深蓝】。

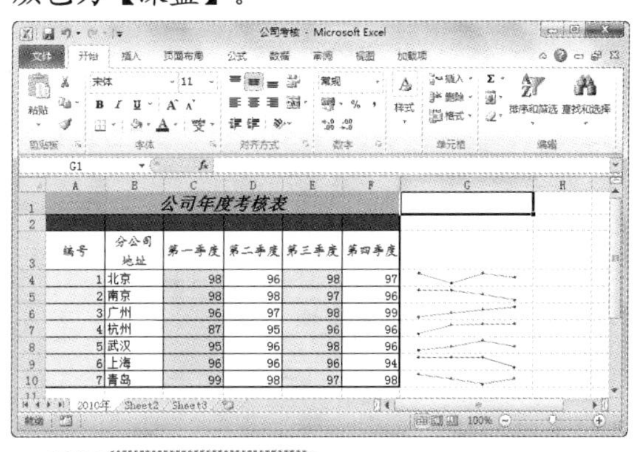

专家解读

在【迷你图工具】的【格式】选项卡的【样式】选项组中单击【迷你图颜色】按钮，从弹出的颜色面板中可以设置迷你图的颜色。

08 在快速访问工具栏中单击【保存】按钮，保存【公司考核】工作簿。

7.5 实战演练

本章的实战演练部分通过创建【工程款汇总】工作簿，练习使用公式、函数计算表格中的数据，从而巩固本章所学知识。

【例 7-19】创建【工程款汇总】工作簿，在其中输入数据，并计算数据。

视频 + 素材 (实例源文件\第 07 章\例 7-19)

01 启动 Excel 2010 应用程序，创建一个名为【工程款汇总】的工作簿，在 Sheet1 工作表中输入数据，并设置单元格格式。

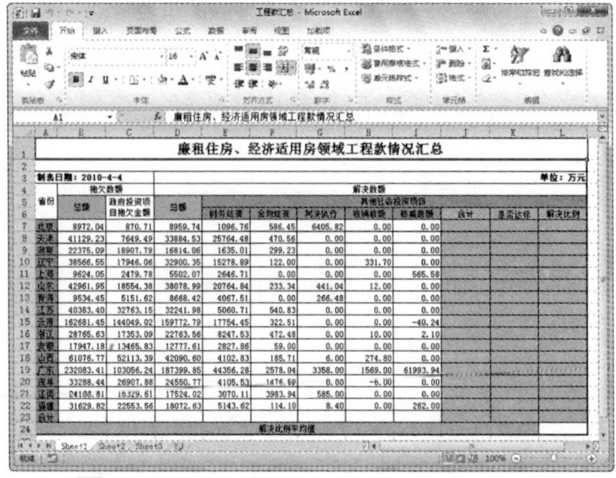

02 选定 J7 单元格，在编辑栏中输入公式“=E7+F7+G7+H7+I7”，按下 Enter 键，J7 单元格显示公式计算结果。

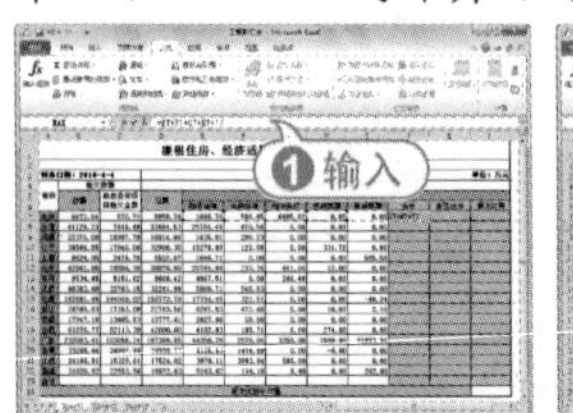

03 选定 J7 单元格，将光标移至 K7 单元格的右下方，当指针变为+形状时，按住左键并向下拖动至 J22 单元格。

04 选定 L7 单元格，在单元格中输入公式“=J7/(B7-C7)”，按下 Enter 键，此时，L7 单元格显示计算的数据。

05 选定 L7 单元格，将光标移至 L7 单元格的右下方，当鼠标指针变为+形状时，按住左键并向下拖动至 L22 单元格，释放鼠标后完成相对引用的操作。

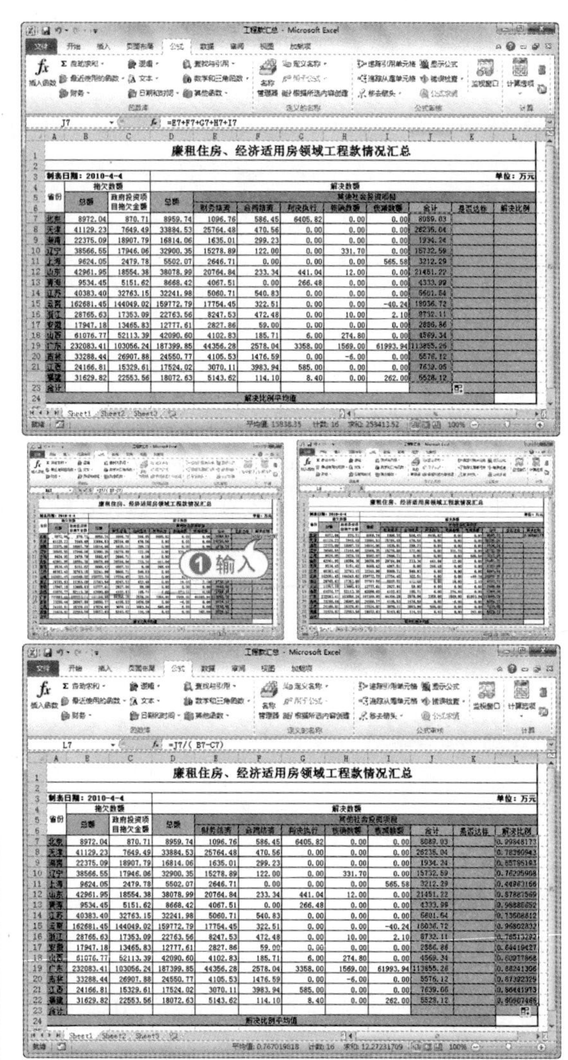

06 选定列 L，在【开始】选项卡的【单元格】选项组中单击【格式】按钮，在弹出的菜单中选择【设置单元格格式】命令，打【设置单元格格式】对话框。

07 打开【数字】选项卡，在【分类】列表框中选择【百分比】选项，在【小数位数】微调框中输入 2，单击【确定】按钮，此时列 L 中的数据将以百分比的形式显示。

08 选定 B23 单元格，打开【公式】选项卡，在【函数库】选项组中单击【数学和三角函数】按钮，在弹出的菜单中选择 SUM 命令，打开【函数参数】对话框。

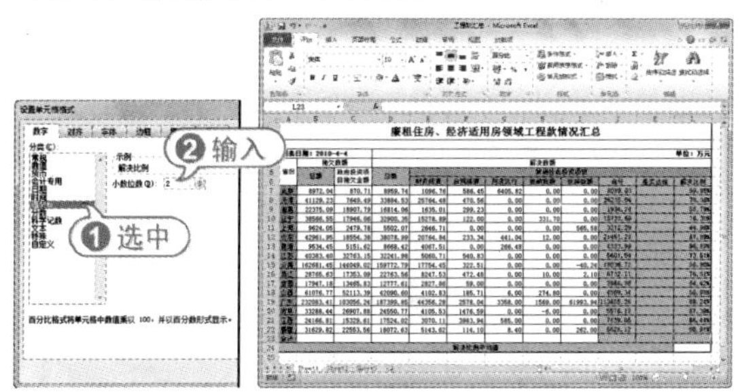

09 在 SUM 选项区域的 Number1 文本框中输入 B7:B22，单击【确定】按钮，即可在 B23 单元格中显示计算结果。

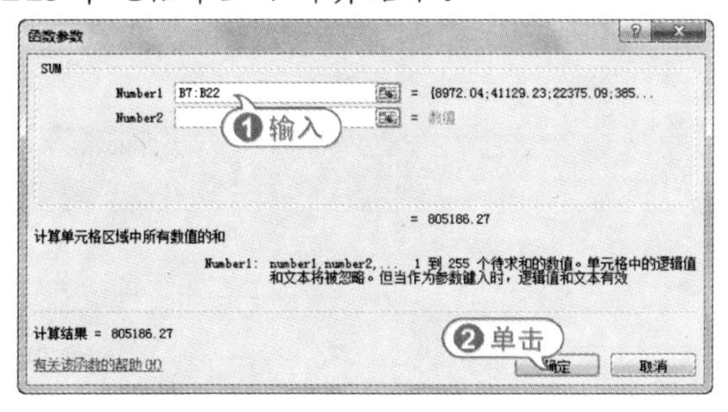

10 选定 B23 单元格，将光标移至 B23 单元格的右下方，当鼠标指针变为+形状时，按住左键并向下拖动至 J23 单元格，释放鼠标后完成相对引用的操作。

11 选定 K7 单元格，打开【公式】选项卡，在【函数库】选项组中单击【逻辑】按钮，在弹出的菜单中选择 IF 命令，打开条件函数的【函数参数】对话框。

12 在 IF 选项区域的 Logical_test 文本框中输入 L7>85.00%，在 Value_if_true 文本框中输入“是”，在 Value_if_false 文本框中输入“否”。

13 单击【确定】按钮，即可通过条件函数在 K7 单元格中显示是否达标。

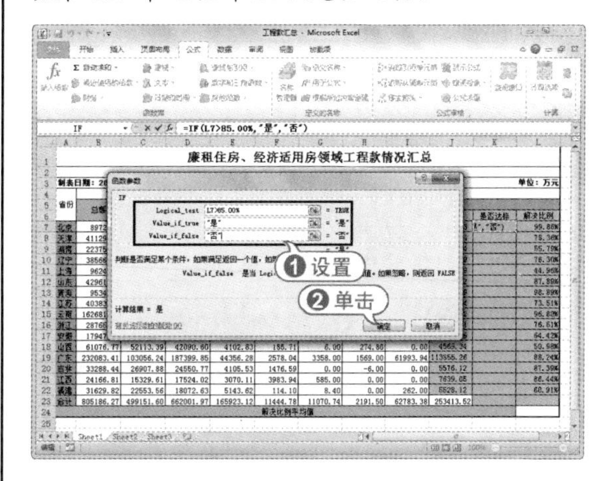

14 通过相对引用功能，复制条件函数至 K7:K22 单元格区域。

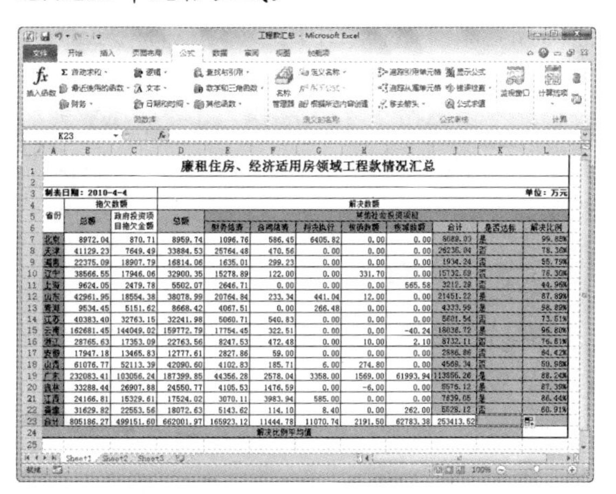

15 选定 L24 单元格，在【公式】选项卡的【函数库】选项组中单击【其他函数】按钮，在弹出的菜单中选择【统计】| AVERAGE 命令，打开【函数参数】对话框。

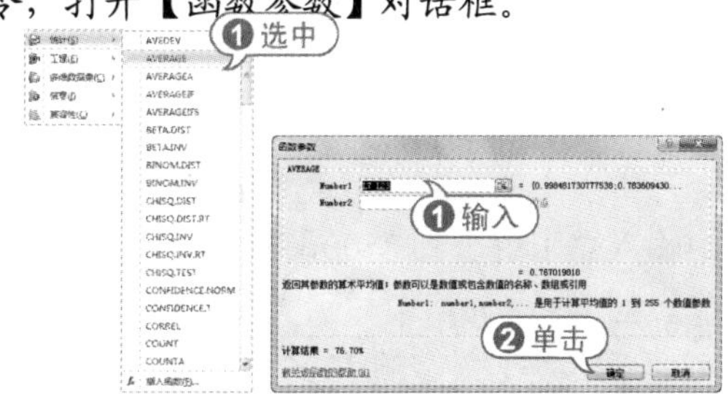

16 单击按钮，返回到工作表中选取作为函数参数的单元格区域 L7:L22。

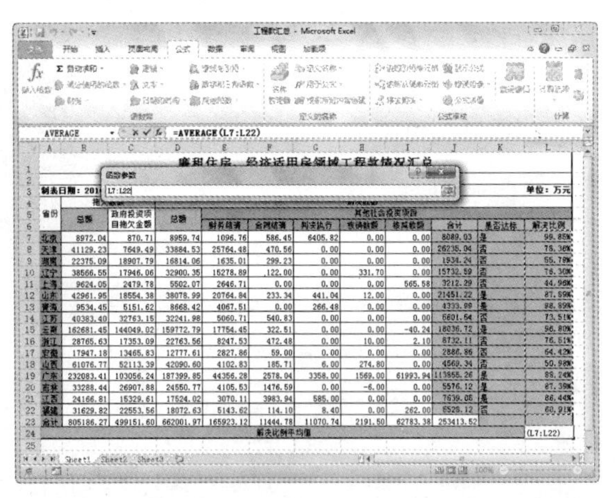

17 单击按钮，展开【函数参数】对话框，单击【确定】按钮，完成平均值的计算。

18 在快速访问工具栏中单击【保存】按钮，保存【工程款汇总】工作簿。

7.6 专家指点

一问一答

问：如何通过工作表中的单元格名称快速计算出数据结果？

答：首先选定要定义名称的单元格区域(包含标题单元格)，打开【公式】选项卡，在【定义的名称】选项组中单击【根据所选内容创建】按钮，打开【以选定区域创建名称】对话框，选中【首行】复选框，单击【确定】按钮，即可根据所选内容创建名称。然后选定要显示计算结果的单元格区域，在编辑栏中输入公式“=(第一季度+第二季度+第三季度+第四季度)/4”，按 Ctrl+Enter 组合键，即可在单元格区域中显示计算结果。

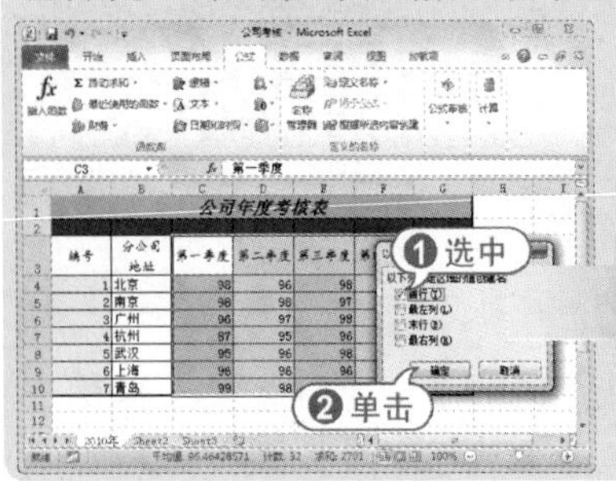

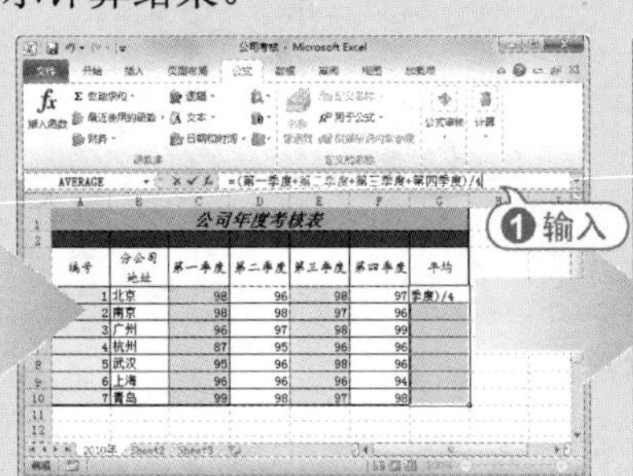

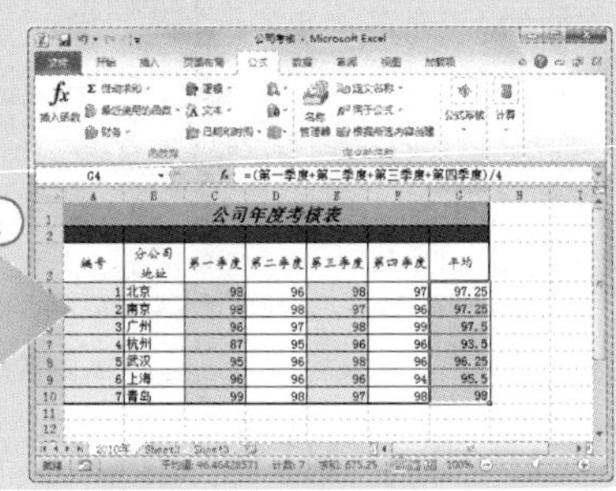

一问一答

问：如何进行三维引用？

答：三维引用是对跨工作表或工作簿中的两个工作表或多个工作表中的单元格或单元格区域的引用。三维引用的形式为“工作表!单元格地址”。例如，在某一工作簿的 Sheet1 工作表的 F3 单元格中输入总工资金额 3500，在 Sheet2 工作表的 C3 单元格中输入保险金额 174，然后在 Sheet2 工作表的 D3 单元格中显示实发工资金额，可以输入公式“=Sheet1!F3- Sheet2!C3”，按 Enter 键，即可显示实发工资金额 3326。

第8章 分析与管理数据

在 Excel 2010 中，不仅可以对表格中的数据进行排序、筛选、汇总等操作，而且能够能将各种数据建成统计图表，以便更好地将所处理的数据直观地表现出来。另外，还可以创建数据透视表与数据透视图，帮助用户更容易地分析和管理电子表格中的数据。

对应光盘视频

例 8-1 简单排序数据
例 8-2 自定义排序数据
例 8-3 自动筛选数据
例 8-4 自定义筛选数据
例 8-5 高级筛选数据
例 8-6 创建分类汇总
例 8-7 隐藏与显示分类汇总结果
例 8-8 创建图表
例 8-9 调整图表位置和大小
例 8-10 布局图表
例 8-11 添加趋势线
例 8-12 添加误差线
例 8-13 创建数据透视表
例 8-14 编辑数据透视表
例 8-15 使用切片器筛选报表
本章其他视频文件参见配套光盘

8.1 数据排序

数据排序是指按一定规则对数据进行整理、排列，这样可以为数据的进一步处理作好准备。Excel 2010 的数据排序包括简单排序、自定义排序等。

8.1.1 简单排序

对工作表中的数据按某一字段进行排序时，如果按照单列的内容进行排序，可以直接通过【开始】选项卡的【编辑】选项组完成排序操作。如果要对多列内容排序，则需要在【数据】选项卡中的【排序和筛选】选项组中进行操作。

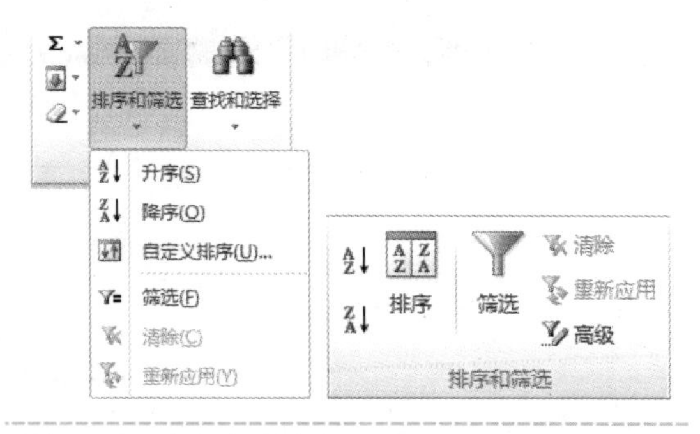

【例 8-1】在【吉利商场员工工资统计】工作簿中，设置按【业绩】降序排列表格中的数据。
视频 + 素材 (实例源文件\第 08 章\例 8-1)

01 启动 Excel 2010 应用程序，打开【吉利商场员工工资统计】工作簿的【3 月份工资】工作表，选取 B4:I18 单元格区域，按 Ctrl+C 快捷键复制单元格内容。

02 打开 Sheet2 工作表，选取 B2:I16 单元格区域，按 Ctrl+V 快捷键粘贴单元格内容。

03 在【开始】选项卡单击【数字】对话框启动器按钮，打开【设置单元格格式】对话框的【边框】选项卡，在【线条样式】列表框中选择一种样式，单击【外边框】按钮，为表格添加外边框。

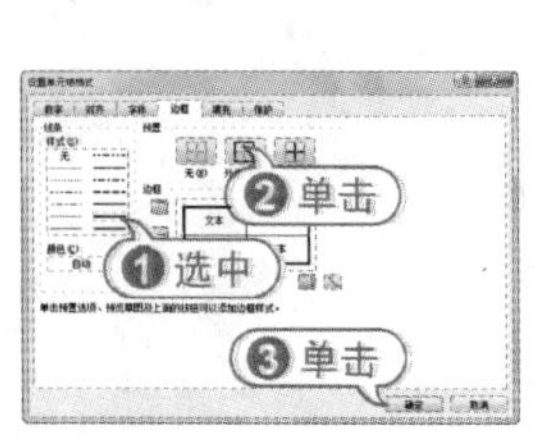

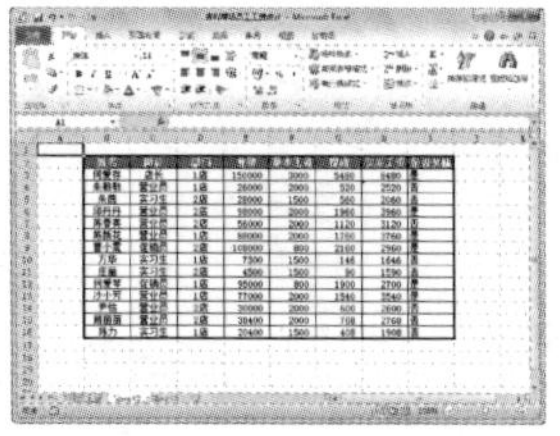

04 选取【业绩】所在的 E2:E16 单元格区域，打开【数据】选项卡，在【排序和筛选】选项组中单击【降序】按钮。

05 打开【排序提醒】对话框，选中【扩展选定区域】单选按钮，单击【排序】按钮。

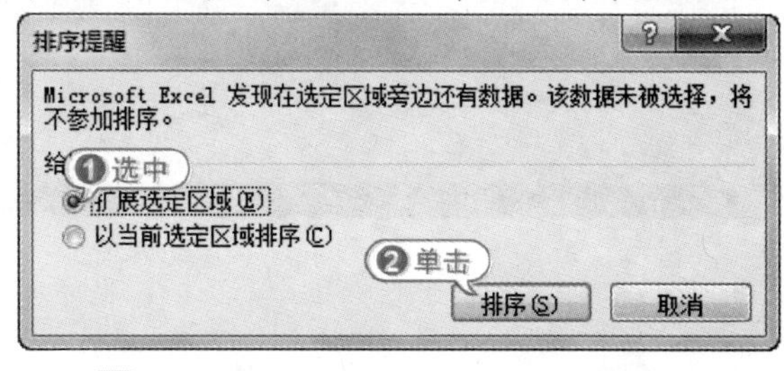

06 返回工作簿窗口，即可设置按照业绩从高到低的顺序重新排列 Sheet2 工作表中的数据。

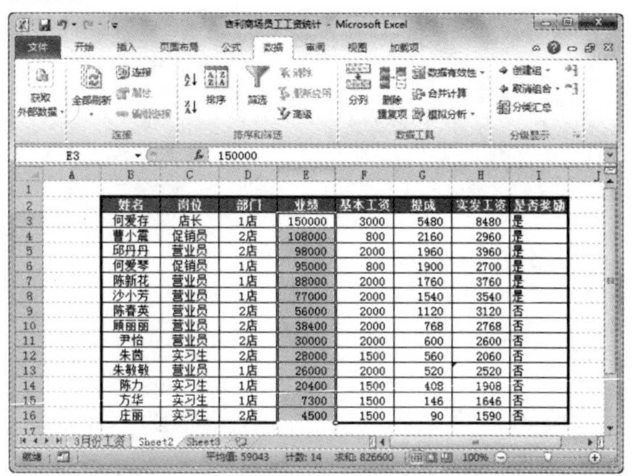

07 按 Ctrl+S 快捷键，保存【吉利商场员工工资统计】工作簿。

经验谈

使用【升序】进行排列时，如果排序的对象是数字，则从最小的负数到最大的正数进行排序；如果对象是文本，则按英文字母 A~Z 的顺序进行排序；如果对象是逻辑值，则按 FLASE 值在 TRUE 值前的方式进行排序，空格排在最后。使用【降序】进行降序排列，其结果与升序排序结果相反。

8.1.2 自定义排序

在使用简单排序时，只能使用一个排序条件。因此，当使用简单排序后，表格中的数据可能仍然没有达到用户的排序需求。这时，用户可以设置多个排序条件，例如，当排序值相等时，可以参考第二个排序条件进行排序。

【例 8-2】在【吉利商场员工工资统计】工作簿中，设置按基本工资金额从低到高排序表格数据，如果金额相同，则按业绩从低到高排序。
视频+素材 (实例源文件\第 08 章\例 8-2)

01 启动 Excel 2010，打开【吉利商场员工工资统计】工作簿的 Sheet2 工作表。

02 打开【数据】选项卡，在【排序和筛选】选项组中，单击【排序】按钮。

03 打开【排序】对话框，在【主要关键字】下拉列表框中选择【基本工资】选项，在【排序依据】下拉列表框中选择【数值】选项，在【次序】下拉列表框中选择【升序】选项。

专家解读

若要删除已经添加的排序条件，则在【排序】对话框中选择该排序条件，然后单击上方的【删除条件】按钮即可。单击【选项】按钮，可以打开【排序选项】对话框，在其中可以设置排序方法。当添加多个排序条件后，可以单击对话框上方的上下箭头按钮，调整排序条件的主次顺序。

04 单击【添加条件】按钮，添加新的排序条件。在【次要关键字】下拉列表框中选择【提成】选项，在【排序依据】下拉列表框中选择【数值】选项，在【次序】下拉列表框中选择【升序】选项，单击【确定】按钮。

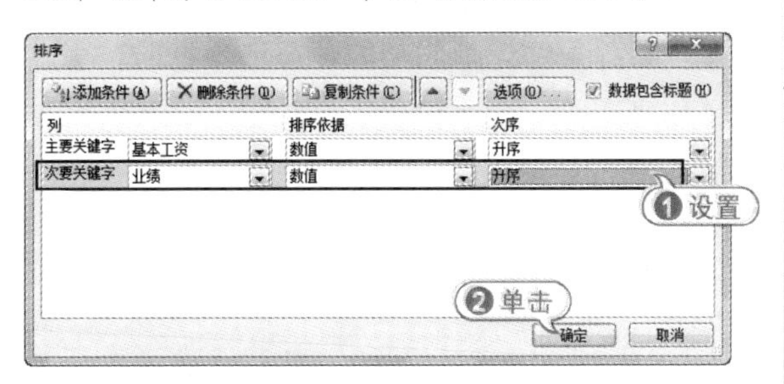

05 返回工作簿窗口，即可按照自定义的排序条件对表格中的数据进行排序。

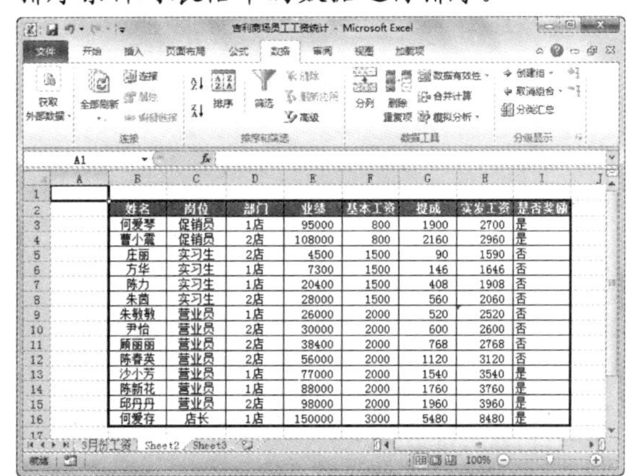

姓名	岗位	部门	业绩	基本工资	提成	实发工资	是否奖励
何爱琴	促销员	1店	95000	800	1900	2700	是
曹小震	促销员	2店	108000	800	2160	2960	是
庄丽	实习生	2店	4500	1500	90	1590	否
方华	实习生	1店	7300	1500	146	1646	否
陈力	实习生	1店	20400	1500	408	1908	否
朱茵	实习生	2店	28000	1500	560	2060	否
朱敏敏	营业员	1店	26000	2000	520	2520	否
尹怡	营业员	2店	30000	2000	600	2600	否
顾丽丽	营业员	2店	38400	2000	768	2768	否
陈春英	营业员	2店	56000	2000	1120	3120	否
沙小芳	营业员	1店	77000	2000	1540	3540	是
陈新花	营业员	1店	88000	2000	1760	3760	是
邱丹丹	营业员	2店	98000	2000	1960	3960	是
何爱存	店长	1店	150000	3000	5480	8480	是

06 按 Ctrl+S 快捷键，保存排序后的工作表数据。

经验谈

默认情况下，排序时把第 1 行作为标题栏，不参与排序。在 Excel 2010 中，多条件排序可以设置 64 个关键词。另外，若表格中有多个合并的单元格或者空白行，而且单元格的大小不一样，则会影响 Excel 2010 的排序功能。

8.2 数据筛选

数据筛选功能是一种用于查找特定数据的快速方法。经过筛选后的数据只显示包含指定条件的数据行，以供用户浏览、分析。

8.2.1 自动筛选

使用 Excel 2010 提供的自动筛选功能，可以快速筛选表格中的数据。自动筛选为用户提供了从具有大量记录的数据清单中快速查找符合某种条件记录的功能。筛选数据时，字段名称将变成一个下拉列表框的框名。

【例 8-3】在【吉利商场员工工资统计】工作簿中，自动筛选出业绩最高的 5 条记录。

视频+素材 (实例源文件\第 08 章\例 8-3)

01 启动 Excel 2010，打开【吉利商场员工工资统计】工作簿的 Sheet2 工作表。

02 打开【数据】选项卡，在【排序和筛选】选项组中单击【筛选】按钮，进入筛选模式。

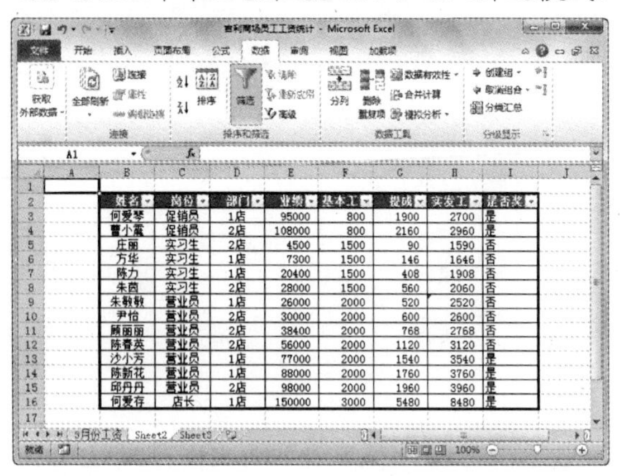

03 单击【业绩】单元格旁边的倒三角按钮，在弹出的菜单中选择【数字筛选】|【10 个最大的值】命令。

04 打开【自动筛选前 10 个】对话框，在【最大】右侧的微调框中输入 5，单击【确定】按钮。

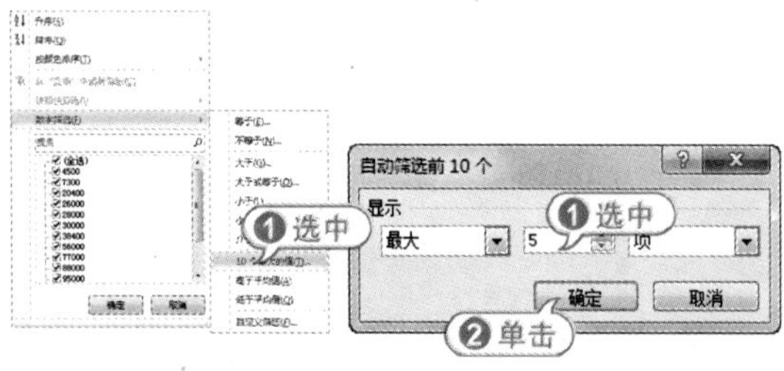

05 返回工作簿窗口，即可显示筛选出的业绩最高的 5 条记录。

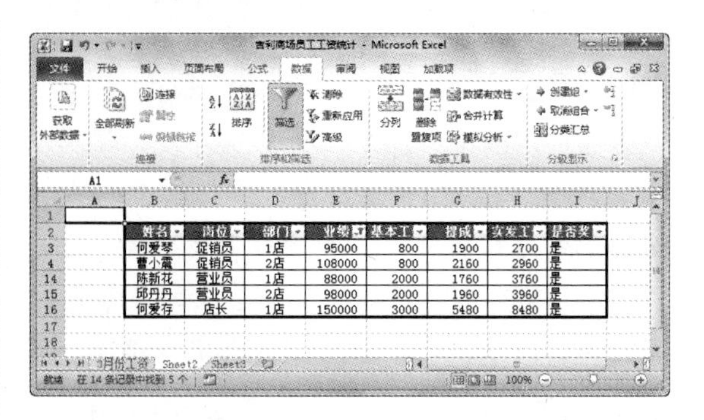

06 在快速访问工具栏中单击【保存】按钮，保存【吉利商场员工工资统计】工作簿。

专家解读

如果要清除筛选设置，单击筛选条件单元格旁边的按钮，在弹出的菜单中选择相应的清除筛选命令即可。

8.2.2 自定义筛选

使用 Excel 2010 中自带的筛选条件，可以快速完成对数据的筛选操作。当自带的筛选条件无法满足需要时，用户可以根据需要自定义筛选条件。

【例 8-4】在【吉利商场员工工资统计】工作簿中，自定义筛选出实发工资在 3000~5000 元之间的记录。

视频+素材 (实例源文件\第 08 章\例 8-4)

01 启动 Excel 2010，打开【吉利商场员工工资统计】工作簿的 Sheet2 工作表。

02 打开【数据】选项卡，在【排序和筛选】选项组中单击【筛选】按钮，进入筛选模式。

03 单击【实发工资】单元格右侧下拉按钮，在弹出的菜单中选择【数字筛选】|【介于】命令，打开【自定义自动筛选方式】对话框。

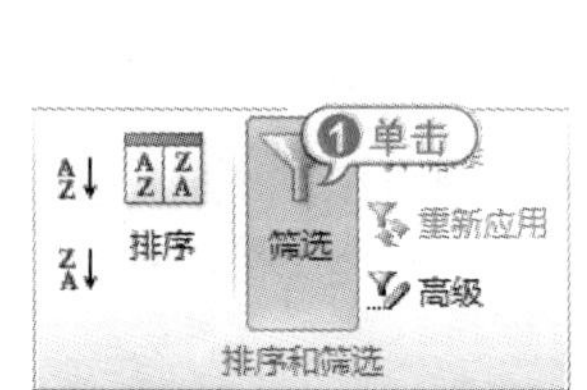

专家解读

选择【数字筛选】|【自定义筛选】命令，也可以打开【自定义自动筛选方式】对话框。

04 在【大于或等于】文本框中输入 3000，在【小于或等于】文本框中输入 5000，单击【确定】按钮。

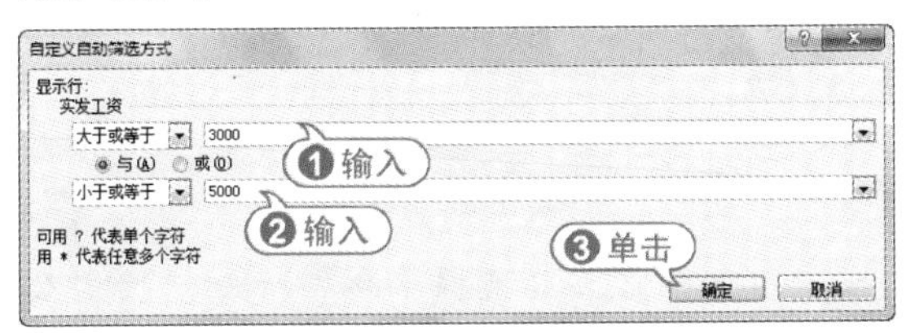

05 返回工作簿窗口，Excel 自动筛选出实发工资在 3000~5000 元之间的记录。

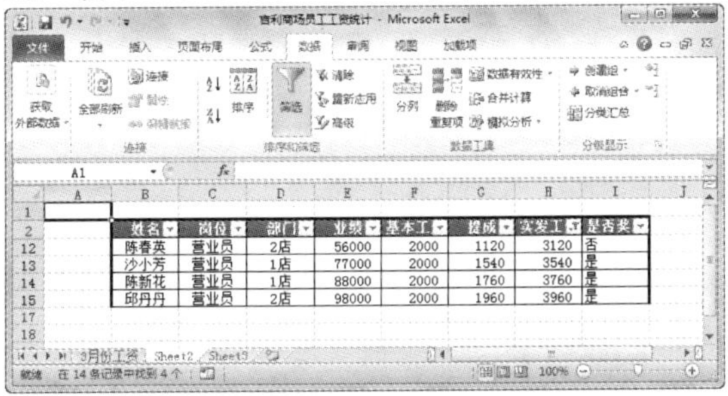

姓名	岗位	部门	业绩	基本工	提成	实发工	是否奖
陈春英	营业员	2店	56000	2000	1120	3120	否
沙小芳	营业员	1店	77000	2000	1540	3540	是
陈新花	营业员	1店	88000	2000	1760	3760	是
邱丹丹	营业员	2店	98000	2000	1960	3960	是

06 在快速访问工具栏中单击【保存】按钮，保存筛选后的工作表。

8.2.3 高级筛选

如果数据清单中的字段比较多，筛选的条件也比较多，自定义筛选的操作将十分麻烦。对筛选条件较多的情况，可以使用高级筛选功能来处理。

使用高级筛选功能，必须先建立一个条件区域，用来指定筛选的数据所需满足的条件。条件区域的第一行是所有作为筛选条件的字段名，这些字段名与数据清单中的字段名必须完全一致。条件区域的其他行则是筛选条件。需要注意的是，条件区域和数据清单不能连接，必须用一个空行将其隔开。

【例 8-5】在【吉利商场员工工资统计】工作簿中，使用高级筛选功能筛选出实发工资大于 2000 元的实习生的记录。

视频 + 素材 (实例源文件\第 08 章\例 8-5)

01 启动 Excel 2010，打开【吉利商场员工工资统计】工作簿的 Sheet2 工作表。

02 在 A18:B19 单元格区域中输入筛选条件，【岗位】等于【实习生】，【实发工资】大于 2000。

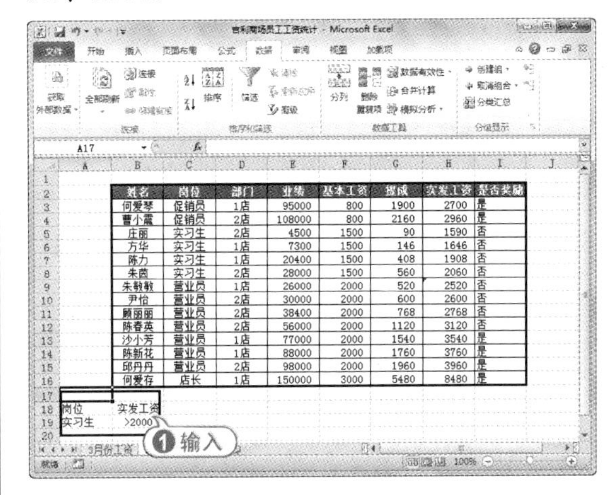

姓名	岗位	部门	业绩	基本工资	提成	实发工资	是否奖励
何爱琴	促销员	1店	95000	800	1900	2700	是
曹小震	促销员	2店	108000	800	2160	2960	是
庄丽	实习生	2店	4500	1500	90	1590	否
方华	实习生	1店	7300	1500	146	1646	否
陈力	实习生	1店	20400	1500	408	1908	否
朱茵	实习生	2店	28000	1500	560	2060	否
朱敏敏	营业员	1店	26000	2000	520	2520	否
尹怡	营业员	2店	30000	2000	600	2600	否
顾丽丽	营业员	2店	38400	2000	768	2768	否
陈春英	营业员	2店	56000	2000	1120	3120	否
沙小芳	营业员	1店	77000	2000	1540	3540	是
陈新花	营业员	1店	88000	2000	1760	3760	是
邱丹丹	营业员	2店	98000	2000	1960	3960	是
何爱存	店长	1店	150000	3000	5480	8480	是

03 在表格中选择 B2:I16 单元格区域，然后打开【数据】选项卡，在【排序和筛选】选项组中单击【高级】按钮。

04 打开【高级筛选】对话框，单击【条件区域】文本框后的按钮，返回工作簿窗口，选择之前输入筛选条件的 A18:B19 单元格区域。

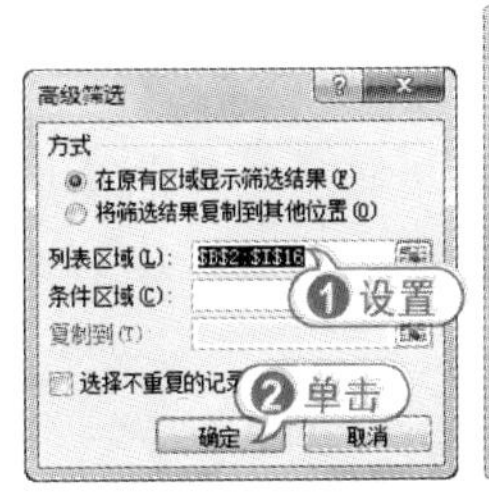

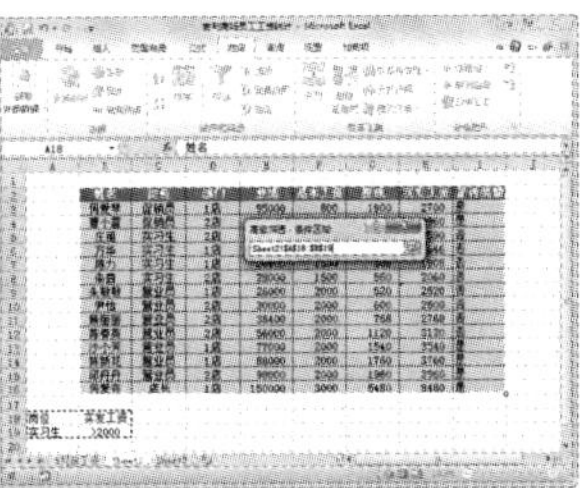

专家解读

在【高级筛选】对话框中，若选中【将筛选结果复制到其他位置】单选按钮，则可以在下面的【复制到】文本框中输入要将筛选结果插入工作表中的位置。

05 单击[按钮图标]按钮，展开【高级筛选】对话框，可以查看选定的列表区域与条件区域。

06 单击【确定】按钮，返回工作簿窗口，筛选出实发工资大于2000元的实习生的数据。

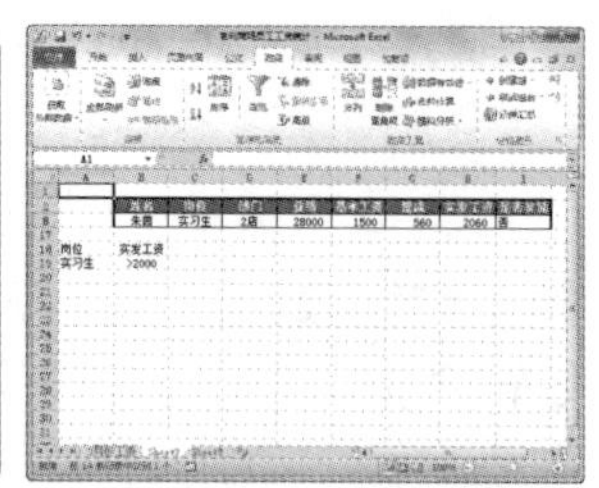

07 在快速访问工具栏中单击【保存】按钮[保存图标]，保存高级筛选后的工作表。

经验谈

用户在对工作表中的表格数据进行筛选或者排序操作后，如果想要清除操作重新显示工作表的全部数据内容，则在【数据】选项卡的【排序和筛选】选项组中单击【清除】按钮即可。

8.3 分类汇总

分类汇总是对数据清单进行数据分析的一种方法。分类汇总对数据库中指定的字段进行分类，然后统计同一类记录的有关信息。统计的内容可以由用户指定，也可以统计同一类记录的记录条数，还可以对某些数值段求和、求平均值、求极值等。

8.3.1 创建分类汇总

Excel 2010 可以在数据清单中自动计算分类汇总及总计值。用户只需指定需要进行分类汇总的数据项、待汇总的数值和用于计算的函数(例如，求和函数)即可。如果要使用自动分类汇总，工作表必须组织成具有列标志的数据清单。在创建分类汇总之前，用户必须先根据需要进行分类汇总的数据列对数据清单排序。

【例 8-6】在【吉利商场员工工资统计】工作簿中，要求将表中的数据按部门排序后分类，并汇总各部门的总业绩额。

视频 + 素材 (实例源文件\第 08 章\例 8-6)

01 启动 Excel 2010 应用程序，打开【例 8-2】排序后的【吉利商场员工工资统计】工作簿的 Sheet2 工作表。

02 选定【部门】列，打开【数据】选项卡，在【排序和筛选】选项组中单击【降序】按钮，对【部门】进行分类排序。

03 选定任意一个单元格，打开【数据】选项卡，在【分级显示】选项组中单击【分类汇总】按钮，打开【分类汇总】对话框。

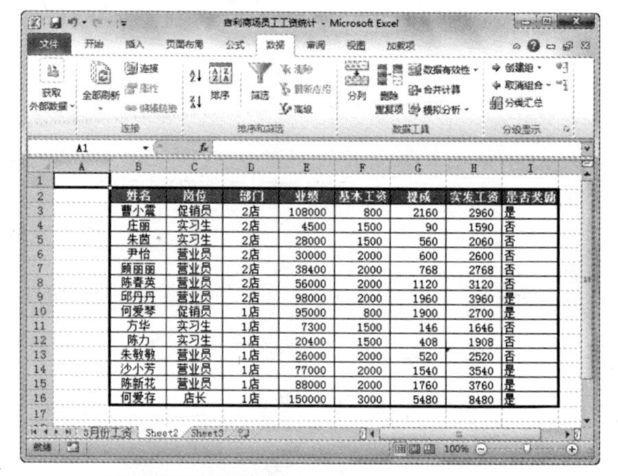

姓名	岗位	部门	业绩	基本工资	提成	实发工资	是否奖励
曹小震	促销员	2店	108000	800	2160	2960	是
庄丽	实习生	2店	4500	1500	90	1590	否
朱茵	实习生	2店	28000	1500	560	2060	否
尹怡	营业员	2店	30000	2000	600	2600	否
顾丽丽	营业员	2店	38400	2000	768	2768	否
陈春英	营业员	2店	56000	2000	1120	3120	否
邱丹丹	营业员	2店	98000	2000	1960	3960	是
何爱琴	促销员	1店	95000	800	1900	2700	是
方华	实习生	1店	7300	1500	146	1646	否
陈力	实习生	1店	20400	1500	408	1908	否
朱敏敏	营业员	1店	26000	2000	520	2520	否
沙小芳	营业员	1店	77000	2000	1540	3540	是
陈新花	营业员	1店	88000	2000	1760	3760	是
何爱存	店长	1店	150000	3000	5480	8480	是

专家解读

在分类汇总前，最好对数据进行排序操作，使得分类字段的同类数据排列在一起，否则在执行分类汇总操作后，Excel 2010 只会对连续相同的数据进行汇总。

04 在【分类字段】下拉列表框中选择【部门】选项；在【汇总方式】下拉列表框中选择【求和】选项；在【选定汇总项】列表框中选中【业绩】复选框；选中【替换当前分类汇总】与【汇总结果显示在数据下方】复选框，最后单击【确定】按钮。

CHAPTER 08

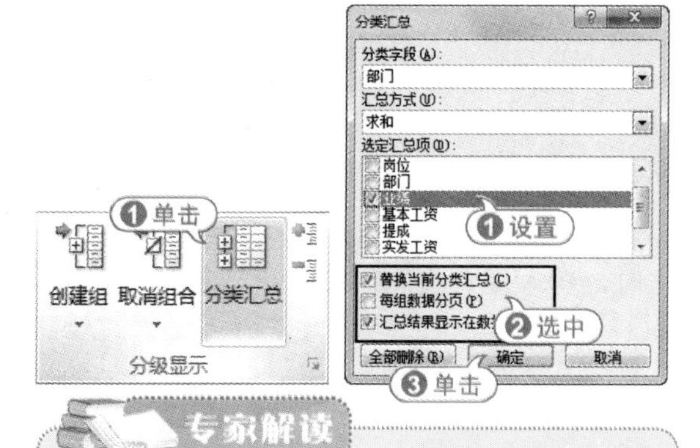

专家解读

若要删除分类汇总，则可以在【分类汇总】对话框中单击【全部删除】按钮即可。

05 返回工作簿窗口，即可查看表格的分类汇总后的效果。

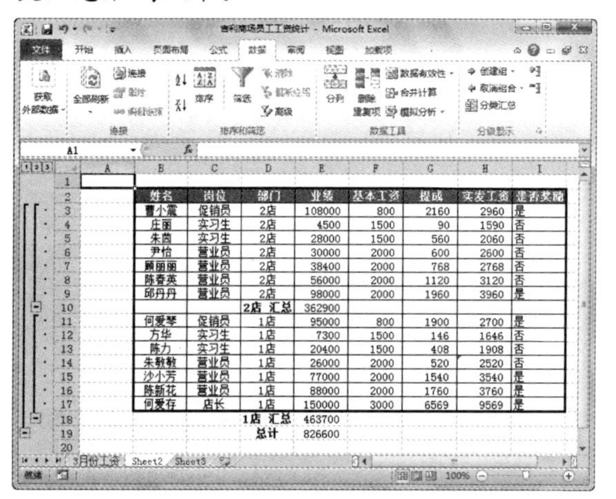

06 在快速访问工具栏中单击【保存】按钮，保存高级筛选后的工作表。

8.3.2 隐藏与显示分类汇总

为了方便查看数据，可将分类汇总后暂时不需要使用的数据隐藏，减小界面的占用空间。当需要查看时，再将其显示。

【例 8-7】在【例 8-2】排序后的【吉利商场员工工资统计】工作簿中，隐藏除汇总外的所有分类数据，然后显示 2 店的详细数据。视频

01 启动 Excel 2010 应用程序，打开分类汇总后的【吉利商场员工工资统计】工作簿的 Sheet2 工作表。

02 选定【2 店 汇总】所在的 D10 单元格，打开【数据】选项卡，在【分级显示】选项组中单击【隐藏明细数据】按钮，即可隐藏 2 店员工的详细记录。

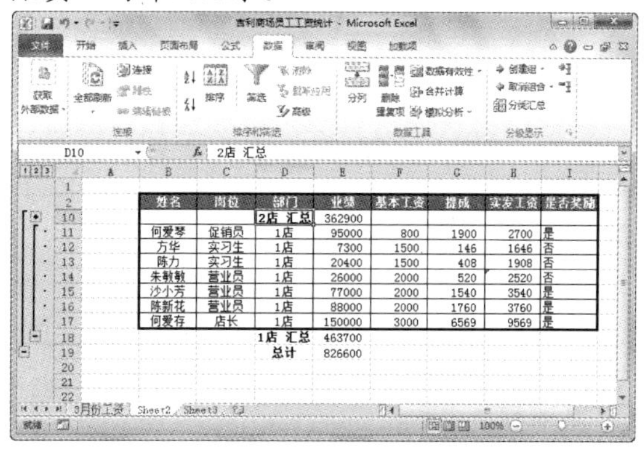

03 使用同样的方法，隐藏 1 店员工的详细记录。

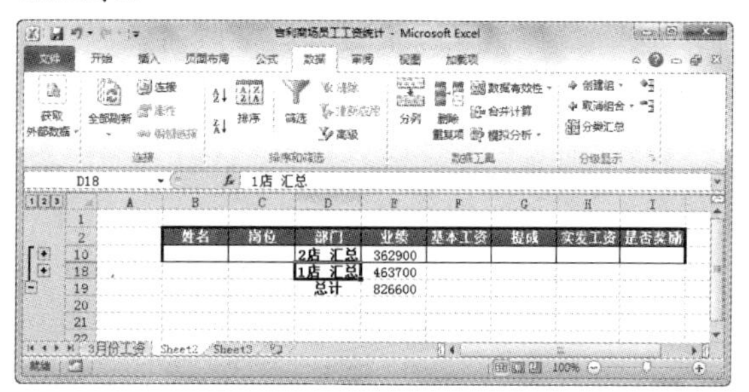

04 选定【2 店 汇总】所在的 D10 单元格，打开【数据】选项卡，在【分级显示】选项组中单击【显示明细数据】按钮，即可重新显示 2 店员工的详细数据。

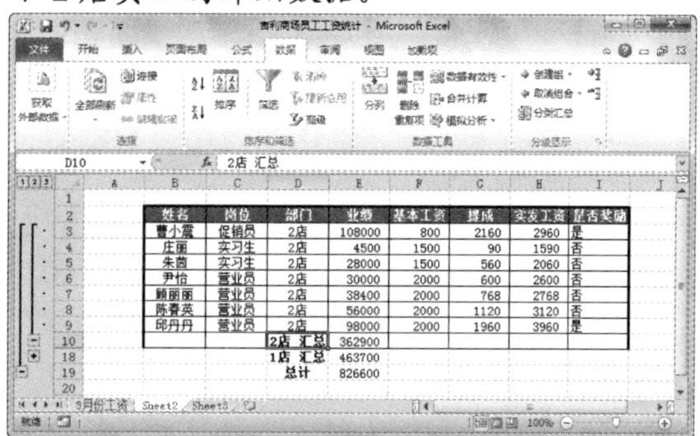

经验谈

单击分类汇总工作表左边列表树中的 +、- 符号按钮，同样可以实现显示与隐藏详细数据的操作。

8.4 使用图表

在 Excel 2010 中，为了能更加直观地表达表格中的数据，可将数据以图表的形式表示出来。使用图表，可以更直观地表现表格中数据的发展趋势或分布状况，方便对数据进行对比和分析。

8.4.1 图表概述

Excel 2010 提供了多种图表，如柱形图、折线图、饼图、条形图、面积图和散点图等，各种图表各有优点，适用于不同的场合。

- 柱形图：可直观地对数据进行对比分析以得出结果。在 Excel 2010 中，柱形图又可细分为二维柱形图、三维柱形图、圆柱图、圆锥图以及棱锥图。
- 折线图：折线图可直观地显示数据的走势情况。在 Excel 2010 中，折线图又分为二维折线图与三维折线图。
- 饼图：能直观地显示数据占有比例，而且比较美观。在 Excel 2010 中，饼图又可细分为二维饼图与三维饼图。
- 条形图：就是横向的柱形图，其作用也与柱形图相同，可直观地对数据进行对比分析。在 Excel 2010 中，条形图又可细分为二维条形图、三维条形图、圆柱图、圆锥图以及棱锥图。
- 面积图：能直观地显示数据的大小与走势范围，在 Excel 2010 中，面积图又可分为二维面积图与三维面积图。
- 散点图：可以直观地显示图表数据点的精确值，帮助用户对图表数据进行统计计算。

Excel 2010 包含两种样式的图表，嵌入式图表和图表工作表。嵌入式图表是将图表看作一个图形对象，并作为工作表的一部分进行保存；图表工作表是工作簿中具有特定工作表名称的独立工作表。在需要独立于工作表数据查看或编辑大而复杂的图表以及节省工作表上的屏幕空间时，就可以使用图表工作表。

无论是建立哪种图表，创建图表的依据都是工作表中的数据。当工作表中的数据发生变化时，图表便会更新。

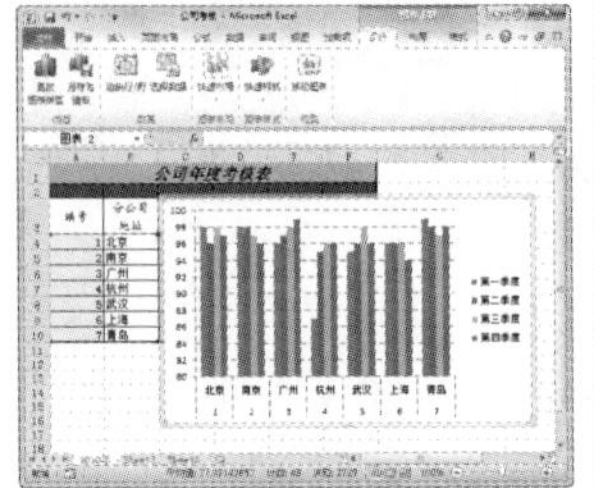

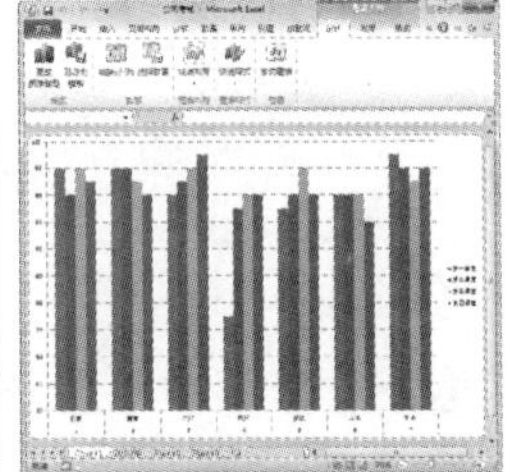

专家解读

图表的基本元素包括：图表区、绘图区、图表标题、数据系列、网格线和图例等。通常在与工作表数据一起显示或打印一个或多个图表时使用嵌入式图表。

8.4.2 创建图表

使用 Excel 2010 可以方便、快速地建立一个标准类型或自定义类型的图表。选择包含要用于图表的单元格，打开【插入】选项卡，在【插图】选项组中选择需要的图表样式，即可在工作表中插入图表。

【例 8-8】在【公司考核】工作簿中，使用工作表中的部分数据创建图表。

视频 + 素材 (实例源文件\第 08 章\例 8-8)

01 启动 Excel 2010 应用程序，打开【公司考核】工作簿的【2010 年】工作表。

02 在工作表中选定单元格区域 B3:F10，打开【插入】选项卡，在【图表】选项组中单击【条形图】下拉按钮，在弹出的菜单中选择【三维簇状条形图】选项。

03 此时三维簇状条形图将自动被插入到工作表中。

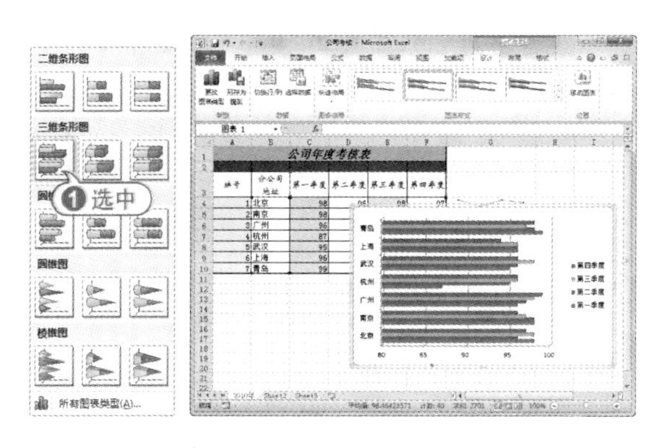

04 在快速访问工具栏中单击【保存】按钮，保存所创建的图表。

8.4.3 编辑图表

图表创建完成后，Excel 2010 会自动打开【图表工具】的【设计】、【布局】和【格式】选项卡，在其中可以设置图表位置和大小、图表样式、图表的布局等操作，还可以为图表添加趋势线和误差线。

1. 调整图表的位置和大小

在 Excel 2010 中，除了可以移动图表的位置外，还可以调整图表的大小。用户可以调整整个图表的大小，也可以单独调整图表中的某个组成部分的大小，如绘图区、图例等。

【例 8-9】在【公司考核】工作簿中，调整图表大小和位置。

视频+素材 (实例源文件\第 08 章\例 8-9)

01 启动 Excel 2010 应用程序，打开【公司考核】工作簿的【2010 年】工作表。

02 选定整个图表，按住鼠标左键并拖动图表，将虚线位置移动到合适的位置。释放鼠标，即可移动图表至虚线位置。

03 打开【图表工具】的【格式】选项卡，在【大小】选项组中的【形状高度】和【形状宽度】文本框中分别输入“6 厘米”和“15 厘米”，快速调节其大小。

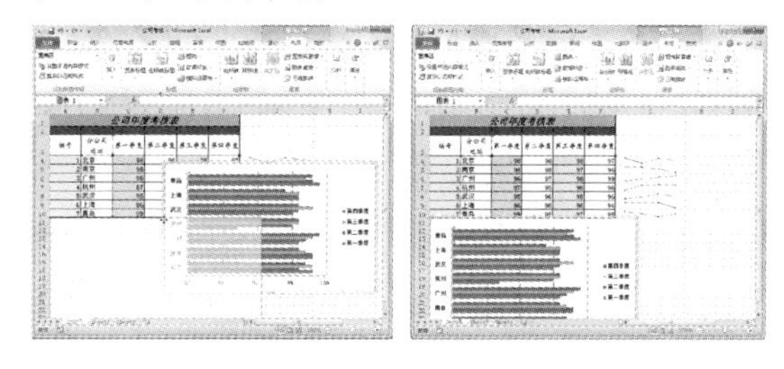

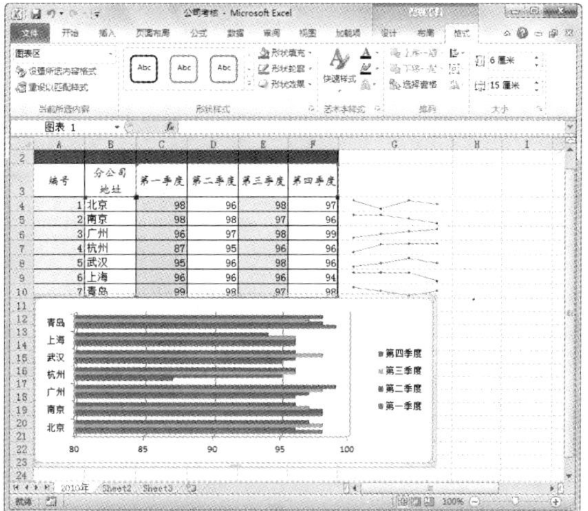

04 选中图表中的图例，在其边框上会出现 8 个控制柄，将光标移动至控制柄上，当其变为双箭头形状时按住鼠标左键并拖动，调整图例的大小。

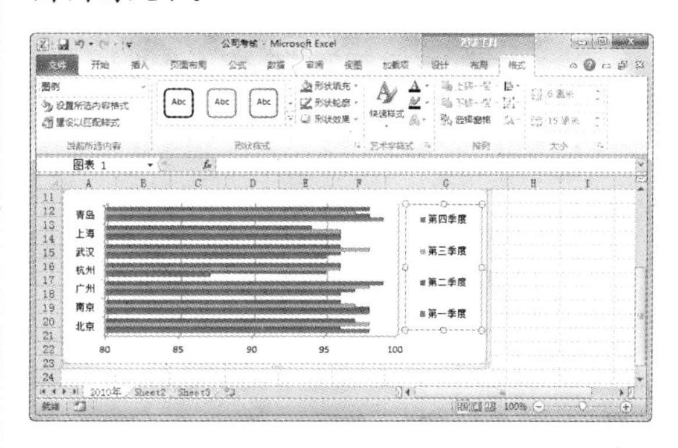

05 在快速访问工具栏中单击【保存】按钮，保存调整大小和位置后的图表工作簿。

经验谈

缩放整个图表时，其中的绘图区和图例也将随图表按比例进行相应的缩小或放大。

2. 设置图表样式

创建图表后，可以将 Excel 2010 的内置图表样式快速应用到图表中，无须手动添加或更改图表元素的相关设置。

选定图表区，打开【图表工具】的【设计】选项卡，在【图表样式】选项组中单击【其他】按钮，打开 Excel 2010 的内置图表样式列表，选择一种样式，如选择【样式 18】选项，即可将其应用到图表中。

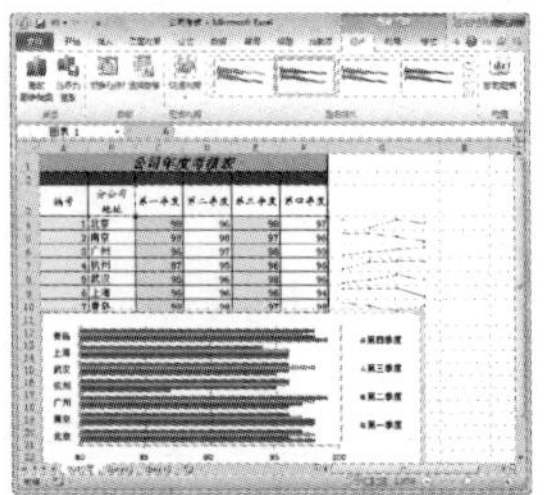

3. 设置图表布局

在【图表工具】的【布局】选项卡中可以完成设置图表的标签、坐标轴、背景等操作。

【例 8-10】在【公司考核】工作簿中布局图表。
视频 + 素材 (实例源文件\第 08 章\例 8-10)

01 启动 Excel 2010 应用程序，打开【公司考核】工作簿的【2010 年】工作表。

02 选中图表，打开【图表工具】的【布局】选项卡，在【标签】选项组中单击【图表标题】按钮，从弹出的菜单中选择【居中覆盖标题】命令，在图表中添加图表标题。

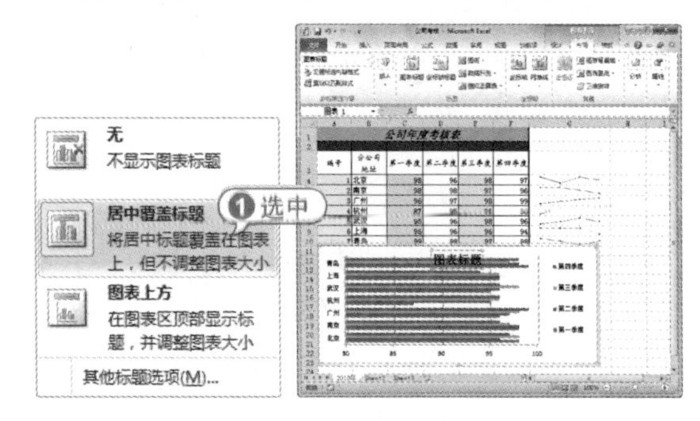

03 在【图表标题】文本框中输入文本“公司考核分析表”。

04 在【标签】选项组中单击【数据标签】按钮，从弹出的菜单中选择【显示】命令，即可在数据条中显示数据标签。

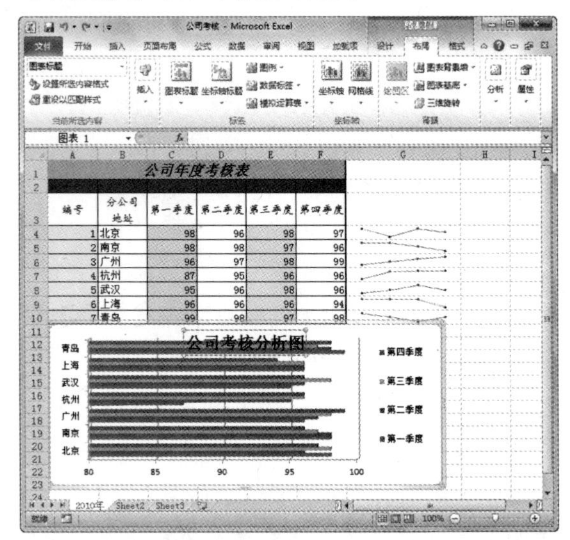

> **专家解读**
>
> 如果需要设置图表标题的字体格式，则直接在【字体】选项组中或浮动工具栏进行设置。

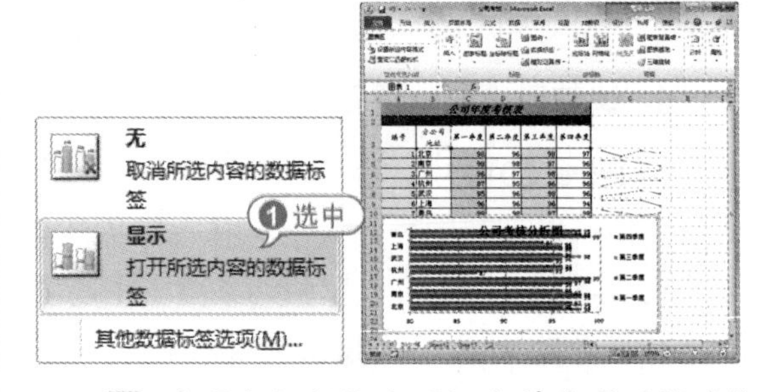

05 在【坐标轴】选项组中单击【网格线】按钮，从弹出的菜单中选择【主要横网格线】|【主要网格线】命令，为图表添加网格线。

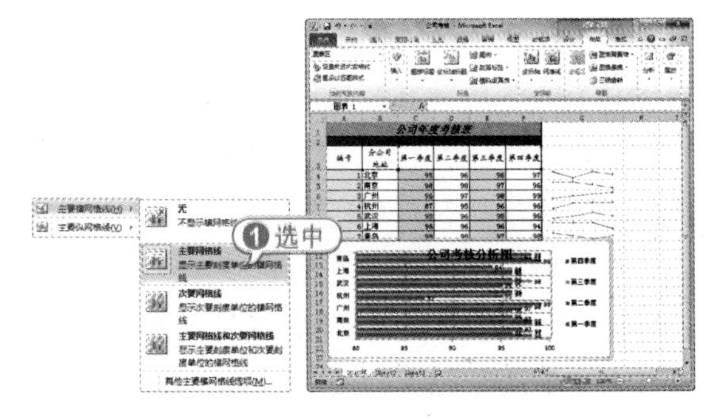

06 右击图表区，从弹出的快捷菜单中选

择【设置图表区格式】命令，打开【设置图表区格式】对话框。

07 打开【填充】选项卡，选中【纯色填充】单选按钮，在【填充颜色】选项区域中单击【颜色】按钮，从弹出的颜色面板中选择【橙色，强调文字颜色 6，淡色 40%】颜色。

08 单击【关闭】按钮，即可为图表区填充背景色。

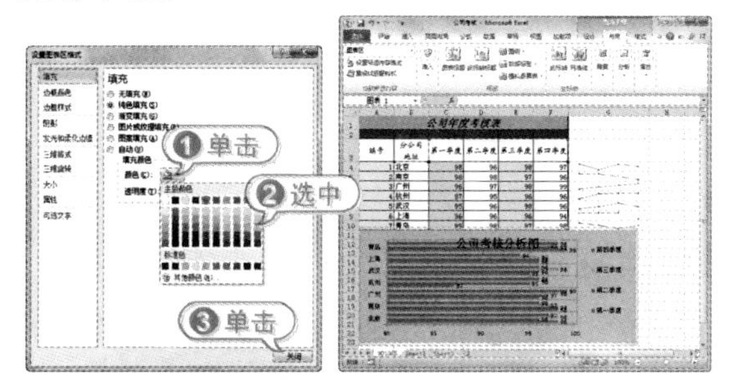

09 在快速访问工具栏中单击【保存】按钮，保存布局后的图表工作簿。

4. 添加趋势线

运用图表进行回归分析时，可以在图表中添加趋势线来显示数据的变化趋势。

专家解读

只有柱形图、条形图、折线图、XY 散点图、面积图和气泡图的二维图表，才能添加趋势线，三维图表无法添加趋势线。

【例 8-11】在【公司考核】工作簿的图表中添加趋势线。

视频 + 素材 (实例源文件\第 08 章\例 8-11)

01 启动 Excel 2010 应用程序，打开【公司考核】工作簿的【2010 年】工作表。

02 打开【图表工具】的【设计】选项卡，在【类型】选项组中单击【更改图表类型】按钮，打开【更改图表类型】对话框。

03 在【更改图表类型】对话框中选中一种三维条形图，单击【确定】按钮，更改图表的类型。

04 打开【图表工具】的【布局】选项卡，在【分析】选项组中单击【趋势线】按钮，从弹出的菜单中选择【线性趋势线】命令。

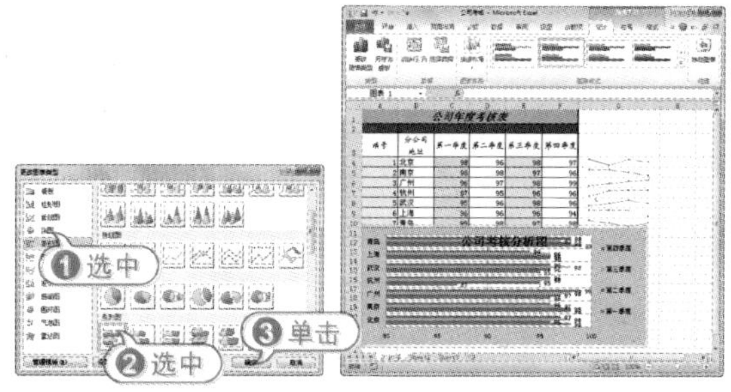

05 打开【添加趋势线】对话框，选择【第三季度】选项，单击【确定】按钮，即可为图表添加第三季度的趋势线。

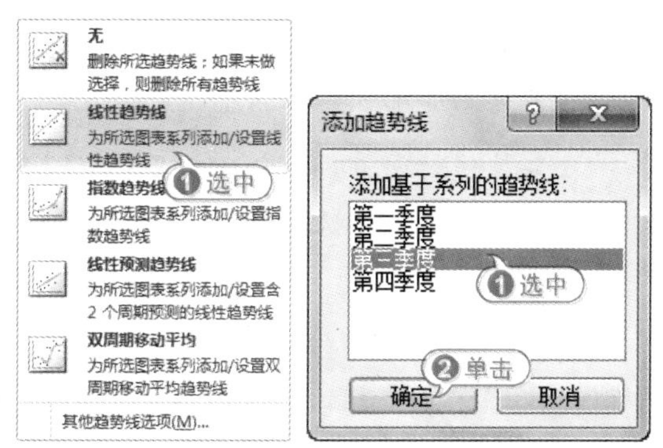

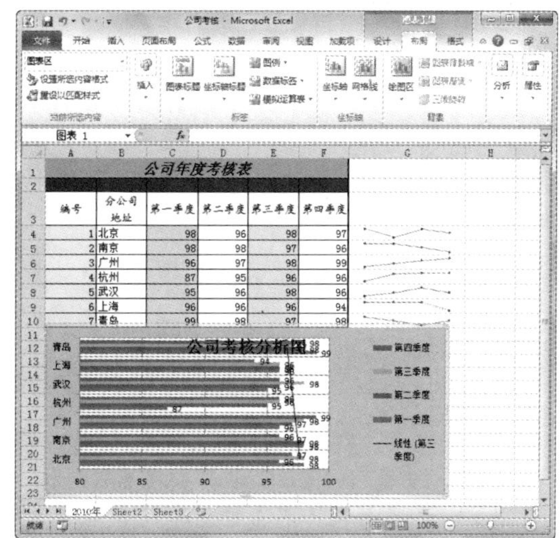

06 选中趋势线，打开【图表工具】的【格式】选项卡，在【形状样式】选项组中单击【其他】按钮。

07 在弹出的形状样式列表框选择一种橙色线型样式，即可为趋势线应用该样式。

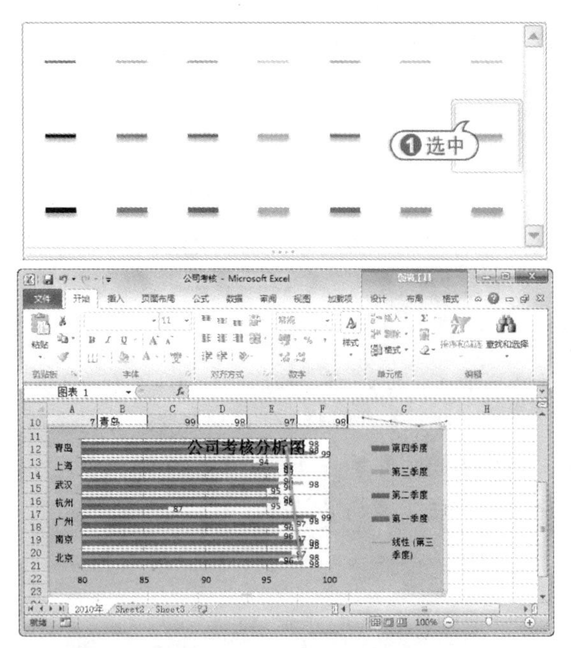

08 在快速访问工具栏中单击【保存】按钮，保存添加趋势线后的图表工作簿。

5. 添加误差线

运用图表进行回归分析时，如果需要表现数据的潜在误差，则可以为图表添加误差线。

专家解读

并不是所有的图表都可以添加误差线的，只有柱形图、条形图、折线图、XY 散点图、面积图和气泡图的二维图表，才能添加误差线。

【例 8-12】在【公司考核】工作簿的图表中添加误差线。

视频 + 素材 (实例源文件\第 08 章\例 8-12)

01 启动 Excel 2010 应用程序，打开【公司考核】工作簿的【2010 年】工作表。

02 打开【图表工具】的【布局】选项卡，在【分析】选项组中单击【误差线】按钮 误差线▾，从弹出的菜单中选择【标准误差误差线】命令，即可添加误差线。

03 在图表的绘图区中，单击第四季中的误差线，选中误差线。打开【图表工具】的【格式】选项卡，在【形状样式】选项组中单击【形状轮廓】按钮，从弹出的【标准色】中选择【红色】色块，为误差线填充颜色。

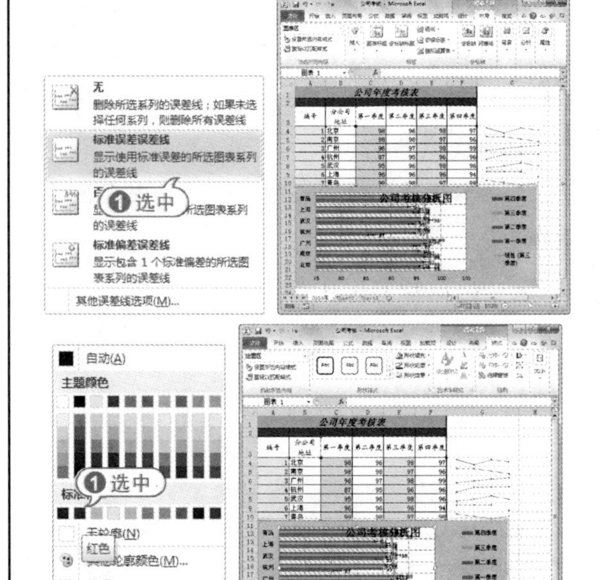

04 使用同样的方法，设置其他季度下的误差线的填充颜色。

05 选中标题文本框，将其移动到合适的位置。

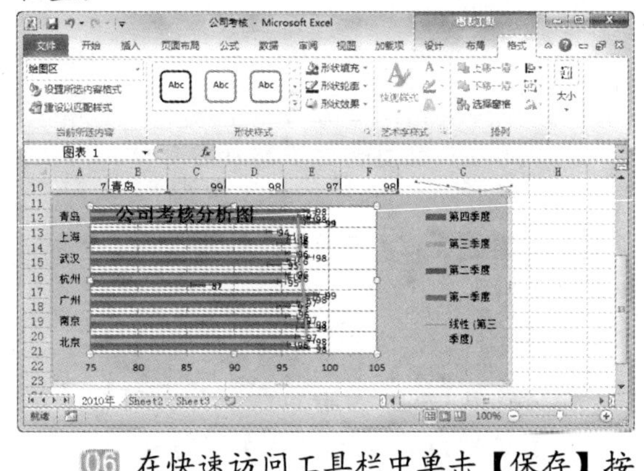

06 在快速访问工具栏中单击【保存】按钮，保存添加误差线后的图表工作簿。

经验谈

如果要删除添加的误差线，则在【图表工具】的【布局】选项卡的【分析】选项组中单击【误差线】按钮，从弹出的菜单中选择【无】命令即可。

8.5 数据透视表

Excel 2010 提供了一种简单、形象、实用的数据分析工具——数据透视表及数据透视图，可以生动、全面地对数据清单重新组织和统计数据。

8.5.1 创建数据透视表

数据透视表是一种对大量数据快速汇总和建立交叉列表的交互式表格，它不仅可以转换行和列以查看源数据的不同汇总结果，也可以显示不同页面以筛选数据或根据需要显示区域中的细节数据。

【例 8-13】在打开的【吉利商场员工工资统计】工作簿中，为【3 月份工资】工作表创建数据透视表。

视频 + 素材 (实例源文件\第 08 章\例 8-13)

01 启动 Excel 2010 应用程序，打开【吉利商场员工工资统计】工作簿的【3 月份工资】工作表。

02 打开【插入】选项卡，在【表格】选项组中单击【数据透视表】按钮，在弹出的菜单中选择【数据透视表】命令，打开【创建数据透视表】对话框。

03 在【请选择要分析的数据】选项组中选中【选择一个表或区域】单选按钮，然后单击按钮，选定 B4:H18 单元格区域；在【选择放置数据透视表的位置】选项区域中选中【新工作表】单选按钮，单击【确定】按钮。

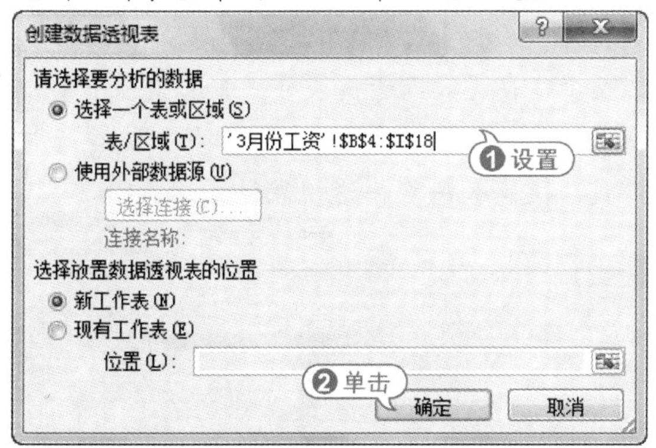

04 此时在工作簿中添加一个新工作表，同时插入数据透视表，并将新工作表命名为【数据透视表】。

05 在【数据透视表字段列表】窗格的【选择要添加到报表的字段】列表中选中【姓名】、【岗位】、【部门】和【实发工资】字段，并将它们分别拖动到对应的区域，完成数据透视表的布局设计。

06 在【数据透视表字段列表】任务窗格中调整布局后，数据透视表会及时更新。

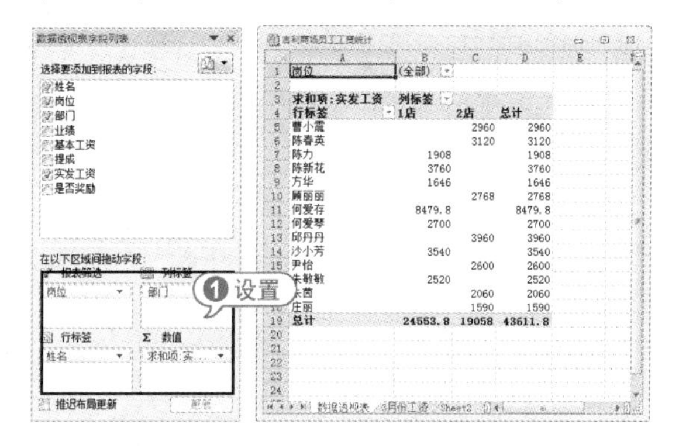

> **专家解读**
>
> 在 Excel 2010 工作表中创建数据透视表的步骤大致可分为两步：第一步是选择数据来源；第二步是设置数据透视表的布局。

07 单击【文件】按钮，在弹出的菜单中

选择【保存】命令，将【数据透视表】工作表保存。

8.5.2 编辑数据透视表

在创建数据透视表后，打开【数据透视表工具】的【选项】和【设计】选项卡，在其中可以对数据透视表进行编辑操作，如设置数据透视表的字段、布局数据透视表、设置数据透视表的样式等。

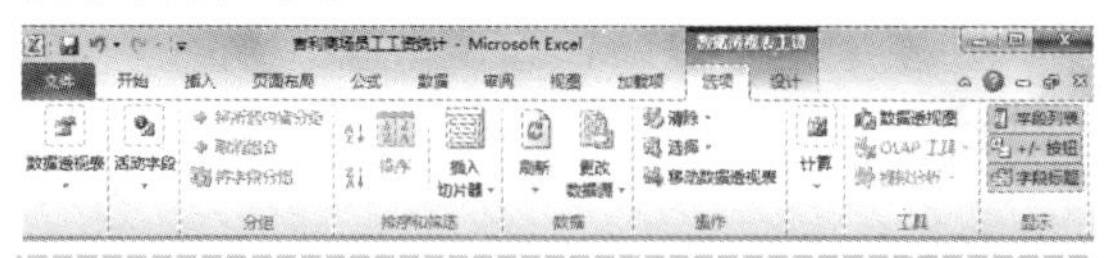

【例 8-14】在【吉利商场员工工资统计】工作簿中，编辑数据透视表。

视频 + 素材 (实例源文件\第 08 章\例 8-14)

01 启动 Excel 2010 应用程序，打开【吉利商场员工工资统计】工作簿的【数据透视表】工作表。

02 单击 B1 单元格旁的倒三角按钮，弹出字段下拉列表框，选择【实习生】选项，单击【确定】按钮。

03 此时即可在数据透视表中统计实习生的工资总额。

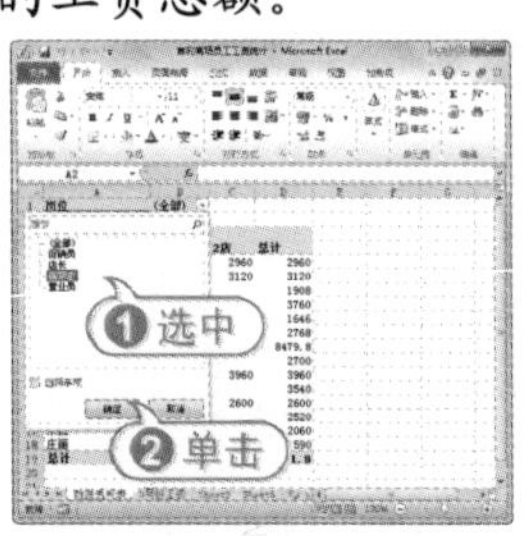

经验谈

在弹出的下拉列表框中，若选中【选择多项】复选框，则可以在数据透视表中显示多个系列的数据。

04 选定 A5 单元格，打开【数据透视表工具】的【选项】选项卡，在【活动字段】选项组中单击【展开整个字段】按钮，打开【显示明细数据】对话框。

05 在列表框中选择【岗位】选项，然后单击【确定】按钮，即可在行标签下显示【岗位】字段。

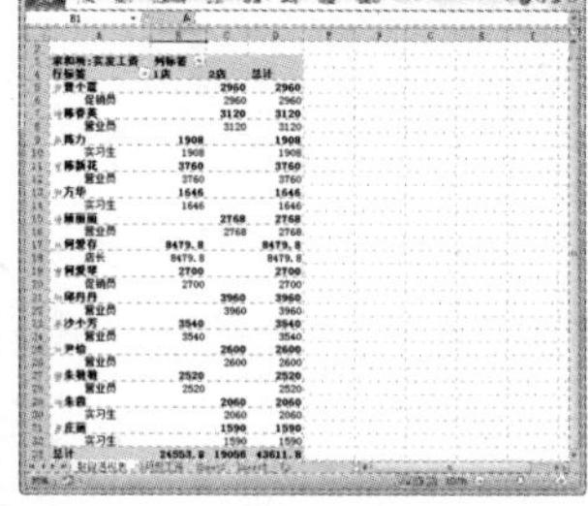

06 在【活动字段】选项组中单击【折叠整个字段】按钮，即可隐藏数据透视表中显示的详细字段。

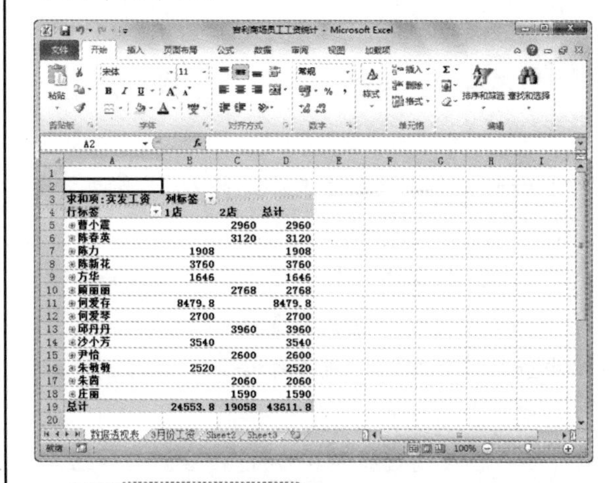

专家解读

单击行标签左边的⊟按钮，同样也可隐藏数据透视表中显示的详细字段。

07 打开【数据透视表工具】的【设计】选项卡，在【数据透视表样式】选项组中单击【其他】按钮，从弹出的列表框中选择一种样式，快速套用数据透视表样式。

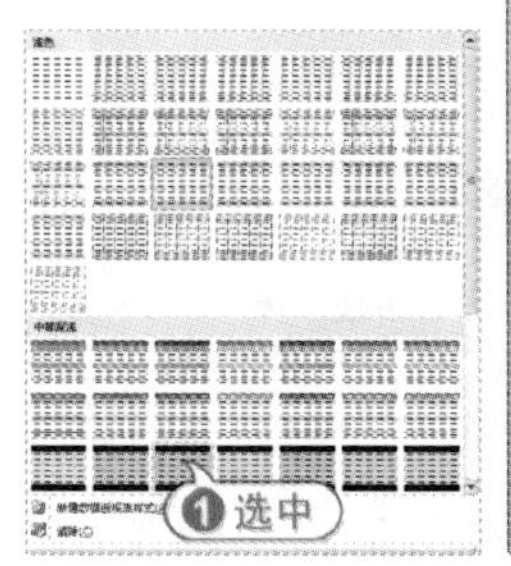

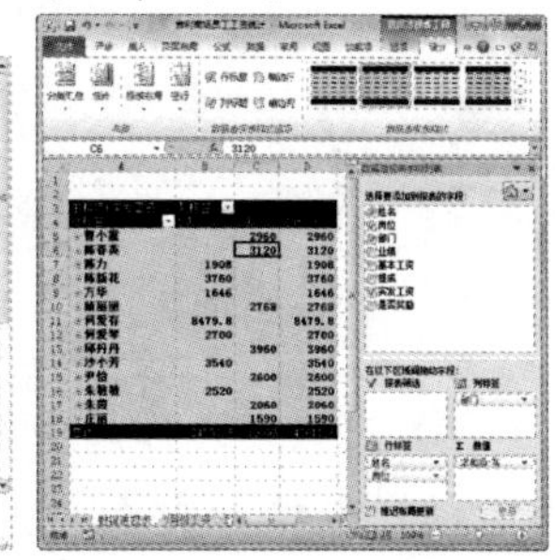

08 在【布局】选项组中单击【空行】按钮，从弹出的菜单中选择【在每个项目后插入空行】命令，可以在数据表中的各项数据之后插入一个空行。

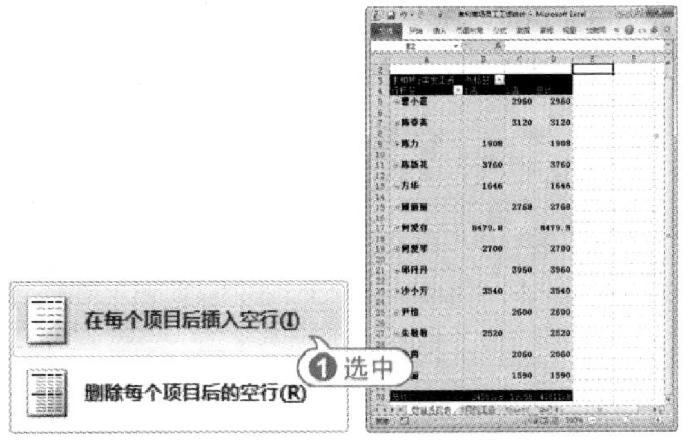

09 在快速访问工具栏中单击【保存】按钮，将编辑后的【数据透视表】工作表保存。

8.5.3 使用切片器筛选报表

切片器是 Excel 2010 新增的功能之一，使用它，可以方便地筛选出数据。单击切片器提供的按钮可以直接筛选数据透视表数据。

【例 8-15】在【吉利商场员工工资统计】工作簿的数据透视表中，插入切片器并进行筛选。

视频 + 素材 (实例源文件\第 08 章\例 8-15)

01 启动 Excel 2010 应用程序，打开【吉利商场员工工资统计】工作簿的【数据透视表】工作表。

02 选定 A5 单元格，打开【数据透视表工具】的【选项】选项卡，在【排序和筛选】选项组中单击【插入切片器】按钮，从弹出的菜单中选择【插入切片器】命令。

专家解读

在【排序和筛选】选项组中，同样像排序表格一样对数据透视表进行排序。

03 打开【插入切片器】对话框，选中【业绩】、【基本工资】和【提成】复选框，单击【确定】按钮。

04 此时在数据透视表中插入与所选字段相关联的切片器。

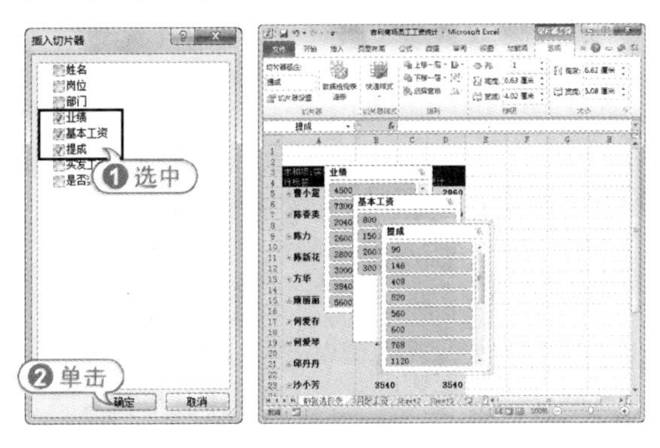

05 在【基本工资】切换器中单击 3000 选项，即可筛选出基本工资为 3000 元的记录。

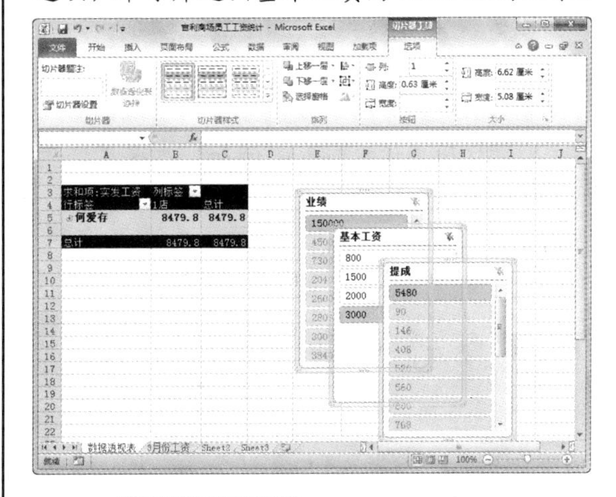

经验谈

插入切片器后，在功能区中自动打开【切片器工具】的【选项】选项卡，在其中可以设置切片器的样式、大小，以及其中按钮的大小。在此就不再介绍其设置方法，用户可以自行练习设置。

06 在【基本工资】切换器中单击【清除筛选器】按钮，即可清除对该字段的筛选。

07 在快速访问工具栏中单击【保存】按钮，保存插入的切片器。

8.5.4 创建数据透视图

数据透视图可以看作是数据透视表和图

表的结合，它以图形的形式表示数据透视表中的数据。在 Excel 2010 中，可以根据数据透视表快速创建数据透视图，从而更加直观地显示数据透视表中的数据，方便用户对其进行分析和管理。

【例 8-16】在【吉利商场员工工资统计】工作簿，根据数据透视表创建数据透视图。
视频 + 素材 (实例源文件\第 08 章\例 8-16)

01 启动 Excel 2010 应用程序，打开【吉利商场员工工资统计】工作簿的【数据透视表】工作表。

02 选定 A5 单元格，打开【数据透视表工具】的【选项】选项卡，在【工具】选项组中单击【数据透视图】按钮，打开【插入图表】对话框。

03 打开【柱形图】选项卡，选择【簇状圆柱图】选项，单击【确定】按钮。

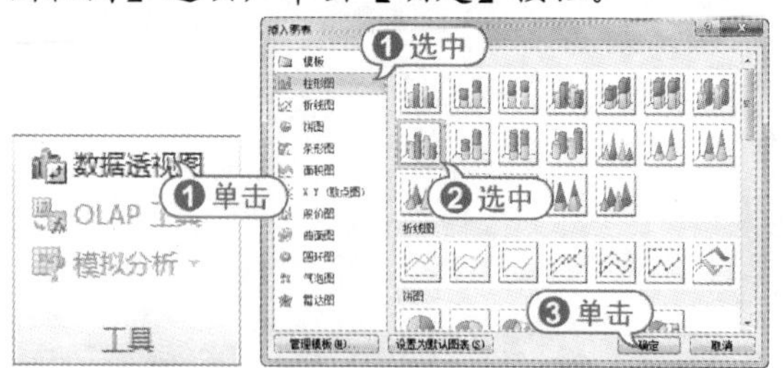

04 此时在数据透视表中插入一个数据透视图。

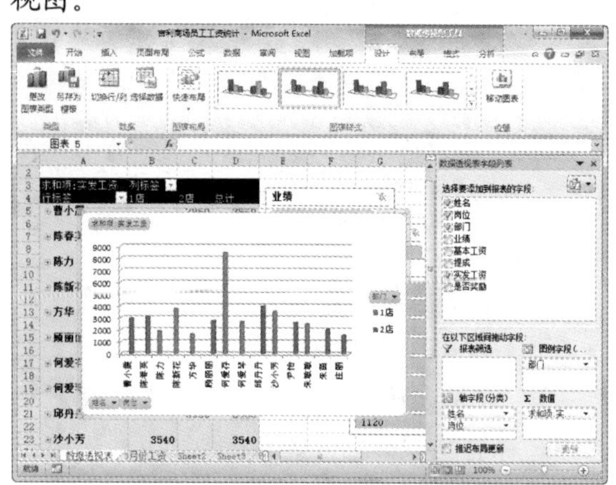

05 打开【数据透视图工具】的【设计】选项卡，在【位置】选项组中单击【移动图表】按钮，打开【移动图表】对话框。

06 选中【对象位于】单选按钮，单击【确定】按钮，在工作簿中添加一个新工作表，同时插入数据透视图，并将该工作表命名为【数据透视图】。

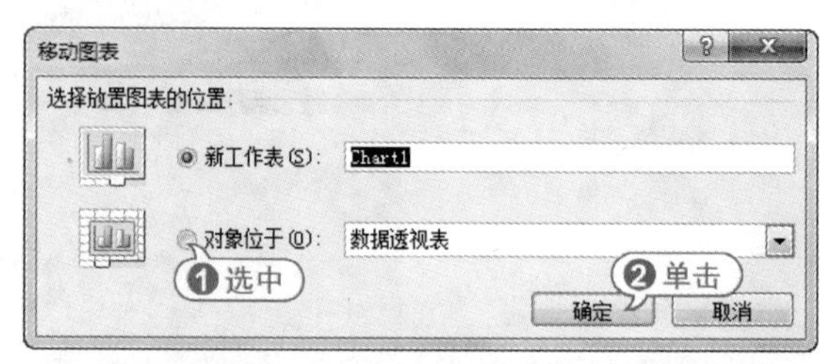

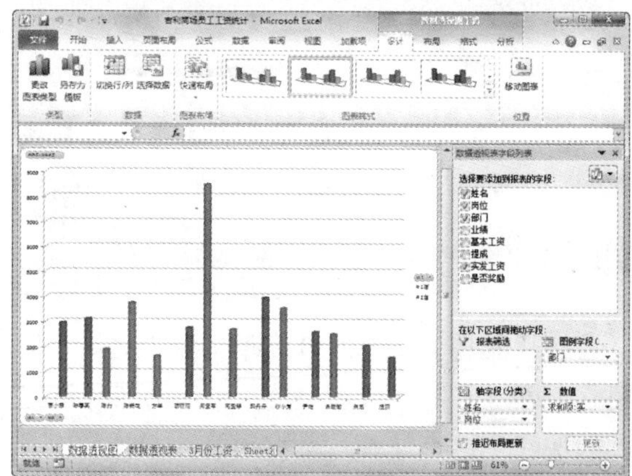

07 在快速访问工具栏中单击【保存】按钮，保存新建的数据透视图。

8.5.5 编辑数据透视图

在创建数据透视图后，打开【数据透视表工具】的【设计】、【布局】、【格式】和【分析】选项卡，在其中可以设置数据透视图的设计、布局、格式以及分析功能，设置方法与设置普通图表相同。

【例 8-17】在【吉利商场员工工资统计】工作簿，编辑数据透视图。
视频 + 素材 (实例源文件\第 08 章\例 8-17)

01 启动 Excel 2010 应用程序，打开【吉利商场员工工资统计】工作簿的【数据透视图】工作表。

02 打开【数据透视图工具】的【设计】选项卡，在【图表样式】选项组中单击【其他】按钮，从弹出的列表框中选择一种【样式 42】样式，快速套用数据透视图样式。

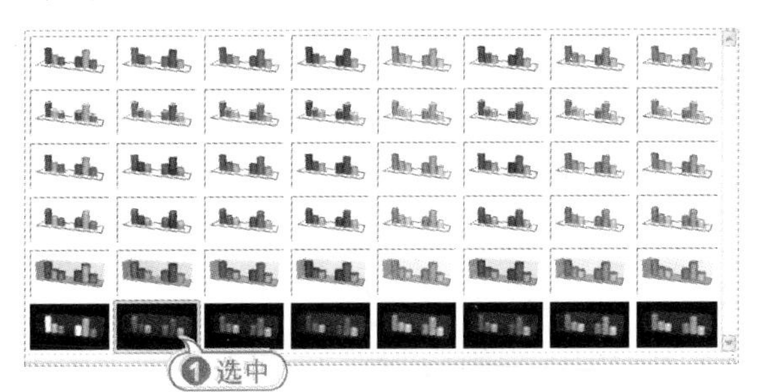

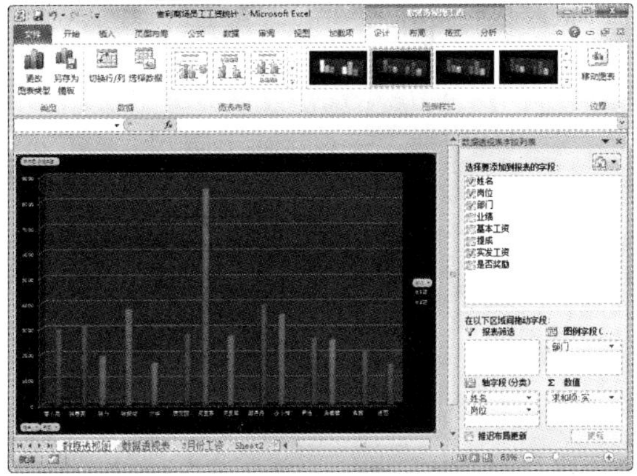

03 在【图表布局】选项组中单击【其他】按钮，从弹出的列表框中选择一种【布局 8】样式。

04 返回到数据透视图中编辑图表标题、横坐标和纵坐标名称。

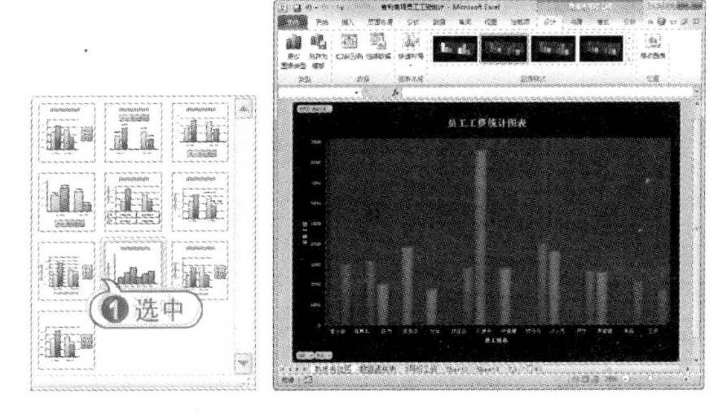

05 打开【数据透视图工具】的【格式】选项卡，在【艺术字样式】选项组中单击【其他】按钮，从弹出的艺术字列表中选择第 1 行第 5 列样式，为图表中的艺术字应用该样式。

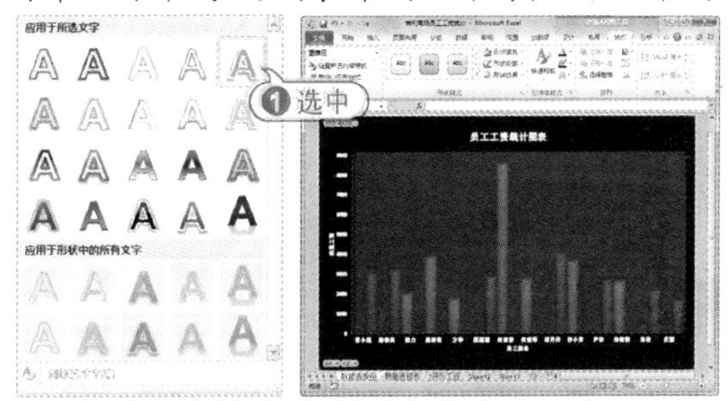

06 在快速访问工具栏中单击【保存】按钮，保存编辑过的数据透视图。

专家解读

在数据透视图中同样可以执行排序和筛选操作，只需在最下端单击倒三角按钮，从打开的列表框中选择排序和筛选选项。

8.6 打印工作表

通常需要将制作完成的工作表打印到纸张上，在打印工作表之前需要先进行工作表的页面设置，并通过预览视图预览打印效果，当设置满足要求时再进行打印。

8.6.1 页面设置

页面设置是指打印页面布局和格式的合理安排，如确定打印方向、页面边距和页眉与页脚等。打开【页面布局】选项卡，在【页面设置】选项组对打印页面进行设置，或者单击【页面设置】对话框启动器，在打开的【页面设置】对话框中进行设置。

- 【页面】选项卡：可以设置打印表格的打印方向、打印比例、纸张大小、打印质量和起始页码等。
- 【页边距】选项卡：如果对打印后的表格在页面中的位置不满意，可以在

其中进行设置。

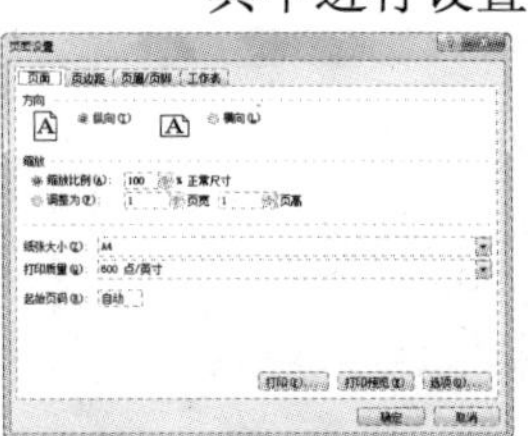

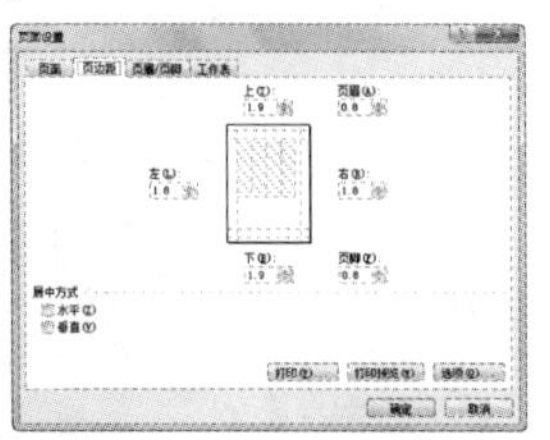

- 【页眉/页脚】选项卡：可以为工作表设置自定义的页眉和页脚。设置页眉、页脚后，打印出来的工作表顶部将出现页眉，工作表底部将显示页脚。
- 【工作表】选项卡：用于设置工作表的打印区域、打印顺序和指定打印【网格线】等其他打印属性。

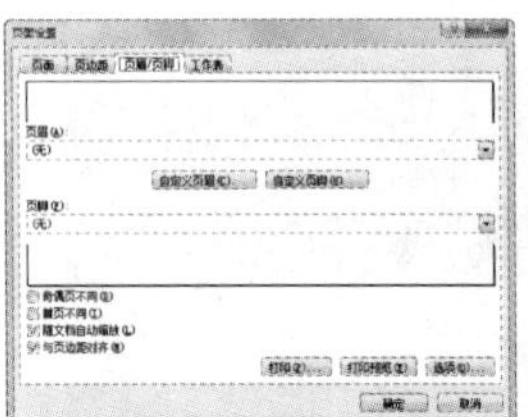

8.6.2 打印预览

页面设置完毕后，可以预览打印预览效果。方法很简单，单击【文件】按钮，在弹出的菜单中选择【打印】】命令，进入 Microsoft Office Backstage 视图，在最右侧的窗格中可以查看工作表的打印效果。

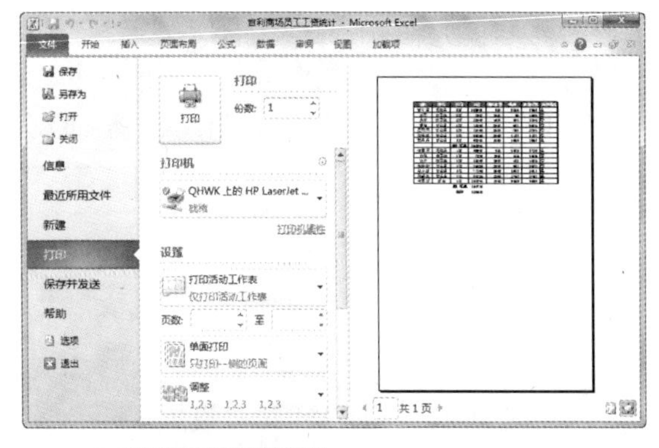

专家解读

在预览窗格中单击【显示边距】按钮，可以开启页边距、页眉和页脚控制线。

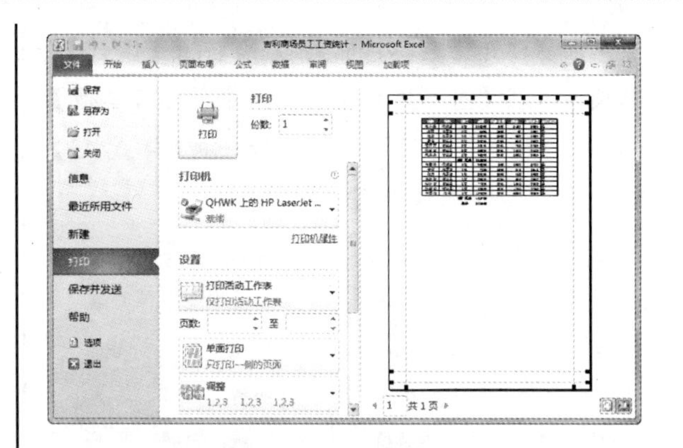

8.6.3 打印表格

打印预览完工作表后，即可打印输出整个工作表或表格的指定区域。

1. 打印当前工作表

单击【文件】按钮，在弹出的菜单中选择【打印】命令，进入 Microsoft Office Backstage 视图，在中间的【打印】窗格中可以设置打印份数、选择连接的打印机、设置打印范围和页码范围、打印方式、纸张、页边距以及缩放比例等，设置完毕后，单击【打印】按钮，即可打印当前工作表。

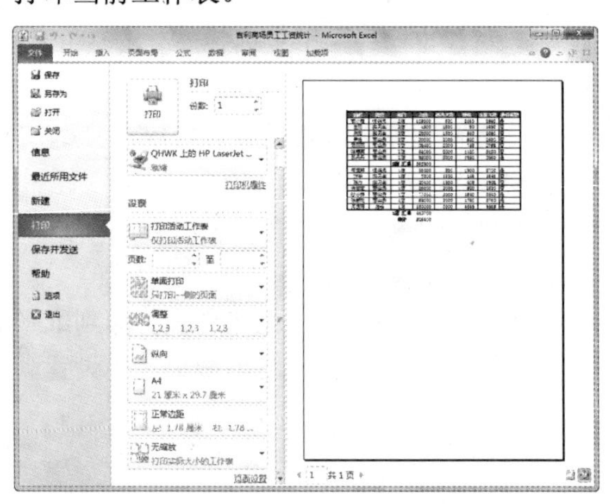

2. 打印指定区域

如果要打印工作表的一部分，则需要对当前工作表进行设置，设置指定区域打印。

【例 8-18】打开【吉利商场员工工资统计】工作簿，打印【3 月份工资】工作表指定区域。

视频

01 启动 Excel 2010 应用程序，打开【吉利商场员工工资统计】工作簿的【3 月份工资】工作表。

02 选定 B4:H18 单元格区域，单击【文件】按钮，在弹出的菜单中选择【打印】命令，进入 Microsoft Office Backstage 视图，即可查看打印预览效果。

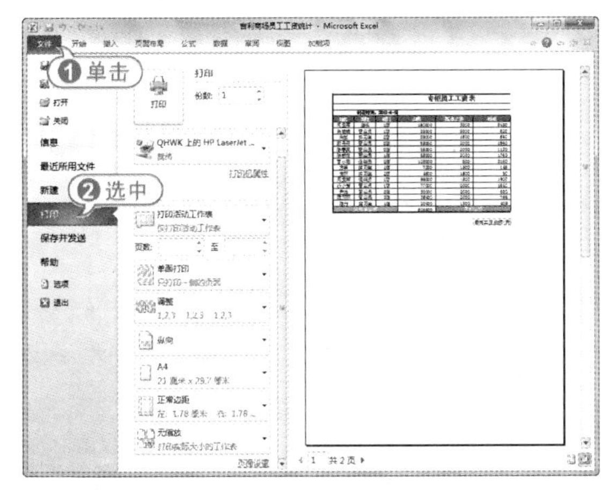

03 在中间窗格的【设置】选项区域中单击【打印活动工作表】下拉按钮，从弹出的菜单中选择【打印选定区域】选项。

04 此时在右侧的预览窗格中即可预览指定区域的打印效果。

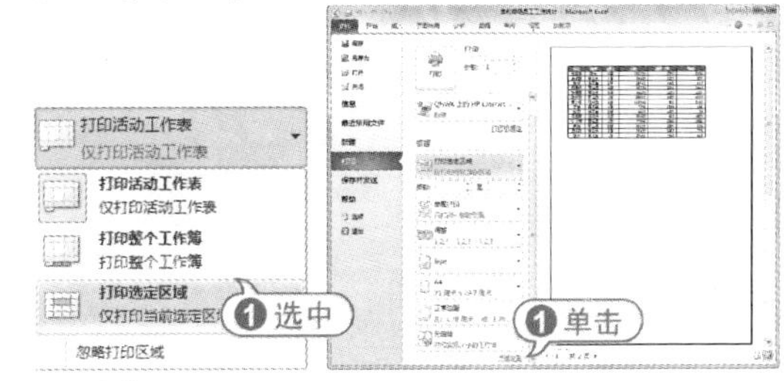

05 单击【页面设置】链接，打开【页面设置】对话框。

06 打开【页边距】选项卡，在【居中方式】选项区域中选中【水平】复选框，单击【确定】按钮。

07 返回到打印设置窗口，在预览窗格中预览效果。

08 完成设置后，单击【打印】按钮，即可打印工作表的指定区域中的数据。

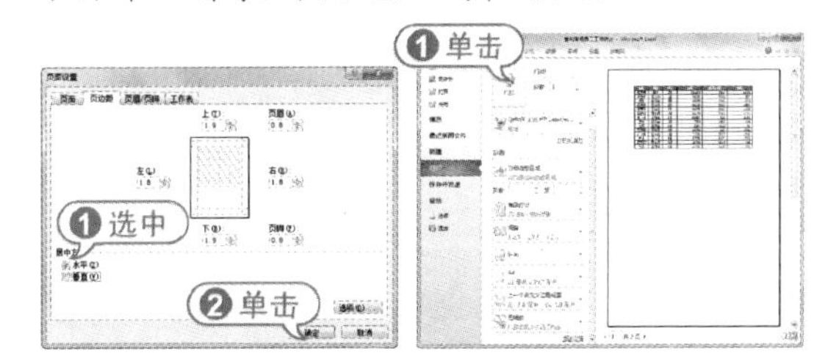

8.7 实战演练

本章的实战演练部分包括管理【进货记录表】中的数据和创建数据透视图表两个综合实例操作，用户通过练习从而巩固本章所学知识。

8.7.1 管理【进货记录表】数据

【例 8-19】创建【进货记录单】工作簿，在其中输入数据，并管理数据。

视频 + 素材 (实例源文件\第 08 章\例 8-19)

01 启动 Excel 2010 应用程序，创建【进货记录表】工作簿，并在 Sheet1 工作表中输入表格数据和设置表格格式。

02 打开【数据】选项卡，在【排序和筛选】选项组中，单击【排序】按钮。

03 打开【排序】对话框，在【主要关键字】下拉列表中选择【进货金额(元)】选项，在【次序】下拉列表中选择【降序】选项，单击【确定】按钮，为数据排序。

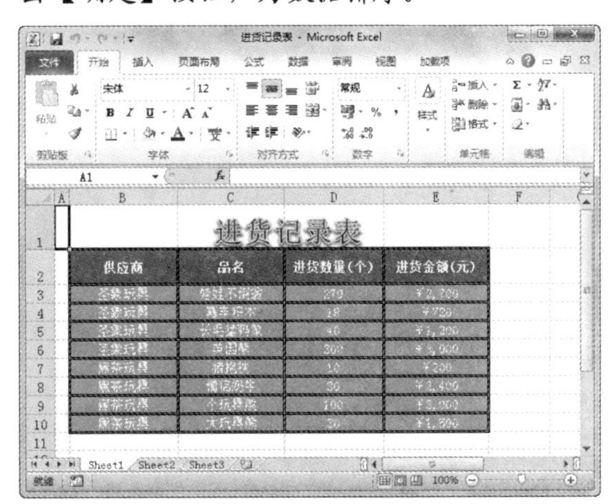

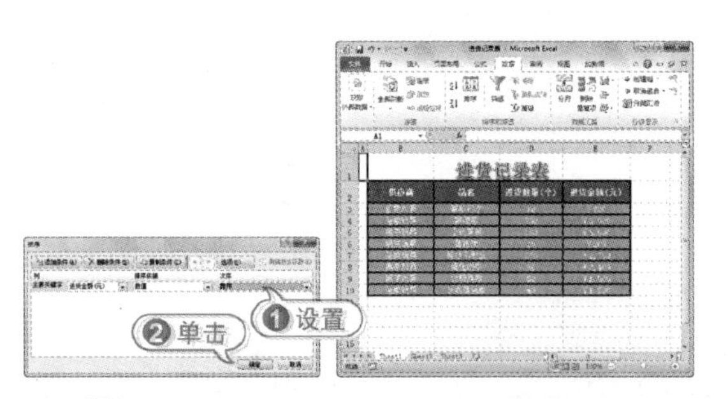

04 打开【数据】选项卡，在【排序和筛选】选项组中，单击【筛选】按钮，进入数据筛选模式。

05 单击 D2 单元格旁边的下拉按钮，在弹出的菜单中选择【数字筛选】|【自定义筛选】命令，打开【自定义自动筛选方式】对话框。

06 在【自定义自动筛选方式】对话框中上面的那个下拉列表框中选择【大于或等于】选项，然后在其后面的文本框中输入 100；在下面的下拉列表框中选择【小于或等于】选项，然后在其后面的文本框中输入 300；最后选择【与】单选按钮。

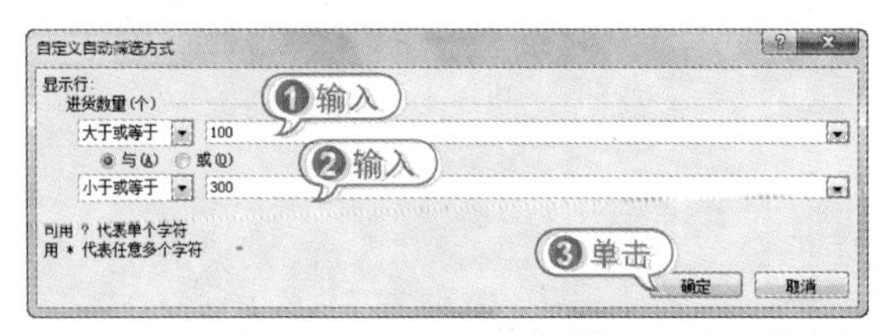

07 单击【确定】按钮，即可筛选出该工作表中满足进货数量在 100~300 元之间的数据记录。

08 在快速访问工具栏中单击【保存】按钮，保存【进货记录表】工作簿的 Sheet1 工作表。

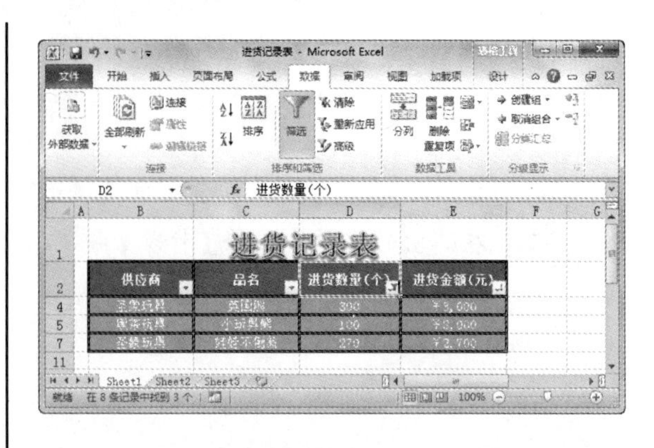

8.7.2 创建数据透视图表

【例 8-20】为【进货记录单】工作簿中创建数据透视图表。

视频 + 素材 (实例源文件\第 08 章\例 8-20)

01 启动 Excel 2010 应用程序，打开【进货记录表】工作簿。

02 打开【数据】选项卡，在【排序和筛选】选项组中，单击【筛选】按钮，退出筛选数据状态。

03 打开【插入】选项卡，在【表格】选项组中单击【数据透视表】按钮，在弹出的菜单中选择【数据透视表】命令，打开【创建数据透视表】对话框。

04 在【请选择要分析的数据】选项区域中，选中【选择一个表或区域】单选按钮，单击【表/区域】文本框后的按钮，在工作表中选择 B2:E10 单元格区域；单击按钮，返回【创建数据透视表】对话框；在【选择放置数据透视表的位置】选项区域中，选中【现有工作表】单选按钮，在【位置】文本框后单击按钮，选定 Sheet 2 工作表的 B2 单元格。

05 单击【确定】按钮，即可在 Sheet 2 工作表中插入数据透视表。

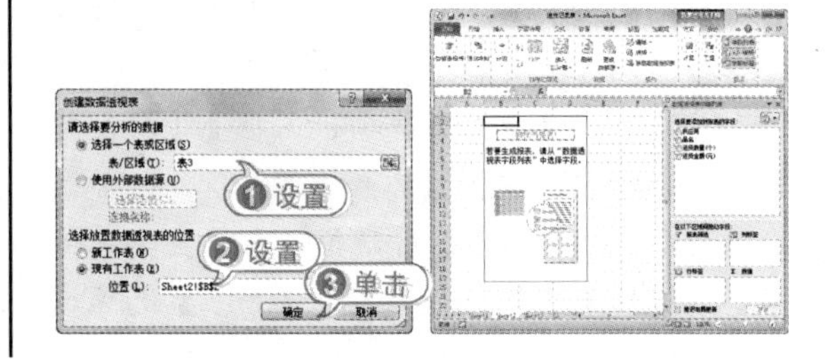

06 在【数据透视表字段列表】任务窗格中设置字段布局，工作表中的数据透视表即会进行相应变化。

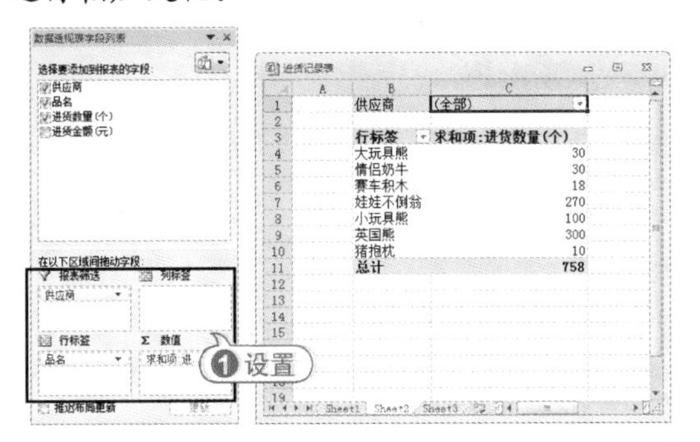

07 选定数据透视表，打开【数据透视表工具】的【设计】选项卡，在【数据透视表样式】选项组中单击按钮，打开数据透视表样式列表。在列表中选择【数据透视表样式中等深浅 19】样式，设置数据透视表套用该样式。

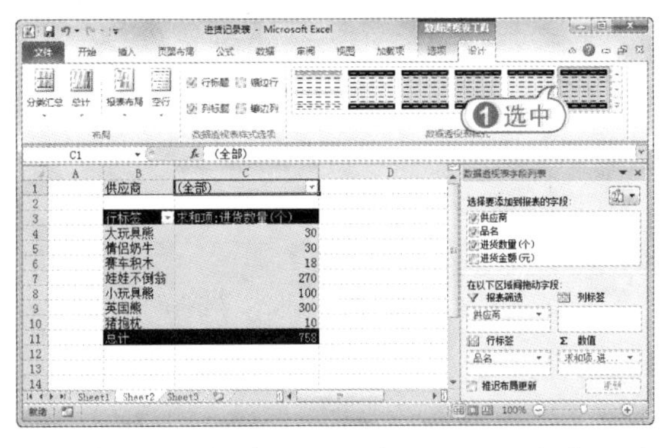

08 如要查看从【黑茶玩具】供应商处引进的所有进货商品的数量，可以在 B2 单元格的下拉列表框中选择【黑茶玩具】选项。

09 单击【确定】按钮，即可在数据透视表中筛选出所有与【黑茶玩具】供应商有关的商品进货信息。

10 选定数据透视表，打开【数据透视表工具】的【选项】选项卡，在【工具】选项组中单击【数据透视图】按钮，打开【插入图表】对话框。

11 打开【饼图】选项卡，选择【三维饼图】选项，然后单击【确定】按钮，即可插入数据透视图。

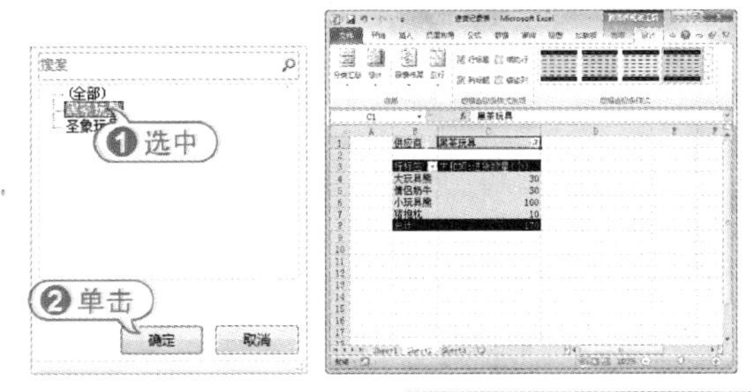

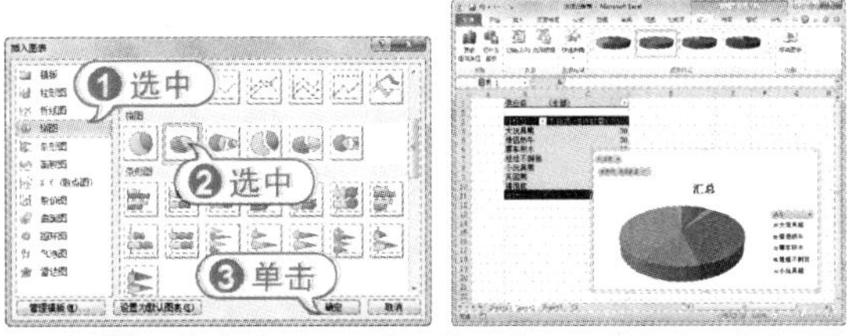

12 选定数据透视图，打开【数据透视图工具】的【设计】选项卡，在【图表布局】选项组中选择一种图表样式，并调整数据透视图位置和大小。

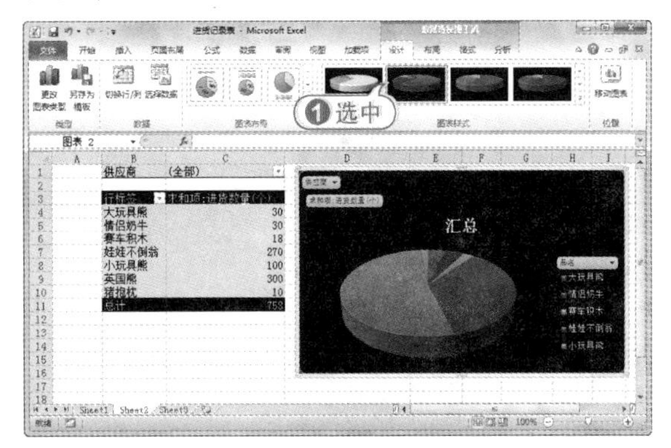

13 在快速访问工具栏中单击【保存】按钮，保存为【进货记录表】工作簿创建的数据透视表和数据透视图。

8.8 专家指点

一问一答

问：如何复制分类汇总的数据？

答：选中汇总后的二级视图中的数据，按 F5 键，打开【定位】对话框，单击【定位条件】按钮，打开【定位条件】对话框，选中【可见单元格】单选按钮，单击【确定】按钮，即可仅选中当前可见的区域。然后按 Ctrl+C 快捷键，复制汇总的数据，再将插入点定位到目标工作表中，这里选中 Sheet3 工作表，最后按 Ctrl+V 快捷键，即可粘贴汇总数据。

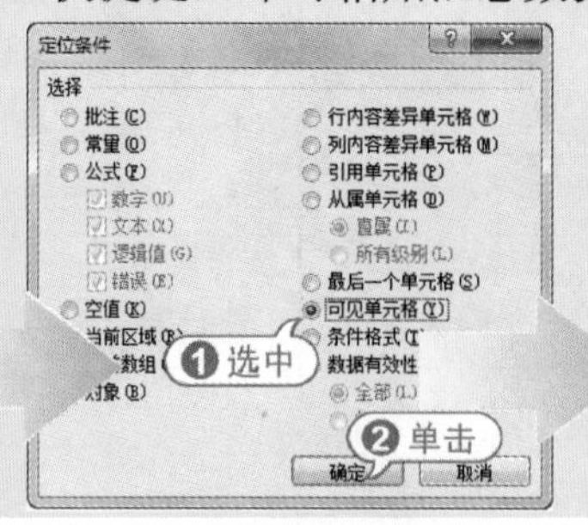

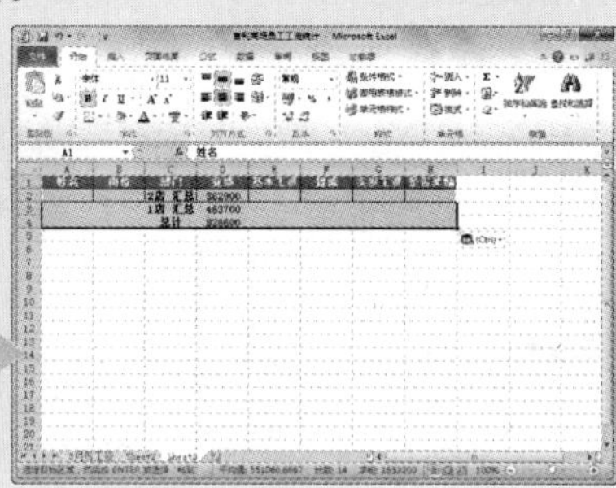

一问一答

问：如何设置按行排序数据？

答：选择要排序的数据区域，打开【数据】选项卡，在【数据和筛选】选项组中单击【排序】按钮，打开【排序】对话框，单击【选项】按钮，打开【排序选项】对话框，在其中选中【按行排序】单选按钮，单击【确定】按钮，即可完成设置，此时即可按行排序数据。

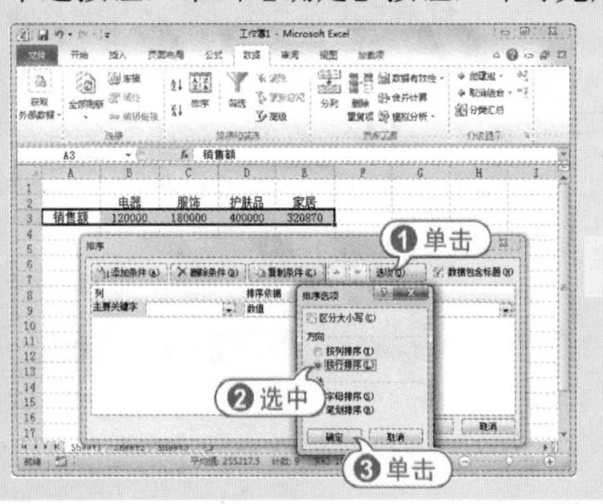

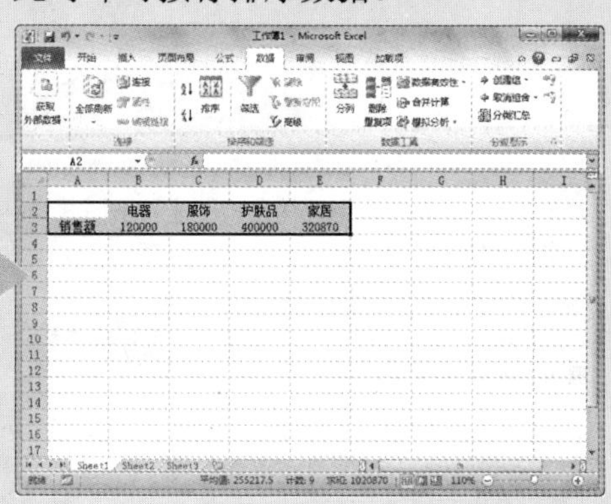

一问一答

问：如何格式化数据透视表中的数据？

答：在需要设置数据格式的单元格中右击，从弹出的快捷菜单中选择【值字段设置】命令，打开【值字段设置】对话框，单击【数据格式】按钮，打开【设置单元格格式】对话框，在其中即可设置数据格式。

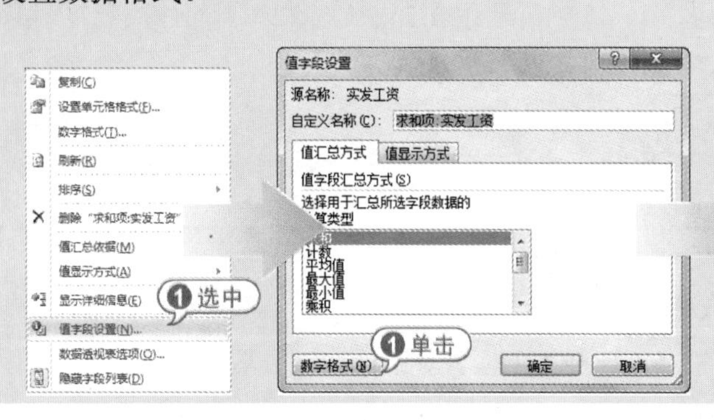

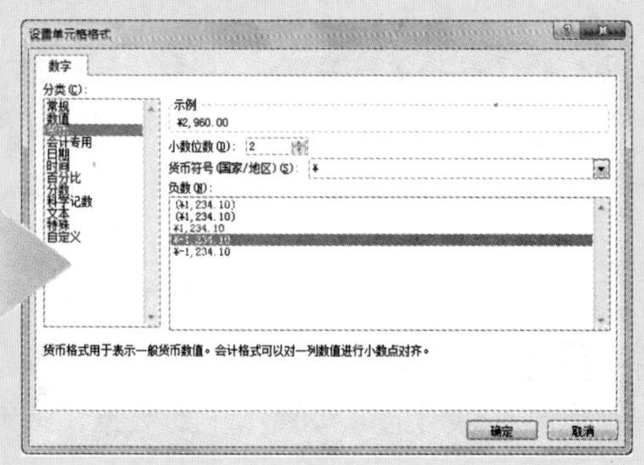

CHAPTER 08

第9章 PowerPoint 2010 基础操作

PowerPoint 2010 是最为常用的多媒体演示软件。在向观众介绍一个计划工作或一种新产品时，只要事先使用 PowerPoint 做一个演示文稿，就会使阐述过程变得简明而清晰，从而更有效地与他人沟通。只有在充分了解基础知识后，才可以更好地使用 PowerPoint 2010，本章将介绍 PowerPoint 2010 的基础操作。

对应光盘视频

例 9-1 根据现有模板新建演示文稿
例 9-2 根据自定义模板新建演示文稿
例 9-3 根据现有内容新建演示文稿
例 9-4 移动和复制幻灯片
例 9-5 删除幻灯片
例 9-6 在占位符中输入文本
例 9-7 使用文本框输入文本
例 9-8 设置文本格式
例 9-9 设置段落格式
例 9-10 使用项目符号和编号
例 9-11 职业规划
例 9-12 时装设计宣传

9.1 熟悉 PowerPoint 2010

PowerPoint 2010 是 Microsoft Office 2010 软件包中的一种制作演示文稿的办公软件。要想使用它外出做好一次有声有色的报告，制作一个好的幻灯片是基础。本节主要介绍启动和退出 PowerPoint 2010、认识工作界面及视图方式等内容。

9.1.1 启动和退出 PowerPoint 2010

要想使用 PowerPoint 2010 制作演示文稿，首先需要掌握启动和退出 PowerPoint 2010 的操作。

1. 启动 PowerPoint 2010

常用的启动 PowerPoint 2010 的方法有：常规启动、通过创建新文档启动和通过现有演示文稿启动。

- 常规启动：单击【开始】按钮，选择【所有程序】| Microsoft Office | Microsoft PowerPoint 2010 命令。
- 桌面快捷图标启动：双击桌面中的 Microsoft PowerPoint 2010 快捷图标。
- 通过现有演示文稿启动：在资源管理器中找到已经创建的演示文稿，然后双击图标。

2. 退出 PowerPoint 2010

退出 PowerPoint 2010 的常用方法如下。

- 单击 PowerPoint 2010 标题栏上的【关闭】按钮。
- 在 PowerPoint 2010 的工作界面中按 Alt+F4 组合键。
- 在 PowerPoint 2010 的工作界面中，单击【文件】按钮，从弹出的菜单中选择【退出】命令。

9.1.2 PowerPoint 2010 操作界面

PowerPoint 2010 是专业的幻灯片制作软件，能够制作出集文字、图形、图像、声音以及视频剪辑等多媒体元素于一体的演示文稿，将所要表达的信息组织在一组图文并茂的画面中。用户可以像放电影一样，自由控制和浏览演示文稿。

PowerPoint 2010 的工作界面主要由【文件】按钮、快速访问工具栏、标题栏、功能选项卡、功能区、大纲/幻灯片浏览窗格、幻灯片编辑窗口、备注窗格和状态栏等部分组成。

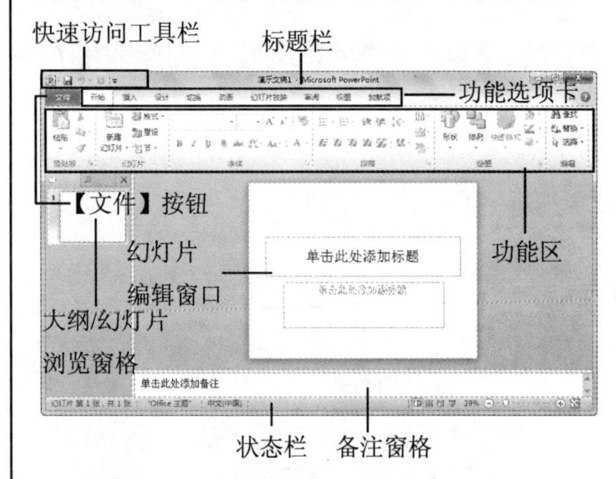

PowerPoint 2010 的工作界面中，除了包含与其他 Office 软件相同界面元素外，还有许多特有的组件，如大纲/幻灯片浏览窗格、幻灯片编辑窗口和备注窗格标等。

- 大纲/幻灯片浏览窗格：位于操作界面的左侧，单击不同的选项卡标签，即可在对应的窗格间进行切换。在【大纲】选项卡中以大纲形式列出了当前颜色文稿中各张幻灯片的文本内容；在【幻灯片】选项卡中列出了当前演示文档中所有幻灯片的缩略图。
- 幻灯片编辑窗口：它是编辑幻灯片内容的场所，是演示文稿的核心部分。在该区域中可对幻灯片内容进行编辑、查看和添加对象等操作
- 备注窗格：位于幻灯片窗格下方，用于输入内容，可以为幻灯片添加说

明，以使放映者能够更好地讲解幻灯片中展示的内容。

与 PowerPoint 2007 相比，PowerPoint 2010 主要增强了动画效果和丰富的主题效果功能。此外，PowerPoint 2010 还新增了【转换】选项卡，使用它可以快速地设置对象动画效果。

9.1.3 PowerPoint 2010 视图简介

PowerPoint 2010 提供了普通视图、幻灯片浏览视图、备注页视图、幻灯片放映视图和阅读视图 5 种视图模式。

打开【视图】选项卡，在【演示文稿视图】选项组中单击相应的视图按钮，或者在视图栏中单击视图按钮，即可将当前操作界面切换至对应的视图模式。

1. 普通视图

普通视图又可以分为两种形式，主要区别在于 PowerPoint 工作界面最左边的预览窗口，它分为幻灯片和大纲两种形式来显示，用户可以通过单击该预览窗口上方的切换按钮进行切换。

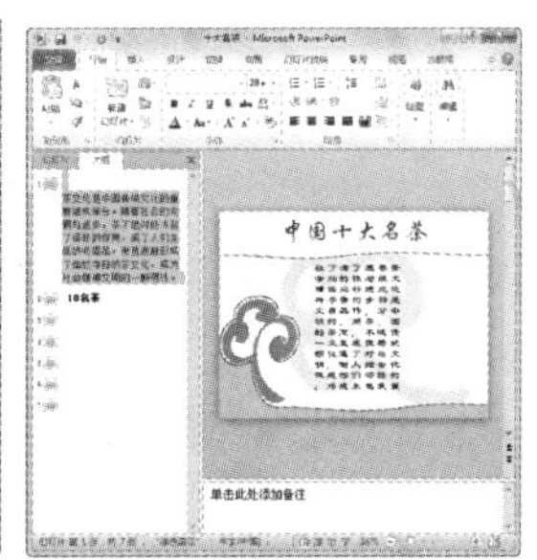

2. 幻灯片浏览视图

使用幻灯片浏览视图，可以在屏幕上同时看到演示文稿中的所有幻灯片，这些幻灯片以缩略图方式显示在同一窗口中。

在幻灯片浏览视图中，可以查看设计幻灯片的背景、配色方案或更换模板后演示文稿发生的整体变化，也可以检查各个幻灯片是否前后协调、图标的位置是否合适等问题。

3. 备注页视图

在备注页视图模式下，用户可以方便地添加和更改备注信息，也可以添加图形等信息。

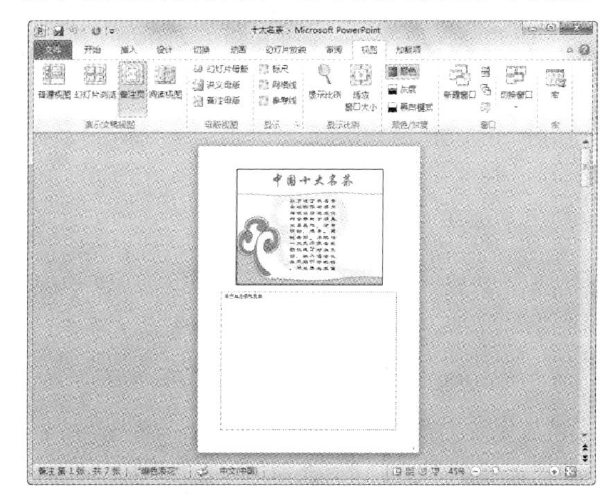

4. 幻灯片放映视图

幻灯片放映视图是演示文稿的最终效果。在幻灯片放映视图下，用户可以看到幻灯片的最终效果。幻灯片放映视图并不是显示单个的静止的画面，而是以动态的形式显示演示文稿中的各个幻灯片。

按下 F5 键或者单击按钮可以直接进入幻灯片的放映模式，在放映过程中，按下 Esc 键退出放映。

5. 阅读视图

如果用户希望在一个设有简单控件的审阅窗口中查看演示文稿，而不想使用全屏的幻灯片放映视图，则可以在自己的电脑中使用阅读视图。要更改演示文稿，可随时从阅读视图切换至其他的视图模式中。

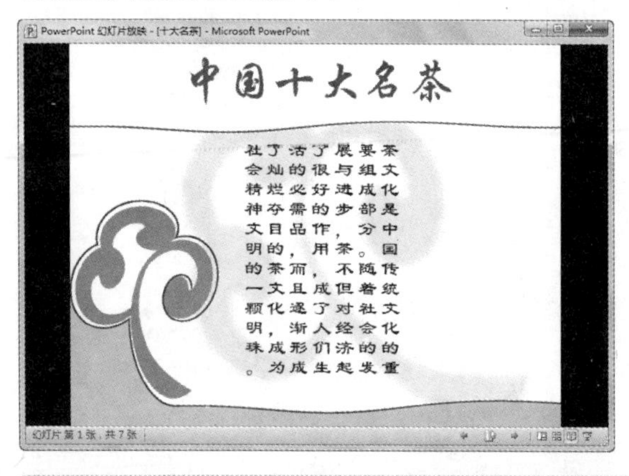

> **专家解读**
>
> 在 PowerPoint 2010 中，按下 Shift+F5 键则可以从当前幻灯片开始向后放映。

9.1.4 掌握 PowerPoint 的制作流程

使用 PowerPoint 可以制作出宣传册、课件和产品展示等演示文稿，其制作方法也有一定的规律。具体操作如下。

第一步，在演示文稿中添加需要的多张幻灯片，套用幻灯片版式，并在占位符中输入文本内容。

第二步，完成文本的输入后，设置字体和段落格式，如字体颜色、文本对齐方式、段落间距等。

第三步，根据幻灯片版式的需要，在幻灯片中插入图片、声音、影片和表格等对象。

第四步，设置幻灯片放映动画和放映方式，如设置切换动画、对象动画效果、幻灯片放映方式等，并查看放映效果。

第五步，完成演示文稿的制作后，通过打印功能将其打印出来，或通过打包功能将其进行打包。

9.2 新建演示文稿

在 PowerPoint 中，存在演示文稿和幻灯片两个概念，使用 PowerPoint 制作出来的整个文件叫演示文稿。而演示文稿中的每一页叫做幻灯片，每张幻灯片都是演示文稿中既相互独立又相互联系的内容。使用 PowerPoint 2010 可以轻松地新建演示文稿，其强大的功能为用户提供了方便。本节将介绍多种新建演示文稿的方法，例如使用模板和根据现有内容等方法创建。

9.2.1 新建空白演示文稿

空演示文稿是一种形式最简单的演示文稿，没有应用模板设计、配色方案以及动画方案，可以自由设计。创建空演示文稿的方法主要有以下两种。

- 启动 PowerPoint 自动创建空演示文稿：无论是使用【开始】按钮启动 PowerPoint，还是通过桌面快捷图标或者通过现有演示文稿启动，都将自动打开空演示文稿。
- 使用【文件】按钮创建空演示文稿：单击【文件】按钮，在弹出的菜单中选择【新建】命令，打开 Microsoft Office Backstage 视图，在中间的【可用的模板和主题】列表框中选择【空白演示文稿】选项，单击【创建】按钮，即可新建一个空演示文稿。

9.2.2 根据模板新建演示文稿

PowerPoint除了创建最简单的空演示文稿外，还可以根据自定义模板、现有内容和内置模板创建演示文稿。模板是一种以特殊格式保存的演示文稿，一旦应用了一种模板后，幻灯片的背景图形、配色方案等就都已经确定，所以套用模板可以提高新建演示文稿的效率。

1. 根据现有模板新建演示文稿

PowerPoint 2010 提供了许多美观的设计模板，这些设计模板将演示文稿的样式、风格，包括幻灯片的背景、装饰图案、文字布局及颜色、大小等均预先定义好。用户在设计演示文稿时可以先选择演示文稿的整体风格，然后再进行进一步的编辑和修改。

【例 9-1】根据现有模板【培训】，新建一个演示文稿。视频

01 单击【开始】按钮，选择【所有程序】| Microsoft Office | Microsoft PowerPoint 2010 命令，启动 PowerPoint 2010。

02 单击【文件】按钮，从弹出的菜单中选择【新建】命令，打开 Microsoft Office Backstage 视图，在【可用的模板和主题】列表框中选择【样本模板】选项。

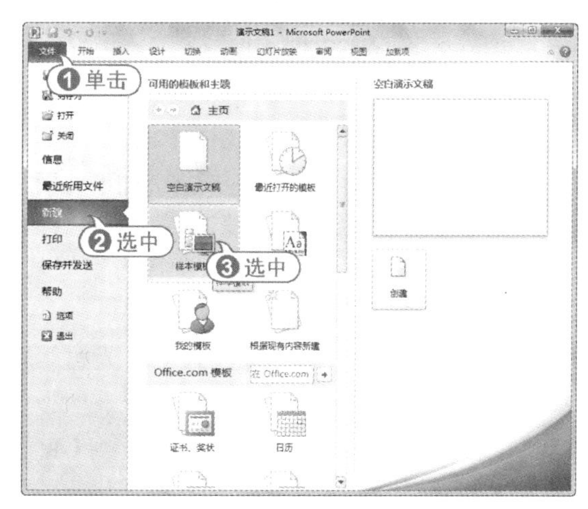

03 自动打开【样本模板】窗格，在列表框中选择【培训】选项，单击【创建】按钮。

04 此时该模板将被应用在新建的演示文稿中。

2. 根据自定义模板新建演示文稿

用户可以将自定义演示文稿保存为

【PowerPoint 模板】类型，使其成为一个自定义模板保存在【我的模板】中。当需要使用该模板时，在【我的模板】列表框中调用即可。

自定义模板可以由两种方法获得，如下所示。

- 在演示文稿中自行设计主题、版式、字体样式、背景图案、配色方案等基本要素，然后保存为模板。
- 由其他途径(如下载、共享、光盘等)获得的模板。

【例 9-2】将从其他途径获得的模板保存到【我的模板】列表框中，并调用该模板。

视频 + 素材 (实例源文件\第 09 章\例 9-2)

01 启动 PowerPoint 2010，双击打开预先设计好的模板，单击【开始】按钮，选择【另存为】命令。

02 在【文件名】文本框中输入模板名称，在【保存类型】下拉列表框中选择【PowerPoint 模板】选项。此时对话框中的【保存位置】下拉列表框将自动更改保存路径，单击【确定】按钮，将模板保存到 PowerPoint 默认模板存储路径下。

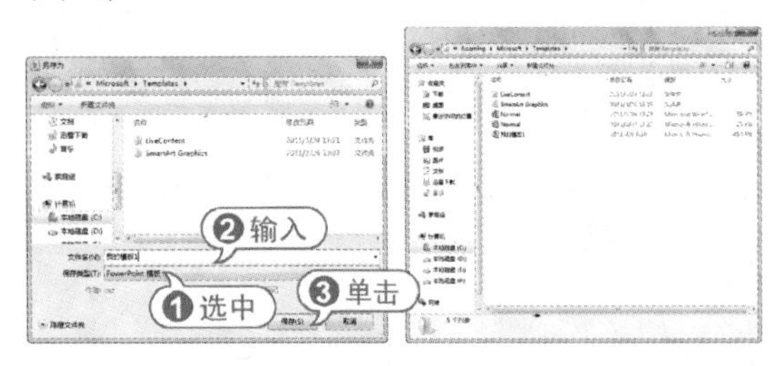

03 关闭保存后的模板。启动 PowerPoint 2010 应用程序，打开一个空白演示文稿。

04 单击【文件】按钮，从弹出的菜单中选择【新建】命令，在中间的【可用的模板和主题】列表框中选择【我的模板】选项。

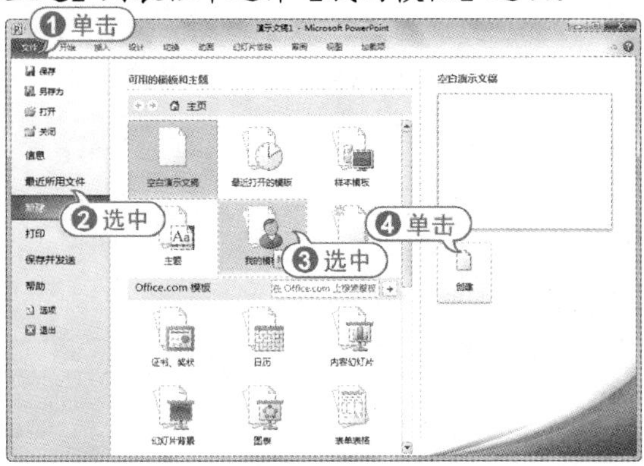

专家解读

PowerPoint 2010 的 Office.com 功能也提供大量免费的模板文件，用户可以直接在【Office.com 模板】列表框中选择模板类型。

05 打开【新建演示文稿】对话框的【个人模板】选项卡，选择刚刚创建的自定义模板，单击【确定】按钮，此时该模板被应用到当前演示文稿中。

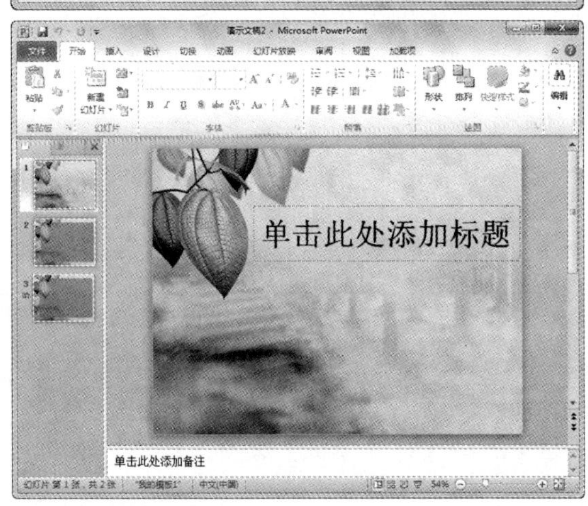

9.2.3 根据现有内容新建演示文稿

如果用户想使用现有演示文稿中的一些内容或风格来设计其他的演示文稿，就可以使用 PowerPoint 的【根据现有内容新建】功能。这样就能够得到一个和现有演示文稿具有相同内容和风格的新演示文稿，用户只需在原有的基础上进行适当修改即可。

要根据现有内容新建演示文稿，只需单击【文件】按钮，选择【新建】命令，在中间的【可用的模板和主题】列表框中选择【根据现有内容新建】命令，然后在打开的【根据现有演示文稿新建】对话框中选择需要应用的演示文稿文件，单击【打开】按钮即可。

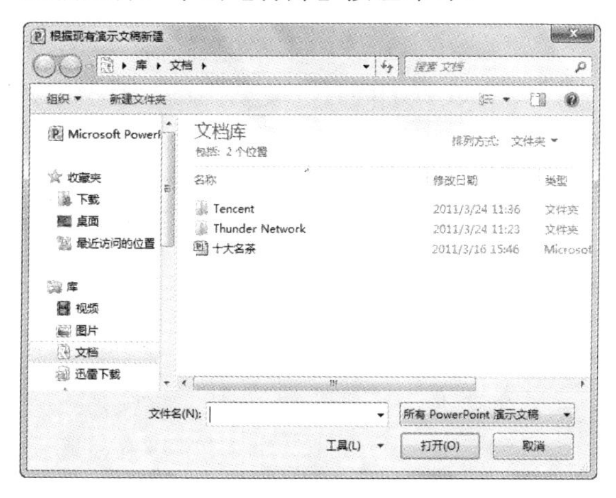

将以前演示文稿中的幻灯片直接插入到当前演示文稿中也属于根据现有内容创建演示文稿。

【例 9-3】在【例 9-1】创建的演示文稿中插入现有幻灯片。

视频 + 素材 (实例源文件\第 09 章\例 9-3)

01 启动 PowerPoint 2010，打开【例 9-1】应用的自带模板【培训】。

02 将光标定位在第 1 和第 2 张幻灯片之间，在【开始】选项卡的【幻灯片】选项组中单击【新建幻灯片】按钮右下方的下拉箭头，在弹出的菜单中选择【重用幻灯片】命令，打开【重用幻灯片】任务窗格。

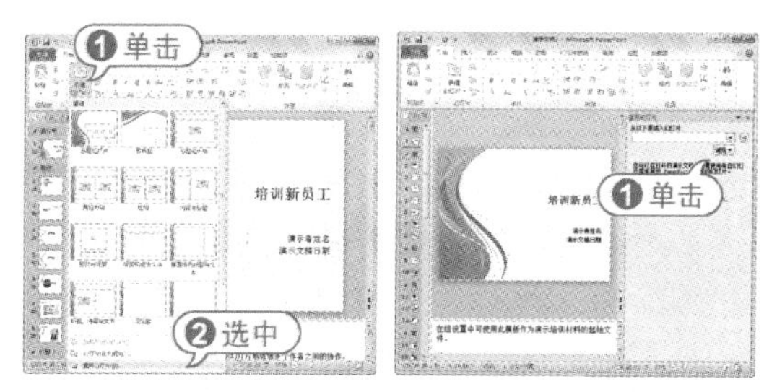

03 在【重用幻灯片】窗格中单击【浏览】按钮，在弹出的菜单中选择【浏览文件】命令，打开【浏览】对话框。

04 在【浏览】对话框中选择需要使用的现有演示文稿，单击【打开】按钮，此时窗格中显示现有演示文稿中所有可用的幻灯片。

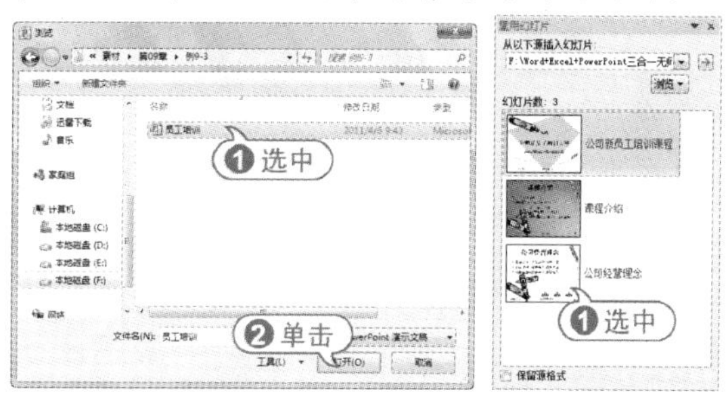

05 在幻灯片列表中单击需要的幻灯片，将其插入到指定位置。

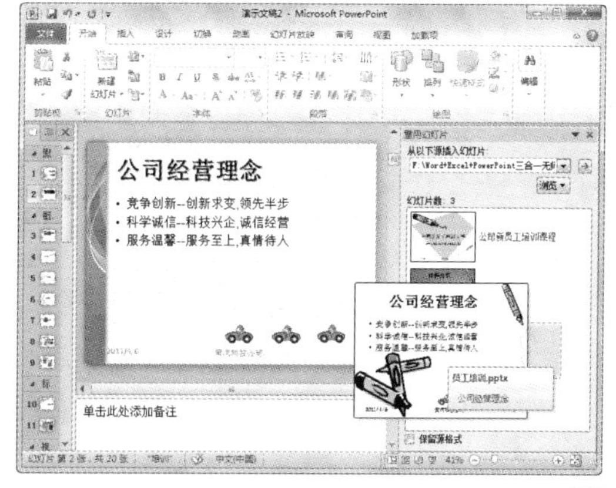

06 在快速工具栏中单击【保存】按钮，打开【另存为】对话框，此时系统自动将演示文稿命名为【培训新员工】，设置保存路径，单击【保存】按钮。

专家解读

在 PowerPoint 2010 中，保存文件的方法与其他程序类似，在此就不再进行讲解。

9.3 幻灯片的基本操作

使用模板新建的演示文稿虽然都有一定的内容，但这些内容要构成用于传播信息的演示文稿还远远不够，这就需要对其中的幻灯片进行编辑操作，如插入幻灯片、复制幻灯片、移动幻灯片和删除幻灯片等。

9.3.1 插入幻灯片

在启动 PowerPoint 2010 后，PowerPoint 会自动建立一张新的幻灯片，随着制作过程的推进，需要在演示文稿中添加更多的幻灯片。

要插入新幻灯片，可以按照下面的方法进行操作。打开【开始】选项卡，在【幻灯片】选项组中单击【新建幻灯片】按钮，即可添加一张默认版式的幻灯片。当需要应用其他版式时，单击【新建幻灯片】按钮右下方的下拉箭头，在弹出的下拉菜单中选择需要的版式，即可将其应用到当前幻灯片中。

专家解读

版式是指预先定义好的幻灯片内容在幻灯片中的排列方式，如文字的排列及方向、文字与图表的位置等。

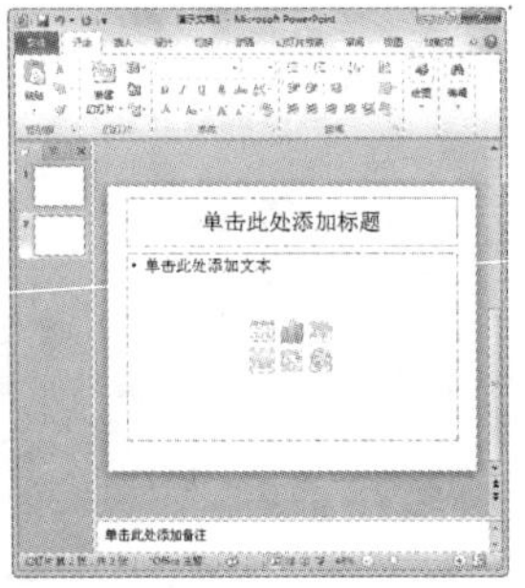

专家解读

在幻灯片预览窗格中，选择一张幻灯片，按下 Enter 键，将在该幻灯片的下方添加新幻灯片。

9.3.2 选择幻灯片

在 PowerPoint 2010 中，可以一次选中一张幻灯片，也可以同时选中多张幻灯片，然后对选中的幻灯片进行操作。

- 选择单张幻灯片：无论是在普通视图下的【大纲】或【幻灯片】选项卡中，还是在幻灯片浏览视图中，只需单击目标幻灯片，即可选中该张幻灯片。
- 选择连续的多张幻灯片：单击起始编号的幻灯片，然后按住 Shift 键，再单击结束编号的幻灯片，此时将有多张幻灯片被同时选中。
- 选择不连续的多张幻灯片：在按住 Ctrl 键的同时，依次单击需要选择的每张幻灯片，此时被单击的多张幻灯片同时被选中。在按住 Ctrl 键的同时再次单击已被选中的幻灯片，则该幻灯片被取消选择。

经验谈

在幻灯片浏览视图中，除了可以使用上述的方法来选择幻灯片以外，还可以直接在幻灯片之间的空隙中按下鼠标左键并拖动，此时鼠标划过的幻灯片都将被选中。

9.3.3 移动和复制幻灯片

PowerPoint 支持以幻灯片为对象的移动和复制操作，可以将整张幻灯片及其内容进行移动或复制。

1. 移动幻灯片

在制作演示文稿时，如果需要重新排列幻灯片的顺序，就需要移动幻灯片。移动幻灯片的方法如下。

- 选中需要移动的幻灯片，在【开始】

选项卡的【剪贴板】选项组中单击【剪切】按钮。

- 在需要移动的目标位置中单击，然后在【开始】选项卡的【剪贴板】选项组中单击【粘贴】按钮。

2. 复制幻灯片

在制作演示文稿时，有时会需要两张内容基本相同的幻灯片。此时，可以利用幻灯片的复制功能，复制出一张相同的幻灯片，然后对其进行适当的修改。复制幻灯片的方法如下。

- 选中需要复制的幻灯片，在【开始】选项卡的【剪贴板】选项组中单击【复制】按钮。
- 在需要插入幻灯片的位置单击，然后在【开始】选项卡的【剪贴板】选项组中单击【粘贴】按钮。

【例 9-4】在【培训新员工】演示文稿中，移动和复制幻灯片。

视频 + 素材 (实例源文件\第 09 章\例 9-4)

01 启动 PowerPoint 2010，打开【培训新员工】演示文稿。

02 选中第 3 张幻灯片，然后按住鼠标左键并拖动选中的幻灯片，待移动到第 2 张幻灯片位置下，此时出现一条横线，释放鼠标，即可将该幻灯片移动到【默认节】下。

03 选中第 17 和第 18 张幻灯片，在【开始】选项卡的【剪贴板】选项组中单击【复制】按钮。

04 将光标定位在第 3 张幻灯片和第 4 张幻灯片中间的位置，右击，从弹出的快捷菜单的【粘贴】选项区域中单击【保留源格式】按钮，粘贴第 17 和第 18 张幻灯片。

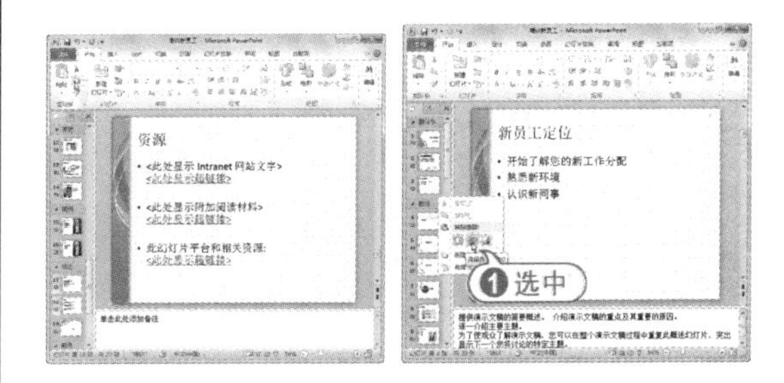

05 此时【培训新员工】演示文稿中将新增两张幻灯片，原来的第 17 和第 18 张幻灯片编号变更为 19 和 20。

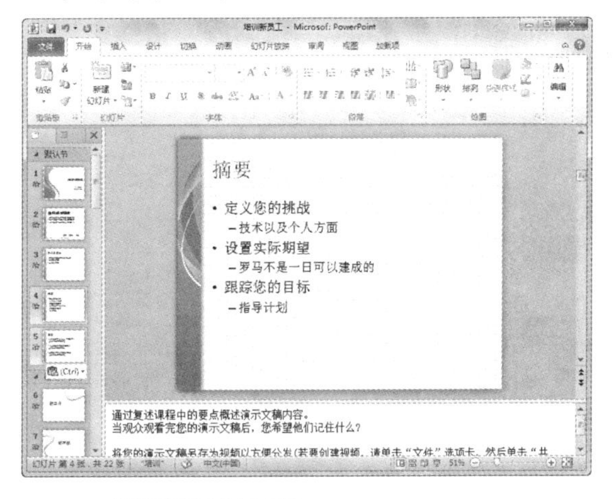

专家解读

在 PowerPoint 2010 中，Ctrl+X、Ctrl+C 和 Ctrl+V 快捷键同样适用于幻灯片的剪贴、复制和粘贴操作。

9.3.4 删除幻灯片

在演示文稿中删除多余幻灯片是清除大量冗余信息的有效方法。

【例 9-5】在【培训新员工】演示文稿中，将第 7~21 张幻灯片删除，并删除所有节。

视频 + 素材 (实例源文件\第 09 章\例 9-5)

01 启动 PowerPoint 2010，打开【培训新员工】演示文稿。

02 在幻灯片预览窗口中选中第 7 张幻灯片缩略图，然后按住 Shift 键，单击第 21 张幻灯片缩略图，此时同时选中第 7~21 张幻灯片。

03 按下 Delete 键，即可将第 7~21 张幻灯片删除。

04 在幻灯片缩略图中右击，从弹出的快捷菜单中选择【删除所有节】命令，删除节。

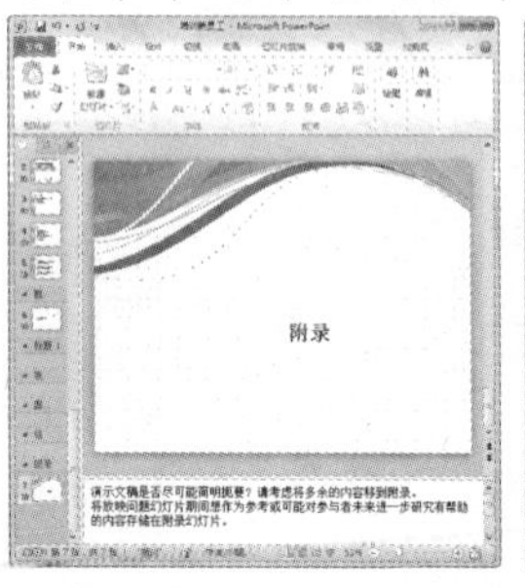

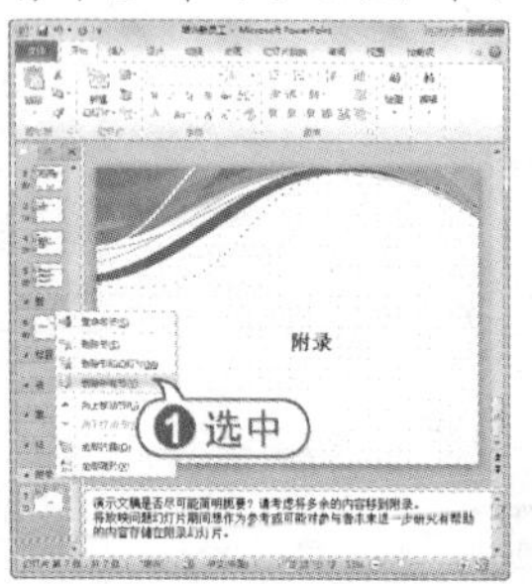

专家解读

右击选中的幻灯片，从弹出的快捷菜单中选择【删除幻灯片】命令，删除幻灯片。

05 在快速工具栏中单击【保存】按钮，保存【培训新员工】演示文稿。

9.4 处理幻灯片文本

幻灯片文本是演示文稿中至关重要的部分，它对文稿中的主题、问题的说明与阐述具有其他方式不可替代的作用。无论是新建文稿时创建的空白幻灯片，还是使用模板创建的幻灯片都类似一张白纸，需要用户将表达的内容用文字表达出来。

9.4.1 输入文本

在 PowerPoint 中，不能直接在幻灯片中输入文字，只能通过占位符或文本框来添加。

1. 在占位符中输入文本

大多数幻灯片的版式中都提供了文本占位符，这种占位符中预设了文字的属性和样式，供用户添加标题文字、项目文字等。

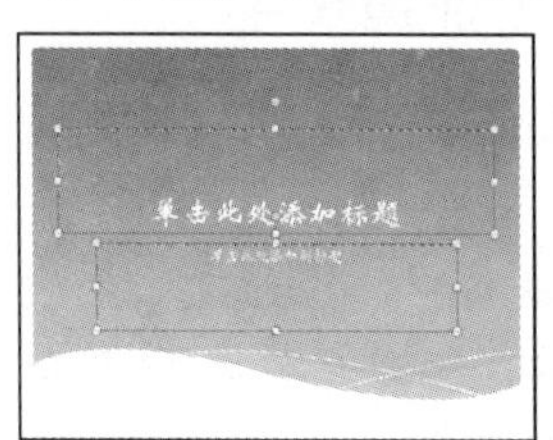

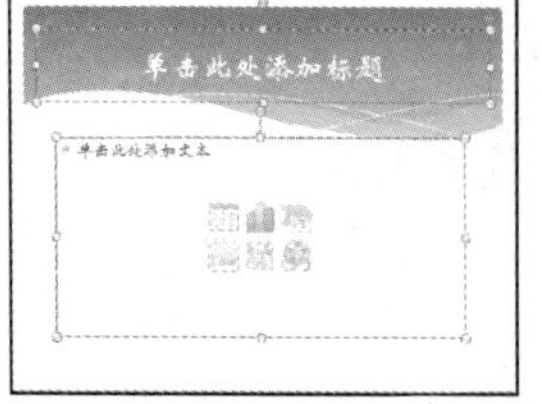

在幻灯片中单击其边框，即可选中该占位符；在占位符中单击，进入文本编辑状态，此时即可直接输入文本。

【例 9-6】 在【例 9-2】创建的演示文稿中，输入幻灯片文本。

视频 + 素材 (实例源文件\第 09 章\例 9-6)

01 启动 PowerPoint 2010，打开【例 9-2】创建的演示文稿中，自动显示第 1 张幻灯片。

02 单击【单击此处添加标题】文本占位符内部，此时占位符中将出现闪烁的光标。

03 切换至搜狗拼音输入法，输入文本“《致橡树》”。

04 在幻灯片预览窗口中选择第 2 张幻灯片缩略图，将其显示在幻灯片编辑窗格中。

05 使用相同的方法，在【单击此处添加标题】和【单击此处添加文本】占位符中输入文本。

06 切换至第 3 张幻灯片，在【单击此处添加标题】和【单击此处添加文本】占位符中输入文本。

07 在快速工具栏中单击【保存】按钮，将演示文稿以【课件】为名保存。

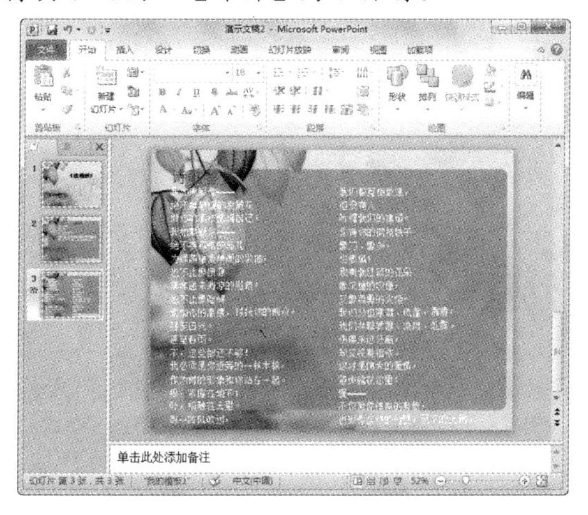

2. 使用文本框

文本框是一种可移动、可调整大小的文字容器，它与文本占位符非常相似。使用文本框可以在幻灯片中放置多个文字块，使文字按照不同的方向排列；也可以突破幻灯片版式的制约，实现在幻灯片中任意位置添加文字信息的目的。

PowerPoint 2010 提供了两种形式的文本框：横排文本框和垂直文本框，它们分别用来放置水平方向的文字和垂直方向的文字。

【例 9-7】在【课件】演示文稿中，添加空白版幻灯片，并在其中插入横排和垂直文本框。
视频 + 素材 (实例源文件\第 09 章\例 9-7)

01 启动 PowerPoint 2010，打开【课件】演示文稿。

02 在幻灯片预览窗口中选择第 3 张幻灯片缩略图，将其显示在幻灯片编辑窗格中。

03 在【开始】选项卡的【幻灯片】选项组中单击【新建幻灯片】下拉按钮，在弹出的下拉列表框中选择【空白】选项，添加一张空白幻灯片。

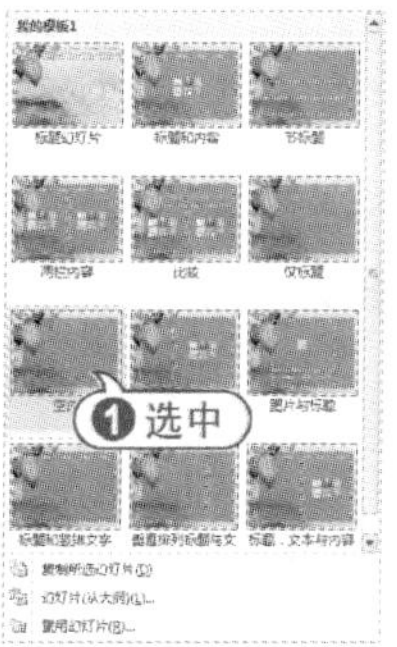

04 打开【插入】选项卡，在【文本】选项组中单击【文本框】下拉按钮，在弹出的下拉菜单中选择【横排文本框】命令。

05 移动鼠标指针到幻灯片的编辑窗口，当指针形状变为↓形状时，在幻灯片编辑窗格中按住鼠标左键并拖动，鼠标指针变成十字形状十。当拖动到合适大小的矩形框后，释放鼠标完成横排文本框的插入。

06 此时光标自动位于文本框内，切换至搜狗拼音输入法，输入文本“作者简介”。

07 使用同样的方法，在幻灯片中绘制一个垂直文本框，并在其中输入文本内容。

08 在快速工具栏中单击【保存】按钮，

将【课件】演示文稿保存。

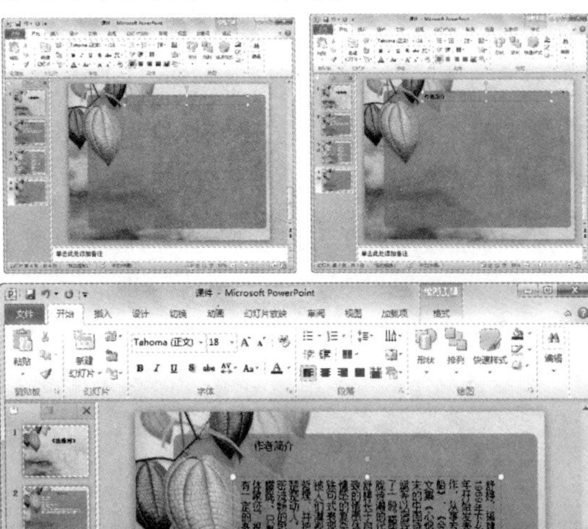

经验谈

用户除了使用复制的方法从其他文档中将文本粘贴到幻灯片中，还可以使用 PowerPoint 的【插入对象】功能导入文本到幻灯片中，具体方法为：在【插入】选项卡的【文本】选项组中单击【对象】按钮，打开【插入对象】对话框，选中【由文件创建】单选按钮，单击【浏览】按钮，打开【浏览】对话框。在该对话框中选择要插入的文本文件，单击【确定】按钮即可。

9.4.2 设置文本格式

为了使演示文稿更加美观、清晰，通常需要对文本属性进行设置。文本的基本属性设置包括字体、字形、字号及字体颜色等设置。

在 PowerPoint 2010 中，当幻灯片应用了版式后，幻灯片中的文字也具有了预先定义的属性。但在很多情况下，用户仍然需要按照自己的要求对它们重新进行设置。

【例 9-8】在【课件】演示文稿中，设置文本格式，调节占位符或文本框的大小和位置。

视频+素材 (实例源文件\第 09 章\例 9-8)

01 启动 PowerPoint 2010，打开【课件】演示文稿。

02 在第 1 张幻灯片中，选中占位符，在【开始】选项卡的【字体】选项组中，单击【字体】下拉按钮，从弹出的下拉列表框中选择【华文彩云】选项；单击【字号】下拉按钮，从弹出的下拉列表框中选择 72 选项。

03 在【字体】选项组中单击【字体颜色】下拉按钮，从弹出的菜单中选择【其他颜色】命令，打开【颜色】对话框，选择一种【深橘色】色块，单击【确定】按钮，为字体应用该颜色。

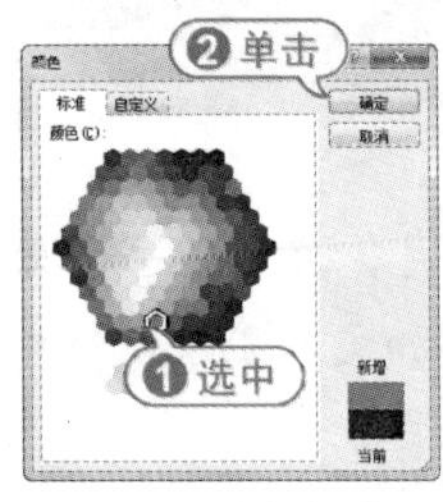

04 在幻灯片预览窗口中选择第 2 张幻灯片缩略图，将其显示在幻灯片编辑窗口中。

05 使用同样的方法，设置【单击此处添加标题】占位符中的文本字体为【华文琥珀】，字号为 40；设置【单击此处添加文本】占位符中的文本字体为【隶书】，字号为 20。

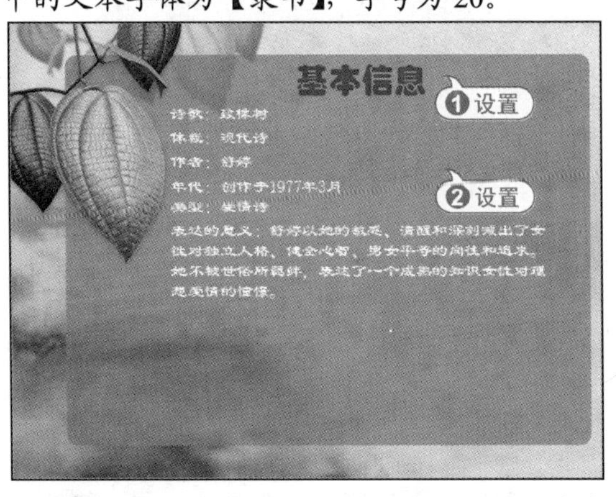

06 使用同样的方法设置第 3 张幻灯片中的标题文本字体为【华文琥珀】，字号为 40；

设置两段诗歌文本字体为【隶书】，字号为18。

07 分别选中标题和文本占位符，拖动鼠标调节其大小和位置。

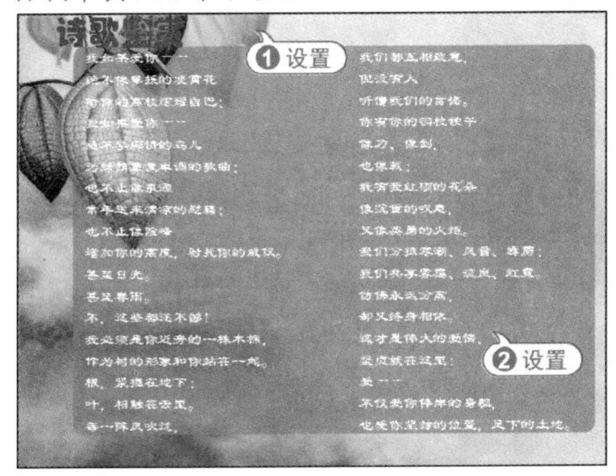

08 在幻灯片预览窗口中选择第4张幻灯片缩略图，将其显示在幻灯片编辑窗口中。

09 选中横排文本框，设置文本字体为【华文琥珀】，字号为54，字体颜色为【深橘色】。

10 选中垂直文本框，设置文本字体的【隶书】，字号为20，字体颜色为【白色，背景1】。

11 分别选中两个文本框，调节其位置。

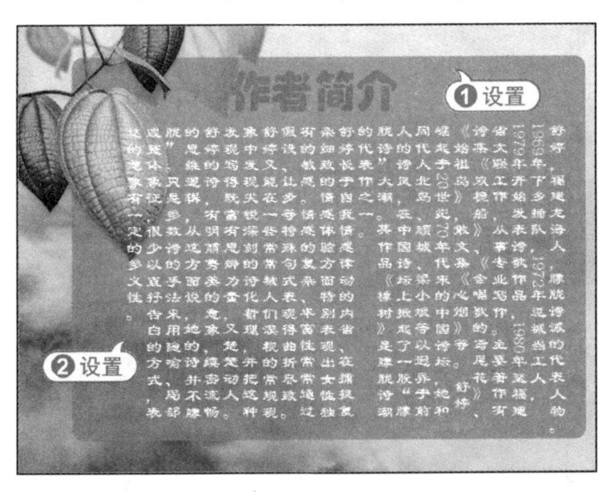

12 在快速工具栏中单击【保存】按钮，将【课件】演示文稿保存。

9.4.3 设置段落格式

为了使演示文稿更加美观、清晰，还可以在幻灯片中为文本设置段落格式，如缩进值、间距值和对齐方式。

【例9-9】在【课件】演示文稿中，为标题和文本设置段落格式。

视频 + 素材 (实例源文件\第09章\例9-9)

01 启动PowerPoint 2010，打开【课件】演示文稿。

02 在幻灯片预览窗口中选择第2张幻灯片缩略图，将其显示在幻灯片编辑窗口中。

03 选中【单击此处添加文本】占位符中的文本，在【开始】选项卡的【段落】选项组中，单击对话框启动器按钮，打开【段落】对话框的【缩进和间距】选项卡。

04 在【行距】下拉列表框中选择【1.5倍行距】选项，单击【确定】按钮，为文本段落应用该格式。

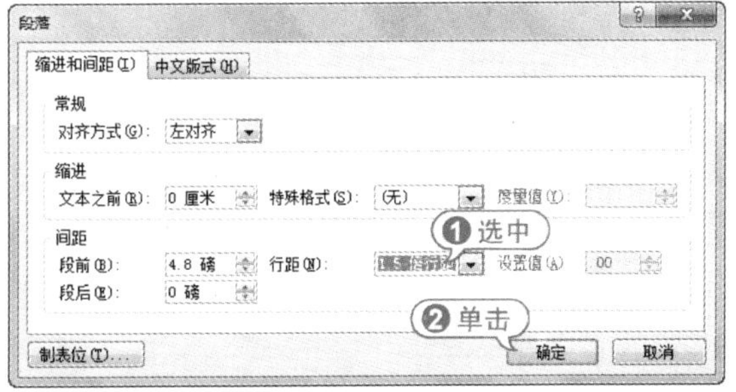

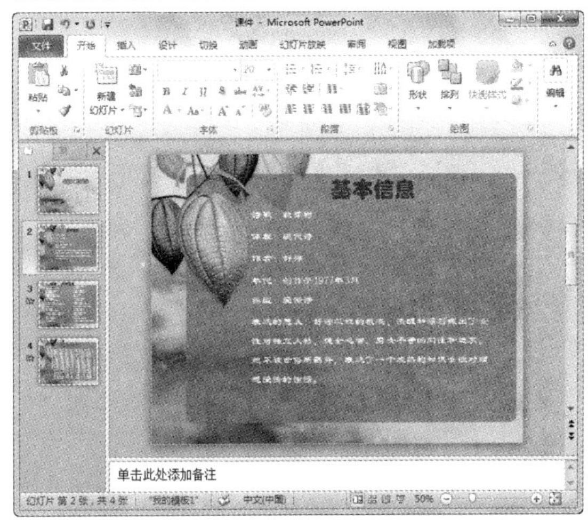

05 切换至第3张幻灯片，选中【单击此处添加标题】占位符，在【开始】选项卡的【段落】选项组中，单击【居中对齐】按钮，设置标题居中对齐。

06 切换至第4张幻灯片，选中【单击此

处添加文本】占位符中的文本，在【开始】选项卡的【段落】选项组中，单击对话框启动器按钮，打开【段落】对话框的【缩进和间距】选项卡。

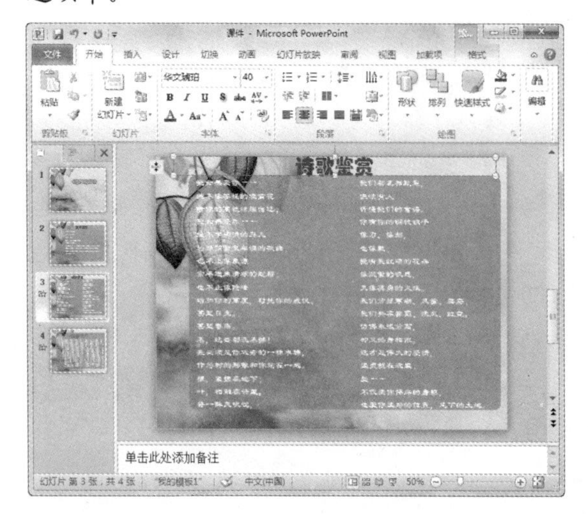

07 在【特殊格式】下拉列表框中选择【首行缩进】选项，在其后的【度量值】微调框中输入数值，单击【确定】按钮，为文本框段落应用缩进值。

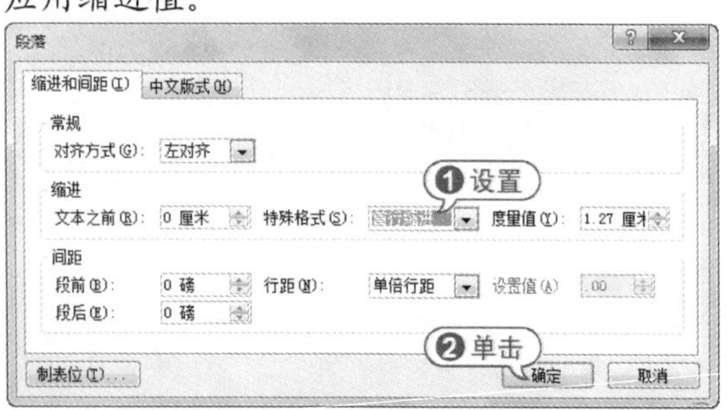

08 在快速工具栏中单击【保存】按钮，将【课件】演示文稿保存。

9.4.4 使用项目符号和编号

在演示文稿中，为了使某些内容更为醒目，经常要用到项目符号和编号。这些项目符号和编号用于强调一些特别重要的观点或条目，从而使主题更加美观、突出、分明。下面以添加项目符号为例介绍使用项目符号和编号的方法。

【例 9-10】在【课件】演示文稿中，为文本段添加项目符号。

视频 + 素材 (实例源文件\第 09 章\例 9-10)

01 启动 PowerPoint 2010，打开【课件】演示文稿。

02 在幻灯片预览窗口中选择第 2 张幻灯片缩略图，将其显示在幻灯片编辑窗口中。

03 选中【单击此处添加文本】占位符中的文本，在【开始】选项卡的【段落】选项组中，单击【项目符号】下拉按钮，从弹出的下拉菜单中选择【项目符号和编号】命令，打开【项目符号和编号】对话框。

04 在【项目符号】选项卡中单击【图片】按钮。

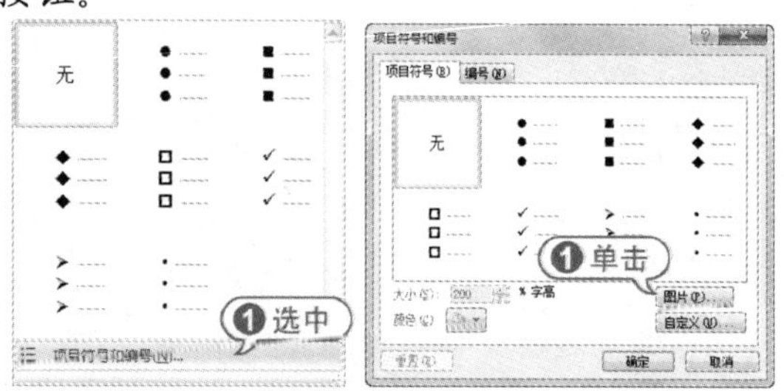

专家解读

在【开始】选项卡的【段落】选项组中，单击【编号】下拉按钮，从弹出的下拉列表框中选择编号样式，或者选择【项目符号和编号】命令，打开【项目符号和编号】对话框的【编号】选项卡，在其中设置编号样式即可。

05 打开【图片项目符号】对话框，选择一种图片，单击【确定】按钮。

06 返回【项目符号和编号】对话框，显示图片项目符号的样式，并在【大小】文本框中输入 100，单击【确定】按钮。

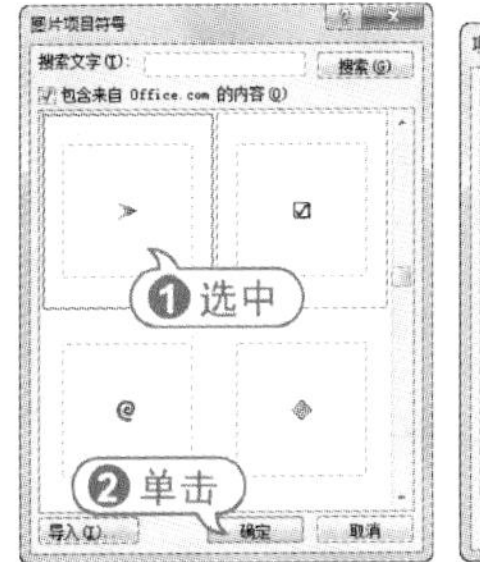

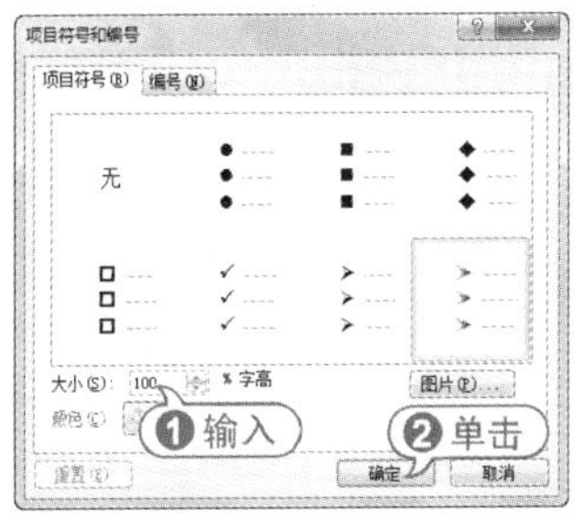

07 此时将为文本段应用图片项目符号。

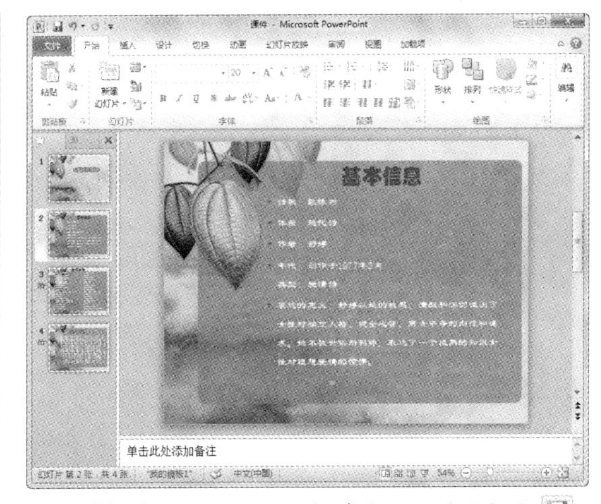

08 在快速工具栏中单击【保存】按钮，将【课件】演示文稿保存。

9.5 实战演练

本章的实战演练部分包括职业规划和时装设计宣传两个综合实例操作，用户通过练习从而巩固本章所学知识。

9.5.1 职业规划

【例 9-11】新建【职业规划】演示文稿，在幻灯片中输入文本，并设置文本格式。

视频 + 素材 (实例源文件\第 09 章\例 9-11)

01 启动 PowerPoint 2010，打开一个空白演示文稿，将其以【职业规划】为名保存。

02 打开【设计】选项卡，在【主题】选项组中，单击【其他】按钮，从弹出的【所有主题】列表框的【内置】选项区域中选择【华丽】选项，将该模板应用到当前演示文稿中。

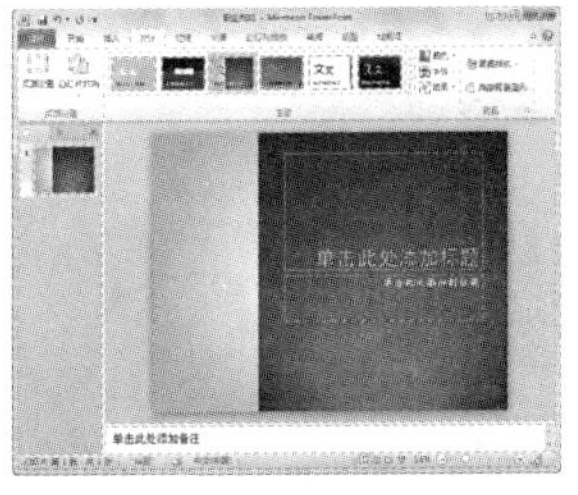

03 单击【单击此处添加标题】文本占位符，切换至搜狗拼音输入法，输入“职业生涯规划”，打开【开始】选项卡，在【字体】选项组中的【字号】下拉列表框中选择 60 选项。

04 使用同样的方法，在【单击此处添加副标题】占位符中输入文本，设置其字号为 28。

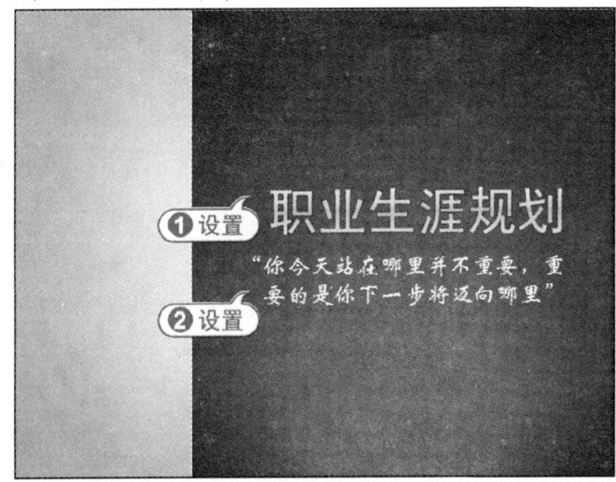

05 在幻灯片预览窗口中选中第 1 张幻灯片缩略图，按 Enter 键，添加一张新幻灯片。

06 在【单击此处添加标题】占位符中输入文字“职业规划 4 步曲”，设置字号为 60。然后选中【单击此处添加文本】占位符，按下 Delete 键将其删除。

07 打开【插入】选项卡，在【文本】选项组中单击【文本框】下拉按钮，在弹出的下拉菜单中选择【垂直文本框】命令，插入一个垂直文本框。

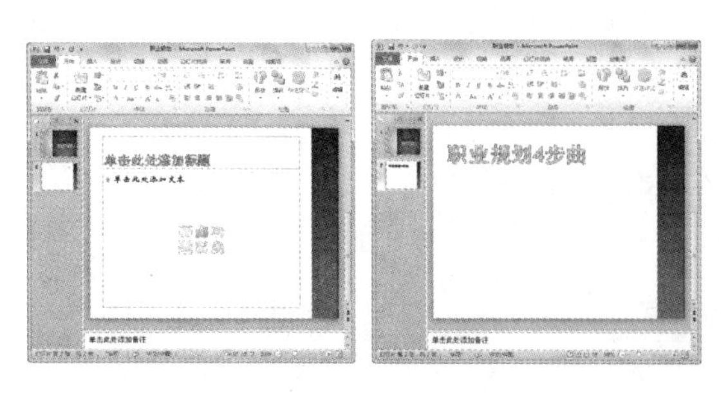

08 在垂直文本框中输入文本内容，设置文本的字体为【华文中宋】，字号为 40。

09 选中垂直文本框，拖动鼠标调节其至合适的位置。

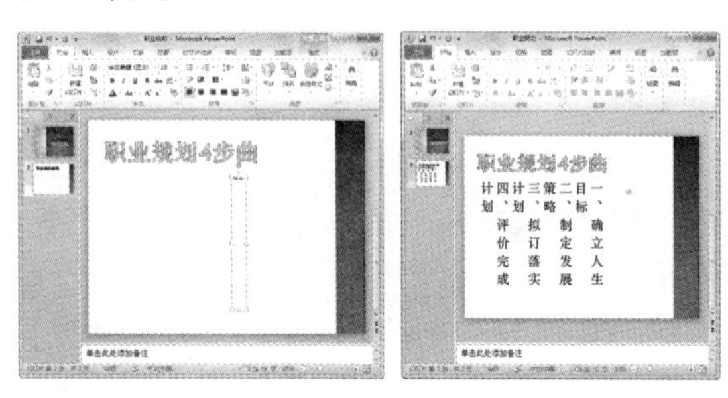

10 使用同样的方法，添加另一张幻灯片。在【单击此处添加标题】占位符中输入文字“具体讲述”；在【单击此处添加文本】占位符中文本内容，设置其字号为 24，在【开始】选项卡的【字体】选项组中单击【文字阴影】按钮 S，设置文本内容阴影显示。

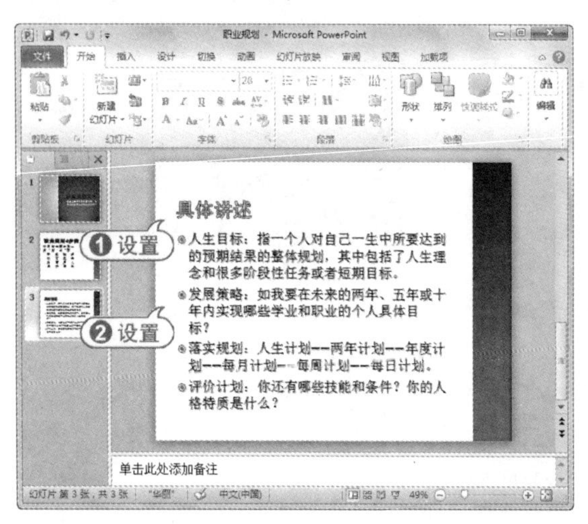

11 选中文字“人生目标:”，在【开始】选项卡的【字体】选项组中单击【下划线】按钮 U，为选中的文字添加下划线。

12 使用同样的方法，为文字“发展战略:”、“落实规划:”和“评价计划:”添加下划线。

具体讲述

- 人生目标：指一个人对自己一生中所要达到的预期结果的整体规划，其中包括了人生理念和很多阶段性任务或者短期目标。
- 发展策略：如我要在未来的两年、五年或十年内实现哪些学业和职业的个人具体目标？
- 落实规划：人生计划——两年计划——年度计划——每月计划——每周计划——每日计划。
- 评价计划：你还有哪些技能和条件？你的人格特质是什么？

13 在快速工具栏中单击【保存】按钮，将【职业规划】演示文稿保存。

9.5.2 时装设计宣传

【例 9-12】新建【时装设计宣传】演示文稿，在幻灯片中输入文本，并设置段落格式。

视频 + 素材 (实例源文件\第 09 章\例 9-12)

01 启动 PowerPoint 2010，打开一个空白演示文稿，将其以【时装设计宣传】为名保存。

02 打开【设计】选项卡，在【主题】选项组中单击【其他】按钮，从弹出的【所有主题】列表框的【内置】选项区域中选择【时装设计】选项，将该模板应用到当前演示文稿中。

03 演示文稿默认打开第 1 张幻灯片，在【单击此处添加标题】占位符中输入文字“WK 时装设计馆”，设置文字字体为【华文彩云】，字号为 54，字型为【加粗】，字体效果为【阴

影】；在【单击此处添加副标题】占位符中输入2行文字，设置文字字号为28，并拖动鼠标调节占位符的大小。

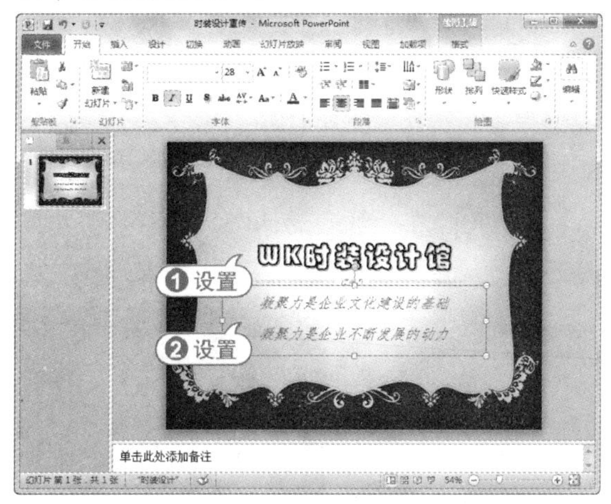

04 在【单击此处添加副标题】占位符中选中第1行文本，在【开始】选项卡的【段落】选项组中单击【左对齐】按钮，设置文本左对齐；选中第2行文本，单击【右对齐】按钮，设置文本右对齐。

05 在【开始】选项卡的【幻灯片】选项组中单击【新建幻灯片】按钮，添加一张新幻灯片。

06 在【单击此处添加标题】文本占位符中输入文本，设置标题字体为【幼圆】，字号为44，字型为【加粗】，字体效果为【阴影】。

07 在【单击此处添加文本】文本占位符中输入文本，设置其文字字体为【华文楷体】，字号为32。

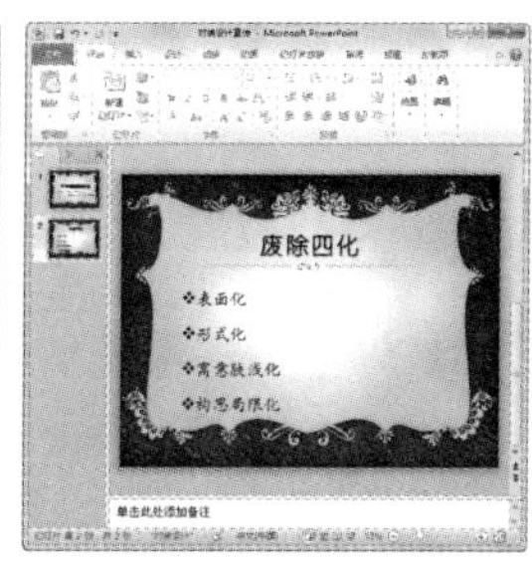

08 选中【单击此处添加文本】文本占位符，在【段落】选项组中单击【项目符号】下拉箭头，在弹出的下拉菜单中选择【项目符号和编号】命令，打开【项目符号和编号】对话框。

09 打开【项目符号】选项卡，单击【自定义】按钮，打开【符号】对话框，选择符号样式，单击【确定】按钮。

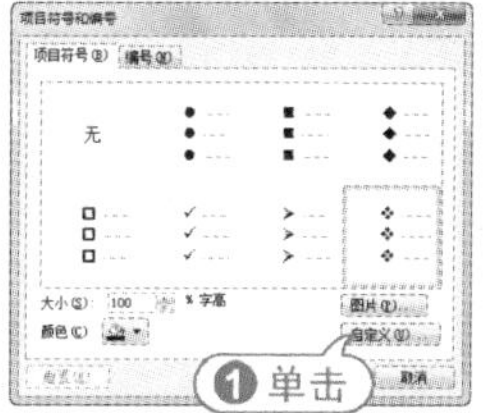

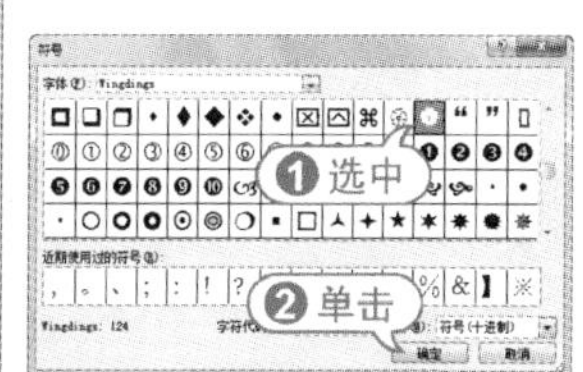

10 返回至【项目符号和编号】对话框，在【大小】文本框中输入80，单击【确定】按钮，即可应用该项目符号样式。

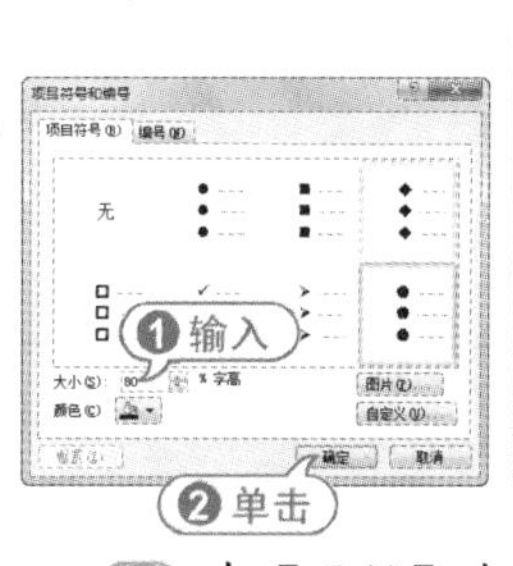

11 在【开始】选项卡的【幻灯片】选项组中单击【新建幻灯片】按钮，添加一张新幻灯片。

12 在幻灯片两个文本占位符中输入文本。设置标题文字字体为【华文琥珀】，字号为48；设置【单击此处添加文本】占位符中的文字字号为28。

13 拖动占位符的右边框，缩小该占位符大小，然后在缩小大小后的占位符右侧复制粘贴一个同样大小的文本占位符。

14 修改占位符中的文字，选中左侧的文本占位符，在【段落】选项组中单击【编号】下拉按钮，在弹出的下拉列表框中选择一种编号样式，即可为段落文本应用该编号样式。

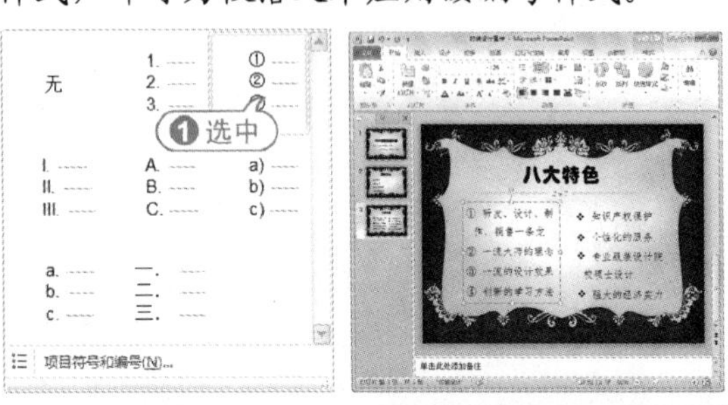

15 选中右侧的文本占位符，在【段落】选项组中单击【编号】下拉按钮，从弹出的下拉菜单中选中【项目符号和编号】命令，打开【项目符号和编号】对话框。

16 打开【编号】选项卡，在【起始编号】微调框中输入 5，单击【确定】按钮，完成编号的设置。

17 此时在幻灯片的两个文本占位符中显示连续的编号。

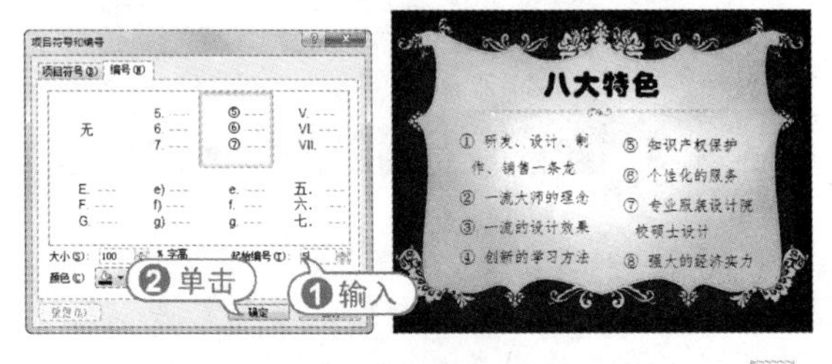

18 在快速工具栏中单击【保存】按钮，将【时装设计宣传】演示文稿保存。

9.6 专家指点

一问一答

问：如何在 PowerPoint 2010 中设置占位符格式？

答：启动 PowerPoint 2010，在【单击此处添加标题】占位符中输入文字。选中占位符，在【绘图工具】的【格式】选项卡的【形状样式】选项组中单击【形状填充】按钮，在弹出的菜单中选择主题颜色。然后单击【形状轮廓】按钮，在弹出菜单的【主题颜色】选项区域中选择颜色，并在【形状轮廓】的弹出菜单中选择【粗细】|【2.25 磅】命令，设置外边框的线型样式。另外，单击【形状效果】按钮，可以设置发光、阴影等效果。

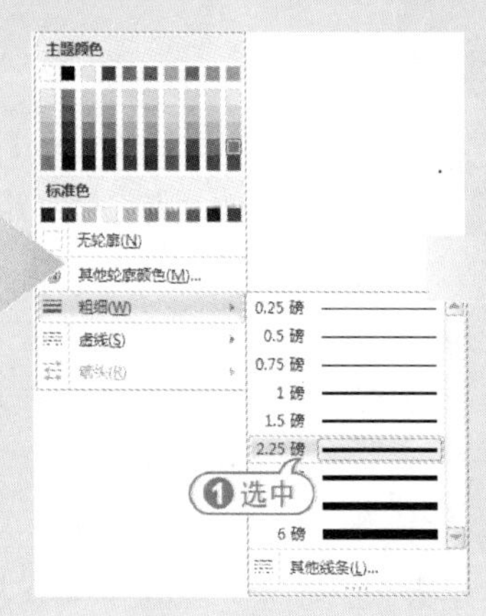

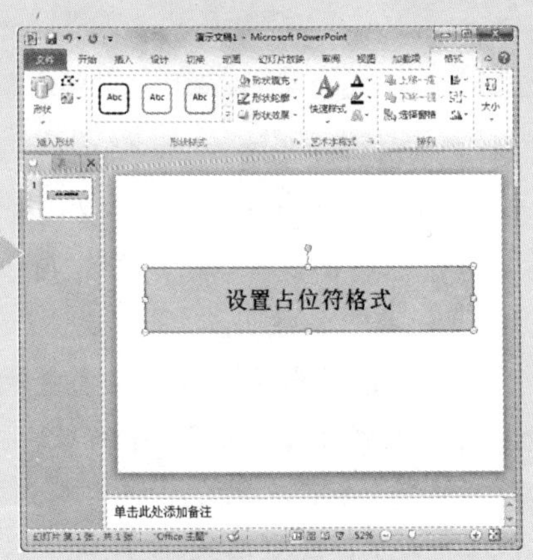

第10章 丰富演示文稿内容

PowerPoint 2010 提供了剪贴画、SmartArt 图形、艺术字、相册、声音和视频等功能，使用它们可以丰富幻灯片的版面效果，并在适当主题下为演示文稿增色。本章分别介绍剪贴画、图片、SmartArt 图形、艺术字、相册、声音和视频等对象的处理功能。

对应光盘视频

例 10-1 插入剪贴画和图片
例 10-2 插入截图
例 10-3 设置图片格式
例 10-4 添加艺术字
例 10-5 编辑艺术字
例 10-6 插入图表
例 10-7 编辑图表
例 10-8 插入和设置表格
例 10-9 插入 SmartArt 图形
例 10-10 设置 SmartArt 图形格式
例 10-11 插入声音文件
例 10-12 插入和设置视频
例 10-13 制作旅游景点相册
例 10-14 设置相册格式
例 10-15 制作家居展览
例 10-16 制作模拟航行

10.1 在幻灯片中插入图片

在演示文稿中插入图片，可以更生动形象地阐述其主题和所要表达的思想。在插入图片时，要充分考虑幻灯片的主题，使图片和主题和谐一致。

10.1.1 插入剪贴画

PowerPoint 2010 附带的剪贴画库内容非常丰富，所有的图片都经过专业设计，它们能够表达不同的主题，适合于制作各种不同风格的演示文稿。

要插入剪贴画，可以在【插入】选项卡的【插图】选项组中，单击【剪贴画】按钮，打开【剪贴画】任务窗格，在剪贴画预览列表中单击剪贴画，即可将其添加到幻灯片中。

专家解读

在剪贴画窗格的【搜索文字】文本框中输入名称(字符“*”代替文件名中的多个字符;字符“？”代替文件名中的单个字符)后，单击【搜索】按钮可查找需要的剪贴画；在【结果类型】下拉列表框可以将搜索的结果限制为特定的媒体文件类型。

10.1.2 插入来自文件的图片

用户除了插入 PowerPoint 2010 附带的剪贴画之外，还可以插入磁盘中的图片。这些图片可以是 BMP 位图，也可以是由其他应用程序创建的图片，从因特网下载的或通过扫描仪及数码相机输入的图片等。

打开【插入】选项卡，在【图像】选项组中单击【图片】按钮，打开【插入图片】对话框，选择需要的图片后，单击【插入】按钮，即可在幻灯片中插入图片。

【例 10-1】新建【天气预报】演示文稿，在幻灯片中插入剪贴画和来自文件的图片。

视频 + 素材 (实例源文件\第 10 章\例 10-1)

01 启动 PowerPoint 2010，新建一个名为【天气预报】的演示文稿。

02 打开【设计】选项卡，在【主题】选项组中单击【其他】按钮，从弹出的【所有主题】列表框的【来自 Office.com】选项区域中选择【现代型主题】选项，将该模板应用到当前演示文稿中。

03 在第 1 张幻灯片中调整两个文本占位符的位置，并输入文字。设置标题的字体为【华文琥珀】，字号为 54；设置副标题的字体为【华

文新魏】，字号为36，字型为【加粗】。

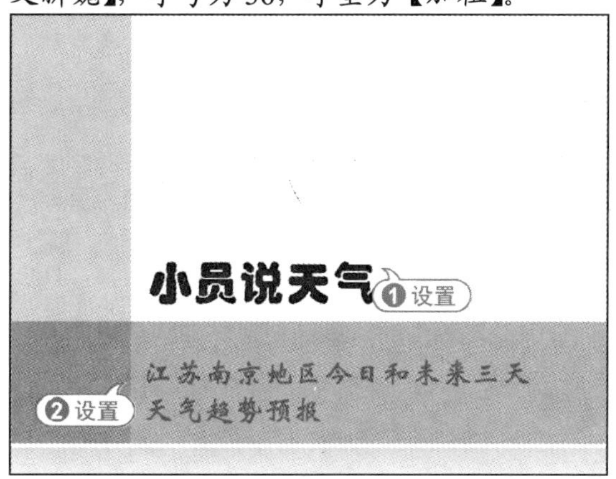

04 打开【插入】选项卡，在【图像】选项组中单击【剪贴画】按钮，打开【剪贴画】任务窗格。

05 在【搜索文字】文本框中输入文字“天气”，单击【搜索】按钮，此时与天气有关的剪贴画显示在预览列表中。单击所需的剪贴画，将其添加到幻灯片中。

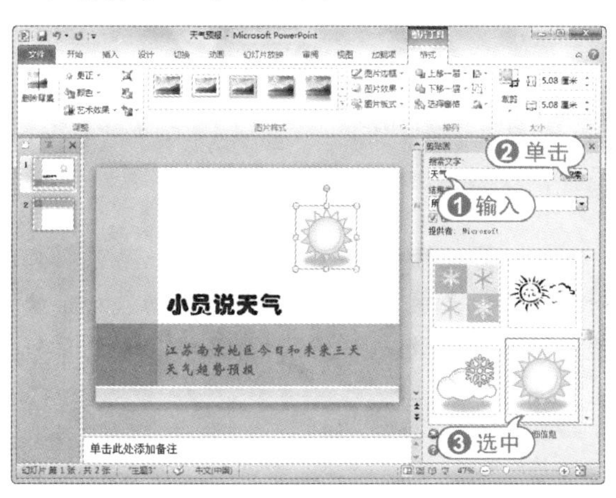

06 在幻灯片预览窗口中选择第2张幻灯片缩略图，将其显示在幻灯片编辑窗口中。

07 在【单击此处添加标题】文本占位符中输入文字“2011年4月7日天气情况”，设置其字体为【华文琥珀】，字号为44，字型为【阴影】。

08 在【单击此处添加文本】文本占位符中单击【插入来自文件的图片】按钮，打开【插入图片】对话框。

09 选择需要插入的图片，单击【插入】按钮，将该图片插入到幻灯片中。

10 在快速工具栏中单击【保存】按钮，保存【天气预报】演示文稿。

10.1.3 插入截图

和其他Office组件一样，PowerPoint 2010也新增了屏幕截图功能。使用该功能可以在幻灯片中插入图片。

【例10-2】在【天气预报】演示文稿中插入截取的图片。

视频 + 素材 (实例源文件\第10章\例10-2)

01 启动PowerPoint 2010，打开【天气预报】的演示文稿。

02 启动IE浏览器，在地址栏中输入http://www.weather.com.cn/weather/101190101.shtml，打开网页。

03 切换到【天气预报】演示文稿窗口，在幻灯片预览窗口中选择第2张幻灯片缩略图，将其显示在幻灯片编辑窗口中。

04 打开【插入】选项卡，在【图像】选

项组中单击【屏幕截图】按钮，从弹出的菜单中选择【屏幕剪辑】命令。

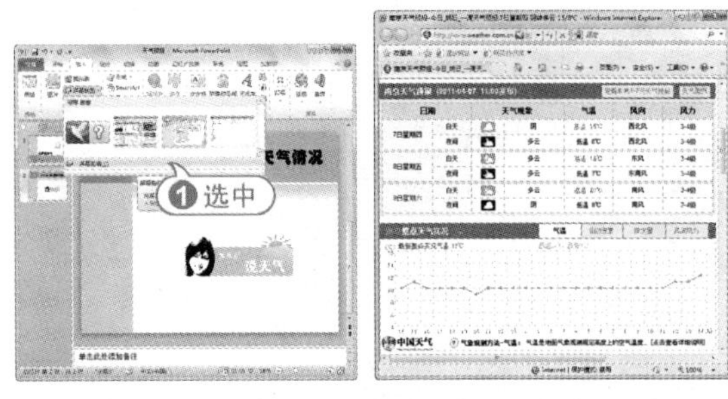

05 此时将自动切换到天气页面中，按住鼠标左键并拖动即可截取图片内容。

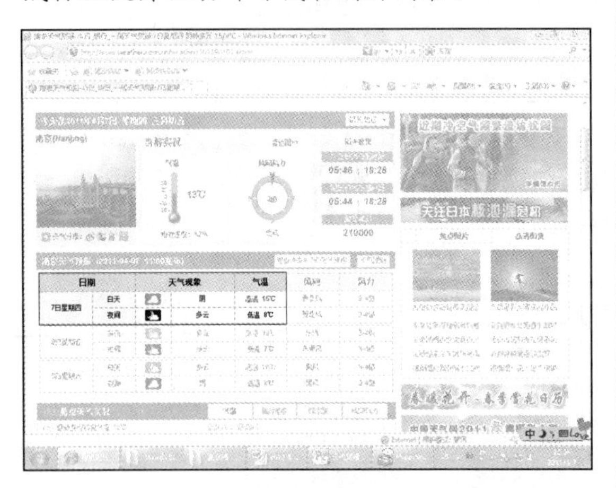

06 释放鼠标左键，完成截图操作，此时在第 2 张幻灯片中将显示所截取的图片。

10.1.4 设置图片格式

在演示文稿中插入图片后，用户可以调整其位置、大小，也可以根据需要进行裁剪、调整对比度和亮度、添加边框等操作。

选中图片后，通过功能区的【图片工具】的【格式】选项卡来进行格式的设置。

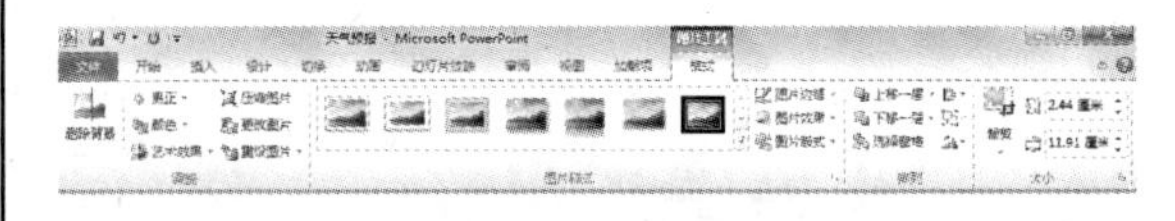

【例 10-3】在【天气预报】演示文稿中调节图片大小和位置，并设置其格式。

视频 + 素材 (实例源文件\第 10 章\例 10-3)

01 启动 PowerPoint 2010，打开【天气预报】的演示文稿。

02 在第 1 张幻灯片中，选中太阳剪贴画，将鼠标指针移至图片四周的控制点上，按住鼠标左键拖动至合适的大小后，释放鼠标，即可调节图片的大小。

03 将鼠标指针移动到图片上，待鼠标指针变成✥形状时，按住鼠标左键拖动鼠标至合适的位置，释放鼠标，此时图片将移动到目标位置上。

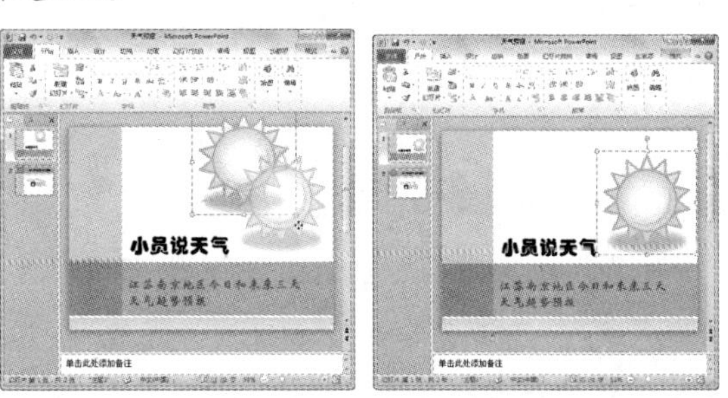

04 在幻灯片预览窗口中选择第 2 张幻灯片缩略图，将其显示在幻灯片编辑窗口中。

05 使用同样的方法，调节图片的大小和位置。

06 选中【说天气】图片，打开【图片工

具】的【格式】选项卡，在【调整】选项组中单击【更正】按钮，从弹出的菜单中选择【亮度:+20%对比度:+20%】选项，为图片应用该亮度和对比度。

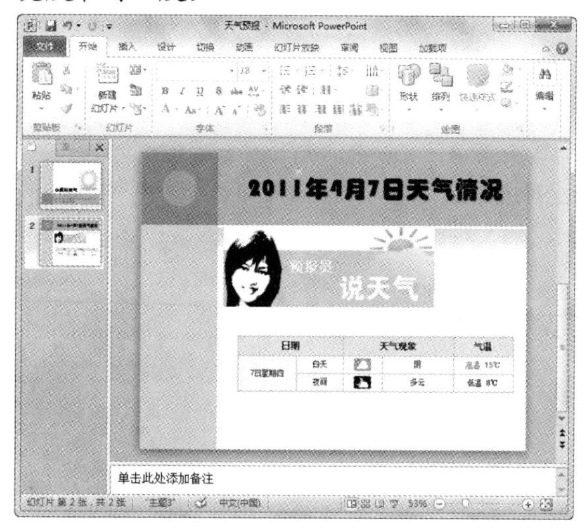

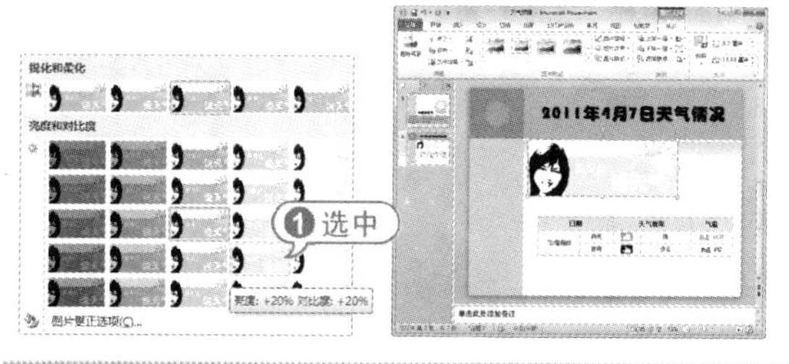

07 选中截取的图片，在【图片样式】选项组中单击【其他】按钮，从弹出的样式列表框中选择【旋转，白色】选项，为图片应用该样式。

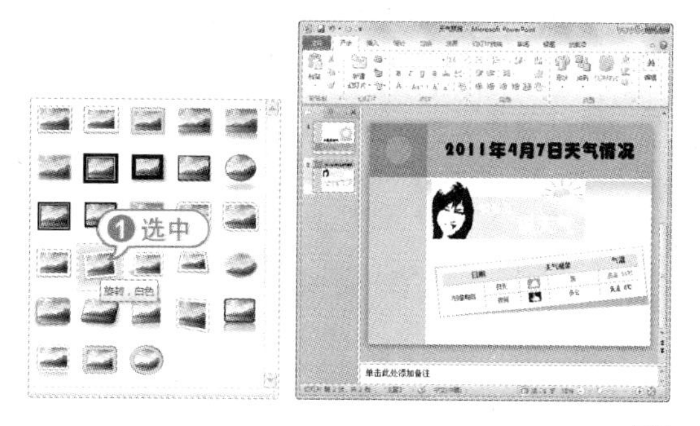

08 在快速工具栏中单击【保存】按钮，保存【天气预报】演示文稿。

经验谈

打开【图片工具】的【格式】选项卡，在【调整】选项组中单击【颜色】按钮，可以为图片重新着色；在【图片样式】选项组中单击【图片边框】按钮，可以为图片添加边框；在【图片样式】选项组中单击【图片效果】按钮，可以为图片设置阴影、发光和三维旋转等效果。

10.2 在幻灯片中添加艺术字

艺术字是一种特殊的图形文字，常被用来表现幻灯片的标题文字。用户既可以像对普通文字一样设置其字号、加粗、倾斜等效果，也可以像图形对象那样设置它的边框、填充等属性，还可以对其进行大小调整、旋转或添加阴影、三维效果等。

10.2.1 添加艺术字

打开【插入】选项卡，在功能区的【文本】选项组中单击【艺术字】按钮，打开艺术字样式列表。单击需要的样式，即可在幻灯片中插入艺术字。

【例 10-4】在【天气预报】演示文稿中，添加新幻灯片，并在其中插入艺术字。
视频 + 素材 (实例源文件\第 10 章\例 10-4)

01 启动 PowerPoint 2010，打开【天气预报】的演示文稿。

02 在幻灯片预览窗口中选择第 2 张幻灯片缩略图，将其显示在幻灯片编辑窗口中。

03 在【开始】选项卡的【幻灯片】选项组中单击【新建幻灯片】按钮，在弹出的列表框中选择【空白】选项，新建一张空白幻灯片。

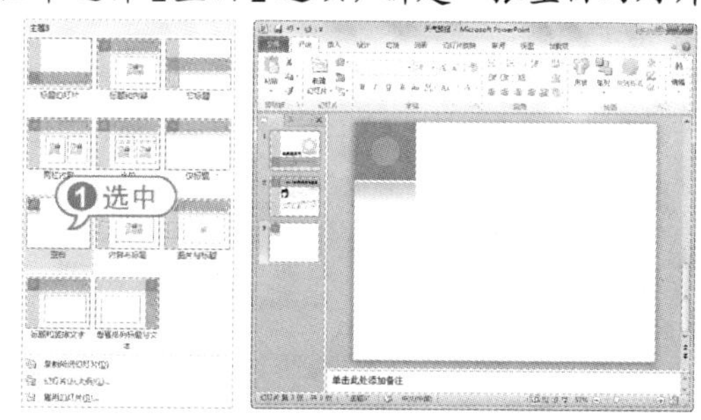

04 打开【插入】选项卡，在【文本】选项组中单击【艺术字】按钮，打开艺术字样式列表，选择第 6 行第 5 列中的艺术字样式，在幻灯片中插入该艺术字。

05 在【请在此放置您的文字】占位符中输入文字。

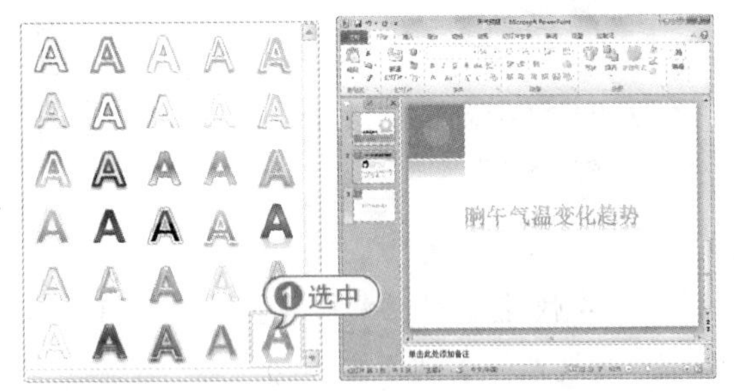

06 使用同样的方法，添加一张空白幻灯片和插入艺术字。

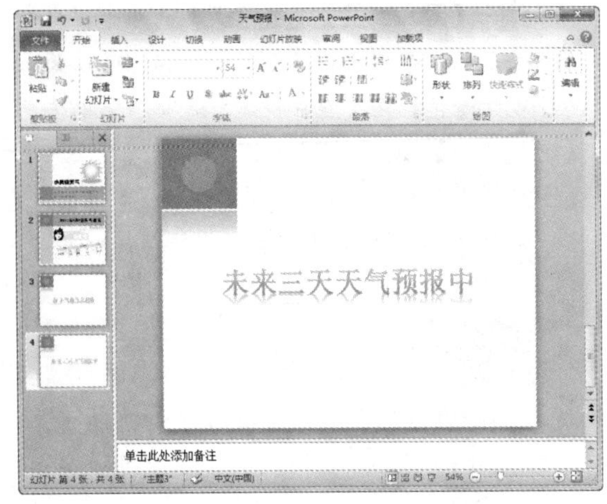

10.2.2 编辑艺术字

用户在插入艺术字后，如果对艺术字的效果不满意，可以对其进行编辑修改。选中艺术字后，在【绘图工具】的【格式】选项卡中进行编辑即可。

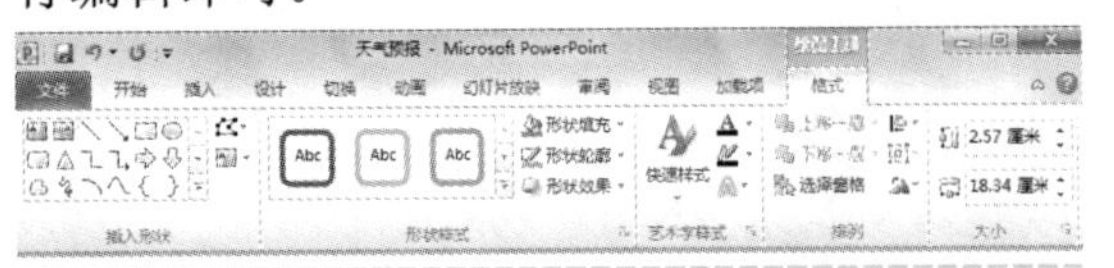

【例 10-5】在【天气预报】演示文稿中，编辑艺术字。

视频 + 素材 (实例源文件\第 10 章\例 10-5)

01 启动 PowerPoint 2010，打开【天气预报】的演示文稿。

02 在幻灯片预览窗口中选择第 3 张幻灯片缩略图，将其显示在幻灯片编辑窗口中。

03 选中艺术字，在打开的【格式】选项卡的【形状样式】选项组中单击【其他】按钮，在弹出的样式列表框中选择【浅色 1 轮廓，彩色填充-酸橙色，强调颜色 3】选项，为艺术字应用该样式。

04 拖动鼠标调节艺术字的大小和位置。

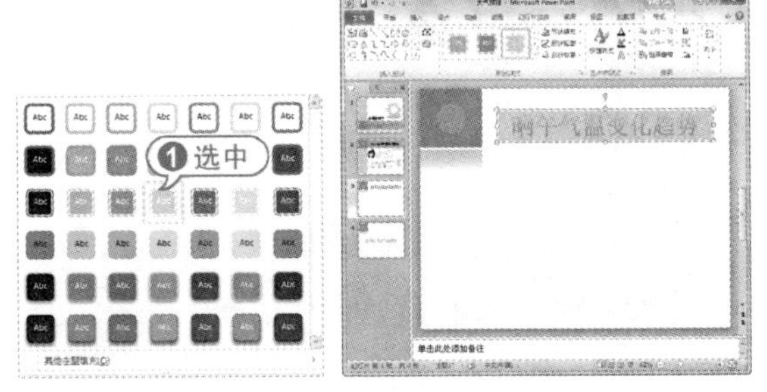

05 在幻灯片预览窗口中选择第 4 张幻灯片缩略图，将其显示在幻灯片编辑窗口中。

06 使用同样的方法，为艺术字应用【浅色 1 轮廓，彩色填充-酸橙色，强调颜色 3】形状样式。

07 选中艺术字，在【形状样式】选项组中单击【形状效果】按钮，从弹出的菜单中选择【阴影】选项，在【透视】选项区域中选择【靠下】选项，为艺术字应用该阴影效果。

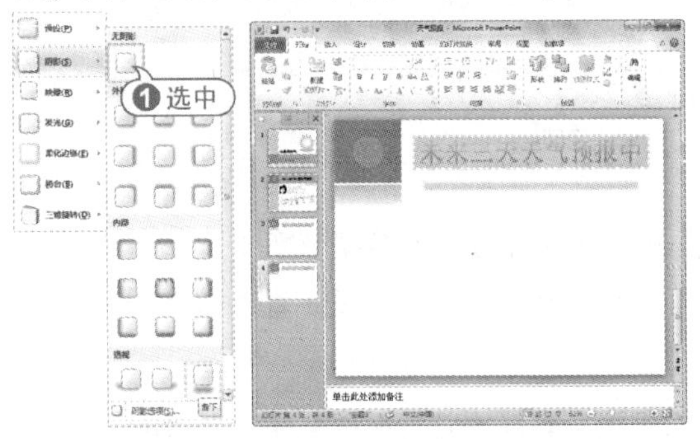

08 使用同样的方法，为第 3 张幻灯片中的艺术字应用【透视靠下】阴影效果。

09 在快速工具栏中单击【保存】按钮，保存【天气预报】演示文稿。

10.3 在幻灯片中插入图表

与文字数据相比，形象直观的图表更容易让人理解，它以简单易懂的方式反映了各种数据关系。PowerPoint 提供各种不同的图表来满足用户的需要，使得制作图表的过程简便而且自动化。

10.3.1 插入图表

插入图表的方法与插入图片的方法类似，在功能区打开【插入】选项卡，在【插图】选项组中单击【图表】按钮，打开【插入图表】对话框，该对话框提供了 11 种图表类型，每种类型可以分别用来表示不同的数据关系。

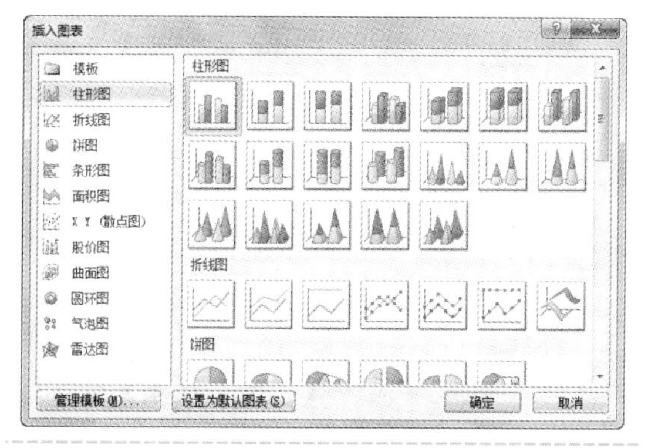

【例 10-6】在【天气预报】演示文稿中，插入图表。

视频 + 素材 (实例源文件\第 10 章\例 10-6)

01 启动 PowerPoint 2010，打开【天气预报】演示文稿，在幻灯片缩略图中单击第 3 张幻灯片，将其显示在编辑窗口中。

02 打开【插入】选项卡，在【插图】选项组中单击【图表】按钮，打开【插入图表】对话框。在【折线图】选项卡中选择【带数据标记的折线图】选项，单击【确定】按钮。

03 此时打开 Excel 2010 应用程序，在其工作界面中修改类别值和系列值。

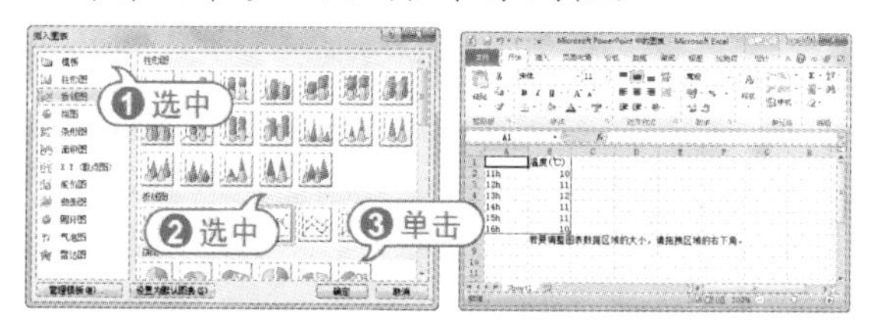

04 关闭 Excel 2010 应用程序，此时折线图添加到幻灯片中。

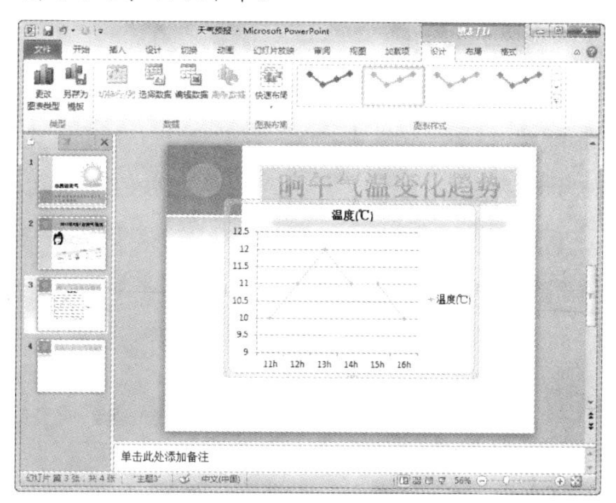

05 在快速工具栏中单击【保存】按钮，保存【天气预报】演示文稿。

10.3.2 编辑图表

在 PowerPoint 中，不仅可以对图表进行移动、调整大小，还可以设置图表的颜色、图表中某个元素的属性等。

【例 10-7】在【天气预报】演示文稿中，编辑图表。

视频 + 素材 (实例源文件\第 10 章\例 10-7)

01 启动 PowerPoint 2010，打开【天气预报】演示文稿，切换到第 3 张幻灯片。

02 选定图表，拖动图表边框，调整其位置和大小。

03 打开【图表工具】的【设计】选项卡，在【图表样式】选项组中单击【其他】按钮，在打开的样式列表中选择【样式 29】选项。

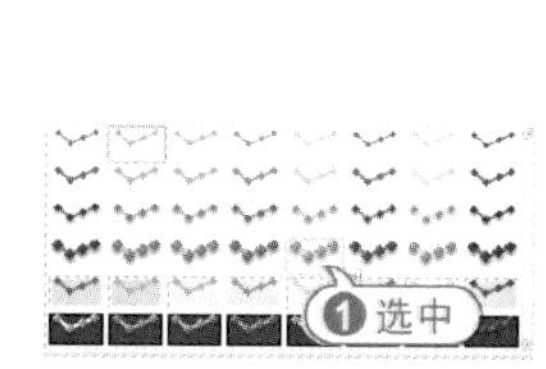

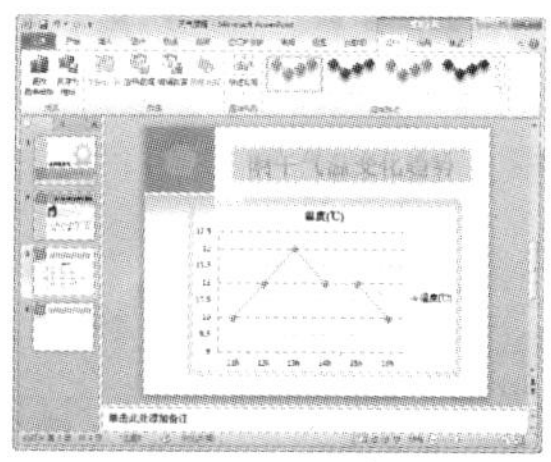

04 选定图表，打开【图表工具】的【布局】选项卡，在【坐标轴】选项组中单击【坐标轴】按钮，在弹出的菜单中选择【主要纵坐标轴】|【其他主要纵坐标轴选项】命令，打开【设置坐标轴格式】对话框。

05 打开【坐标轴选项】选项卡，在【最小值】选项区域中选中【固定】单选按钮，并在其右侧的文本框中输入数字 8.0；在【最大值】选项区域中选中【固定】单选按钮，并在其右侧的文本框中输入数字 15.0；在【主要刻度单位】选项区域中选中【固定】单选按钮，并在其右侧的文本框中输入数字 1.0，单击【关闭】按钮，完成设置。

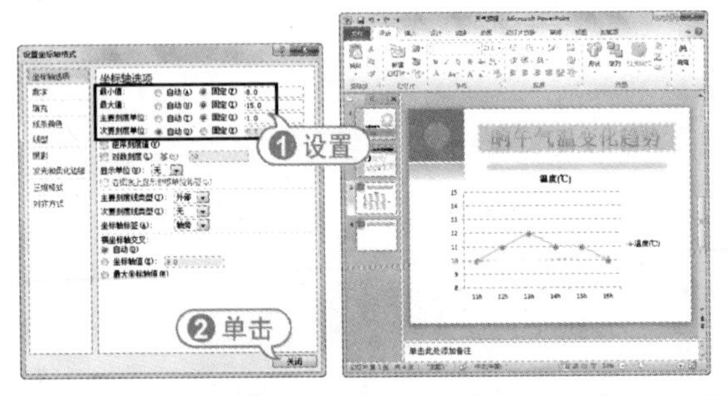

06 在【标签】选项组中单击【图表标题】按钮，从弹出的菜单中选择【图表上方】命令。

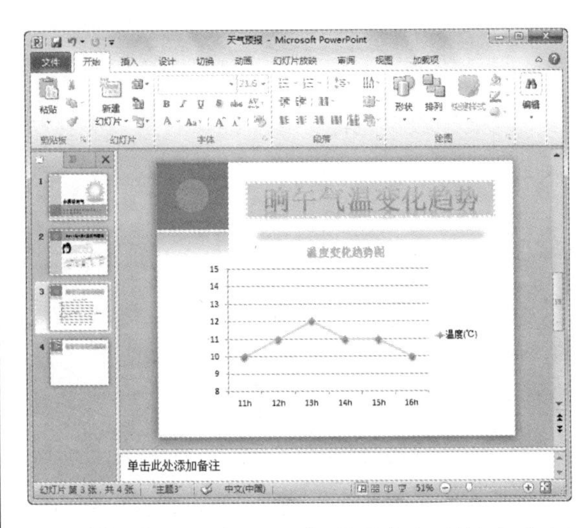

07 选定图表区，在【图表标题】文本框中修改标题文字“温度变化趋势图”，设置字体颜色为【橙色】，字体效果为【阴影】。

经验谈

打开【图表工具】的【格式】选项卡，在【形状样式】选项组中，可以为图表设置填充色、线条样式和效果等。单击【其他】按钮，可以在弹出的样式列表框中为图表应用预设的形状或线条的外观样式。

10.4 在幻灯片中插入表格

使用 PowerPoint 制作一些专业型演示文稿时，通常需要使用表格。例如，销售统计表、财务报表等。表格采用行列化的形式，它与幻灯片页面文字相比，更能体现内容的对应性及内在的联系。

10.4.1 插入表格

PowerPoint 支持多种插入表格的方式，例如可以在幻灯片中直接插入，也可以直接在幻灯片中绘制表格。

1. 直接插入表格

当需要在幻灯片中直接添加表格时，可以使用【插入】按钮插入或为该幻灯片选择含有内容的版式。

- 使用【表格】按钮插入表格：当要插入表格的幻灯片没有应用包含内容的版式，那么可以首先在功能区打开【插入】选项卡，在【表格】选项组中单击【表格】按钮，从弹出的菜单的【插入表格】选取区域中拖动鼠标选择列数和行数，或者选择【插入表格】命令，打开【插入表格】对话框，设置表格列数和行数。
- 新幻灯片自动带有包含内容的版式，此时在【单击此处添加文本】文本占位符中单击【插入表格】按钮，打开【插入表格】对话框，设置列数和行数。

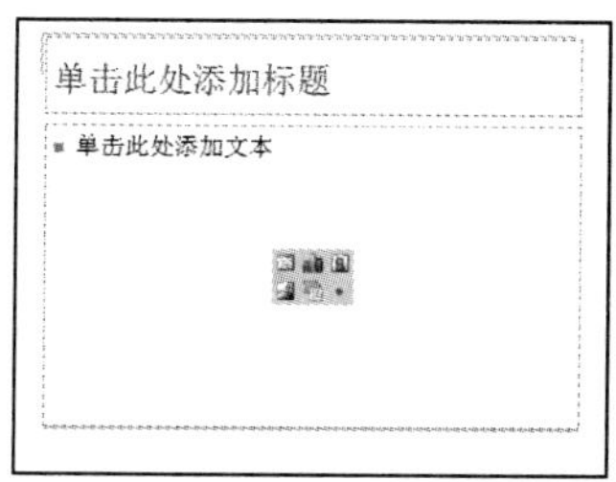

经验谈

使用 PowerPoint 2010 的插入对象功能，可以在幻灯片中直接调用 Excel 应用程序，从而将表格以外部对象插入到 PowerPoint 中。其方法为：在【插入】选项卡的【文本】选项组中单击【对象】按钮，打开【插入对象】对话框。在【对象类型】列表框中选择【Microsoft Office Excel 工作表】选项，单击【确定】按钮即可。

2. 手动绘制表格

当插入的表格并不是完全规则时，也可以直接在幻灯片中绘制表格。绘制表格的方法很简单，打开【插入】选项卡，在【表格】选项组中单击【表格】按钮，从弹出的菜单中选择【绘制表格】命令。当鼠标指针变为✎形状时，即可拖动鼠标在幻灯片中进行绘制。

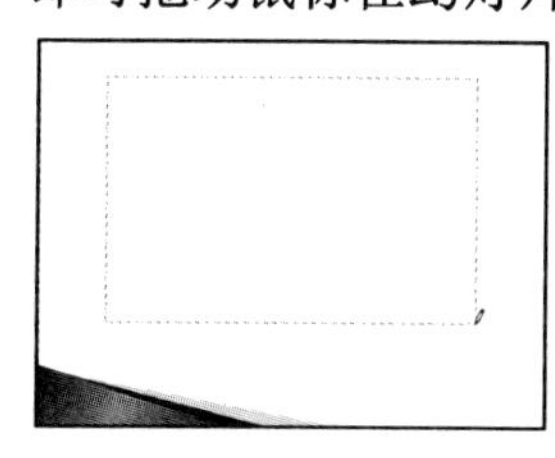

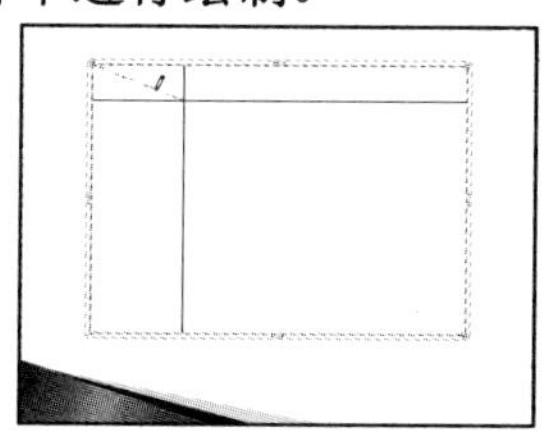

10.4.2 设置表格的格式

插入到幻灯片中的表格不仅可以像文本框和占位符一样被选中、移动、调整大小及删除，还可以为其添加底纹、设置边框样式、应用阴影效果等。

插入表格后，自动打开【表格工具】的【设计】和【格式】选项卡，使用功能选项组中的相应按钮来设置表格的对应属性。

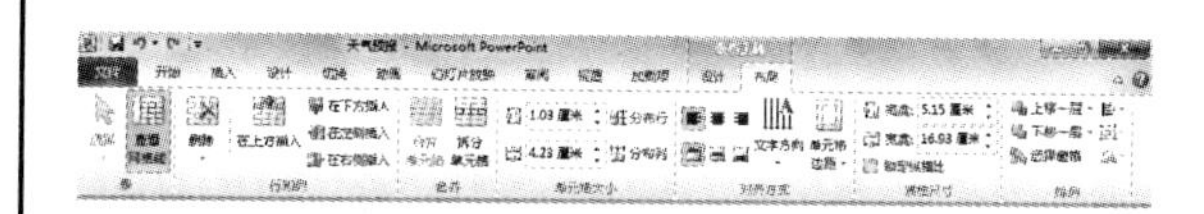

【例 10-8】在【天气预报】演示文稿中，插入表格，并设置表格样式。

视频 + 素材 (实例源文件\第 10 章\例 10-8)

01 启动 PowerPoint 2010，打开【天气预报】演示文稿，在幻灯片缩略图中单击第 4 张幻灯片，将其显示在编辑窗口中。

02 打开【插入】选项卡，在【表格】选项组中单击【表格】按钮，从弹出的菜单中选择【插入表格】命令，打开【插入表格】对话框。

03 在【列数】和【行数】文本框中分别输入 4，单击【确定】按钮，插入表格。

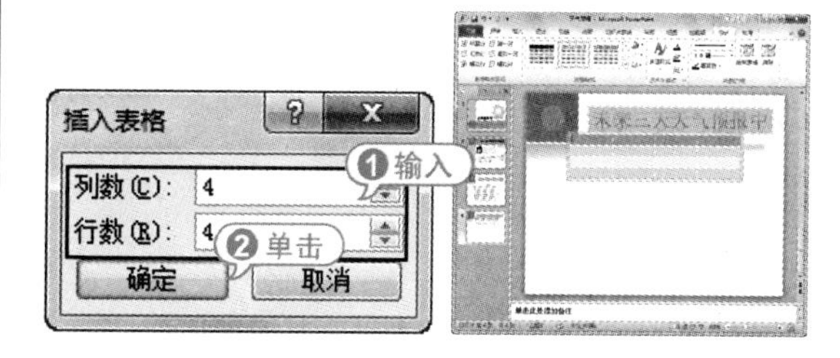

04 调整表格的大小和位置，并输入文字，然后打开【表格工具】的【布局】选项卡，在【对齐方式】选项组中单击【居中】按钮和【垂直居中】按钮，设置文本对齐方式为居中。

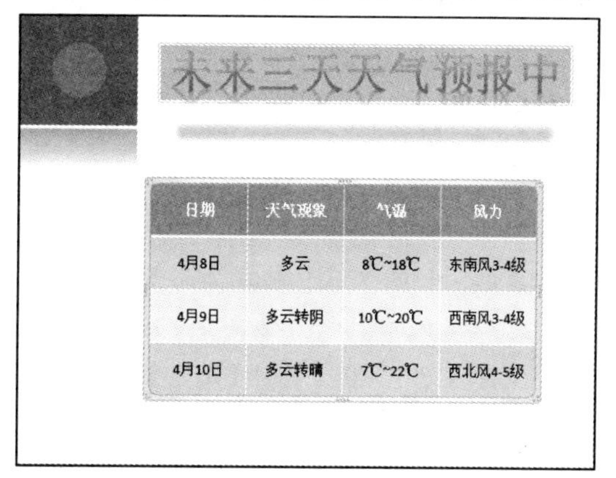

05 选定表格，打开【表格工具】的【设计】选项卡，在【表格样式】选项组中单击【其他】按钮，在打开的表格样式列表中选择【中度样式 1-强调 2】选项，为表格设置样式。

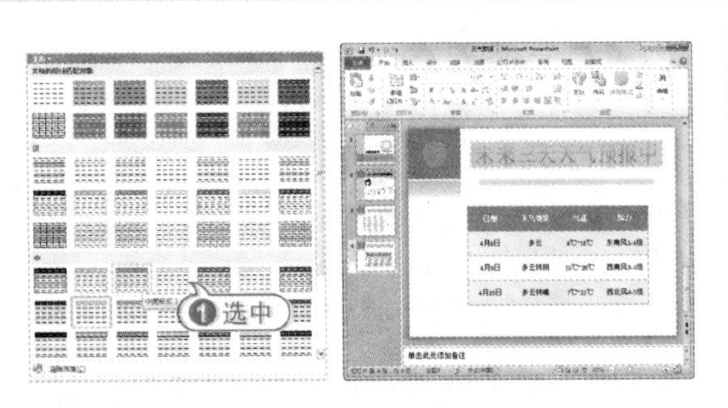

06 选定表格，打开【表格工具】的【设计】选项卡，在【绘图边框】选项组中单击【笔颜色】按钮，从弹出的颜色面板中选择一种颜色，然后在【表格样式】选项组中单击【无框线】下拉按钮，从弹出的下拉菜单中选择【所有框线】命令，为表格设置边框颜色。

专家解读

用户还可以对表格中的单元格进行编辑，如拆分、合并、添加行、添加列、设置行高和列宽等，与在其他 Office 组件中编辑表格的方法一样。

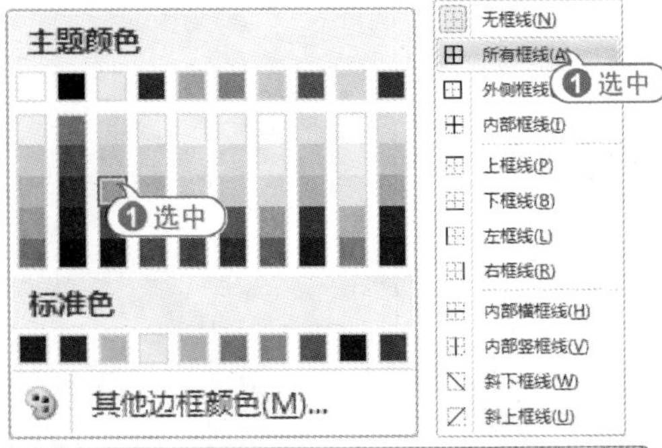

07 在快速工具栏中单击【保存】按钮，保存【天气预报】演示文稿。

10.5 在幻灯片中插入 SmartArt 图形

在制作演示文稿时，经常需要制作流程图，用以说明各种概念性的内容。使用 PowerPoint 2010 中的 SmartArt 图形功能可以在幻灯片中快速地插入 SmartArt 图形。

10.5.1 插入 SmartArt 图形

PowerPoint 2010 提供了多种 SmartArt 图形类型，如流程、层次结构等。

要插入 SmartArt 图形，打开【插入】选项卡，在【插图】选项组中单击 SmartArt 按钮，打开【选择 SmartArt 图形】对话框，用户可根据需要选择合适的类型，单击【确定】按钮即可。

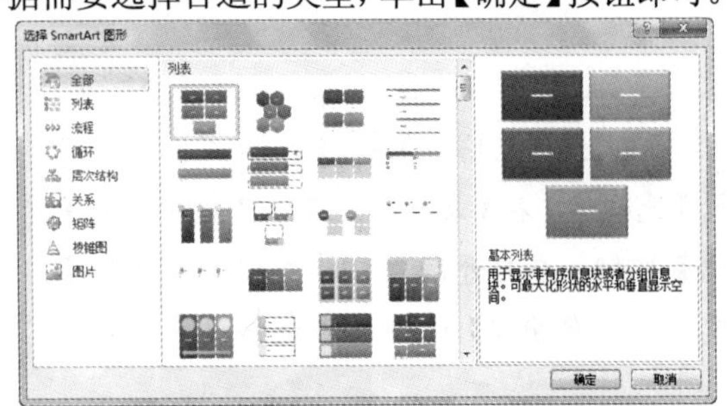

【例 10-9】在【天气预报】演示文稿中，插入 SmartArt 图形，并添加文本。

视频 + 素材 (实例源文件\第 10 章\例 10-9)

01 启动 PowerPoint 2010，打开【天气预报】演示文稿，在幻灯片缩略图中单击第 4 张幻灯片，将其显示在编辑窗口中。

02 在【开始】选项卡的【幻灯片】选项组中单击【新建幻灯片】下拉按钮，从弹出的下拉列表框中选择【仅标题】选项，新建一张新幻灯片。

03 在【单击此处添加标题】占位符中输入标题文本，设置其字体为【华文琥珀】，字号为 44，字型为【阴影】。

04 打开【插入】选项卡，在【插图】选项组中单击 SmartArt 按钮，打开【选择 SmartArt

图形】对话框。

05 打开【列表】选项卡，选择【垂直曲线列表】选项，单击【确定】按钮，即可插入该 SmartArt 图形。

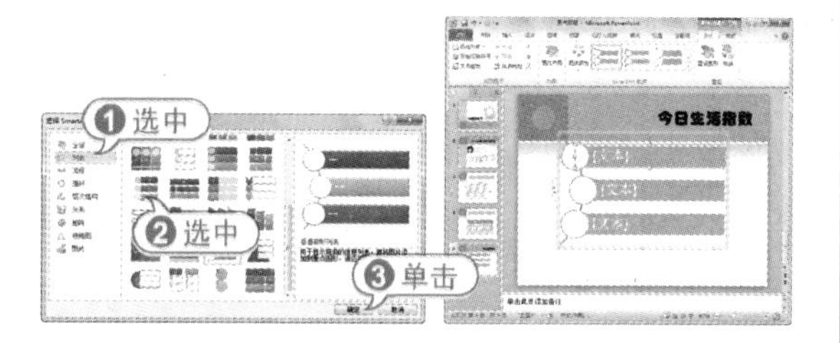

06 在【文本】框中输入文本，并拖动鼠标调节图形大小和位置。

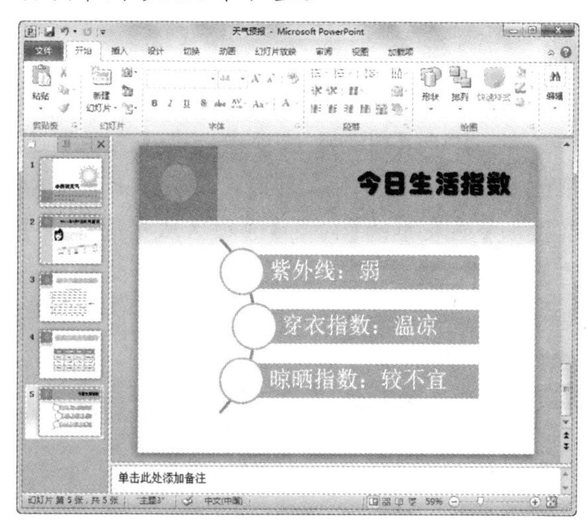

10.5.2 设置 SmartArt 图形格式

PowerPoint 创建的 SmartArt 图形会自动采用 PowerPoint 默认的格式。插入 SmartArt 图形后，系统会自动打开【SmartArt 工具】的【设计】和【格式】选项卡，使用该功能组中的相应按钮，可以对 SmartArt 格式进行相关的设置。

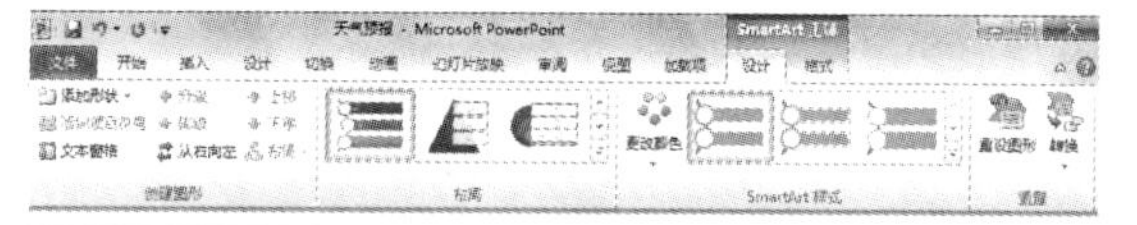

【例 10-10】在【天气预报】演示文稿中，添加 SmartArt 形状，并设置 SmartArt 图形的格式。
视频 + 素材 (实例源文件\第 10 章\例 10-10)

01 启动 PowerPoint 2010，打开【天气预报】演示文稿，在幻灯片缩略图中单击第 5 张幻灯片，将其显示在编辑窗口中。

02 选中 SmartArt 图形中的最后一个形状，打开【SmartArt 工具】的【设计】选项卡，在【创建图形】选项组中单击【添加形状】按钮，从弹出的菜单中选择【在后面添加形状】命令，为 SmartArt 图形添加一个形状，并在其中输入文本。

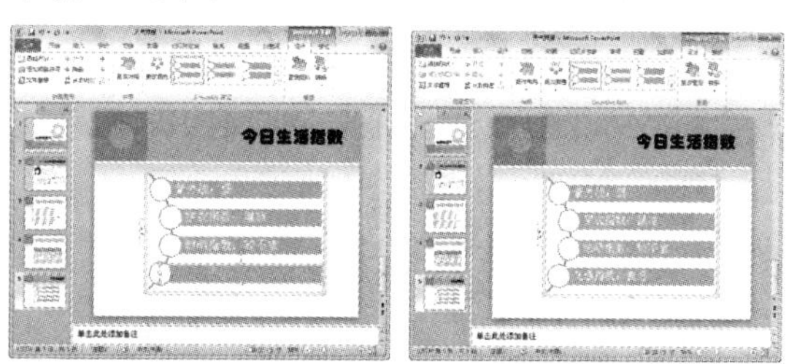

03 在【设计】选项卡的【SmartArt 样式】选项组中，单击【更改颜色】按钮，从弹出的列表框中选择一种颜色，更改 SmartArt 图形颜色。

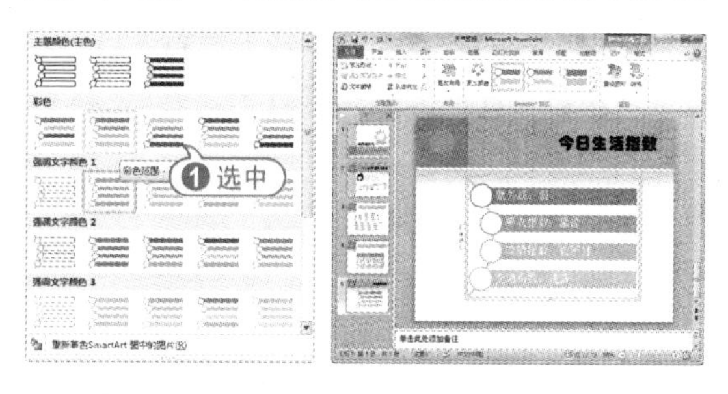

04 打开【SmartArt 工具】的【格式】选项卡，在【艺术字样式】选项组中单击【其他】按钮，从弹出的艺术字样式列表框中选择第 1 行第 5 列中的样式，为 SmartArt 图形中的形状文本应用艺术字样式。

05 在 SmartArt 图形中选中第 1 个圆形，在【格式】选择卡的【形状样式】选项组中单击【其他】按钮，从弹出的列表框中选择一种图形样式，为圆形设置形状样式。

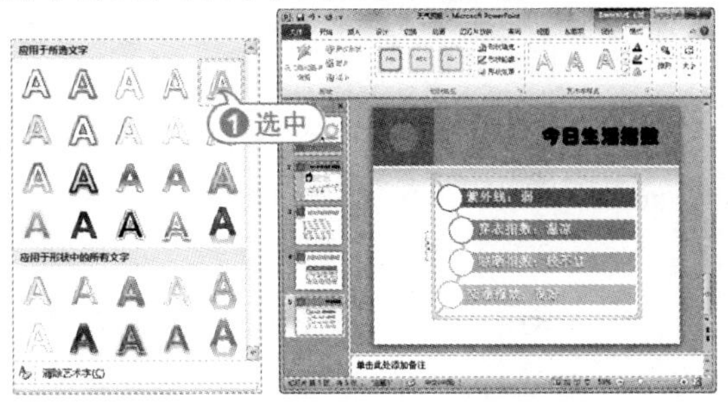

06 使用同样的方法，为 SmartArt 图形中其他圆形设置图形样式。

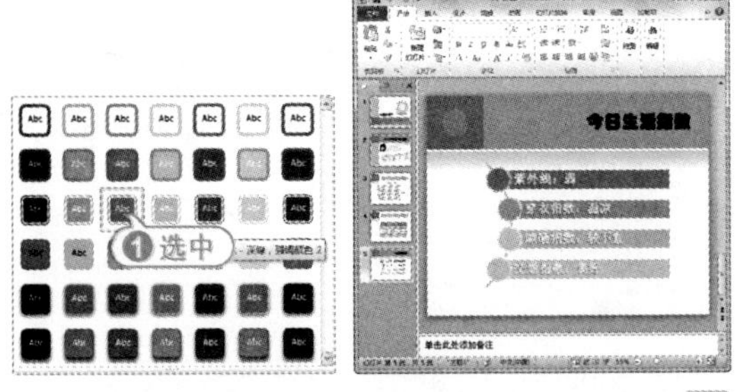

07 在快速工具栏中单击【保存】按钮，保存【天气预报】演示文稿。

10.6 在幻灯片中插入多媒体对象

在 PowerPoint 2010 中可以方便地插入声音和视频等多媒体对象，使用户的演示文稿从画面到声音，多方位地向观众传递信息。

10.6.1 插入声音

在制作幻灯片时，用户可以根据需要插入声音，以增加向观众传递信息的通道，增强演示文稿的感染力。

1. 插入剪辑管理器中的声音

打开【插入】选项卡，在【媒体】选项组中单击【音频】下拉按钮，在弹出的下拉菜单中选择【剪贴画音频】命令，此时 PowerPoint 将自动打开【剪贴画】任务窗格，该窗格显示了剪辑中所有的声音，单击某个声音文件，即可将该声音文件插入到幻灯片中。

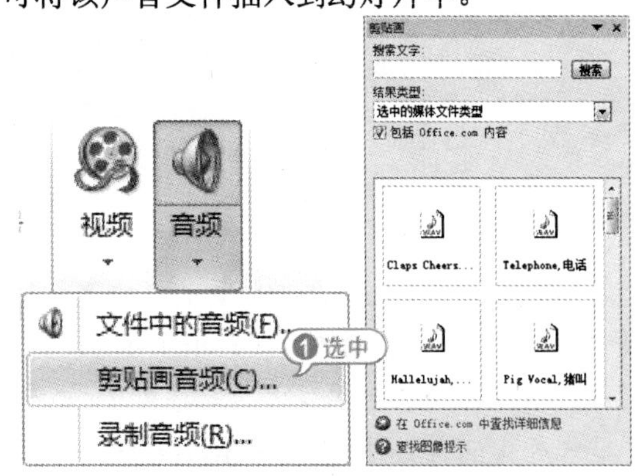

2. 插入文件中的声音

要插入文件中的声音，可以在【音频】下拉菜单中选择【文件中的音频】命令，打开【插入音频】对话框，从该对话框中选择需要插入的声音文件。

【例 10-11】新建【纺织机械】演示文稿，在幻灯片中添加来自本地磁盘的声音文件。
视频+素材 (实例源文件\第 10 章\例 10-11)

01 启动 PowerPoint 2010，新建一个名为【纺织机械】的演示文稿。

02 打开【设计】选项卡，在【主题】选项组中，单击【其他】按钮，从弹出的【所有主题】列表框的【内置】选项区域中选择【网格】选项，将该模板应用到当前演示文稿中。

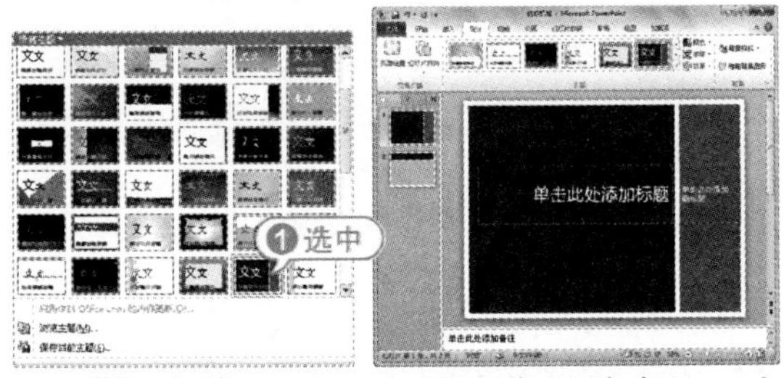

03 在第 1 张幻灯片的占位符中输入文字，设置副标题文字字号为 28，字体颜色为【黄色】，字体效果为【阴影】。

04 在【插入】选项卡的【媒体】选项组中单击【音频】下拉按钮，从弹出的菜单中选择【文件中的音频】命令，打开【插入音频】

对话框。

05 在对话框中选择需要插入的声音文件，单击【确定】按钮，插入声音。

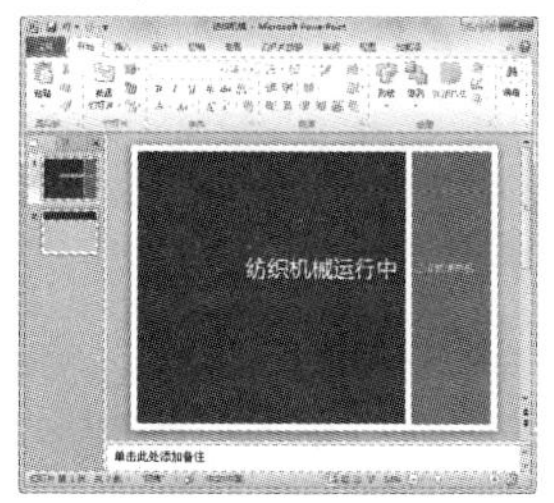

06 此时幻灯片中将出现声音图标，使用鼠标将其拖动到幻灯片的正标题上侧。

07 在幻灯片缩略图中单击第 2 张幻灯片，将其显示在编辑窗口中，输入文本，设置标题字体为 46，文本字体为 36。

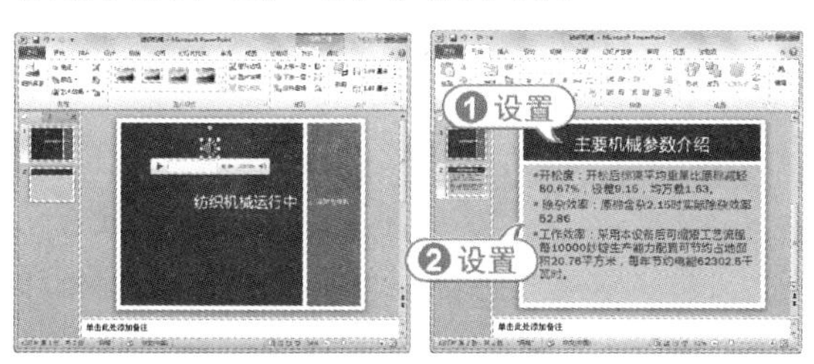

专家解读

插入声音文件后，将打开声音调节器，单击【播放】按钮，即可播放该声音。

08 在快速工具栏中单击【保存】按钮，保存【纺织机械】演示文稿。

3. 录制音频

用户还可以根据需要自己录制声音，为幻灯片添加声音效果。

录制声音的方法很简单，在【插入】选项卡的【媒体】选项组中单击【音频】下拉按钮，在弹出的菜单中选择【录制音频】命令，打开【录音】对话框。单击【录音】按钮，开始录制声音。录制完毕后，单击【停止】按钮，录制结束，然后单击【播放】按钮，即可播放该声音。播放完毕后，单击【确定】按钮，即可在幻灯片中插入录制的声音文件。

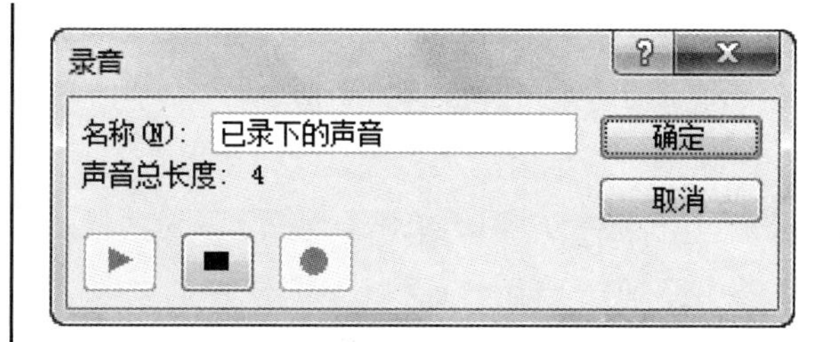

经验谈

在幻灯片中选中声音图标，功能区将出现【声音工具】选项卡。使用该选项卡可以设置声音效果。一般的声音文件并不需要设置声音效果，如果要循环播放声音，则可在【播放】选项卡的【音频】选项组中选中【循环播放，直至停止】复选框。

10.6.2 插入视频

用户可以根据需要插入 PowerPoint 2010 自带的视频和计算机中存放的影片，用以丰富幻灯片的内容，增强演示文稿的鲜明度。

1. 插入剪辑管理器中的视频

打开【插入】选项卡，在【媒体】选项组中单击【视频】下拉按钮，在弹出的下拉菜单中选择【剪辑画视频】命令，此时 PowerPoint 将自动打开【剪贴画】任务窗格，该窗格显示了剪辑中所有的视频或动画，单击某个动画文件，即可将该剪辑文件插入到幻灯片中。

专家解读

PowerPoint 中的影片包括视频和动画，插入的动画则主要是 GIF 动画。

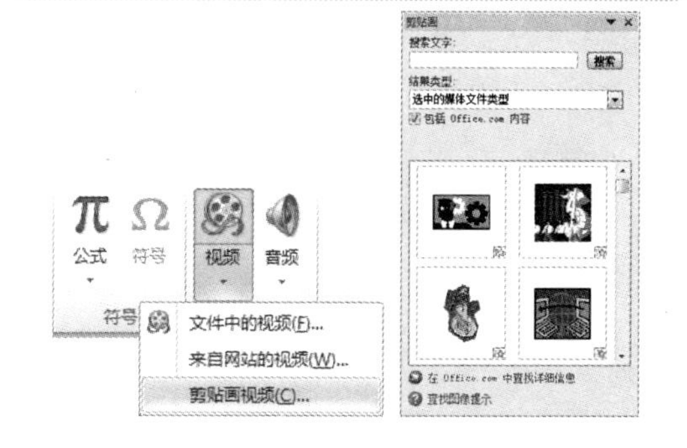

2. 文件中的视频

很多情况下，PowerPoint 剪辑库中提供的影片并不能满足用户的需要，这时可以选择插入来自文件中的影片。单击【视频】下拉按钮，在弹出的菜单中选择【文件中的视频】命令，打开【插入视频文件】对话框。选择需要的视频文件，单击【插入】按钮即可。

3. 设置视频属性

对于插入到幻灯片中的视频，不仅可以调整它们的位置、大小、亮度、对比度、旋转等操作，还可以进行剪裁、设置透明色、重新着色及设置边框线条等操作，这些操作都与图片的操作相同。

对于插入到幻灯片中的 GIF 动画，用户不能对其进行剪裁。当 PowerPoint 放映到含有 GIF 动画的幻灯片时，该动画会自动循环播放。

【例 10-12】在【纺织机械】演示文稿中插入视频，并设置其格式。

视频 + 素材 (实例源文件\第 10 章\例 10-12)

01 启动 PowerPoint 2010，新建一个名为【纺织机械】的演示文稿。

02 打开【插入】选项卡，在【媒体】选项组中单击【视频】下拉按钮，在弹出的下拉菜单中选择【剪辑画视频】命令，打开【剪贴画】任务窗格。

03 单击需要插入的动画，将其插入到第 1 张幻灯片中，并拖动鼠标调节其大小和位置。

04 打开【开始】选项卡，在【幻灯片】选项组中单击【新建幻灯片】下拉按钮，从弹出的列表框中选择【仅标题】选项，添加第 2 张新幻灯片。

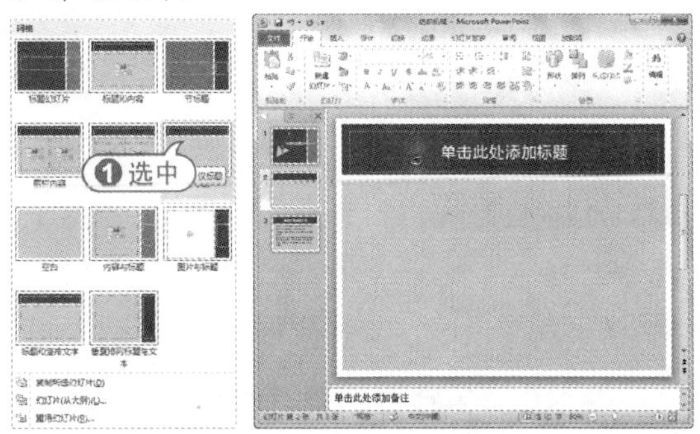

05 在【单击此处添加标题】占位符中输入文本“机械运行效果”，设置字号为 48。

06 打开【插入】选项卡，在【媒体】选项组中单击【视频】下拉按钮，在弹出的下拉菜单中选择【文件中的视频】命令，打开【插入视频文件】对话框。

07 选择需要的视频文件，单击【插入】按钮，将视频文件插入到幻灯片中。

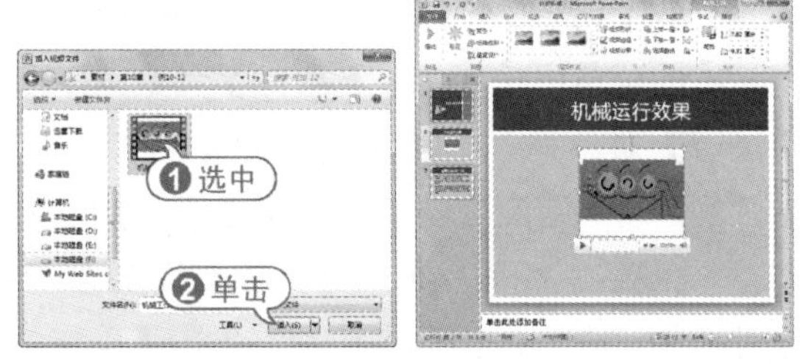

08 在幻灯片中调整视频的位置和大小，在【视频工具】的【格式】选项卡的【大小】

选项组中单击【裁剪】按钮，拖动鼠标，将该影片周围的白色区域剪裁掉。

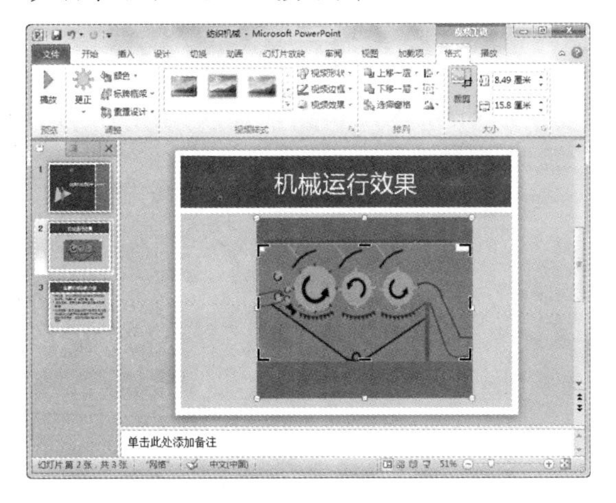

09 在幻灯片任意处单击，退出裁剪状态。

10 在【视频样式】选项组中单击【其他】按钮，在打开的列表中选择【监视器，灰色】选项，为视频设置该样式。

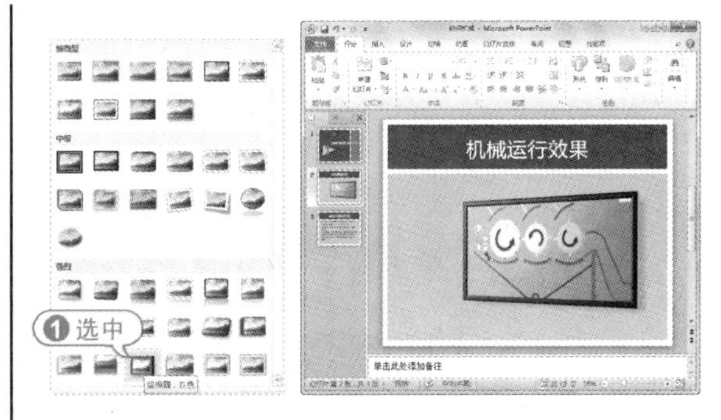

11 打开【影片工具】的【播放】选项卡，选中【循环播放，直到停止】复选框，按 Ctrl+S 快捷键，保存【纺织机械】演示文稿。

经验谈

PowerPoint 中插入的影片都是以链接方式插入的，如果要在另一台计算机上播放该演示文稿，则必须在复制该演示文稿的同时复制它所链接的影片文件。

10.7 插入相册

随着数码相机的普及，使用计算机制作电子相册的用户越来越多，当没有制作电子相册的专门软件时，使用 PowerPoint 也能轻松制作出漂亮的电子相册。在商务应用中，电子相册同样适用于介绍公司的产品目录，或者分享图像数据及研究成果。

10.7.1 新建相册

在幻灯片中新建相册时，只要在【插入】选项卡的【图像】选项组中单击【相册】按钮，打开【相册】对话框，从本地磁盘的文件夹中选择相关的图片文件，单击【创建】按钮即可。在插入相册的过程中可以更改图片的先后顺序、调整图片的色彩明暗对比与旋转角度，以及设置图片的版式和相框形状等。

【例 10-13】在幻灯片中创建相册，制作旅游景点相册。

视频 + 素材 (实例源文件\第 10 章\例 10-13)

01 启动 PowerPoint 2010，新建一个空白演示文稿。

02 打开【插入】选项卡，在【插图】选项组中单击【相册】按钮，打开【相册】对话框。

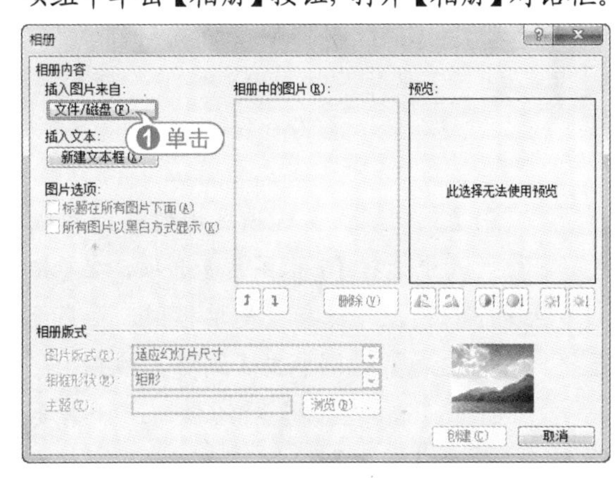

03 单击【文件/磁盘】按钮，打开【插入新图片】对话框，在图片列表中选中需要的图片，单击【插入】按钮。

04 返回到【相册】对话框，在【相册中的图片】列表中选择图片名称为【景点 3Q】的选项，单击↑按钮，将该图片向上移动到合

适的位置。

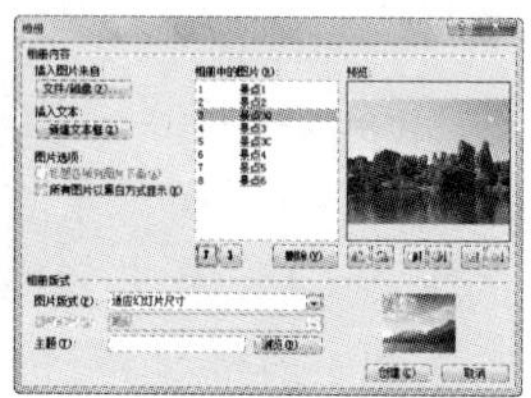

05 在【相册中的图片】列表框中选中图片名称为【景点 4】的图片，此时该图片显示在右侧的预览框中，单击【减少对比度】按钮和【增加亮度】按钮，调整图片的对比度和亮度。

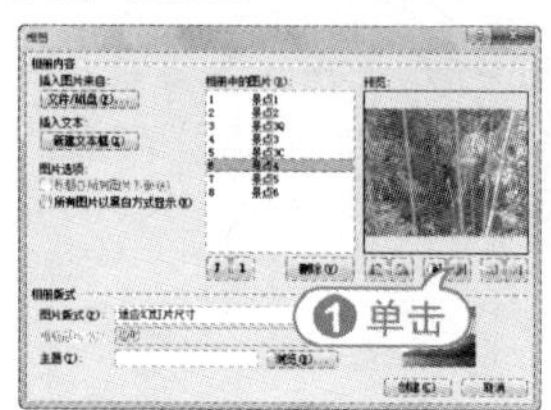

06 在【相册版式】选项区域的【图片版式】下拉列表中选择【2 张图片】选项，在【相框形状】下拉列表中选择【简单框架，白色】选项，在【主题】右侧单击【浏览】按钮。

07 打开【选择主题】对话框，选择需要的主题，单击【确定】按钮。

08 返回到【相册】对话框，单击【创建】按钮，创建包含 8 张图片的电子相册，此时演示文稿中显示相册封面和插入的图片。

09 单击【文件】按钮，在弹出的菜单中选择【另存为】命令，将该演示文稿以文件名【旅游景点】进行保存。

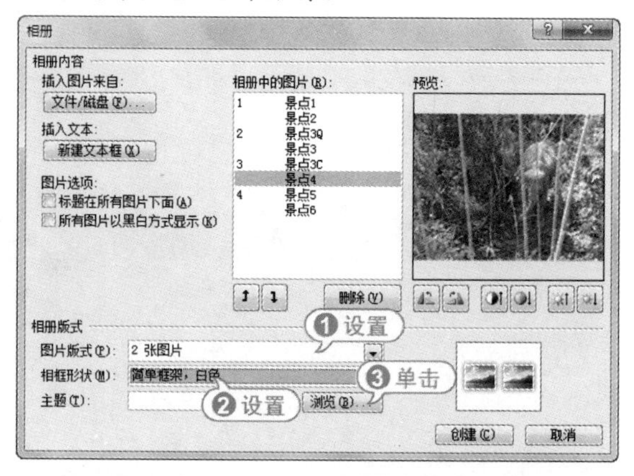

10.7.2 编辑相册

对于建立的相册，如果不满意它所呈现的效果，可以在【插入】选项卡的【图像】选项组中单击【相册】按钮，在弹出的菜单中选择【编辑相册】命令，打开【编辑相册】对话框重新修改相册顺序、图片版式、相框形状、演示文稿设计模板等相关属性。设置完成后，PowerPoint 会自动帮助用户重新整理相册。

【例 10-14】在制作的旅游景点相册中，重新设置相册格式。

视频 + 素材 (实例源文件\第 10 章\例 10-14)

01 启动 PowerPoint 2010，打开【旅游景点】演示文稿。

02 打开【插入】选项卡，在【插图】选项组中单击【相册】按钮，从弹出的菜单中选择【编辑相册】命令，打开【编辑相册】对话框。

03 在【相册版式】选项区域中设置【图片版式】属性为【1 张图片(带标题)】，并设置【相框形状】属性为【居中矩形阴影】，单击【更新】按钮。

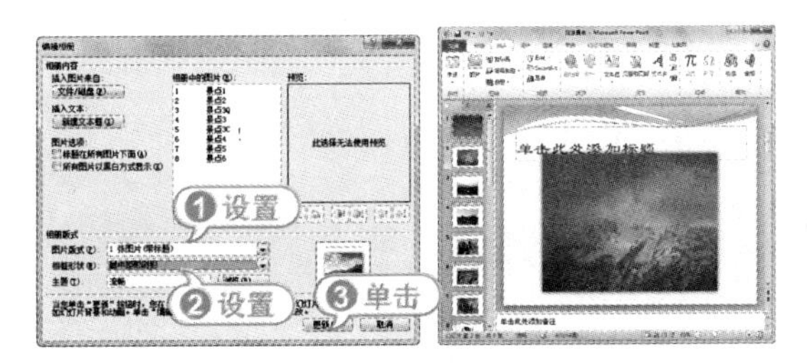

04 在每张图片幻灯片中添加标题文本，并修改第 1 张幻灯片的标题和副标题文本。

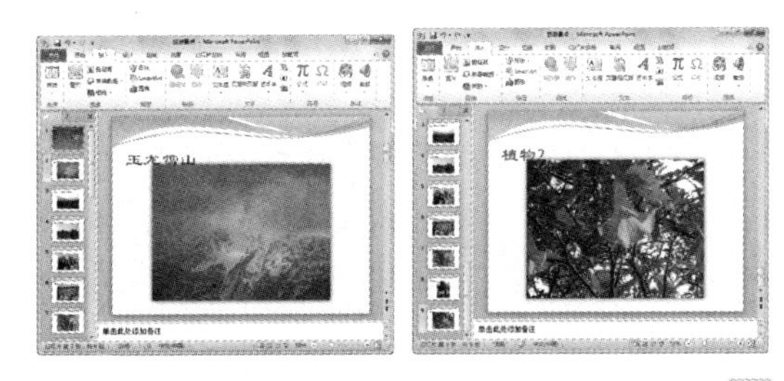

05 在快速工具栏中单击【保存】按钮，保存【旅游景点】演示文稿。

10.8 实战演练

本章的实战演练部分包括制作家居展览和制作模拟航行两个综合实例操作，用户通过练习从而巩固本章所学知识。

10.8.1 制作家居展览

【例 10-15】使用图形处理功能制作演示文稿【家居展览】。

视频 + 素材 (实例源文件\第 10 章\例 10-15)

01 启动 PowerPoint 2010，新建一个空白演示文稿。

02 单击【文件】按钮，从弹出的菜单中选择【新建】命令，然后在打开的【可用的模板和主题】窗格的【Office.com 模板】列表框中选择【幻灯片背景】选项。

03 在打开的样式列表框中选择【家居】选项下的【羽毛形设计模板】样式，单击【下载】按钮，下载该模板。

04 此时新建的演示文稿将套用下载的模板，将其命名为【家居展览】。

05 在第 1 张幻灯片中将【单击此处添加标题】文本占位符拖动到幻灯片的上方，并在其中输入文字“家居展览会”，设置文字字体为【华文彩云】，字号为 60，字型为【加粗】和【倾斜】；在【单击此处添加副标题】占位符中输入“第十届展览会开幕中”，设置文字字体为【黑体】。

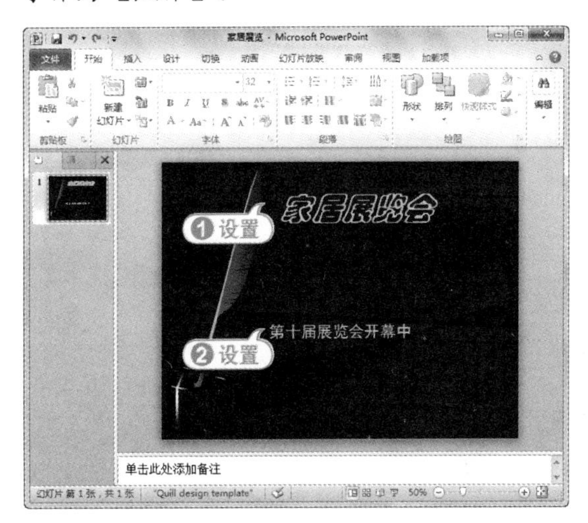

06 打开【插入】选项卡，单击【文本】选项组的【艺术字】按钮，在打开的艺术字样式列表中选择第 6 行第 3 列的样式。

07 此时幻灯片中出现艺术字占位符，在艺术字文本框中输入数字“10”，设置字号为 96，并调整数字的位置。

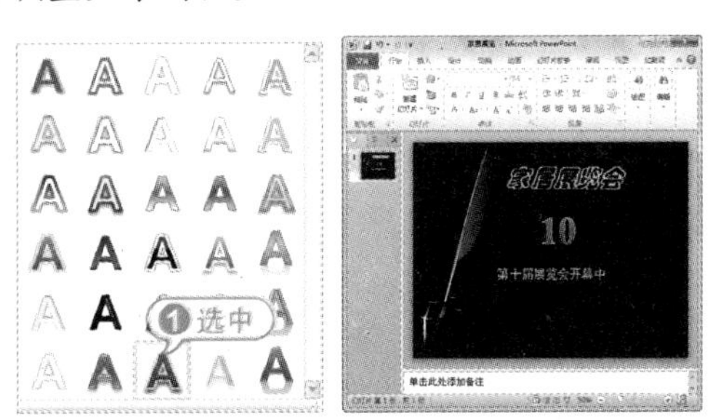

08 打开【插入】选项卡，在【插图】选项组中单击【形状】按钮，在打开的菜单命令的【星与旗帜】选项区域中选择【十角星】选项，在艺术字上绘制十角星图形。

09 打开【绘图工具】的【格式】选项卡，在【形状样式】选项组中单击【形状填充】按钮，从弹出的菜单中选择【无填充】选项；单击【形状效果】按钮，从弹出的菜单中选择【发光】命令，在弹出的子菜单的【发光变体】区域中选择第 4 行第 4 列的样式，设置填充样式。

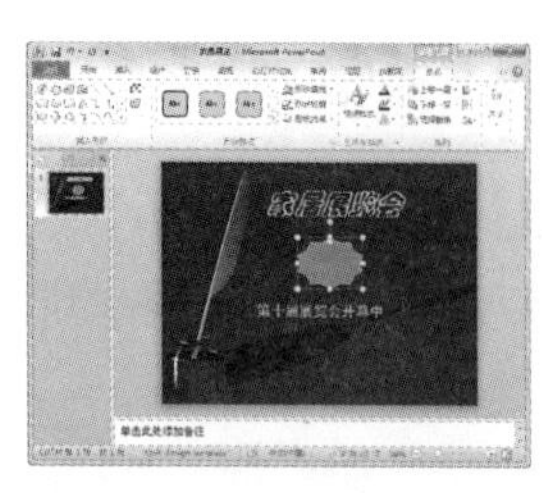
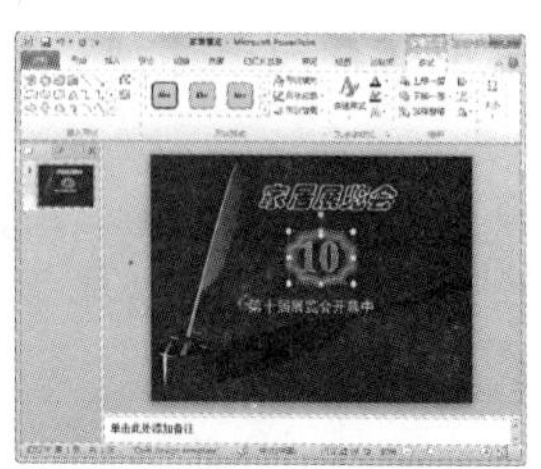

10 打开【开始】选项卡，在【幻灯片】选项组中单击【幻灯片】按钮，插入一张新幻灯片。

11 在【单击此处添加标题】文本占位符中输入文字“日式家居展示”，在【单击此处添加文本】占位符中，单击【插入来自文件的图片】按钮。

12 打开【插入图片】对话框，选择所需插入的图片，单击【插入】按钮。

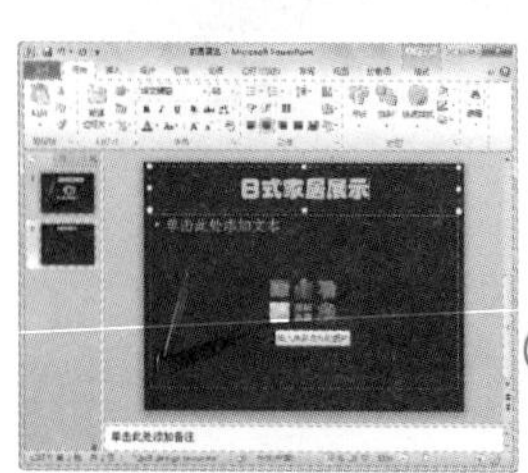

13 调节图片的大小和位置，打开【图片工具】的【格式】选项卡，单击【图片样式】选项组的【其他】按钮，在打开的图片样式菜单中选择【复杂框架，黑色】选项，应用该样式。

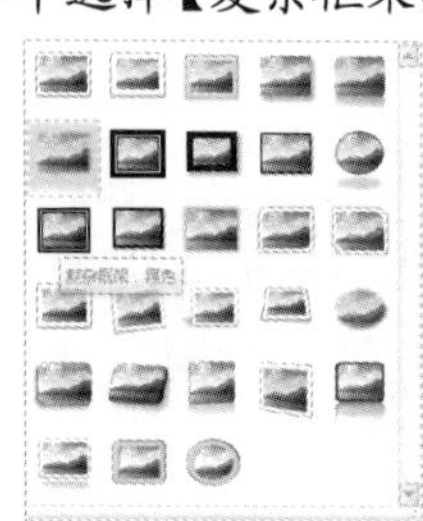

14 使用同样的方法，添加第 3 和第 4 张幻灯片，并插入同样格式的图片。

15 在快速工具栏中单击【保存】按钮，保存【家居展览】演示文稿。

10.8.2 制作模拟航行

【例 10-16】使用多媒体支持功能制作演示文稿【模拟航行】。

视频 + 素材 (实例源文件\第 10 章\例 10-16)

01 启动 PowerPoint 2010，新建一个空白演示文稿，并将其命名为【模拟航行】。

02 打开【设计】选项卡，在【主题】选项组中单击【其他】按钮，从弹出的【内置】列表框中选择【角度】样式，将该模板应用到当前演示文稿中。

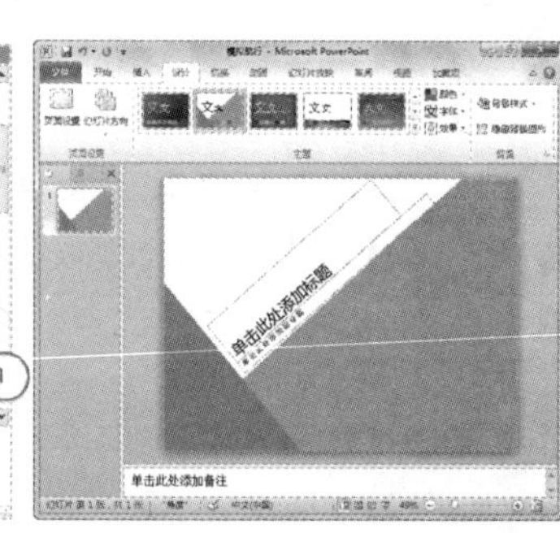

03 在【单击此处添加标题】文本占位符中输入文字“从虚拟到现实”，设置文字字体为【华文琥珀】，字号为 60；在【单击此处添加副标题】文本占位符中输入文字“计算机模拟航行”，字号为 24，字形为【加粗】。

04 打开【插入】选项卡，在【媒体】选项组中单击【视频】下拉按钮，在弹出的菜单中选择【剪辑画视频】命令，打开【剪贴画】任务窗格。

05 在打开的【剪贴画】任务窗格中单击

第 1 个剪辑，将其添加到幻灯片中，被添加的影片剪辑周围将出现 8 个白色控制点，使用鼠标调整该影片的大小和位置。

06 关闭【剪贴画】任务窗格，在幻灯片预览窗口中选择第 1 张幻灯片缩略图，按 Enter 键，添加一张新幻灯片。

07 在【单击此处添加标题】文本占位符中输入文字，设置文字字体为【华文琥珀】，字号为 44；在【单击此处添加文本】文本占位符中输入文字，设置字号为 20，并将该占位符移动到幻灯片的适当位置。

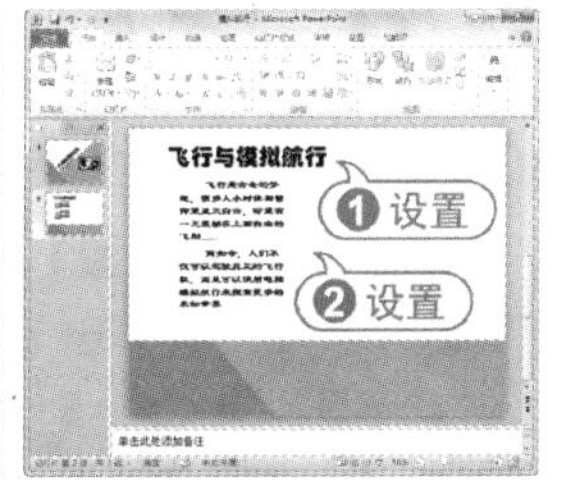

08 打开【插入】选项卡，在【媒体】选项组中单击【视频】下拉按钮，在弹出的菜单中选择【文件中的视频】命令，打开【插入视频文件】对话框。

09 在对话框中选择需要插入的文件，单击【确定】按钮，插入视频到幻灯片中，并调整其大小和位置。

10 打开【视频工具】的【格式】选项卡，在【视频样式】选项组中单击【其他】按钮，从弹出的【中等】列表框中选择【中等复杂框架，黑色】选项。

11 在【视频样式】选项组单击【视频效果】按钮，在弹出的菜单中选择【发光】|【青绿，18pt 发光，强调文字颜色 3】命令，设置发光效果。

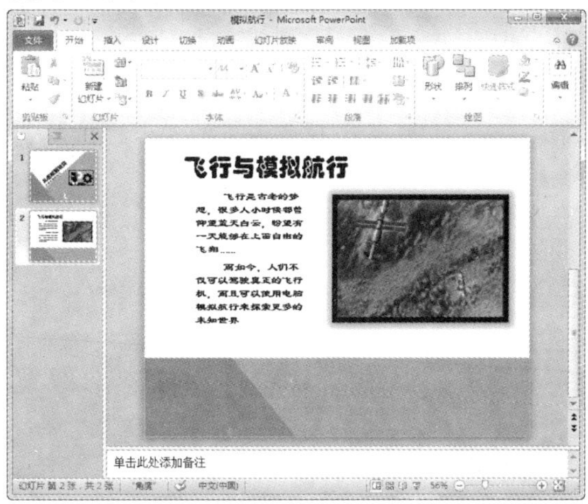

12 打开【插入】选项卡，在【媒体】选项组中单击【音频】下拉按钮，在弹出的菜单中选择【文件中的音频】命令，打开【插入音频】对话框。

13 在对话框中选择音频文件，单击【确定】按钮，插入音频到幻灯片中，并调整其位置。

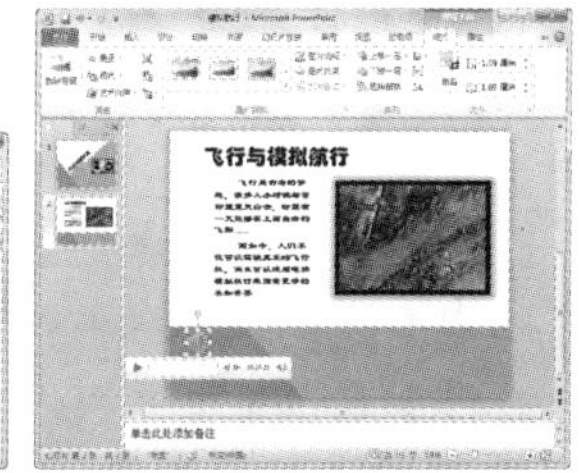

14 打开【音频工具】的【播放】选项卡，在【开始】下拉列表中选择【自动】选项，并选中【循环播放，直至停止】复选框。

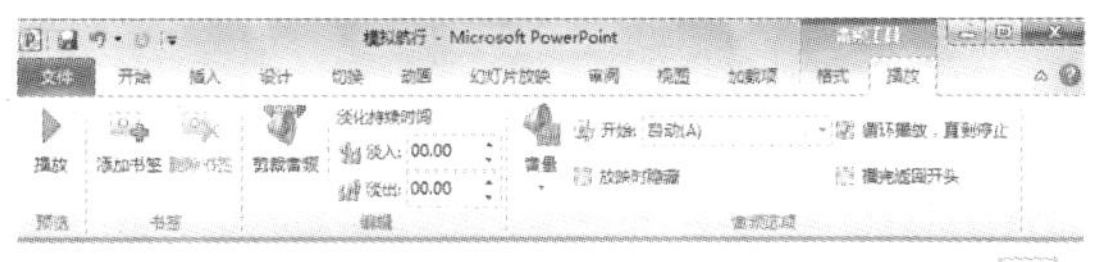

15 在快速工具栏中单击【保存】按钮，保存【模拟航行】演示文稿。

专家解读

选中声音图标，单击【播放】按钮，可预听声音内容，单击声音图标以外的其他对象或空白区域，则会停止播放。

10.9 专家指点

一问一答

问：如何在插入的多张图片幻灯片中，设置图片的叠放次序？

答：插入图片后，选中要设置叠放次序的图片，打开【图片工具】的【格式】选项卡，在【排列】选项组中，单击【上移一层】或【下移一层】按钮即可；或者右击图片，从弹出的快捷菜单中执行【置于顶层】或【置于底层】操作。

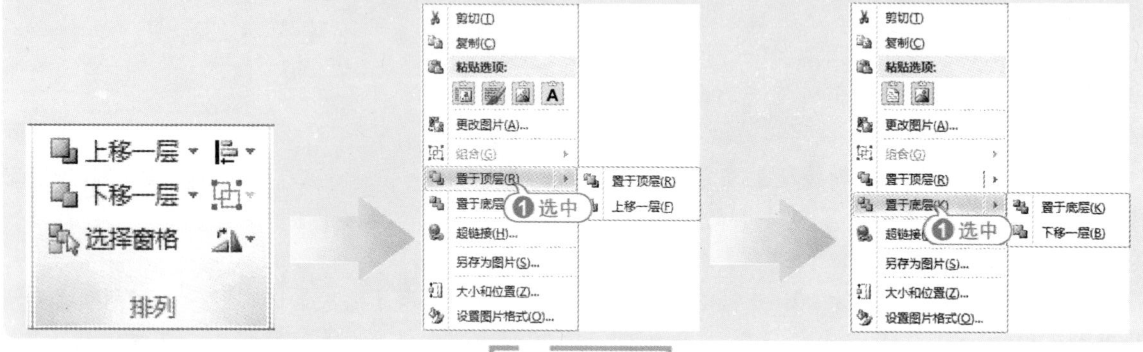

一问一答

问：如何在幻灯片中插入 swf 文件和 Windows Media Player 播放器控件？

答：在幻灯片中要插入 swf 文件，可以打开【插入】选项卡，在【文本】选项组中单击【插入对象】按钮，打开【插入对象】对话框，选中【由文件创建】按钮，单击【浏览】按钮，打开【浏览】对话框，选择要插入的 swf 文件，单击【确定】即可。

在幻灯片中插入 Windows Media Player 播放器控件，首先需要调用【开发工具】选项卡，在【PowerPoint 选项】对话框中，打开【自定义功能区】选项卡，选中【开发工具】复选框，单击【确定】按钮。然后在【开发工具】窗口的【控件】选项组中单击【其他控件】按钮，打开【其他控件】对话框，选择 Windows Media Player 选项，单击【确定】按钮，在幻灯片中拖动鼠标绘制控件区域，右击控件，从弹出的快捷菜单中选择【属性】命令，打开【属性】对话框，单击【自定义】右侧的 按钮，打开【Windows Media Player 属性】对话框，单击【浏览】按钮，打开【浏览】对话框，选择所有插入的视频文件，单击【打开】按钮，最后单击【确定】按钮，完成设置。

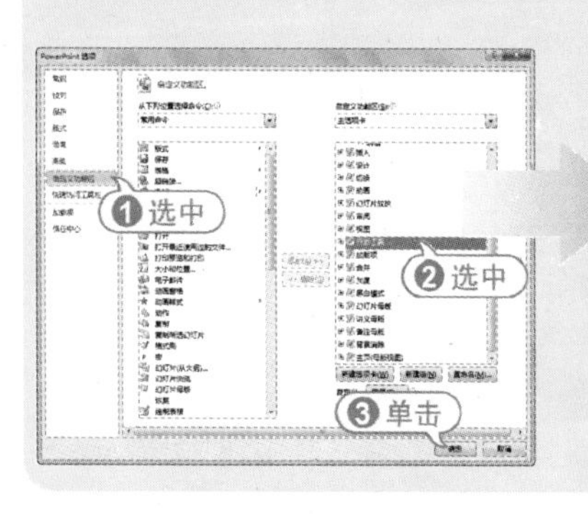

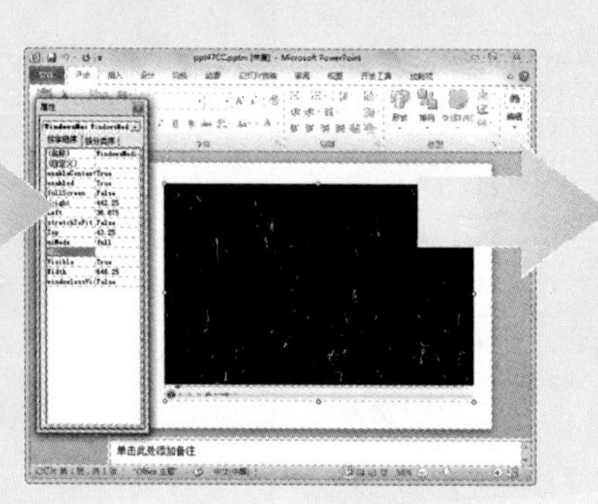
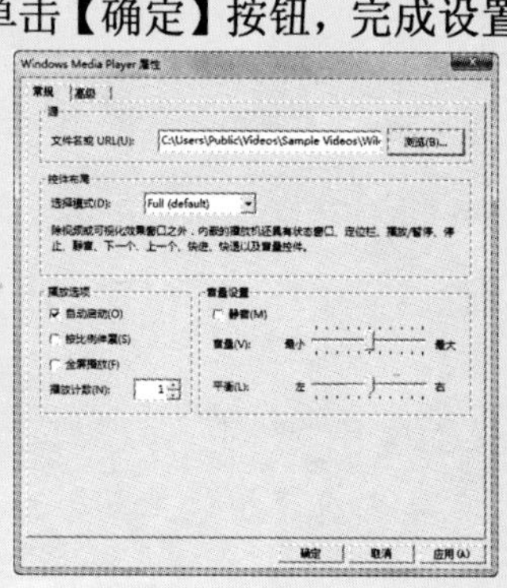

第11章 美化幻灯片

在设计幻灯片时，可以使用 PowerPoint 提供的预设格式，例如设计模板、主题样式、动画方案等，轻松地制作出具有专业效果的演示文稿；还可以加入动画效果，在放映幻灯片时，产生特殊的视觉或声音效果；还可以加入页眉和页脚等信息，使演示文稿的内容更为全面。

对应光盘视频

例 11-1 设置幻灯片母版版式
例 11-2 插入和编辑幻灯片页脚
例 11-3 设置主题颜色
例 11-4 设置幻灯片背景
例 11-5 为幻灯片添加切换动画
例 11-6 设置切换动画计时选项
例 11-7 为对象添加动画效果
例 11-8 设置动画触发器
例 11-9 使用动画刷复制动画
例 11-10 设置动画计时选项
例 11-11 重新排序动画
例 11-12 设计幻灯片母版
例 11-13 应用动画方案

11.1 设置幻灯片母版

幻灯片母版决定着幻灯片的外观，用于设置幻灯片的标题、正文文字等样式，包括字体、字号、字体颜色、阴影等效果；也可以设置幻灯片的背景、页眉页脚等。也就是说，幻灯片母版可以为所有幻灯片设置默认的版式。

11.1.1 母版视图简介

PowerPoint 2010 中的母版类型分为幻灯片母版、讲义母版和备注母版 3 种类型，不同母版的作用和视图都是不相同的。

1. 幻灯片母版

幻灯片母版是存储模板信息的设计模板的一个元素。幻灯片母版中的信息包括字形、占位符大小和位置、背景设计和配色方案。用户通过更改这些信息，即可更改整个演示文稿中幻灯片的外观。

打开【视图】选项卡，在【母版视图】选项组中单击【幻灯片母版】按钮，打开幻灯片母版视图，此时自动打开【幻灯片母版】选项卡。

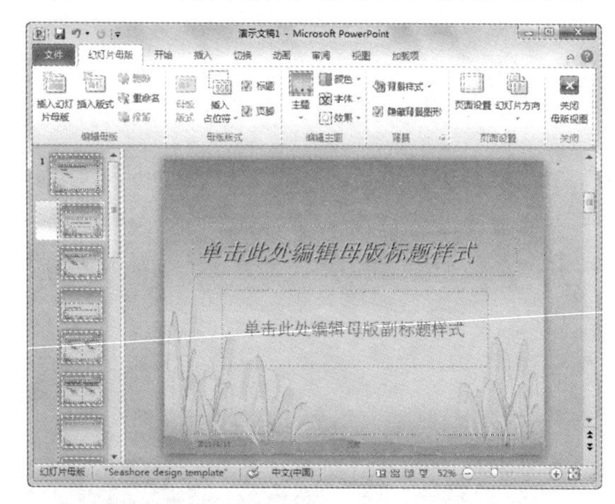

经验谈

在幻灯片母版视图下，用户可以看到诸如标题占位符、副标题占位符、页脚占位符等区域。这些占位符的位置及属性，决定了应用该母版的幻灯片的外观属性。当改变了母版占位符属性后，所有应用该母版的幻灯片的属性也将随之改变。

2. 讲义母版

讲义母版是为制作讲义而准备的，通常需要打印输出，因此讲义母版的设置大多和打印页面有关。它允许设置一页讲义中包含几张幻灯片，设置页眉、页脚、页码等基本信息。在讲义母版中插入新的对象或者更改版式时，新的页面效果不会反映在其他母版视图中。

打开【视图】选项卡，在【母版视图】选项组中单击【讲义母版】按钮，打开讲义母版视图。此时功能区自动打开【讲义母版】选项卡。

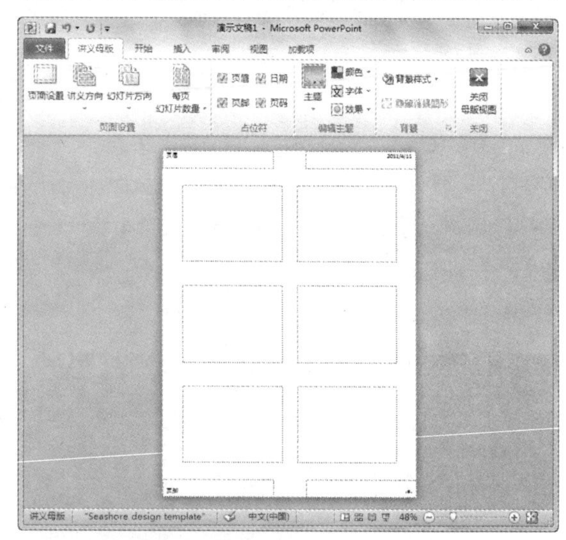

专家解读

在 PowerPoint 中可以打印的讲义版式有每页 1 张、2 张、3 张、4 张、6 张、9 张以及大纲版式等 7 种，在【页面设置】选项组中单击【每页幻灯片数量】按钮，在弹出的菜单中选择讲义版式，即可切换至对应视图版面。

3. 备注页母版

备注母版主要用来设置幻灯片的备注格式，一般也是用来打印输出的，所以备注母版的设置大多也和打印页面有关。打开【视图】选项卡，在【母版视图】选项组中单击【备注母版】按钮，打开备注母版视图。

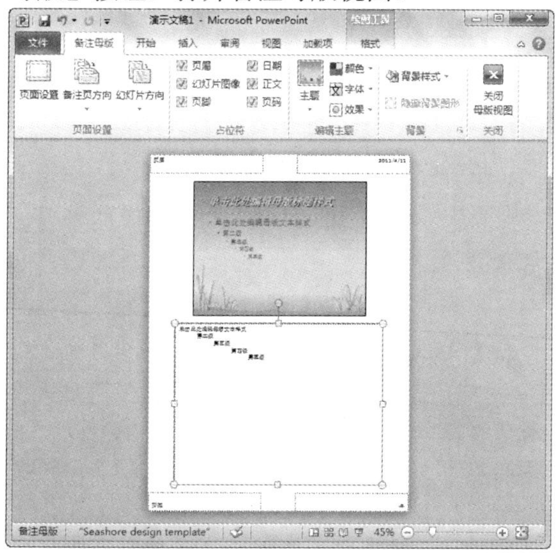

专家解读

单击备注母版上方的幻灯片内容区，其周围将出现8个白色的控制点。此时可以使用鼠标拖动幻灯片内容区域设置它在备注页中的位置和大小。

在备注母版视图中，用户可以设置或修改幻灯片内容、备注内容及页眉页脚内容在页面中的位置、比例及外观等属性。当用户退出备注母版视图时，对备注母版所做的修改将应用到演示文稿中的所有备注页上。只有在备注视图下，对备注母版所做的修改才能表现出来。

经验谈

无论在幻灯片母版视图、讲义母版视图还是备注母版视图中，如果要返回到普通模式时，只需要在默认打开的视图选项卡中单击【关闭母版视图】按钮即可。

11.1.2 设置幻灯片母版版式

在 PowerPoint 2010 中创建的演示文稿都带有默认的版式，这些版式一方面决定了占位符、文本框、图片、图表等内容在幻灯片中的位置，另一方面决定了幻灯片中文本的样式。在幻灯片母版视图中，用户可以按照自己的需求设置母版版式。

【例 11-1】设置幻灯片母版中的字体格式，并调整母版中的背景图片样式。

视频 + 素材 (实例源文件\第 11 章\例 11-1)

01 启动 PowerPoint 2010 应用程序，在演示文稿中应用从 Office.com 模板中下载的【海滨型设计模板】模板。

02 按两次 Enter 键，插入两张新幻灯片。

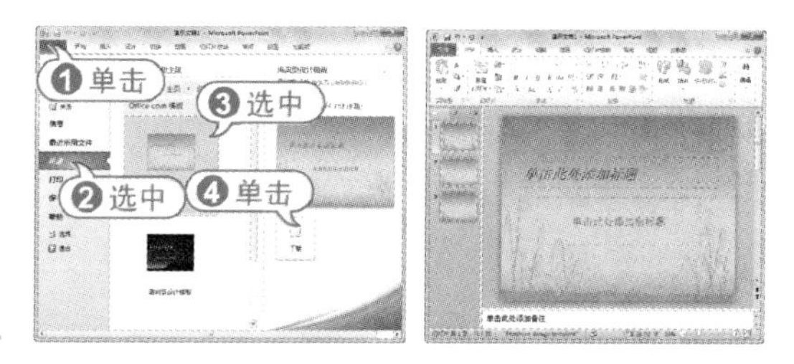

03 打开【视图】选项卡，在【母版视图】选项组中单击【幻灯片母版】按钮，切换到幻灯片母版视图。

04 选中【单击此处编辑母版标题样式】占位符，右击其边框，在打开的浮动工具栏中设置字体为【华文隶书】、字号为 60、字体颜色为【金色，强调文字颜色 2，淡色 40%】、字型为【加粗】。

05 选中【单击此处编辑母版标题样式】占位符，右击其边框，在打开的浮动工具栏中设置字体为【华文行楷】、字号为 40、字型为【加粗】，并调节其大小。

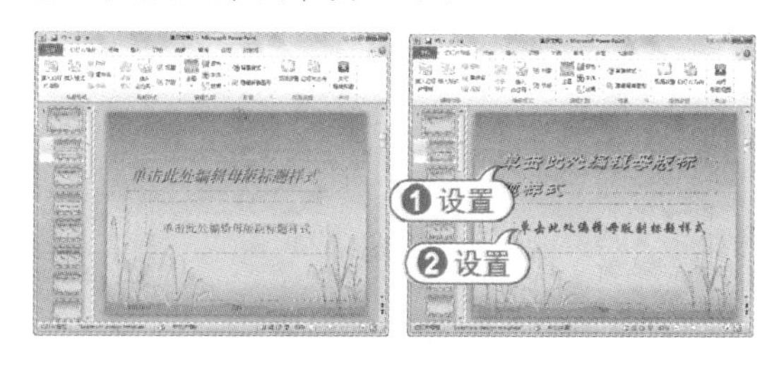

06 在左侧预览窗格中选择第 1 张幻灯片，将该幻灯片母版显示在编辑区域。

07 打开【插入】选项卡，在【图像】选项组中单击【图片】按钮，打开【插入图片】对话框，选择要插入的图片，单击【插入】按钮。

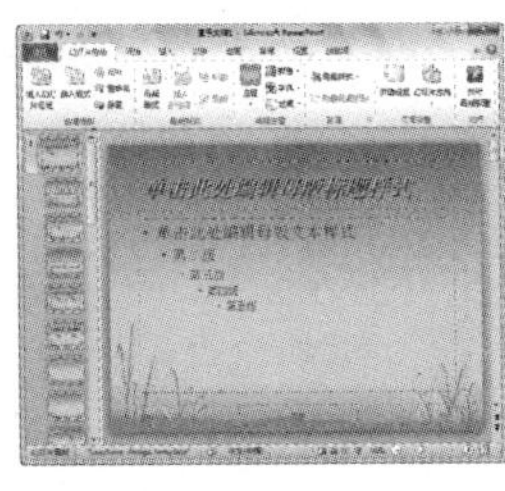

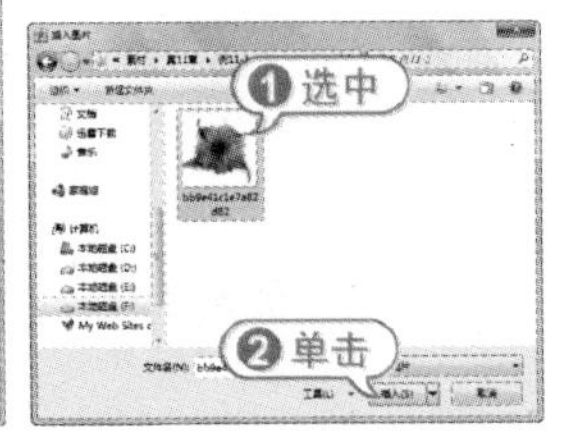

08 此时在幻灯片中插入图片，并打开【图片工具】的【格式】选项卡，在【调整】选项组中单击【删除背景】按钮，此时进入背景消除状态，拖动鼠标选择背景区域。

09 在【背景消除】选项卡的【关闭】选项组中单击【保留更改】按钮，删除图片背景，然后调节图片大小和位置。

10 选中最低端的图片，按 Delete 键，将其删除。

11 打开【幻灯片母版】选项卡，在【关闭】选项组中单击【关闭母版视图】按钮，返回到普通视图模式。

12 此时除第 1 张幻灯片外，其他幻灯片中都自动带有添加的图片，在快速访问工具栏中单击【保存】按钮，将更改母版后的演示文稿【编辑母版】保存。

11.1.3 设置页眉和页脚

在制作幻灯片时，使用 PowerPoint 提供的页眉页脚功能，可以为每张幻灯片添加相对固定的信息。

要插入页眉和页脚，只需在【插入】选项卡的【文本】选项组中单击【页眉和页脚】按钮，打开【页眉和页脚】对话框，在其中进行相关操作即可。

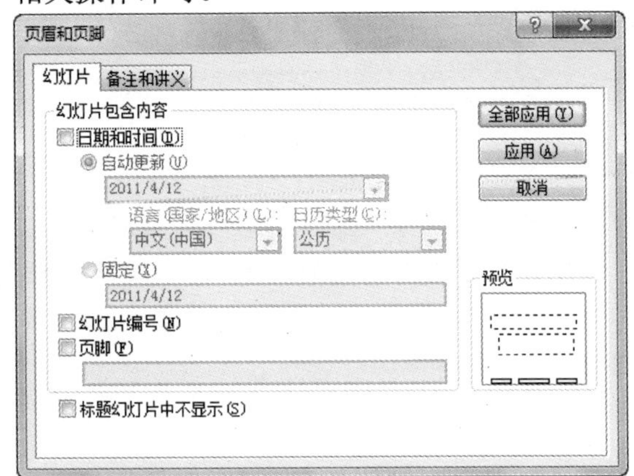

插入页眉和页脚后，可以在幻灯片母版视图中对其格式进行统一设置。

【例 11-2】在【编辑母版】演示文稿中插入页脚，并设置其格式。

视频 + 素材 (实例源文件\第 11 章\例 11-2)

01 启动 PowerPoint 2010 应用程序，打开【编辑母版】演示文稿。

02 打开【插入】选项卡，在【文本】选项组中单击【页眉和页脚】按钮，打开【页眉和页脚】对话框。

03 选中【日期和时间】、【幻灯片编号】、【页脚】、【标题幻灯片中不显示】复选框，并在【页脚】文本框中输入“由 cxz 修改”，单击【全部应用】按钮，为除第 1 张幻灯片以外的幻灯片添加页脚。

04 打开【视图】选项卡，在【母版视图】选项组中单击【幻灯片母版】按钮，切换到幻灯片母版视图。

05 在左侧预览窗格中选择第 1 张幻灯片，将该幻灯片母版显示在编辑区域。

06 选中所有的页脚文本框，设置字体为【幼圆】，字型为【加粗】，字体颜色为【深黄，强调文字颜色 1，深色 50%】。

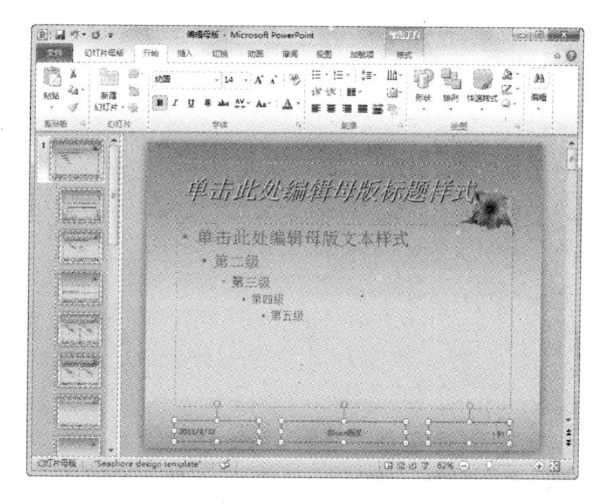

07 打开【幻灯片母版】选项卡，在【关闭】选项组中单击【关闭母版视图】按钮，返回到普通视图模式。在快速访问工具栏中单击【保存】按钮，保存【编辑母版】演示文稿。

11.2 设置主题和背景

PowerPoint 2010 提供了多种主题颜色和背景样式，使用这些主题颜色和背景样式，可以使幻灯片具有丰富的色彩和良好的视觉效果。本节将介绍为幻灯片设置主题和背景的方法。

11.2.1 设置主题颜色

PowerPoint 2010 为每种设计模板提供了几十种内置的主题颜色，用户可以根据需要选择不同的颜色来设计演示文稿。这些颜色是预先设置好的协调色，自动应用于幻灯片的背景、文本线条、阴影、标题文本、填充、强调和超链接。

应用设计模板后，打开【设计】选项卡，单击【主题】选项组中的【颜色】按钮 颜色，将打开主题颜色菜单。

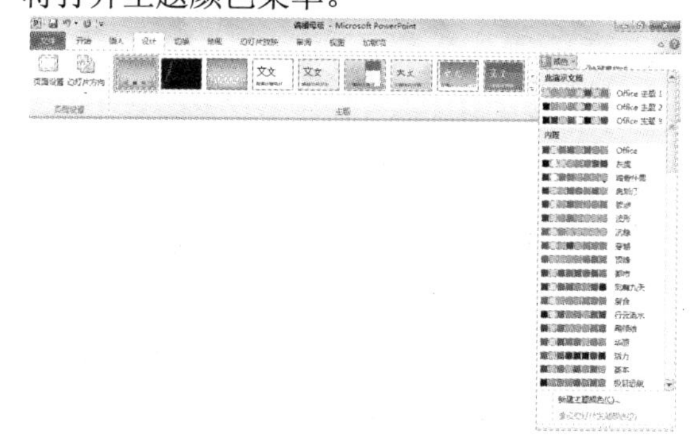

在该菜单中可以选择内置主题颜色，或者用户还可以自定义设置主题颜色。

【例 11-3】更改演示文稿的主题颜色。
视频 + 素材 (实例源文件\第 11 章\例 11-3)

01 启动 PowerPoint 2010 应用程序，打开【编辑母版】演示文稿。

02 打开【设计】选项卡，在【主题】选项组中单击【颜色】按钮，从弹出的主题颜色菜单中选择【清新主题】内置样式，自动为幻灯片应用该主题颜色。

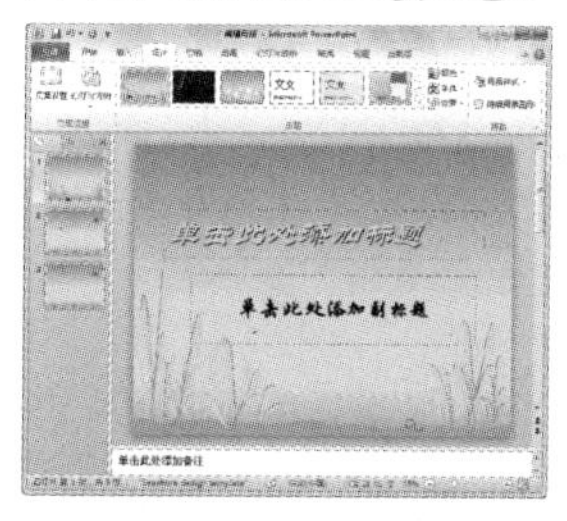

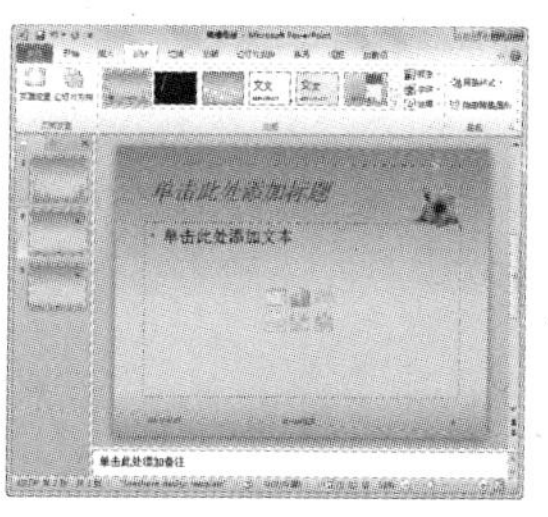

03 在【主题】选项组中单击【颜色】按钮，从弹出的菜单中选择【新建主题颜色】命令，打开【新建主题颜色】对话框。

04 在【强调文字颜色 2】选项右侧单击颜色下拉按钮，从弹出的面板中选择【紫色】选项。

05 在【已访问的超链接】选项右侧单击颜色下拉按钮，从弹出的菜单中选择【其他颜色】命令，打开【颜色】对话框。

06 打开【自定义】选项卡，在【红色】、【绿色】和【蓝色】微调框中分别输入 200、200 和 40，单击【确定】按钮。

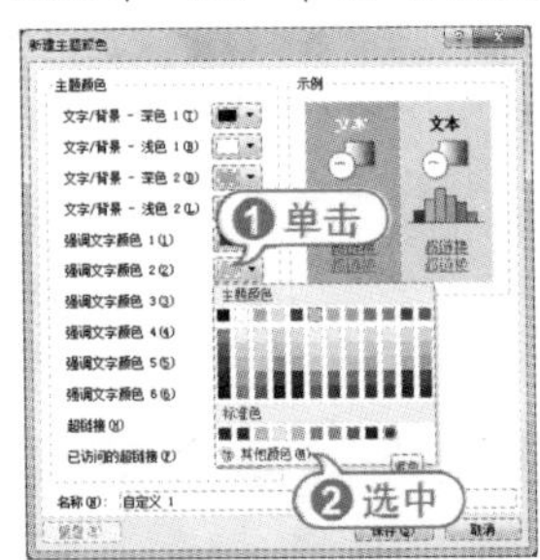

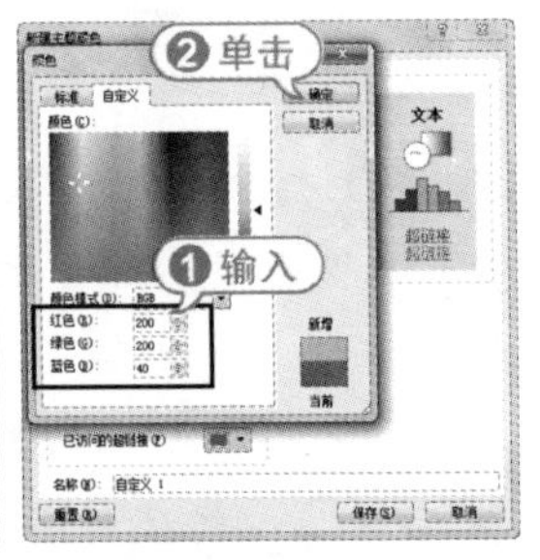

07 返回到【新建主题颜色】对话框，在【名称】文本框中输入"我的自定义主题"，单击【保存】按钮，完成自定义设置。

08 在【主题】选项组中单击【颜色】按钮，从弹出的主题颜色菜单中可以查看自定义的主题，选择该主题样式，将其应用到幻灯片中。

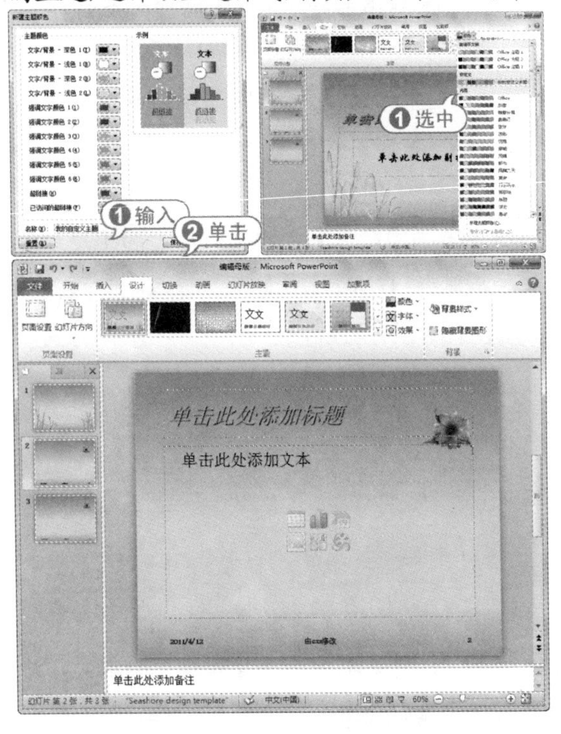

专家解读

如果仅需要将选中的主题颜色应用于当前幻灯片，那么右击该主题颜色选项，在弹出的快捷菜单中选择【应用于所选幻灯片】命令即可。

09 单击【文件】按钮，从弹出的菜单中选择【另存为】命令，打开【另存为】对话框，将演示文稿以【设置主题颜色】为名保存。

经验谈

在【主题】选项组中单击【字体】按钮 文字体，在弹出的内置字体命令中选择一种字体类型，或选择【新建主题字体】命令，打开【新建主题字体】对话框，在该对话框中自定义幻灯片中文字的字体，并将其应用到当前演示文稿中；单击【效果】按钮 效果，在弹出的内置主题效果中选择一种效果，为演示文稿更改当前主题效果。

11.2.2 为幻灯片设置背景

在设计演示文稿时，用户除了在应用模板或改变主题颜色时更改幻灯片的背景外，还可以根据需要任意更改幻灯片的背景颜色和背景设计，如添加底纹、图案、纹理或图片等。

要应用 PowerPoint 自带的背景样式，可以打开【设计】选项卡，在【背景】选项组中单击【背景样式】按钮 背景样式，在弹出的菜单中选择需要的背景样式即可；当用户不满足于 PowerPoint 提供的背景样式时，可以在背景样式列表中选择【设置背景格式】命令，打开【设置背景格式】对话框，在该对话框中可以设置背景的填充样式、渐变以及纹理格式等。

【例 11-4】在【编辑母版】演示文稿中，设置幻灯片背景颜色，插入背景图片。

视频 + 素材 (实例源文件\第 11 章\例 11-4)

01 启动 PowerPoint 2010 应用程序，打

开【例 11-2】创建的【编辑母版】演示文稿。

02 打开【设计】选项卡，在【背景】选项组中单击【背景样式】按钮，从弹出的背景样式列表框中选择【设置背景格式】命令，打开【设置背景格式】对话框。

03 打开【填充】选项卡，选中【图片或纹理填充】单选按钮，单击【纹理】下拉按钮，从弹出的样式列表框中选择【花束】选项。

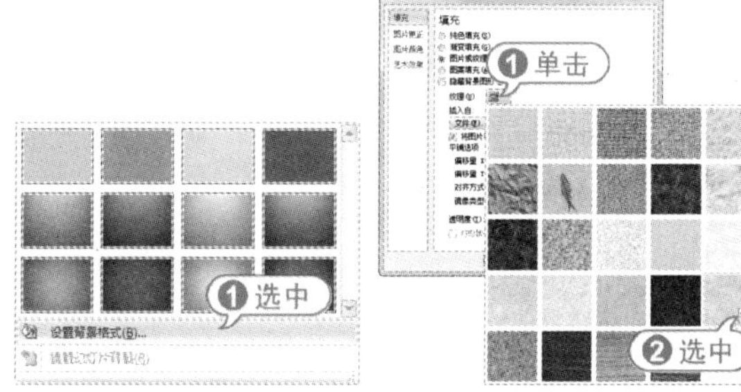

04 单击【全部应用】按钮，将该纹理样式应用到演示文稿中的每张幻灯片中，在【插入自】选项区域单击【文件】按钮，打开【插入图片】对话框。

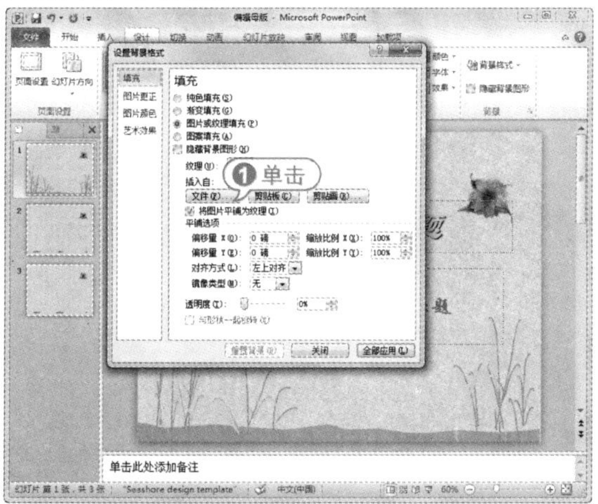

经验谈

在【设置背景格式】对话框中，选中【纯色填充】单选按钮，可以设置纯色背景；选中【渐变填充】单选按钮，可以设置渐变色背景效果；选中【图案填充】单选按钮，可以设置图案样式背景，还可以自定义前景色和背景色。

05 选择一张图片后，单击【插入】按钮，将图片插入到选中的幻灯片中。

06 返回至【设置背景格式】对话框，单击【关闭】按钮，此时图片将设置为幻灯片的背景。

07 单击【文件】按钮，从弹出的菜单中选择【另存为】命令，打开【另存为】对话框，将演示文稿以【自定义背景】为名保存。

专家解读

如果要忽略其中的背景图形，可以在【设计】选项卡的【背景】选项组中选中【隐藏背景图形】复选框。另外，在【设计】选项卡的【背景】选项组中单击【背景样式】按钮，从弹出的菜单中选择【重置幻灯片背景】命令，可以重新设置幻灯片背景。

11.3 设计幻灯片切换动画

幻灯片切换效果是指一张幻灯片如何从屏幕上消失，以及另一张幻灯片如何显示在屏幕上的方式。幻灯片切换方式可以是简单地以一个幻灯片代替另一个幻灯片，也可以使幻灯片以特殊的效果出现在屏幕上。在 PowerPoint 2010 中，可以为一组幻灯片设置同一种切换方式，也可以为每张幻灯片设置不同的切换方式。

11.3.1 为幻灯片添加切换动画

要为幻灯片添加切换动画，可以打开【切换】选项卡，在【切换到此幻灯片】选项组中进行设置。在该组中单击▼按钮，将打开幻灯片动画效果列表，当鼠标指针指向某个选项时，幻灯片将应用该效果，供用户预览。

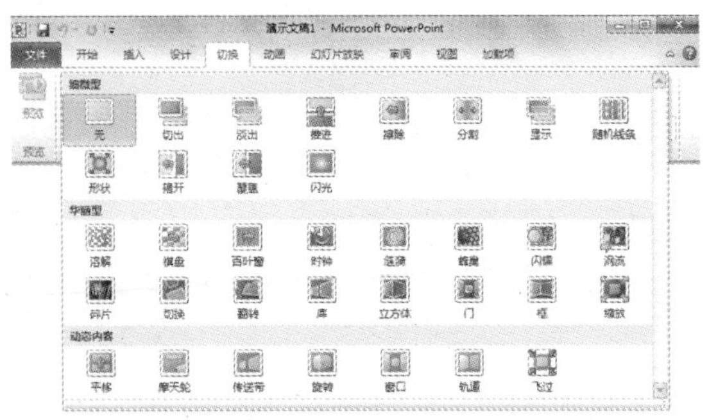

下面以具体实例来介绍在 PowerPoint 2010 中为幻灯片设置切换动画的方法。

【例 11-5】在【天气预报】演示文稿中，为幻灯片添加切换动画。
视频 + 素材 (实例源文件\第 11 章\例 11-5)

01 启动 PowerPoint 2010，打开【天气预报】演示文稿。

02 打开【切换】选项卡，在【切换到此幻灯片】选项组中单击【其他】按钮，从弹出的切换效果列表框中选择【库】选项，将该切换动画应用到第 1 张幻灯片中，预览切换动画效果。

03 在【切换到此幻灯片】选项组中单击【效果选项】按钮，从弹出的菜单中选择【自左侧】选项。

04 此时即可在幻灯片中预览第 1 张幻灯片的切换动画效果。

05 在幻灯片缩略图中选中第 2~5 张幻灯片，使用同样的方法，为其他幻灯片添加【自左侧】的【库】效果切换动画。

专家解读

为第 1 张幻灯片设置切换动画时，打开【切换】选项卡，在【计时】选项组中单击【全部应用】按钮，即可将该切换动画应用在每张幻灯片中。

11.3.2 设置切换动画计时选项

添加切换动画后，还可以对切换动画进行设置，如设置切换动画时出现的声音效果、持续时间和换片方式等，从而使幻灯片的切换效果更为逼真。

【例 11-6】在【天气预报】演示文稿中，设置切换声音、切换速度和换片方式。
视频 + 素材 (实例源文件\第 11 章\例 11-6)

01 启动 PowerPoint 2010，打开【天气预报】演示文稿。

02 打开【切换】选项卡，在【计时】选项组中单击【声音】下拉按钮，从弹出的下拉菜单中选择【风铃】选项，为幻灯片应用该效果的声音。

03 在【计时】选项组的【持续时间】微调框中输入“00.50”。

专家解读

为幻灯片设置持续时间的目的是控制幻灯片的切换速度，以便用户查看幻灯片的内容。

04 在【计时】选项组的【换片方式】区域中取消选中【单击鼠标时】复选框，选中【设置自动换片时间】复选框，并在其后的微调框中输入“00:01.00”。

05 单击【全部应用】按钮，将设置好的计时选项应用到每张幻灯片中。

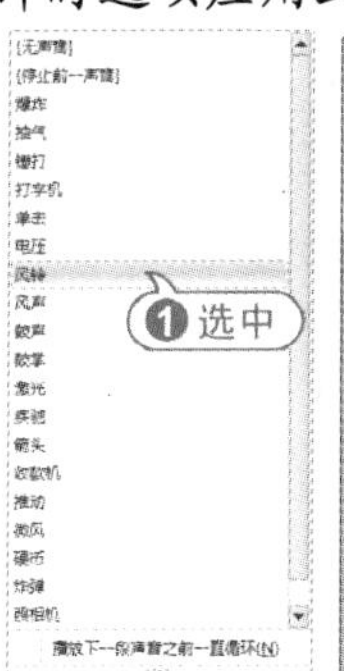

经验谈

打开【切换】选项卡，在【计时】选项组的【换片方式】区域中，选中【单击鼠标时】复选框，表示在播放幻灯片时，需要在幻灯片中单击鼠标左键来换片，而取消选中该复选框，选中【设置自动换片时间】复选框，表示在播放幻灯片时，经过所设置的时间后会自动切换至下一张幻灯片，无须单击鼠标。

专家解读

选中要查看的幻灯片，打开【切换】选项卡，在【预览】选项组中单击【预览】按钮，即可在幻灯片编辑窗格中查看该幻灯片的切换效果。

11.4 为幻灯片中的对象添加动画效果

在 PowerPoint 中，除了幻灯片切换动画外，还包括幻灯片的动画效果。所谓动画效果，是指为幻灯片内部各个对象设置的动画效果。用户可以对幻灯片中的文本、图形、表格等对象添加不同的动画效果，如进入动画、强调动画、退出动画和动作路径动画等。

11.4.1 添加进入动画效果

进入动画是为了设置文本或其他对象以多种动画效果进入放映屏幕。在添加该动画效果之前需要选中对象。对于占位符或文本框来说，选中占位符、文本框，以及进入其文本编辑状态时，都可以为它们添加该动画效果。

选中对象后，打开【动画】选项卡，单击【动画】选项组中的【其他】按钮，在弹出的【进入】列表框选择一种进入效果，即可为对象添加该动画效果。选择【更多进入效果】命令，将打开【更改进入效果】对话框，在该对话框中可以选择更多的进入动画效果。

另外，在【高级动画】选项组中单击【添加动画】按钮，同样可以在弹出的【进入】列表框中选择内置的进入动画效果，若选择【更多进入效果】命令，则打开【添加进入效果】对话框，在该对话框中同样可以选择更多的进入动画效果。

经验谈

【更改进入效果】或【添加进入效果】对话框的动画按风格分为【基本型】、【细微型】、【温和型】和【华丽型】。选中对话框最下方的【预览效果】复选框，则在对话框中单击一种动画时，都能在幻灯片编辑窗口中看到该动画的预览效果。

11.4.2 添加强调动画效果

强调动画是为了突出幻灯片中的某部分内容而设置的特殊动画效果。添加强调动画的过程和添加进入效果大体相同，选择对象后，在【动画】选项组中单击【其他】按钮，在弹出的【强调】列表框选择一种强调效果，即可为对象添加该动画效果。选择【更多强调效果】命令，将打开【更改强调效果】对话框，在该对话框中可以选择更多的强调动画效果。

另外，在【高级动画】选项组中单击【添加动画】按钮，同样可以在弹出的【强调】列表框中选择一种强调动画效果。若选择【更多强调效果】命令，则打开【添加强调效果】对话框，在该对话框中同样可以选择更多的强调动画效果。

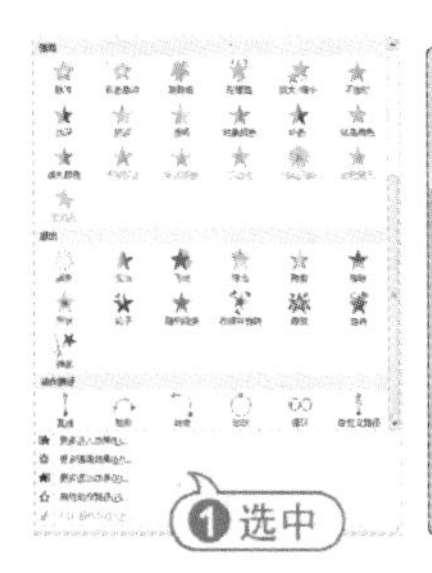

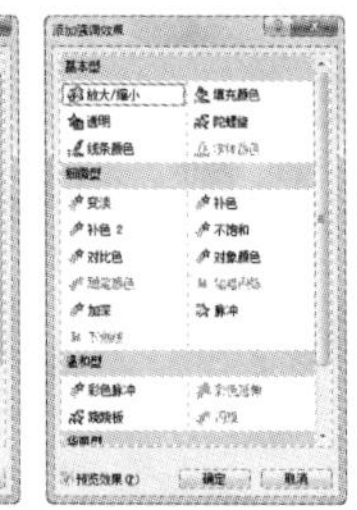

11.4.3 添加退出动画效果

退出动画是为了设置幻灯片中的对象退出屏幕的效果。添加退出动画的过程和添加进入、强调动画效果大体相同。

在幻灯片中选中需要添加退出效果的对象，在【高级动画】选项组中单击【添加动画】按钮，在弹出的【退出】列表框中选择一种强调动画效果，若选择【更多退出效果】命令，则打开【添加退出效果】对话框，在该对话框中可以选择更多的退出动画效果。退出动画名称有很大一部分与进入动画名称相同，所不同的是，它们的运动方向存在差异。

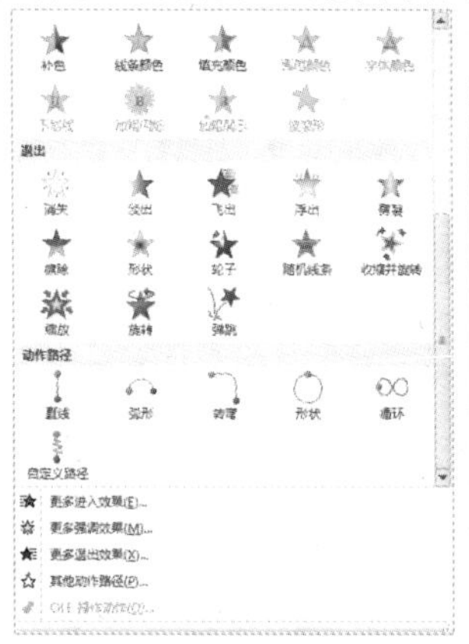

专家解读

选择对象后，在【动画】选项组中单击【其他】按钮，在弹出的【退出】列表框中选择一种强调效果，即可为对象添加该动画效果。选择【更多退出效果】命令，将打开【更改退出效果】对话框，在该对话框中可以选择更多的退出动画效果。

11.4.4 添加动作路径动画效果

动作路径动画又称为路径动画，可以指定文本等对象沿预定的路径运动。PowerPoint 中的动作路径动画不仅提供了大量预设路径效果，还可以由用户自定义路径动画。

添加动作路径效果的步骤与添加进入动画的步骤基本相同，在【动画】选项组中单击【其他】按钮，在弹出的【动作路径】列表框选择一种动作路径效果，即可为对象添加该动画效果。若选择【其他动作路径】命令，打开【更改动作路径】对话框，可以选择其他的动作路径效果。

另外，单击【添加动画】按钮，在弹出的【动作路径】列表框同样可以选择一种动作路径效果；选择【其他动作路径】命令，打开【更改动作路径】对话框，同样可以选择更多的动作路径。

专家解读

在【动作路径】列表框中选择【自定义路径】动画效果后，就可以在幻灯片中拖动鼠标绘制出需要的图形。当双击鼠标时，结束绘制，动作路径即出现在幻灯片中。

【例 11-7】为【天气预报】演示文稿中的对象添加动画效果。

视频 + 素材 (实例源文件\第 11 章\例 11-7)

01 启动 PowerPoint 2010，打开【天气预报】演示文稿。

02 在第 1 张幻灯片中选中标题占位符，打开【动画】选项卡，在【动画】选项组中单击【其他】按钮，从弹出的列表框中选择【浮入】选项，为该占位符应用该进入动画效果。

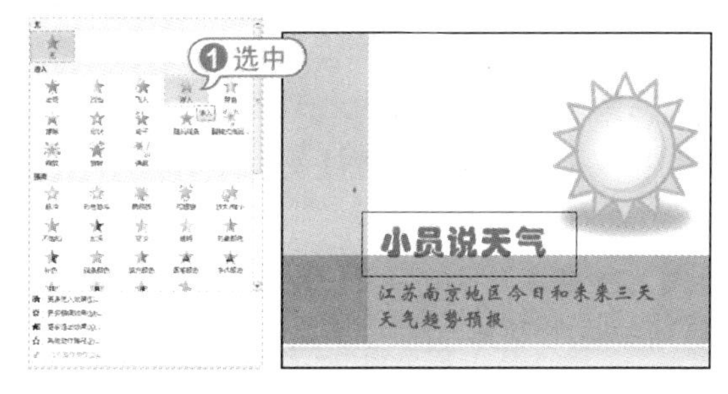

03 选中副标题占位符，在【高级动画】选项组中单击【添加动画】按钮，从弹出的列表框中选择【放大/缩小】选项，为该占位符应用强调动画效果。

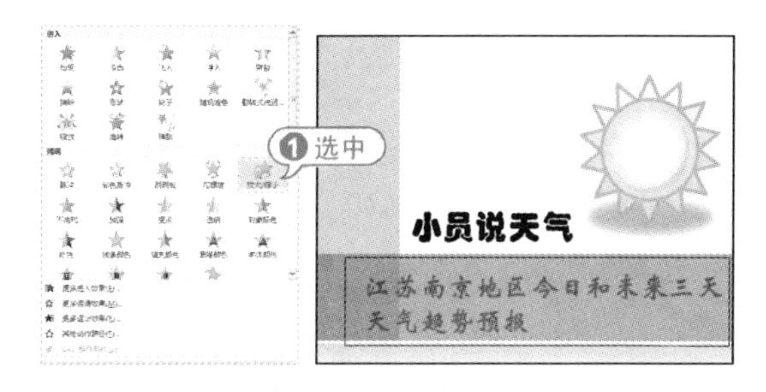

专家解读

在使用【添加动画】按钮添加动画效果时，可以为单个对象添加多个动画效果，单击多次该按钮，选择不同的动画效果即可。

04 选中【太阳】剪贴画，在【动画】选项组中单击【其他】按钮，从弹出的列表框中选择【直线】选项，为其应用该动作路径动画效果。

05 在【动画】选项组中单击【效果选项】按钮，从弹出的菜单中选择【靠左】选项，更改动作路径的方向。

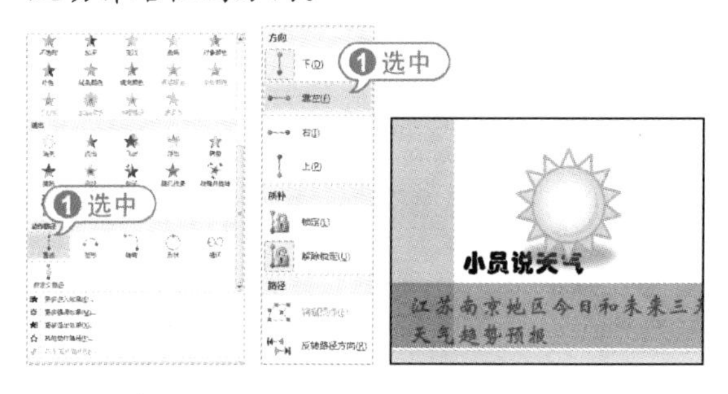

06 在幻灯片预览窗口中选择第 2 张幻灯片缩略图，将其显示在幻灯片编辑窗口中。

07 选中图片，在【动画】选项组中单击【其他】按钮，从弹出的列表框中选择【更多进入效果】命令，打开【更改进入效果】对话框，在【华丽型】选项区域中选择【弹跳】选项，应用该进入动画效果。

08 选中表格图片，在【高级动画】选项组中单击【添加动画】按钮，从弹出的列表框中选择【更多强调效果】命令，打开【添加强调效果】对话框，在【细微型】选项区域中选择【加深】选项，应用该强调动画效果。

09 使用同样的方法，为第 3~4 张幻灯片中的图表和表格应用【闪烁】强调效果。

10 在幻灯片预览窗口中选择第 5 张幻灯片缩略图，将其显示在幻灯片编辑窗口中。

11 选中 SmartArt 图形，在【动画】选项组中单击【其他】按钮，从弹出的列表框中选择【形状】选项，应用该退出动画效果。

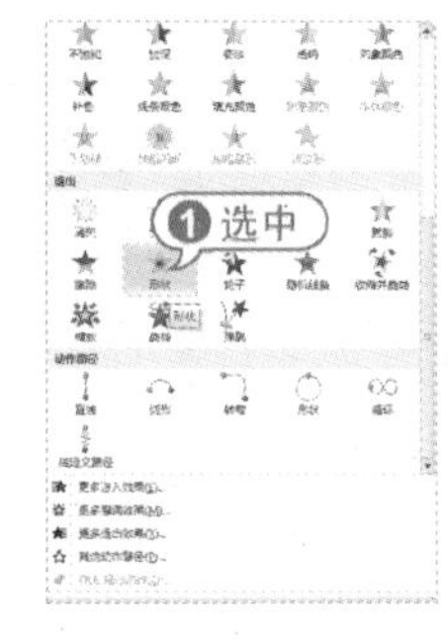

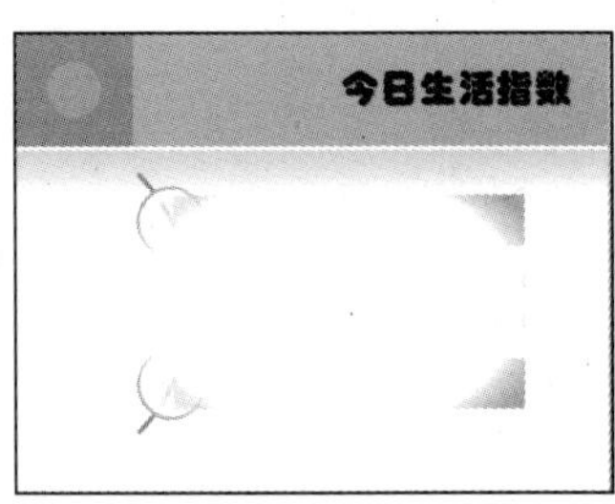

12 在快速访问工具栏中单击【保存】按钮，保存添加动画效果后的【天气预报】演示文稿。

专家解读

当幻灯片中的对象被添加动画效果后，在每个对象的左上角都会显示一个带有数字的矩形标记。这个矩形表示已经对该对象添加了动画效果，中间的数字表示该动画在当前幻灯片中的播放次序。在添加动画效果时，添加的第 1 个对象动画次序为 1，即它在幻灯片放映时是出现最早的动画。

11.5 对象动画效果高级设置

PowerPoint 2010 新增了动画效果高级设置功能，如设置动画触发器、使用动画刷复制动画、设置动画计时选项、重新排序动画等。使用该功能，可以使整个演示文稿更为美观。

11.5.1 设置动画触发器

在幻灯片放映时，使用触发器功能，可以在单击幻灯片中的对象时显示动画效果。下面将介绍设置动画触发器的方法。

【例 11-8】在【天气预报】演示文稿中设置动画触发器。

视频 + 素材 (实例源文件\第 11 章\例 11-8)

01 启动 PowerPoint 2010，打开【天气预报】演示文稿，自动显示第 1 张幻灯片。

02 打开【动画】选项卡，在【高级动画】选项组中单击【动画窗格】按钮，打开【动画窗格】任务窗格。

03 在【动画窗格】任务窗格中选择第 3 个动画效果，在【高级动画】选项组中单击【触发】按钮，从弹出的菜单中选择【单击】选项，然后从弹出的子菜单中选择 Picture7 对象。

04 此时 Picture7 对象上产生动画的触发器，并在任务窗格中显示所设置的触发器，在播放时，将鼠标指针指向该触发器并单击，将显示动画效果。

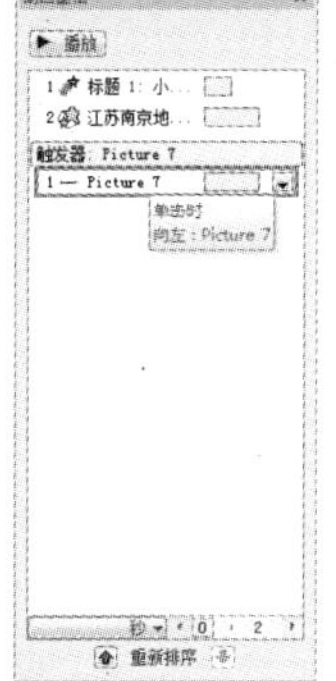

05 在快速访问工具栏中单击【保存】按钮，保存【天气预报】演示文稿。

11.5.2 使用动画刷复制动画

在 PowerPoint 2010 中，用户经常需要为多个对象设置同样的动画效果，这时在设置一个对象动画后，通过动画刷功能，可以快速地复制动画到其他对象中。

【例 11-9】在【天气预报】演示文稿中使用格式刷复制动画。

视频+素材 (实例源文件\第 11 章\例 11-9)

01 启动 PowerPoint 2010，打开【天气预报】演示文稿。

02 在第 1 张幻灯片中，选中标题占位符，打开【动画】选项卡，在【高级动画】选项组中单击【动画刷】按钮动画刷。

03 在幻灯片预览窗口中选择第 2 张幻灯片缩略图，将其显示在幻灯片编辑窗口中。

04 将鼠标指针指向标题占位符，此时鼠标指针变成指针加刷子形状时，单击鼠标左键，为对象应用【浮入】进入动画效果。

05 此时自动在标题占位符中标号，按先后添加动画效果的次序，为其编号为 3。

06 使用同样的方法，将该动画效果应用到其他幻灯片的标题艺术字和占位符中。

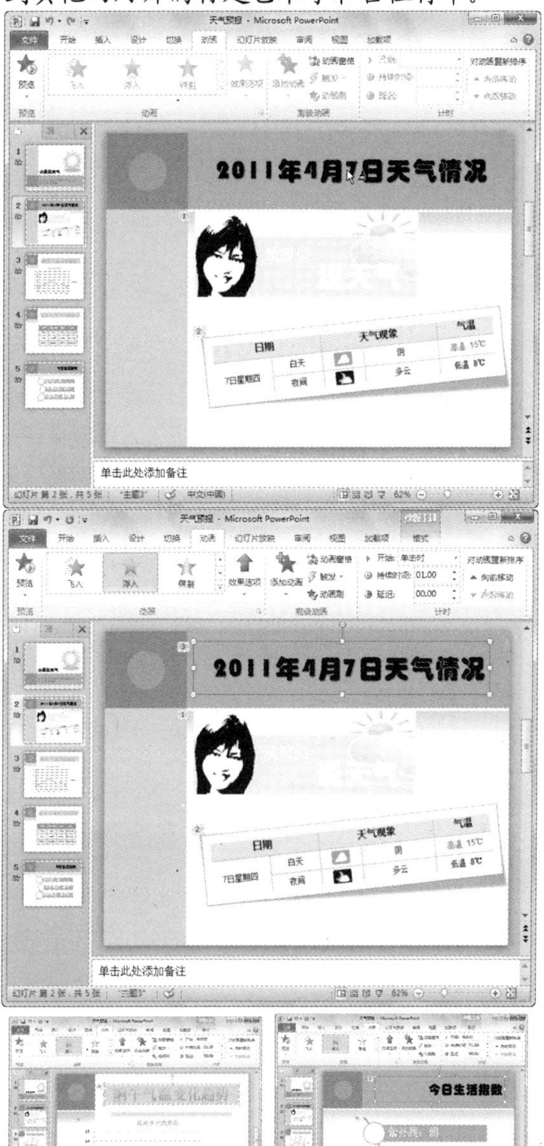

07 在快速访问工具栏中单击【保存】按钮，保存【天气预报】演示文稿。

专家解读

将复制的动画效果应用到指定对象时，自动预览所复制的动画效果，表示该动画效果已被应用到指定对象中。

11.5.3 设置动画计时选项

为对象添加了动画效果后，还需要设置动画计时选项，如开始时间、持续时间、延迟时间等。

【例 11-10】在【天气预报】演示文稿中设置动画计时选项。

视频+素材 (实例源文件\第 11 章\例 11-10)

01 启动 PowerPoint 2010，打开【天气预报】演示文稿。

02 在第 1 张幻灯片中，打开【动画】选项卡，在【高级动画】选项组中单击【动画窗格】按钮 动画窗格，打开【动画窗格】任务窗格。

03 在【动画窗格】任务窗格中选中第 2 个动画，在【计时】选项组中单击【开始】下拉按钮，从弹出的快捷菜单中选择【与上一动画同时】选项。

04 此时两个动画将合并为一个效果。

05 在幻灯片预览窗口中选择第 2 张幻灯片缩略图，将其显示在幻灯片编辑窗口中。

06 在【动画窗格】任务窗格中选中第 2 个动画效果，在【计时】选项组中单击【开始】下拉按钮，从弹出的快捷菜单中选择【上一动画之后】选项，并在【持续时间】和【延迟时间】文本框中输入“00.50”。

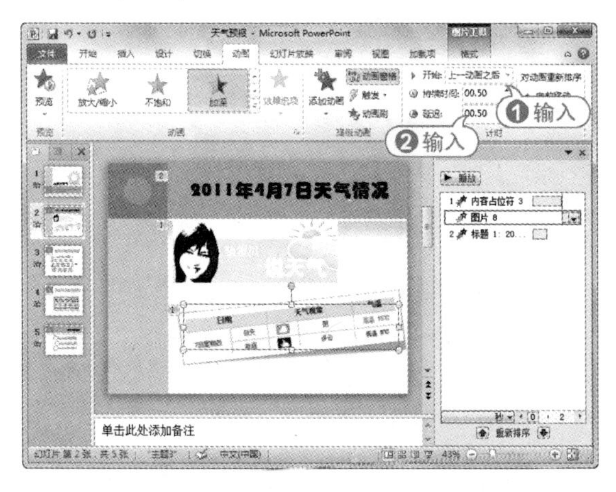

07 在快速访问工具栏中单击【保存】按钮，保存【天气预报】演示文稿。

11.5.4 重新排序动画

当一张幻灯片中设置了多个动画对象时，用户可以根据自己的需求重新排序动画，即调整各动画出现的顺序。

【例 11-11】在【天气预报】演示文稿中依次排序幻灯片中的动画。

视频+素材 (实例源文件\第 11 章\例 11-11)

01 启动 PowerPoint 2010，打开【天气预报】演示文稿。

02 在幻灯片预览窗口中选择第 2 张幻灯片缩略图，将其显示在幻灯片编辑窗口中。

03 打开【动画】选项卡，在【高级动画】选项组中单击【动画窗格】按钮 动画窗格，打开【动画窗格】任务窗格。

04 在【动画窗格】任务窗格中，选中标号为 2 的动画，在【计时】选项组中单击 2 下【向前移动】按钮，将其移动到窗格最上方，此时标号自动更改为1。

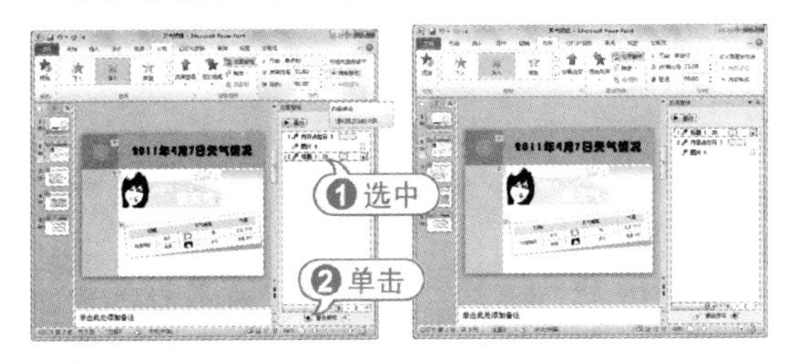

05 在幻灯片预览窗口中选择第3张幻灯片缩略图，将其显示在幻灯片编辑窗口中。

06 在【动画窗格】任务窗格中选中第2个动画效果，单击按钮，将该动画向上移动一位。

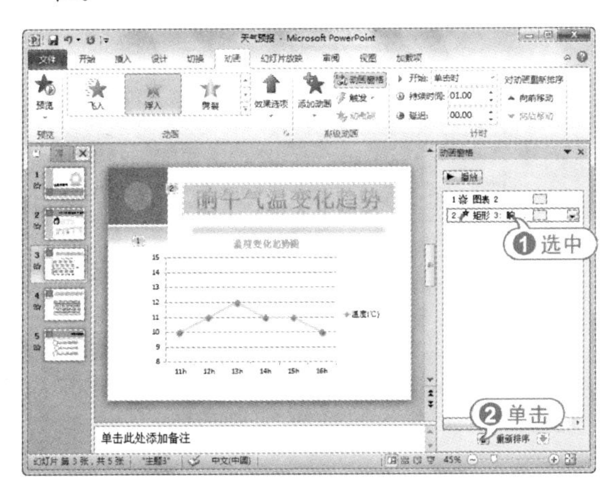

专家解读

在【动画窗格】任务窗格中选中动画，单击按钮，即可将该动画向下移动一位。

07 使用同样的方法，设置第4和第5张幻灯片的动画顺序。

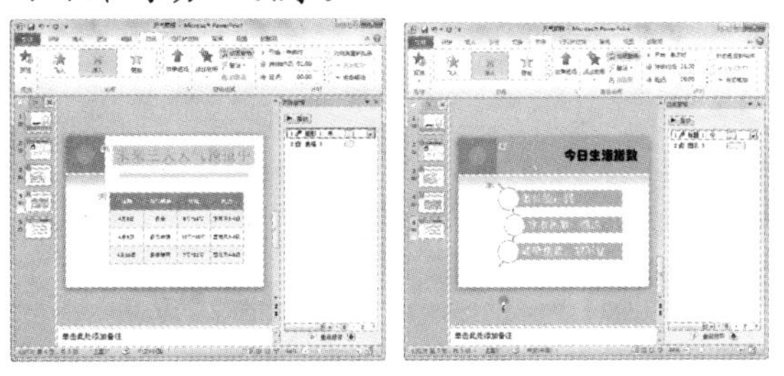

08 在快速访问工具栏中单击【保存】按钮，保存【天气预报】演示文稿。

经验谈

在【动画窗格】任务窗格中，右击动画，从弹出的快捷菜单中选择【效果选项】命令，打开【图形扩展】对话框的【效果】选项卡，在其中可以设置效果声音；单击【计时】标签，打开【图形扩展】对话框的【计时】选项卡，在其中除了可以设置动画播放的开始时间、持续时间、延迟时间，还可以设置动画播放的重复次数。在右键快捷菜单中选择【删除】命令，即可快速删除该动画效果。

11.6 实战演练

本章的实战演练部分设计幻灯片母版和应用动画方案两个综合实例操作，用户通过练习从而巩固本章所学知识。

11.6.1 设计幻灯片母版

【例 11-12】在现有素材【商场促销】演示文稿中设计幻灯片母版。

视频 + 素材 (实例源文件\第 11 章\例 11-12)

01 启动 PowerPoint 2010，打开【商场促销】演示文稿。

02 打开【视图】选项卡，在【母版视图】选项组中，单击【幻灯片母版】按钮，切换至幻灯片母版视图。

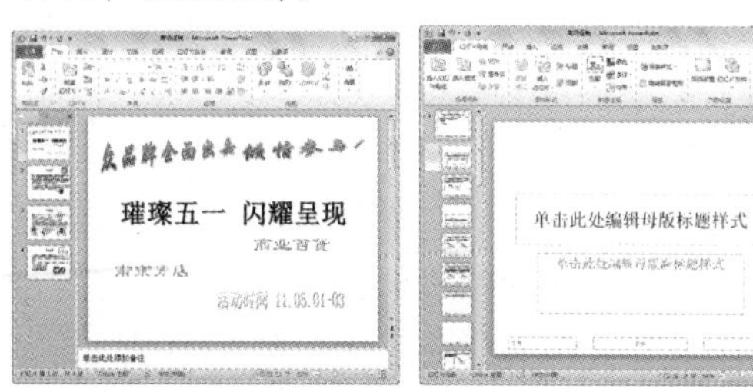

03 在【幻灯片母版】选项卡的【背景】选项组中单击【背景样式】按钮，从弹出的列表中选择【设置背景格式】命令，打开【设置背景格式】对话框。

04 打开【填充】选项卡，选中【图片或纹理填充】单选按钮，单击【文件】按钮。

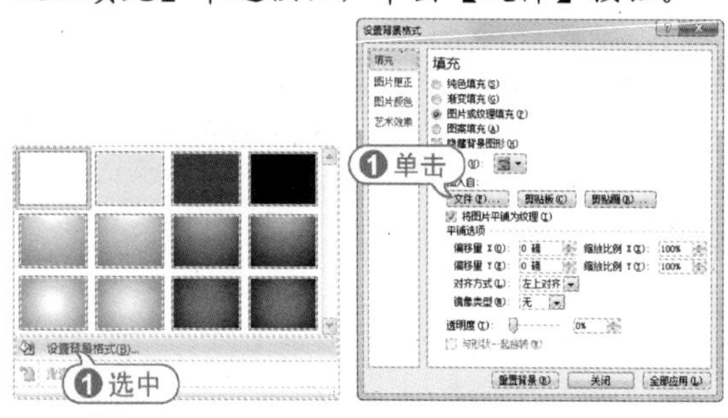

05 打开【插入图片】对话框，选中要插入的图片，单击【插入】按钮，将图片应用到幻灯片母版中。

06 返回至【设置背景格式】对话框，单击【关闭】按钮，关闭对话框，查看幻灯片母版背景效果。

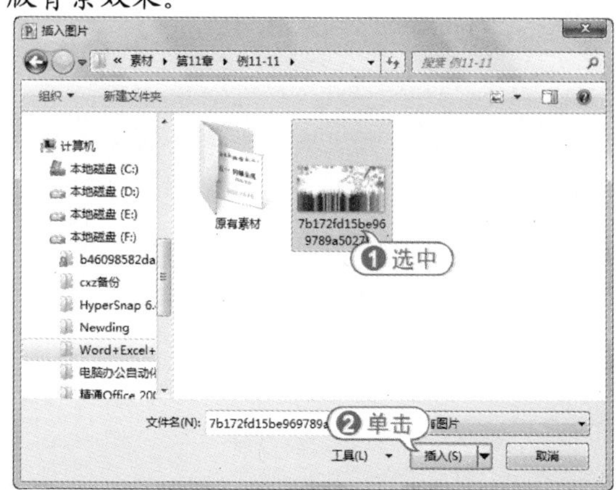

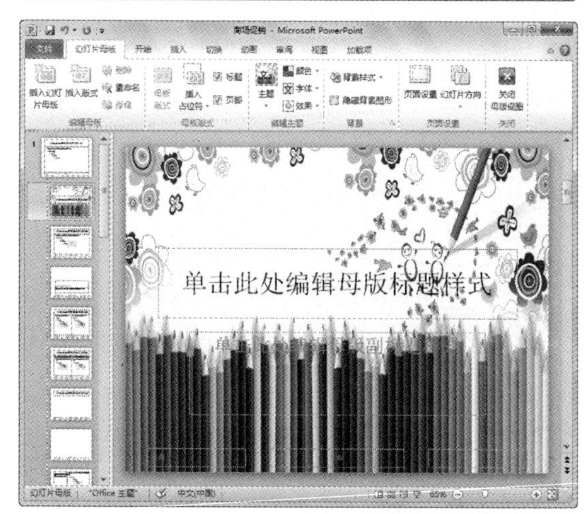

07 左侧预览窗格中选择第 1 张幻灯片，将该幻灯片母版显示在编辑区域。

08 在【背景】选项组中单击【背景样式】按钮，从弹出的列表中选择【设置背景格式】命令，打开【设置背景格式】对话框。

09 打开【填充】选项卡，选中【渐变填充】单选按钮，单击【预设颜色】下拉按钮，从弹出的列表中选择【麦浪滚滚】选项。单击【方向】下拉按钮，从弹出的列表中选择【线性对角-右上到左下】选项。

10 设置完毕后，单击【关闭】按钮，关闭对话框。

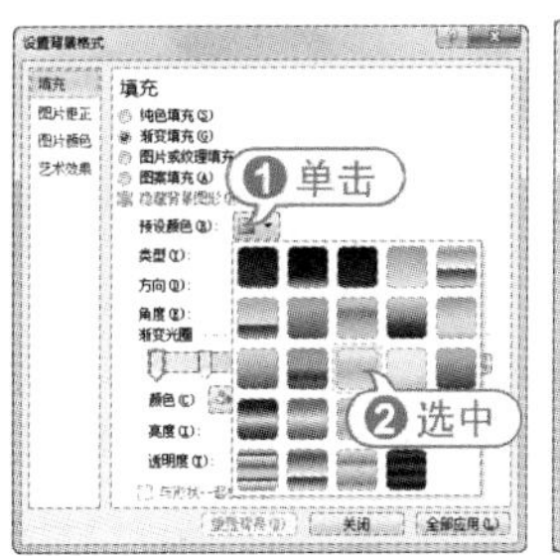

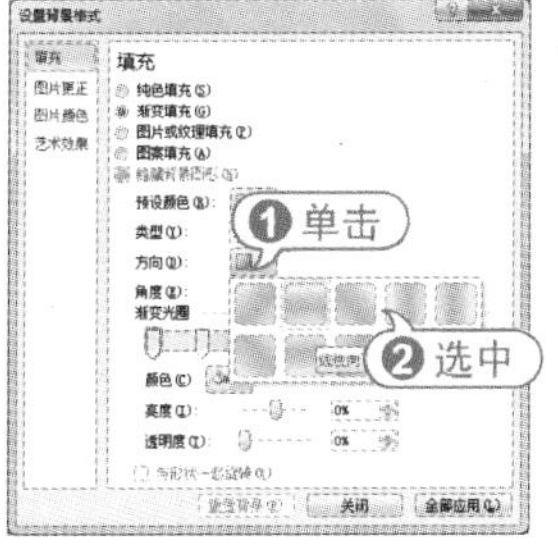

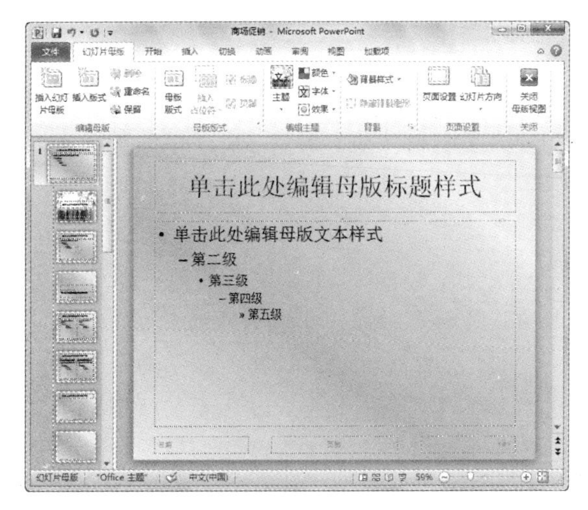

⑪ 选中【单击此处编辑母版标题样式】占位符，设置文字字体为【华文琥珀】，字号为48，字体颜色为【红色，强调文字颜色2】。

⑫ 在左侧预览窗格中选择第2张幻灯片，将该幻灯片母版显示在编辑区域。

⑬ 选中【单击此处编辑母版标题样式】占位符，设置文字字体为【华文彩云】，字号为60，字体为【加粗】，字体颜色为【深蓝，文字2】；选中【单击此处编辑母版文本样式】占位符，设置字体为【方正舒体】，字号为30。

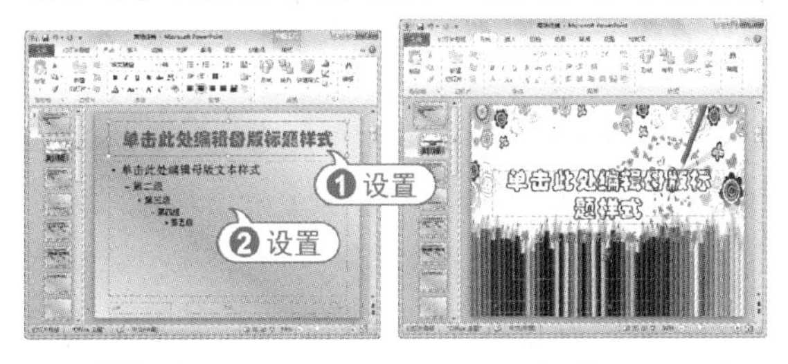

⑭ 在【编辑主题】选项组中单击【颜色】按钮，从弹出的列表中选择【华丽】选项；单击【效果】选项，从弹出的列表中选择【华丽】样式，即可为幻灯片母版设置主题。

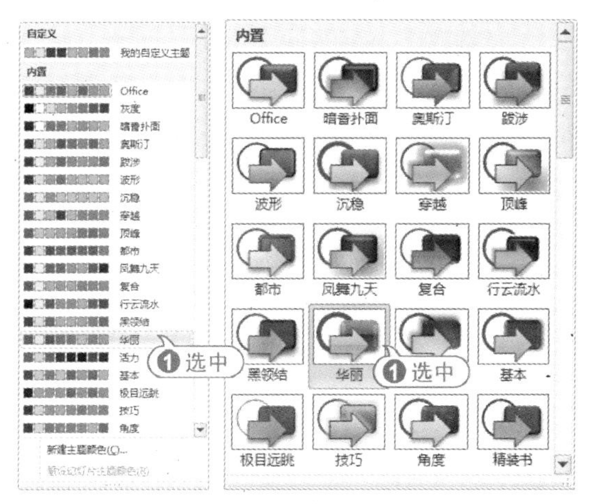

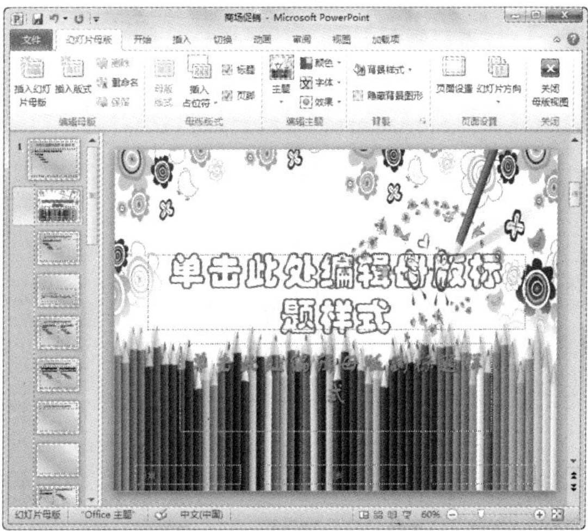

⑮ 在【关闭】选项组中，单击【关闭母版视图】按钮，返回至幻灯片的普通视图，查看设计母版后的演示文稿。

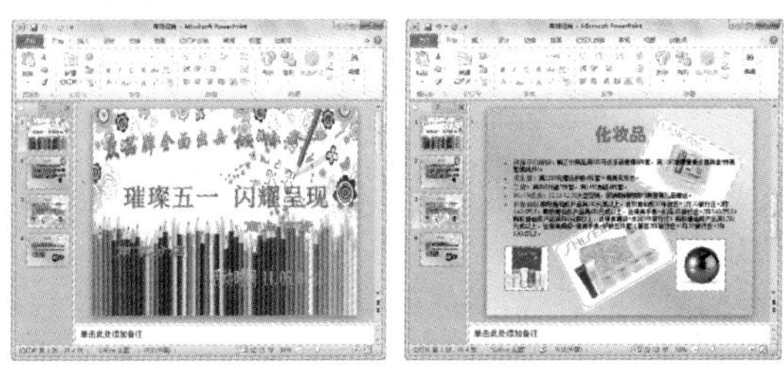

⑯ 在快速访问工具栏中单击【保存】按钮，保存设计后的【商场促销】演示文稿。

11.6.2 应用动画方案

【例11-13】在【例11-12】设计的【商场促销】演示文稿中设置切换动画和对象动画效果。
视频 + 素材 (实例源文件\第11章\例11-13)

01 启动PowerPoint 2010，打开【例 11-12】设计的【商场促销】演示文稿。

02 打开【切换】选项卡，在【切换到此幻灯片】选项组中单击【其他】按钮，从弹出的【华丽型】列表中选择【切换】选项。

03 设置切换效果后，即可在幻灯片编辑窗口中预览切换效果。

04 在【计时】选项组中，单击【声音】下拉按钮，从弹出的列表中选择【单击】选项。

05 在【计时】选项组的【持续时间】微调框中输入“01.30”，单击【全部应用】按钮，将该切换效果应用到每张幻灯片中。

专家解读

在幻灯片预览窗口中每张幻灯片缩略图编号下方显示符号，表示每张幻灯片都设置了切换效果。设置了计时选项后，当放映演示文稿时，单击鼠标或等待 1 分 30 秒钟后，将自动切换幻灯片。

06 在第 1 张幻灯片中，选中标题占位符，打开【动画】选项卡，在【高级动画】选项组中单击【添加动画】按钮，从弹出的菜单中选择【更多进入效果】命令，打开【添加进入效果】对话框。

07 在【华丽型】列表框中选择【飞旋】选项，为标题对象应用该进入效果动画。

08 选中副标题占位符，在【动画】选项组中单击【其他】按钮，从弹出的【强调】列表框中选择【对象颜色】选项，为副标题对象应用该强调效果动画。

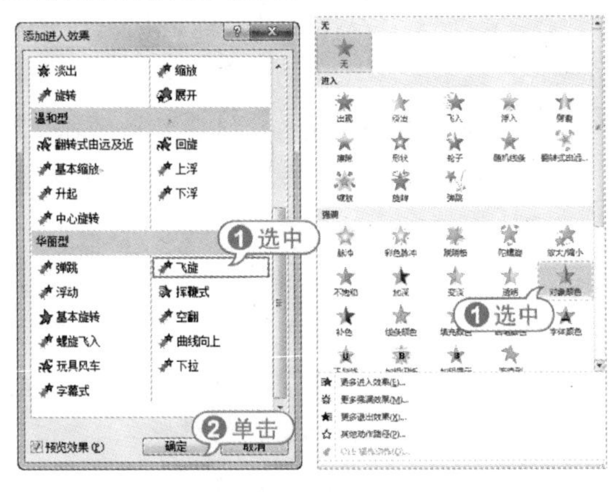

09 在【高级动画】选项组中单击【动画窗格】按钮，打开【动画窗格】任务窗格。

10 选中第 2 个动画，在【计时】选项组中的【开始】列表框中选择【上一动画之后】选项，在【延迟】微调框中输入“00.30”。

11 在幻灯片预览窗口中选择第 2 张幻灯片缩略图，将其显示在幻灯片编辑窗口中。

12 使用同样的方法，设置标题占位符动画效果为【弹跳】进入式；文本占位符动画效果为【波浪】强调式。

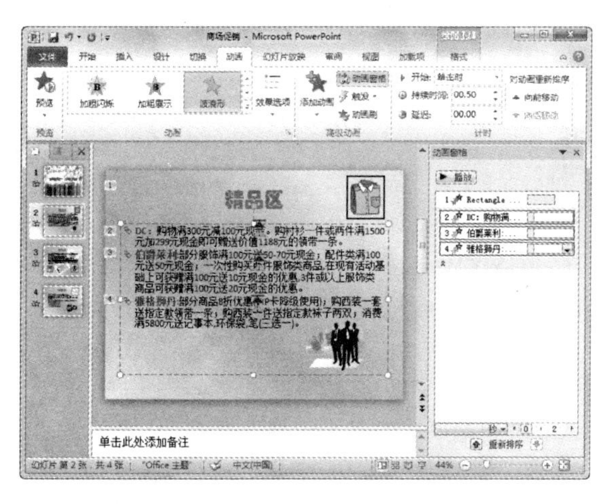

⑬ 在【动画窗格】任务窗格中单击强调动画后的下拉按钮，从弹出的快捷菜单中选择【效果选项】命令，打开【波浪形】对话框。

⑭ 打开【正文文本动画】选项卡，单击【组合文本】下拉按钮，在弹出的下拉菜单中选择【作为一个对象】选项，单击【确定】按钮，将多个段落合并为一个对象，并在幻灯片编辑窗口中查看动画效果。

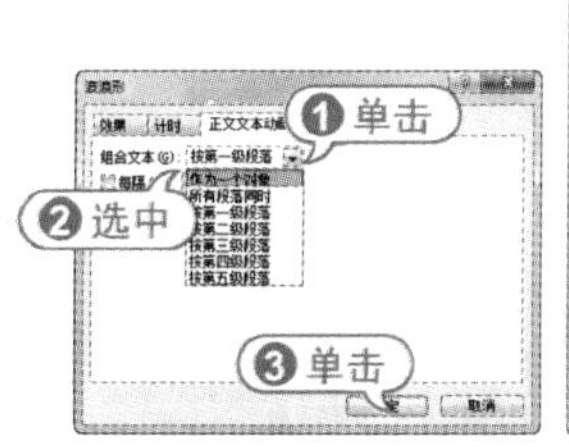

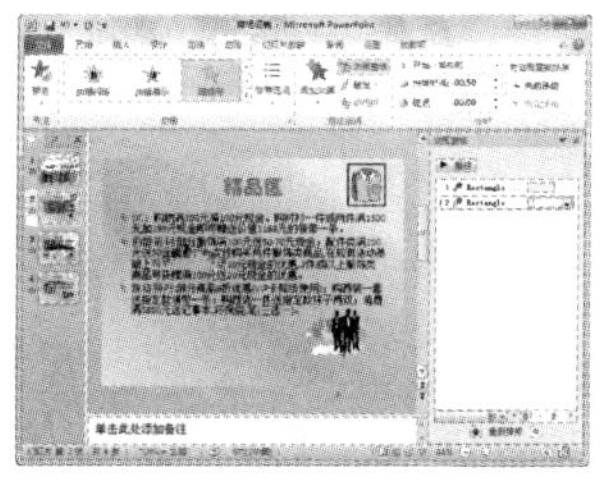

⑮ 将插入点定位在标题占位符，在【高级动画】选项组中单击【动画刷】按钮。然后切换到第3张幻灯片，将鼠标指针指向标题占位符中，待指针变为刷子形状时，单击鼠标左键，复制动画。

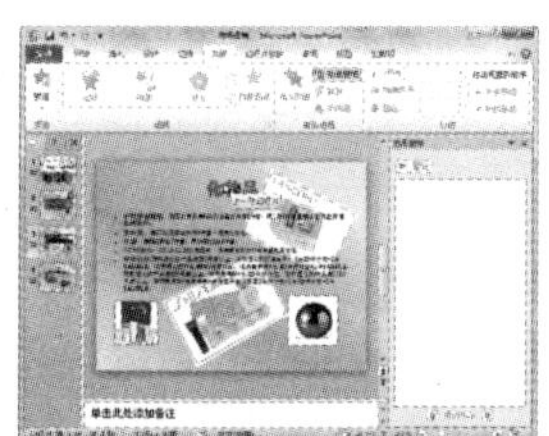

⑯ 使用同样的方法，将【弹跳】进入式标题占位符动画复制到第4张幻灯片中。

⑰ 在第4张幻灯片中，选中文本占位符，设置其动作路径动画效果为【双八串接】。

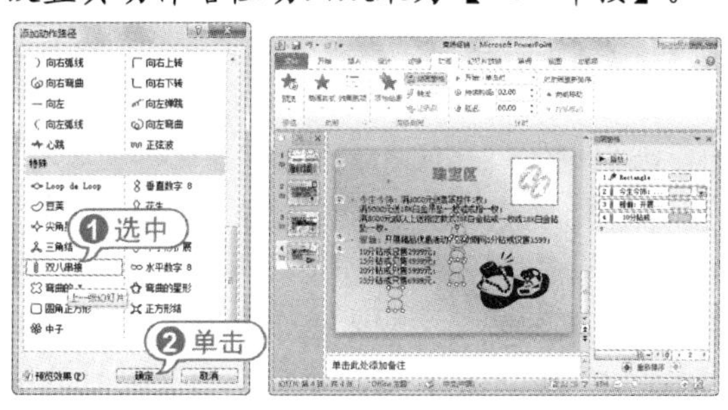

⑱ 在【动画窗格】任务窗格单击【双八串接】动画右侧的下拉按钮，从弹出的快捷菜单中选择【效果选项】命令，打开【双八串接】对话框的【正文文本动画】选项卡，在【组合文本】下拉菜单中选择【作为一个对象】选项，单击【确定】按钮，将多个段落合并为一个对象。

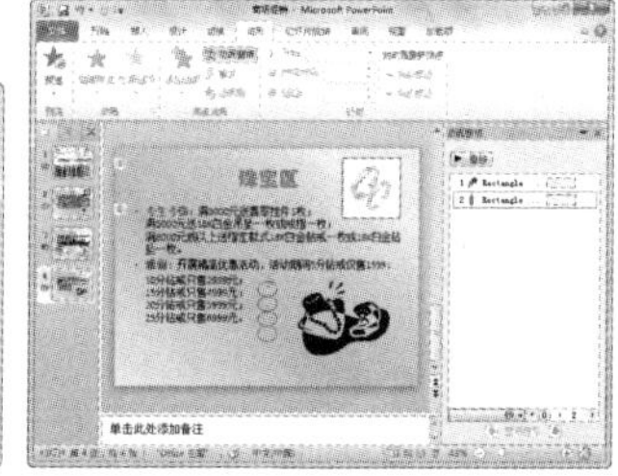

⑲ 使用同样的方法，将【双八串接】动作路径动画复制到第3张幻灯片的文本占位符中。

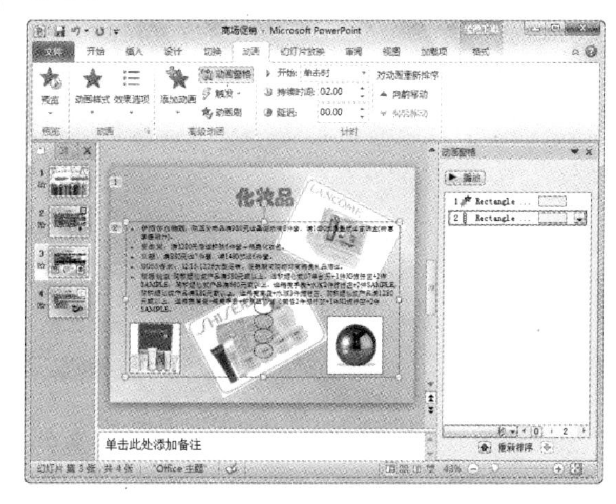

⑳ 在快速访问工具栏中单击【保存】按钮，保存应用动作方案后的【商场促销】演示文稿。

11.7 专家指点

一问一答

问：如何设置网格线和参考线？

答：当在幻灯片中添加多个对象后，可以通过显示的网格线来移动和调整多个对象之间的相对大小和位置。在功能区打开【视图】选项卡，选中【显示/隐藏】选项组中的【网格线】复选框。默认的网格线是每 2 厘米 1 个网格，可以根据需要设定网格的显示方式。在【显示/隐藏】选项组中选中【参考线】复选框，即可在幻灯片中显示参考线。单击【显示/隐藏】对话框启动器按钮，打开【网格线和参考线】对话框，在该对话框中可以设置网格线和参考线。

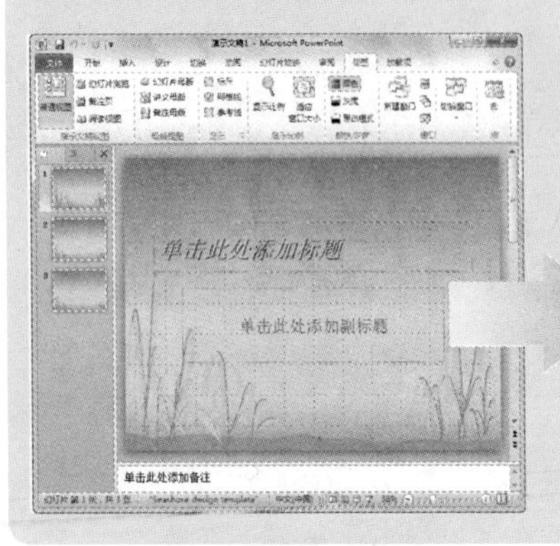

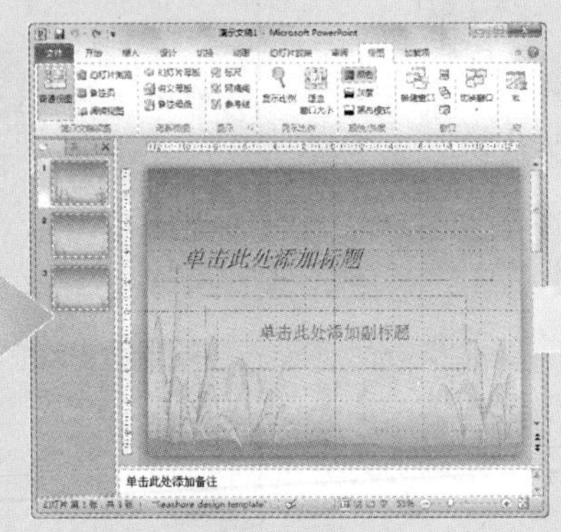

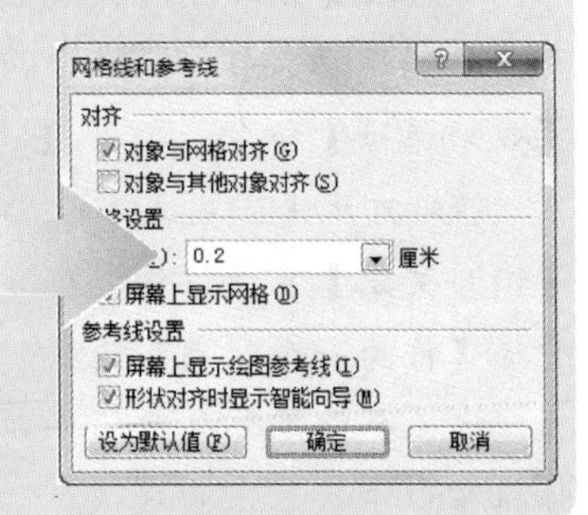

一问一答

问：如何设置幻灯片的大小和方向？

答：在 PowerPoint 2010 中，打开【设计】选项卡，在【页面设置】选项组中单击【幻灯片方向】按钮，从弹出的菜单中选择幻灯片的方向；单击【页面设置】按钮，打开【页面设置】对话框，在【幻灯片大小】列表框中可以选择系统提供的大小选项，在【宽度】和【高度】微调框中可以输入自定义数值，单击【确定】按钮，完成设置。另外，在【页面设置】对话框的【方向】选项区域中可以设置幻灯片、备注、讲义和大纲的方向。

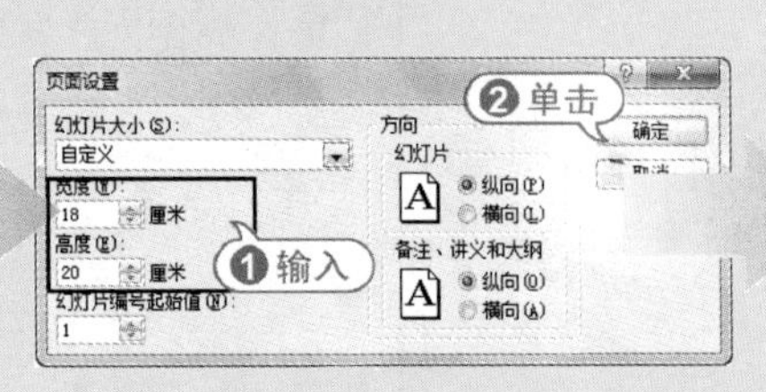

第12章 放映与输出演示文稿

PowerPoint 2010 提供了多种放映和控制幻灯片的方法，如正常放映、计时放映、录音放映、跳转放映等。用户可以选择最为理想的放映速度与放映方式，使幻灯片放映结构清晰、节奏明快、过程流畅。另外，可以将制作完成的演示文稿进行打包或发布。本章将介绍交互式演示文稿的创建方法、幻灯片放映方式的设置以及演示文稿的发布和打包。

对应光盘视频

例 12-1 使用超链接
例 12-2 添加动作按钮
例 12-3 创建自定义放映
例 12-4 录制旁白
例 12-5 使用排练计时功能
例 12-6 使用绘图笔标注重点
例 12-7 打包演示文稿
例 12-8 输出为视频
例 12-9 输出为图形文件
例 12-10 输出为幻灯片放映
例 12-11 输出为大纲文件
例 12-12 设置幻灯片大小和方向
例 12-13 预览演示文稿
例 12-14 打印演示文稿
例 12-15 制作【旅游行程】演示文稿
例 12-16 打印【旅游行程】

12.1 创建交互式演示文稿

在 PowerPoint 中，用户可以为幻灯片中的文本、图形、图片等对象添加超链接或者动作。当放映幻灯片时，可以在添加了超链接的文本或动作的按钮上单击，程序将自动跳转到指定的幻灯片页面，或者执行指定的程序。演示文稿不再是从头到尾播放的线形模式，而是具有了一定的交互性，能够按照预先设定的方式，在适当的时候放映需要的内容，或做出相应的反应。

12.1.1 添加超链接

超链接是指向特定位置或文件的一种连接方式，可以利用它指定程序的跳转位置。超链接只有在幻灯片放映时才有效，当鼠标移至超链接文本时，鼠标将变为手形指针。在 PowerPoint 中，超链接可以跳转到当前演示文稿中的特定幻灯片、其他演示文稿中特定的幻灯片、自定义放映、电子邮件地址、文件或 Web 页上。

经验谈

只有幻灯片中的对象才能添加超链接，备注、讲义等内容不能添加超链接。幻灯片中可以显示的对象几乎都可以作为超链接的载体。添加或修改超链接的操作一般在普通视图中的幻灯片编辑窗口中进行，在幻灯片预览窗口的大纲选项卡中，只能对文字添加或修改超链接。

【例 12-1】在【天气预报】演示文稿中使用超链接。

视频 + 素材 (实例源文件\第 12 章\例 12-1)

01 启动 PowerPoint 2010，打开【天气预报】演示文稿。

02 在打开的第 1 张幻灯片中选中【单击此处添加副标题】文本占位符中的文本“未来三天”。

03 打开【插入】选项卡，在【链接】选项组中单击【超链接】按钮，打开【插入超链接】对话框。

04 在【链接到】列表中单击【本文档中的位置】按钮，在【请选择文档中的位置】列表框中单击【幻灯片标题】展开列表，并选中【幻灯片 4】选项，单击【确定】按钮。

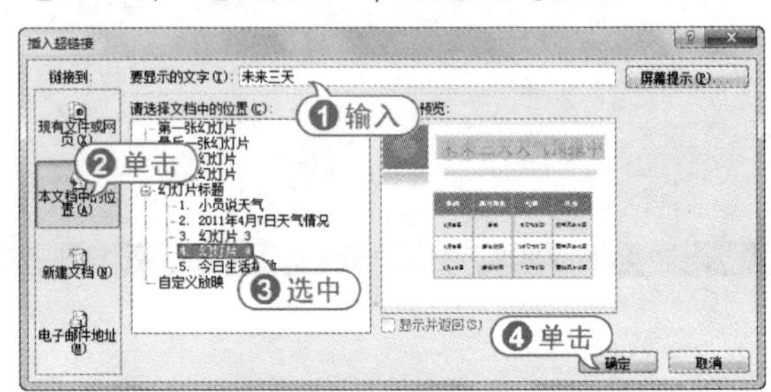

05 此时该文字变为不同于原来的颜色，且文字下方出现下划线。

06 在第 1 张幻灯片中的【单击此处添加副标题】文本占位符中，选中文本“今日”。

07 在【链接】选项组中单击【超链接】按钮，打开【插入超链接】对话框，在【请选择文档中的位置】列表框中选中【幻灯片 3】选项。

08 单击【屏幕提示】按钮，打开【设置超链接屏幕提示】对话框，在【屏幕提示文字】文本框中输入提示文本，单击【确定】按钮，此时该文字变为绿色且下方出现横线。

09 在键盘上按下 F5 键放映幻灯片，当放映到第1张幻灯片时，将鼠标移动到文字“今日”上，此时鼠标指针变为手形。

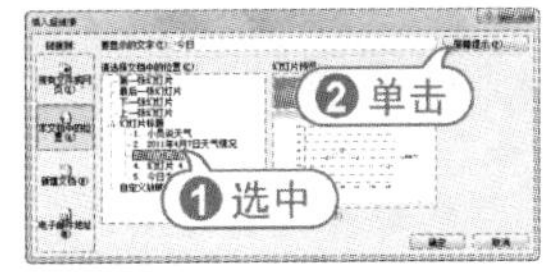

10 单击超链接，演示文稿将自动跳转到第 3 张幻灯片中。

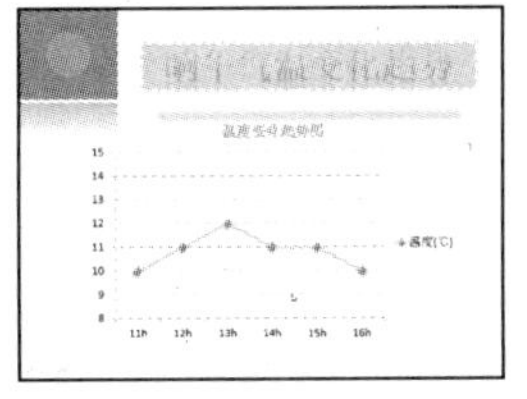

11 单击【文件】按钮，在弹出的菜单中选择【保存】命令，将该演示文稿【天气预报】保存。

专家解读

当用户在添加了超链接的文字、图片等对象上右击时，将弹出快捷菜单。在其中选择【取消超链接】命令，即可删除该超链接。

12.1.2 添加动作按钮

动作按钮是 PowerPoint 中预先设置好的一组带有特定动作的图形按钮，这些按钮被预先设置为指向前一张、后一张、第一张、最后一张幻灯片、播放声音及播放电影等链接，应用这些预置好的按钮，可以实现在放映幻灯片时跳转的目的。

动作与超链接有很多相似之处，几乎包括了超链接可以指向的所有位置，动作还可以设置其他属性，比如设置当鼠标移过某一对象上方时的动作。设置动作与设置超链接是相互影响的，在【设置动作】对话框中所作的设置，可以在【编辑超链接】对话框中表现出来。

【例 12-2】在【天气预报】演示文稿中添加动作按钮。

视频 + 素材 (实例源文件\第 12 章\例 12-2)

01 启动 PowerPoint 2010，打开【天气预报】演示文稿。

02 在幻灯片预览窗口中选择第 3 张幻灯片缩略图，将其显示在幻灯片编辑窗口中。

03 在功能区打开【插入】选项卡，在【插图】选项组中单击【形状】按钮，在打开菜单的【动作按钮】选项区域中选择【后退或前一项】命令◁，在幻灯片的右下角拖动鼠标绘制形状。

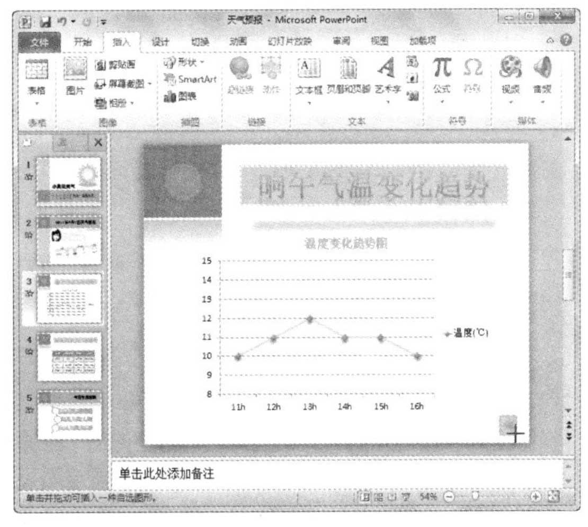

04 释放鼠标时，系统将自动打开【动作设置】对话框，在【单击鼠标时的动作】选项区域中选中【超链接到】单选按钮。

05 在【超链接到】下拉列表框中选择【幻灯片】选项，打开【超链接到幻灯片】对话框，选择【2011 年 4 月 7 日天气情况】选项，单击【确定】按钮，返回【动作设置】对话框。

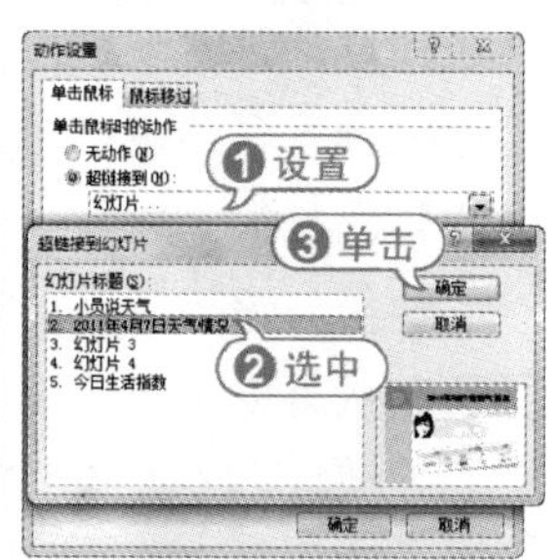

06 打开【鼠标移过】选项卡，在选项卡中选中【播放声音】复选框，并在其下方的下拉列表框中选择【照相机】选项，单击【确定】按钮，完成该动作的设置。

经验谈

如果在【鼠标移过】选项卡中选中【超链接到】单选按钮，在其下拉列表框中选择【2011 年 4 月 7 日天气情况】选项，那么在放映演示文稿的过程中，当鼠标移过该动作按钮(无须单击)时，演示文稿将直接跳转到幻灯片【2011 年 4 月 7 日天气情况】。

07 在幻灯片预览窗口中选择第 4 张幻灯片缩略图，将其显示在幻灯片编辑窗口中。

08 在【插图】选项组中单击【形状】按钮，在打开菜单的【动作按钮】选项区域中选择【第一项】命令，在幻灯片的左下角拖动鼠标绘制该图形。

09 释放鼠标时，打开【动作设置】对话框，在【超链接到】下拉列表框中选择【幻灯片】选项，打开【超链接到幻灯片】对话框。

10 选中【小员说天气】选项，单击【确定】按钮，返回【动作设置】对话框。

11 打开【鼠标移过】选项卡，在选项卡中选中【播放声音】复选框，并在其下方的下拉列表框中选择【疾驰】选项，单击【确定】按钮，完成该动作的设置。

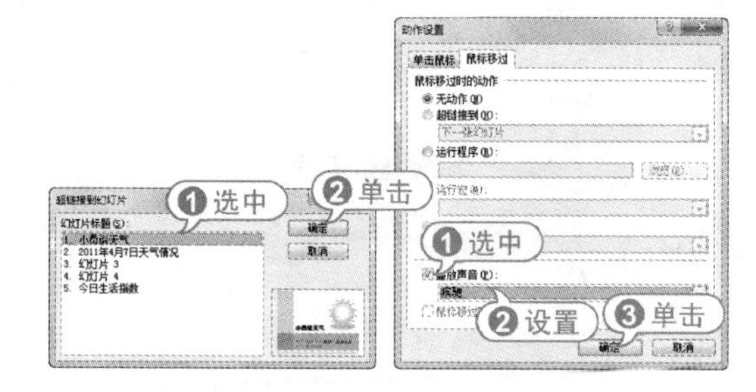

12 在幻灯片中选中绘制的图形，打开【绘图工具】的【格式】选项卡，在【形状样式】选项组中单击【其他】按钮，在弹出的列表框中选择【彩色填充-酸橙色，强调颜色 3】选项，应用该形状样式。

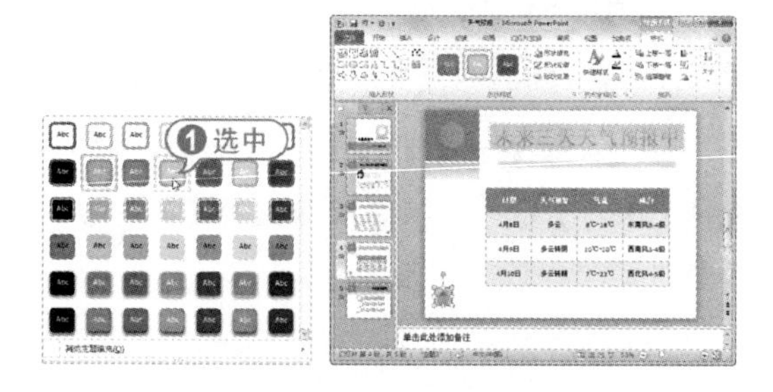

13 在快速访问工具栏中单击【保存】按钮，将修改后的演示文稿保存。

专家解读

在幻灯片中选中文本后，在【链接】选项组中单击【动作】按钮，同样将打开【动作设置】对话框，此时【鼠标移动时突出显示】复选框不可用。而为图形或图形设置动作时，该复选框呈可用状态。

12.2 设置幻灯片放映方式

PowerPoint 2010 提供了多种演示文稿的放映方式，最常用的是幻灯片页面的演示控制，主要有幻灯片的定时放映、连续放映及循环放映。

12.2.1 定时放映幻灯片

用户在设置幻灯片切换效果时，可以设置每张幻灯片在放映时停留的时间，当等待到设定的时间后，幻灯片将自动向下放映。

打开【切换】选项卡，在【计时】选项组中【单击鼠标时】复选框，则用户单击鼠标或按下 Enter 键和空格键时，放映的演示文稿将切换到下一张幻灯片；选中【设置自动换片时间】复选框，并在其右侧的文本框中输入时间(时间为秒)后，则在演示文稿放映时，当幻灯片等待了设定的秒数之后，将自动切换到下一张幻灯片。

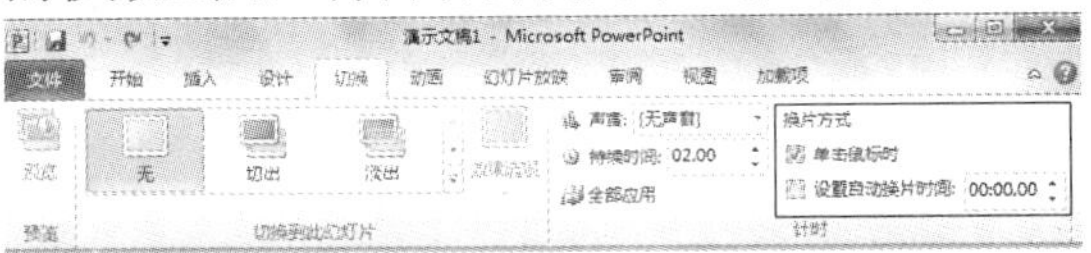

12.2.2 连续放映幻灯片

在【切换】选项卡的【计时】选项组选中【设置自动切换时间】复选框，并为当前选定的幻灯片设置自动切换时间，再单击【全部应用】按钮，为演示文稿中的每张幻灯片设定相同的切换时间，即可实现幻灯片的连续自动放映。

需要注意的是，由于每张幻灯片的内容不同，放映的时间可能不同，所以设置连续放映的最常见方法是通过【排练计时】功能完成。

排练计时功能的设置方法将在下面的 12.3.1 节中详细介绍。

12.2.3 循环放映幻灯片

用户将制作好的演示文稿设置为循环放映，可以应用于如展览会场的展台等场合，让演示文稿自动运行并循环播放。

打开【幻灯片放映】选项卡，在【设置】选项组中单击【设置幻灯片放映】按钮，打开【设置放映方式】对话框。

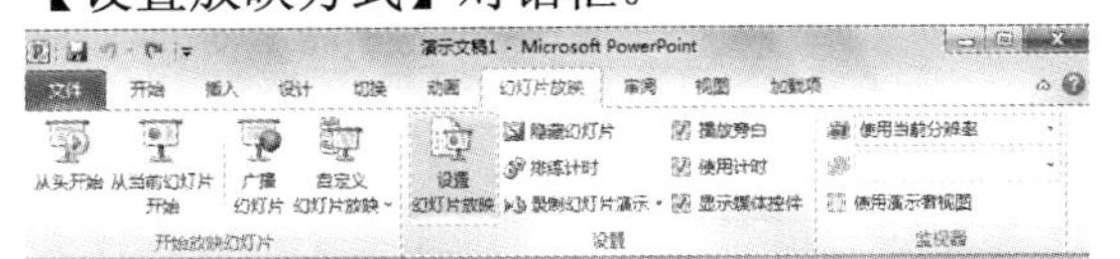

在【放映选项】选项区域中选中【循环放映，按 Esc 键终止】复选框，则在播放完最后一张幻灯片后，会自动跳转到第 1 张幻灯片，而不是结束放映，直到用户按 Esc 键退出放映状态。

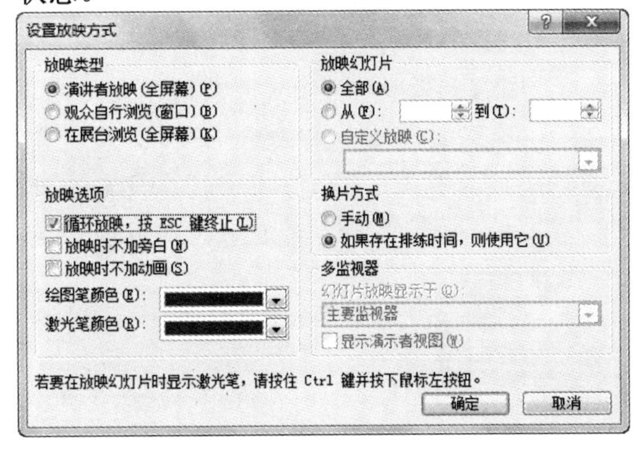

12.2.4 幻灯片放映类型

在【设置放映方式】对话框的【放映类型】选项区域中可以设置幻灯片的放映模式。

- 【演讲者放映】模式(全屏幕)：该模式是系统默认的放映类型，也是最常见的全屏放映方式。在这种放映方式下，演讲者现场控制演示节奏，具有放映的完全控制权。用户可以根据观众的反应随时调整放映速度或节奏，还可以暂停下来进行讨论或记录观众即席反应，甚至可以在放映过程中录制旁白。一般用于召开会议时的大屏幕放映、联机会议或网络广播等。

- 【观众自行浏览】模式(窗口)：观众自行浏览是在标准 Windows 窗口中显示的放映形式，放映时的 PowerPoint 窗口具有菜单栏、Web 工具栏，类似于浏览网页的效果，便于观众自行浏览。
- 【展台浏览】模式(全屏幕)：采用该放映类型，最主要的特点是不需要专人控制就可以自动运行，在使用该放映类型时，如超链接等的控制方法都失效。当播放完最后一张幻灯片后，会自动从第一张重新开始播放，直至用户按下 Esc 键才会停止播放。该放映类型主要用于展览会的展台或会议中的某部分需要自动演示等场合。

专家解读

使用【展台浏览】模式放映演示文稿时，用户不能对其放映过程进行干预，必须设置每张幻灯片的放映时间，或者预先设定演示文稿排练计时，否则可能会长时间停留在某张幻灯片上。

12.2.5 自定义放映幻灯片

自定义放映是指用户可以自定义演示文稿放映的张数，使一个演示文稿适用于多种观众，即可以将一个演示文稿中的多张幻灯片进行分组，以便该特定的观众放映演示文稿中的特定部分。用户可以用超链接分别指向演示文稿中的各个自定义放映，也可以在放映整个演示文稿时只放映其中的某个自定义放映。

【例 12-3】为【课件】演示文稿创建自定义放映。
视频 + 素材 (实例源文件\第 12 章\例 12-3)

01 启动 PowerPoint 2010，打开【课件】演示文稿。

02 打开【幻灯片放映】选项卡，单击【开始放映幻灯片】选项组的【自定义幻灯片放映】按钮，在弹出的菜单中选择【自定义放映】命令，打开【自定义放映】对话框，单击【新建】按钮。

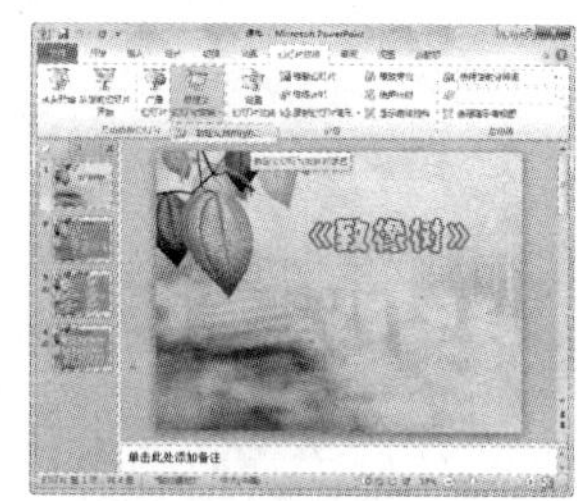

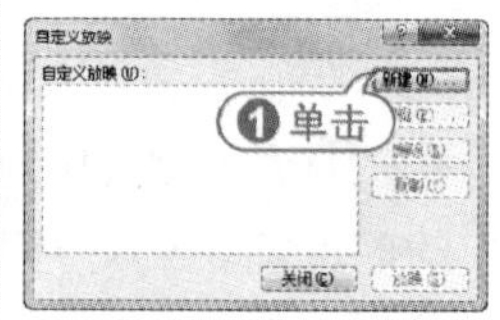

03 打开【定义自定义放映】对话框，在【幻灯片放映名称】文本框中输入文字“主要内容”，在【在演示文稿中的幻灯片】列表中选择第 1 张和第 3 张幻灯片，然后单击【添加】按钮，将两张幻灯片添加到【在自定义放映中的幻灯片】列表中，单击【确定】按钮。

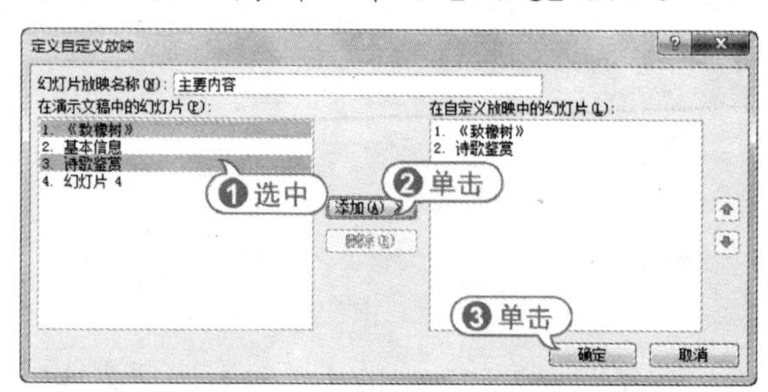

04 刚创建的自定义放映名称将会显示在【自定义放映】对话框的【自定义放映】列表中，单击【放映】按钮，此时 PowerPoint 将自动放映该自定义放映，供用户预览。

专家解读

在【自定义放映】对话框中可以新建其他自定义放映，或对已有的自定义放映进行编辑操作，还可以删除或复制已有的自定义放映。

05 在【幻灯片放映】选项卡的【设置】选项组中单击【设置幻灯片放映】按钮，打开【设置放映方式】对话框。

06 在【放映幻灯片】选项区域中选中【自

定义放映】单选按钮，然后在其下方的列表框中选择需要放映的自定义放映，单击【确定】按钮，关闭【设置放映方式】对话框。

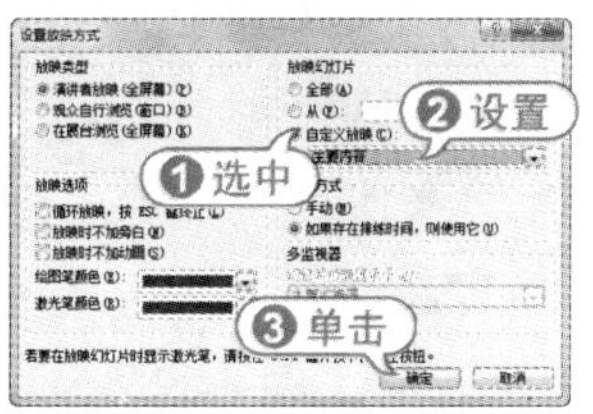

07 此时按下 F5 键时，将自动播放自定义放映幻灯片。

经验谈

用户可以在幻灯片的其他对象中添加指向自定义放映的超链接，当单击了该超链接后，就会播放自定义放映。

08 单击【文件】按钮，在弹出的菜单中选择【另存为】命令，将该演示文稿以文件名【自定义放映】进行保存。

12.2.6 幻灯片缩略图放映

幻灯片缩略图放映是指可以让PowerPoint在屏幕的左上角显示幻灯片的缩略图，从而方便在编辑时预览幻灯片效果。

打开【幻灯片放映】选项卡，按住 Ctrl 键，在【开始放映幻灯片】选项组中单击【从当前幻灯片开始】按钮，即可实现该效果。

12.3 放映演示文稿

在幻灯片放映时，用户除了能够实现幻灯片切换动画、自定义动画等效果，还可以使用绘图笔在幻灯片中绘制重点，书写文字等。此外，可以设置幻灯片放映时的屏幕效果。

12.3.1 放映前的设置

在放映演示文稿之前，需要进行放映前的准备，如进行录制旁白，设置排练计时等操作。

1. 录制旁白

在 PowerPoint 中可以为指定的幻灯片或全部幻灯片添加录音旁白。使用录制旁白可以为演示文稿增加解说词，在放映状态下主动播放语音说明。

【例 12-4】为【课件】演示文稿录制旁白。

视频 + 素材 (实例源文件\第 12 章\例 12-4)

01 启动 PowerPoint 2010，打开【课件】演示文稿。

02 打开【幻灯片放映】选项卡，在【设置】选项组中单击【录制幻灯片演示】按钮，从弹出的菜单中选择【从头开始录制】命令。

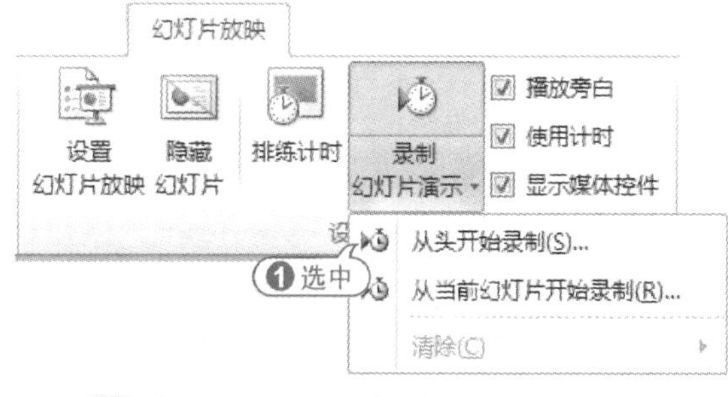

03 打开【录制幻灯片演示】对话框，保持默认设置，单击【开始录制】按钮，进入幻

灯片放映状态，同时开始录制旁白。

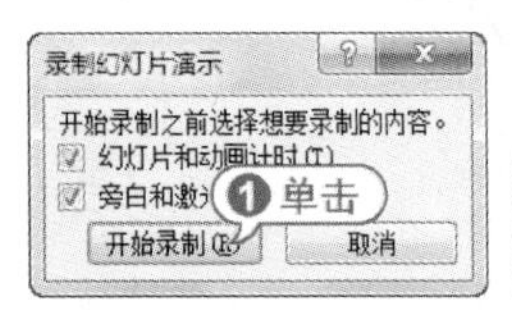

专家解读

如果是第一次录音，用户可以根据需要自行调节麦克风的声音质量。

04 单击鼠标或按 Enter 键切换到下一张幻灯片。当旁白录制完成后，按下 Esc 键或者单击鼠标左键即可。

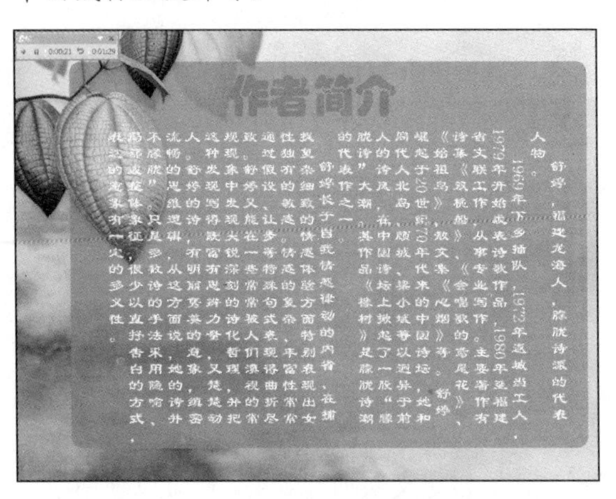

05 此时演示文稿将切换到幻灯片浏览视图，从幻灯片浏览视图中可以看到每张幻灯片下方均显示各自的排练时间。

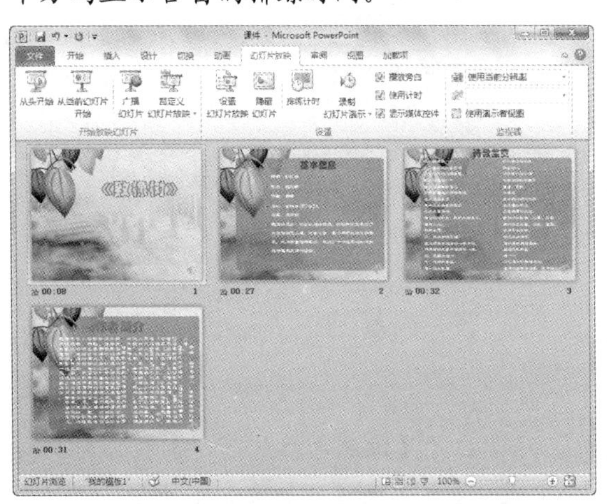

06 单击【文件】按钮，在弹出的菜单中选择【另存为】命令，将演示文稿以【旁白课件】为文件名进行保存。

经验谈

录制了旁白的幻灯片右下角会显示一个声音图标 。如果要删除幻灯片中的旁白，只需在幻灯片编辑窗口中单击选中声音图标 ，按下 Delete 键即可。

2. 设置排练计时

当完成演示文稿内容制作之后，可以运用 PowerPoint 2010 的排练计时功能来排练整个演示文稿放映的时间。在排练计时的过程中，演讲者可以确切了解每一页幻灯片需要讲解的时间，以及整个演示文稿的总放映时间。

【例 12-5】使用排练计时功能排练整个演示文稿【课件】的放映时间。
视频 + 素材 (实例源文件\第 12 章\例 12-5)

01 启动 PowerPoint 2010，打开【课件】演示文稿。

02 打开【幻灯片放映】选项卡，在【设置】选项组中单击【排练计时】按钮，演示文稿将自动切换到幻灯片放映状态，此时演示文稿左上角将显示【录制】对话框。

03 整个演示文稿放映完成后，将打开 Microsoft PowerPoint 对话框，该对话框显示幻灯片播放的总时间，并询问用户是否保留该排

练时间，单击【是】按钮。

04 此时演示文稿将切换到幻灯片浏览视图，从幻灯片浏览视图中可以看到每张幻灯片下方均显示各自的排练时间。

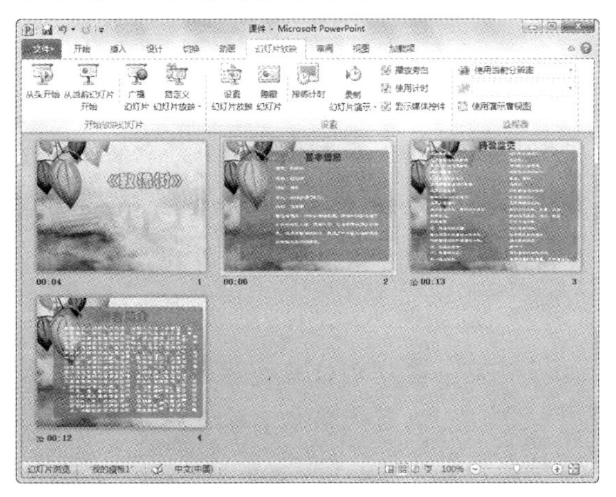

经验谈

用户在放映幻灯片时可以选择是否启用设置好的排练时间。在【幻灯片放映】选项卡的【设置】选项组中单击【设置幻灯片放映】按钮，打开【设置放映方式】对话框。如果在【换片方式】选项区域中选中【手动】单选按钮，则不启用排练计时，在放映幻灯片时只有通过单击鼠标或按键盘上的 Enter 键、空格键才能切换幻灯片。

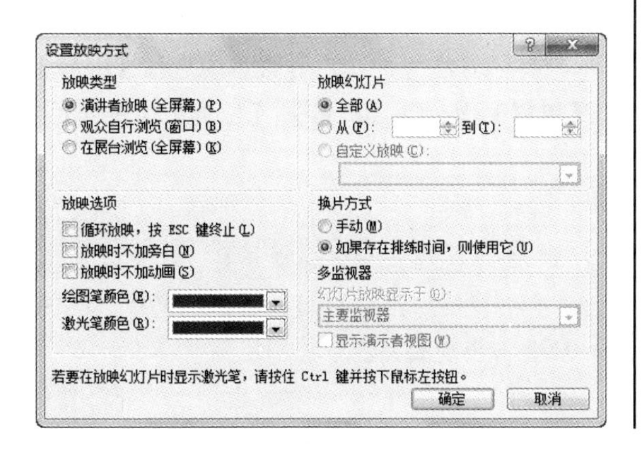

12.3.2 开始放映幻灯片

完成放映前的准备工作后就可以开始放映幻灯片了。常用的放映方法为从头开始放映和从当前幻灯片开始放映。

- 从头开始放映：按下 F5 键，或者在【幻灯片放映】选项卡的【开始放映幻灯片】选项组中单击【从头开始】按钮。
- 从当前幻灯片开始放映：在状态栏的幻灯片视图切换按钮区域中单击【幻灯片放映】按钮，或者在【幻灯片放映】选项卡的【开始放映幻灯片】选项组中单击【从当前幻灯片开始】按钮。

12.3.3 控制幻灯片的放映过程

在放映演示文稿的过程中，用户可以根据需要按放映次序依次放映、快速定位幻灯片、为重点内容做上标记、使屏幕出现黑屏或白屏和结束放映等。

1. 按放映次序依次放映

如果需要按放映次序依次放映，则可以进行如下操作。

- 单击鼠标左键。
- 在放映屏幕的左下角单击按钮。
- 在放映屏幕的左下角单击按钮，在弹出的菜单中选择【下一张】命令。
- 单击鼠标右键，在弹出的快捷菜单中选择【下一张】命令。

2. 快速定位幻灯片

如果不需要按照指定的顺序进行放映，则可以快速定位幻灯片。在放映屏幕的左下角单击按钮，从弹出的菜单中使用【定位至幻灯片】命令进行切换。

另外，单击鼠标右键，在弹出的快捷菜单中选择【定位至幻灯片】命令，从弹出的子菜单中选择要播放的幻灯片，同样可以实现快速定位幻灯片操作。

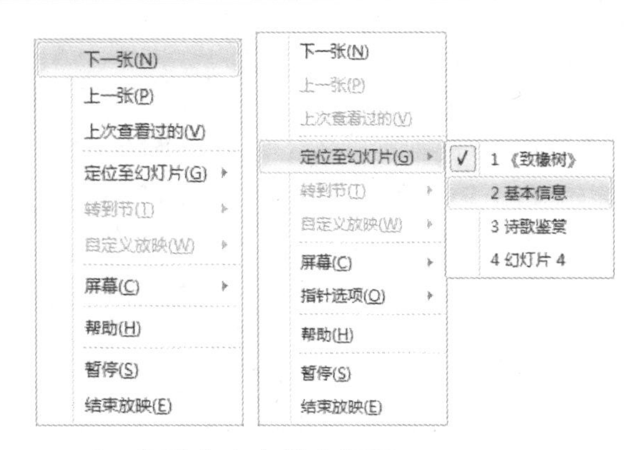

3. 为重点内容做上标记

使用 PowerPoint 2010 提供的绘图笔可以为重点内容做上标记。绘图笔的作用类似于板书笔，常用于强调或添加注释。用户可以选择绘图笔的形状和颜色，也可以随时擦除绘制的笔迹。

【例 12-6】放映【课件】演示文稿时，使用绘图笔标注重点。

视频 + 素材 (实例源文件\第 12 章\例 12-6)

01 启动 PowerPoint 2010，打开【课件】演示文稿，按下 F5 键，放映幻灯片。

02 当放映到第 2 张幻灯片时，单击按钮，或者在屏幕中右击，在弹出的快捷菜单中选择【荧光笔】选项，将绘图笔设置为荧光笔样式。

03 单击按钮，在弹出的快捷菜单中选择【墨迹颜色】命令，在打开的【标准色】面板中选择【黄色】选项。

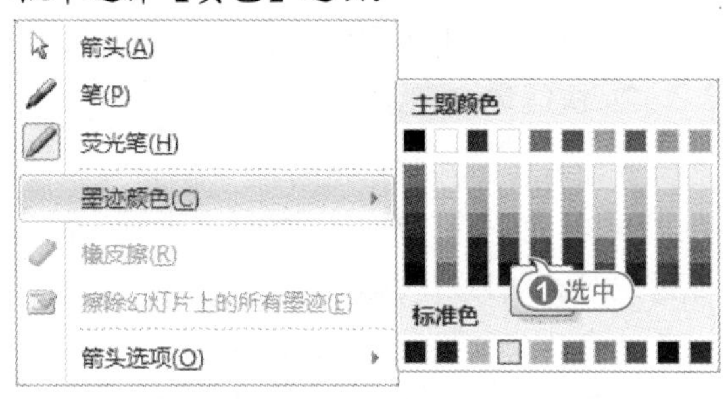

04 此时鼠标变为一个小矩形形状，在需要绘制的地方拖动鼠标绘制标记。

05 当幻灯片播放完毕后，单击鼠标左键退出放映状态时，系统将弹出对话框询问用户是否保留在放映时所做的墨迹注释。

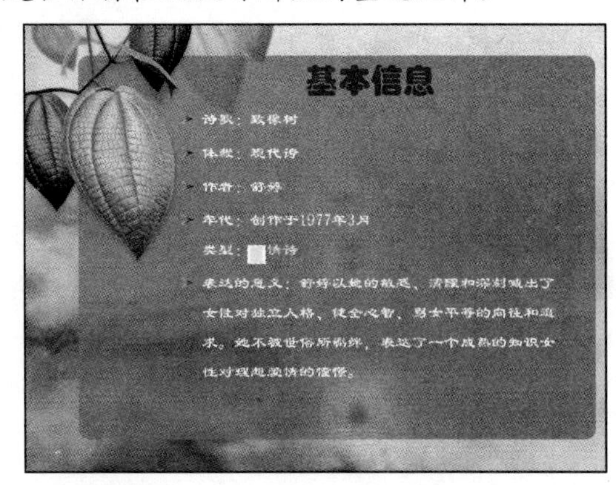

06 单击【保留】按钮，将绘制的注释图形保留在幻灯片中。在快速访问工具栏中单击【保存】按钮，将修改后的演示文稿保存。

经验谈

当用户在绘制注释的过程中出现错误时，可以在右键菜单中选择【指针选项】|【橡皮擦】命令，单击墨迹将其擦除；也可以选择【擦除幻灯片上的所有墨迹】命令，将所有墨迹擦除。

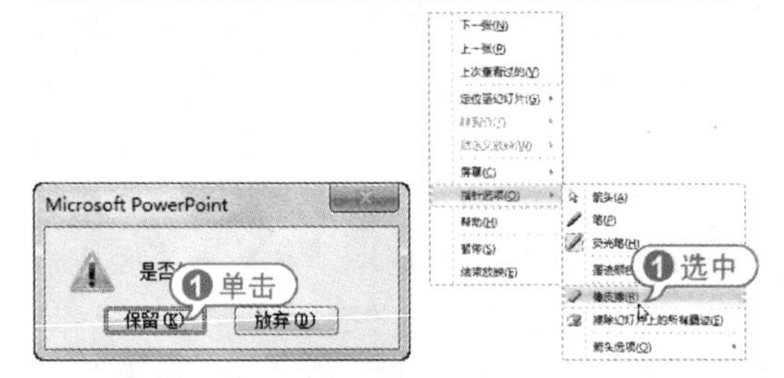

4. 使屏幕出现黑屏或白屏

在幻灯片放映的过程中，有时为了隐藏幻灯片内容，可以将幻灯片进行黑屏或白屏显示。具体方法为，在右键菜单中选择【屏幕】|【黑屏】命令或【屏幕】|【白屏】命令即可。

专家解读

除了选择右键菜单命令外，还可以直接使用快捷键。按下 B 键，将出现黑屏，按下 W 键将出现白屏。

5. 结束放映

在幻灯片放映的过程中，有时需要快速结束放映操作，可以按 Esc 键，或者单击按钮(或右击任意位置)，从弹出的菜单中选择【结束放映】命令。此时演示文稿将退出放映状态。

专家解读

在幻灯片放映的过程中，还可以暂停放映幻灯片，具体操作为，在右键菜单中选择【暂停】命令。

12.4 打包演示文稿

PowerPoint 2010 中提供了打包成 CD 功能，在有刻录光驱的计算机上可以方便地将制作的演示文稿及其链接的各种媒体文件一次性打包到 CD 上，轻松实现演示文稿的分发或转移到其他计算机上进行演示。

【例 12-7】将创建完成的【课件】演示文稿打包为 CD。

视频 + 素材 (实例源文件\第 12 章\例 12-7)

01 启动 PowerPoint 2010，打开【课件】演示文稿。

02 单击【文件】按钮，在弹出的菜单中选择【保存并发送】命令，弹出【保存并发送】窗格。

03 在【文件类型】选项区域中选择【将演示文稿打包成 CD】选项，并在右侧的窗格中单击【打包成 CD】按钮。

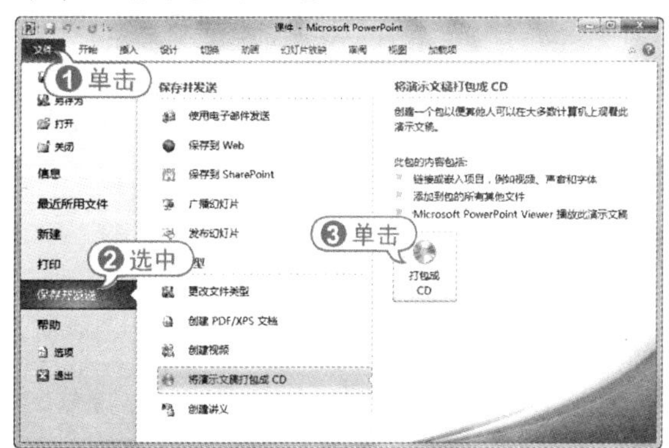

04 打开【打包成 CD】对话框，在【将 CD 命名为】文本框中输入“《致橡树》课件”。

专家解读

在默认情况下，PowerPoint 只将当前演示文稿打包到 CD，如果需要同时将多个演示文稿打包到同一张 CD 中，可以单击【添加】按钮来添加其他需要打包的文件。

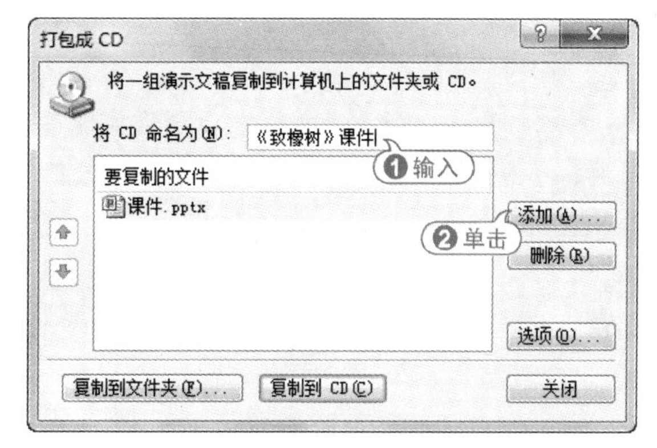

05 单击【添加】按钮，打开【添加文件】对话框，选择【自定义放映】文件，单击【确定】按钮。

06 返回【打包成 CD】对话框，单击【选项】按钮。

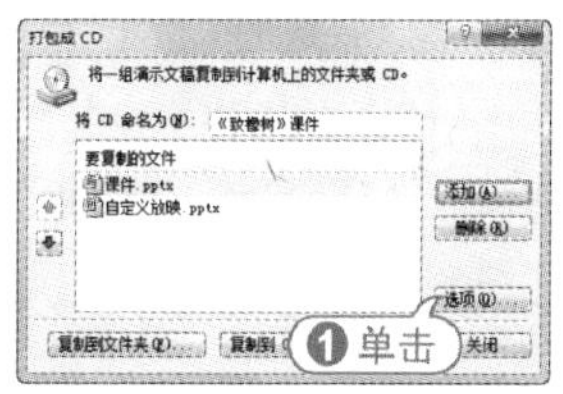

07 打开【选项】对话框，保存默认设置，单击【确定】按钮。

08 返回【打包成 CD】对话框，单击【复制到文件夹】按钮，设置文件夹名称存放位置，单击【确定】按钮。

专家解读

在【选项】对话框中的【增强安全性和隐私保护】选项区域中输入密码，可以设置保护演示文稿，使未授权的用户不能打开或修改已打包的演示文稿。

09 此时 PowerPoint 将弹出提示框，询问用户是否在打包时包含具有链接内容的演示文稿，单击【是】按钮。

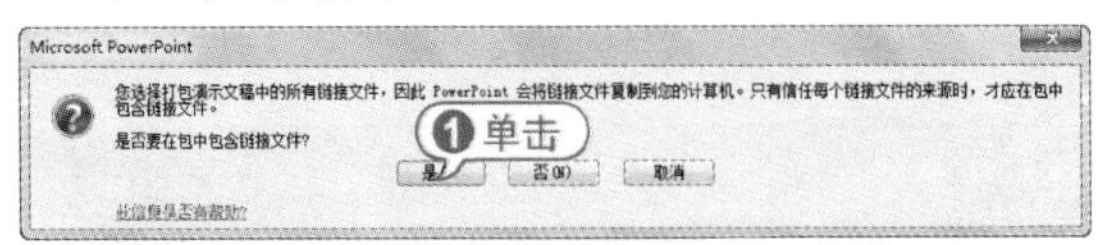

10 打开另一个提示框，提示是否要保存批注、墨迹等信息，单击【继续】按钮，此时 PowerPoint 将自动开始将文件打包。

11 打包完毕后，将自动打开保存的文件夹【《致橡树》课件】，将显示打包后的所有文件。

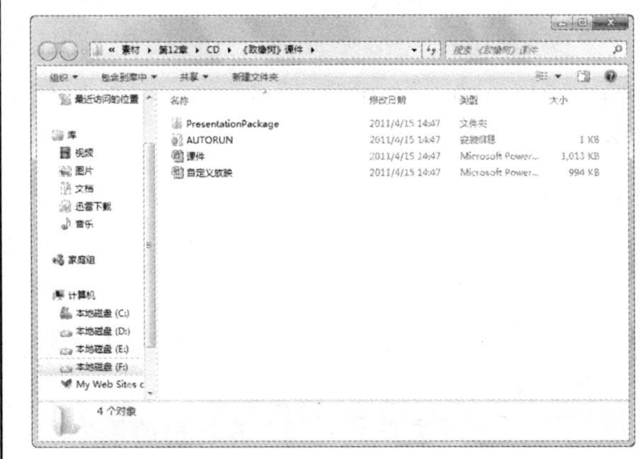

12 在【打包成 CD】对话框中单击【关闭】按钮，关闭该对话框。

12.5 输出演示文稿

用户可以将演示文稿输出为其他形式，以满足用户多用途的需要。在 PowerPoint 中，可以将演示文稿输出为视频、多种图片格式、幻灯片放映以及 RTF 大纲文件。

12.5.1 输出为视频

使用 PowerPoint 可以方便地将极富动感的演示文稿输出为视频文件，从而与其他用户共享该视频。

【例 12-8】将【课件】演示文稿输出为视频【《致橡树》课件】。

视频 + 素材 (实例源文件\第 12 章\例 12-8)

01 启动 PowerPoint 2010，打开【课件】演示文稿。

02 单击【文件】按钮，从弹出的菜单中选择【保存并发送】命令，在右侧打开的窗格的【文件类型】选项区域中选择【创建视频】选项。

03 在【创建视频】选项区域中设置显示选项和放映时间，单击【创建视频】按钮。

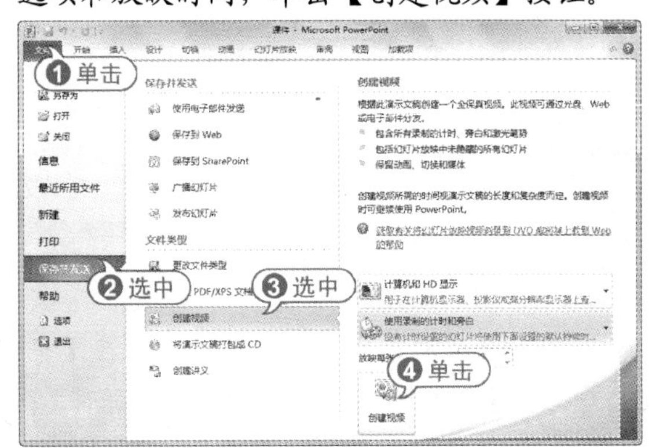

专家解读

在【计算机和 HD 显示】下拉列表框中可以设置视频显示在计算机、Internet、DVD 和便捷式设备上。

CHAPTER 12

04 打开【另存为】对话框，设置视频文件的名称和保存路径，单击【保存】按钮。

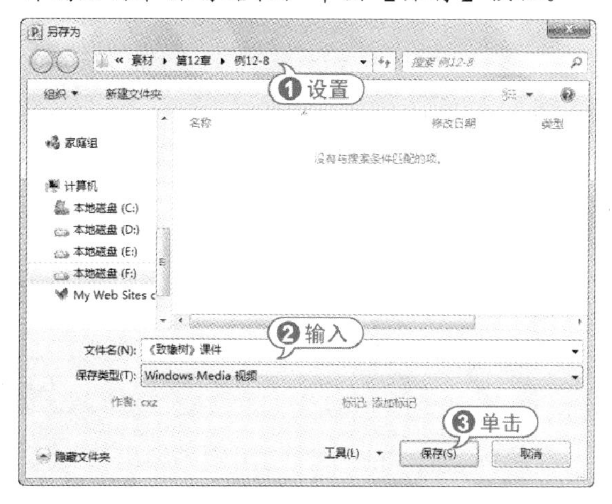

经验谈

在 PowerPoint 演示文稿中，打开【另存为】对话框，在【保存类型】中选择【Windows Media 视频】选项，单击【保存】按钮，同样可以执行输出视频操作。

05 此时 PowerPoint 2010 窗口任务栏中将显示制作视频的进度，稍等片刻。

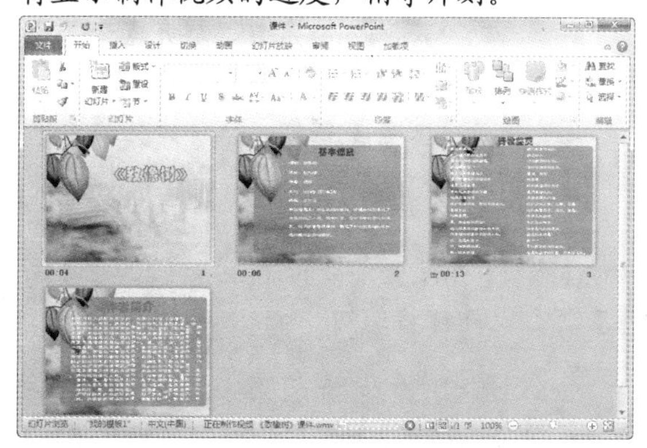

06 制作完毕后，打开视频存放路径，双击视频文件，即可使用计算机中视频播放器来播放该视频。

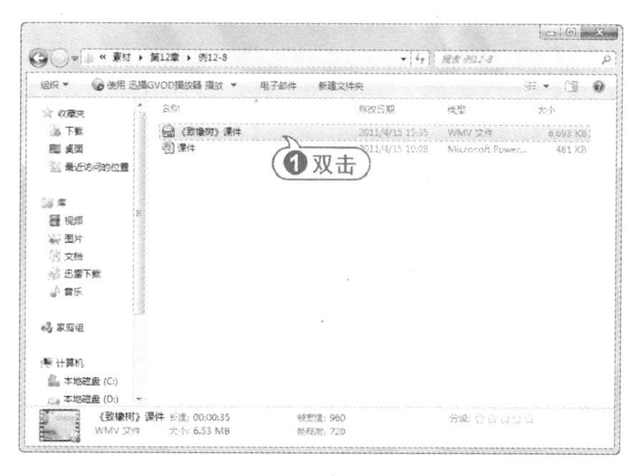

12.5.2 输出为图形文件

PowerPoint 支持将演示文稿中的幻灯片输出为 GIF、JPG、PNG、TIFF、BMP、WMF 及 EMF 等格式的图形文件。这有利于用户在更大范围内交换或共享演示文稿中的内容。

【例 12-9】将【天气预报】演示文稿输出为 JPEG 格式的图形文件。

视频 + 素材 (实例源文件\第 12 章\例 12-9)

01 启动 PowerPoint 2010，打开【天气预报】演示文稿。

02 单击【文件】按钮，从弹出的菜单中选择【保存并发送】命令，在右侧打开的窗格的【文件类型】选项区域中选择【更改文件类型】选项。

03 在右侧窗格的【图片文件类型】选项区域中选择【JPEG 文件交换格式】选项，单击【另存为】按钮。

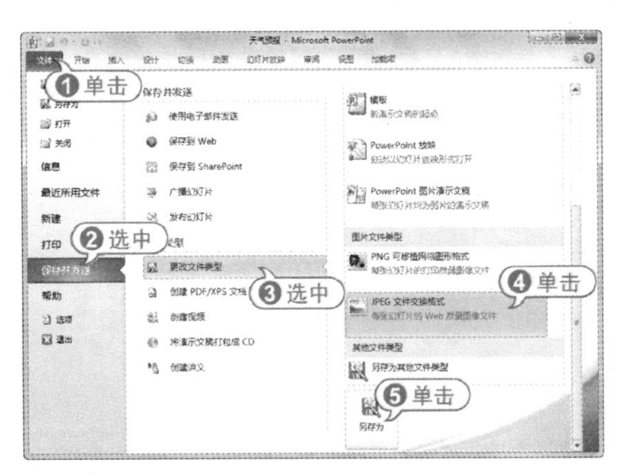

04 打开【另存为】对话框，设置存放路径，单击【保存】按钮。

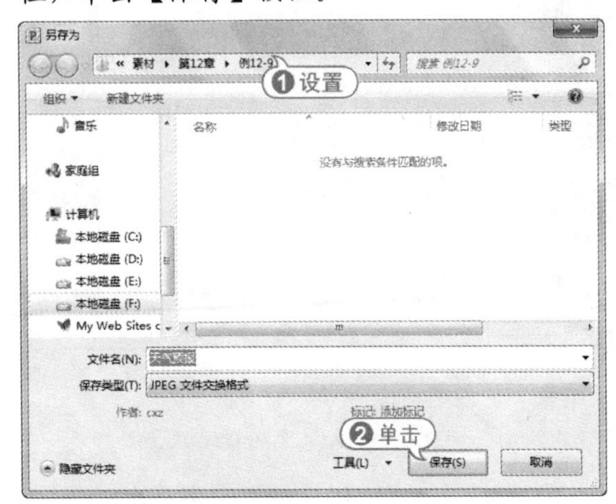

经验谈

在 PowerPoint 演示文稿中，打开【另存为】对话框，在【保存类型】列表中选择【JPEG 文件交换格式】选项，单击【保存】按钮，同样可以执行输出图片文件操作。

05 此时系统会弹出提示对话框，供用户选择输出为图片文件的幻灯片范围，单击【每张幻灯片】按钮。

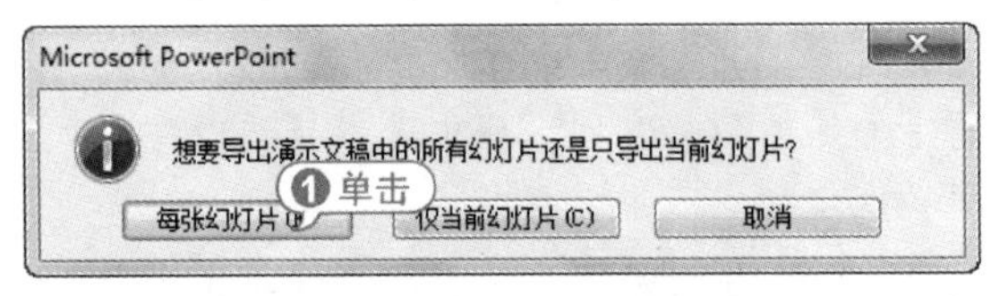

06 完成将演示文稿输出为图形文件，并弹出提示框，提示用户每张幻灯片都以独立的方式保存到文件夹中，单击【确定】按钮即可。

07 在路径中双击打开保存的文件夹，此时 5 张幻灯片以图形格式显示在该文件夹中。

08 双击某张图片，即可打开该图片查看内容。

12.5.3 输出为幻灯片放映

在 PowerPoint 中经常用到的输出格式还有幻灯片放映。幻灯片放映是将演示文稿保存为总是以幻灯片放映的形式打开演示文稿，每次打开该类型文件，PowerPoint 会自动切换到幻灯片放映状态，而不会出现 PowerPoint 编辑窗口。

【例 12-10】将【天气预报】演示文稿输出为幻灯片放映。

视频 + 素材 (实例源文件\第 12 章\例 12-10)

01 启动 PowerPoint 2010，打开【天气预报】演示文稿。

02 单击【文件】按钮，从弹出的菜单中选择【另存为】命令，打开【另存为】对话框。

03 在【保存类型】中选择【PowerPoint 放映】选项，并设置文件的保存路径，单击【保存】按钮，即可将幻灯片输出为放映文件。

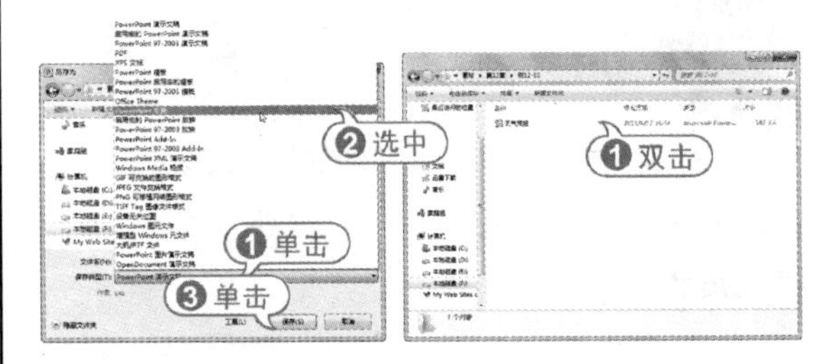

CHAPTER 12

04 在路径中双击该放映文件，即可直接进入放映屏幕，放映文件。

12.5.4 输出为大纲文件

PowerPoint输出的大纲文件是按照演示文稿中的幻灯片标题及段落级别生成的标准RTF文件，可以被其他如Word等文字处理软件打开或编辑，方便用户打开文件，查看演示文稿中的文本内容。

【例 12-11】将【天气预报】演示文稿输出为大纲文件。

视频+素材 (实例源文件\第12章\例12-11)

01 启动PowerPoint 2010，打开【天气预报】演示文稿。

02 单击【文件】按钮，从弹出的菜单中选择【另存为】命令，打开【另存为】对话框。

03 设置文件的保存路径，在【保存类型】中选择【大纲/RTF文件】选项，单击【保存】按钮，即可将幻灯片中的文本输出为大纲/RTF文件。

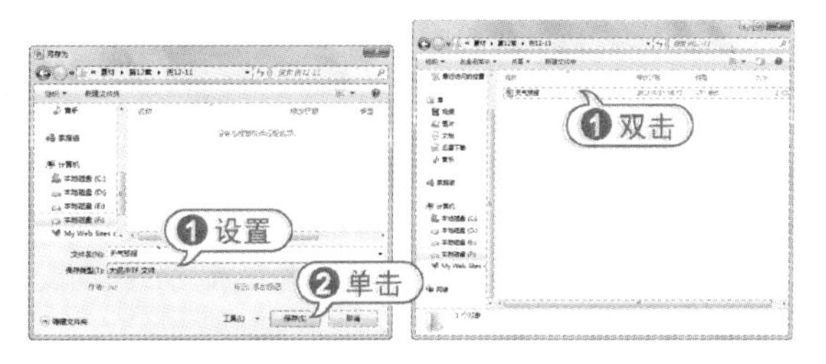

04 在路径中双击该大纲/RTF文件，即可启动Word 2010，并打开该兼容文件，该文件属于Word 2003文件格式。

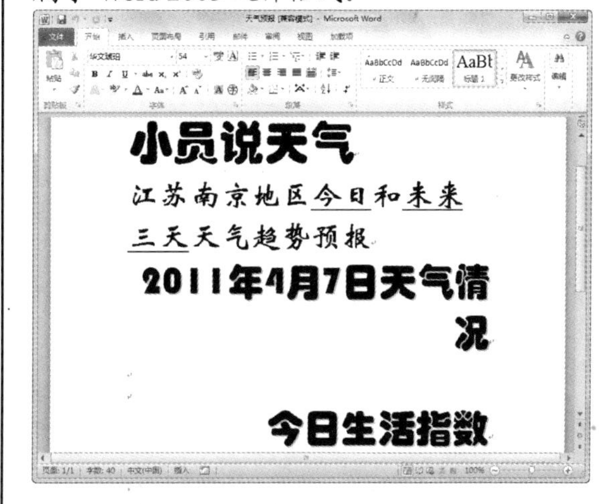

专家解读

生成的RTF文件中除了不包括幻灯片中的图形、图片外，也不包括用户添加的文本框中的文本内容。

12.6 打印演示文稿

在PowerPoint中可以将制作好的演示文稿通过打印机打印出来。在打印时，根据不同的目的将演示文稿打印为不同的形式，常用的打印稿形式有幻灯片、讲义、备注和大纲视图。

12.6.1 页面设置

在打印演示文稿前，可以根据自己的需要对打印页面进行设置，使打印的形式和效果更符合实际需要。

打开【设计】选项卡，在【页面设置】选项组中单击【页面设置】按钮，在打开的【页面设置】对话框中对幻灯片的大小、编号和方向进行设置。

对话框中部分选项的含义如下。

- 【幻灯片大小】下拉列表框：该下拉列表框用来设置幻灯片的大小。

- 【宽度】和【高度】文本框：用来设置打印区域的尺寸，单位为厘米。
- 【幻灯片编号起始值】文本框：用来设置当前打印的幻灯片的起始编号。
- 【方向】选项区域在对话框的右侧，可以分别设置幻灯片与备注、讲义和大纲的打印方向，在此处设置的打印方向对整个演示文稿中的所有幻灯片及备注、讲义和大纲均有效。

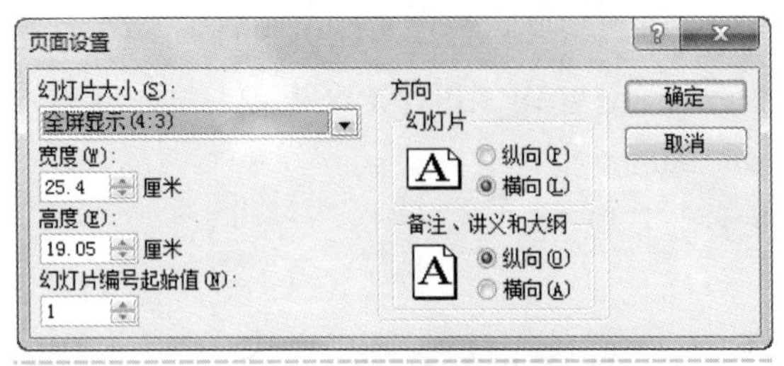

【例 12-12】在【天气预报】演示文稿中，设置幻灯片大小和方向。

视频 + 素材 (实例源文件\第 12 章\例 12-12)

01 启动 PowerPoint 2010，打开【天气预报】演示文稿。

02 打开【设计】选项卡，在【页面设置】选项组中单击【页面设置】按钮，打开【页面设置】对话框。

03 在【幻灯片大小】下拉列表中选择【自定义】选项，在【宽度】微调框中输入 28，在【高度】微调框中输入 16；在【方向】选项区域中选中【备注、讲义和大纲】的【横向】单选按钮，单击【确定】按钮。

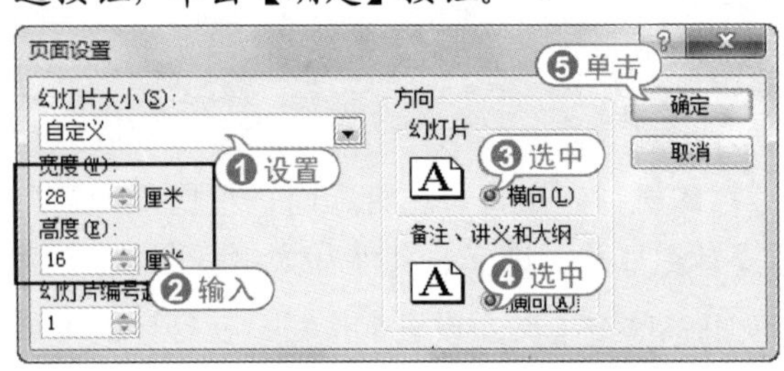

04 打开【视图】选项卡，单击【演示文稿视图】选项组中的【幻灯片浏览】按钮，此时可以查看设置页面属性后的幻灯片效果。

05 在【演示文稿视图】选项组中单击【备注页】按钮，切换至备注页视图，查看设置方向后的幻灯片。

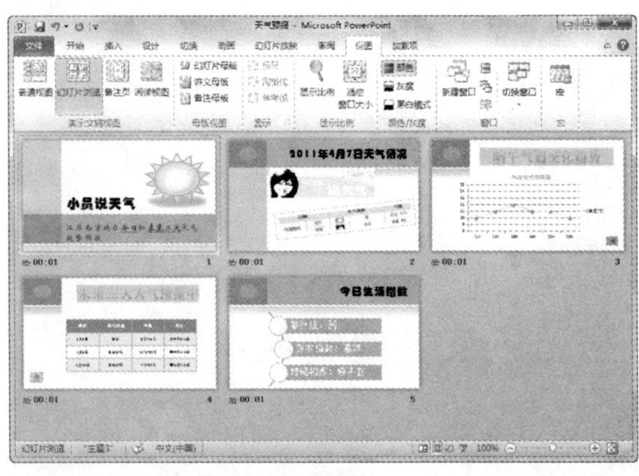

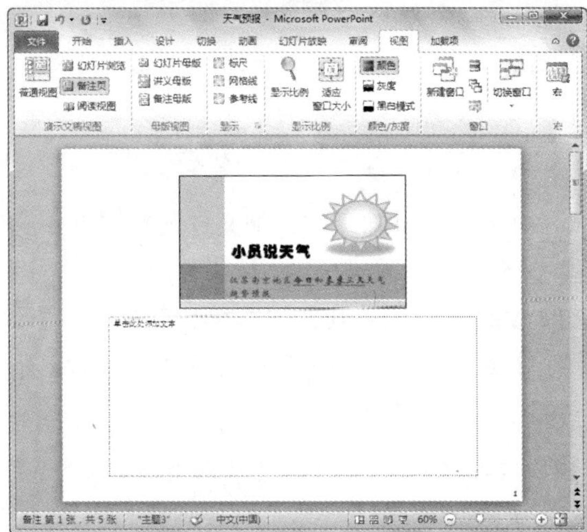

06 在快速访问工具栏中单击【保存】按钮，保存设置页面后的【天气预报】演示文稿。

12.6.2 打印预览

用户在页面设置中设置好打印的参数后，在实际打印之前，可以使用打印预览功能先预览一下打印的效果。预览的效果与实际打印出来的效果非常相近，可以令用户避免不必要的损失。

【例 12-13】在【天气预报】演示文稿中进行打印预览。视频

01 启动 PowerPoint 2010，打开【天气预报】演示文稿。

02 单击【文件】按钮，从弹出的菜单中选择【打印】命令，打开 Microsoft Office

Backstage 视图。

03 在最右侧的窗格中可以查看幻灯片的打印效果，单击预览页中的【下一页】按钮▶，查看下一张幻灯片效果。

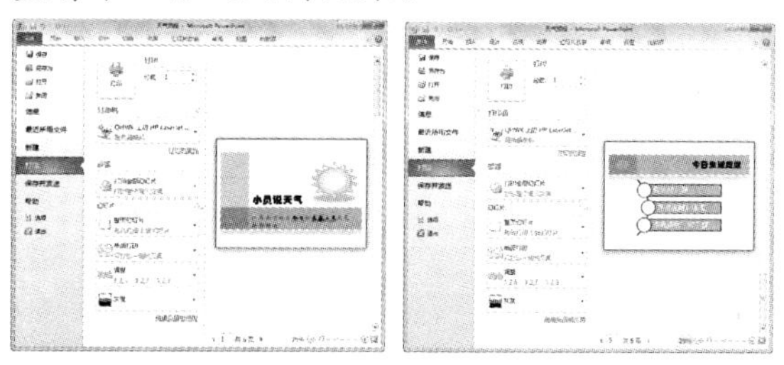

04 在【显示比例】进度条中拖动滑块，将幻灯片的显示比例设置为60%，查看其中的文本内容。

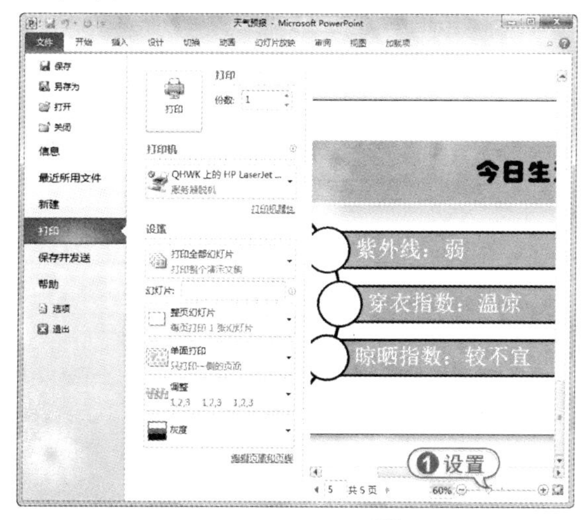

05 单击【上一页】按钮◀，逐一查看每张幻灯片中的具体内容。

06 打印预览完毕后，单击【文件】按钮，返回到幻灯片普通视图。

12.6.3 开始打印

对当前的打印设置及预览效果满意后，可以连接打印机开始打印演示文稿。单击【文件】按钮，从弹出的菜单中选择【打印】命令，打开 Microsoft Office Backstage 视图，在中间的【打印】窗格中进行相关设置。其中，各选项的主要作用如下。

- 【打印机】下拉列表框：自动调用系统默认的打印机，当用户的计算机上装有多个打印机时，可以根据需要选择打印机或设置打印机的属性。
- 【打印全部幻灯片】下拉列表框：用来设置打印范围，系统默认打印当前演示文稿中的所有内容，用户可以选择打印当前幻灯片或在其下的【幻灯片】文本框中输入需要打印的幻灯片编号。
- 【整页幻灯片】下拉列表框：用来设置打印的板式、边框和大小等参数。
- 【单面打印】下拉列表框：用来设置单面或双面打印。
- 【调整】下拉列表框：用来设置打印排列顺序。
- 【灰度】下拉列表框：用来设置幻灯片打印时的颜色。
- 【份数】微调框：用来设置打印份数。

【例 12-14】打印 3 份彩色的【天气预报】演示文稿。视频

01 启动 PowerPoint 2010，打开【天气预报】演示文稿。

02 单击【文件】按钮，从弹出的菜单中选择【打印】命令，打开 Microsoft Office Backstage 视图。

03 在中间的【份数】微调框中输入“3”；单击【整页幻灯片】下拉按钮，在弹出的下拉列表框选择【4 张水平放置的幻灯片】选项，

并取消【幻灯片加框】命令前的复选框；在【灰度】下拉列表框中选择【颜色】选项。

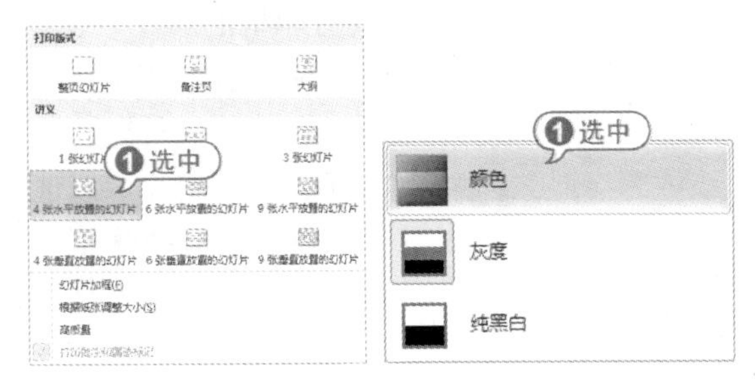

04 设置完毕后，单击左上角的【打印】按钮，即可开始打印幻灯片。

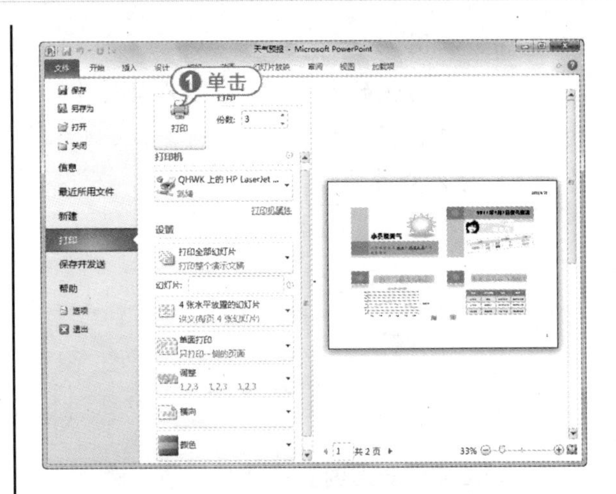

12.7 实战演练

本章的实战演练部分包括制作交互式【旅游行程】演示文稿和打印【旅游行程】两个综合实例操作，用户通过练习从而巩固本章所学知识。

12.7.1 制作交互式【旅游行程】演示文稿

【例 12-15】应用超链接和动作按钮创建交互式【旅游行程】演示文稿。

视频 + 素材 (实例源文件\第 12 章\例 12-15)

01 启动 PowerPoint 2010，新建一个空白演示文稿。

02 单击【文件】按钮，从弹出的菜单中选择【新建】命令，打开【可用模板和主题】视图窗格。

03 在【可用模板】列表框中选择【我的模板】选项，打开【新建演示文稿】对话框。

04 在【个人模板】列表框中选择【设计模板】选项，单击【确定】按钮，将该模板应用到当前演示文稿中。

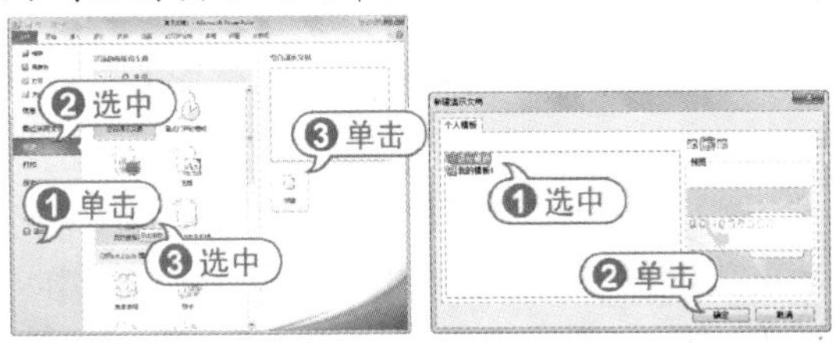

05 在【单击此处添加标题】文本占位符中输入标题文字“春游路线详细说明”，设置字型为【加粗倾斜】；在【单击此处添加副标题】文本占位符中输入副标题文字“——普陀一日游”，设置文字字号为 32，字型为【加粗】。

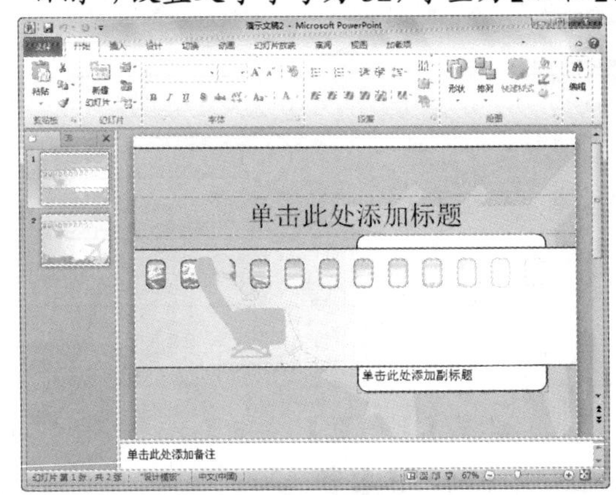

06 使用插入图片功能，在幻灯片中插入一张图片，并调整其大小和位置。

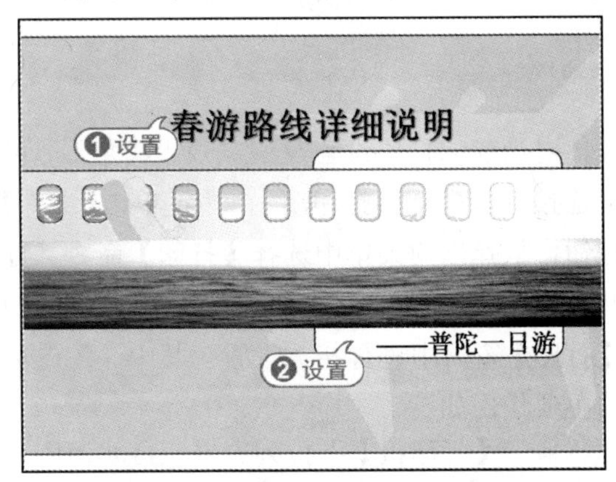

CHAPTER 12

07 在幻灯片预览窗口中选择第 2 张幻灯片缩略图，将其显示在幻灯片编辑窗口中。

08 在幻灯片中输入标题文字“行程(上午)”，设置字型为【加粗】和【阴影】；在【单击此出添加文本】文本占位符中输入文字，并在幻灯片中插入一张图片，设置该图片格式为【棱台形椭圆，黑色】。

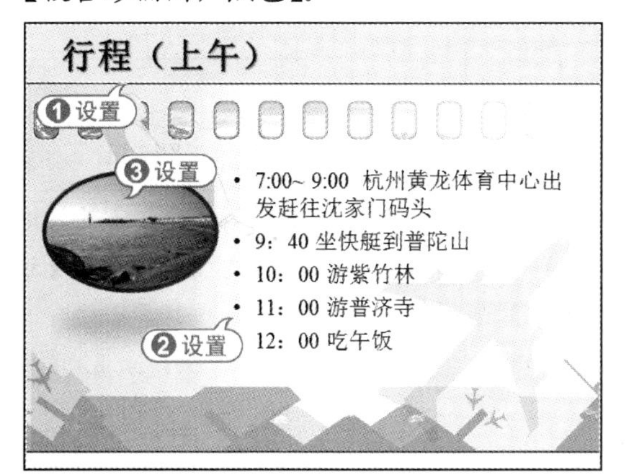

09 使用同样的方法，添加并设置第 3 张和第 4 张幻灯片。

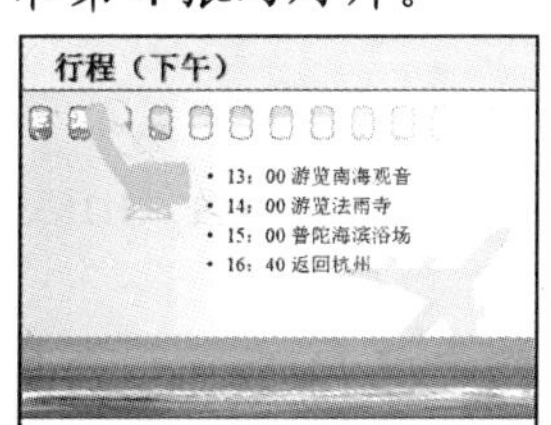

10 使用同样的方法，依次添加另外两张幻灯片。

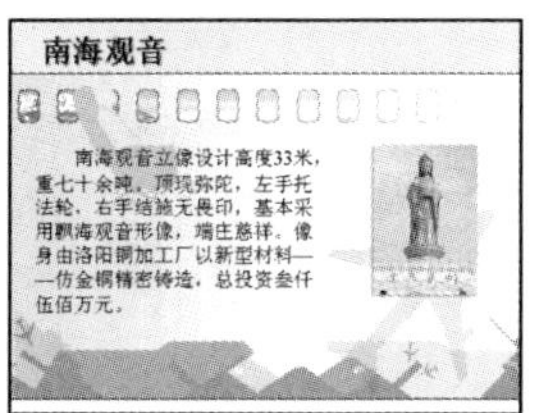

11 在幻灯片预览窗口中选择第 2 张幻灯片缩略图，将其显示在幻灯片编辑窗口中。

12 选中文字“紫竹林”，打开【插入】选项卡，单击【链接】选项组中的【超链接】按钮，打开【插入超链接】对话框。

13 在【链接到】列表中单击【本文档中的位置】按钮，在【请选择文档中的位置】列表框中单击【幻灯片标题】展开列表，选择【紫竹林】选项，单击【屏幕提示】按钮。

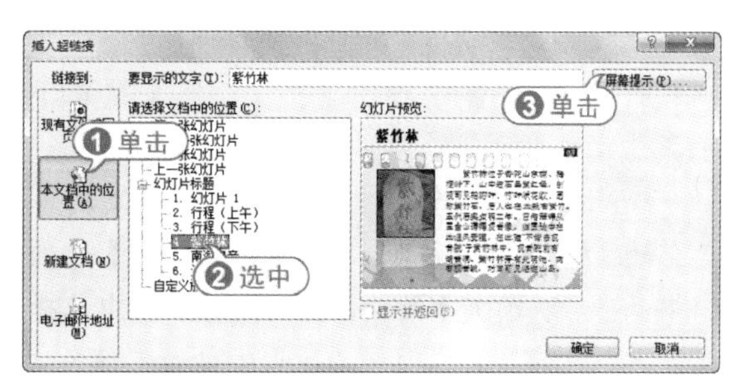

14 打开【设置超链接屏幕提示】对话框，在【屏幕提示文字】文本框中输入提示文字“紫竹林介绍”，单击【确定】按钮。

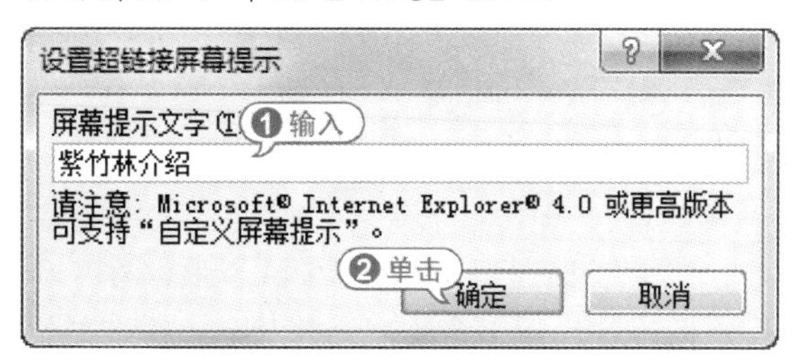

15 返回到【插入超链接】对话框，再次单击【确定】按钮，完成该超链接的设置。

16 在幻灯片预览窗口中选择第 3 张幻灯片缩略图，将其显示在幻灯片编辑窗口中。

17 为幻灯片中的文字“南海观音”和“法雨寺”添加超链接，使它们分别指向第 5 张幻灯片和第 6 张幻灯片，并设置屏幕提示文字为“南海观音介绍”和“法雨寺介绍”。

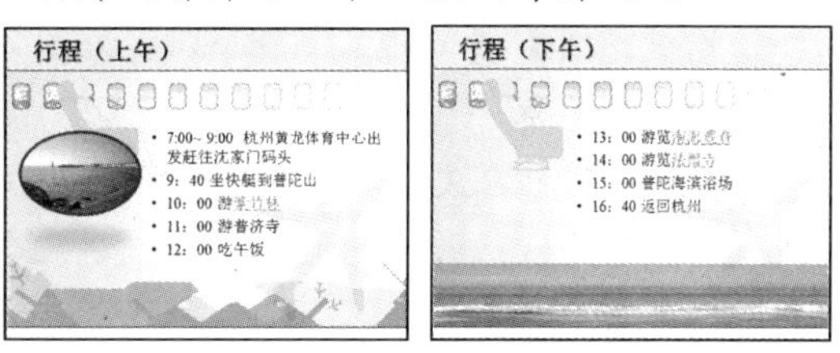

18 在幻灯片预览窗口中选择第 4 张幻灯片缩略图，将其显示在幻灯片编辑窗口中。

19 打开【插入】选项卡，在【插图】选项组中单击【形状】按钮，在打开的菜单的【动作按钮】选项区域中单击【动作按钮：上一张】按钮，在幻灯片的右上角拖动鼠标绘制该图形，当释放鼠标时，系统自动打开【动作设置】对话框。

20 在【单击鼠标时的动作】选项区域中选中【超链接到】单选按钮，此时在【超链接到】下拉列表框中选择【幻灯片】选项，打开

【超链接到幻灯片】对话框，在该对话框中选择【行程(上午)】选项，单击【确定】按钮，完成该动作的设置。

21 在幻灯片中选中该图形，在【绘图工具】的【格式】选项卡，单击【形状样式】选项组中的【形状填充】按钮，在弹出的菜单中选择【黑色，文字 1】选项，为图形按钮填充颜色。

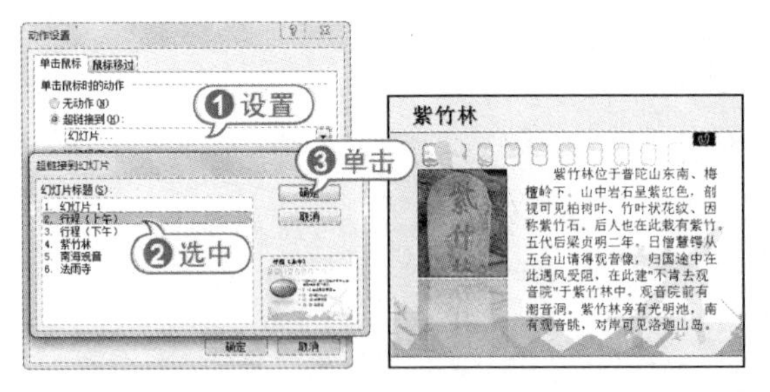

22 使用同样的方法，在第 5 张幻灯片和第 6 张幻灯片右上角绘制动作按钮，并将它们链接到第 3 张幻灯片。

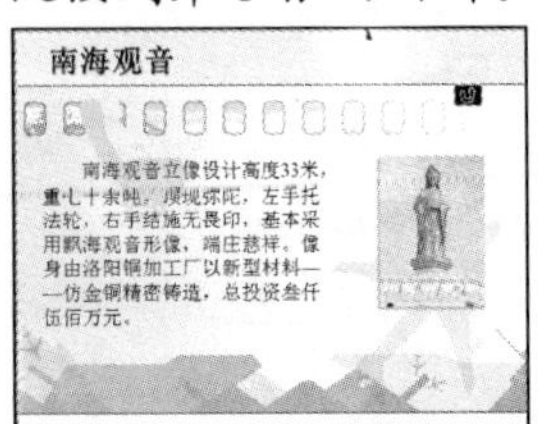

23 按下 F5 键放映幻灯片，当放映到第 2 张幻灯片时，右击鼠标，在弹出的快捷菜单中选择【指针选项】|【荧光笔】命令，将绘图笔设置为荧光笔样式。

24 拖动鼠标在文字“黄龙体育中心”上方反复移动，使默认的黄色荧光笔覆盖这几个文字。

25 右击，在右键菜单中选择【指针选项】|【笔】命令，然后选择【墨迹颜色】选项，在打开的【主题颜色】面板中选择【红色】选项，在文字“普济寺”周围绘制一个圈。

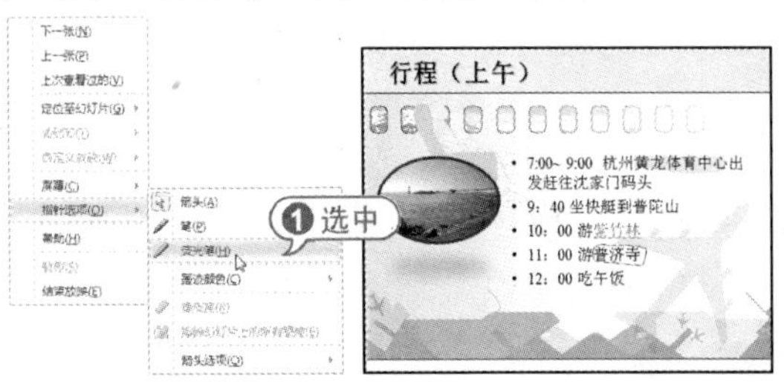

26 当放映到第 3 张幻灯片时，使用同样的方法，在文字“16: 40”上方使用黄色荧光笔绘制黄颜色标记。

27 按下 Esc 键退出放映状态，此时系统将弹出对话框询问用户是否保留在放映时所做的墨迹注释，单击【保留】按钮，将绘制的注释图形保留在幻灯片中。

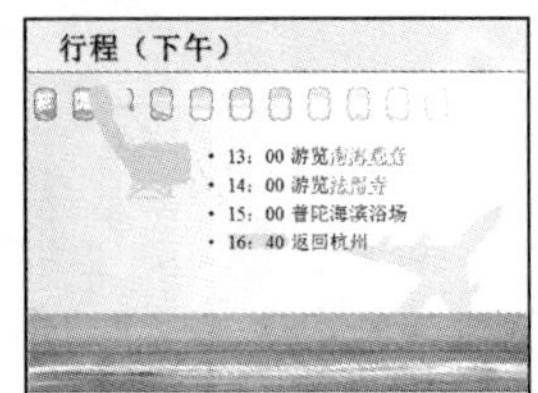

28 单击【文件】按钮，在弹出的菜单中选择【保存】命令，将该演示文稿以文件名【旅游行程】进行保存。

12.7.2 打印【旅游行程】

【例 12-16】打印【旅游行程】演示文稿。视频

01 启动 PowerPoint 2010，打开【旅游行程】演示文稿。

02 单击【文件】按钮，从弹出的菜单中选择【打印】命令，打开 Microsoft Office Backstage 视图。

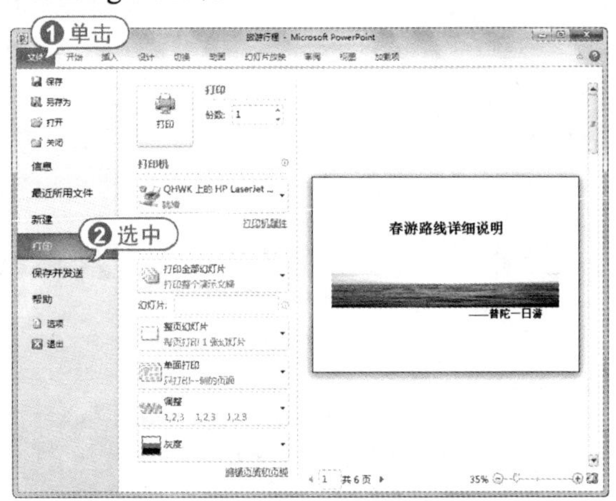

03 在最右侧的窗格中的【显示比例】进度条中拖动滑块，将幻灯片的显示比例设置为 50%，查看其中的文本内容。

04 单击预览页中的【下一页】按钮，查看下一张幻灯片的内容，并查找错误(包括语法错误)。

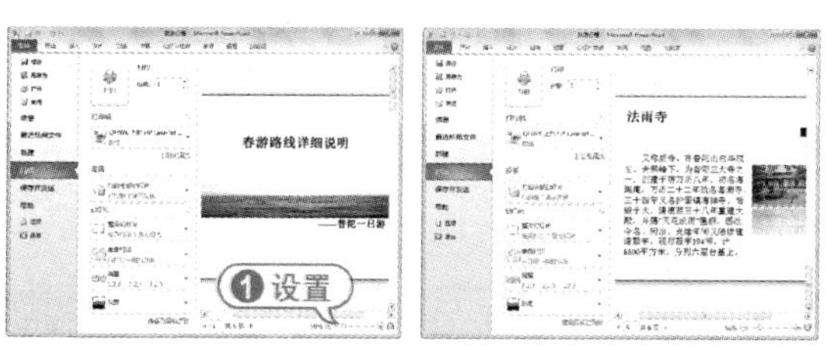

05 在中间打印窗格中单击【整页幻灯片】下拉按钮，在弹出的下拉列表框选择【3张幻灯片】选项；在【纵向】下拉列表框中选择【横向】选项；在【灰度】下拉列表框中选择【颜色】选项。

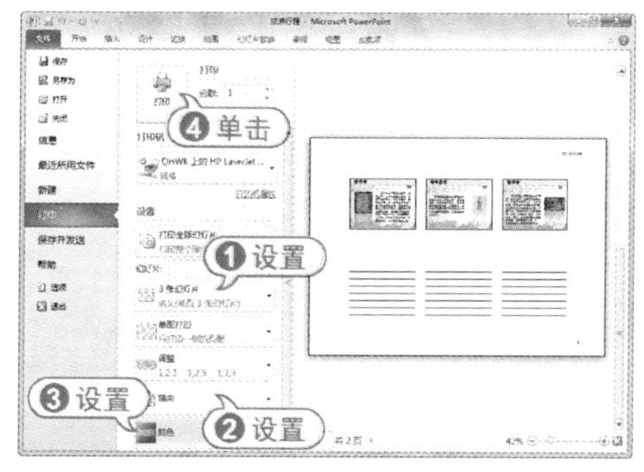

06 设置完毕后，单击左上角的【打印】按钮，即可开始打印幻灯片。

12.8 专家指点

一问一答

问：如何隐藏幻灯片？

答：在普通视图模式下，右击幻灯片预览窗口中的幻灯片缩略图，在弹出的快捷菜单中选择【隐藏幻灯片】命令，或者在【幻灯片放映】选项卡中单击【隐藏幻灯片】按钮，即可隐藏幻灯片。被隐藏的幻灯片编号上将显示一个带有斜线的灰色小方框，如▣，则该张幻灯片在正常放映时不会被显示，只有当用户单击了指向它的超链接或动作按钮后才会显示。

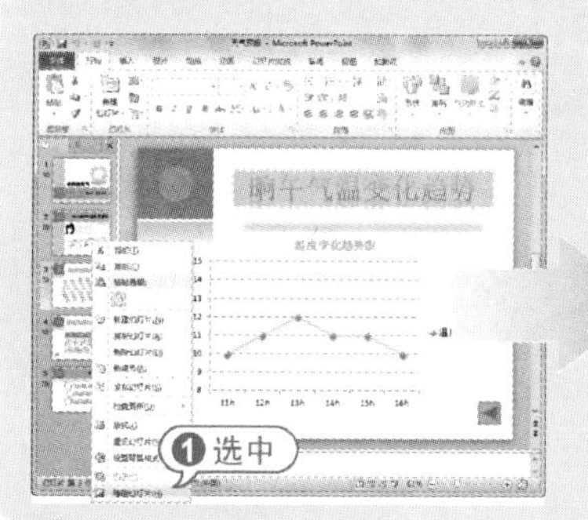

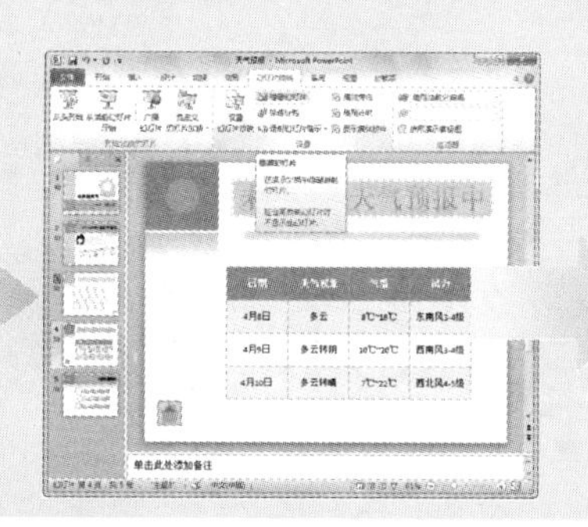

一问一答

问：如何发布幻灯片？

答：发布幻灯片是将每张幻灯片以单独的稳定形式进行显示。要发布幻灯片，可以执行以下操作。单击【文件】按钮，从弹出的菜单中选择【保存并发送】命令，在打开的Microsoft Office Backstage视图中选择【发布幻灯片】选项，在右侧的【发布幻灯片】选项区域中单击【发布幻灯片】按钮，打开【发布幻灯片】对话框。单击【全选】按钮，选择所有的幻灯片；单击【浏览】按钮，打开【选择幻灯片库】对话框，选择发布幻灯片的位置。在【发布幻灯片】对话框中单击【确定】按钮，返回到【发布幻灯片】对话框。单击【发布】按钮，即可得到发布的幻灯片。

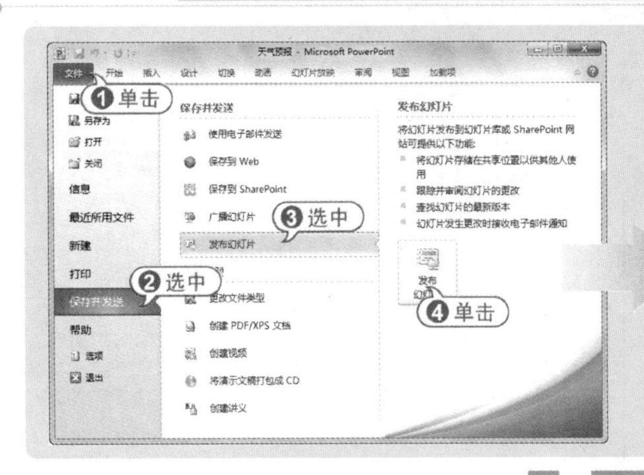

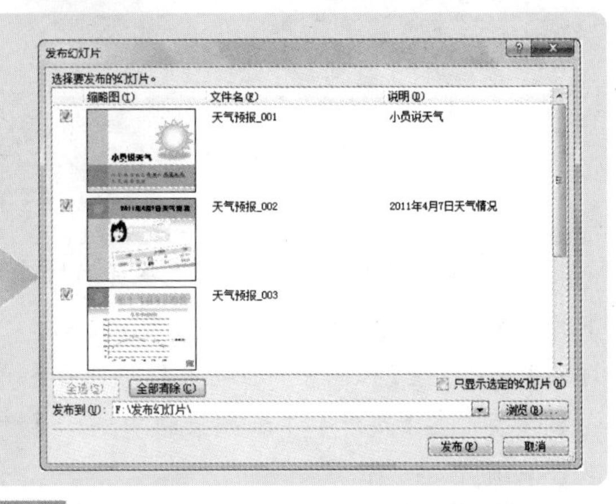

一问一答

问：如何在 Microsoft PowerPoint 2010 快速调用打印预览按钮？

答：在快速访问工具栏中单击按钮，从弹出的菜单中选择【其他命令】命令，打开【PowerPoint 选项】对话框中的【快速访问工具栏】选项卡，在【所有命令】列表框中选择【打印预览和打印】选项，单击【添加】按钮，然后单击【确定】按钮，将按钮添加到快速访问工具栏中，单击该按钮，即可进入打印预览模式。

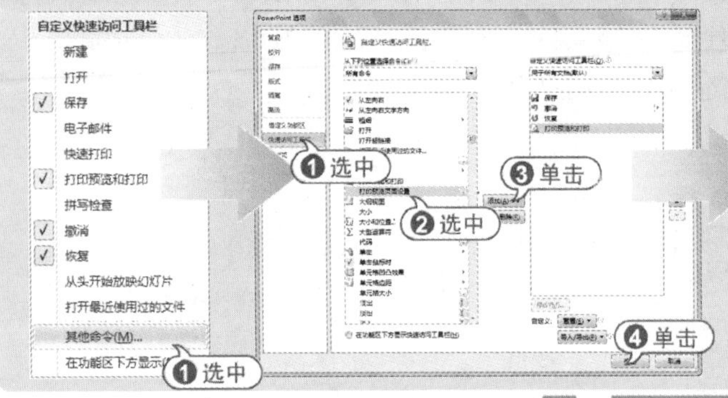

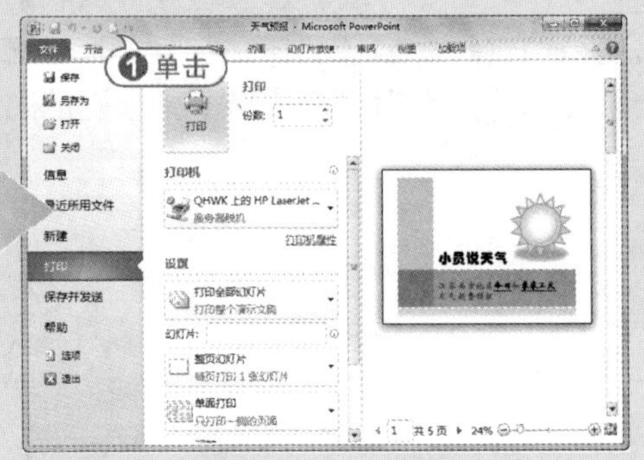

一问一答

问：如何在放映幻灯片时显示操作的快捷方式？

答：在放映幻灯片时，如果想用使用快捷键，但又忘了快捷键的操作，可以按下 F1 键，或者按 Shift+？组合键，屏幕即可显示快捷键的操作提示。

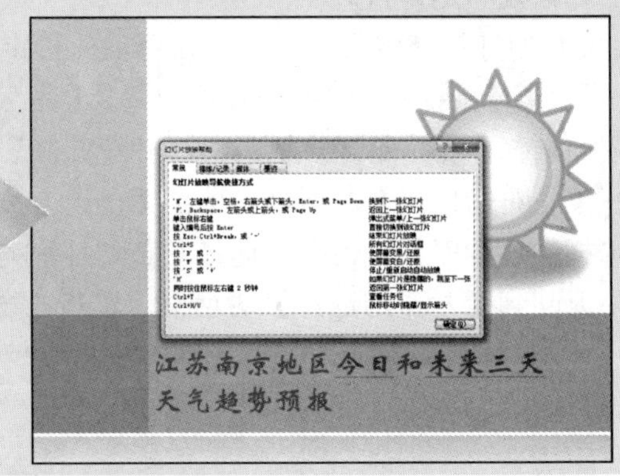

第13章 三剑客在日常办公中的应用

在学习了前面章节所介绍的 Office 2010 三剑客的知识后，本章将通过多个应用实例来串连各知识点，帮助用户加深与巩固所学知识，同时也为以后更加灵活地使用 Office 2010 来制作精美的文件打下坚实基础。

对应光盘视频

例 13-1 制作学员注册表
例 13-2 制作培训计划 PPT
例 13-3 制作课时安排表
例 13-4 制作公司招聘启事
例 13-5 制作求职人员记录表
例 13-6 制作公司管理制度
例 13-7 制作员工培训 PPT
例 13-8 制作工资福利速查手册
例 13-9 制作员工工资表和工资条
例 13-10 制作会计工作报告 PPT

13.1 培训机构中的应用

Office 2010 三剑客具有强大的文档编辑、数据处理和幻灯片演示等功能。在培训机构中，使用三剑客，不仅能制作出实用的学员注册表和培训宣传 PPT，还能制作出完美的培训考核试卷集。

13.1.1 制作学员注册表

学员注册表是登记学员个人信息的表格，方便培训机构对学员进行统一管理。下面将介绍制作学员注册表的方法。

【例 13-1】使用 Word 2010 制作学员注册表。
视频 + 素材 (实例源文件\第 13 章\例 13-1)

01 启动 Word 2010 应用程序，新建一个空白文档，并将其以【学员注册表】为名保存。

02 将光标插入到文档开始处，输入标题文本“学员培训登记表”。

03 然后，按 Enter 键，继续输入文本“填表日期：　　年　月　日”。

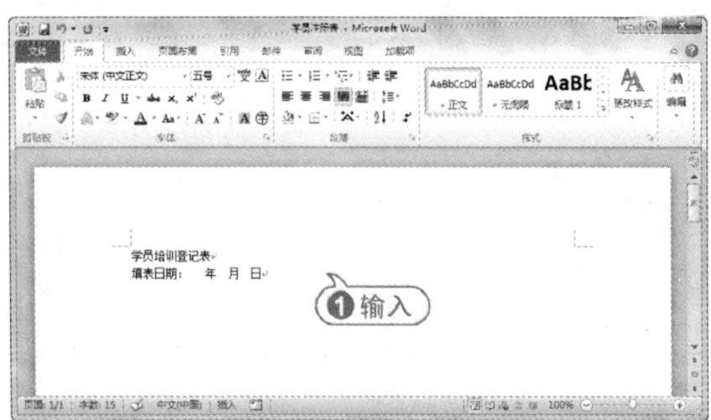

04 按两次 Enter 键，继续输入文本内容，其中包括英文、数字和标点符号。

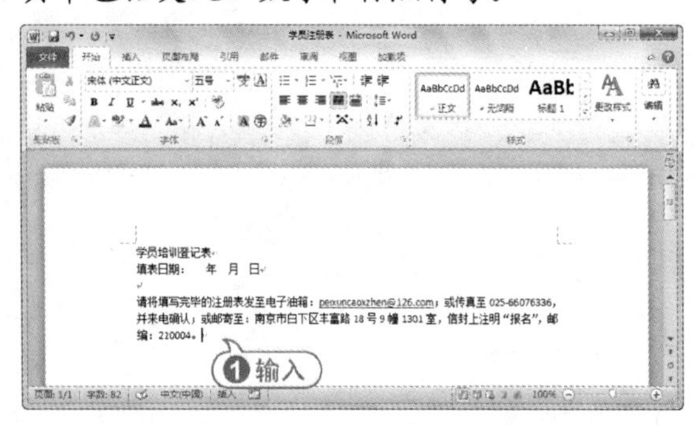

05 选中标题文本“学员培训登记表”，在【开始】选项卡的【字体】选项组中设置字体为【黑体】，字号为【小二】；在【段落】选项卡中，单击【居中对齐】按钮，设置标题居中对齐。

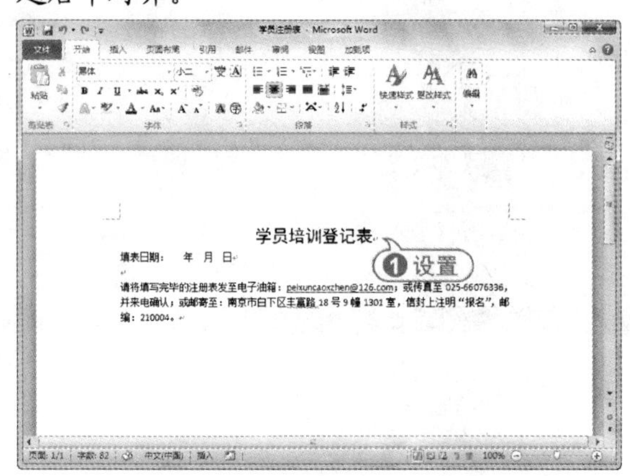

06 选取标题文本，单击【字体】选项组的对话框启动器按钮，打开【字体】对话框中的【高级】选项卡，在【间距】下拉列表中选择【加宽】选项，在【磅值】微调框中输入“3 磅”，单击【确定】按钮，完成文本字体间距的设置。

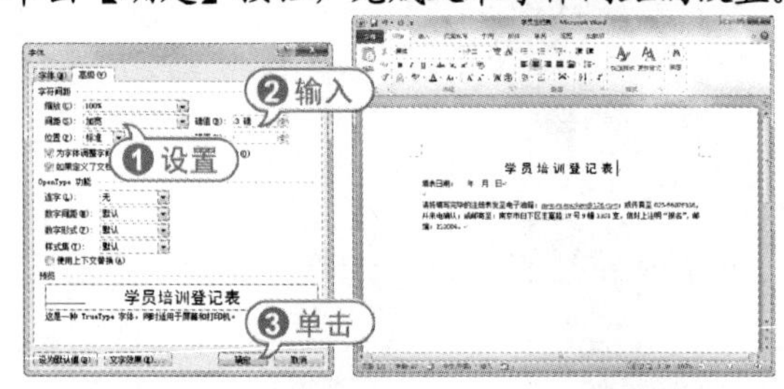

07 使用同样的方法，设置第 2 行文本字体为【楷书】，字型为【加粗】，文本右对齐。

08 选择最后一段文本，在【段落】选项组中单击对话框启动器按钮，打开【段落】对话框。

09 打开【缩进和间距】选项卡，在【缩进】选项区域中，单击【特殊格式】下拉按钮，从弹出的下拉菜单中选择【首行缩进】选项，并在其后的【磅值】微调框中输入“2 字符”，单击【确定】按钮，完成段落首行缩进的设置。

10 将插入点定位在第 3 行，打开【插入】选项卡，在【表格】选项组中单击【表格】按钮，从弹出的菜单中选择【插入表格】命令。

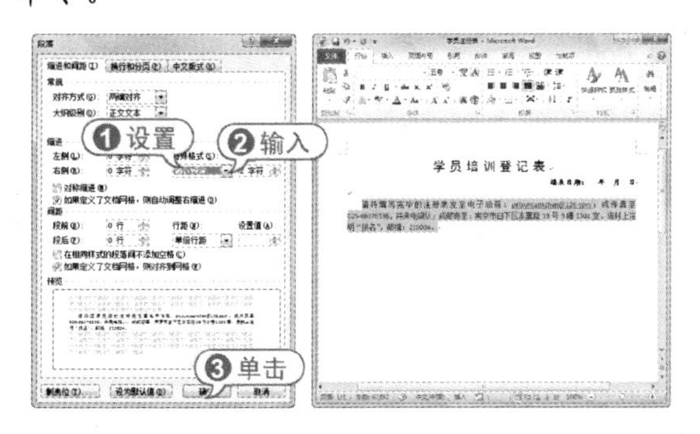

⑪ 打开【插入表格】对话框，在【列数】和【行数】文本框中分别输入7和24，单击【确定】按钮，在文档中插入表格。

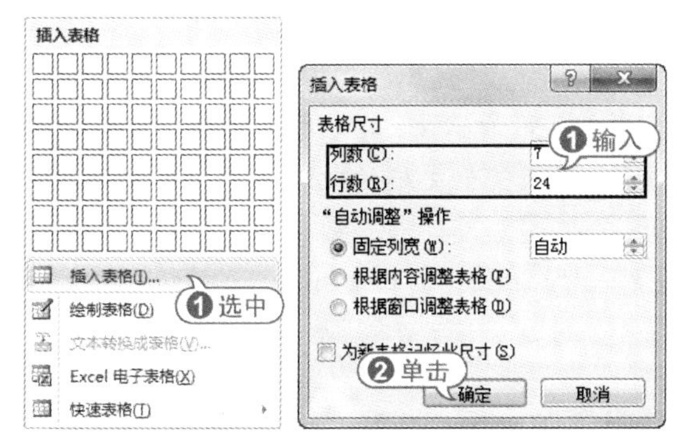

⑫ 选中第7列前5行的单元格区域，打开【表格工具】的【布局】选项卡，在【合并】选项组中单击【合并单元格】按钮，执行合并单元格操作。

⑬ 使用同样的方法，合并其他单元格和单元格区域。

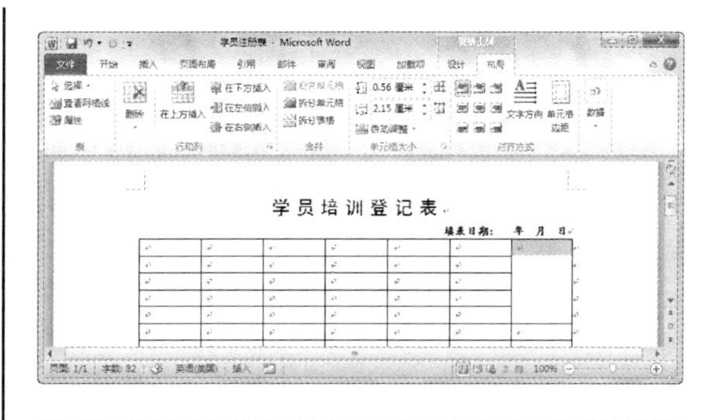

⑭ 将插入点定位在表格第一个单元格中，输入文本。按Tab键，移动单元格，继续输入表格文本。

学员培训登记表

填表日期： 年 月 日

姓名		性别		出生年月		照片
名族		学历		专业		
职业		职称		特长		
籍贯		联系电话				
E-mail				QQ		
现工作或学习单位						传真
单位地址						邮编
家庭地址						邮编
所报课程						
个人简历						
信息来源	杂志 网站 报纸 其他					
住宿情况	需要预定宾馆住宿（ 天） 自行安排住宿					
车辆情况	自驾车，需要停车证 有人接送，不用停车证 无驾车					
备注						

⑮ 将插入点定位在【信息来源】行的文本"杂志"前，打开【加载项】选项卡，在【菜

单命令】选项组中单击【特殊符号】按钮，打开【插入特殊符号】对话框。

16 打开【特殊符号】选项卡，在其中选择方框“□”符号，单击【确定】按钮，将其插入到文档的指定位置中。

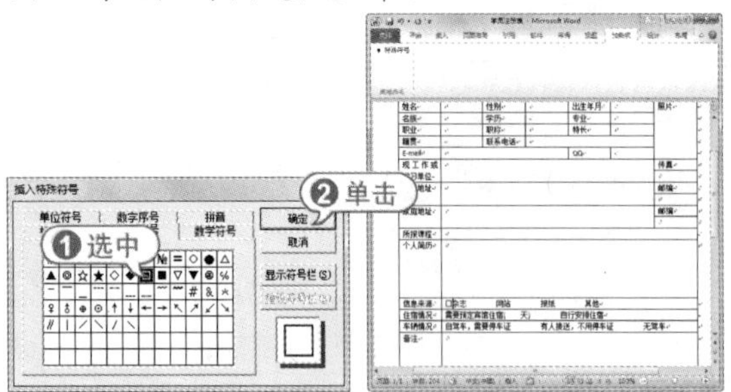

17 选中方框，按 Ctrl+C 快捷键复制该符号，按 Ctrl+V 快捷键将该符号粘贴到其他指定位置。

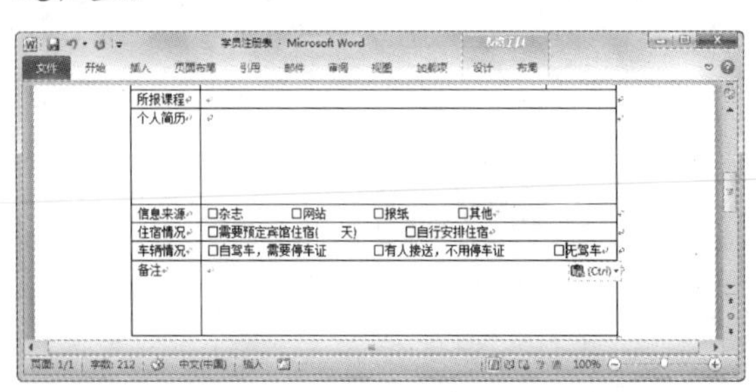

18 单击⊞按钮，选中整个表格，打开【表格工具】的【布局】选项卡，在【对齐方式】选项组中单击【水平居中】按钮，设置表格文本居中对齐显示。

19 将插入点定位在【照片】单元格，在【对齐方式】选项组中单击【文字方向】按钮，改变文字方向。

20 使用同样的方法，改变【个人简介】和【备注】单元格文字的方向。

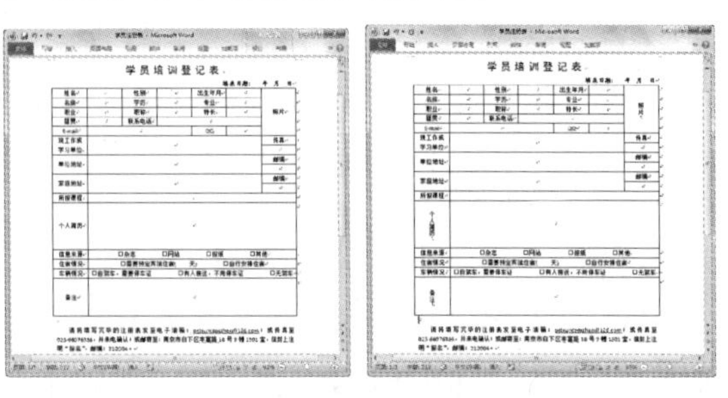

21 单击【文件】按钮，从弹出的菜单中选择【打印】命令，进入 Microsoft Office Backstage 视图，在最右侧的窗格中可以查看工作表的打印效果。

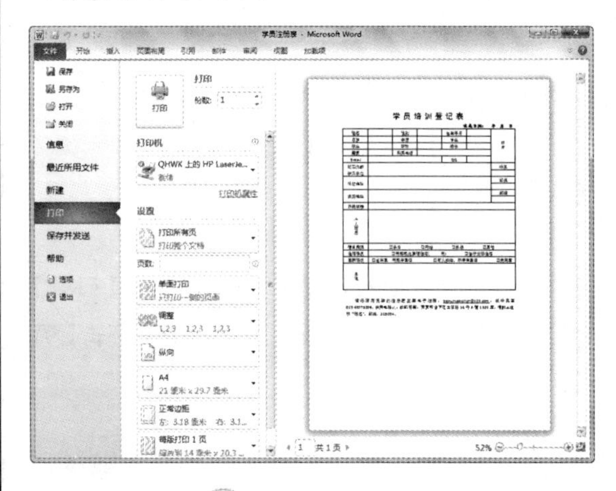

22 单击⊕按钮，将显示比例调整到 80%，预览整个文档的效果。

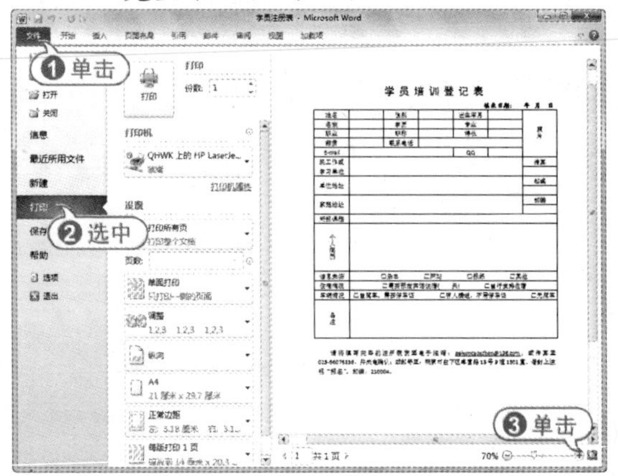

23 预览满意后，在【份数】微调框中输入 100，单击【打印】按钮，打印 100 份文档。

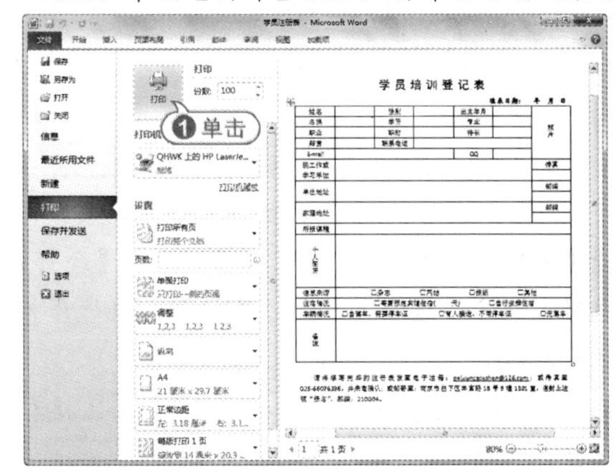

24 在快速访问工具栏中单击【保存】按钮，保存【学员注册表】文档。

13.1.2 制作培训计划 PPT

培训计划 PPT 是培训机构向学员宣传课程及特色的演示文稿。使用美观的演示文稿向学员展示该培训机构的文化。下面将介绍制作培训计划 PPT 的方法。

【例 13-2】使用 PowerPoint 2010 制作培训计划演示文稿。

视频 + 素材 (实例源文件\第 13 章\例 13-2)

01 启动 PowerPoint 2010 应用程序，打开一个名为【演示文稿 1】的演示文稿。

02 单击【文件】按钮，从弹出的菜单中选择【新建】命令，在打开的【可用模板和主题】窗格中选择【主题】选项。

03 在打开的【主题】窗格中选择【平衡】选项，单击【创建】按钮，即可新建一个套用模板后的新演示文稿。

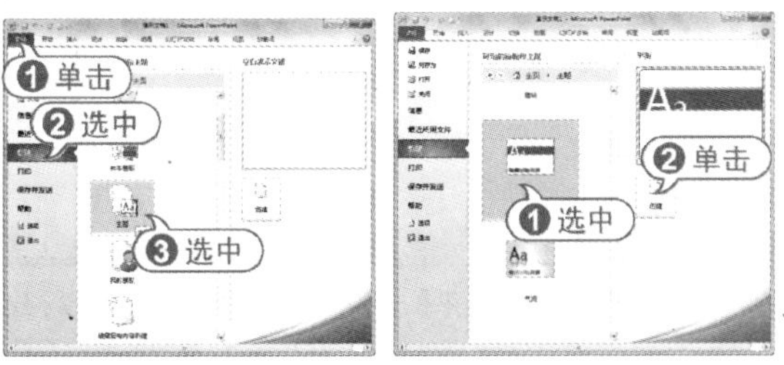

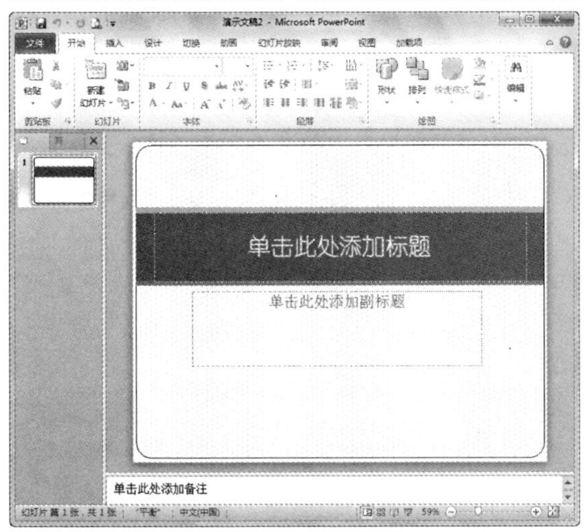

04 在【单击此处添加标题】占位符中输入标题文本“培训详细流程介绍”，设置字体为【华文琥珀】，字号为 60，字型为【加粗】、【阴影】；在【单击此处添加副标题】占位符中输入文本，设置字体为【方正舒体】，字号为 32，字型为【倾斜】。

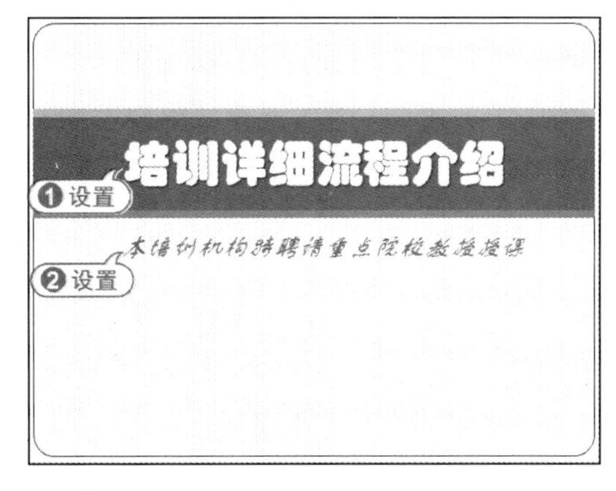

05 在【开始】选项卡的【幻灯片】选项组中，单击【新建幻灯片】下拉按钮，从弹出的下拉列表框中选择【标题和内容】选项，新建一张带有格式的新幻灯片。

06 在【单击此处添加标题】占位符中输入标题“学员注册流程”，单击【开始】选项组中的【字体颜色】按钮，设置字体颜色为【橙色，强调文字颜色 1】，字型为【加粗】。

07 在【单击此处添加文本】占位符中输入文本，设置字体为【华文楷体】，字号为 32。

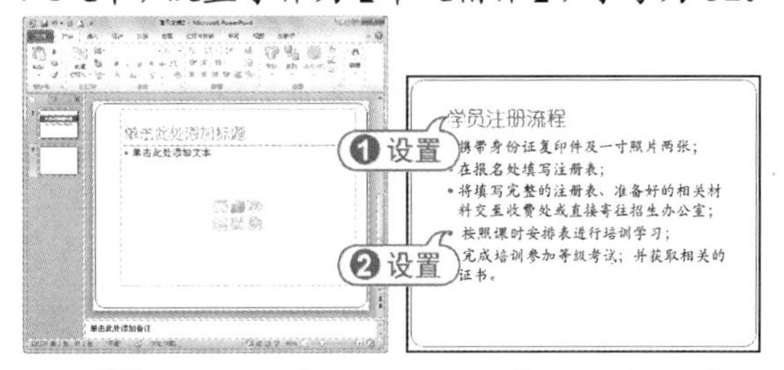

08 使用同样的方法，新建幻灯片，并输入文本内容。

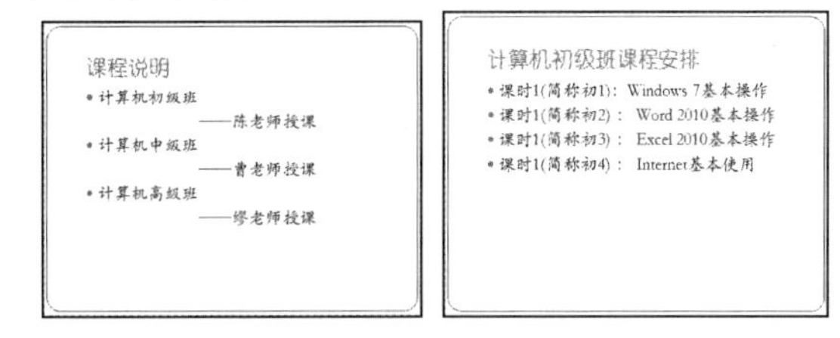

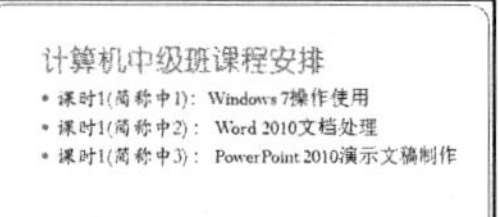

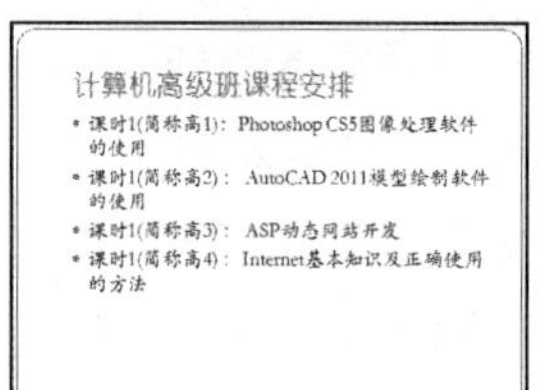

09 在幻灯片预览窗口中选择第 3 张幻灯片缩略图，将其显示在幻灯片编辑窗口中。

10 打开【插入】选项卡，在【图像】选项组中单击【剪贴画】按钮，打开【剪贴画】任务窗格。

11 在【搜索文字】文本框中输入“计算机”，单击【搜索】按钮，然后在搜索结果列表框中单击所需的剪贴画，将其插入到幻灯片中，拖动鼠标调整其大小和位置。

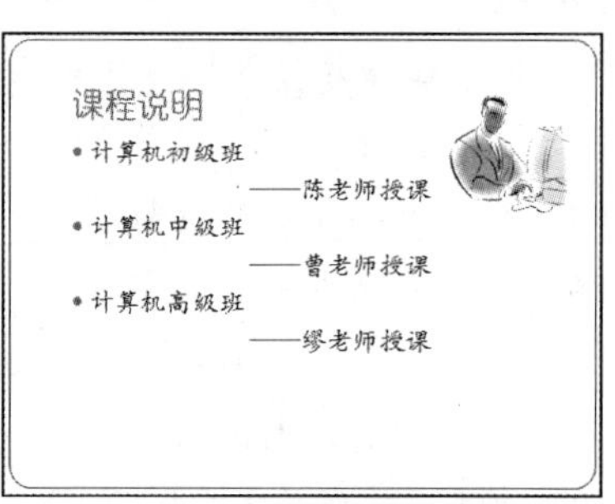

12 在幻灯片预览窗口中选择第 4 张幻灯片缩略图，将其显示在幻灯片编辑窗口中。

13 在【插入】选项卡的【插图】选项组中单击【形状】按钮，从弹出的【星与旗帜】菜单选项区域中选择【五角星】选项，拖动鼠标在幻灯片中绘制多个五角星。

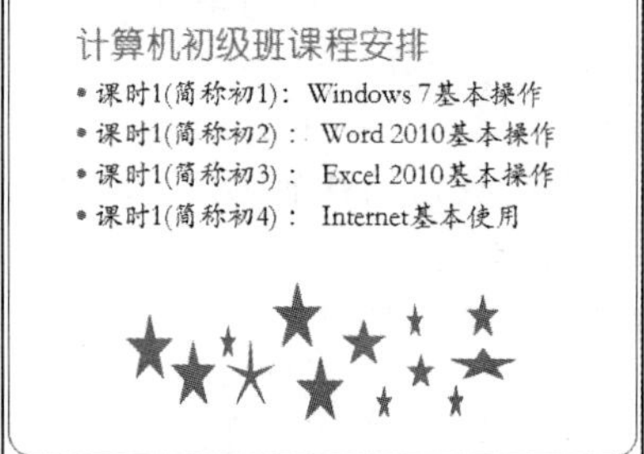

14 在幻灯片预览窗口中选择第 6 张幻灯片缩略图，将其显示在幻灯片编辑窗口中。

15 在【插入】选项卡的【图像】选项组中单击【图片】按钮，打开【插入图片】对话框，选择所需的图片，单击【插入】按钮，将文件中的图片插入到幻灯片中。

16 拖动鼠标调节图片的大小和位置。

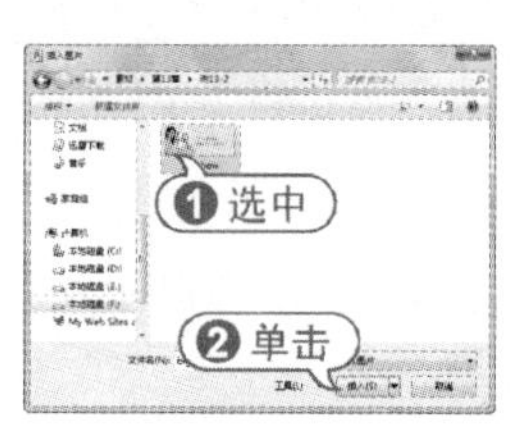

17 在幻灯片预览窗口中选择第 6 张幻灯片缩略图，将其显示在幻灯片编辑窗口中。

18 在【插入】选项卡的【文本】选项组中单击【艺术字】按钮，从弹出的艺术字列表框中选择第 5 行第 5 列的艺术字样式。

19 在幻灯片中修改艺术字文本，并调节其到合适的位置。

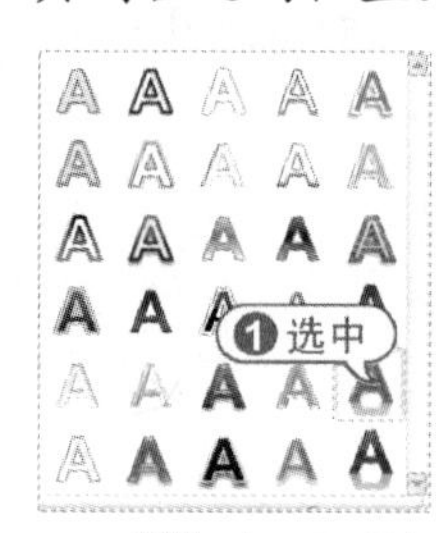

20 打开【切换】选项卡，在【切换到此幻灯片】选项组中单击【其他】按钮，从弹出的【华丽型】样式中选择【框】选项。

21 在【计时】选项组中单击【声音】下拉按钮，从弹出的下拉菜单中选择【推动】选项，单击【全部应用】按钮，为整个演示文稿应用该切换效果。

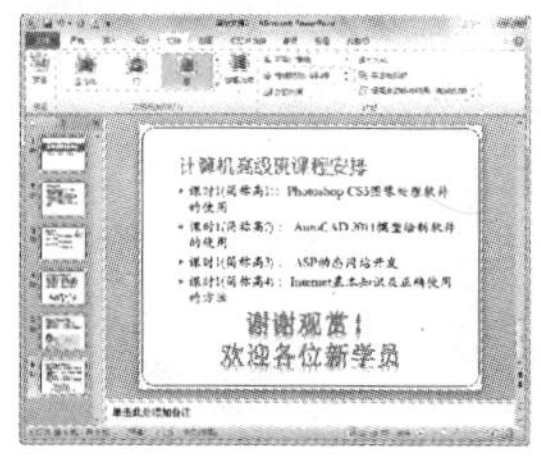

22 在第 6 张幻灯片中选中【艺术字】占

位符，打开【动画】选项卡，在【动画】选项组中单击【浮入】进入式动画效果样式，为艺术字添加该动画效果。

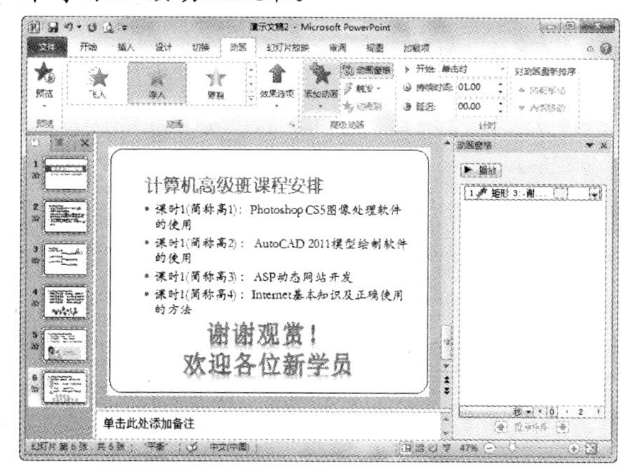

23 使用同样的方法，为第1张幻灯片标题添加【弹跳】进入式动画效果，为副标题添加【对象颜色】强调式动画效果。

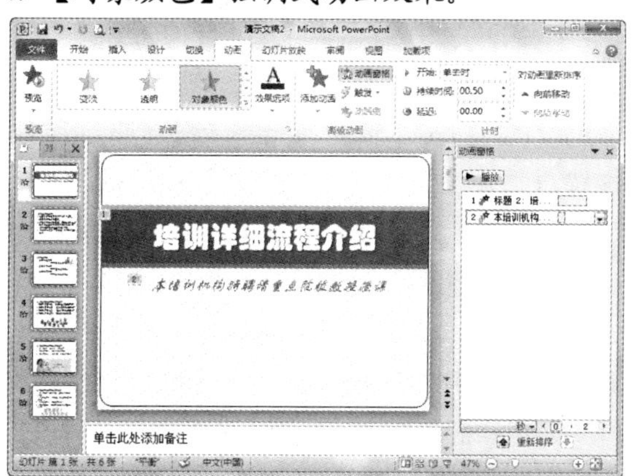

24 单击【文件】按钮，从弹出的菜单中选择【保存】命令，将演示文稿以【培训计划】为名保存。

25 演示文稿制作完毕后，按F5键开始播放该演示文稿，每放映一张幻灯片需要单击鼠标切换幻灯片。

26 播放完毕后，单击鼠标左键，退出幻灯片的放映模式。

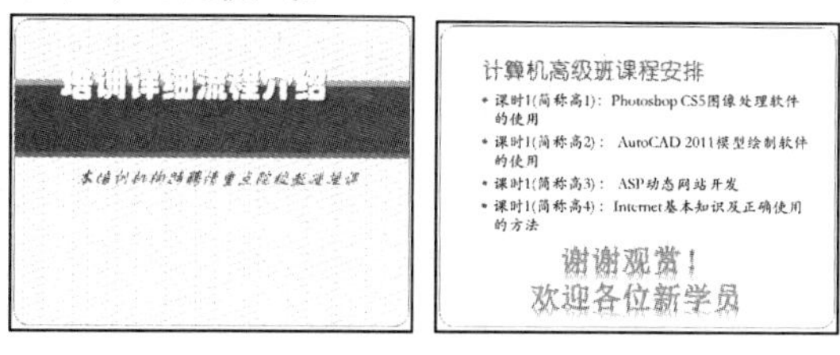

13.1.3 制作课时安排表

为了有计划地安排课程的学习，就需要设计一个课时安排表，以直观地显示培训机构近期所开设的课程。下面将介绍制作课时安排表的方法。

【例 13-3】使用 Excel 2010 制作课时安排表。
视频 + 素材 (实例源文件\第 13 章\例 13-3)

01 启动 Excel 2010 应用程序，新建一个名为【课时安排】的工作簿。

02 右击 Sheet1 工作表标签，从弹出的右键菜单中选择【重命名】命令，输入“课程日程安排”。

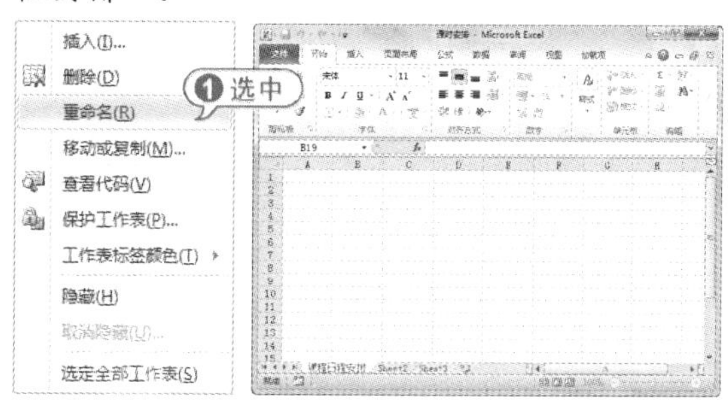

03 按 Enter 键，完成重命名工作表操作。

04 依次选择 B2:F2 单元格区域，分别输入表头文本“日期”、“时间”、“课程内容”、“教学地点”、“准备内容”。

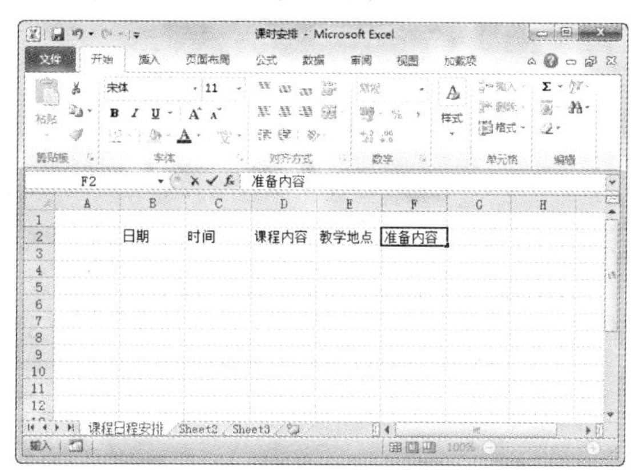

05 使用同样的方法，在 B3:F17 单元格区域中输入数据。

06 选定 B2:F17 单元格区域，在【开始】选项卡的【单元格】选项组中，单击【格式】

按钮，从弹出的快捷菜单中选择【自动调整列宽】命令，此时将自动调整表格的列宽。

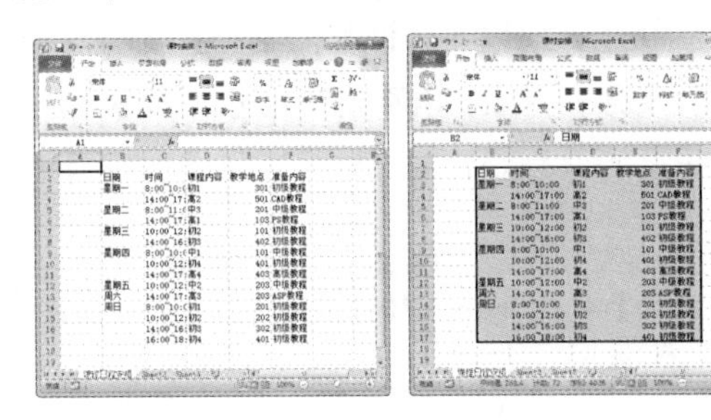

07 将光标移动到第 1 行的行标下，待鼠标指针变为双向箭头时，向下拖动鼠标到合适的位置，释放鼠标，调节第 1 行的行高。

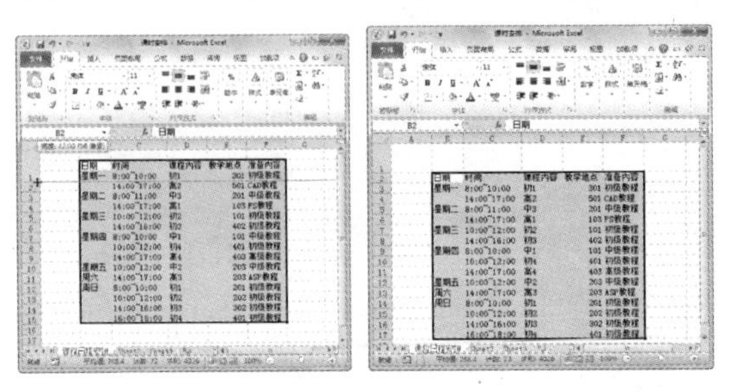

08 打开【插入】选项卡，在【文本】选项组中单击【艺术字】按钮，从弹出的艺术字列表框中选择第 1 行第 5 列样式，插入该艺术字到工作表中。

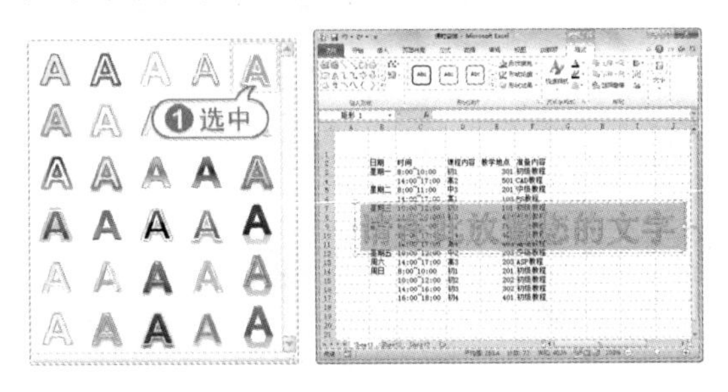

09 输入艺术字文本，设置字体为【华文新魏】，字号为 32，并将其移动到第 1 行中合适的位置。

10 选定 B2:F17 单元格区域，在【开始】选项卡的【对齐方式】选项组中单击【居中】按钮，设置表格中的文本居中对齐显示。

11 选定 B2:F2 单元格区域，在【开始】选项卡的【样式】选项组中单击【单元格样式】按钮，弹出单元格样式列表框。

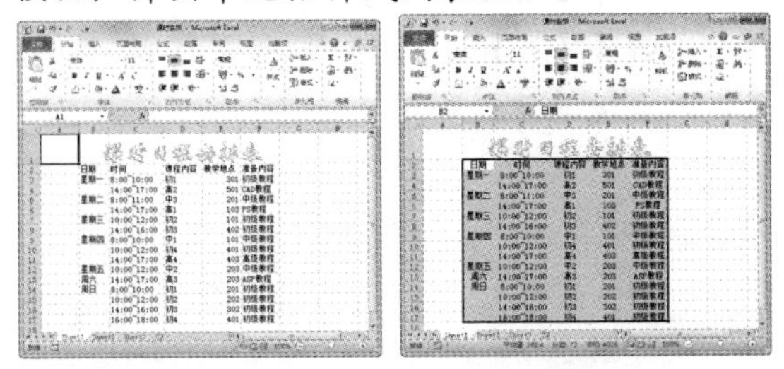

12 在【主题单元格样式】选项区域中选择【60%-强调文字颜色 5】样式，套用单元格样式。

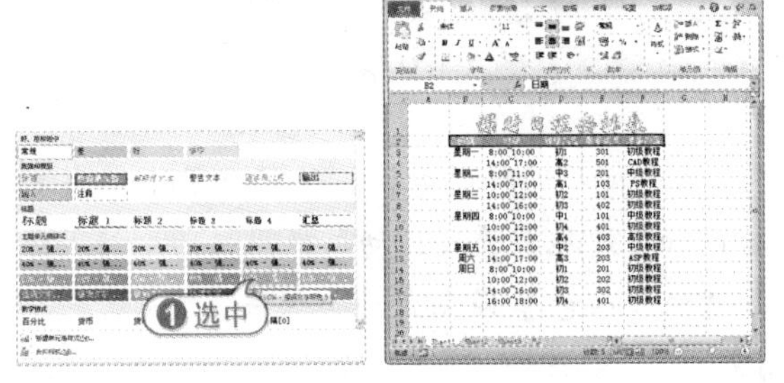

13 选定 B2:F17 单元格区域，在【开始】选项卡的【数字】选项组中单击对话框启动器按钮，打开【设置单元格格式】对话框。

14 打开【边框】选项卡，在【样式】选项区域中选择第 2 列中的第 6 种线型，单击【外边框】按钮，然后在【样式】选项区域中选择第 1 列中的第 3 种线型，单击【内部】按钮。

15 单击【确定】按钮，完成边框的设置。

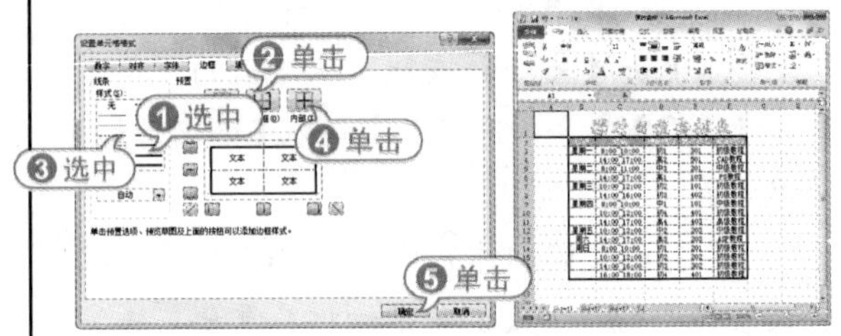

16 打开【页面布局】选项卡，在【页面设置】选项组中单击【背景】按钮，打开【工作表背景】对话框。

17 选择背景图片，单击【插入】按钮，为工作表设置背景图片。

18 在【页面布局】选项卡的【页面设置】选项组中单击对话框启动器按钮，打开【页面设置】对话框。

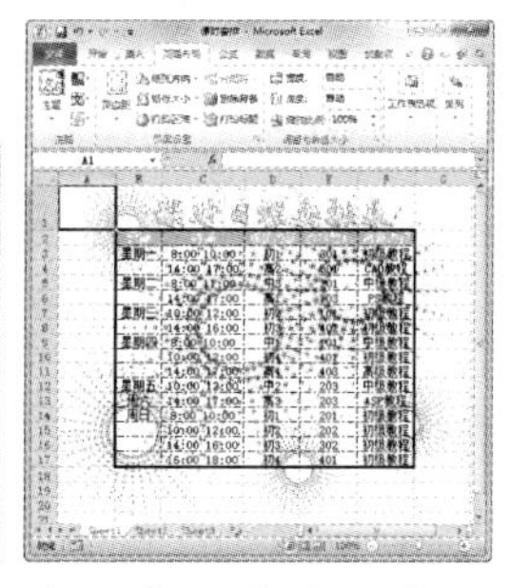

⑲ 打开【页边距】选项卡，在【居中方式】选项区域中选中【水平】和【垂直】复选框，单击【确定】按钮，完成页面边距的设置。

⑳ 单击【文件】按钮，从弹出的菜单中选择【打印】命令，进入 Microsoft Office Backstage 视图，在最右侧的窗格中可以预览表格在页面中的效果。

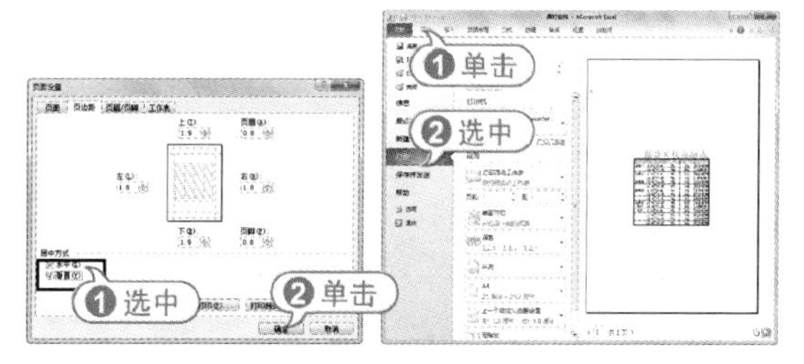

㉑ 在快速访问工具栏中单击【保存】按钮，保存【课时安排】工作簿的【课程日程安排】工作表。

专家解读

要打印工作表，可以在 Microsoft Office Backstage 视图中单击【打印】按钮。

13.2 人力资源管理中的应用

人力资源管理是一项烦琐的组织工作。企业的管理人员需要根据企业的各种需求制作出各种文档、报表和演示文稿，这时可以使用 Office 2010 三剑客轻松进行日常办公。

13.2.1 制作公司招聘启事

为了满足企业各部门的人力需求，人力资源管理人员经常需要制作公司招聘启事，面向社会招聘一批新人。

【例 13-4】使用 Word 2010 制作公司招聘启事，并使用样式和特殊排版方式编排文档。

视频+素材 (实例源文件\第 13 章\例 13-4)

01 启动 Word 2010，新建一个空白文档，将其命名为【公司招聘启事】，并输入文本。

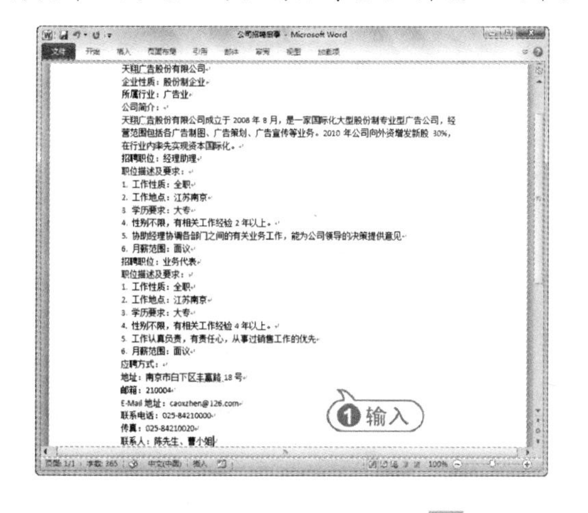

02 选取文本“天翔广告股份有限公司”，在【开始】选项卡的【样式】选项组中单击【样式】对话框启动器按钮，打开【样式】任务窗格，单击【新建样式】按钮，打开【根据格式设置创建新样式】对话框。

03 在【名称】文本框中输入样式名“自创标题”，在【样式基准】下拉列表中选择【无样式】选项。然后单击【格式】按钮，从弹出的菜单中选择【边框】选项，打开【边框和底纹】对话框。

04 打开【底纹】选项卡，在【图案】选项区域中的【样式】下拉列表框中选择【15%】，单击【确定】按钮。

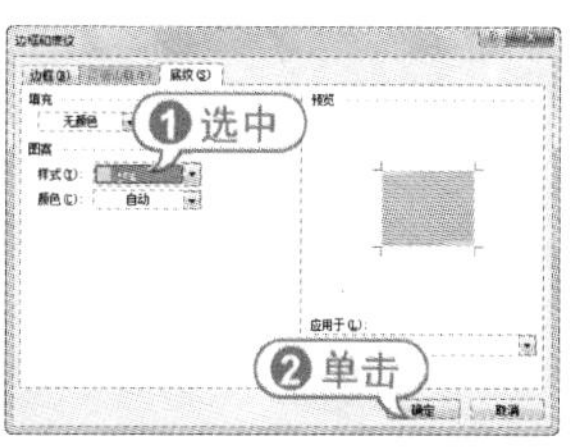

05 在【样式】任务窗格中，显示新建的样式，选取其他文本，单击该样式，应用标题

样式。

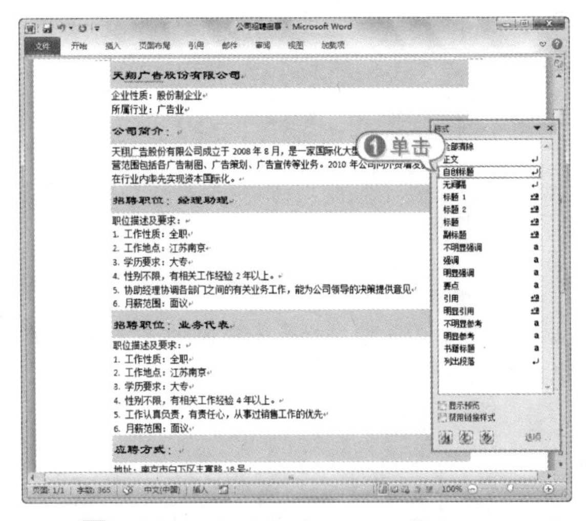

06 将插入点定位在“公司简介：”下方的一段文字中，打开【开始】选项卡，单击【段落】对话框启动器按钮，打开【段落】对话框的【缩进和间距】选项卡，设置其格式为首行缩进2字符。

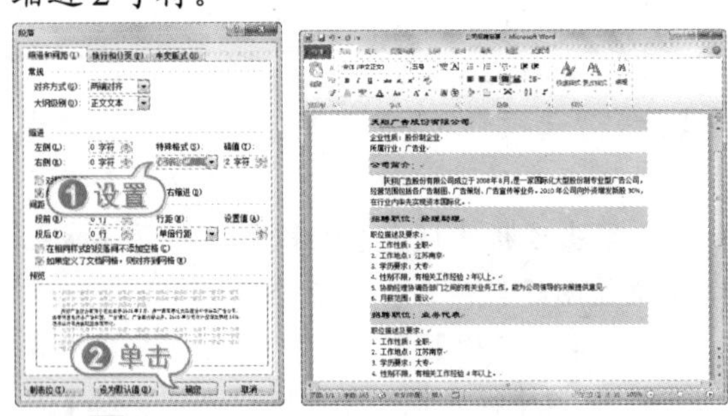

07 选取招聘职位文字区域，打开【页面布局】选项卡，在【页面设置】选项组中单击【分栏】按钮，在弹出的菜单中选择【更多分栏】命令，打开【分栏】对话框，在【预设】选项区域中选择【两栏】选项，单击【确定】按钮。

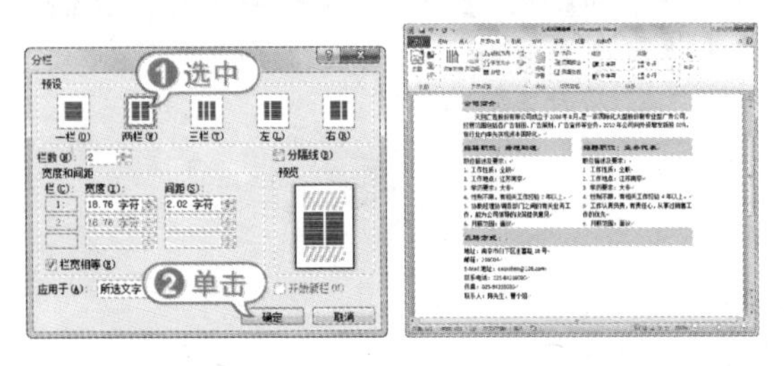

08 选取最后3段文字，在【开始】选项卡的【样式】选项组中单击【样式】对话框启动器按钮，打开【样式】任务窗格，选择【明显参考】样式，为其应用样式。

09 在浮动工具栏上单击【居中】按钮，使选中的段落居中显示。

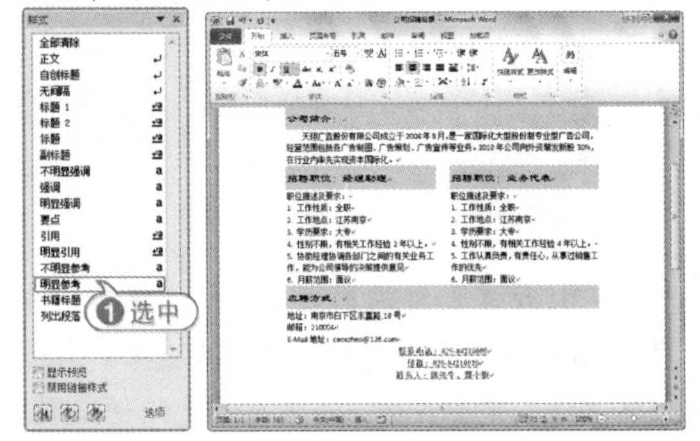

10 打开【插入】选项卡，在【文本】选项组中单击【艺术字】按钮，在弹出的【艺术字库】列表框中选择一种样式。

11 此时将在文档中插入艺术字，在艺术字文本框中输入“公司诚聘”。

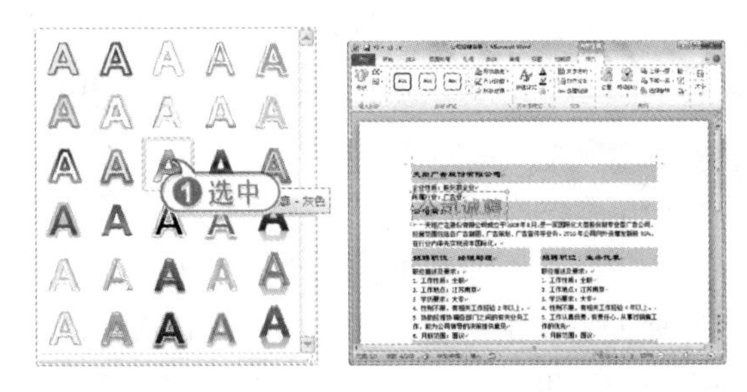

12 打开【艺术字工具】的【格式】选项卡，在【艺术字样式】选项组中单击【文字效果】按钮，在弹出的菜单中选择【转换】选项，在【跟随路径】选项区域中单击【上弯弧】按钮，此时艺术字将自动应用效果，拖动控制点，调整其方向、大小、弧度等。

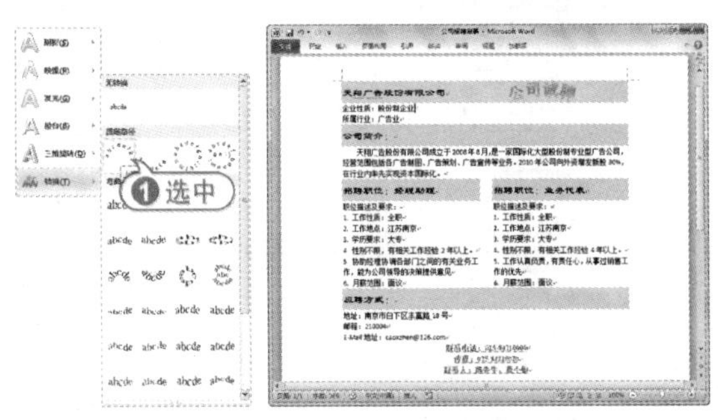

13 在快速访问工具栏中单击【保存】按

钮，保存【公司招聘启事】文档。

13.2.2 制作求职人员记录表

人力资源管理人员在招聘新员工时，可以根据电子邮箱中求职人员的信息，制作一份求职人员记录表，将具体应聘者信息填写在表格中。下面将介绍制作求职人员记录表的方法。

【例 13-5】使用 Excel 2010 应用程序，制作求职人员记录表。

视频+素材(实例源文件\第 13 章\例 13-5)

01 启动 Excel 2010 应用程序，新建一个名为【求职人员记录表】的工作簿。

02 在 Sheet 1 工作表的 A1 单元格中输入标题文本“求职人员记录表”，在 A2:F2 单元格区域中分别输入文本“编号”、“姓名”、“身份证号码”、“联系方式”、“学历”、“应聘职位”、“工作经验”。

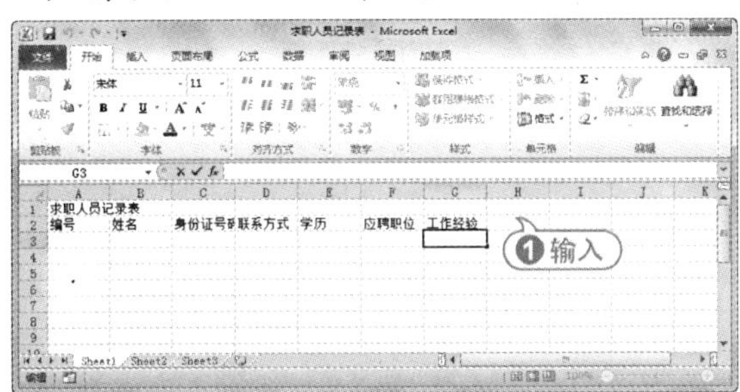

03 选取 A1:G1 单元格区域，在【开始】选项卡的【对齐方式】选项组中单击【合并后居中】按钮，设置单元格合并居中对齐。

04 设置标题文本字体为【华文中宋】，字号为 28，字体颜色为【红色】。

05 选定 C 列，在【开始】选项卡的【单元格】选项组中，单击【格式】按钮，从弹出的菜单中选择【列宽】命令，打开【列宽】对话框。

06 在【列宽】文本框中输入 30，设置 C 列为固定列宽值。

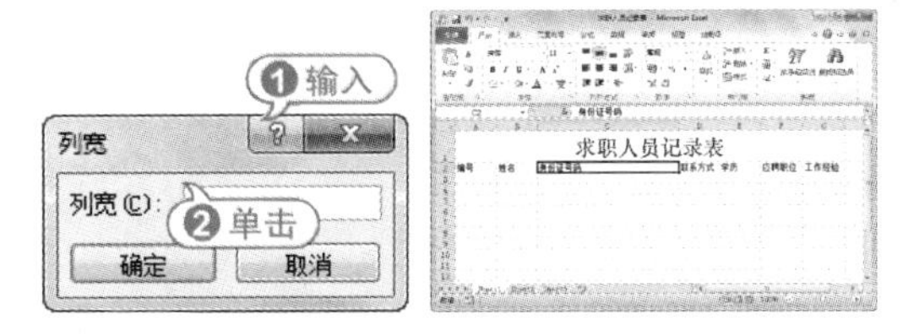

07 使用同样的方法，设置 A、B、D 列的列宽为 10，E、F、G 列的列宽为 8。

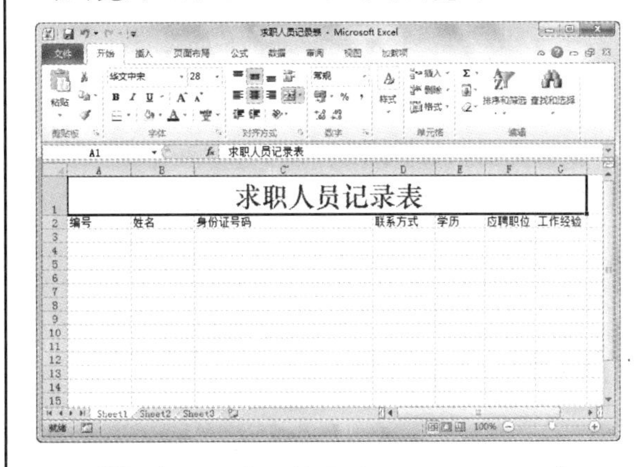

08 在 A3 单元格中输入 2011001，在 A4 单元格中输入 2011002，同时选中 A3 和 A4 单元格，将鼠标指针移动到单元格右下角位置，待鼠标指针变为“+”形状时，拖动鼠标到 A22 单元格，自动填充数字型数据。

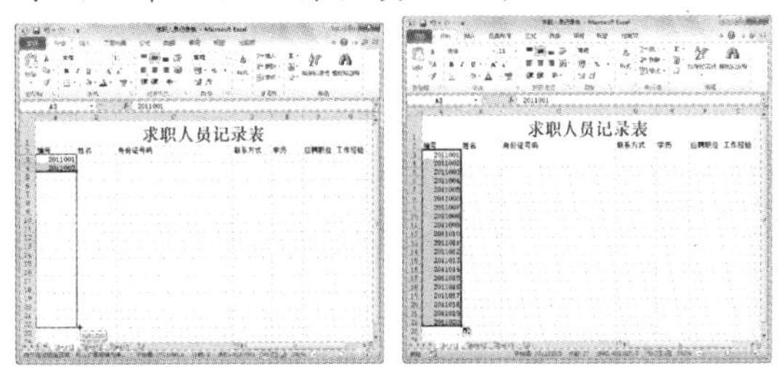

09 在【姓名】、【学历】、【应聘职位】和【工作经验】列分别输入文本型数据。

10 输入身份证号码时，首先需要将身份证号码的单元格数字设置为文本型。选取 C3:C22 单元格区域，在【数字】选项组中单击【常规】下拉按钮，从弹出的下拉菜单中选择【其他数字格式】命令，打开【设置单元格格式】对话框。

⑪ 打开【数字】选项卡，在【分类】列表框中选择【文本】选项，单击【确定】按钮，完成格式的设置。

⑫ 选定 C3 单元格，输入身份号码，按 Enter 键，在该单元格中显示输入的数字。

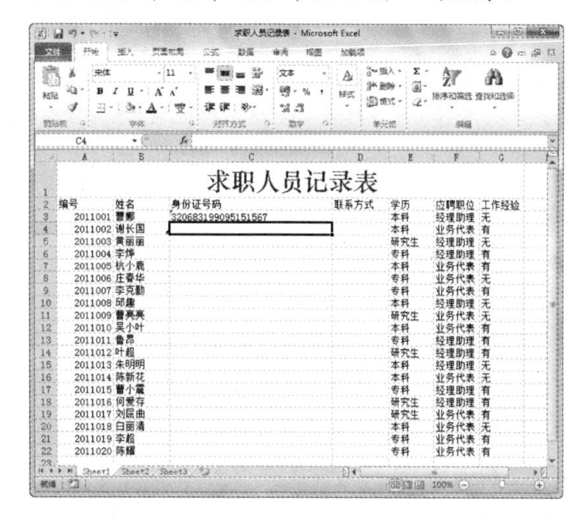

⑬ 使用同样的方法，输入其他求职人员身份证号码。

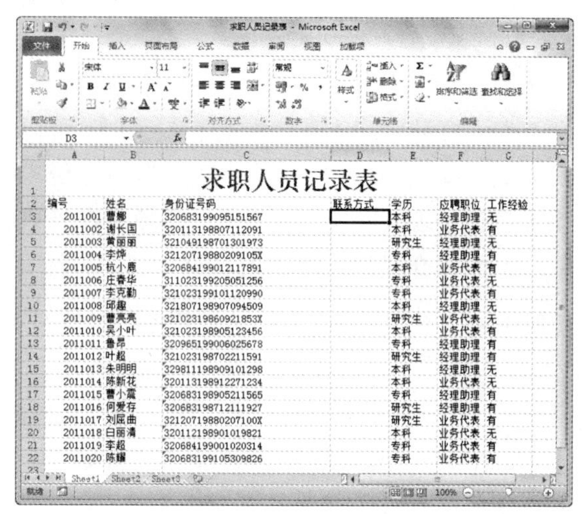

⑭ 选取 D3:D22 单元格区域，在【数字】选项组中单击【常规】下拉按钮，从弹出的下拉菜单中选择【文本】命令，设置单元格数据为文本型。

⑮ 在 D3 单元格中输入 11 位的手机号码，将鼠标指针移动 D 列，待指针变为双向箭头时，调节该列的列宽，使数据能够完全显示。

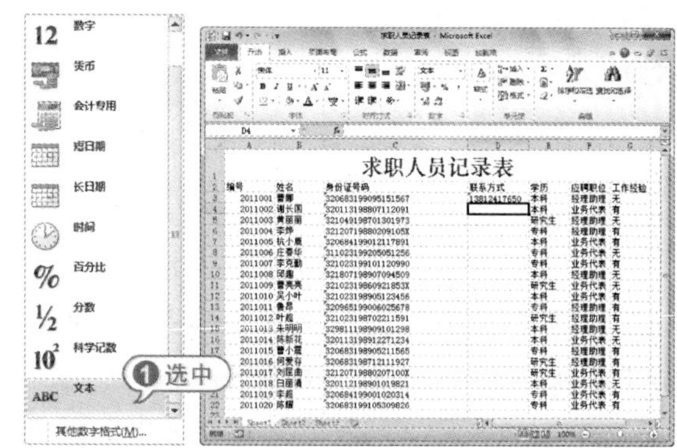

⑯ 使用同样的方法，输入其他求职员工的联系方式。

⑰ 选取 A2:G2 单元格区域，在【开始】选项卡的【对齐方式】选项组中单击【居中】按钮和【垂直居中】，设置表标题中部居中对齐。

⑱ 选取 A2:G22 单元格区域，在【开始】选项卡的【对齐方式】选项组中单击【套用表格格式】按钮，从弹出的表格样式列表框中选

择【表样式中等深浅 3】选项。

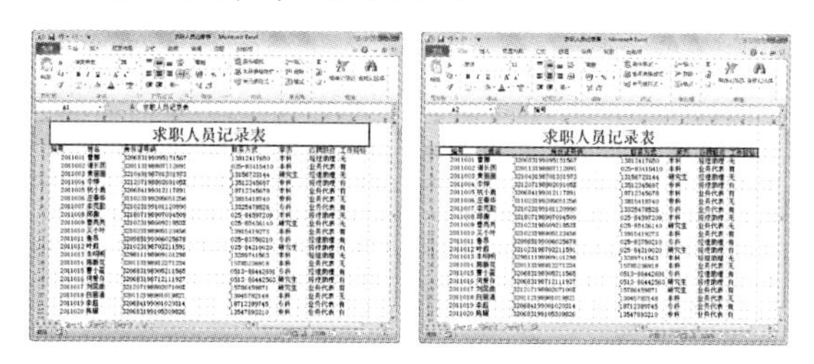

19 打开【套用表格式】对话框，设置套用表格的单元格区域，选中【表包含标题】复选框，单击【确定】按钮，套用内置表样式。

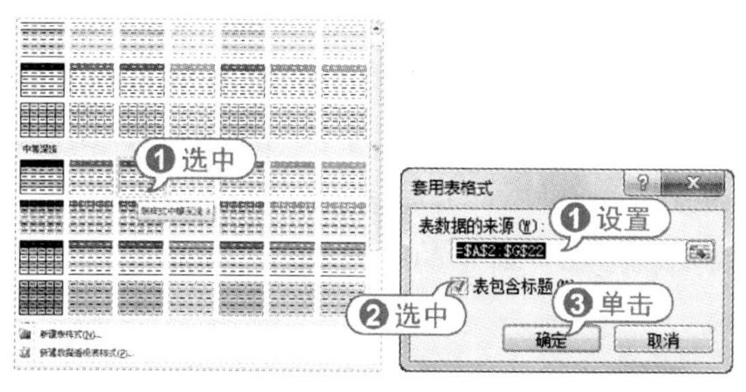

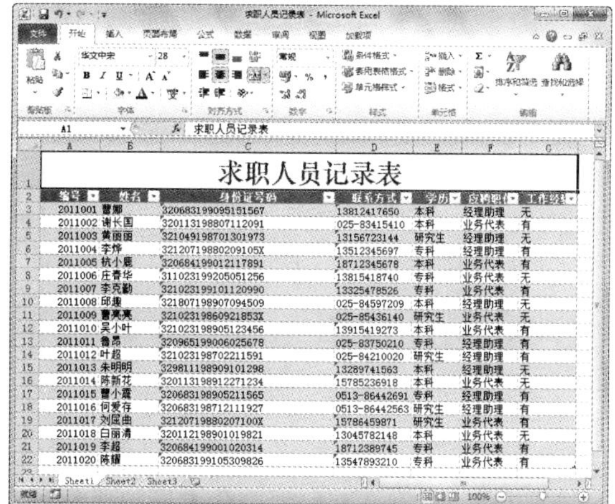

20 单击【工作经验】列右侧的下拉按钮，从弹出的下拉列表框中取消选中【无】复选框。

21 单击【确定】按钮，即可筛选有工作经验的求职人员的记录。

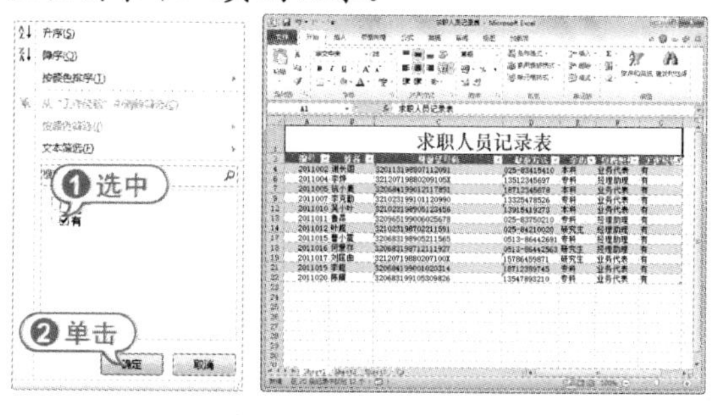

22 单击【学历】列右侧的下拉按钮，从弹出的下拉列表框中取消选中【专科】复选框。

23 单击【确定】按钮，即可筛选除了专科文凭的求职人员的记录。

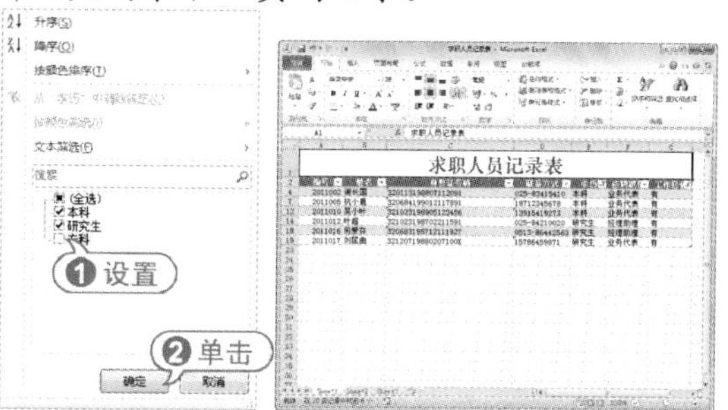

24 打开【插入】选项卡，在【文本】选项组中单击【页眉和页脚】按钮，进入页眉和页脚编辑状态。

25 在页眉中央位置中输入文本“天翔广告股份有限公司”，设置其字体为【华文行楷】，字号为 16，字体颜色为【深蓝】。

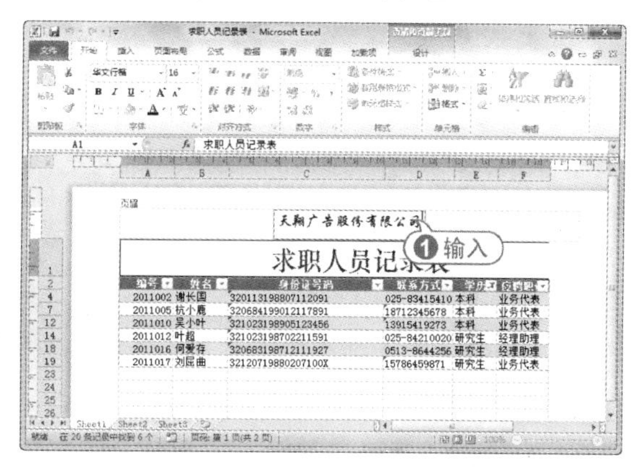

26 将插入点定位在页眉最左侧的文本框中，打开【页眉和页脚工具】的【设计】选项卡，在【页眉和页脚元素】选项组中单击【图片】按钮，打开【插入图片】对话框。

27 选择所需的图片，单击【插入】按钮，将图片插入到页眉中，显示“&[图片]”文本。

28 将插入点定位在表格任意位置，即可在页眉处显示所插入的图片。

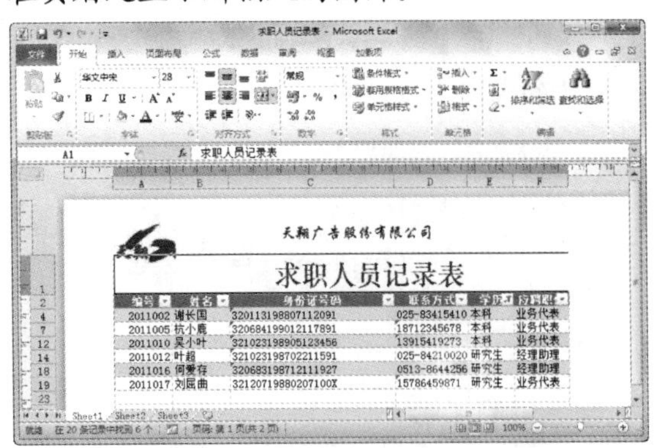

29 将插入点定位在页眉最右侧文本框中，打开【页眉和页脚工具】的【设计】选项卡，在【页眉和页脚元素】选项组中单击【当前日期】按钮，插入当前日期。

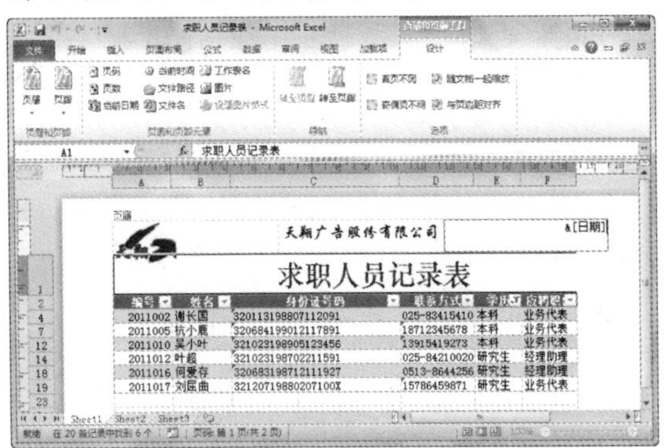

30 在【导航】选项组中单击【转至页脚】按钮，即可将插入点定位到页脚最右侧的文本框中，输入页脚文本，并设置字体为【华文行楷】，字号为 16，字体颜色为【深蓝】。

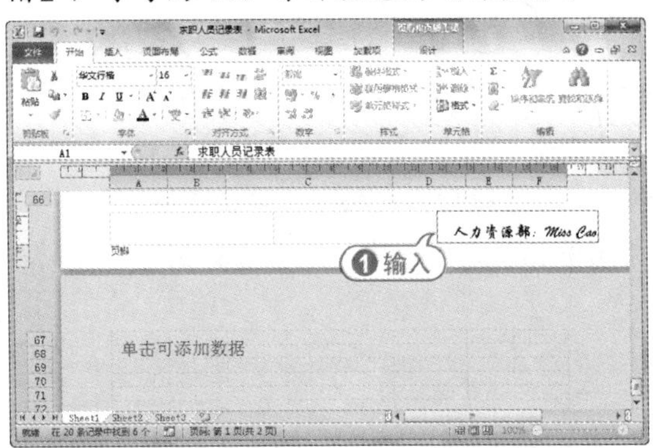

31 拖动水平滚动条，查看整个工作表的内容，此时工作表将被分为两页显示。

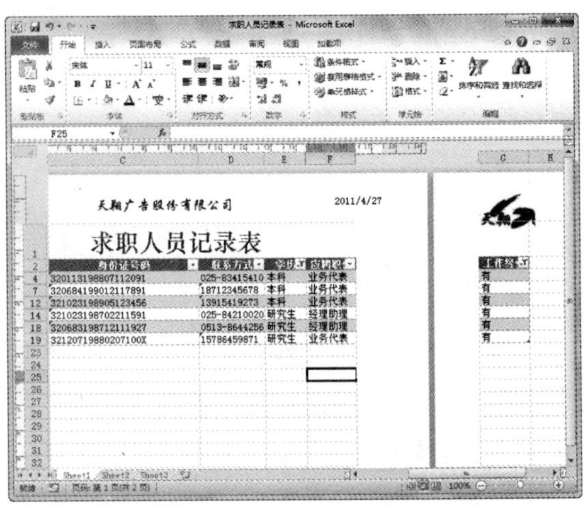

32 单击【文件】按钮，从弹出的菜单中选择【打印】命令，进入 Microsoft Office Backstage 视图，在最右侧的预览窗格中可以预览表格在页面中的效果。

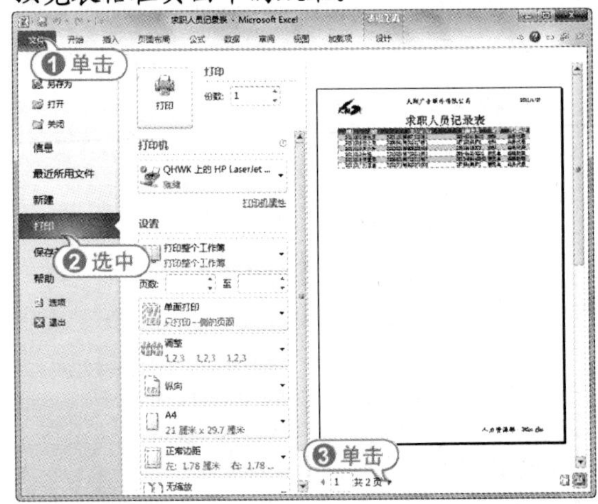

33 在预览窗格底端显示工作表的总页数，单击【下一页】按钮▶，查看下一页内容。

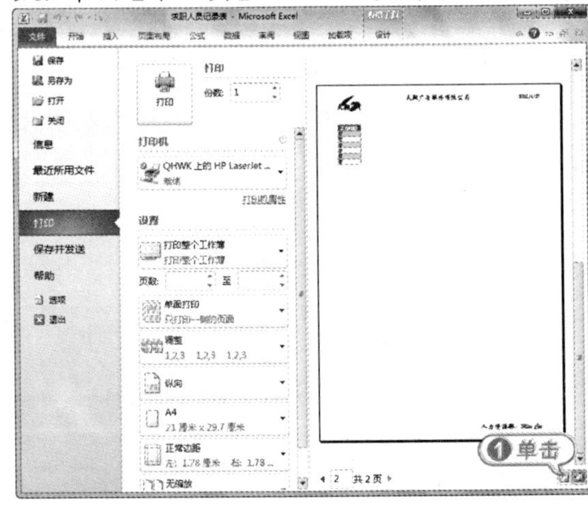

34 单击【显示边距】按钮，显示页面边距框、页眉和页脚框。

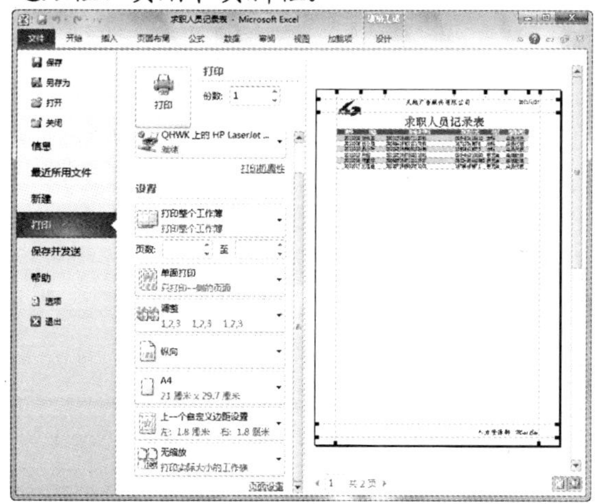

35 在【打印机】列表框中选择工作的打印机，单击【打印】按钮，即可将筛选后的表格打印出来。

经验谈

打开【数据】选项卡，在【排序和筛选】组中单击【筛选】按钮，即可取消之前所作的所有筛选操作。

36 在快速访问工具栏中单击【保存】按钮，保存【求职人员记录表】工作簿。

13.2.3 制作公司管理制度

公司管理制度的作用是规范公司内容的管理，保证公司经营工作的正常运作。下面将介绍制作公司管理制度的方法。

【例 13-6】使用 Word 2010 制作公司管理制度。

视频 + 素材 (实例源文件\第 13 章\例 13-6)

01 启动 Word 2010 应用程序，新建一个名为【公司管理制度】的新文档，在其中输入文本，设置标题字体为【黑体】，字号为【二号】，其他文本字体为【楷体】，字号为【四号】。

02 将插入点定位在要插入表格的行中，打开【插入】选项卡，在【插入】选项组中单击【插入】按钮，从弹出的菜单中选择【插入表格】命令，打开【插入表格】对话框。

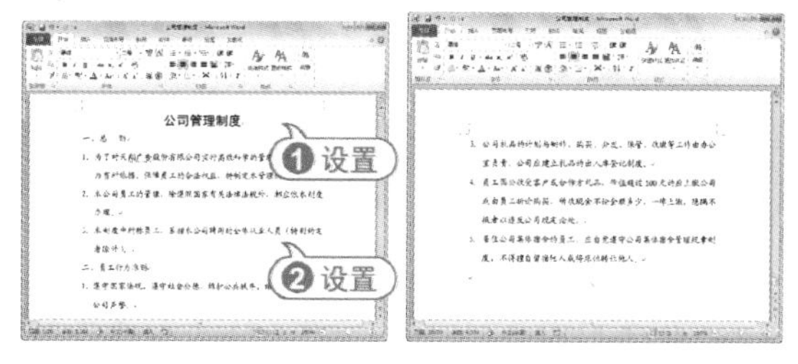

03 在【列数】和【行数】微调框中分别输入 4 和 7，单击【确定】按钮，在文档中插入 7 行 4 列的表格。

04 选定要合并的单元格，打开【表格工具】的【布局】选项卡，在【合并】选项组中单击【合并单元格】按钮，合并单元格。

05 使用鼠标拖动法调节第 1 列的列宽。

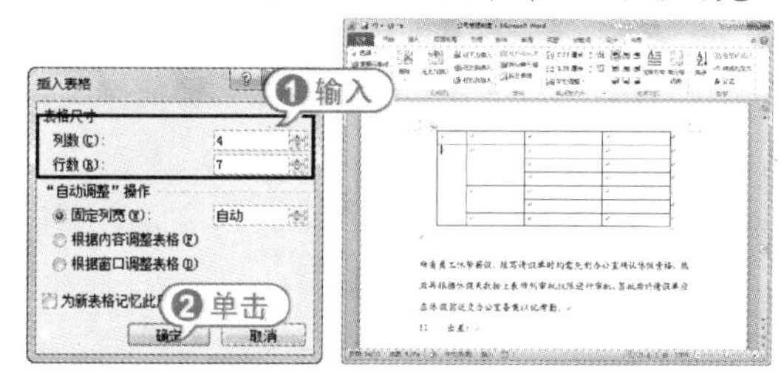

06 在表格中输入文本，设置字体为【楷体】，字号为【五号】，标题字型为【加粗】。

07 选中整个表格，打开【表格工具】的【布局】选项卡，在【对齐方式】选项组中单击【水平居中】按钮，设置表格文本中部居中对齐。

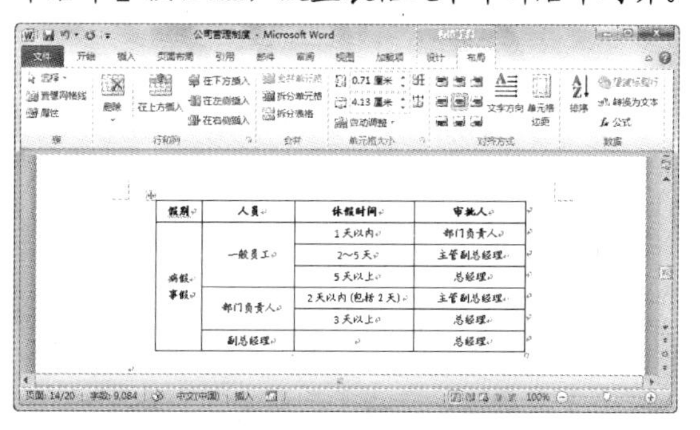

08 选取【三、招聘与录用】段中的第 2 点下的所有文本段，打开【开始】选项卡，在【段落】选项组中单击【项目符号】下拉按钮，从弹出的下拉菜单中选择一种项目符号，为选

中的文本框应用该项目符号。

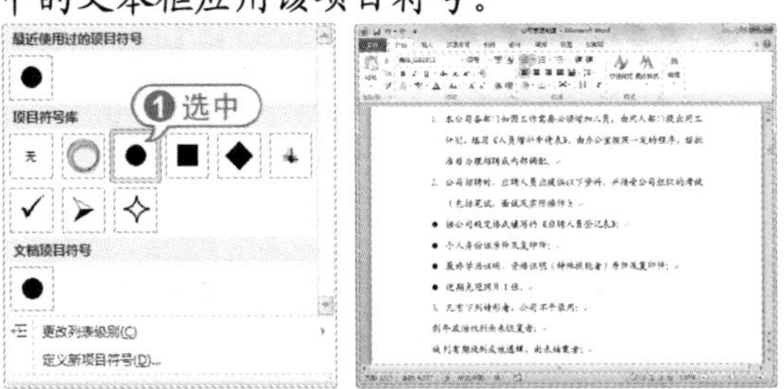

09 使用同样的方法，为其他文本段设置同样的项目符号。

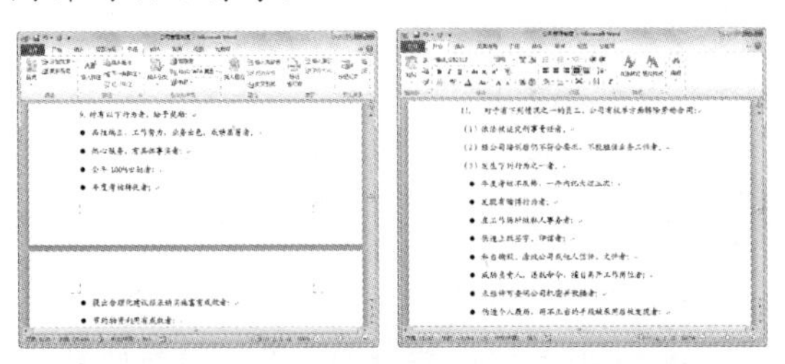

10 打开【视图】选项卡，在【文档视图】选项组中单击【大纲视图】按钮，切换至大纲视图中，查看文档的结构。

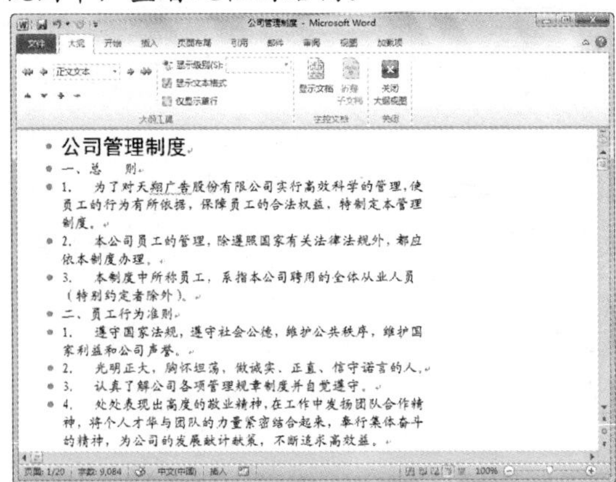

11 将插入点定位在第 1 行文本中，在【大纲】选项卡的【大纲工具】选项组中单击【提升至标题 1】按钮，将其提升为 1 级标题。

12 将插入点定位在第 2 行文本中，在【大纲工具】选项组中单击【正文文本】下拉按钮，从弹出的菜单中选择【2 级】选项，将文本设置为 2 级标题。

13 使用同样的方法，将其他段文本提升为 2 级标题。

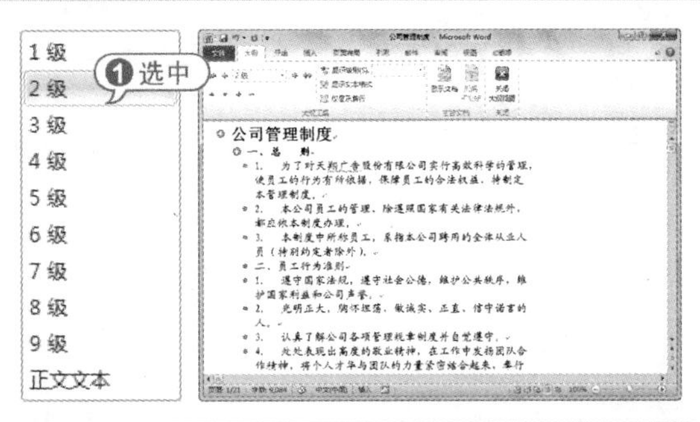

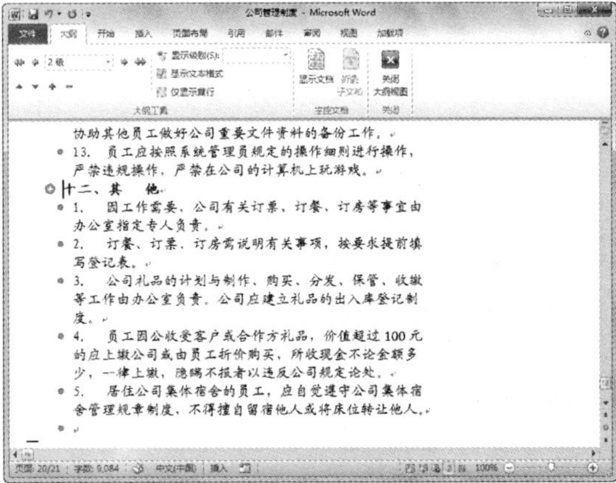

14 在【大纲工具】选项组中单击【显示级别】下拉按钮，从弹出的下拉菜单选择【2 级】命令，查看组织后的文档结构。

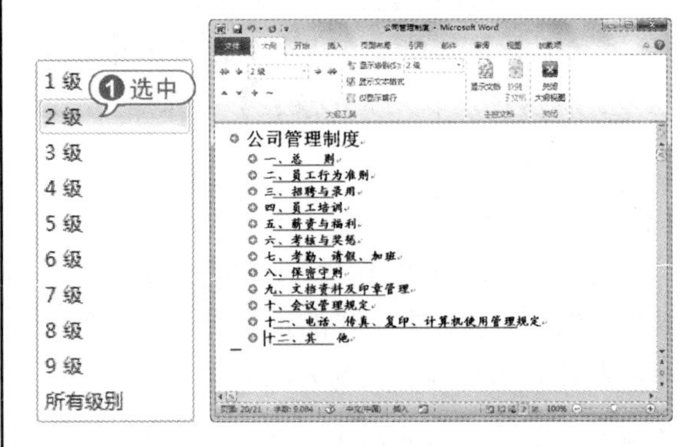

15 在【关闭】选项组中单击【关闭大纲视图】按钮，返回至页面视图。

16 将插入点定位在文档开头处，打开【插入】选项卡，在【页】选项组中单击【空白页】按钮，添加一个空白页。

17 在空白页面输入标题文本“目录”，设置其字体为【黑体】，字号为【二号】，对齐方式为居中。

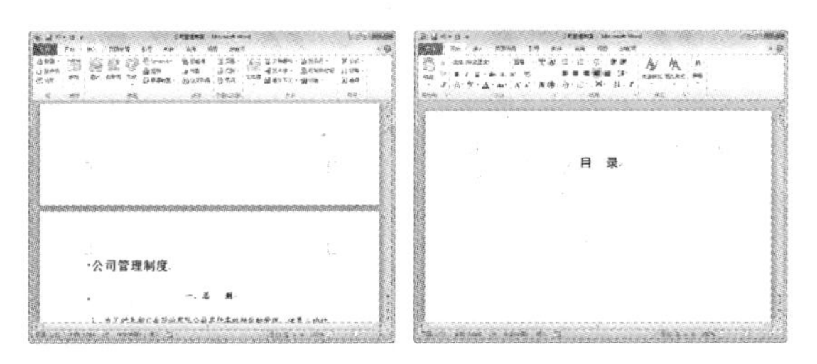

18 将插入点定位在下一行，打开【引用】选项卡，在【目录】选项组中单击【目录】按钮，从弹出的菜单中选择【插入目录】命令，打开【插入目录】对话框。

19 在【显示级别】微调框中输入 2，单击【确定】按钮，即可提取目录。

20 选取目录，设置其字体为【华文仿宋】，字号为【三号】。

21 按 Ctrl+Shift+F9 组合键，取消链接，然后在【开始】选项卡的【字体】选项组中单击【下划线】按钮，取消文本下划线，并设置文本字体颜色为【自动】。

22 打开【插入】选项卡，在【页眉和页脚】选项组中单击【页眉】按钮，从弹出的页眉样式列表框中选择【奥斯汀】选项，为页眉添加内置的页眉样式，

23 在【键入文档标题】框中输入页眉文本“天翔广告股份有限公司管理制度”。

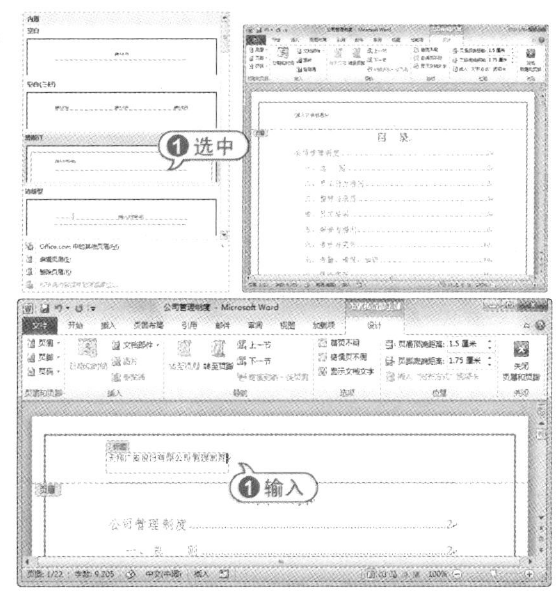

24 选中页眉段落标记，打开【开始】选项卡，在【段落】选项组中单击【边框】下拉按钮，从弹出的下拉菜单中选择【无框线】选项，删除页眉的边框线。

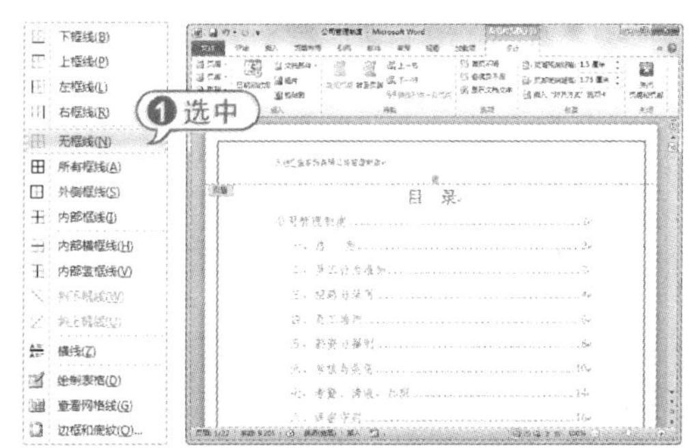

25 打开【页眉和页脚工具】的【设计】选项卡，在【导航】选项组中单击【转至页脚】按钮，将插入点定位到页脚编辑处。

26 打开【插入】选项卡，在【页眉和页脚】选项组中单击【页码】按钮，从弹出的菜单中选择【页眉底端】命令，在弹出的列表框中选择【粗线】选项，添加页码。

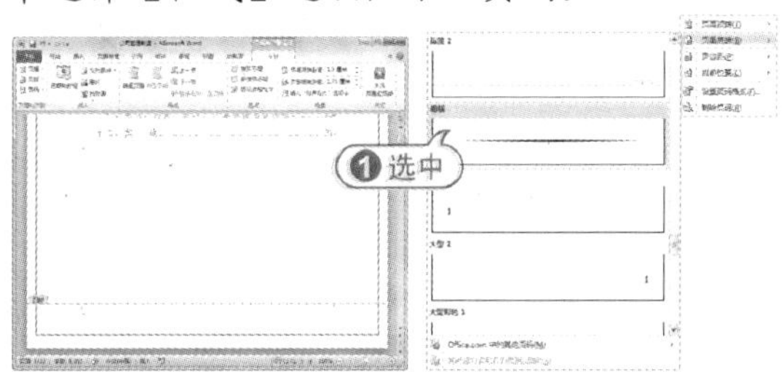

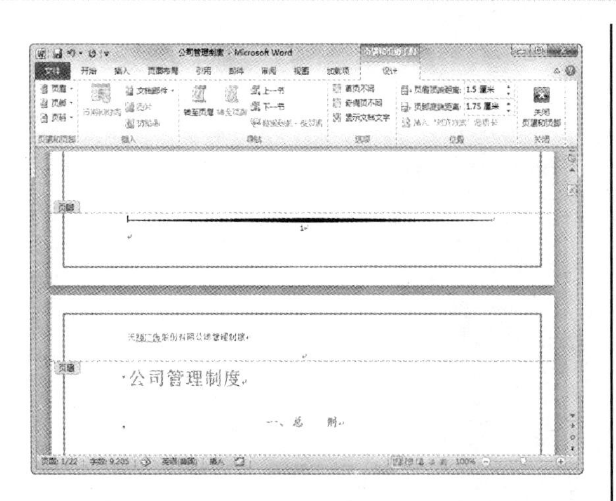

27 打开【页眉和页脚工具】的【设计】选项卡，在【关闭】选项组中单击【关闭页眉和页脚】按钮，退出页眉和页脚编辑状态。

28 打开【视图】选项，在【显示比例】选项组中单击【显示比例】按钮，打开【显示比例】对话框。

29 选中【多页】单选按钮，单击【多页】下拉按钮，从弹出的下拉列表框中拖动鼠标选取显示区域，单击【确定】按钮，即可以多页方式显示长文档。

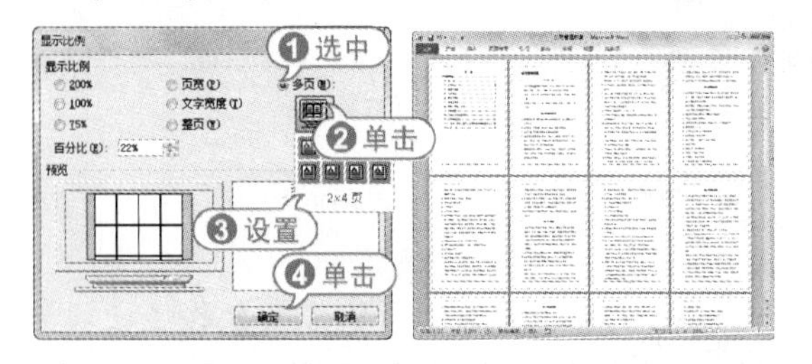

30 拖动窗口右侧的垂直滚动条，逐步查看长文档的整体效果。

31 查看完长文档的效果后，在快速访问工具栏中单击【保存】按钮，即可保存【公司管理制度】文档。

13.2.4 制作员工培训 PPT

员工培训是公司出于开展业务及培育人才的需要，采用各种方式进行有计划的培养和训练的管理活动。通过员工培训，可以使员工快速胜任工作，从而提高工作效率。下面将介绍制作员工培训 PPT 的方法。

【例 13-7】使用 PowerPoint 2010 制作员工培训演示文稿。

视频 + 素材 (实例源文件\第 13 章\例 13-7)

01 启动 PowerPoint 2010 应用程序，新建一个演示文稿，将其以【员工培训】为名保存。

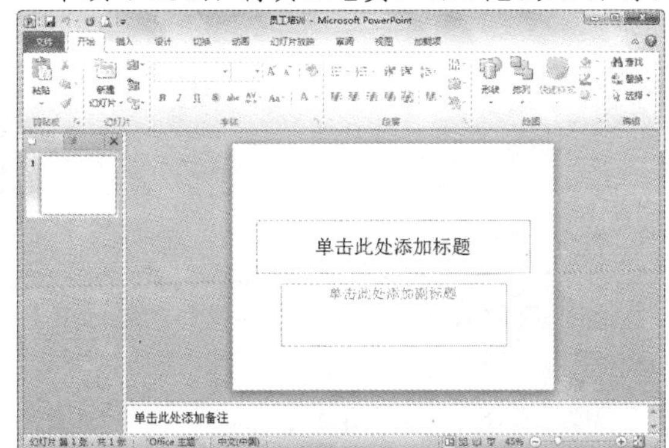

02 打开【设计】选项卡，在【主题】选项组中单击【其他】按钮，从弹出的【来自 Office.com】列表框中选择【小型办公室或家庭式办公室】样式，将其应用在当前幻灯片中。

03 单击【主题】选项组中的【颜色】按钮，打开主题颜色面板，在【此演示文稿】选项区域中选择【华丽】选项，将其应用在当前幻灯片中。

04 在打开幻灯片的两个文本占位符中输入文字，设置标题文字字号为 54，副标题字体颜色为【蓝色】。

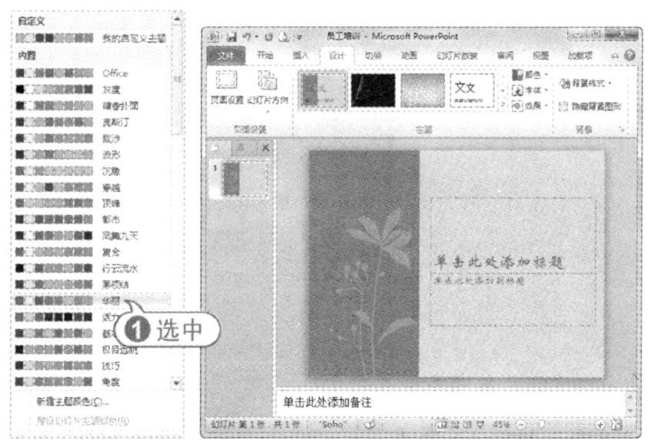

05 在【开始】选项卡的【幻灯片】选项组中单击【新建幻灯片】按钮，添加一张新空白幻灯片。

06 打开【视图】选项卡，在【母版版式】选项组中单击【幻灯片母版】按钮，显示幻灯片母版视图。

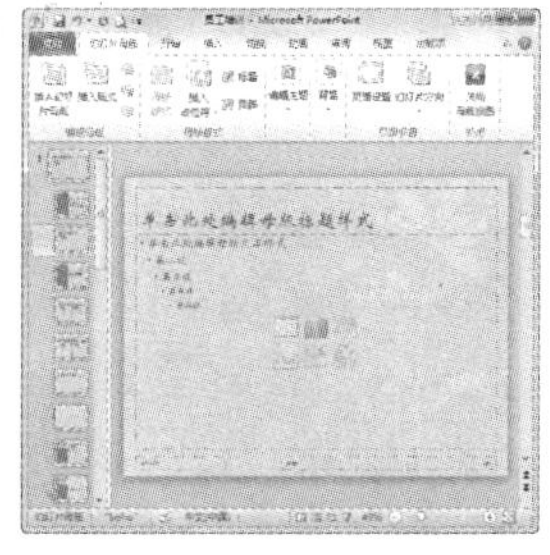

07 在该幻灯片母版左侧选中花形图片，缩小图片的尺寸。然后在【关闭】选项组中单击【关闭母版视图】按钮，返回到普通视图模式。

08 打开【设计】选项卡，单击【背景】选项组的【背景样式】按钮，在弹出的列表框中右击【样式 6】选项，在弹出的快捷菜单中选择【应用于所选幻灯片】命令，为幻灯片应用背景色。

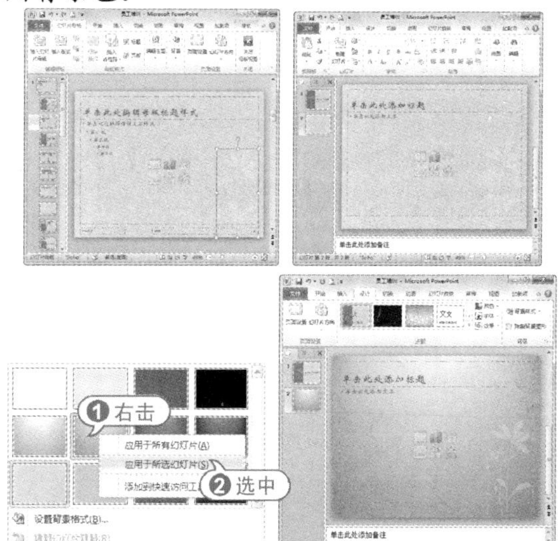

09 在该幻灯片的文本占位符中输入文字。设置标题文字字号为 60，字型为【加粗】和【阴影】；设置文本字号为 36。

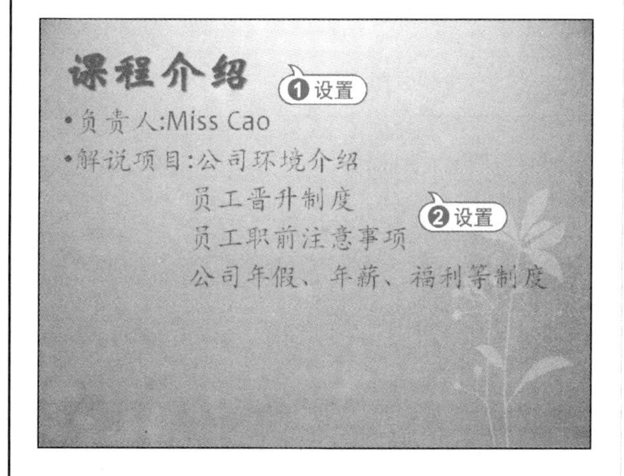

10 使用同样的方法，添加一张空白幻灯片，在文本占位符中输入文字，设置标题文字字号为 60，字型为【加粗】和【阴影】；设置文本字号为 36。

11 在【开始】选项卡的【幻灯片】选项组中单击【新建幻灯片】下拉按钮，从弹出的幻灯片样式列表中选择【仅标题】选项，新建一张仅有标题的幻灯片。

12 在标题文本占位符中输入文本，设置其字号为 60，字型为【加粗】和【阴影】。

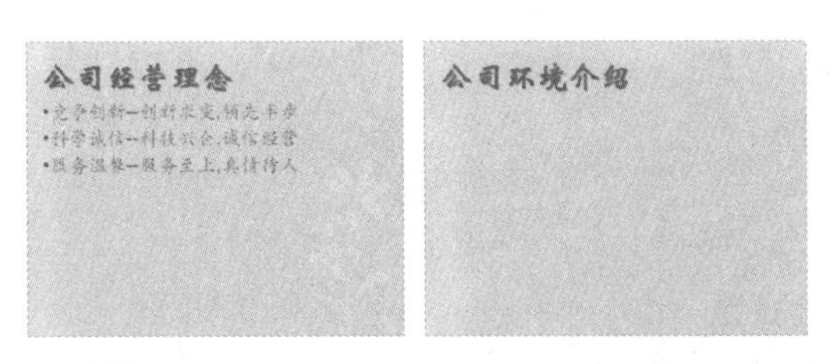

13 打开【插入】选项卡，在【插图】选项组中单击 SmartArt 按钮，打开【选择 SmartArt 图形】对话框。

14 打开【流程】选项卡，选择【交错流程】样式，单击【确定】按钮，将其插入到幻灯片中。

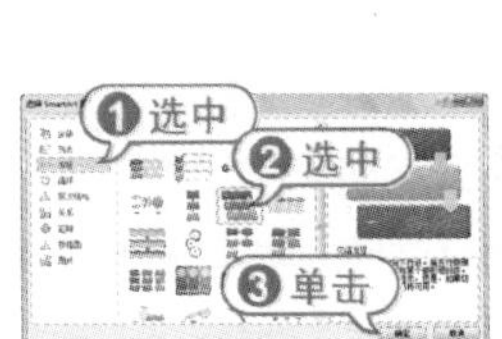

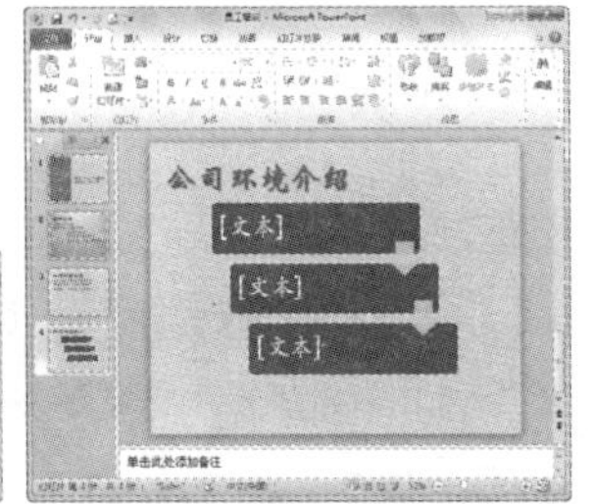

15 单击 SmartArt 图形中的形状，在其中输入文本。

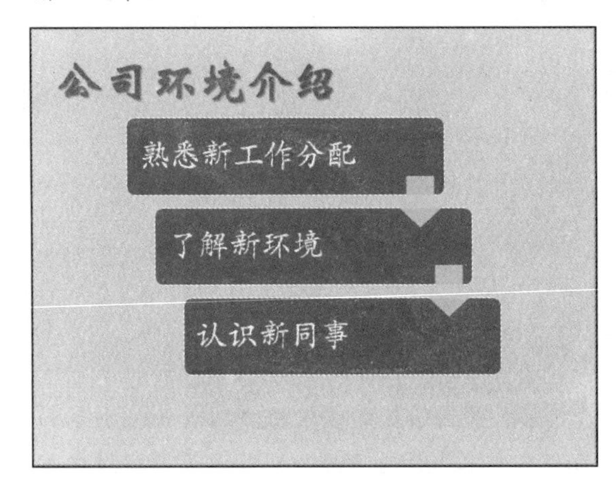

16 在【开始】选项卡的【幻灯片】选项组中单击【新建幻灯片】下拉按钮，从弹出的幻灯片样式列表中选择【空白】选项，新建一张空白幻灯片。

17 打开【设计】选项卡，单击【背景】选项组的【背景样式】按钮，从弹出的菜单中选择【设置背景格式】命令，打开【设置背景格式】对话框。

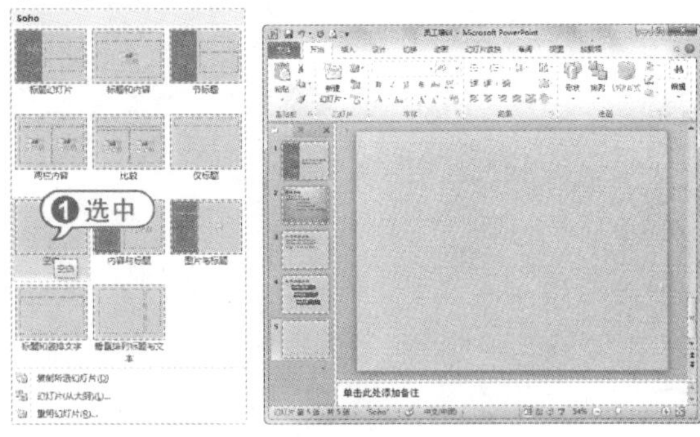

18 打开【填充】选项卡，单击【文件】按钮，打开【插入图片】对话框，选择一张背景图片，单击【确定】按钮。

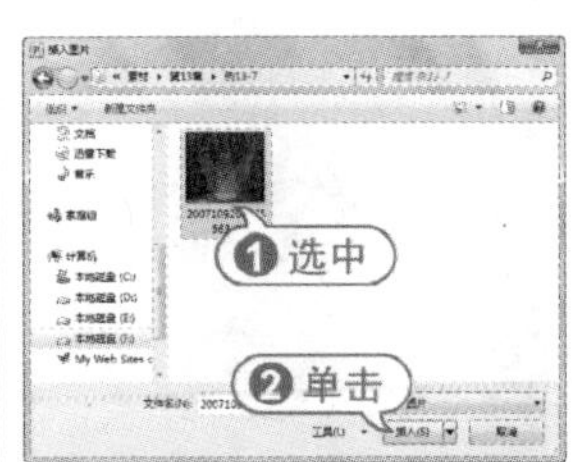

19 返回【设置背景格式】对话框，单击【关闭】按钮，即可显示幻灯片背景图片。

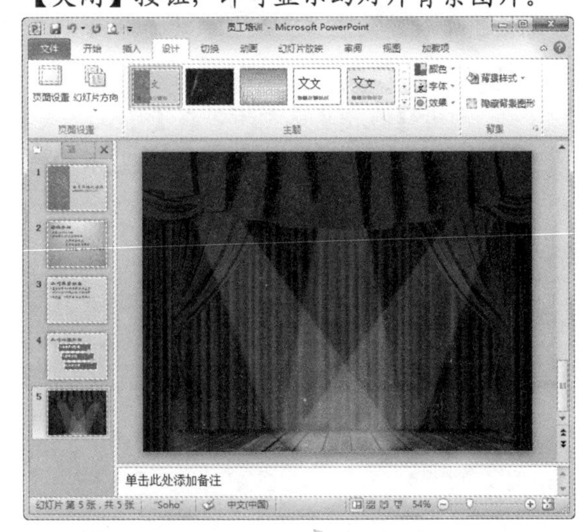

20 打开【插入】选项卡，在【文本】选项组中单击【艺术字】按钮，从弹出的艺术字列表框中选择第 4 行第 5 列的样式，将其插入到幻灯片中。

21 在艺术字文本框中修改文本内容，并将艺术字拖动到合适的位置。

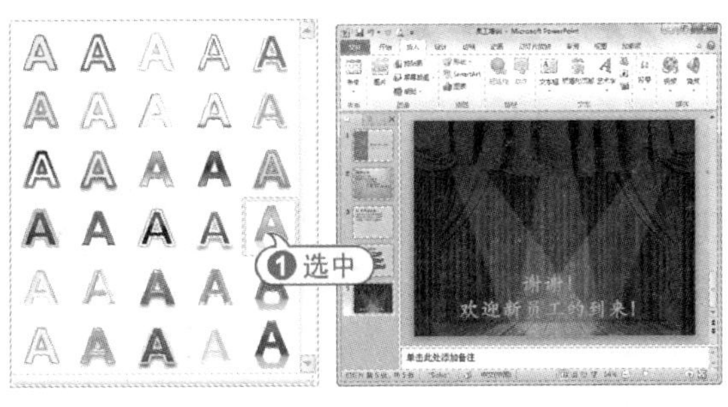

22 在幻灯片预览窗口中选择第 3 张幻灯片缩略图，将其显示在幻灯片编辑窗口中。

23 打开【插入】选项卡，在【图像】选项组中单击【图片】按钮，打开【插入图片】对话框，选择一张 GIF 图片，单击【确定】按钮，将其插入到幻灯片中。

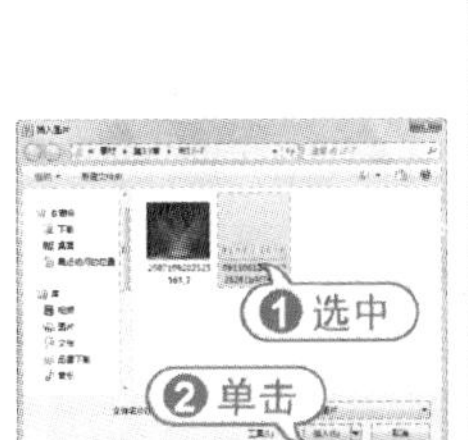

专家解读

插入的 GIF 图片，虽然没有将其归类为影片，但在放映幻灯片时，同样可以放映 GIF 动画效果。

24 打开【切换】选项卡，在【切换到此幻灯片】选项组中单击【其他】按钮，从弹出的切换效果列表框中选择【揭开】选项。

25 在【计时】选项组中单击【声音】下拉按钮，从弹出的菜单中选择【风声】选项。

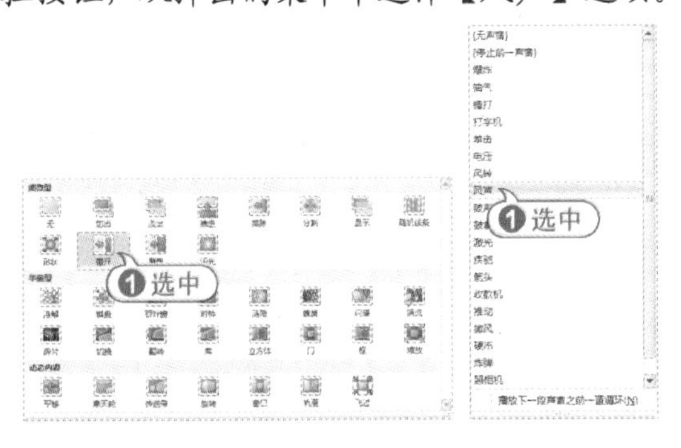

26 在【计时】选项组的【换片方式】选项区域中选中两个复选框，并设置幻灯片时间为 2 分钟，单击【全部应用】按钮，将设置的切换效果和换片方式应用整个演示文稿中。

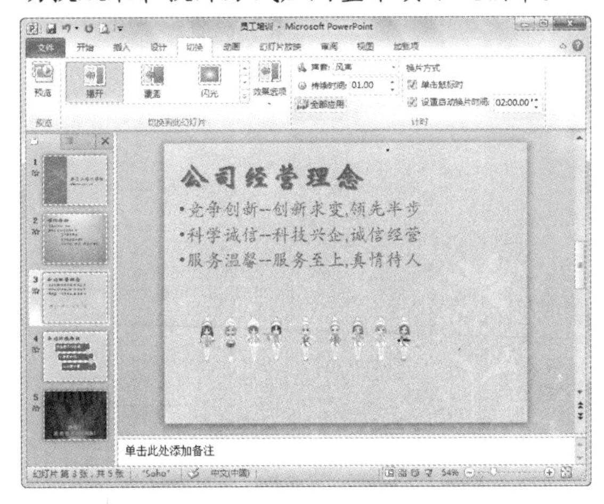

专家解读

放映演示文稿时，在不单击鼠标或不做任何操作的情况下，2 分钟后将自动切换幻灯片。

27 在幻灯片预览窗口中选择第 5 张幻灯片缩略图，将其显示在幻灯片编辑窗口中。

28 选中艺术字，打开【动画】选项卡，在【高级动画】选项组中单击【添加动画】按钮，从弹出的菜单中选择【更多进入效果】选项。

29 打开【添加进入效果】对话框，在【华丽型】选项区域选中【飞旋】选项，单击【确定】按钮，即可为对象设置飞入动画效果，

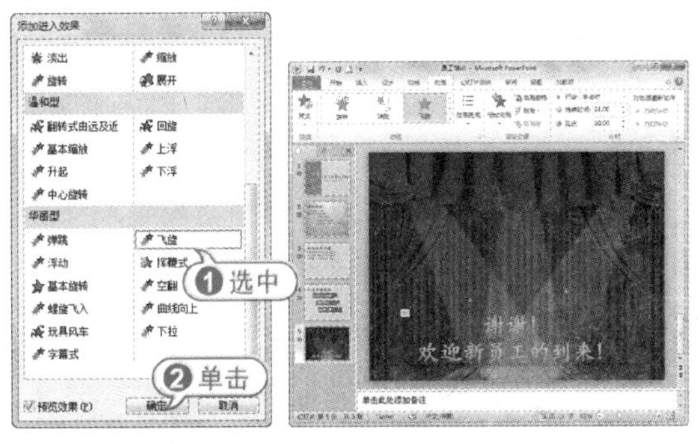

30 使用同样的方法，在第 1 张幻灯片中，为标题设置【轮子】式进入动画效果，为副标

题设置【补色】式强调动画效果。

31 演示文稿制作完毕后，按 F5 键开始播放该演示文稿，每放映一张幻灯片可以单击鼠标切换幻灯片，也可以等 2 分钟后自动换片。

32 播放完毕后，单击鼠标左键，退出幻灯片的放映模式。

33 在快速访问工具栏中单击【保存】按钮，保存【员工培训】演示文稿。

13.3 会计事务中的应用

Office 2010 在会计事务中有着极为广泛地应用，使用 Excel 2010 不仅可以制作出精美的表格，更为重要是使用其计算和统计功能，能够极大提高会计的工作效率和质量。

13.3.1 制作工资福利速查手册

制作工资福利速查手册，可以让各位员工了解公司的待遇和社保等方面的知识。下面将介绍制作工资福利速查手册的方法。

【例 13-8】使用 Word 2010 制作工资福利速查手册。

视频 + 素材 (实例源文件\第 13 章\例 13-8)

01 启动 Word 2010 应用程序，新建一个名为【工资福利速查手册】的文档。

02 打开【页面布局】选项卡，在【页面设置】选项组中单击对话框启动器按钮，打开【页面设置】对话框，

03 打开【页边距】选项卡，在【页边距】选项区域的【上】和【下】微调框中分别输入"2.7 厘米"，在【左】和【右】微调框中分别输入"3.2 厘米"。

04 打开【纸张】选项卡，在【纸张大小】下拉列表框中选择 B5(JIS)选项。

05 打开【版式】选项卡，在【页眉和页脚】选项区域中选中【奇偶页不同】和【首页不同】复选框，并在【页眉】和【页脚】微调框中输入"2 厘米"，单击【确定】按钮，完成页面设置。

06 打开【插入】选项卡，在【页】选项

组中单击【封面】按钮，从弹出列表框中选择【飞越型】选项，即可插入该样式的封面页。

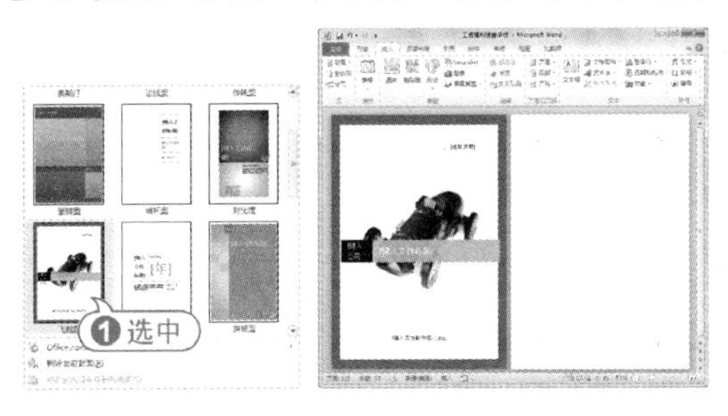

07 按照封面页的文本提示，在提示文本框中输入相关的内容。

08 在第2页中，输入整个文档内容，并设置其字体格式，正文段落首行缩进2字符。

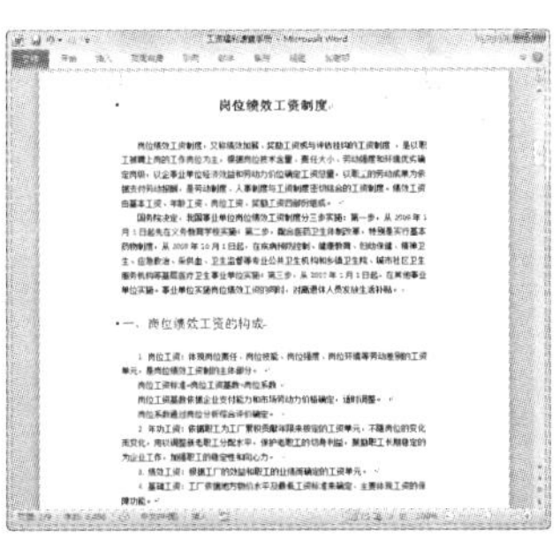

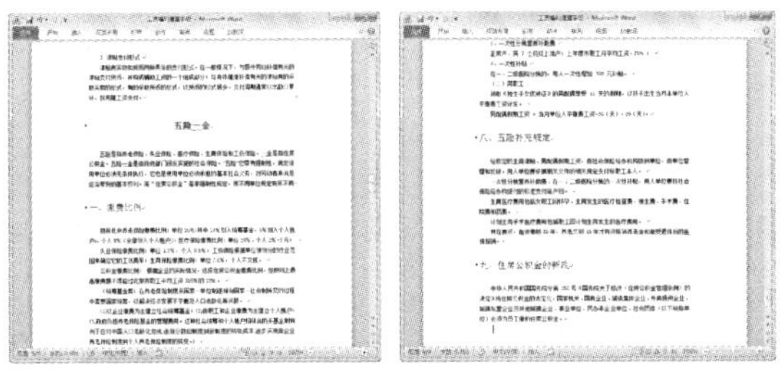

09 将插入点定位在文档开始位置，打开【插入】选项卡，在【页】选项组中单击【分页】按钮，将插入分页符，此时正文文本将另起一页显示。

10 打开【引用】选项卡，在【目录】选项组中单击【目录】按钮，从弹出的目录样式列表中选择【自动目录2】样式，插入目录。

11 选中【目录】标题，设置其对齐方式为【居中】，文字中间空两格。

12 选中目录中1级标题，设置其字号为【五号】；选中目录中所有2级标题，设置其字号为【四号】。

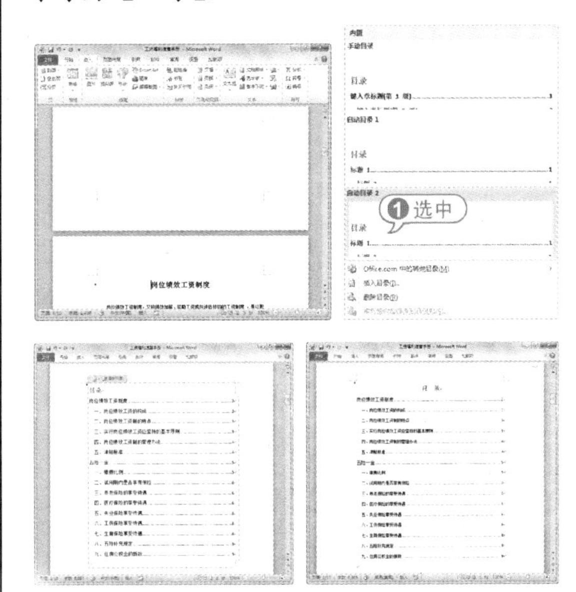

13 双击目录页的页眉处，进入页眉和页脚的编辑状态，此时插入点将定位在奇数页页眉处。

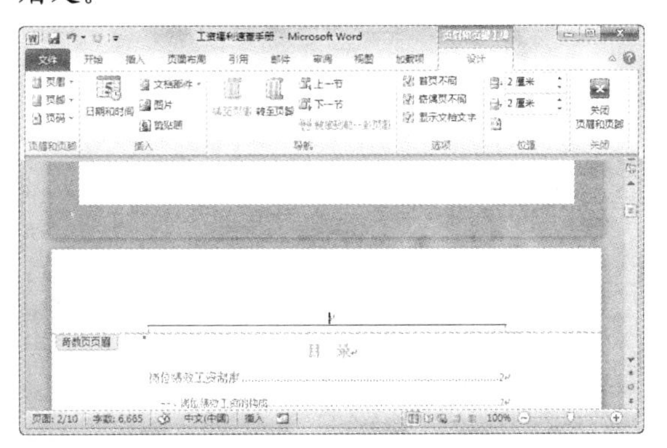

14 选中段落标记符，打开【开始】选项卡，在【段落】选项组中单击【边框】按钮，从弹出的菜单中选择【无框线】命令，隐藏奇数页页眉的边框线。

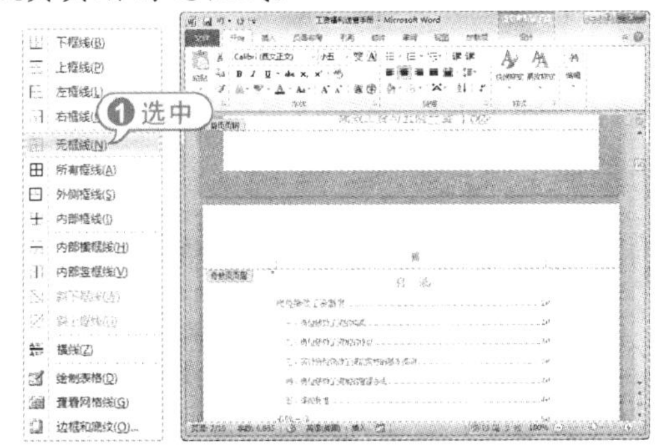

⑮ 在【开始】选项卡的【段落】选项组中单击【文本左对齐】按钮，将插入点左对齐。

⑯ 输入“工资福利速查手册”文本，将文本的字体设置为【华文新魏】，字号为【四号】，字体颜色为【紫色】，字形为【加粗】。

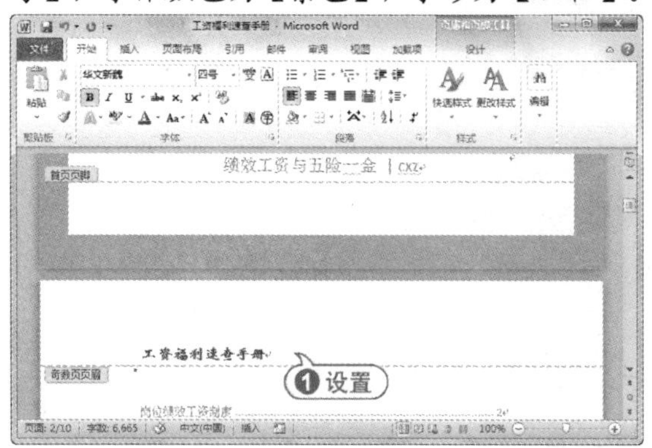

⑰ 打开【插入】选项卡，在【插图】选项组中单击【形状】按钮，在弹出的菜单的【线条】选项区域中单击【直线】按钮，在页眉位置绘制一条直线。

⑱ 打开【绘图工具】的【格式】选项卡，在【形状样式】选项组中单击【其他】按钮，从弹出的列表框中选择一种样式，设置直线样式。

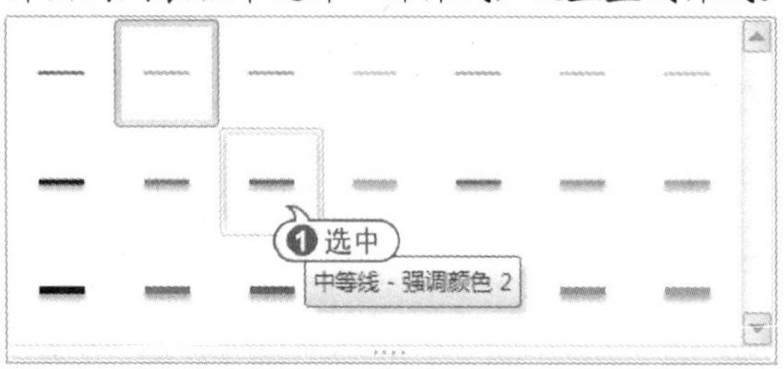

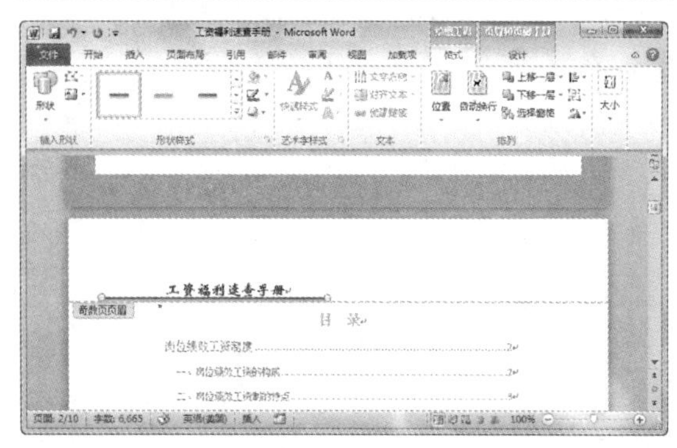

⑲ 打开【页眉和页脚工具】的【设计】选项卡，在【导航】选项组中单击【转至页脚】按钮，将插入点定位在奇数页页脚处。

⑳ 使用同样的方法，在页脚处绘制一条直线，并为直线应用同样的形状样式。

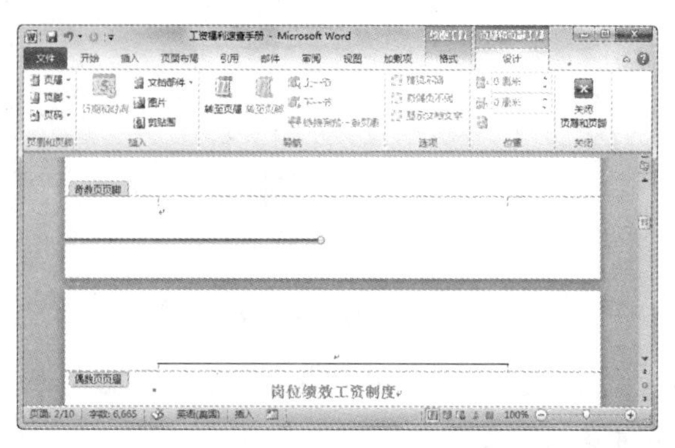

㉑ 将插入点定位在偶数页页眉处，选中段落标记符，打开【开始】选项卡，在【段落】选项组中单击【无边框】按钮，删除偶数页中页眉处的横线。

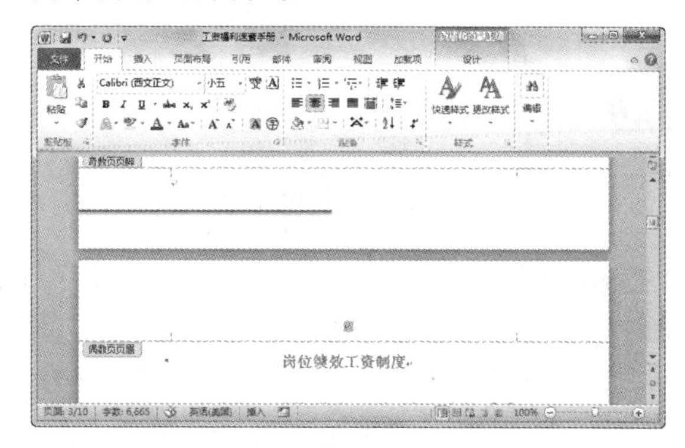

㉒ 打开【开始】选项卡，在【段落】选项组中单击【文本右对齐】按钮，将插入点右对齐，然后打开【插入】选项卡，在【插图】选项组中，单击【图片】按钮，打开【插入图片】对话框，选择一张图片，单击【插入】按钮，将图片文件插入其中。

㉓ 打开【图片工具】的【格式】选项卡，在【排列】选项组中单击【自动换行】按钮，

从弹出的快捷菜单中选择【浮于文字上方】命令，设置图片浮于文字上方。

24 拖动鼠标调整图片的位置和大小。

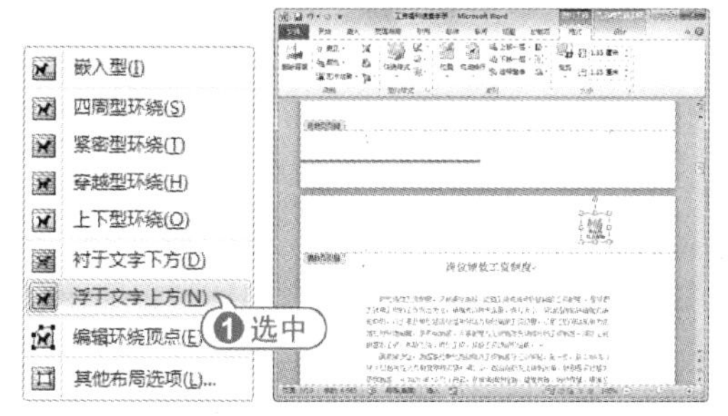

25 将奇数页页眉处所绘制的直线复制到偶数页页眉中。

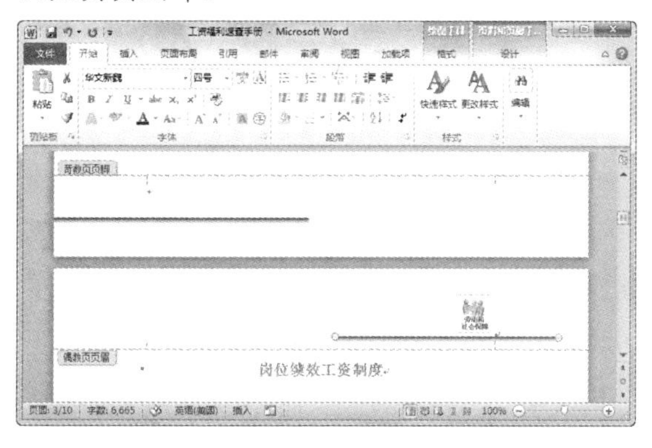

26 将插入点定位在偶数页的页脚，将奇数页页脚处所绘制的直线复制到偶数页页脚中。

27 将插入点定位到奇数页页脚位置，打开【插入】选项卡，在【文本】选项组中单击【绘制文本框】按钮，在页脚处绘制一个文本框。

28 打开【绘图工具】的【格式】选项卡，在【形状样式】选项组样式列表框中选择【彩色轮廓-红色，强调文字颜色 2】样式，为文本应用该形状样式。

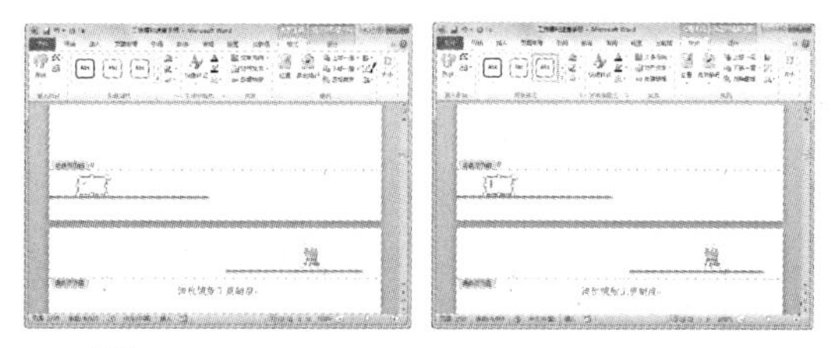

29 将插入点定位在文本框中，打开【页眉和页脚工具】的【设计】选项卡，在【页眉和页脚】选项组中单击【页码】按钮，在弹出的菜单中选择【当前位置】|【普通数字】命令，插入页码，并设置页码居中对齐显示。

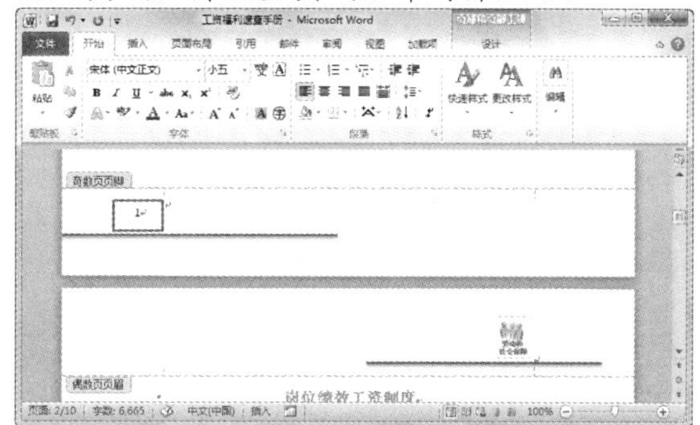

30 选中奇数页页脚处的页码文本框，按 Ctrl+C 快捷键，复制该页码，然后将插入点定位在偶数页的页脚处，按 Ctrl+V 快捷键，粘贴页码。

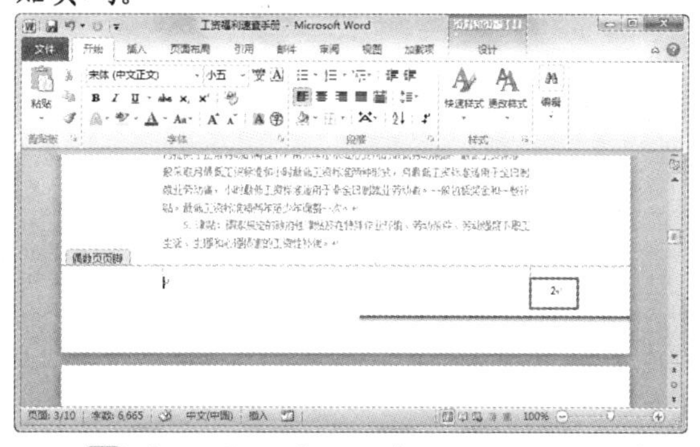

31 打开【页眉和页脚工具】的【设计】选项卡，在【关闭】选项组中单击【关闭页眉和页脚】按钮，退出页眉和页脚编辑状态。

32 打开【视图】选项卡，在【显示比例】选项组中单击【显示比例】按钮，打开【显示比例】对话框。

33 选中【多页】单选按钮，并单击其选项下的下拉按钮，从弹出的列表框中拖动鼠标

选中 2 行 3 列页面，单击【确定】按钮，以 6 页方式显示文档。

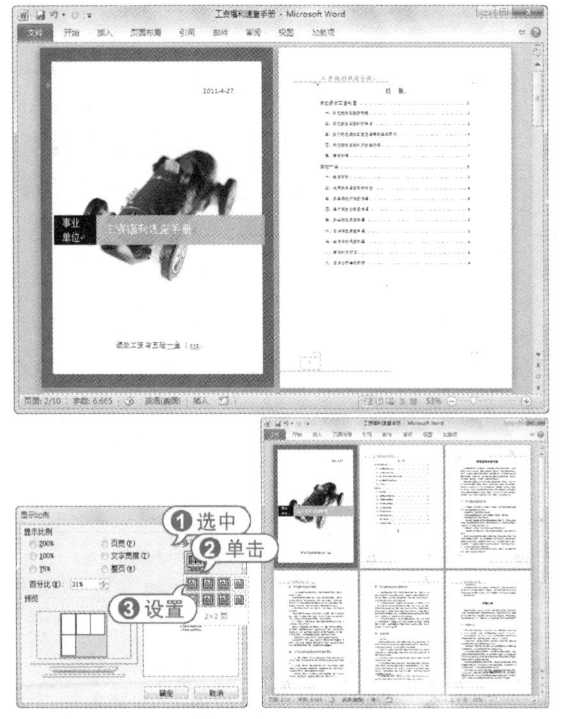

34 拖动右侧的滚动条，查看完整个文档页面，然后按 Ctrl+S 快捷键，保存文档。

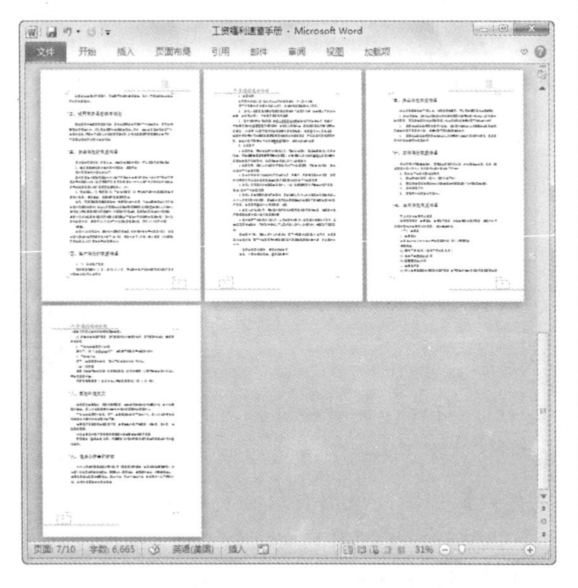

35 单击【文件】按钮，从弹出的菜单中选择【打印】命令，进入 Microsoft Office Backstage 视图，在中间的窗格中选择当前的打印机，单击【打印】按钮，打印整个文档。

36 将打印好的纸张装订成册，工资福利手册制作完成。

13.3.2 制作员工工资表和工资条

在会计事务中，员工工资表和工资条的制作是员工薪资管理中一个常见的环节。通过工资表可以快速地制作出工资条，再通过查看工资条，让员工清楚地知道工资的组成部分以及扣除的数据。下面将介绍制作员工工资表和工资条的方法。

【例 13-9】使用 Excel 2010 制作员工工资表和工资条。

视频 + 素材 (实例源文件\第 13 章\例 13-9)

01 启动 Excel 20110 应用程序，新建一个名为【员工工资表】的工作簿。

02 在 Sheet1 工作表中，选定 A1 单元格，输入文本型数据“员工工资表”，设置字体为【华文行楷】，字号为 20，字型为【加粗】，字体颜色为【蓝色】。

03 使用同样的方法，在 A3:H3 单元格区域输入文本型数据，并设置字型为【加粗】。

04 选取 D、E、F、G、H 列，在【开始】选项卡的【单元格】选项组中，单击【格式】按钮，从弹出的菜单中选择【列宽】命令，打开【列宽】对话框。

05 在【列宽】文本框中输入 12，单击【确定】按钮，调整5列的列宽。

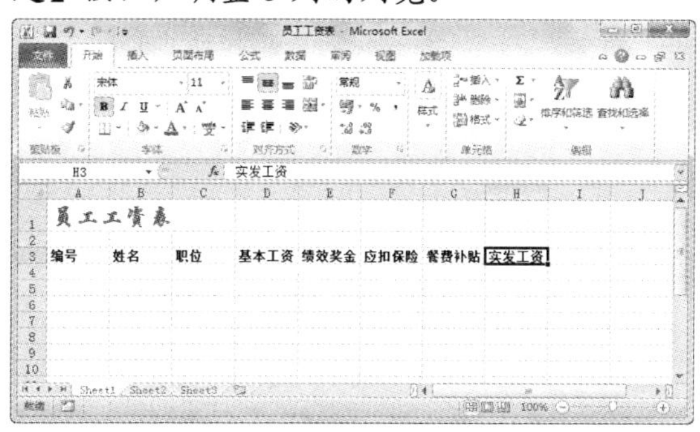

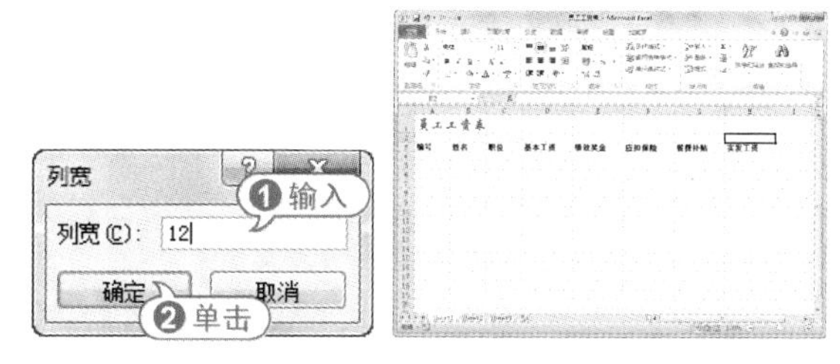

06 选取A1:H1单元格区域，在【对齐方式】选项组中单击【合并后居中】按钮，合并居中显示表格标题。

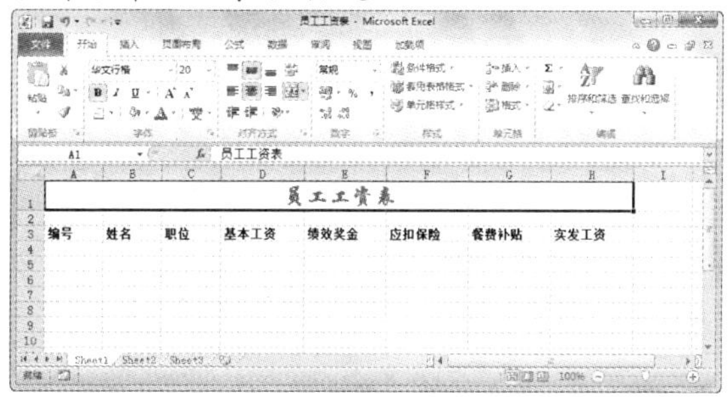

07 选定H2单元格，输入日期型数据“2011年4月27日”，按Enter键，此时单元格中将显示一组带有#的数据。

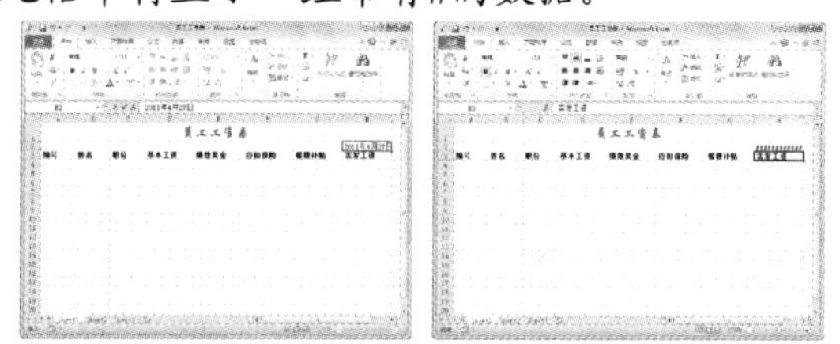

08 选定H2单元格，在【数字】选项组中单击对话框启动器按钮，打开【设置单元格格式】对话框。

09 打开【数字】选项卡，在【分类】列表框中选择【日期】选项，在【类型】列表框中选择一种日期类型，单击【确定】按钮，即可显示在单元格中显示日期型数据。

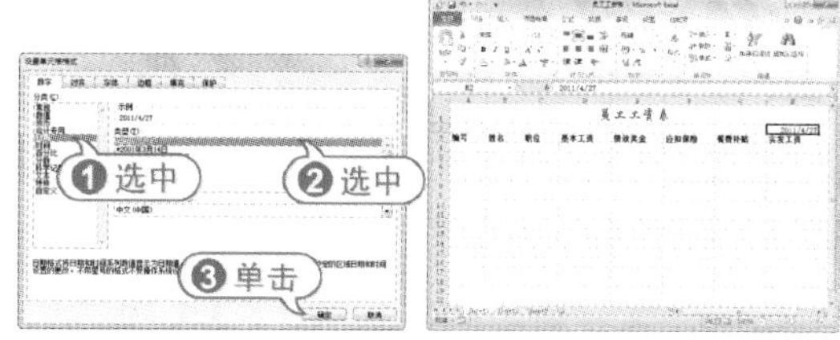

10 选定A4单元格，输入“2011001”，按Enter键，即可在单元格中快速输入文本型数据。

11 将鼠标指针移动到选中的A4单元格右下角，待鼠标指针变为+形状时，拖到鼠标至A20单元格，释放鼠标，即可在A5:A20单元格区域中填充数据。

12 使用同样的方法，在B2:B20单元格区域输入文本型数据。

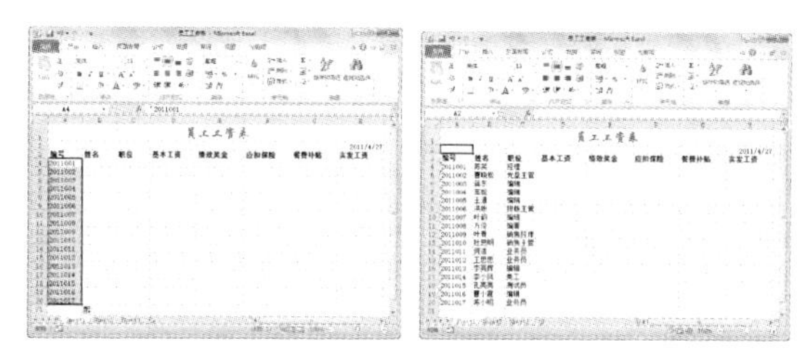

13 选取D4:H20单元格区域，在【数字】选项组中单击【常规】下拉按钮，从弹出的列表框中选择【货币】选项，设置单元格区域的格式为货币型。

14 选定D4单元格，输入数字2500，此时自动套用货币型格式。

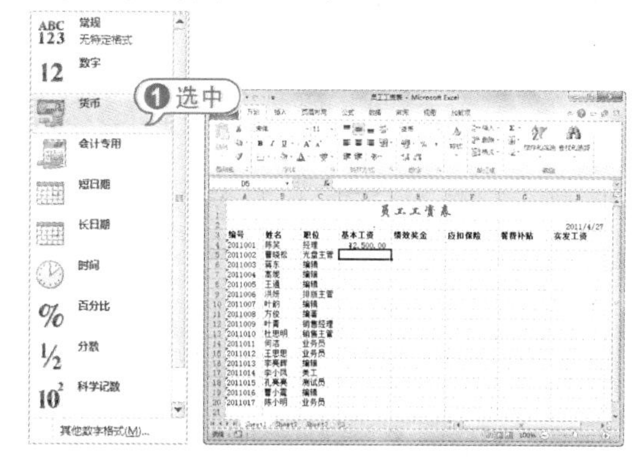

15 使用同样的方法，在D4:G20单元格区域中输入数据。

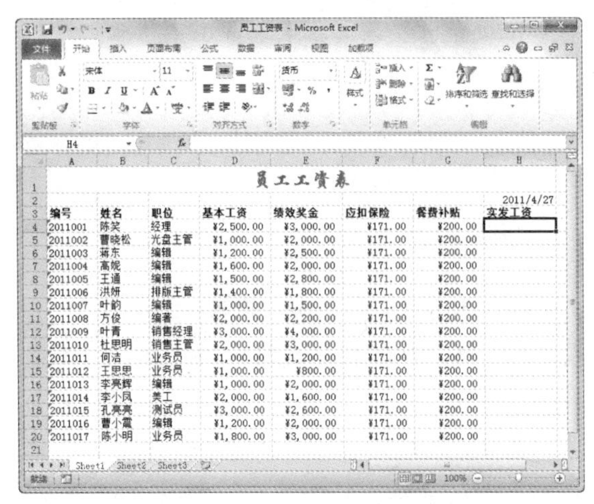

16 选定 H4 单元格，输入公式“=D4+E4-F4+G4”，按 Enter 键，显示计算结果。

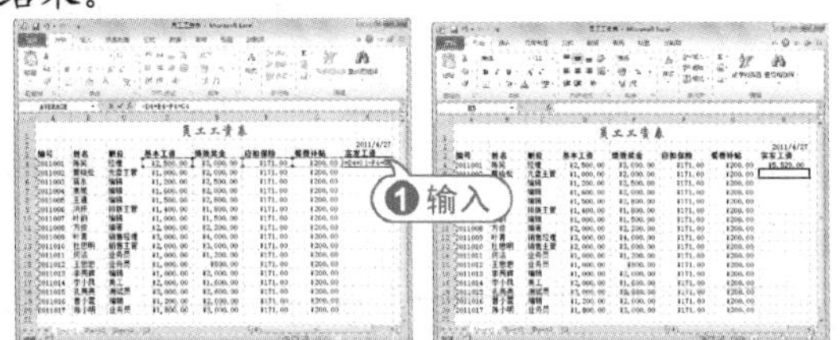

17 使用同样的方法，计算其他员工的实发工资。

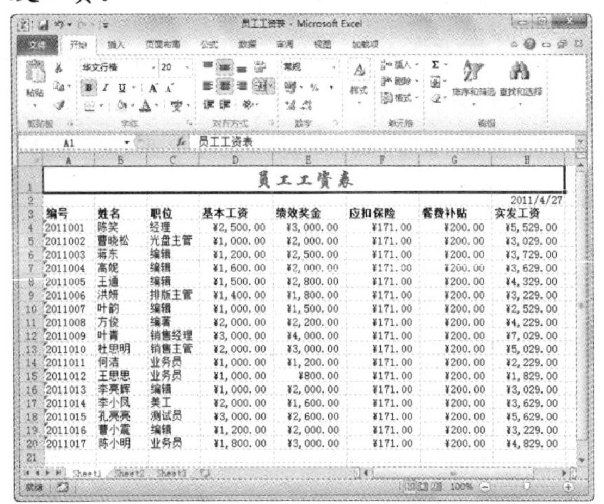

18 选取 A3:H22 单元格区域，在【数字】选项组中单击对话框启动器按钮，打开【设置单元格格式】对话框。

19 打开【边框】选项卡，在【颜色】下拉菜单中选择【深蓝色】色块，在【样式】列表框中选择第 2 行第 6 种线型，单击【外边框】按钮；然后在【样式】列表框中选择第 1 行 4 种线型，单击【内部】按钮，此时在预览窗格中查看线型样式。

20 单击【确定】按钮，即可将边框样式应用到选定的表格区域中。

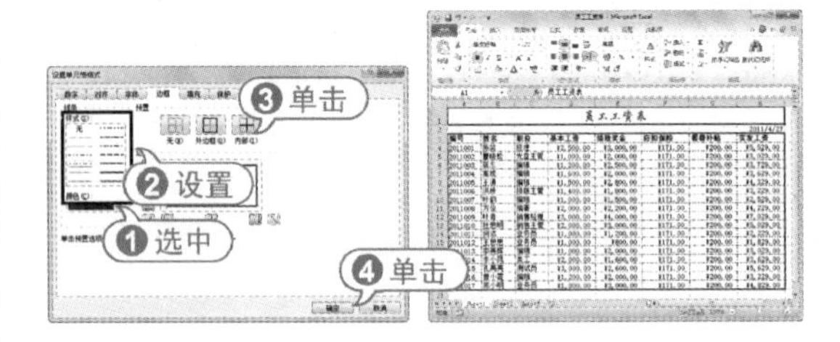

21 选取 A3:H3 单元格区域，打开【设置单元格格式】对话框的【填充】选项卡，在【背景色】选项区域中选择一种蓝色色块，在【图案颜色】下拉列表中选择白色色块，在【图案样式】下拉列表中选择第 1 行第 5 列的样式，单击【确定】按钮，为标题行应用设置的填充效果。

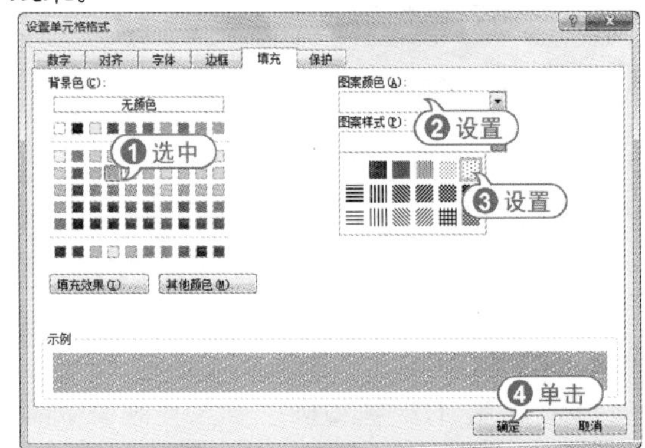

22 在【对齐方式】选项组中单击【居中】按钮，设置表格标题居中对齐显示。

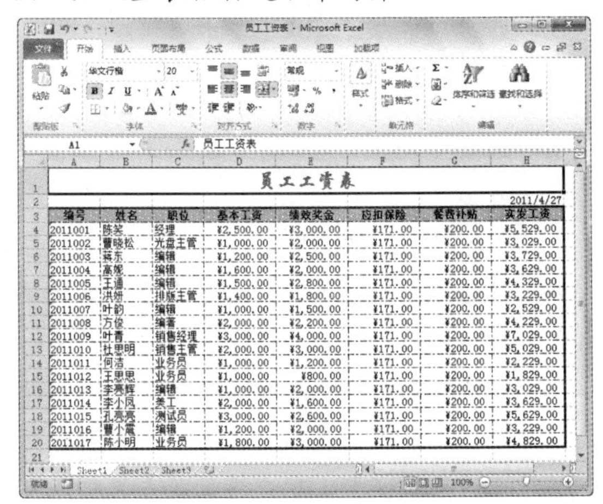

23 选取表格的偶数行数据单元格，打开【设置单元格格式】对话框中的【填充】选项卡，在【背景色】选项区域中选择一种浅绿色色块，单击【确定】按钮，为所选单元格区域设置背景色。

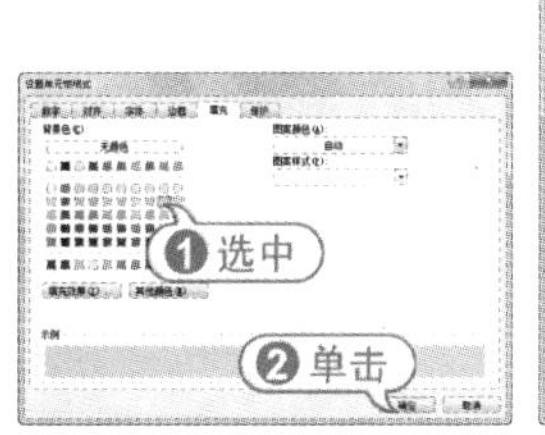

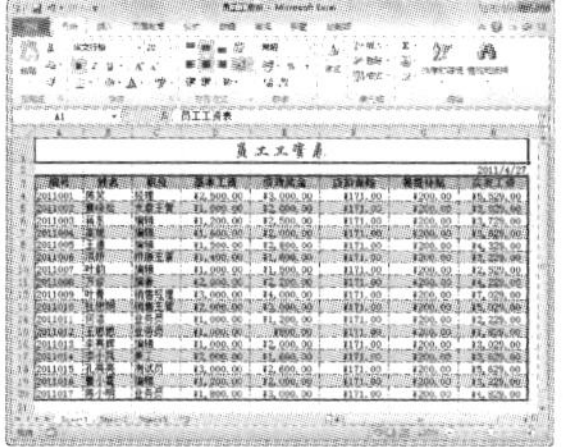

24 打开 Sheet 2 工作表，选定 A3 单元格，在数据编辑栏中输入公式“=IF(MOD(ROW(),2)=0,INDEX(Sheet1!$A$3:$H$20,INT(((ROW()+1)/2)),COLUMN()),Sheet1!A$3)”，按 Enter 键，显示计算结果。

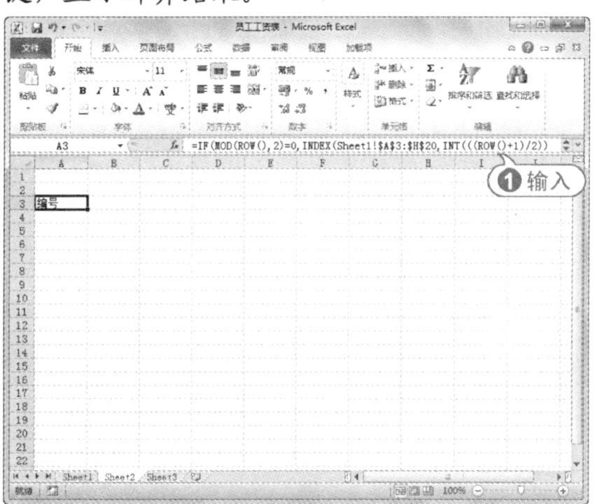

专家解读

其中，MOD()函数用于返回两数相除的余数，结果的正负号与除数相同，其语法规则为：MOD(number 指被除数；divisor 指除数)；ROW()函数用于返回引用的行号，其语法规则为：ROW(reference 指所需的行号的单元格或单元格区域)。

25 选定 Sheet 2 工作表的 A3 单元格，将鼠标指针移动到单元格的右下角，拖到 H3 单元格，释放鼠标，可以得出各列字段数据，然后将指针移动到 H3 单元格右下角，并向下拖动填充柄复制公式。

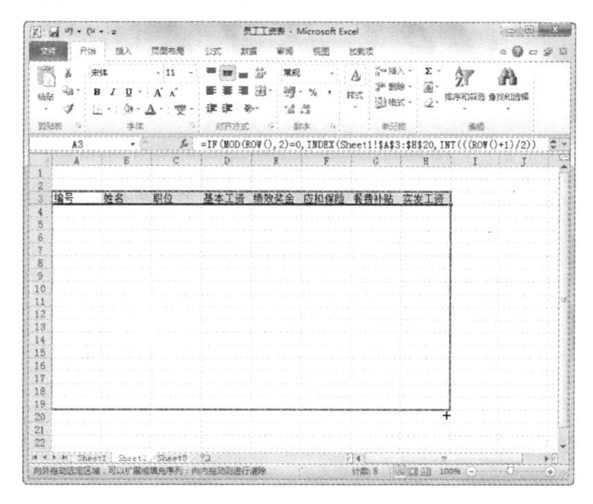

26 此时将在 Sheet 2 工作表显示工资条数据。

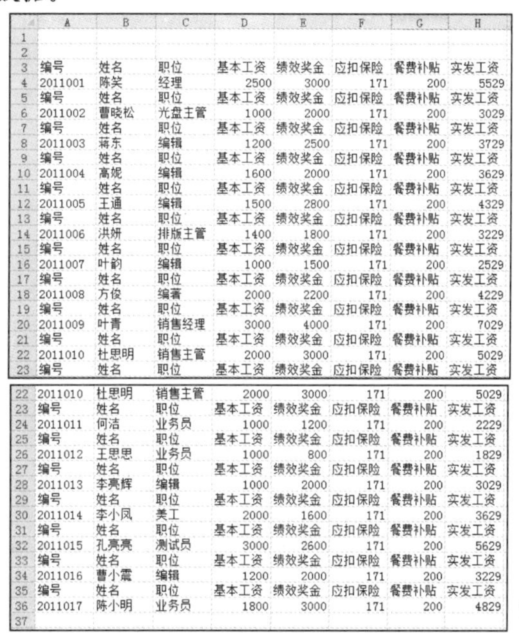

	A	B	C	D	E	F	G	H
1								
2								
3	编号	姓名	职位	基本工资	绩效奖金	应扣保险	餐费补贴	实发工资
4	2011001	陈笑	经理	2500	3000	171	200	5529
5	编号	姓名	职位	基本工资	绩效奖金	应扣保险	餐费补贴	实发工资
6	2011002	曹晓松	光盘主管	1000	2000	171	200	3029
7	编号	姓名	职位	基本工资	绩效奖金	应扣保险	餐费补贴	实发工资
8	2011003	蒋东	编辑	1200	2500	171	200	3729
9	编号	姓名	职位	基本工资	绩效奖金	应扣保险	餐费补贴	实发工资
10	2011004	高妮	编辑	1600	2000	171	200	3629
11	编号	姓名	职位	基本工资	绩效奖金	应扣保险	餐费补贴	实发工资
12	2011005	王通	编辑	1500	2800	171	200	4329
13	编号	姓名	职位	基本工资	绩效奖金	应扣保险	餐费补贴	实发工资
14	2011006	洪妍	排版主管	1400	1800	171	200	3229
15	编号	姓名	职位	基本工资	绩效奖金	应扣保险	餐费补贴	实发工资
16	2011007	叶韵	编辑	1000	1500	171	200	2529
17	编号	姓名	职位	基本工资	绩效奖金	应扣保险	餐费补贴	实发工资
18	2011008	方俊	编著	2000	2200	171	200	4229
19	编号	姓名	职位	基本工资	绩效奖金	应扣保险	餐费补贴	实发工资
20	2011009	叶青	销售经理	3000	4000	171	200	7029
21	编号	姓名	职位	基本工资	绩效奖金	应扣保险	餐费补贴	实发工资
22	2011010	杜思明	销售主管	2000	3000	171	200	5029
23	编号	姓名	职位	基本工资	绩效奖金	应扣保险	餐费补贴	实发工资

22	2011010	杜思明	销售主管	2000	3000	171	200	5029
23	编号	姓名	职位	基本工资	绩效奖金	应扣保险	餐费补贴	实发工资
24	2011011	何洁	业务员	1000	1200	171	200	2229
25	编号	姓名	职位	基本工资	绩效奖金	应扣保险	餐费补贴	实发工资
26	2011012	王思思	业务员	1000	800	171	200	1829
27	编号	姓名	职位	基本工资	绩效奖金	应扣保险	餐费补贴	实发工资
28	2011013	李亮辉	编辑	1000	2000	171	200	3029
29	编号	姓名	职位	基本工资	绩效奖金	应扣保险	餐费补贴	实发工资
30	2011014	李小凤	美工	2000	1600	171	200	3629
31	编号	姓名	职位	基本工资	绩效奖金	应扣保险	餐费补贴	实发工资
32	2011015	孔亮亮	测试员	3000	2600	171	200	5629
33	编号	姓名	职位	基本工资	绩效奖金	应扣保险	餐费补贴	实发工资
34	2011016	曹小震	编辑	1200	2000	171	200	3229
35	编号	姓名	职位	基本工资	绩效奖金	应扣保险	餐费补贴	实发工资
36	2011017	陈小明	业务员	1800	3000	171	200	4829
37								

27 选定 A1:H2 单元格区域，在【开始】选项卡的【对齐方式】选项组中，单击【合并后居中】按钮，合并单元格。

28 输入文本“员工工资条”，设置字体为【华文行楷】，字号为 20。

29 在快速访问工具栏中单击【保存】按钮，保存【员工工资表】工作簿的 Sheet 1 和 Sheet 2 工资表。

30 在打开的 Sheet 2 工资表中，单击【文件】按钮，从弹出的菜单中选择【打印】命令，进入 Microsoft Office Backstage 视图，在中间的窗格中选择当前的打印机，单击【打印】按钮，打印工资条。

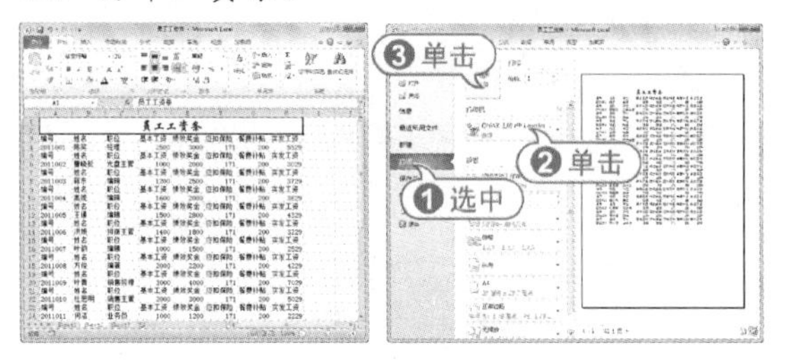

31 打印完工资条后，裁剪各位员工的工资条，然后发放给个人即可。

13.3.3 制作会计工作报告 PPT

会计工作报告 PPT 是为了向领导汇报近期工作的进度和未来的工作任务而制作的演示文稿。下面将介绍制作会计工作报告 PPT 的方法。

【例 13-10】使用 PowerPoint 2010 制作会计工作报告演示文稿。

视频 + 素材 (实例源文件\第 13 章\例 13-10)

01 启动 PowerPoint 2010 应用程序，新建一个演示文稿，将其以【会计工作报告】为名保存。

02 打开【设计】选项卡，在【主题】选项组中单击【其他】按钮，从弹出的【内置】列表框中选择【时装设计】样式，将其应用在当前幻灯片中。

03 在【单击此处添加标题】占位符中输入标题文本“会计工作报告”，设置字体为【仿宋】，字号为 60，字型为【加粗】、【阴影】；在【单击此处添加副标题】占位符中输入文本，设置字体为【方正姚体】，字号为 28，字型为【阴影】。

04 打开【插入】选项卡，在【图像】选项组中单击【剪贴画】按钮，打开【剪贴画】任务窗格。

05 在【搜索文字】文本框中输入“报告”，单击【搜索】按钮，搜索剪贴画。

06 在搜索结果列表框中单击第 2 张剪贴画，将其插入到幻灯片中，并拖动鼠标调节其大小和位置。

07 在幻灯片预览窗口中选择第 1 张幻灯片缩略图，按 Enter 键，插入一张新幻灯片。

08 在占位符中输入文本，设置标题字号为 44，字型为【加粗】、【阴影】；设置文本字号为 20。

09 使用同样的方法，新建两张新幻灯片，并在幻灯片占位符中输入文本内容。

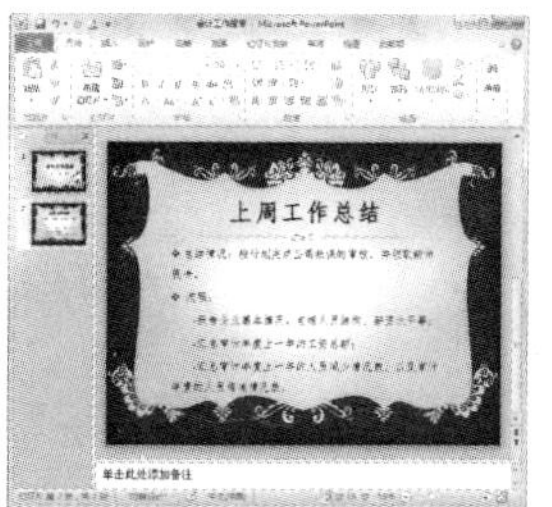

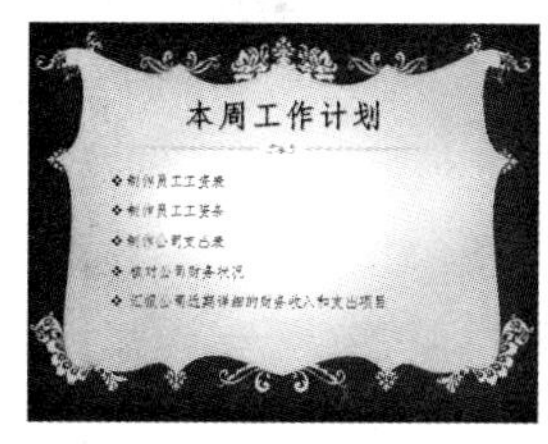

10 打开【切换】选项卡，在【切换到此幻灯片】选项组中单击【其他】按钮，从弹出的【细微型】样式中选择【分割】选项。

11 在【计时】选项组中单击【声音】下拉按钮，从弹出的下拉菜单中选择【单击】选项，单击【全部应用】按钮，为整个演示文稿应用该切换效果。

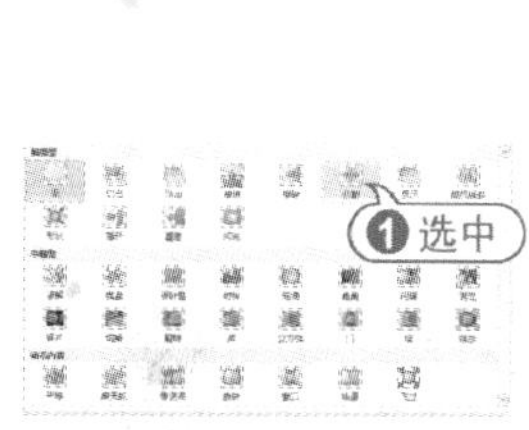

12 在幻灯片预览窗口中选择第1张幻灯片缩略图，将其显示在幻灯片编辑窗口中。

13 选中【单击此处添加副标题】文本占位符中的文本，打开【插入】选项卡，在【链接】选项组中单击【超链接】按钮，打开【插入超链接】对话框。

14 在【链接到】列表中单击【本文档中的位置】按钮，在【请选择文档中的位置】列表框中单击【幻灯片标题】展开列表，并选中【4. 报告人自我评价】选项，然后单击【确定】按钮。

15 此时该文字变为不同于原来的颜色，且文字下方出现下划线。

16 在幻灯片预览窗口中选择第4张幻灯片缩略图，将其显示在幻灯片编辑窗口中。

17 打开【插入】选项卡，在【插图】选项组中单击【形状】按钮，在打开菜单的【动作按钮】选项区域中选择【动作按钮：第一项】命令，在幻灯片的右下角拖动鼠标绘制形状。

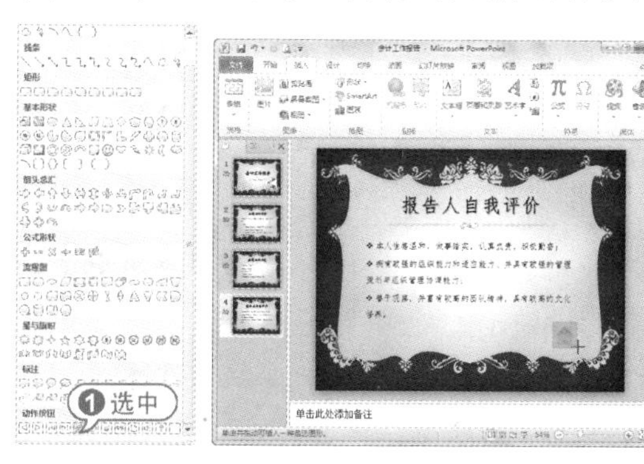

18 释放鼠标时，系统将自动打开【动作设置】对话框，在【单击鼠标时的动作】选项区域中选中【超链接到】单选按钮。

19 在【超链接到】下拉列表框中选择【幻灯片】选项，打开【超链接到幻灯片】对话框，选择幻灯片【1.会议工作报告】选项，单击【确定】按钮，返回【动作设置】对话框。

⑳ 打开【鼠标移过】选项卡，选中【播放声音】复选框，并在其下方的下拉列表框中选择【爆炸】选项，单击【确定】按钮，完成该动作的设置。

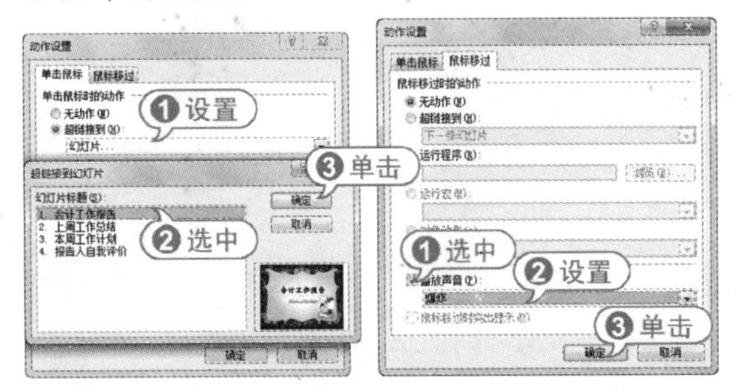

㉑ 打开【绘图工具】的【格式】选项卡，在【形状样式】选项组中单击【其他】按钮，从弹出的列表框中选择【浅色 1 轮廓，彩色填充-黑色，深色 1】选项，为按钮图标应用该样式。

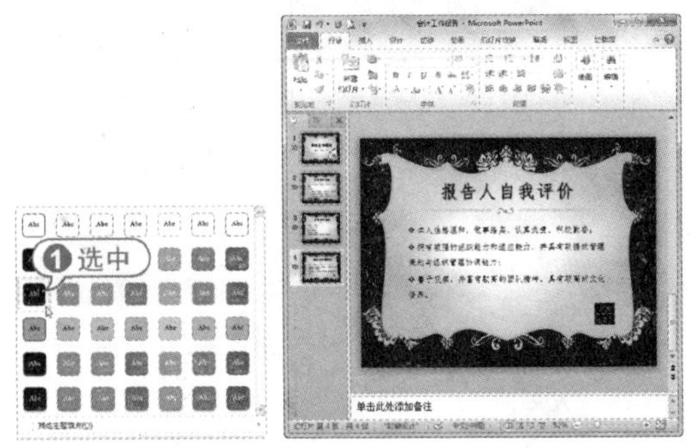

㉒ 在快速访问工具栏中单击【保存】按钮，将制作好的【会计工作报告】演示文稿保存。

㉓ 打开【幻灯片放映】选项卡，在【开始放映幻灯片】选项组中单击【从头开始】按钮，播放演示文稿。

㉔ 将鼠标指针移动到超链接文本处，当指针变为手形状时，单击鼠标左键，进入第 4 张幻灯片中。

㉕ 观看完后，单击右下角的按钮图标，返回到第 1 张幻灯片中，单击鼠标，进入第 2 张幻灯片播放状态。

㉖ 右击第 2 张幻灯片放映屏幕，从弹出的菜单中选择【指针选项】|【荧光笔】命令，此时鼠标变为一个小矩形形状，在需要绘制重点的地方拖动鼠标绘制标记。

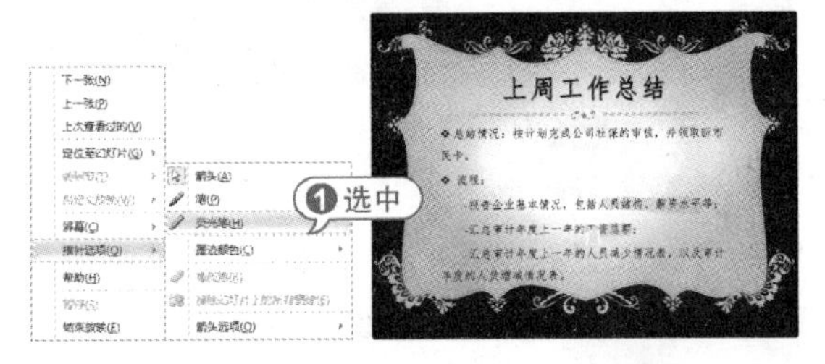

㉗ 单击左下侧【下一张】按钮，放映其他幻灯片。

㉘ 当幻灯片播放完毕后，单击鼠标左键退出放映状态时，系统将弹出对话框询问用户是否保留在放映时所做的墨迹注释。

㉙ 单击【保留】按钮，将绘制的注释图形保留在幻灯片中。